机电工人实用技术手册系列

冲压模具
实用手册

邱言龙　李文菱　王兵　主编

中国电力出版社
CHINA ELECTRIC POWER PRESS

内 容 提 要

本书是"机电工人实用技术手册"系列中的一本，以图表等各项技术标准和技术参数为主，不过于追求系统和理论的深度。

全书共 16 章，主要内容包括常用资料及其计算；金属材料及其热处理；冲压模具概论；压模具结构设计，包括冲裁模、弯曲模、拉深模、成形模；精密冲模及特种冲模；复合模与级进模；冲压自动装置与自动冲模；冲压模具加工制造技术；冲压模具典型零件加工实例；冲压模具的装配与调试；冲压模具的检测、使用和维修；冲压设备的合理使用与维护保养；冲压加工安全生产与环境保护。

本书既可供下岗、求职工人进行转岗、上岗再就业培训用，又可作为技能培训教材；还可供从事冲压工艺及冲压模具设计的技术人员使用，也可供机械加工专业人员及职业院校模具设计与制造专业师生参考。

图书在版编目（CIP）数据

冲压模具实用手册/邱言龙，李文菱，王兵主编 . —北京：中国电力出版社，2020.6

ISBN 978-7-5198-4323-6

Ⅰ.①冲… Ⅱ.①邱… ②李… ③王… Ⅲ①冲模—技术手册 Ⅳ.① TG385.2-62

中国版本图书馆 CIP 数据核字（2020）第 094179 号

出版发行：中国电力出版社
地　　址：北京市东城区北京站西街 19 号（邮政编码 100005）
网　　址：http://www.cepp.sgcc.com.cn
责任编辑：马淑范
责任校对：黄 蓓 常燕昆 于 维
装帧设计：赵姗姗
责任印制：杨晓东

印　　刷：三河市万龙印装有限公司
版　　次：2020 年 6 月第一版
印　　次：2020 年 6 月北京第一次印刷
开　　本：880 毫米×1230 毫米 32 开本
印　　张：29.75
字　　数：840 千字
印　　数：0001—2000 册
定　　价：118.00 元

本书编委会

主　编　邱言龙　李文菱　王　兵

参　编　王秋杰　张　军　郭志祥
　　　　彭燕林　汪友英　胡新华

审　稿　陈雪刚　雷振国　赵　明

前　言

随着新一轮科技革命和产业变革的孕育兴起，全球科技创新呈现出新的发展态势和特征。这场变革是信息技术与制造业的深度融合，是以制造业数字化、网络化、智能化为核心，建立在物联网和务（服务）联网基础上，同时叠加新能源、新材料等方面的突破而引发的新一轮变革，给世界范围内的制造业带来了广泛而深刻的影响。

十年前，随着我国社会主义经济建设的不断快速发展，为适应我国工业化改革进程的需要，特别是机械工业和汽车工业的蓬勃兴起，对机械工人的技术水平提出越来越高的要求。为满足机械制造行业对技能型人才的需求，为他们提供一套内容起点低，层次结构合理的初、中级机械工人实用技术手册，我们特组织了一批高等专科学校、职业技术院校、技师学院、高级技工学校有多年丰富理论教学经验和高超的实际操作技能水平的教师，编写了这套"机械工人实用技术手册"系列。这套书的出版发行，为广大机械工人理论水平的提升和操作技能的提高起到很好的促进作用，受到广大读者的一致好评。

为贯彻落实党的十八大和十八届三中全会、四中全会精神，贯彻落实《国家中长期教育改革和发展规划纲要（2010—2020年)》《国务院关于加快发展现代职业教育的决定》，加快发展现代职业教育，建设现代职业教育体系，服务实现全面建成小康社会的宏伟目标，教育部、国家发改委、财政部、人力资源社会保障部、国务院扶贫办组织编制了《现代职业教育体系建设规划（2014—2020年）》，把我国现代职业教育和职业技能人才培养提高到了一个非常重要的高度。一是在传统的加工制造业方面，旨在加快培养适应工业转型升级需要的技术技能人才，使劳动者素质的提升与制造技术、生产工艺和流程的现代化保持同步，实现产业核心技术技能的传承、积累和创新发展，促进制造业由大变强。李克强总理在全国职教工作会议上强调，中国经济发展已进入换档升级的中高速增长时期，要支撑经济社会持续、健康发展，实现中华民族伟大复兴的目标，就必须推动中国经济向全球产业价值链中高端升级。"这种升级的一个重要标志，就是让我们享誉全球的'中国制造'，从'合格制造'变成'优质制造''精品制造'，而且还要补上服务业的短板。要实现这一目标，需要大批的技能人才做支撑。"二是在关系国家竞争力的重要产业部门和战略性新兴产业领域，坚持自主创新带动与技术技能人才支撑并重的人才发展战略，推动技术创新体系建设，强化协同创新，促进劳动者素质与技术创新、技术引进、技术改造同步提高，实现新技术产业化与新技术应用人才储备同步。与此同时，加强战略性新兴产业相关专业建设，培养、储备应用先进技术、使用先进装备和具有工艺创新能力的高层次技术技能人才。

截至2012年，中国制造业增加值为2.08万亿美元，占全球制造业的20%，与美国大致相当，但却大而不强。主要制约因素是自主创新能力不强，核心技术和关键元器件受制于人；产品质量问题突出；资源利用效率偏低；产业结构不合理，大多数产业尚处于价值链的中低端。

由百余名院士专家着手制定的"中国制造2025"，为中国制造业未来10年设计顶层规划和路线图，通过努力实现中国制造向中国创造、中国速度向中国质量、中国产品向中国品牌三大转变，推动中国到 2025 年基本实现工业化，迈入制造强国行列。

"中国制造 2025"的总体目标：2025 年前，大力支持对国民经济、国防建设和人民生活休戚相关的数控机床与基础制造装备、航空装备、海洋工程装备与船舶、汽车、节能环保等战略必争产业优先发展；选择与国际先进水平已较为接近的航天装备、通信网络装备、发电与输变电装备、轨道交通装备等优势产业，进行重点突破。

"中国制造 2025"提出了我国制造强国建设三个十年的"三步走"战略，是第一个十年的行动纲领。"中国制造 2025"应对新一轮科技革命和产业变革，立足我国转变经济发展方式实际需要，围绕创新驱动、智能转型、强化基础、绿色发展、人才为本等关键环节，以及先进制造、高端装备等重点领域，提出了加快制造业转型升级、提升增效的重大战略任务和重大政策举措，力争到 2025 年从制造大国迈入制造强国行列。

在新型工业化道路的进程中，我国机械工业的发展充满了机遇和挑战。面对新的形势，广大机械工人迫切需要知识更新，特别是学习和掌握与新的应用领域有关的新知识和新技能，提高核心竞争力。为此，特再版编著了这套"机电工人实用技术手册"系列。丛书第二版在删除第一版中过于陈旧的知识和不再实用的技术基础上，新增加的知识点、技能点占全书内容的 25%～35%，更加能够满足广大读者对知识增长和技术更新的要求。

《冲压模具实用手册》是"机电工人实用技术手册"系列中应广大读者要求新增加的一本，全书共 16 章，主要内容包括：常用资料及其计算，介绍三角函数的计算、常用数表的应用，以及几何图形、常用测量计算，常用计量单位换算等；金属材料及其热处理，简要介绍了常用金属材料的性能，钢及有色金属的热处理知识，冲压模具常用材料热处理工艺；冲压模具概论，介绍冲压工艺及模具分类、特点；冲压模具结构设计，包括冲裁模、弯曲模、拉深模、成形模等；特别介绍精密冲模及特种冲模，主要有精冲模具，以及硬质合金冲模、锌合金冲模、钢带模和低熔点合金模等特种冲模；冲压复合模与级进模；冲压自动装置与自动冲模，详细介绍了冲压机械化与自动化技术、自动冲模典型结构；冲压模具加工制造技术，以及冲压模具典型零件加工实例；冲压模具的装配与调试，冲压模具的检测、使用和维修，为提高冲压加工质量，保证冲压模具正确使用、保养和维护，提高模具利用率和寿命提供重要的理论支持；此外，为保证冲压加工及相关人员的安全，冲压加工安全生产与环境保护介绍了冲压加工文明生产及劳动保护知识等。

本书以图表等各项技术标准和技术参数为主，不过于追求系统和理论的深度，以实用和够用为原则，既便于工人参考，又可供下岗、求职工人进行转岗、上岗再就业培训用，也可供农民工作为技能培训教材补充资料使用。本书还可供从事冲压工艺及冲模设计的技术人员使用，也可供机加工专业人员及职业院校模具设计与制造专业师生参考。

本次再版力求内容简明扼要，不过于追求系统及理论的深度、难度，突出中、高级工实用技术的特点，既可以看作是第一版的补充和延伸，又可看作是第一版的提高和升华。丛书从材料、工艺、技术、设备及标准、名词术语、计量单位等各个方面都贯穿着一个"新"字，便于工人尽快与现代工业化生产接轨，与时俱进，开拓创新，更快、更好地适应现代高科技机械工业发展的需要。

本书由邱言龙、李文菱、王兵任主编，参与编写的人员还有王秋杰、张军、郭志祥、彭燕林、汪友英、胡新华，本书由陈雪刚、雷振国、赵明担任审稿工作，陈雪刚任主审，全书由邱言龙统稿。

由于编者水平所限，加之时间仓促，书中错误在所难免，望广大读者不吝赐教，以利提高。欢迎读者通过 E-mail：qiuxm6769@sina.com 与作者联系。

编　者

目　录

第一章

常用资料及其计算

第一节 常用字母、代号与符号

一、常用字母与符号

（1）拉丁字母（见表 1-1）。

表 1-1　　　　　　　　　拉丁字母

大写	小写	近似读音	大写	小写	近似读音	大写	小写	近似读音
A	a	爱	J	j	街	S	s	爱斯
B	b	比	K	k	克	T	t	提
C	c	西	L	l	爱耳	U	u	由
D	d	低	M	m	爱姆	V	v	维衣
E	e	衣	N	n	恩	W	w	打不留
F	f	爱福	O	o	喔	X	x	爱克斯
G	g	基	P	p	皮	Y	y	歪
H	h	爱曲	Q	q	克由	Z	z	挤
I	i	哀	R	r	啊耳			

（2）希腊字母（见表 1-2）。

表 1-2　　　　　　　　　希腊字母

大写	小写	近似读音	大写	小写	近似读音	大写	小写	近似读音
A	α	阿耳法	I	ι	约塔	P	ρ	洛
B	β	贝塔	K	κ	卡帕	Σ	σ	西格马
Γ	γ	伽马	Λ	λ	兰姆达	T	τ	滔
Δ	δ	德耳塔	M	μ	谬	Υ	υ	依普西隆
E	ε	艾普西隆	N	ν	纽	Φ	φ	费衣
Z	ζ	截塔	Ξ	ξ	克西	X	χ	喜
H	η	衣塔	O	o	奥密克戎	Ψ	ψ	普西
Θ	θ	西塔	Π	π	派	Ω	ω	欧米嘎

（3）罗马数字（见表1-3）。

表1-3　　　　　　　　　　罗马数字

数母	I	II	III	IV	V	VI	VII	VIII	IX	X	L	C	D	M
数	1	2	3	4	5	6	7	8	9	10	50	100	500	1000
汉字	壹	贰	叁	肆	伍	陆	柒	捌	玖	拾	伍拾	佰	伍佰	仟

注　罗马数字有七种基本符号 I、V、X、L、C、D 和 M，两种符号并列时：小
　　数放在大数左边，表示大数和小数之差；小数放在大数右边，则表示小数与大
　　数之和。在符号上面加一段横线，表示这个符号的数增加1000倍。

二、常用标准代号

（1）国家标准代号及含义（见表1-4）。

表1-4　　　　　　　国家标准代号及其含义

序号	代号	含义	序号	代号	含义
1	GB	国家强制性标准	5	GBW	国家卫生标准
2	GB/T	国家推荐性标准	6	GJB	国家军用标准
3	GBn	国家内部标准	7	GBJ	国家工程建设标准
4	GB/Z	国家标准化指导性技术文件	8	GSB	国家实物标准

（2）常用行业标准代号（见表1-5）。

表1-5　　　　　　　常用行业标准代号及其含义

序号	代号	含义	序号	代号	含义
1	AQ	安全	9	DL	电力
2	BB	包装	10	DZ	地质矿产
3	CB	船舶	11	FZ	纺织
4	CH	测绘	12	GA	公共安全
5	CJ	城镇建设	13	GY	广播电影电视
6	CY	新闻出版	14	HB	航空
7	DA	档案	15	HG	化工
8	DB	地方标准	16	HJ	环境保护

续表

序号	代号	含　义	序号	代号	含　义
17	HY	海洋	38	SC	水产
18	JB	机械	39	SH	石油化工
19	JC	建筑材料	40	SJ	电子
20	JG	建筑工业	41	SL	水利
21	JJG	国家计量（交通）	42	SN	商检
22	JR	金融	43	SY	石油天然气
23	JT	交通	44	TB	铁路运输
24	JY	教育	45	TY	体育
25	LB	旅游	46	TD	土地
26	LD	劳动和劳动安全	47	WB	物质
27	LS	粮食	48	WH	文化
28	LY	林业	49	WM	外贸
29	MH	民用航空	50	WS	卫生
30	MT	煤炭	51	XB	稀土
31	MZ	民政	52	YB	黑色冶金
32	NY	农业	53	YC	烟草
33	QB	轻工	54	YD	邮电通信
34	QC	汽车	55	YS	有色金属
35	QJ	航天	56	YY	医药
36	QX	气象	57	YZ	邮政
37	SB	商业	58	ZB	国家专业

注　行业标准也分为强制性标准、推荐性标准和指导性技术文件。表中给出的是强制性行业标准代号，推荐性行业标准的代号是在强制性行业标准代号后面加"T"，例如：JB/T 2055—2014；指导性技术文件是在强制性行业标准代号后面加"Z"，例如：CB/Z 280—2011。

三、电工常用符号

电工常用符号及其名称见表1-6。

表 1-6   电工常用符号及其名称

符号	名称	符号	名称	符号	名称
R	电阻（器）	KM	接触器	mA	毫安
L	电感（器）	A	安培	C	电容（器）
L	电抗（器）	A	调节器	W	瓦持
RP	电位（器）	V	晶体管	kW	千瓦
G	发电机	V	电子管	var	乏
M	电动机	U	整流器	Wh	瓦时
GE	励磁机	B	扬声器	Ah	安时
A	放大器（机）	Z	滤波器	varh	乏时
W	绕组或线圈	H	指示灯	Hz	频率
T	变压器	W	母线	$\cos\varphi$	功率因数
P	测量仪表	μA	微安	Ω	欧姆
A	电桥	kA	千安	MΩ	兆欧
S	开关	V	伏特	φ	相位
QF	断路器	mV	毫伏	n	转速
FU	熔断器	kV	千伏	T	温度
K	继电器				

四、主要金属元素的化学符号、相对原子质量和密度

主要金属元素的化学符号、相对原子质量和密度见表 1-7。

表 1-7   主要金属元素的化学符号、相对原子质量和密度

元素名称	化学符号	相对原子质量	密度 (g/cm^3)	元素名称	化学符号	相对原子质量	密度 (g/cm^3)
银	Ag	107.88	10.5	铍	Be	9.02	1.9
铝	Al	26.97	2.7	铋	Bi	209.00	9.8
砷	As	74.91	5.73	溴	Br	79.916	3.12
金	Au	197.2	19.3	碳	C	12.01	1.9~2.3
硼	B	10.82	2.3	钙	Ca	40.08	1.55
钡	Ba	137.36	3.5	镉	Cd	112.41	8.65

续表

元素名称	化学符号	相对原子质量	密度（g/cm³）	元素名称	化学符号	相对原子质量	密度（g/cm³）
钴	Co	58.94	8.8	铂	Pt	195.23	21.45
铬	Cr	52.01	7.19	镭	Ra	226.05	5
铜	Cu	63.54	8.93	铷	Rb	85.48	1.53
氟	F	19.00	1.11	铼	Ru	101.7	12.2
铁	Fe	55.85	7.87	硫	S	32.06	2.07
锗	Ge	72.60	5.36	锑	Sb	121.76	6.67
汞	Hg	200.61	13.6	硒	Se	78.96	4.81
碘	I	126.92	4.93	硅	Si	28.06	2.35
铱	Ir	193.1	22.4	锡	Sn	118.70	7.3
钾	K	39.096	0.86	锶	Sr	87.63	2.6
镁	Mg	24.32	1.74	钽	Ta	180.88	16.6
锰	Mn	54.93	7.3	钍	Th	232.12	11.5
钼	Mo	95.95	10.2	钛	Ti	47.90	4.54
钠	Na	22.997	0.97	铀	U	238.07	18.7
铌	Nb	92.91	8.6	钒	V	50.95	5.6
镍	Ni	58.69	8.9	钨	W	183.92	19.15
磷	P	30.98	1.82	锌	Zn	65.38	7.17
铅	Pb	207.21	11.34				

第二节　常用数表

一、π 的重要函数表

π 的重要函数表见表 1-8。

表 1-8　　　　　　　　π 的重要函数表

π	3.141 593	$\sqrt{2\pi}$	2.506 628
π^2	9.869 604	$\sqrt{\dfrac{\pi}{2}}$	1.253 314
$\sqrt{\pi}$	1.772 454	$\sqrt[3]{\pi}$	1.464 592

$\dfrac{1}{\pi}$	0. 318 310	$\sqrt{\dfrac{1}{2\pi}}$	0. 398 942
$\dfrac{1}{\pi^2}$	0. 101 321	$\sqrt{\dfrac{2}{\pi}}$	0. 797 885
$\sqrt{\dfrac{1}{\pi}}$	0. 564 190	$\sqrt[3]{\dfrac{1}{\pi}}$	0. 682 784

二、π 的近似分数表

π 的近似分数表见表 1-9。

表 1-9　　　　　　　　　π 的近似分数表

近似分数	误差	近似分数	误差
$\pi \approx 3.140\ 000\ 0 = \dfrac{157}{50}$	0. 001 592 7	$\pi \approx 3.141\ 711\ 2 = \dfrac{25 \times 47}{22 \times 17}$	0. 000 118 5
$\pi \approx 3.142\ 857\ 1 = \dfrac{22}{7}$	0. 001 264 4	$\pi \approx 3.141\ 700\ 4 = \dfrac{8 \times 97}{13 \times 19}$	0. 000 107 7
$\pi \approx 3.141\ 818\ 1 = \dfrac{32 \times 27}{25 \times 11}$	0. 000 255 4	$\pi \approx 3.141\ 666\ 6 = \dfrac{13 \times 29}{4 \times 30}$	0. 000 073 9
$\pi \approx 3.141\ 732\ 2 = \dfrac{19 \times 21}{127}$	0. 000 139 5	$\pi \approx 3.141\ 592\ 9 = \dfrac{5 \times 71}{113}$	0. 000 000 2

三、25.4 的近似分数表

25.4 的近似分数表见表 1-10。

表 1-10　　　　　　　　25.4 的近似分数表

近似分数	误　　差
$25.400\ 00 = \dfrac{127}{5}$	0
$25.411\ 76 = \dfrac{18 \times 24}{17}$	0. 011 76
$25.396\ 83 = \dfrac{40 \times 40}{7 \times 9}$	0. 003 17
$25.384\ 61 = \dfrac{11 \times 30}{13}$	0. 015 39

注　1in（英寸）＝25.4mm。

四、镀层金属的特性

镀层金属的特性见表 1-11。

表 1-11　　　　　　　　　　　　镀层金属的特性

种类	密度 ρ(g/cm^3)	熔解点 (℃)	抗拉强度 σ_b(N/mm^2)	伸长率 δ(%)	硬度 (HV)
锌	7.133	419.5	100~130	65~50	35
铝	2.696	660	50~90	45~35	17~23
铅	11.36	372.4	11~20	50~30	3~5
锡	7.298	231.9	10~20	96~35	7~8
铬	7.19	1875	470~620	24	120~140

五、常用材料线膨胀系数

常用材料线膨胀系数见表 1-12。

表 1-12　　　　　　　　常用材料线膨胀系数　　　　　　　　(1/℃)

材料	温度范围（℃）					
	20~100	20~200	20~300	20~400	20~600	20~700
工程用铜	$(16.6\sim17.1)\times10^{-6}$	$(17.1\sim17.2)\times10^{-6}$	17.6×10^{-6}	$(18\sim18.1)\times10^{-6}$	18.6×10^{-6}	
纯铜	17.2×10^{-6}	17.5×10^{-6}	17.9×10^{-6}			
黄铜	17.8×10^{-6}	18.8×10^{-6}	20.9×10^{-6}			
锡青铜	17.6×10^{-6}	17.9×10^{-6}	18.2×10^{-6}			
铝青铜	17.6×10^{-6}	17.9×10^{-6}	19.2×10^{-6}			
碳钢	$(10.6\sim12.2)\times10^{-6}$	$(11.3\sim13)\times10^{-6}$	$(12.1\sim13.5)\times10^{-6}$	$(12.9\sim13.9)\times10^{-6}$	$(13.5\sim14.3)\times10^{-6}$	$(14.7\sim15)\times10^{-6}$
铬钢	11.2×10^{-6}	11.8×10^{-6}	12.4×10^{-6}	13×10^{-6}	13.6×10^{-6}	
40CrSi	11.7×10^{-6}					
30CrMnSiA	11×10^{-6}					
4Cr13	10.2×10^{-6}	11.1×10^{-6}	11.6×10^{-6}	11.9×10^{-6}	12.3×10^{-6}	12.8×10^{-6}
1Cr18Ni9Ti	16.6×10^{-6}	17.0×10^{-6}	17.2×10^{-6}	17.5×10^{-6}	17.9×10^{-6}	18.6×10^{-6}
铸铁	$(8.7\sim11.1)\times10^{-6}$	$(8.5\sim11.6)\times10^{-6}$	$(10.1\sim12.2)\times10^{-6}$	$(11.5\sim12.7)\times10^{-6}$	$(12.9\sim13.2)\times10^{-6}$	

第三节 常用三角函数计算

一、30°、45°、60°的三角函数值

30°、45°、60°的三角函数值见表1-13。

表1-13　　　　　　　　30°、45°、60°的三角函数值

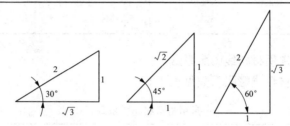

函数	30°	45°	60°
sin	$\dfrac{1}{2}=0.5$	$\dfrac{1}{\sqrt{2}}=0.707\,11$	$\dfrac{\sqrt{3}}{2}=0.866\,03$
cos	$\dfrac{\sqrt{3}}{2}=0.866\,03$	$\dfrac{1}{\sqrt{2}}=0.707\,11$	$\dfrac{1}{2}=0.5$
tan	$\dfrac{1}{\sqrt{3}}=0.577\,35$	1	$\sqrt{3}=1.732\,05$
cot	$\sqrt{3}=1.732\,05$	1	$\dfrac{1}{\sqrt{3}}=0.577\,35$

二、常用三角函数的计算公式

常用三角函数的计算公式见表1-14。

表1-14　　　　　　　常用三角函数的计算公式

名称	图　　形	计　算　公　式
直角三角形		α 的正弦 $\sin\alpha=\dfrac{a}{c}$
		α 的余弦 $\cos\alpha=\dfrac{b}{c}$
		α 的正切 $\tan\alpha=\dfrac{a}{b}$
		α 的余切 $\cot\alpha=\dfrac{b}{a}$

名称	图　形	计　算　公　式
直角三角形		α 的正割 $\sec\alpha=\dfrac{c}{b}$ α 的余割 $\csc\alpha=\dfrac{c}{a}$ $\alpha+\beta=90°$　$c^2=a^2+b^2$ 或 $c=\sqrt{a^2+b^2}$；$a=\sqrt{c^2-b^2}$ $b=\sqrt{c^2-a^2}$ 余角函数：$\sin(90°-\alpha)=\cos\alpha$ $\cos(90°-\alpha)=\sin\alpha$ $\tan(90°-\alpha)=\cot\alpha$ $\cot(90°-\alpha)=\tan\alpha$ 反三角函数： 当 $x=\sin\alpha$ 反函数为 $\alpha=\arcsin x$ $x=\cos\alpha$ 反函数为 $\alpha=\arccos x$ $x=\tan\alpha$ 反函数为 $\alpha=\arctan x$ $x=\cot\alpha$ 反函数为 $\alpha=\text{arccot}\,x$
锐角三角形 钝角三角形	 	正弦定理：$\dfrac{a}{\sin A}=\dfrac{b}{\sin B}=\dfrac{c}{\sin C}$ 余弦定理：$a^2=b^2+c^2-2bc\cos A$ 即：$\cos A=\dfrac{b^2+c^2-a^2}{2bc}$ $b^2=a^2+c^2-2ac\cos B$ 即：$\cos B=\dfrac{a^2+c^2-b^2}{2ac}$ $c^2=a^2+b^2-2abc\cos C$ 即：$\cos C=\dfrac{a^2+b^2-c^2}{2ab}$

第四节　常用几何图形的计算

一、常用几何图形的面积计算公式

常用几何图形的面积计算公式见表 1-15。

表 1-15　　　　常用几何图形的面积计算公式

名称	图　形	计　算　公　式
正方形		面积 $A = a^2$　$a = 0.707d$　$d = 1.414a$
长方形		面积 $A = ab$　$d = \sqrt{a^2+b^2}$　$a = \sqrt{d^2-b^2}$　$b = \sqrt{d^2-a^2}$
平行四边形		面积 $A = bh$　$h = \dfrac{A}{b}$　$b = \dfrac{A}{h}$
菱形		面积 $A = \dfrac{dh}{2}$　$a = \dfrac{1}{2}\sqrt{d^2+h^2}$　$h = \dfrac{2A}{d}$; $d = \dfrac{2A}{h}$
梯形		面积 $A = \dfrac{a+b}{2}h$　$m = \dfrac{a+b}{2}$　$h = \dfrac{2A}{a+b}$　$a = \dfrac{2A}{h}-b$　$b = \dfrac{2A}{h}-a$
斜梯形		面积 $A = \dfrac{(H+h)a+bh+cH}{2}$
等边三角形		面积 $A = \dfrac{ah}{2} = 0.433a^2 = 0.578h^2$　$a = 1.155h$　$h = 0.866a$
直角三角形		面积 $A = \dfrac{ab}{2}$　$c = \sqrt{a^2+b^2}$　$h = \dfrac{ab}{c}$
圆形		面积 $A = \dfrac{1}{4}\pi D^2$　$= 0.7854D^2$　$= \pi R^2$　周长 $c = \pi D$　$D = 0.318c$

名称	图　形	计　算　公　式
椭圆形		面积 $A = \pi ab$
圆环形		面积 $A = \dfrac{\pi}{4}(D^2 - d^2)$ $= 0.785(D^2 - d^2)$ $= \pi(R^2 - r^2)$
扇形		面积 $A = \dfrac{\pi R^2 \alpha}{360} = 0.008\,727\alpha R^2 = \dfrac{Rl}{2}$ $l = \dfrac{\pi R a}{180°} = 0.017\,45 R\alpha$
弓形		面积 $A = \dfrac{lR}{2} - \dfrac{L(R-h)}{2}$ $R = \dfrac{L^2 + 4h^2}{8h}$ $h = R - \dfrac{1}{2}\sqrt{4R^2 - L^2}$
局部圆环形		面积 $A = \dfrac{\pi\alpha}{360}(R^2 - r^2)$ $= 0.008\,73\alpha(R^2 - r^2)$ $= \dfrac{\pi\alpha}{4 \times 360}(D^2 - d^2)$ $= 0.002\,18\alpha(D^2 - d^2)$
抛物线弓形		面积 $A = \dfrac{2}{3}bh$
角棳		面积 $A = r^2 - \dfrac{\pi r^2}{4} = 0.215r^2$ $= 0.107\,5c^2$
正多边形		面积 $A = \dfrac{SK}{2}n = \dfrac{1}{2}nSR\cos\dfrac{\alpha}{2}$ 圆心角 $\alpha = \dfrac{360°}{n}$ 内角 $\gamma = 180° - \dfrac{360°}{n}$ 式中　S——正多边形边长； 　　　n——正多边形边数
圆柱体		体积 $V = \pi R^2 H = \dfrac{1}{4}\pi D^2 H$ 侧表面积 $A_0 = 2\pi RH$

二、常用几何体的表面积和体积的计算公式

常用几何体的表面积和体积的计算公式见表 1-16。

表 1-16　　　常用几何体的表面积和体积的计算公式

名称	图　形	计　算　公　式
斜底圆柱体		体积 $V = \pi R^2 \dfrac{H+h}{2}$ 侧表面积 $A_0 = \pi R(H+h)$
空心圆柱体		体积 $V = \pi H(R^2 - r^2)$ $\qquad = \dfrac{1}{4}\pi H(D^2 - d^2)$ 侧表面积 $A_0 = 2\pi H(R+r)$
圆锥体		体积 $V = \dfrac{1}{3}\pi H R^2$ 侧表面积 $A_0 = \pi Rl = \pi R\sqrt{R^2 + H^2}$ 母线 $l = \sqrt{R^2 + H^2}$
截顶圆锥体		体积 $V = (R^2 + r^2 + Rr)\dfrac{\pi H}{3}$ 侧表面积 $A_0 = \pi l(R+r)$ 母线 $l = \sqrt{H^2 + (R-r)^2}$
正方体		体积 $V = a^3$
长方体		体积 $V = abH$
角锥体		体积 $V = \dfrac{1}{3}H \times$ 底面积 $\qquad = \dfrac{na^2 H}{12}\cot\dfrac{\alpha}{2}$ 式中　n——正多边形边数； $\qquad \alpha = \dfrac{360°}{n}$

名称	图　形	计　算　公　式
截顶角锥体		体积 $V=\dfrac{1}{3}H(A_1+A_2+\sqrt{A_1}+A_2)$ 式中　A_1——顶面积； 　　　A_2——底面积
正方锥体		体积 $V=\dfrac{1}{3}H(a^2+b^2+ab)$
正六角体		体积 $V=0.598a^2H$
球体		体积 $V=\dfrac{4}{3}\pi R^3=\dfrac{1}{6}\pi D^3$ 表面积 $A_n=12.57R^2=3.142D^2$
圆球环体		体积 $V=2\pi Rr^2=19.739Rr^2$ $=\dfrac{1}{4}\pi^2Dd^2$ $=2.4674Dd^2$ 表面积 $A_n=4\pi^2Rr=39.48Rr$
截球体		体积 $V=\dfrac{1}{6}\pi H(3r^2+H^2)$ $=\pi H^2\left(R-\dfrac{H}{3}\right)$ 侧表面积 $A_0=2\pi RH$
球台体		体积 $V=\dfrac{1}{6}\pi H[3(r_1^2+r_2^2)+H^2]$ 侧表面积 $A_0=2\pi RH$

三、内接正多边形的计算公式

内接正多边形的计算公式见表 1-17。

表 1-17　　　　　内接正多边形的计算公式

名称	图　形	计　算　公　式
内接三角形	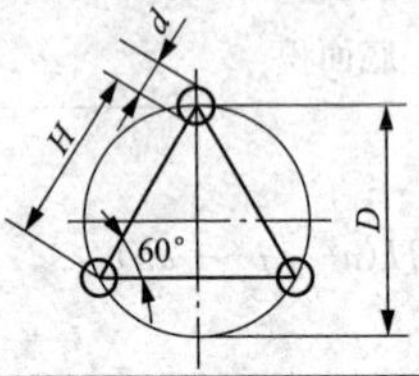	$D = (H + d)1.155$ $H = \dfrac{D - 1.155d}{1.155}$
	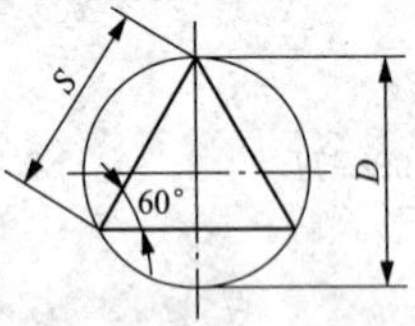	$D = 1.154S$ $S = 0.866D$
内接四边形	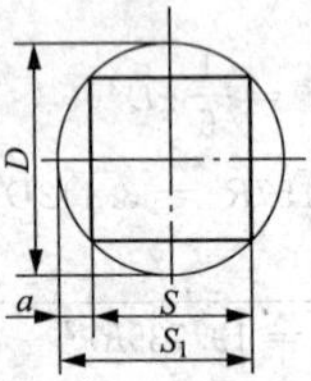	$D = 1.414S$ $S = 0.707D$ $S_1 = 0.854D$ $a = 0.147D = \dfrac{D - S}{2}$
内接五边形	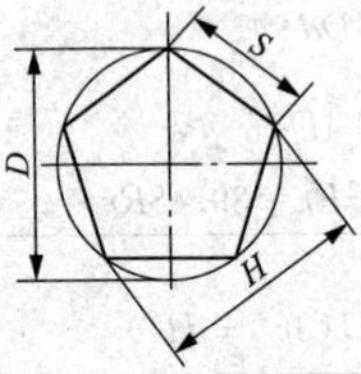	$D = 1.701S$ $S = 0.588D$ $H = 0.951D = 1.618S$
内接六边形	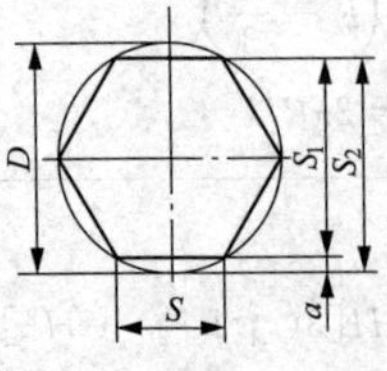	$D = 2S = 1.155S_1$ $S = \dfrac{1}{2}D$ $S_1 = 0.866D$ $S_2 = 0.933D$ $a = 0.067D = \dfrac{D - S_1}{2}$

四、圆周等分系数表

圆周等分系数表见表 1-18。

14

表 1-18　　　　　　　　　圆周等分系数表

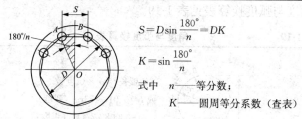

$$S = D\sin\frac{180°}{n} = DK$$

$$K = \sin\frac{180°}{n}$$

式中　n——等分数；

　　　K——圆周等分系数（查表）

等分数 n	系数 K	等分数 n	系数 K	等分数 n	系数 K	等分数 n	系数 K
3	0.866 03	28	0.111 97	53	0.059 240	78	0.040 265
4	0.707 11	29	0.108 12	54	0.058 145	79	0.039 757
5	0.587 79	30	0.104 53	55	0.057 090	80	0.039 260
6	0.500 00	31	0.101 17	56	0.056 071	81	0.038 775
7	0.433 88	32	0.098 015	57	0.055 087	82	0.038 302
8	0.382 68	33	0.095 056	58	0.054 138	83	0.037 841
9	0.342 02	34	0.092 269	59	0.053 222	84	0.037 391
10	0.309 02	35	0.089 640	60	0.052 336	85	0.036 951
11	0.281 73	36	0.087 156	61	0.051 478	86	0.036 522
12	0.258 82	37	0.084 805	62	0.050 649	87	0.036 102
13	0.239 32	38	0.082 580	63	0.049 845	88	0.035 692
14	0.222 52	39	0.080 466	64	0.049 067	89	0.035 291
15	0.207 91	40	0.078 460	65	0.048 313	90	0.034 899
16	0.195 09	41	0.076 549	66	0.047 581	91	0.034 516
17	0.183 75	42	0.074 731	67	0.046 872	92	0.034 141
18	0.173 65	43	0.072 995	68	0.046 183	93	0.033 774
19	0.164 59	44	0.071 339	69	0.045 514	94	0.033 415
20	0.156 43	45	0.069 756	70	0.044 864	95	0.033 064
21	0.149 04	46	0.068 243	71	0.044 233	96	0.032 719
22	0.142 32	47	0.066 792	72	0.043 619	97	0.032 881
23	0.136 17	48	0.065 403	73	0.043 022	98	0.032 051
24	0.130 53	49	0.064 073	74	0.042 441	99	0.031 728
25	0.125 33	50	0.062 791	75	0.041 875	100	0.031 410
26	0.120 54	51	0.061 560	76	0.041 325		
27	0.116 09	52	0.060 379	77	0.040 788		

五、角度与弧度换算表

角度与弧度换算表见表 1-19。

表 1-19   **角度与弧度换算表**

AB 弧长 $l = r \times$ 弧度数

或 $l = 0.017\,453 r\alpha$（弧度）

$= 0.008\,727 D\alpha$（弧度）

角度	弧度	角度	弧度	角度	弧度
1″	0.000 005	6′	0.001 745	20°	0.349 066
2″	0.000 010	7′	0.002 036	30°	0.523 599
3″	0.000 015	8′	0.002 327	40	0.698 132
4″	0.000 019	9′	0.002 618	50	0.872 665
5″	0.000 024	10′	0.002 909	60	1.047 198
6″	0.000 029	20′	0.005 818	70	1.221 730
7″	0.000 034	30′	0.008 727	80	1.396 263
8″	0.000 039	40′	0.011 636	90	1.570 796
9″	0.000 044	50′	0.014 544	100	1.745 329
10″	0.000 048	1°	0.174 53	120	2.094 395
20″	0.000 097	2°	0.034 907	150	2.617 994
30″	0.000 145	3°	0.052 360	180	3.141 593
40″	0.000 194	4°	0.069 813	200	3.490 659
50″	0.000 242	5°	0.087 266	250	4.363 323
1′	0.000 291	6°	0.104 720	270	4.712 389
2′	0.000 582	7°	0.122 173	300	5.235 988
3′	0.000 873	8°	0.139 626	360	6.283 185
4′	0.001 164	9°	0.157 080	1rad(弧度)=57°17′44.8″	
5′	0.001 454	10°	0.174 533		

✦ 第五节 常用测量计算公式

冲模加工制造中常用测量计算公式及应用示例见表 1-20。

表 1-20　　　　　　　常用测量计算公式

名称	图　形	计算公式	应用举例
测量内圆弧	深度游标卡尺	$r=\dfrac{d(d+H)}{2H}$ $H=\dfrac{d^2}{2\left(r-\dfrac{d}{2}\right)}$	［例］已知钢柱直径 $d=$ 20mm，深度游标卡尺读数 $H=2.3$mm，求圆弧工件的半径 r。 ［解］$r=\dfrac{20\times(20+2.3)}{2\times2.3}$ $=96.96$（mm）
测量外圆弧	游标卡尺	$L=2\sqrt{H(2r-H)}$ $r=\dfrac{L^2}{8H}+\dfrac{H}{2}$	［例］已知游标卡尺的 $H=$ 22mm，读数为 $L=122$mm，求圆弧工件的半径 r。 ［解］$r=\dfrac{122^2}{8\times22}+\dfrac{22}{2}$ $=95.57$（mm）
测量外圆锥斜角		$\tan\alpha=\dfrac{L-l}{2H}$	［例］已知 $H=15$mm，游标卡尺读数 $L=32.7$mm，$l=28.5$mm，求斜角 α。 ［解］$\tan\alpha=\dfrac{32.7-28.5}{2\times15}$ $=0.1400$ $\alpha=7°58'$
测量内圆锥斜角		$\sin\alpha=\dfrac{R-r}{L}$ $=\dfrac{R-r}{H+r-R-h}$	［例］已知大钢球半径 $R=$ 10mm，小钢球半径 $r=6$mm，深度游标卡尺读数 $H=$ 24.5mm，$h=2.2$mm，求斜角 α。 ［解］$\sin\alpha=\dfrac{10-6}{24.5+6-10-2.2}$ $=0.2531$ $\alpha=12°38'$

名称	图　　形	计算公式	应用举例
测量内圆锥斜角		$\sin\alpha = \dfrac{R-r}{L}$ $= \dfrac{R-r}{H+h-R+r}$	［例］已知大钢球半径 $R=$ 10mm，小钢球半径 $r=$ 6mm，深度游标卡尺读数 $H=18$mm，$h=1.8$mm，求斜角 α。 ［解］$\sin\alpha = \dfrac{10-6}{18+1.8-10+6}$ $=0.2532$ $\alpha = 14°40'$
测量V形槽角度		$\sin\alpha = \dfrac{R-r}{H_2-H_1-(R-r)}$	［例］已知大钢柱半径 $R=$ 15mm，小钢柱半径 $r=$ 10mm，高度游标卡尺读数 $H_1 = 43.53$mm，$H_2 =$ 55.6mm，求V形槽斜角 α。 ［解］$\sin\alpha = \dfrac{15-10}{55.6-43.53-(15-10)}$ $=0.7071$ $\alpha = 45°$
测量燕尾槽		$l = b+d\left(1-\cot\dfrac{\alpha}{2}\right)$ $= b+k^{①}$ $b = l-d\left(1-\cot\dfrac{\alpha}{2}\right)$ $= L-k^{①}$	［例］已知钢柱直径 $d=$ 10mm，$b=60$mm，$\alpha=55°$，求 l。 ［解］$l = 60+10\times(1+$ 1.921) $= 89.21$(mm)
		$l = b-d\left(1+\cot\dfrac{\alpha}{2}\right)$ $= b-k^{①}$ $b = l+d\left(1+\cot\dfrac{\alpha}{2}\right)$ $= L+k^{①}$	［例］已知钢柱直径 $d=$ 10mm，$b=72$mm，$\alpha=55°$，求 l。 ［解］$l = 72-10\times(1+$ 1.921) $= 43.79$(mm)

① $k = d\left(1+\cot\dfrac{\alpha}{2}\right)$。

✈ 第六节　常用计量单位及其换算

一、长度单位换算

长度单位换算见表1-21。

表 1-21　　　　　　　长度单位换算

米 （m）	厘米 （cm）	毫米 （mm）	英寸 （in）	英尺 （ft）	码 （yd）	市尺
1	10^2	10^3	39.37	3.281	1.094	3
10^{-2}	1	10	0.394	3.281×10^{-2}	1.094×10^{-2}	3×10^{-2}
10^{-3}	0.1	1	3.937×10^{-3}	3.281×10^{-3}	1.094×10^{-3}	3×10^{-3}
2.54×10^{-2}	2.54	25.4	1	8.333×10^{-2}	2.778×10^{-2}	7.62×10^{-2}
0.305	30.48	3.048×10^2	12	1	0.333	0.914
0.914	91.44	9.10×10^2	36	3	1	2.743
0.333	33.333	3.333×10^2	13.123	1.094	0.366	1

二、面积单位换算

面积单位换算见表1-22。

表 1-22　　　　　　　面积单位换算

米^2 （m^2）	厘米^2 （cm^2）	毫米^2 （mm^2）	英寸^2 （in^2）	英尺^2 （ft^2）	码^2 （yd^2）	市尺^2
1	10^4	10^6	1.550×10^3	10.764	1.196	9
10^{-4}	1	10^2	0.155	1.076×10^{-3}	1.196×10^{-4}	$9\times10-4$
10^{-6}	10^{-2}	1	1.55×10^{-3}	1.076×10^{-5}	1.196×10^{-6}	9×10^{-6}
6.452×10^{-4}	6.452	6.452×10^2	1	6.944×10^{-3}	7.617×10^{-4}	5.801×10^{-3}
9.290×10^{-2}	9.290×10^2	9.290×10^4	1.44×10^2	1	0.111	0.836
0.836	8361.3	0.836×10^6	1296	9	1	7.524
0.111	1.111×10^3	1.111×10^5	1.722×10^2	1.196	0.133	1

三、体积单位换算

体积单位换算见表1-23。

表 1-23 体积单位换算

米³ (m³)	升 (L)	厘米³ (cm³)	英寸³ (in³)	英尺³ (ft³)	加仑 (US) 美	加仑 (qal) 英
1	10^3	10^6	6.102×10^4	35.315	2.642×10^2	2.200×10^2
10^{-3}	1	10^3	61.024	3.532×10^2	0.264	0.220
10^{-6}	10^{-3}	1	6.102×10^{-2}	3.532×10^{-5}	2.642×10^{-4}	2.200×10^{-4}
1.639×10^{-5}	1.639×10^{-2}	16.387	1	5.787×10^{-4}	4.329×10^{-3}	3.605×10^{-3}
2.832×10^{-2}	28.317	2.832×10^4	1.728×10^3	1	7.481	6.229
3.785×10^{-3}	3.785	3.785×10^3	2.310×10^2	0.134	1	0.833
4.546×10^{-3}	4.546	4.546×10^3	2.775×10^2	0.161	1.201	1

四、质量单位换算

质量单位换算见表 1-24。

表 1-24 质量单位换算

千克 (kg)	克 (g)	毫克 (mg)	吨 (t)	英吨 (tn)	美吨 (shtn)	磅 (lb)
1000			1	0.984 2	1.102 3	2204.6
1	1000		0.001			2.204 6
0.001	1	1000				
1016.05			1.016 1	1	1.12	2240
907.19			0.907 2	0.892 9	1	2000
0.453 6	453.59					1

五、力的单位换算

力的单位换算见表 1-25。

表 1-25　　　　　　　　　力的单位换算

牛顿（N）	千克力（kgf）	达因（dyn）	磅力（lbf）	磅达（pdl）
1	0.102	10^5	0.224 8	7.233
9.806 65	1	$9.806\ 65\times10^5$	2.204 6	70.93
10^{-5}	1.02×10^{-6}	1	2.248×10^6	7.233×10^3
4.448	0.453 6	4.448×10^5	1	32.174
0.138 3	1.41×10^{-2}	1.383×10^4	3.108×10^{-2}	1

六、压力单位换算

压力单位换算见表 1-26。

表 1-26　　　　　　　　　压力单位换算

工程大气压 （at）	标准大气压 （atm）	千克力/毫米^2 （kgf/mm^2）	毫米水柱 （mmH$_2$O）	毫米汞柱 （mmHg）	牛顿/米^2 （N/m^2）
1	0.967 8	0.01	10^4	735.6	98 067
1.033	1		10 332	760	101 325
100	96.78	1	10^6	73 556	98.07×10^5
0.000 1	$9.967\ 8\times10^{-4}$		1	0.073 6	9.807
0.001 36	0.001 32		13.6	1	133.32
1.02×10^{-5}	0.99×10^{-5}	1.02×10^{-7}	0.102	0.007 5	1

七、功率单位换算

功率单位换算见表 1-27。

表 1-27　　　　　　　　　功率单位换算

瓦 （W）	千瓦 （kW）	米制马力 （PS）	英制马力 （hp）	千克力· 米/秒 （kgf·m/s）	英尺· 磅力/秒 （ft·1bf/s）	千卡/秒 （kcal/s）
1	10^{-3}	1.36×10^{-3}	1.341×10^{-3}	0.102	0.737 6	239×10^{-6}
1000	1	1.36	1.341	102	737.6	0.239
735.5	0.735 5	1	0.986 3	75	542.5	0.175 7
745.7	0.745 7	1.014	1	76.04	550	0.178 1
9.807	9.807×10^{-3}	13.33×10^{-3}	13.15×10^{-3}	1	7.233	2.342×10^{-3}
1.356	1.356×10^{-3}	1.843×10^{-3}	1.82×10^{-3}	0.138 3	1	0.324×10^{-3}
4186.8	4.187	5.692	5.614	426.935	3083	1

八、温度单位换算

温度单位换算见表1-28。

表1-28　　　　　　　　　温度单位换算

摄氏度（℃）	华氏度（℉）	兰氏[1]度（°R）	开尔文（K）
C	$\dfrac{9}{5}C+32$	$\dfrac{9}{5}C+491.67$	$C+273.15$[2]
$\dfrac{5}{9}(F-32)$	F	$F+459.67$	$\dfrac{5}{9}(F+459.67)$
$\dfrac{5}{9}(R-491.67)$	$R-459.67$	R	$\dfrac{5}{9}R$
$K-273.15$[2]	$\dfrac{9}{5}K-459.67$	$\dfrac{9}{5}K$	K

①　原文是 Rankine，故也叫兰金度。

②　摄氏温度的标定是以水的冰点为一个参照点作为 0℃，相对于开尔文温度上的
273.15K。开尔文温度的标定是以水的三相点为一个参照点作为 273.15K，相
对于摄氏 0.01℃（即水的三相点高于水的冰点 0.01℃）。

九、热导率单位换算

热导率单位换算见表1-29。

表1-29　　　　　　　　　热导率单位换算

瓦/（米·K） 〔W/(m·K)〕	千卡/ （米·时·℃） 〔kcal/ (m·h·℃)〕	卡/ （厘米·秒·℃） 〔cal/ (cm·s·℃)〕	焦耳/ （厘米·秒·℃） 〔J/ (cm·s·℃)〕	英热单位/ （英尺·时·℉） 〔Btu/ (ft·h·℉)〕
1.16	1	0.002 78	0.011 6	0.672
418.68	360	1	4.186 8	242
1	0.859 8	0.002 39	0.01	0.578
100	85.98	0.239	1	57.8
1.73	1.49	0.004 13	0.017 3	1

十、速度单位换算

速度单位换算见表1-30。

表 1-30　　　　　　　　　　速度单位换算

米/秒（m/s）	千米/时（km/h）	英尺/秒（ft/s）
1	3.600	3.281
0.278	1	0.911
0.305	1.097	1

十一、角速度单位换算

角速度单位换算见表 1-31。

表 1-31　　　　　　　　　　角速度单位换算

弧度/秒（rad/s）	转/分（r/min）	转/秒（r/s）
1	9.554	0.159
0.105	1	0.017
6.283	60	1

第二章

金属材料及其热处理

第一节　常用金属材料的性能

一、金属材料的基本性能

金属材料的性能通常包括物理化学性能、力学性能及工艺性能等。金属材料的基本性能见表 2-1。

表 2-1　　　　　　　　金属材料的基本性能

物理化学性能	与焊接、热切割有关的基本物理化学性能，如密度、导电性、导热性、热膨胀性、抗氧化性、耐腐蚀性等	密度	物质单位体积所具有的质量，用 ρ 表示。常用金属材料的密度：铸钢为 $7.8g/cm^3$，灰铸钢为 $7.2g/cm^3$，黄铜为 $8.63g/cm^3$，铝为 $2.7g/cm^3$
		导电性	金属传导电流的能力。金属的导电性各不相同，通常银的导电性最好，其次是铜和铝
		导热性	金属传导热量的性能。若某些零件在使用时需要大量吸热或散热，需要用导热性好的材料
		热膨胀性	金属受热时发生胀大的现象。被焊工件由于受热不均匀就会产生不均匀的热膨胀，从而导致焊件的变形和焊接应力
		抗氧化性	金属材料在高温时抵抗氧化性气氛腐蚀作用的能力。热力设备中的高温部件，如锅炉的过热器、水冷壁管、汽轮机的汽缸、叶片等，易产生氧化腐蚀
		耐腐蚀性	金属材料抵抗各种介质（如大气、酸、碱、盐等）侵蚀的能力。化工、热力等设备中许多部件是在苛刻的条件下长期工作的，所以选材时必须考虑焊接材料的耐腐蚀性，用时还要考虑设备及其附件的防腐措施

力学性能	金属材料在外部负荷作用下，从开始受力直至材料破坏的全部过程中所呈现的力学特征，是衡量金属材料使用性能的重要指标，如强度、硬度、塑性和韧性	强度	代表金属材料对变形和断裂的抗力，用单位界面上所受的力（称为应力）表示。常用的强度指标屈服强度及拉伸强度等	屈服强度	钢材在拉伸过程中，当应力达到某一数值而不再增加时，其变形继续增加的拉力值，用 σ_s 表示。σ_s 值越高，材料强度越高
			拉伸强度	金属材料在破坏前所承受的最大拉应力，用 σ_s 表示，单位 MPa。σ_s 越大，金属材料抗衡断裂的能力越大，强度越高
		塑性	金属材料在外力作用下产生塑性变形的能力，表示金属材料塑性性能的指标有伸长率、断面收缩率及冷弯角等
		冲击韧性	衡量金属材料抵抗功载荷或冲击力的能力，用冲击实验可以测定材料在突加载荷时对缺口的敏感性。冲击值是冲击韧性的一个指标，以 α_k 表示，α_k 大，材料的韧性大
		硬度	金属材料抵抗表面变形的能力。常用的硬度有布氏硬度 HB、洛氏硬度 HR、维氏硬度 HV 三种
工艺性能	承受各种冷、热加工的能力	切削性能	金属材料是否易于切削的性能。切削时，切削刀具不易磨损，切削力较小且被切削后工件表面质量好，此材料的切削性能好，灰口铸铁具有较好的切削性能
		铸造性能	金属在液态时的流动性以及液态金属在凝固过程中的收缩和偏析程度。金属的铸造性能是保证铸件质量的重要性能之一
		焊接性能	材料在限定的施工条件下，焊接成符合规定设计要求的构件，能满足预定使用要求的能力。焊接性能受材料、焊接方法、构件类型及使用要求等因素的影响。焊接性能有多种评定方法，其中广泛使用的方法是碳当量法，这种方法是基于合金元素对钢的焊接性能有不同程度的影响，将钢中合金元素（包括碳）的含量按其作用换算成碳的相当含量，可作为评定钢材焊接性能的一种参考指标

1. 常用金属材料的弹性模量

材料在弹性范围内，应力与应变的比值称为材料的弹性模量。根据材料的受力状况的不同，弹性模量可分为两种。

（1）材料拉伸（压缩）的弹性模量。计算公式为

$$E = \frac{\sigma}{\varepsilon}$$

式中　E——拉伸（压缩）弹性模量（Pa）；

　　　σ——拉伸（压缩）的应力（Pa）；

　　　ε——材料轴向线应变。

（2）材料剪切的切变模量。计算公式为

$$G = \frac{\tau}{\nu}$$

式中　G——切变模量（Pa）；

　　　τ——材料的剪切应力（Pa）；

　　　ν——材料轴向剪切应变。

常用材料的弹性模量见表 2-2。

表 2-2　　　　　　常用材料的弹性模量

名　称	弹性模量 E(GPa)	切变模量 G(GPa)	名　称	弹性模量 E(GPa)	切变模量 G(GPa)
灰口、白口铸铁	115～160	45	轧制锰青铜	108	39.2
可锻铸铁	155	—	轧制铝	68	25.5～26.5
碳钢	200～220	81	拔制铝线	70	—
镍铬钢、合金结构钢	210	81	铸铝青铜	105	42
铸钢	202	—	硬铝合金	70	26.5
轧制纯铜	108	39.2	轧制锌	84	32
冷拔纯铜	127	48	铅	17	2
轧制磷青铜	113	41.2	玻璃	55	1.92
冷拔黄铜	89～97	35～37	混凝土	13.7～39.2	4.9～15.7

2. 常用金属材料的熔点

金属或合金从固态向液态转变时的温度称为熔点。单质金属都有固定的熔点，常用金属的熔点见表 2-3。

合金的熔点取决于它们的成分，如钢和生铁都是铁、碳为主的合金，但由于含碳量不同，熔点也不相同。熔点是金属或合金冶炼、铸造、焊接等工艺的重要参数。

3. 常用金属材料的线胀系数

金属材料随温度变化而膨胀、收缩的特性称为热膨胀性。一般来说，金属受热时膨胀而体积增大，冷却时收缩而体积减小。

热膨胀性的大小用线胀系数和体胀系数来表示。线胀系数计算公式如下：

$$\alpha_l = \frac{l_2 - l_1}{l_1 \Delta t}$$

式中 α_l——线胀系数（K^{-1}或$℃^{-1}$）；

　　　l_1——膨胀前的长度（m）；

　　　l_2——膨胀后的长度（m）；

　　　Δt——温度变化量（K 或℃）。

体胀系数近似为线胀系数的 3 倍。常用金属材料的线胀系数见表2-3。

表 2-3　　　　　　　　　　常用金属的物理性能

金属名称	符号	密度（20℃）$\rho(kg/m^3)$	熔点（℃）	热导率λ（W/m·K）	线胀系数（0~100℃）$\alpha_l(10^{-6}/℃)$	电阻率（0℃）ρ（$10^{-6}\Omega$·cm）
银	Ag	10.49×10^3	960.8	418.6	19.7	1.5
铜	Cu	8.96×10^3	1083	393.5	17	1.67~1.68（20℃）
铝	Al	2.7×10^3	660	221.9	23.6	2.655
镁	Mg	1.74×10^3	650	153.7	24.3	4.47
钨	W	19.3×10^3	3380	166.2	4.6（20℃）	5.1
镍	Ni	4.5×10^3	1453	92.1	13.4	6.84
铁	Fe	7.87×10^3	1538	75.4	11.76	9.7
锡	Sn	7.3×10^3	231.9	62.8	2.3	11.5
铬	Cr	7.19×10^3	1903	67	6.2	12.9
钛	Ti	4.508×10^3	1677	15.1	8.2	42.1~47.8
锰	Mn	7.45×10^3	1244	4.98（-192℃）	37	185（20℃）

二、钢的分类及其焊接性能

钢和铁都是以铁和碳为主要元素的合金。以铁为基础和碳及其他元素组成的合金，通常称为黑色金属，黑色金属又按铁中含碳量的多少分为生铁和钢两大类。含碳量在 2.11% 以下的铁碳合金称为钢；含碳量为 2.11 ％～6.67％ 的铁碳合金称为铸铁。

（一）常用钢的分类、力学性能和用途

1. 按化学成分分类

（1）碳素结构钢。碳素结构钢中除铁以外，主要还含有碳、硅、锰、硫、磷等几种元素，这些元素的总量一般不超过 2％。

碳素结构钢的牌号由代表屈服点的拼音字母"Q"、屈服点数值、质量等级符号和脱氧方法符号四部分按顺序组成。

例如：

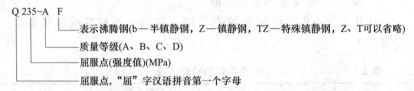

Q 235-A F
— 表示沸腾钢(b—半镇静钢，Z—镇静钢，TZ—特殊镇静钢，Z、T可以省略)
— 质量等级(A、B、C、D)
— 屈服点(强度值)(MPa)
— 屈服点，"屈"字汉语拼音第一个字母

碳素结构钢的化学成分、力学性能、主要特性和用途见表 2-4～表 2-6。

表 2-4   碳素结构钢的牌号及化学成分（GB/T 700—2006）

牌号	统一数字代号	等级	厚度（或直径）(mm)	脱氧方法	化学成分（质量分数,％）（不大于）				
					C	Si	Mn	P	S
Q195	U11952	—	—	F、Z	0.12	0.30	0.50	0.035	0.040
Q215	U12152	A	—	F、Z	0.15	0.35	1.20	0.045	0.050
	U12155	B							0.045
Q235	U12352	A	—	F、Z	0.22	0.35	1.40	0.045	0.050
	U12355	B			0.20				0.045
	U12358	C		Z	0.17			0.040	0.040
	U12359	D		TZ				0.035	0.035
Q275	U12752	A	—	F、Z	0.24	0.35	1.50	0.045	0.050
	U12755	B	≤40	Z	0.21			0.045	0.045
			>40		0.22				
	U12758	C	—	Z	0.20			0.040	0.040
	U12759	D		TZ				0.035	0.035

表 2-5　　　　碳素结构钢的力学性能（GB/T 700—2006）

牌号	等级	上屈服强度（MPa）（不大于）						抗拉强度（MPa）（不小于）	断后伸长率（%）（不小于）					冲击试验（V 型缺口）	
		厚度（或直径）(mm)							厚度（或直径）(mm)					温度（℃）	冲击吸收能量（纵向）(J) 不小于
		≤16	>16~40	>40~60	>60~100	>100~150	>150~200		≤40	>40~60	>60~100	>100~150	>150~200		
Q195	—	195	185					315~430	33						
Q215	A	215	205	195	185	175	165	335~450	31	30	29	27	26	—	—
	B													+20	27
Q235	A	235	225	215	215	195	185	370~500	26	25	24	22	31	—	—
	B													+20	27
	C													0	
	D													−20	
Q275	A	275	265	255	245	225	215	410~540	22	21	20	18	17	—	—
	B													+20	27
	C													0	
	D													−20	

表 2-6　　　　碳素结构钢的特性和用途

牌号	主要特性	用途举例
Q195	含碳、锰量低，强度不高，塑性好，韧性高，具有良好的工艺性能和焊接性能	广泛用于轻工、机械、运输车辆、建筑等一般结构件，自行车、农机配件、五金制品、焊管坯、输送水、煤气等用管、烟筒、屋面板、拉杆、支架及机械用一般结构零件
Q215	含碳、锰量较低，强度比 Q195 稍高，塑性好，具有良好的韧性、焊接性能和工艺性能	用于厂房、桥梁等大型结构件，建筑桁架、铁塔、井架及车船制造结构件，轻工、农业等机械零件、五金工具、金属制品等

牌号	主要特性	用途举例
Q235	含碳量适中,具有良好的塑性、韧性、焊接性能、冷加工性能以及一定的温度	大量生产钢板、型钢、钢筋,用以建造厂房房架、高压输电铁塔、桥梁、车辆等。其C、D级钢含硫、磷量低,相当于优质碳素结构钢,质量好,适于制造对焊接性及韧性要求较高的工程结构机械零部件,如机座、支架,受力不大的拉杆、连杆、销、轴、螺钉(母)、轴、套圈等
Q275	碳及硅、锰含量高一些,具有较高的强度,较好的塑性,较高的硬度和耐磨性,一定的焊接性能和较好的切削加工性能。完全淬火后,其硬度可达270~400HBW	用于制造心轴、齿轮、销轴、链轮、螺栓(母)、垫圈、制动杆、鱼尾板、垫板,农机用型材、机架、耙齿、播种机开沟器架、输送链条等

(2) 优质碳素结构钢。优质碳素结构钢的牌号用两位数表示,这两位数字表示该钢平均含碳量的万分数。优质碳素结构钢根据钢中的含锰量不同,分为普通含锰量钢(Mn 的质量分数小于0.80%)和较高含锰量钢(Mn 的质量分数为 0.70%~1.2%)两组。较高含锰量钢在牌号后面标出元素符号"Mn"或汉字"锰"。

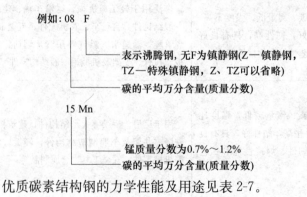

例如: 08　F

└─ 表示沸腾钢,无F为镇静钢(Z—镇静钢,TZ—特殊镇静钢,Z、TZ可以省略)
└─ 碳的平均万分含量(质量分数)

15 Mn

└─ 锰质量分数为0.7%~1.2%
└─ 碳的平均万分含量(质量分数)

优质碳素结构钢的力学性能及用途见表 2-7。

表 2-7　优质碳素结构钢的力学性能及用途（GB/T 699—1999）

牌号	力学性能							用　途
	σ_a	σ_b	δ	ψ	α_k	HBW10/1000		
	MPa		(%)		J/cm^2	热轧钢	退火钢	
	不小于					不大于		
08F	175	295	35	60	—	131	—	用于制造冲压件、焊
08	195	325	33	60		131	—	结构件及强度要求不高
10F	185	315	33	55		137		的机械零件和渗碳件。
10	205	335	31	55		137		如深冲器件、压力容器、
15F	205	355	29	55		143		小轴、销子、法兰盘、
15	225	375	27	55		143		螺钉和垫圈等
20	245	410	25	55		156		
25	275	450	23	50	88.3	170		
30	295	490	21	50	78.5	179		
35	315	530	20	45	68.7	197	—	用于制造受力较大的
40	335	570	19	45	58.8	217	187	机械零件，如连杆、曲
45	355	600	16	40	49	229	197	轴、齿轮和联轴器等
50	375	630	14	40	39.2	241	207	
55	380	645	13	35		255	217	
60	400	675	12	35		255	229	用于制造要求有较高
65	410	695	10	30		255	229	硬度、耐磨性和弹性的
70	420	715	9	30		269	229	零件，如气门弹簧、弹
75	880	1080	7	30		285	241	簧垫圈、板簧和螺旋弹
80	930	1080	6	30		285	241	簧等弹性元件及耐磨件
85	980	1130	6	30		302	255	
15Mn	245	410	26	55		163	—	
20Mn	275	450	24	50		197	—	
25Mn	295	490	22	50	88.3	207	—	
30Mn	315	540	20	45	78.5	217	187	锰钢用于制造较相同
35Mn	335	560	18	45	68.7	229	197	含碳量结构钢截面更大、
40Mn	355	590	17	45	58.8	229	207	力学性能稍高的机械
45Mn	375	620	15	40	49	241	217	零件
50Mn	390	645	13	40	39.2	255	217	
60Mn	410	695	11	35		269	229	
65Mn	430	735	9	30		285	229	
70Mn	450	785	8	30		285	229	

　　（3）合金结构钢。合金结构钢中除碳素钢所含有的各元素外，尚有其他一些元素，如铬、镍、钛、钼、钨、钒、硼等。如果碳

素钢中锰的含量超过 0.8%，或硅的含量超过 0.5%，则这种钢也称为合金结构钢。

　　根据合金元素的多少，合金结构钢又可分为：普通低合金结构钢（普低钢），合金元素总含量小于 5%；中合金结构钢，合金元素总含量为 5%～10%；高合金结构钢，合金元素总含量大于 10%。

　　1）低合金结构钢。低合金结构钢是一种低碳（C 的质量分数小于 0.20%）、低合金的钢，由于合金元素的强化作用，这类钢较相同含碳量的碳素结构钢力学性能要好，一般焊成构件后不再进行热处理。低合金结构钢牌号含义如下：

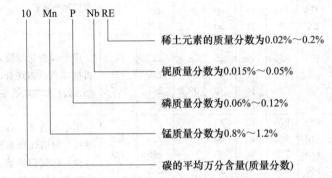

常用低合金结构钢的牌号、性能和用途见表 2-8。

表 2-8　　常用低合金结构钢的牌号、性能和用途

序号	牌号	强度级别（MPa）	使用状态	主要特性	用途举例
1	09MnV	≥294	热轧或正火	塑性良好，韧性、冷弯性及焊接性也较好，但耐蚀性一般，09MnNb 钢可用于−50℃低温	车辆部门的冲压件、建筑金属构件、容量、拖拉机轮圈
2	09MnNb				
3	09Mn2	≥294	热轧或正火	焊接性优良，塑性、韧性极高，薄板冲压性能好，低温性能亦可	低压锅炉汽包、中低压化工容器、薄板冲压件、输油管道、储油罐等

序号	牌号	强度级别（MPa）	使用状态	主要特性	用途举例
4	12Mn	≥294	热轧	综合性能良好（塑性、焊接性、冷热加工性、低中温性能都较好），成本较低	低压锅炉板以及用于金属结构、造船、容器、车辆和有低温要求的工程
5	18Nb	≥294	热轧	为含铌半镇静钢，钢材性能接近镇静钢，成本低于镇静钢，综合力学性能良好，低温性能亦可	用在起重机、鼓风机、原油油罐、化工容器、管道等方面，也可用于工业厂房的承重结构
6	09MnCuPTi	≥343	热轧	耐大气腐蚀用钢，与Q235钢相比，耐大气腐蚀性能高1～1.5倍，强度高50%左右。此钢的塑性、韧性、冷变形性、焊接性均良好，在−50℃时仍具有一定的低温冲击韧性	用于潮湿多雨的地区和腐蚀气氛工业区制造厂房、工程、桥梁构件和焊接件，车辆电站、矿井机械构件
7	10MnSiCu	≥343	热轧	塑性、韧性、冷变形性、焊接性均良好，有一定的耐大气腐蚀性	用于潮湿多雨的地区和腐蚀气氛工业区制造桥梁、工程构件和焊接件
8	12MnV	≥343	热轧或正火	强度、韧性高于12Mn钢，其他性能都和12Mn钢接近	车辆及一般金属结构件、机械零件（此钢为一般结构用钢）
9	14MnNb	≥343	热轧或正火	综合力学性能良好，特别是塑性、焊接性能良好，低温韧性相当于16Mn钢	工作温度为−20～450℃的容器及其他焊接件

续表

序号	牌号	强度级别 (MPa)	使用状态	主要特性	用途举例
10	16Mn	≥343	热轧或正火	综合力学性能、焊接性及低温韧性、冷冲压及切削性均好，与Q235A钢相比，强度提高50%，耐大气腐蚀能力提高20%～38%，低温冲击韧度也比Q235A钢优越，但缺口敏感性较碳素钢大，价廉，应用广泛	各种大型船舶、铁路车辆、桥梁、管道、锅炉、压力容器、石油储罐、起重及矿山机械、电站设备、厂房钢架等承受动负荷的各种焊接结构上，−40℃以下寒冷地区的各种金属构件，也可代15Mn钢作渗碳零件
11	16MnRE	≥343	热轧或正火	性能同16Mn钢，但冲击韧度和冷变形性能较高	和16Mn钢相同（汽车大梁用钢）
12	10MnPNbRE	≥392	热轧	综合力学性能、焊接性及耐蚀性良好，其耐海水腐蚀能力比16Mn钢高60%，低温韧性也优于16Mn钢，冷弯性能特别好，强度高	为耐海水及大气腐蚀用钢，用作耐大气及海水腐蚀的港口码头设施、石油井架、车辆、船舶、桥梁等方面的金属结构件

2) 合金结构钢。合金结构钢的牌号采用两位数字（碳的平均万分含量）加上元素符号（或汉字）加上数字来表示。合金结构钢牌号含义如下：

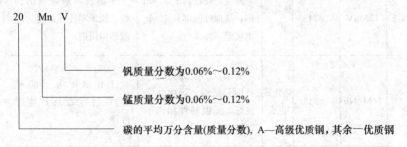

20 Mn V

钒质量分数为0.06%～0.12%

锰质量分数为0.06%～0.12%

碳的平均万分含量(质量分数)，A—高级优质钢，其余—优质钢合金结构钢根据含碳量的不同又可分为合金渗碳钢和合金调质钢。常用合金渗碳钢的牌号、性能和用途见表 2-9，常用调质钢的牌号、热处理及力学性能见表 2-10。

表 2-9　　　　常用合金渗碳钢的牌号、性能和用途

牌号	试样毛坯尺寸 (mm)	力学性能					用途
		σ_b (MPa)	σ_s (MPa)	δ_s (%)	ψ (%)	α_k (J/cm^2)	
		不小于					
20Cr	15	835	540	10	40	60	齿轮、齿轮轴、凸轮、活塞销
20Mn2B	15	980	785	10	45	70	齿轮、轴套、气阀挺杆、离合器
20MnVB	15	1080	885	10	45	70	重型机床的齿轮和轴、汽车后桥齿轮
20CrMnTi	15	1080	835	10	45	70	汽车、拖拉机上的变速齿轮、传动轴
12CrNi3	15	930	685	11	50	90	重负荷下工作的齿轮、轴、凸轮轴
20Cr2Ni4	15	1175	1080	10	45	80	大型齿轮和轴，也可用作调质件

表 2-10　　　　常用调质钢的牌号、热处理及力学性能

牌号	热处理				力学性能					用途
	淬火		回火		σ_b (MPa)	σ_a (MPa)	δ (%)	ψ (%)	α_k (J/cm^2)	
	温度 (℃)	介质	温度 (℃)	介质	不小于					
40Cr	850	油	520	水、油	980	785	9	45	60	齿轮、花键轴、后半轴、连杆、主轴
45Mn2	840	油	550	水、油	885	735	10	45	60	齿轮、齿轮轴、连杆盖、螺栓
35CrMo	850	油	550	水、油	980	835	12	45	80	大电动机轴、锤杆、连杆、轧钢机曲轴

续表

牌号	热处理				力学性能					用途
	淬火		回火		σ_b (MPa)	σ_a (MPa)	δ (%)	ψ (%)	α_k (J/cm^2)	
	温度 (℃)	介质	温度 (℃)	介质	不小于					
30CrMnSi	880	油	520	水、油	1080	835	10	45	50	飞机起落架、螺栓
40MnVB	850	油	520	水、油	980	785	10	45	60	代着40Cr制作汽车和机床上的轴、齿轮
30CrMnTi	850	油	220	水、空气	1470	—	9	40	60	汽车主动锥齿轮、后主齿轮、齿轮轴
38CrMoAlA	940	水、油	640	水、油	980	835	14	50	90	磨床主轴、精密丝杠、量规、样板

注 30CrMnTi钢淬火前需加热到880℃，进行第一次淬火或正火。

2. 按用途分类

常用钢按用途分类有结构钢、工具钢、特殊用途钢（如不锈钢、耐酸钢、耐热钢、低温钢等）。

（1）弹簧钢。弹簧钢中碳的质量分数一般为 0.45%～0.70%，具有高的弹性极限（即有高的屈服点或屈强比），高的疲劳极限与足够的塑性和韧性。

弹簧钢的牌号与结构钢牌号相似，含义如下：

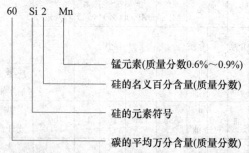

常用弹簧钢的牌号、化学成分、交货硬度、力学性能、特性及用途见表 2-11～表 2-14，常用弹簧材料的特性及用途见表 2-15。

表 2-11　常用弹簧钢的牌号及化学成分（GB/T 1222—2007）

序号	统一数字代号	牌号	化学成分（质量分数,%）										
			C	Si	Mn	Cr	V	W	B	Ni	Cu	P	S
										不大于			
1	U20652	65	0.62~0.70	0.17~0.37	0.50~0.80	≤0.25	—	—	—	0.25	0.25	0.035	0.035
2	U20702	70	0.62~0.75	0.17~0.37	0.50~0.80	≤0.25	—	—	—	0.25	0.25	0.035	0.035
3	U20852	85	0.82~0.90	0.17~0.37	0.50~0.80	≤0.25	—	—	—	0.25	0.25	0.035	0.035
4	U21653	65Mn	0.62~0.70	0.17~0.37	0.90~1.20	≤0.25	—	—	—	0.25	0.25	0.035	0.035
5	A77552	55SiMnVB	0.52~0.60	0.70~1.00	1.00~1.30	≤0.35	0.08~0.16	—	0.0005~0.0035	0.35	0.25	0.035	0.035
6	A11602	60Si2Mn	0.54~0.64	1.50~2.00	0.70~1.00	≤0.35	—	—	—	0.35	0.25	0.035	0.035
7	A11603	60Si2MnA	0.56~0.64	1.60~2.00	0.70~1.00	≤0.35	—	—	—	0.35	0.25	0.025	0.025
8	A21603	60Si2CrA	0.56~0.64	1.40~1.80	0.40~0.70	0.70~1.00	—	—	—	0.35	0.25	0.025	0.025
9	A28603	60Si2CrVA	0.56~0.64	1.40~1.80	0.40~0.70	0.90~1.20	0.10~0.20	—	—	0.35	0.25	0.025	0.025
10	A21553	55SiCrA	0.51~0.59	1.20~1.60	0.50~0.80	0.50~0.80	—	—	—	0.35	0.25	0.025	0.025
11	A22553	55CrMnA	0.52~0.60	0.17~0.37	0.65~0.95	0.65~0.95	—	—	—	0.35	0.25	0.025	0.025
12	A22603	60CrMnA	0.56~0.64	0.17~0.37	0.70~1.00	0.70~1.00	—	—	—	0.35	0.25	0.025	0.025
13	A23503	50CrVA	0.46~0.54	0.17~0.37	0.50~0.80	0.80~1.10	0.10~0.20	—	—	0.35	0.25	0.025	0.025
14	A22613	60CrMnBA	0.56~0.64	0.17~0.37	0.70~1.00	0.70~1.00	—	—	0.0005~0.0040	0.35	0.25	0.025	0.025
15	A27303	30W4Cr2VA	0.26~0.34	0.17~0.37	≤0.40	2.00~2.50	0.50~0.80	4.00~4.50	—	0.35	0.25	0.025	0.025

注　1. 用平炉或转炉冶炼时，不带 A 的钢 S、P 的质量分数均不大于 0.04%，加 A 的钢 S、P 的质量分数均不大于 0.03%。

2. 当钢材不按淬透性交货时，在牌号上加"Z"。

表 2-12　　常用弹簧钢的力学性能 (GB/T 1222—2007)

序号	牌号	热处理制度			力学性能（不小于）				
		淬火温度（℃）	淬火冷却介质	回火温度（℃）	抗拉强度（MPa）	下屈服强度（MPa）	断后伸长率		断面收缩率（％）
							δ（％）	$\delta_{11.3}$（％）	
1	65	840	油	500	980	785	—	9	35
2	70	830	油	480	1030	835	—	8	30
3	85	820	油	480	1130	980	—	6	30
4	65Mn	830	油	540	980	785	—	8	30
5	55SiMnVB	860	油	460	1375	1225	—	5	30
6	60Si2Mn	870	油	480	1275	1180	—	5	25
7	60Si2MnA	870	油	440	1570	1375	—	5	20
8	60Si2CrA	870	油	420	1765	1570	6	—	20
9	60Si2CrVA	850	油	410	1860	1665	6	—	20
10	55SiCrA	860	油	450	1450～1750	1300($\sigma_{p0.2}$)	6	—	25
11	55CrMnA	830～860	油	460～510	1225	1080($\sigma_{p0.2}$)	9	—	20
12	60CrMnA	830～860	油	460～520	1225	1080($\sigma_{p0.2}$)	9	—	20
13	50CrVA	850	油	500	1275	1130	10	—	40
14	60CrMnBA	830～860	油	460～520	1225	1080($\sigma_{p0.2}$)	9	—	20
15	30W4Cr2VA	1050～1100	油	600	1470	1325	7	—	40

表 2-13　常用合金弹簧钢的交货硬度 (GB/T 1222—2007)

组号	牌　　号	交货状态	布氏硬度 HBW(不大于)
1	65 70	热轧	285
2	85 65Mn		302
3	60Si2Mn 60Si2MnA 50CrVA 55SiMnVB 55CrMnA 60CrMnA		321
4	60Si2CrA 60Si2CrVA 60CrMnBA 55SiCrA 30W4Cr2VA	热轧	供需双方协商
		热轧＋热处理	321
5	所有牌号	冷拉＋热处理	321
6		冷拉	供需双方协商

表 2-14 常用弹簧钢的特性和用途

序号	系列	牌号	主要特性	用途举例
1	碳素钢	65	经适当热处理后强度与弹性相当高，回火脆性不敏感，切削加工性差，大尺寸工件淬火时易裂，宜采用正火，小尺寸工件可淬火	主要用于制造气门弹簧、弹簧圈、弹簧垫片、琴钢丝等
2	碳素钢	70	强度和弹性均较 65 钢稍高，其他性能相近，淬透性较低，弹簧线径超过 15mm 不能淬透	用于制造截面不大的弹簧以及扁弹簧、圆弹簧、阀门弹簧、琴钢丝等
3	碳素钢	85	强度较 70 钢稍高，弹性略低，淬透性较差	制造截面不大和承受强度不太高的振动弹簧，如铁道车辆、汽车、拖拉机及一般机械上的扁形板簧、圆形螺旋弹簧等
4	碳素钢	65Mn	强度高，淬透性较大，脱碳倾向小，有过热敏感性，易生淬火裂纹，有回火脆性	适宜制造较大尺寸的各种扁、圆弹簧，如座垫板簧、弹簧发条、弹簧环、气门弹簧、钢丝冷卷形弹簧、轻型载货汽车及小汽车的离合器弹簧与制动弹簧，热处理后可制作板簧片及螺旋弹簧与变截面弹簧等
5	硅锰钒硼钢	55SiMnVB	有较好的淬透性，较好的综合力学性能和较长的疲劳寿命，过热敏感性小，耐回火性高	适用于制造中小型汽车及其他中等截面尺寸的板簧和螺旋弹簧
6	硅锰钢	60Si2Mn	强度和弹性极限比 55Si2Mn 钢稍高，其他性能相近，工艺性能稳定	用于制造铁道车辆、汽车和拖拉机上的板簧和螺旋弹簧、安全阀簧，各种重型机械上的减振器，仪表中的弹簧、摩擦片等
7	硅锰钢	60Si2MnA	钢质较 60Si2Mn 钢更纯净	均与 60Si2Mn 钢同，但用途更广泛

序号	系列	牌号	主要特性	用途举例
8	硅铬钢	60Si2CrA	淬透性和耐回火性高，过热敏感性较硅锰钢低，热处理工艺性和强度、屈强比均优于硅锰钢	可用作承受负载大、冲击振动负载较大、截面尺寸大的重要弹簧，如工作温度为200～300℃的汽轮机汽封阀簧、冷凝器支撑弹簧、高压水泵碟形弹簧等
9	硅铬钒钢	60Si2CrVA	铬、钒提高钢的淬透性和耐回火性，降低钢的过热敏感性和脱碳倾向，细化晶粒。因此该钢的热处理工艺性、强度、屈服比均优于硅锰钢	可用作承受负载大、冲击振动负载较大、截面尺寸大的重要弹簧，如工作温度小于或等于450℃的重要弹簧
10	硅铬钢	55SiCrA	抗弹性减退性能优良，强度高，耐回火性好	主要用于制造在较高工作温度下耐高应力的内燃机阀门及其他重要螺旋弹簧
11	铬锰钢	55CrMnA	具有较高的强度、塑性和韧性，淬透性优于硅锰钢，过热敏感性比硅锰钢高，比锰钢低，对回火脆性敏感，焊接性能低	制造负载较重、应力较大的板簧和直径较大的螺旋弹簧
12	铬锰钢	60CrMnA	与55CrMnA钢基本相同	用于制造叠板弹簧、螺旋弹簧、扭转弹簧等
13	铬钒钢	50CrVA	经适当热处理后具有较好的韧性，高的比例极限，高的疲劳强度及较低的弹性模数，屈强比高，并有高的淬透性和较低的过热敏感性，冷变形塑性低，焊接性低	用于制造特别重要的承受大应力的各种尺寸的螺旋弹簧，发动机气门弹簧，大截面的及在400℃以下工作的重要弹性零件
14	铬锰硼钢	60CrMnBA	与55CrMnA钢基本相同，但淬透性更好	用于制造大型叠板弹簧、扭转弹簧、螺旋弹簧等
15	钨铬钒钢	30W4Cr2VA	具有良好的室温及高温性能，强度高，淬透性好，高温抗松弛性能及热加工性能均良好	用于制造在500℃以下工作的耐热弹簧，如汽轮机的主蒸汽阀弹簧、汽封弹簧片、锅炉的安全阀弹簧等

表 2-15　　　　　常用弹簧材料的特性和用途

材料名称	标准号	材料牌号	规格（mm）	主要特性	用途举例
碳素弹簧钢丝	GB/T 4357—2009	25、30、35、40、45、50、55、60、65、70、75、80、40Mn、45Mn、50Mn、60Mn、65Mn、70Mn	A级：$\phi0.08\sim\phi10$ B、C组：$\phi0.08\sim\phi13$	强度高，性能好，适用温度为 $-40\sim130℃$，价格低	A组用于一般用途弹簧，B组用于较低应力弹簧，C组用于较高应力
重要用途碳素弹簧钢丝	YB/T 5311—2010	60、65、70、75、80、T8Mn、T9、T9A、60Mn、65Mn、70Mn	G1，G2组：$\phi0.08\sim\phi6$ F组：$\phi2\sim\phi6$	强度高，韧性好，适用于温度为 $-40\sim130℃$	用于重要的小型弹簧，F组用于阀门弹簧
非机械弹簧用碳素弹簧钢丝	YB/T 5220—1993	优质碳素结构钢或碳素工具钢	$\phi0.2\sim\phi7$	较高的强度和耐疲劳性能，成形性好	用于家具、汽车座靠垫、室内装饰
合金弹簧钢丝	YB/T 5318—2010	50CrVA、55SiCrA、60Si2MnA	$\phi0.5\sim\phi14$	—	用于承受中、高应力的机械弹簧
油淬火＋回火弹簧钢丝	GB/T 18983—2003	65、70、65Mn、50CrVA、60Cr2MnA、55SiCrA	$\phi0.5\sim\phi17$	强度高、弹性好	静态钢丝适用于一般用途钢丝。中疲劳强度钢丝用于离合器弹簧、悬架弹簧。高疲劳钢丝用于剧烈运动场合，如阀门弹簧等
闸门用铬钒弹簧钢丝	YB/T 5136—1993	50CrVA	$\phi0.5\sim\phi12$	较高的综合力学性能	适用于在中温、中应力条件下使用的弹簧

续表

材料名称	标准号	材料牌号	规格（mm）	主要特性	用途举例
弹簧用不锈钢丝	YB(T)11—1983①	A组 1Cr18Ni9 0Cr19Ni10 0Cr17Ni12Mo2 B组 1Cr18Ni9 0Cr19Ni10 C组 0Cr17Ni18Al	φ0.08～φ12	耐腐蚀，耐高温，耐低温，适用温度为－200～300℃	用于有腐蚀介质，高温或低温环境中的小型弹簧
热轧弹簧钢	GB/T 1222—2007	65Mn	圆钢：φ5～φ80 薄板：0.7～4 钢板厚度：4.5～60	弹性好，工艺性好，价格低，油淬时可淬透φ12mm	用于普通机械弹簧、座垫弹簧、发条弹簧
		60Si2Mn 60Si2MnA		强度高，弹性好，适用温度为－40～200℃	用于汽车、拖拉机、铁道车辆的板簧、螺旋弹簧、碟形弹簧等
		55CrMnA 60CrMnA		具有较高强度、塑性、韧性，油淬时可淬透φ30mm，适用温度为－40～250℃	用于较重负荷，应力较大的板簧和直径较大的螺旋弹簧
		50CrVA		有良好的综合力学性能，静强度，疲劳强度都高，淬透直径为φ45mm	用于较高温度下工作的较大弹簧
弹簧钢、工具钢冷轧钢带	YB/T 5058—2005 等	70Si2CrA 60Si2Mn T7-T13A 50CrVA	厚度：0.1～3.0	硬度高，成形后不再进行热处理	用于制造片弹簧、平面蜗卷弹簧和小型碟形弹簧
热处理弹簧钢带	YB/T 5063—2007	65Mn T7A-T10A 60Si2MnA 70Si2CrA	厚度小于1.5	分Ⅰ、Ⅱ、Ⅲ级，Ⅲ级强度最高	用于制造片弹簧、平面蜗卷弹簧和小型碟形弹簧

续表

材料名称	标准号	材料牌号	规格（mm）	主要特性	用途举例
弹簧用不锈冷轧钢带	YB/T 5310—2010	12Cr17Ni7 06Cr19Ni10 3Cr13 07Cr17Ni7Al	厚度：0.1～1.6	耐腐蚀、耐高温和耐低温	用于在高温、低温或腐蚀介质中工作的片弹簧、平面蜗卷弹簧
硅青铜线	GB/T 21652—2008	QSi3-1	$\phi0.1\sim\phi6.0$ 丝带板厚度 0.05～1.2 0.4～12	有较高的耐腐蚀和防磁性能，适用温度为－40～120℃	用于机械或仪表中的弹性元件
锡青铜线	GB/T 21652—2008	QSn4-3，QSn6.5-0.1，QSn6.5-0.4，QSn7-0.2	$\phi0.1\sim\phi6.0$ 带板厚度 0.05～1.50 0.2～10	有较高的耐腐蚀、耐磨损和防磁性能，适用温度为－250～120℃	用于机械或仪表中的弹性元件
铍青铜线	YS/T 571—2009	QBe2	$\phi0.03\sim\phi6.0$	有较高的耐腐蚀、耐磨损、防磁和导电性能，适用温度为－200～120℃	用于电气或仪表的精密弹性元件

① 该标准中的材料牌号过旧，但仍在使用，在应用过程中注意与 GB/T 20878—2007 中的牌号对应。

（2）工具钢。

1）碳素工具钢。碳素工具钢的牌号以汉字"碳"或汉语拼音字母字头"T"后面标以阿拉伯数字表示，碳素工具钢的牌号含义如下：

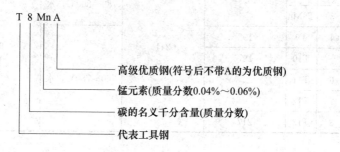

常用碳素工具钢的牌号、化学成分、硬度值、物理性能、特性和用途见表 2-16～表 2-19。

表 2-16　　碳素工具钢的牌号及化学成分（GB/T 1298—2008）

序号*	牌号	化学成分（质量分数,%）		
		C	Mn	Si
1	T7	0.65～0.74	≤0.40	
2	T8	0.75～0.84		≤0.35
3	T8Mn	0.80～0.90	0.40～0.60	
4	T9	0.85～0.94		
5	T10	0.95～1.04		
6	T11	1.05～1.14	≤40	
7	T12	1.15～1.24		
8	T13	1.25～1.35		

　注　高级优质钢在牌号后加 "A"。

表 2-17　　碳素工具钢的硬度值（GB/T 1298—2008）

序号	牌号	交货状态		试样淬火	
		退火	退火后冷拉	淬火温度和冷却介质	洛氏硬度 HRC（不小于）
		布氏硬度 HBW（不大于）			
1	T7	187	241	800～820℃，水	62
2	T8			780～800℃，水	
3	T8Mn				
4	T9	192			
5	T10	197			
6	T11	207		760～780℃，水	
7	T12				
8	T13	217			

表 2-18　　　　碳素工具钢的物理性能（参考数据）

序号 1　牌号 T7　物理性能

临界温度（℃）				热导率			
临界点	Ac_1	Ac_3	Ar_1	温度（℃）	20	100	300
温度（近似值）	730	770	700	$\lambda[\text{W}/(\text{m}\cdot\text{K})]$	44.0	44.0	41.9

线胀系数					密度	比热容	弹性模量
温度（℃）	20~100	20~200	20~300	20~400	ρ(g/cm³)	c[J/(kg·K)]	E(MPa)
α_1(10⁻⁶/K)	11.8	12.6	13.3	14.0	7.80	—	—

序号 2　牌号 T8

临界温度（℃）			线胀系数					密度
临界点	Ac_1	Ar_1	温度（℃）	20~100	20~200	20~300	20~400	ρ(g/cm³)
温度（近似值）	730	700	α_1(10⁻⁶/K)	11.5	12.3	13.0	13.8	—

比热容										
温度（℃）	50~100	150~200	200~250	250~300	300~350	350~400	450~500	550~600	650~700	700~750	750~800
c[J/(kg·K)]	489.8	531.7	548.4	565.2	586.2	607.1	669.9	711.8	770.4	2080.9	615.5

序号 3　牌号 T10

临界温度（℃）				热导率					密度
临界点	Ac_1	Ac_{cm}	Ar_1	温度（℃）	20	100	300	600	900	ρ(g/cm³)
温度（近似值）	730	800	700	$\lambda[\text{W}/(\text{m}\cdot\text{K})]$	40.20	43.96	41.03	38.10	33.91	—

线胀系数									
温度（℃）	20~100	20~200	20~300	20~400	20~500	20~600	20~700	20~800	20~900
α_1(10⁻⁶/K)	11.5	13.0	14.3	14.8	15.1	16.0	15.8	32.1	32.4

序号 4　牌号 T11

临界温度（℃）			密度	热导率
临界点	Ac_1	Ac_{cm}	Ar_1	ρ(g/cm³)	$\lambda[\text{W}/(\text{m}\cdot\text{K})]$
温度（近似值）	730	810	700	7.80	—

序号	牌号	物 理 性 能							
		临界温度（℃）				比热容			
5	T12	临界点	Ac_1	Ac_{cm}	Ar_1	温度（℃）	300	500	700	900
		温度（近似值）	730	820	700	$c[\text{J}/(\text{kg}\cdot\text{K})]$	548.4	728.5	649.0	636.4
		线胀系数						密度	热导率
		温度（℃）	20～100	20～200	20～300	20～500	20～700	20～900	ρ (g/cm³)	λ [W/(m·K)]
		$\alpha_1(10^{-6}/\text{K})$	11.5	13.0	14.3	15.1	15.8	32.4	7.80	—

2）合金工具钢。合金工具钢包括量具、刀具用钢、耐冲击工具用钢、冷作模具用钢、热作模具用钢、无磁模具钢和塑料模具钢等。其代号的含义如下：

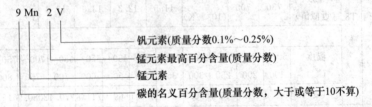

```
9 Mn 2 V
```
— 钒元素(质量分数0.1%～0.25%)
— 锰元素最高百分含量(质量分数)
— 锰元素
— 碳的名义百分含量(质量分数，大于或等于10不算)

表 2-19　　　　　　　　碳素工具钢的特性和用途

序号	牌号	主要特性	用途举例
1	T7	亚共析钢，具有较好的韧性和硬度，用于制造刀具时切削能力稍差	用于制造能承受冲击负荷的工具（如錾子、冲头等）、木工用的锯和凿、锻模、压模、铆钉模、机床顶尖、钳工工具、锤子、冲模、手用大锤的锤头、钢印、外科医疗用具等
2	T8	共析钢，淬火加热时容易过热，变形量也大，塑性及强度比较低，因此不宜制造承受较大冲击的工具，但热处理后具有较高的硬度及耐磨性	用于制造切削刃口在工作时不变热的工具，如木工用的铣刀、埋头钻、斧、凿、錾、纵向手用锯、圆锯片、滚子、铝锡合金压铸板和型芯以及钳工装配工具、铆钉冲模、中心孔冲和冲模、切削钢材用的工具、轴承、刀具、台虎钳牙、煤矿用凿等

续表

序号	牌号	主要特性	用途举例
3	T8Mn	共析钢，硬度高，塑性和强度都较差，但淬透性比 T8 钢稍好	用于制造断面较大的木工工具、手锯锯条、横纹锉刀、刻印工具、铆钉冲模、发条、带锯锯条、圆盘锯片、笔尖、复写钢板、石工和煤矿用凿
4	T9	过共析钢，具有高的硬度，但塑性和强度均比较差	用于制造具有一定韧性且要求有较高硬度的各种工具，如刻印工具、铆钉冲模、压床模、发条、带锯条、圆盘锯片、笔尖、复写钢板、锉和手锯，还可用于制作铸模的分流钉等
5	T10	过共析钢，晶粒细，在淬火加热时（温度达 800℃）不会过热，仍能保持细晶粒组织，淬火后钢中有未溶的过剩碳化物，所以比 T8 钢耐磨性高，但韧性差	可用于制造切削刃口在工作时不变热、不受冲击负荷且具有锋利刃口和有少许韧性的工具，如加工木材用的工具、手用横锯、手用细木工具、麻花钻、机用细木工具、拉丝模、冲模、冷镦模、扩孔刀具、刨刀、铣刀、货币用模、小尺寸断面均匀的冷切边模及冲孔模、低精度的形状简单的卡板、钳工刮刀、硬岩石用钻子制铆钉和钉子用的工具、螺钉旋具、锉刀、刻纹用的凿子等
6	T11	过共析钢，碳的质量分数在 T10 钢和 T12 钢之间，具有较好的综合力学性能，如硬度、耐磨性和韧性。该钢的晶粒更细，而且在加热时对晶粒长大和形成网状碳化物的敏感性较小	用于制造在工作时切削刃口不变热的工具，如锯、錾子、丝锥、锉刀、刮刀、发条、仪规、尺寸不大和截面无急剧变化的冷冲模以及木工用刀具
7	T12	过共析钢，由于含碳量高，淬火后仍有较多的过剩碳化物，因此硬度和耐磨性均高，但韧性低，淬透性差，而且淬火变形量大，所以不适于制造切削速度高和受冲击负荷的工具	用于制造不受冲击负荷、切削速度不高、切削刃口不受热的工具，如车刀、铣刀、钻头、铰刀、扩孔钻、丝锥、板牙、刮刀、量规、刀片、小型冲头、钢锉、锯、发条、切烟草刀片以及断面尺寸小的冷切边模和冲模

　　常用低合金刀具钢的牌号、化学成分的质量分数、热处理及用途见表 2-20。

表 2-20　　常用低合金刀具钢的牌号、化学成分及用途

牌号	质量分数（%）					热处理					用途
						淬火			回火		
	C	Cr	Si	Mn	其他	温度（℃）	介质	HRC（不小于）	温度（℃）	HRC	
9CrSi	0.85～0.95	1.20～1.60	0.30～0.60	0.95～1.25		820～860	油	62	180～200	60～62	冷冲模、板牙、丝锥、钻头、铰刀、拉刀、齿轮铣刀
8MnSi	0.75～0.85	0.30～0.60	0.80～1.10			800～820	油	60	180～200	58～60	木工凿子、锯条或其他工具
9Mn2V	0.85～0.95	≤0.40	1.70～2.40		V 0.10～0.25	780～810	油	62	150～200	60～62	量规、量块、精密丝杠、丝锥、板牙
CrWMn	0.90～1.05	≤0.40	0.80～1.10	0.90～1.20	W 1.20～1.60	800～830	油	62	140～160	62～65	用作淬火后变形小的刀具，如拉刀、长丝杠及量规、形状复杂的冲模

　　3）高速工具钢。高速工具钢可分为通用高速钢和高生产率高速钢；高生产率高速钢又可分为高碳高钒型、一般含钴型、高碳钒钴型、超硬型。高速工具钢的牌号与合金工具钢相似，含义如下：

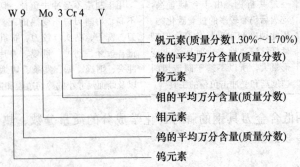

常用高速工具钢的分类、牌号、化学成分、特性及用途见表2-21～表2-23。

表 2-21　常用高速工具钢的分类（GB/T 9943—2008）

分类方法	分类名称	分类方法	分类名称
1. 按化学成分分	（1）钨系高速工具钢	2. 按性能分	（1）低合金高速工具钢（HSS-L）
	（2）钨钼系高速工具钢		（2）普通高速工具钢（HSS）
			（3）高性能高速工具钢（HSS-E）

3. 按使用性能和用途分类

钢材按照使用性能和用途综合分类如图2-1所示。

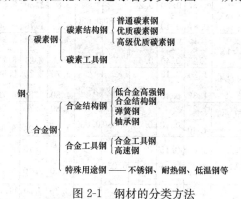

图 2-1　钢材的分类方法

表 2-22　常用高速工具钢的化学成分（GB/T 9943—2008）

序号	统一数字代号	牌号	化学成分（质量分数,%）									
			C	Mn	Si	S	P	Cr	V	W	Mo	Co
1	T63342	W3Mo3Cr4V2	0.95~1.03	≤0.40	≤0.45	≤0.030	≤0.030	3.80~4.50	2.20~2.50	2.70~3.00	2.50~2.90	
2	T64340	W4Mo3Cr4VSi	0.83~0.93	0.20~0.40	0.70~1.00	≤0.030	≤0.030	3.80~4.40	1.20~1.80	3.50~4.50	2.50~3.50	
3	T51841	W18Cr4V	0.73~0.83	0.10~0.40	0.20~0.40	≤0.030	≤0.030	3.80~4.50	1.00~1.20	17.20~18.70		
4	T62841	W2Mo8Cr4V	0.77~0.87	≤0.40	0.70	≤0.030	≤0.030	3.50~4.50	1.00~1.40	1.40~2.00	8.00~9.00	

序号	统一数字代号	牌号	化学成分（质量分数，%）									
			C	Mn	Si	S	P	Cr	V	W	Mo	Co
5	T62942	W2Mo9Cr4V2	0.95~1.05	0.15~0.40	≤0.70	≤0.030	≤0.030	3.50~4.50	1.75~2.20	1.50~2.10	8.20~9.20	—
6	T66541	W6Mo5Cr4V2	0.80~0.90	0.15~0.40	0.20~0.45	≤0.030	≤0.030	3.80~4.40	1.75~2.20	5.50~6.75	4.50~5.50	—
7	T66542	CW6Mo5Cr4V2	0.86~0.94	0.15~0.40	0.20~0.45	≤0.030	≤0.030	3.80~4.50	1.75~2.10	5.90~6.70	4.70~5.20	—
8	T66642	W6Mo6Cr4V2	1.00~1.10	≤0.40	≤0.45	≤0.030	≤0.030	3.80~4.50	2.30~2.60	5.90~6.70	5.50~6.50	
9	T69341	W9Mo3Cr4V	0.77~0.87	0.20~0.40	0.20~0.40	≤0.030	≤0.030	3.80~4.40	1.30~1.70	8.50~9.50	2.70~3.30	
10	T66543	W6Mo5Cr4V3	1.15~1.25	0.15~0.40	0.20~0.45	≤0.030	≤0.030	3.80~4.50	2.70~3.20	5.90~6.70	4.70~5.20	—
11	T66545	CW6Mo5Cr4-V3	1.25~1.32	0.15~0.40	≤0.70	≤0.030	≤0.030	3.75~4.50	2.70~3.20	5.90~6.70	4.70~5.20	
12	T66544	W6Mo5Cr4-V4	1.25~1.40	≤0.40	≤0.45	≤0.030	≤0.030	3.80~4.50	3.70~4.20	5.20~6.00	4.20~5.00	
13	T66546	W6Mo5Cr-4V2Al	1.05~1.15	0.15~0.40	0.20~0.60	≤0.030	≤0.030	3.80~4.40	1.75~2.20	5.50~6.75	4.50~5.50	Al：0.80~1.20
14	T71245	W12Cr4V5Co5	1.50~1.60	0.15~0.40	0.15~0.40	≤0.030	≤0.030	3.75~5.00	4.50~5.25	11.75~13.00	—	4.75~5.25
15	T76545	W6Mo5Cr-4V2Co5	0.87~0.95	0.15~0.40	0.20~0.45	≤0.030	≤0.030	3.80~4.50	1.70~2.10	5.90~6.70	4.70~5.20	4.50~5.00
16	T76438	W6Mo5Cr-4V3Co8	1.23~1.33	≤0.40	≤0.70	≤0.030	≤0.030	3.80~4.50	2.70~3.20	5.90~6.70	4.70~5.30	8.00~8.80
17	T77445	W7Mo4Cr-4V2Co5	1.05~1.15	0.20~0.60	0.15~0.50	≤0.030	≤0.030	3.75~4.50	1.75~2.25	6.25~7.00	3.25~4.25	4.75~5.75
18	T72948	W2Mo9Cr-4VCo8	1.05~1.15	0.15~0.40	0.15~0.65	≤0.030	≤0.030	3.5~4.25	0.95~1.35	1.15~1.85	9.00~10.00	7.75~8.75
19	T71010	W10Mo4Cr-4V3Co10	1.20~1.35	≤0.40	≤0.45	≤0.030	≤0.030	3.80~4.50	3.00~3.50	9.00~10.00	3.20~3.90	9.50~10.50

（二）钢材的性能及焊接特点

（1）低碳钢的性能及焊接特点。低碳钢由于含碳量低，强度、硬度不高，塑性好，所以焊接性好，应用非常广泛。适于焊接常用的低碳钢有 Q235、20 钢、20g 和 20R 等。

低碳钢的焊接特点如下。

1) 淬火倾向小，焊缝和近缝区不易产生冷裂纹，可制造各类大型构架及受压容器。

2) 焊前一般不需预热，但对大厚度结构或在寒冷地区焊接时，需将焊件预热至 $100\sim150℃$。

3) 镇静钢杂质很少，偏析很小，不易形成低熔点共晶，所以对热裂纹不敏感；沸腾钢中硫（S）、磷（P）等杂质较多，产生热裂纹的可能性要大些。

4) 如工艺选择不当，可能出现热影响区晶粒长大现象，而且温度越高，热影响区在高温停留时间越长，则晶粒长大越严重。

5) 对焊接电源没有特殊要求，工艺简单，可采用交、直流弧焊机进行全位置焊接。

(2) 中碳钢的性能及焊接特点。中碳钢含碳量比低碳钢高，强度较高，焊接性较差。常用的有 35、45、55 钢。中碳钢焊条电弧焊及其铸件焊补的特点如下。

1) 热影响区容易产生淬硬组织。含碳量越高，板厚越大，这种倾向也越大。如果焊接材料和工艺参数选用不当，容易产生冷裂纹。

2) 基体金属含碳量较高，故焊缝的含碳量也较高，容易产生热裂纹。

3) 由于含碳量增大，对气孔的敏感性增加，因此对焊接材料的脱氧性，基体金属的除油、除锈，焊接材料的烘干等，要求更加严格。

(3) 高碳钢的性能及焊接特点。高碳钢因含碳量高，强度、硬度更高，塑性、韧性更差，因此焊接性能很差。高碳钢的焊接特点如下。

1) 导热性差，焊接区和未加热部分之间存在显著的温差，当熔池急剧冷却时，在焊缝中引起的内应力很容易形成裂纹。

2) 对淬火更加敏感，近缝区极易形成马氏体组织。由于组织应力的作用，近缝区易产生冷裂纹。

3）由于焊接高温的影响，晶粒长大快，碳化物容易在晶界上积聚、长大，使得焊缝脆弱，焊接接头强度降低。

4）高碳钢焊接时比中碳钢更容易产生热裂纹。

表 2-23　　　　常用高速工具钢的特性和用途

牌号	主要特性	用途举例
W18Cr4V	钨系高速工具钢。具有较高的硬度、热硬性和高温强度，在500℃及600℃时硬度值仍能分别保持在 57～58HRC 和 52～53HRC。其热处理范围较宽，淬火时不易过热，易于磨削加工，在热加工及热处理过程中不易氧化脱碳。W18Cr4V 钢的碳化物不均匀度，高温塑性比钼系高速钢的差，但其耐磨性好	用于制造各种切削刀具，如车刀、刨刀、铣刀、拉刀、铰刀、钻头、锯条、插齿刀、丝锥和板牙等。由于 W18Cr4V 钢的高温强度和耐磨性好，所以也可用于制造高温下耐磨损的零件，如高温轴承、高温弹簧等，还可以用于制造冷作模具，但不宜制造大型刀具和热塑成形的刀具
W2Mo9Cr4V2	是一种钼系通用的高速工具钢。容易热处理，较耐磨，热硬性及韧性较高，密度小，可磨削性优良。用该钢制造的切削工具在切削一般硬度的材料时，可获得良好的效果，基本上可代替 W18Cr4V 钢。由于钼的含量高，易于氧化脱碳，所以在进行热加工和热处理时应注意保护	用于制造钻头、铣刀、刀片、成形刀具、车削及刨削刀具、丝锥，特别适用于制造机用丝锥和板牙，锯条以及各种冷冲模具等
W6Mo5Cr4V2	钨钼系常用的高速工具钢。碳化物细小均匀，韧性高，热塑性好，是代替 W18Cr4V 钢的较理想的牌号，通常称为6542。其韧性、耐磨性、热塑性均比 W18Cr4V 钢好，而硬度、热硬性、高温硬度与 W18Cr4V 钢相当。该钢由于热塑性好，所以可热塑成形，但由于容易氧化脱碳，加热时必须注意保护	除用于制造各种类型的一般工具外，还可用于制造大型刀具。由于热塑性好，所以制造工具时可以热塑成形，如热塑成形钻头和要求韧性好的刀具。因为其强度高、耐磨性好，所以还可用于制造高负荷条件下使用的耐磨损的零件，如冷挤压模具等，但必须注意适当降低淬火温度，以满足强度和韧性的配合

牌号	主要特性	用途举例
CW6Mo5Cr4V2	其特性与 W6Mo5Cr4V2 钢相似，但因含碳量高，所以其硬度和耐磨性比 W6Mo5Cr4V2 钢好。此钢较难磨削，而且更容易脱碳，在热加工时，应注意保护	用途基本与 W6Mo5Cr4V2 钢相同，但由于其硬度和耐磨性好，所以多用来制造切削较难切削材料的刀具
W9Mo3Cr4V	具有较高的硬度和力学性能，热处理稳定性好，经 1220～1240℃淬火，540～560℃回火，硬度、晶粒度、热硬性均能满足一般刀具的使用要求。与 W6Mo5Cr4V2 钢比，其热塑性好，可加工性、可磨削性好，特别是摩擦焊可适应的工艺参数范围比较宽，焊接成品率高，切削性能与 W6MoCr4V2 钢相当或略高，热处理工艺制度与 W6Mo5Cr4V2 钢相同，便于大生产管理。W9Mo3Cr4V 钢的脱碳敏感性小，可不用盐浴炉处理	用于制造各种类型的一般刀具，如车刀、刨刀、钻头、铣刀等。这种钢可以用来代替 W6Mn5Cr4V2 钢，而且成本较低
W6Mo5Cr4V3	高碳、高钒型高速工具钢。碳化物细小、均匀。韧性高、热塑性好，耐磨性比 W6Mo5Cr4V2 钢好，但可磨削性差。在热加工和热处理时，应注意防氧化脱碳	用于制造各种类型一般工具，如拉刀、成形铣刀、滚刀、钻头、螺纹梳刀、丝锥、车刀、刨刀等。用这种钢制造的刀具，可切削难切削的材料，但由于其可磨削性差，不宜用于制造复杂刀具
CW6Mo5-Cr4V3	其特性基本与 W6Mo5Cr4V3 钢相似。因含碳量高，其硬度和耐磨性均比 W6Mo5Cr4V3 钢好，但可磨削性能较差，热加工时更容易脱碳，所以应注意防氧化脱碳	用途与 W6Mo5Cr4V3 钢基本相同，但由于它的碳含量高，硬度高，耐磨性好，多用来制造难切削材料的刀具。其由于可磨削性差，所以不宜用于制造复杂的刀具

牌号	主要特性	用途举例
W6Mo5Cr4-V2Al	超硬型高速工具钢。硬度高，可达68~69HRC，耐磨性、热硬性好，高温强度高，热塑性好，但可磨削性差，且极易氧化脱碳，因此在热加工和热处理时，应注意采取保护措施	用于制造刨刀、滚刀、拉刀等切削工具，也可制造用于加工高温合金、超高强度钢等难切削材料的刀具
W12Cr4V5Co5	钨系高碳高钒含钴的高速工具钢。因含有较多的碳和钒，并形成大量的硬度极高的碳化钒，从而具有很高的耐磨性、硬度和耐回火性。质量分数为5%的钴提高了钢的高温硬度和热硬性，因此此钢可在较高的温度下使用。由于含碳量和含钒量都很高，所以其可磨削性能差	用于制造钻削工具、螺纹梳刀、车刀、铣削工具、成形刀具、滚刀、刮刀刀片、丝锥等切削工具，还可用于制造冷作模具等，但不宜制造高精度复杂刀具。用W12Cr4V5Co5钢制造的工具，可以加工中高强度钢、冷轧钢、铸造合金钢、低合金超高强度钢等较难加工的材料
W6Mo5Cr4-V2Co5	含钴高速工具钢。在W6Mo5Cr4V2钢的基础上增加质量分数为5%的钴，并将钒的质量分数提高0.05%而形成，从而提高了钢的热硬性和高温硬度，改善了耐磨性。W6Mo5Cr4V2Co5钢容易氧化脱碳，在进行热加工和热处理时，应注意采取保护措施	用来制造齿轮刀具、铣削工具以及冲头、刀头等。用该钢制造的切削工具，多数用于加工硬质材料，特别适用于切削耐热合金和制造高速切削工具
W7Mo4Cr4-V2Co5	钨钼系含钴高速工具钢。由于钴的质量分数为4.75%~5.75%，所以提高了钢的高温硬度和热硬性，在较高温度下切削时刀具不变形，而且耐磨性能好。该钢的磨削性能差	用来制造切削最难切削材料用的刀具、刃具，如用于制造切削高温合金、钛合金和超高强度钢等难切削材料的车刀、刨刀、铣刀等

牌号	主要特性	用途举例
W2Mo9Cr4-VCo8	钼系高碳含钴超硬型高速工具钢。硬度高,可达 70HRC,热硬性好,高温硬度高,容易磨削。用该钢制造的切削工具,可以切削铁基高温合金、铸造高温合金、钛合金和超高强度钢等,但韧性稍差,淬火时温度应采用下限	由于可磨削性能好,所以可用来制造各种高精度复杂刀具,如成形铣刀、精密拉刀等,还可用来制造专用钻头、车刀以及各种高硬度刀头和刀片等

(4) 普通低合金结构钢的性能及焊接特点。普通低合金高强度钢简称普低钢。与碳素钢相比,钢中含有少量合金元素,如锰、硅、钒、钼、钛、铝、铌、铜、硼、磷、稀土等。钢中有了一种或几种这样的元素后,具有强度高、韧性好等优点。由于加入的合金元素不多,故称为低合金高强度钢。常用的普通低合金高强度钢有 16Mn、16MnR 等。

普通低合金结构钢的焊接特点如下。

1) 热影响区的淬硬倾向是普通低合金结构钢焊接的重要特点之一。随着强度等级的提高,热影响区的淬硬倾向也随着变大。影响热影响区淬硬程度的因素有材料因素、结构形式和工艺条件等。焊接施工应通过选择合适的工艺参数,例如增大焊接电流,减小焊接速度等措施来避免或减缓热影响区的淬硬。

2) 焊接接头易产生裂纹。焊接裂纹是危害性最大的焊接缺陷,冷裂纹、再热裂纹、热裂纹、层状撕裂和应力腐蚀裂纹是焊接中常见的几种缺陷。

某些钢材淬硬倾向大,焊后冷却过程中,由于相变产生很脆的马氏体,在焊接应力和氢的共同作用下引起开裂,形成冷裂纹。延迟裂纹是钢的焊接接头冷却到室温后,经一定时间才出现的焊接冷裂纹,因此具有很大的危险性。防止延迟裂纹可以从焊接材料的选择及严格烘干、工件清理、预热及层间保温、焊后及时热处理等方面加以控制。

三、有色金属的分类及其焊接特点

有色金属是指钢铁材料以外的各种金属材料，所以又称非铁金属材料。有色金属及其合金具有许多独特的性能，例如强度高、导电性好、耐蚀性及导热性好等。所以有色金属材料在航空、航天、航海等工业中具有重要的作用，并在机电、仪表工业中广泛应用。

（一）铝及铝合金的分类和焊接特点

1. 铝

纯铝是银白色的金属，是自然界储量最为丰富的金属元素。其性能如下：

（1）密度为 $2.69g/cm^3$，仅为铁的 $1/3$，是一种轻型金属。

（2）导电性好，仅次于铜、银。

（3）铝表面能形成致密的氧化膜，具有较好的抗大气腐蚀的能力。

（4）铝的塑性好，可以冷、热变形加工，还可以通过热处理强化提高铝的强度，也就是说具有较好的工艺性能。

铝的物理性能和力学性能见表 2-24。

表 2-24　　　　　　　　铝的物理性能和力学性能

物 理 性 能				力 学 性 能	
项目	数值	项目	数值	项目	数值
（1）密度 γ（g/ cm^3）（20℃）	2.69	（6）比热容 c〔J/ (kg·K)〕(20℃)	900	（1）抗拉强度 σ_b(MPa)	40～50
（2）熔点（℃）	600.4	（7）线胀系数 α_1（10^{-6}/K）	23.6	（2）屈服强度 $\sigma_{0.2}$（MPa）	15～20
（3）沸点（℃）	2494	（8）热导率 λ〔W/(m·K)〕	247	（3）断后伸长率 δ(%)	50～70
（4）熔化热 (kJ/mol)	10.47	（9）电阻率 ρ (nΩ·m)	26.55	（4）硬度 HBW	20～35
（5）汽化热 (kJ/mol)	291.4	（10）电导率 κ （%IACS）	64.96	（5）弹性模量 （拉伸）E(GPa)	62

铝及铝合金的分类如图 2-2 所示，各类铝及铝合金的性能特点

见表 2-25。

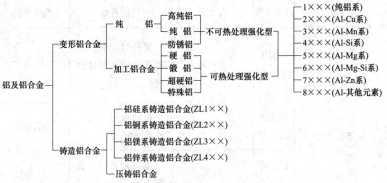

注 加工产品按纯铝、加工铝合金分类，供参考。

图 2-2 铝及铝合金的分类

表 2-25 各类铝合金的性能特点

分类		合金名称	合金系	性能特点	牌号举例
加工铝合金	不可热处理强化的铝合金	防锈铝	Al-Mn	耐蚀性、压力加工性和焊接性能好，但强度较低	3A21(LF21)
			Al-Mg		5A05(LF5)
	可热处理强化的铝合金	硬铝	Al-Cu-Mg	耐蚀性差，力学性能高	2A11(LY11)、2A12(LY12)
		超硬铝	Al-Cu-Mg-Zn	室温强度最高的合金，耐蚀性差	7A04(LC4)
		锻铝	Al-Mg-Si-Cu	锻造性能和耐热性能好	2A50(LD5)、2A14(LD10)
			Al-Cu-Mg-Fe-Ni		2A80(LD8)、2A70(LD7)
铸造铝合金		简单铝硅合金	Al-Si	铸造性能好，不能热处理强化，力学性能低	ZL101
		特殊铝硅合金	Al-Si-Mg	铸造性能良好，可热处理强化，力学性能较高	ZL102
			Al-Si-Cu		ZL107
			Al-Si-Mg-Cu		ZL105
			Al-Si-Mg-Cu-Ni		ZL109

分类	合金名称	合金系	性能特点	牌号举例
铸造铝合金	铝铜铸造合金	Al-Cu	耐热性能好，但铸造性能和耐蚀性能差	ZL201
	铝镁铸造合金	Al-Mg	耐蚀性好，力学性能尚可	ZL301
	铝锌铸造合金	Al-Zn	能自动淬火，适宜压铸	ZL401
	铝稀土铸造合金	Al-RE	耐热性能好	—

注 括号中为旧牌号。

GB/T 16474—2011《变形铝及铝合金牌号表示方法》中规定铝的牌号采用国际四位数字体系牌号和四位字符体系牌号两种命名。牌号的第一位数字表示铝及铝合金的组别，1×××，2×××，3×××，…，8×××，分别按顺序代表纯铝（含铝量大于99.00%）、以铜为主要合金元素的铝合金，以锰、硅、镁、镁和硅、锌，以及其他合金元素为主要合金元素的铝合金及备用合金组；牌号的第二位数字（国际四位数字体系）或字母（四位数字体系）表示原始纯铝或铝合金的改型情况，数字 0 或字母 A 表示原始纯铝和原始合金，如果 1~8 或 B~Y 中的一个，则表示为改型情况；最后两位数字用以标识同一组中不同的铝合金，纯铝表示铝的最低质量分数中小数点后面的两位。变形铝合金的特性和用途见表 2-26。

铝中常见的杂质是铁和硅，杂质越多，铝的导电性、耐蚀性及塑性越低。工业纯铝按杂质的含量分为一号铝、二号铝、……工业用铝的牌号、化学成分和用途见表 2-27。

表 2-26　　　　　变形铝合金的特性和用途

大类	类别	典型合金	主要特性	用途举例
变形铝 不可热处理强化	工业纯铝	1060、1050A、1100	强度低，塑性高，易加工，热导率、电导率高，耐蚀性好，易焊接，但可加工性差	导电体、化工储存罐、反光板、炊具、焊条、热交换器、装饰材料
	防锈铝	3A21、5A02、5A03、5083	不能热处理强化，退火状态塑性好，加工硬化后强度比工业纯铝高，耐蚀性能和焊接性能好，可加工性较好	飞机的油箱和导油管、船舶、化工设备，其他中等强度耐蚀、可焊接零件。3A21可用于饮料罐
变形铝合金 可热处理强化	锻铝	2A14、2A70、6061、6063、6A02	热状态下有高的塑性，易于锻造，淬火、人工时效后强度高，但有晶间腐蚀倾向。2A70耐热性能好	航空、航海、交通、建筑行业中要求中等强度的锻件或模锻件。2A70用于耐热零件
	硬铝	2A01、2A11、2B11、2A12、2A16	退火、刚淬火状态下塑性尚好，有中等以上强度，可进行氩弧焊，但耐蚀性能不高。2A12为用量最大的铝合金，2A16耐热	航空、交通工业的中等以上强度的结构件，如飞机骨架、蒙皮等
	超硬铝	7A04、7A09、7A10	强度高，退火或淬火状态下塑性尚可，耐蚀性能不好，特别是耐应力腐蚀性能差，硬状态下的可加工性好	飞机上的主受力件，如大梁、桁条、起落架等，其他工业中的高强度结构件

表 2-27　　　　工业用铝的牌号、化学成分和用途

旧牌号	新牌号	化学成分（%）		用途
		Al	杂质总量（不大于）	
L1	1070	99.7	0.3	垫片、电容、电子管隔罩、电缆、导电体和装饰件
L2	1060	99.6	0.4	
L3	1050	99.5	0.5	
L4	1035	99.4	1.00	
L5	1200	99.0	1.00	不受力而具有某种特性的零件，如电线保护导管、通信系统零件、垫片
L6	8A06	98.8	1.20	

2. 铝合金

纯铝的强度很低，但加入适量的硅、铜、镁、锌、锰等合金元素，形成铝合金，再经过冷变形和热处理后，强度可大大提高。

铝合金按其成分和工艺特点不同分为变形铝合金和铸造铝合金。

(1) 变形铝合金。GB 3190—1996 将变形铝合金分为防锈铝合金 (LF)、硬铝合金 (LY)、超硬铝合金 (LC)、锻铝合金 (LD) 四类。GB/T 3190—2008《变形铝及铝合金化学成分》规定了新的牌号，现将新旧铝合金的牌号、力学性能及用途列于表 2-28。

表 2-28　常用变形铝合金的牌号、力学性能和用途 (GB/T 3190—2008)

类别	原牌号	新牌号	半成品种类	状态①	力学性能 σ_b(MPa)	σ(%)	用途举例
防锈铝合金	LF2	5A02	冷轧板材	O	167~226	16~18	在液体中工作的中等强度的焊接件、冷冲压件和容器、骨架零件等
			热轧板材	H112	117~157	7~6	
			挤压板材	O	≤226	10	
	LF21	3A21	冷轧板材	O	98~147	18~20	要求很好的焊接性、在液体或介质中工作的低载荷零件，如油箱、油管等
			热轧板材	H112	108~118	15~12	
			挤制厚壁管材	H112	≤167	—	
硬铝合金	LY11	2A11	冷轧板材（包铝）	O	226~235	12	用作各种要求中等强度的零件和构件、冲压的连接部件、空气螺旋桨叶片，如螺栓、铆钉等
			挤压棒材	T4	353~373	10~12	
			拉挤制管材	O	245	10	
	LY12	2A12	铆钉线材	T4	407~427	10~13	用作各种要求高的载荷零件和构件（但不包括冲压件的锻件），如飞机上的蒙皮、骨架、翼梁、铆钉等
			挤压棒材	T4	255~275	8~12	
			拉挤制管材	O	≤245	10	
	LY8	2B11	铆钉线材	T4	J225	—	主要用作铆钉材料
超硬铝合金	LC3	7A03	铆钉线材	T6	J284	—	受力结构的铆钉
	LC4	7A04	挤压棒材	T6	490~510	5~7	用作承力构件和高载荷零件，如飞机上的大梁、桁条、加强框、起落架零件，通常多用以取代2A12
			冷轧板材	O	≤240	10	
	LC9	7A09	热轧板材	T6	490	3~6	

续表

类别	原牌号	新牌号	半成品种类	状态①	力学性能 σ_b(MPa)	σ(%)	用途举例
锻铝合金	LD5	2A50	挤压棒材	T6	353	12	用作形状复杂和中等强度的锻件和冲压件、内燃机活塞、压气机叶片、叶轮等
	LD7	2A70	冷轧板材	T6	353	8	
	LD8	2A80	挤压棒材	T6	441～432	8～15	
	LD10	2A14	热轧板材	T6	432	5	高负荷和形状简单的锻件和模锻件

① 状态符号采用 GB/T 16475—2008《变形铝合金状态代号》规定代号：O—退火，T1—热轧冷却＋自然时效，T3—固溶处理＋冷加工＋自然时效，T4—淬火＋自然时效，T6—淬火＋人工时效，H111—加工硬化状态，H112—热加工。

（2）铸造铝合金。其种类很多，常用的有铝硅系、铝铜系、铝镁系和铝锌系合金。

铸造铝合金按 GB/T 1173—1995《铸造铝合金》标准规定，其代号用"铸铝"两字的汉语拼音字母的字头"ZL"及后面三位数字表示。第一位数字表示铝合金的类别（1 为铝硅合金，2 为铝铜合金，3 为铝镁合金，4 为铝锌合金）；后两位数字表示合金的顺序号。

常用铸造铝合金的牌号、化学成分、力学性能和用途如表2-29所示。

表 2-29　常用铸造铝合金的牌号、化学成分、力学性能和用途（GB/T 1173—1995）

合金牌号	化学成分（%） Si	Cu	Mg	其他	铸造方法与合金状态	力学性能（不低于） σ_b(MPa)	σ(%)	HBS	用途
ZL105	4.5～5.5	1.0～1.5	0.4～0.6		J, T5	231	0.5	70	形状复杂，在小于225℃下工作的零件。如机匣、油泵体
					S, T5	212	1.0	70	
					S, T6	222	0.5	70	
ZL108	11.0～13.0	1.0～2.0	0.4～1.0		J, T1	192	—	85	要求高温强度及低膨胀系数的零件，如高速内燃机活塞
					J, T6	251	—	90	

合金牌号	化学成分（%）				铸造方法与合金状态	力学性能（不低于）			用　途
	Si	Cu	Mg	其他		σ_b (MPa)	σ (%)	HBS	
ZL 201		4.5~5.3		0.6~1.0 Mn 0.15~0.35 Ti	S，T4 S，T5	290 330	8 4	70 90	在175℃以下工作的零件，如活塞、支臂、汽缸
ZL 202		9.0~11.0	9.0~11.5		S，J S，J，T6	104 163	— —	50 100	形状简单、要求表面光洁的中等承载零件
ZL 301			0.1~0.3		J，S T4	280	9	60	工作温度小于150℃的大气或海水中工作，承受大振动载负的零件
ZL 401	6.0~8.0			9.0~13.0 Zn	J，T1 S，T1	241 192	1.5 2	90 80	工作温度小于200℃，形状复杂的汽车、飞机零件

注　铸造方法与合金状态的符号：J—金属型铸造；S—砂型铸造；B—变质处理；T1—人工时效（不进行淬火）；T2—290℃退火；T4—淬火＋自然时效；T5—淬火＋不完全时效（时效温度低或时间短）；T6—淬火＋人工时效（180℃下，时间较长）。

（3）压铸铝合金。压铸的特点是生产效率高，铸件的精度高、合金的强度、硬度高，是少切削和无切削加工的重要工艺。发展压铸是降低生产成本的重要途径。

压铸铝合金在汽车、拖拉机、航空、仪表、纺织、国防等工业得到了广泛的应用。

压铸铝合金的化学成分及力学性能见表 2-30、表 2-31。

表 2-30　压铸铝合金的牌号及化学成分（GB/T 15115—2009）

序号	合金牌号	合金代号	化学成分（质量分数,%）										
			Si	Cu	Mn	Mg	Fe	Ni	Ti	Zn	Pb	Sn	Al
1	YZAlSi10Mg	YL101	9.0~10.0	≤0.6	≤0.35	0.45~0.65	≤1.0	≤0.50	—	≤0.40	≤0.10	≤0.15	余量
2	YZAlSi12	YL102	10.0~13.0	≤1.0	≤0.35	≤0.10	≤1.0	≤0.50		≤0.40	≤0.10	≤0.15	余量

序号	合金牌号	合金代号	化学成分（质量分数,%）										
			Si	Cu	Mn	Mg	Fe	Ni	Ti	Zn	Pb	Sn	Al
3	YZAlSi10	YL104	8.0~10.5	≤0.3	0.2~0.5	0.30~0.50	0.5~0.8	≤0.10	—	≤0.30	≤0.05	≤0.01	余量
4	YZAlSi9Cu4	YL112	7.5~9.5	3.0~4.0	≤0.50	≤0.10	1.0	≤0.50	—	≤2.90	≤0.10	0.15	余量
5	YZAlSi11Cu3	YL113	9.5~11.5	2.0~3.0	≤0.50	≤0.10	1.0	≤0.30	—	≤2.90	≤0.10		余量
6	YZAlSi17-Cu5Mg	YL117	16.0~18.0	4.0~5.0	≤0.50	0.50~0.70	1.0	≤0.10	≤0.20	1.40	≤0.10		余量
7	YZAlMg5Si1	YL302	≤0.35	≤0.25	≤0.35	7.60~8.60	1.1	≤0.15	—	≤0.15	≤0.10	≤0.15	余量

表 2-31　　　　　　　　　压铸铝合金的力学性能

序号	合金牌号	合金代号	抗拉强度（MPa）	断后伸长率（%）（$L_0=50$）	布氏硬度 HBW
1	YZAlSi10Mg	YL101	200	2.0	70
2	YZAlSi12	YL102	220	2.0	60
3	YZAlSi10	YL104	220	2.0	70
4	YZAlSi9Cu4	YL112	320	3.5	85
5	YZAlSi11Cu3	YL113	230	1.0	80
6	YZAlSi17Cu5Mg	YL117	220	<1.0	—
7	YZAlMg5Si1	YL302	220	2.0	70

注　表中未特殊说明的数值均为最小值。

3. 铝及铝合金的焊接特点

（1）铝及铝合金的可焊性。工业纯铝、非热处理强化变形铝镁和铝锰合金，以及铸造合金中的铝硅和铝镁合金具有良好的可焊性；可热处理强化变形铝合金的可焊性较差，如超硬铝合金 LC4（7A04），因焊后的热影响区变脆，故不推荐弧焊。铸造铝合金 ZL1、ZL4 及 ZL5 可焊性较差。几种铝及铝合金的可焊性见表 2-32。

表 2-32   几种铝及铝合金的可焊性

焊接方式	材料牌号和铝合金的可焊性					适用厚度范围 (mm)
	L1L6	LF21	LF5 LF6	LF2 LF3	LY11 LY12 LY16	
钨极氩弧焊（手工、自动）	好	好	好	好	差	1～25①
熔化极氩弧焊（半自动，自动）	好	好	好	好	尚可	≥3
熔化极脉冲氩弧焊（半自动，自动）	好	好	好	好	尚可	0.8
电阻焊（点焊、缝焊）	较好	较好	好	好	较好	≤4
气焊	好	好	差	尚可	差	0.5～25①
碳弧焊	较好	较好	差	差	差	1～10
焊条电弧焊	较好	较好	差	差	差	3～8
电子束焊	好	好	好	好	较好	3～75
等离子焊	好	好	好	好	尚可	1～10

① 厚度大于 10mm 时，推荐采用熔化极氩弧焊。

（2）铝及铝合金的焊接特点。

1）表面容易氧化，生成致密的氧化铝（Al_2O_3）薄膜，影响焊接。

2）氧化铝（Al_2O_3）熔点高（约 2025℃），焊接时，它对母材与母材之间的熔合起阻碍作用，影响操作者对熔池金属熔化情况的判断，还会造成焊缝金属夹渣和气孔等缺陷，影响焊接质量。

3）铝及其合金熔点低，高温时强度和塑性低（纯铝在 640～656℃ 间的延伸率小于 0.69%），高温液态无显著颜色变化，焊接操作不慎时会出现烧穿、焊缝反面焊瘤等缺陷。

4）铝及其合金线膨胀系数（23.5×10⁻⁶℃）和结晶收缩率大，

焊接时变形较大；对厚度大或刚性较大的结构，大的收缩应力可能导致焊接接头产生裂纹。

5）液态铝可大量溶解氢，而固态铝几乎不溶解氢。氢在焊接熔池快速冷却和凝固过程中易在焊缝中聚集形成气孔。

6）冷硬铝和热处理强化铝合金的焊接接头强度低于母材，焊接接头易发生软化，给焊接生产造成一定困难。

铝及铝合金焊接主要采用氩弧焊、气焊、电阻焊等方式，其中氩弧焊（钨极氩弧焊和熔化极氩弧焊）应用最广泛。

铝及铝合金焊前应用机械法或化学清洗法去除工件表面氧化膜。焊接时钨极氩弧焊（TIG 焊）采用交流电源，熔化极氩弧焊（MIG 焊）采用直流反接，以获得"阴极雾化"作用，清除氧化膜。

（二）铜及铜合金的分类和焊接特点

在金属材料中，铜及铜合金的应用范围仅次于钢铁。在非铁金属材料中，铜的产量仅次于铝。

铜的物理性能和力学性能见表 2-33。

表 2-33 铜的物理性能和力学性能

物 理 性 能				力 学 性 能	
项 目	数值	项 目	数值	项 目	数值
（1）密度 γ（g/ cm³）(20℃)	8.93	（6）比热容 c[J/ (kg·K)](20℃)	386	（1）抗拉强度 σ_b (MPa)	209
（2）熔点（℃）	1084.88	（7）线胀系数 α_1 (10⁻⁶/K)	16.7	（2）屈服强度 $\sigma_{0.2}$(MPa)	33.3
（3）沸点（℃）	2595	（8）热导率 λ[W (m·K)]	398	（3）伸长率 δ(%)	60
（4）熔化热 (kJ/mol)	13.02	（9）电阻率 ρ (nΩ·m)	16.73	（4）硬度 HBW	37
（5）汽化热 (kJ/mol)	304.8	（10）电导率 κ (%IACS)	103.06	（5）弹性模量 （拉伸）E(GPa)	128

习惯上将铜及铜合金分为纯铜、黄铜、青铜和白铜，以铸造和压力加工产品（棒、线、板、带、箔、管）提供使用，广泛应用于电气、电子、仪表、机械、交通、建筑、化工、兵器、海洋工程等几乎所有的工业和民用部门。

铜合金分为加工铜合金和铸造铜合金，其总分类及化学成分、铜及铜合金的组成、加工铜的化学成分、加工铜的工艺性能、加工铜的特性和用途见表2-34～表2-38。

表 2-34　　　　　　　　　铜合金总分类及化学成分

类型	名　　称	化学成分	类型	名　　称	化学成分
加工铜合金	纯铜	$w(Cu)>99\%$	铸造铜合金	红色黄铜和加铅红色黄铜	Cu-Zn-Sn-Pb$[w(Cu)=75\%\sim89\%]$
	高铜合金	$w(Cu)>96\%$		黄色黄铜及加铅黄色黄铜	Cu-Zn-Sn-Pb$[w(Cu)=57\%\sim74\%]$
	黄铜	Cu-Zn			
	加铅黄铜	Cu-Zn-Pb		锰黄铜和加铅锰黄铜	Cu-Zn-Mn-Fe-Pb
	锡黄铜	Cu-Zn-Sn-Pb			
	磷青铜	Cu-Sn-P		硅青铜、硅黄铜	Cu-Zn-Si
	加铅磷青铜	Cu-Sn-Pb-P		锡青铜和加铅锡青铜	Cu-Sn-Zn-Pb
	铜-银-磷合金	Cu-Ag-P			
	铝青铜	Cu-Al-Fe-Ni		镍-锡青铜	Cu-Ni-Sn-Zn-Pb
	硅青铜	Cu-Si		铝青铜	Cu-Al-Fe-Ni
	其他铜合金	…		普通白铜	Cu-Ni-Fe
	普通白铜	Cu-Ni-Fe		锌白铜	Cu-Ni-Zn-Pb-Sn
	锌白铜	Cu-Ni-Zn			
铸造铜合金	纯铜	$w(Cu)>99\%$		加铅铜	Cu-Pb
	高铜合金	$w(Cu)>94\%$		其他铜合金	…

表 2-35　　　　　　　　　　　铜及铜合金的组成

名称	组成	分组	成分与用途
黄铜	以锌为主要合金元素的铜合金	普通黄铜	铜锌二元合金，其锌的质量分数小于 50％
		特殊黄铜	在普通黄铜的基础上加入了 Fe、Zn、Mn、Al 等辅助合金元素的铜合金
青铜	以除锌和镍以外的其他元素为主要合金元素的铜合金	锡青铜	锡的含量是决定锡青铜性能的关键，锡质量分数为 5％～7％的锡青铜塑性最好，适于冷、热加工；而当锡的质量分数大于 10％时，合金强度升高，但塑性却很低，只适于做铸造用材
		铝青铜	铝青铜中铝的质量分数一般控制在 12％以内。工业上压力加工用铝青铜中铝的质量分数一般低于 5％～7％；铝质量分数为 10％左右的合金，强度高，可用于热加工或铸造用材
		铍青铜	铍质量分数为 1.7％～2.5％的铜合金，其时效硬化效果极为明显，通过淬火时效，可获得很高的强度和硬度，抗拉强度可达：$\sigma_b = 1250 \sim 1500\mathrm{MPa}$，硬度为 350～400HBW，远远超过其他铜合金，且可与高强度合金钢相媲美。由于铍青铜没有自然时效效应，故其一般以淬火态供应，易于加工成形，可直接制成零件后再时效强化
白铜	以镍为主要合金元素（质量分数低于 50％）的铜合金	简单白铜	铜镍二元合金
		特殊白铜	在简单白铜的基础上加入了 Fe、Zn、Mn、Al 等辅助合金元素的铜合金

表2-36　加工铜的化学成分（GB/T 5231—2001）

组别	序号	名称	代号	化学成分（质量分数，%）													产品形状
				Cu+Ag	P	Ag	Bi	Sb	As	Fe	Ni	Pb	Sn	S	Zn	O	
纯铜	1	一号铜	T1	99.95	0.001	—	0.001	0.002	0.002	0.005	0.002	0.003	0.002	0.005	0.005	0.02	板、带、箔、管
	2	二号铜	T2	99.90	—	—	0.001	0.002	0.002	0.005	—	0.005	—	0.005	—	—	板、带、箔、管、棒、线
	3	三号铜	T3	99.70	—	—	0.002	—	—	—	—	0.01	—	—	—	—	板、带、箔、管、棒、线
无氧铜	4	零号无氧铜	TU0 (C10100)	Cu99.99	0.000 3	0.002 5	0.000 1 Se: 0.000 3	0.000 4 Te: 0.000 2	0.000 5	0.001 0 Mn: 0.000 05	0.001 0	0.000 5 Cd: 0.000 1	0.000 2	0.001 5	0.000 1	0.000 5	板、带、箔、管、棒、线
	5	一号无氧铜	TU1	99.97	0.002	—	0.001	0.002	0.002	0.004	0.002	0.003	0.002	0.004	0.003	0.002	板、带、箔、管、棒、线
	6	二号无氧铜	TU2	99.95	0.002	—	0.001	0.002	0.002	0.004	0.002	0.004	0.002	0.004	0.003	0.003	板、带、管、棒、线
磷脱氧铜	7	一号脱氧铜	TP1 (C12000)	99.90	0.004~0.012	—	—	—	—	—	—	—	—	—	—	—	板、带、管
	8	二号脱氧铜	TP2 (C12200)	99.9	0.015~0.040	—	—	—	—	—	—	—	—	—	—	—	板、带、管
银铜	9	0.1银铜	TAg0.1	Cu 99.5	—	0.06~0.12	0.002	0.005	0.01	0.05	0.2	0.01	0.05	0.01	—	0.1	板、管、线

表 2-37　　　　　　　　　加工铜的工艺性能

合金	熔炼与铸造工艺	成形性能	焊接性能	可切削性（HPb63-3的切削性为100%）（%）
纯铜	采用反射炉熔炼或工频有芯感应炉熔炼。采用铜模或铁模浇注，熔炼过程中应尽可能减少气体来源，并使用经过煅烧的木炭做溶剂，也可用磷做脱氧剂。浇注过程在氮气保护或覆盖烟灰下进行，建议铸造温度为 1150～1230℃，线收缩率为 2.1%	有极好的冷、热加工性能，能用各种传统的加工工艺加工，如拉伸、压延、深冲、弯曲、精压和旋压等。热加工时应控制加热介质气氛，使之呈微氧化性。热加工温度为 800～950℃	易于锡焊、铜焊，也能进行气体保护焊、闪光焊、电子束焊和气焊，但不宜进行接触点焊、对焊和埋弧焊	20
无氧铜	使用工频有芯感应电炉熔炼，原料选用 $w(Cu)$ 大于 99.97% 及 $w(Zn)$ 小于 0.003% 的电解铜。熔炼时应尽量减少气体来源，并使用经过煅烧的木炭做溶剂，也可用磷做脱氧剂。浇注过程在氮气保护或覆盖烟灰下进行，铸造温度为 1150～1180℃	有极好的冷、热加工性能，能用各种传统的加工工艺加工，如拉伸、压延、挤压、弯曲、冲压、剪切、镦锻、旋锻、滚花、缠绕、旋压、罗纹轧制等。可煅性好，为锻造黄铜的 65%，热加工温度为 800～900℃	易于熔焊、钎焊、气体保护焊，但不宜进行金属弧焊和大多数电阻焊	20
磷脱氧铜	使用工频有芯感应电炉熔炼。高温下纯铜吸气性强，熔炼时应尽量减少气体来源，并使用经过煅烧的木炭做溶剂，也可用磷做脱氧剂。浇注过程在氮气保护或覆盖烟灰下进行，锻造温度为 1150～1180℃	有优良的冷、热加工性能，可以进行精冲、拉伸、墩铆、挤压、深冲、弯曲和旋压等。热加工温度为 800～900℃	易于熔焊、钎焊、气体保护焊，但不宜进行电阻对焊	20

表 2-38　　　　　　　　加工铜的特性和用途

代号	主要特性	用途举例
T1 T2	有良好的导电、导热、耐蚀和加工性能，可以焊接和钎焊。含降低导电、导热性的杂质较少，微量的氧对导电、导热和加工等性能影响不大，但易引起氢脆，不宜在高温（大于 370℃）还原性气氛中加工（退火、焊接等）和使用	除标准圆管外，其他材料可用作建筑物正面装饰、密封垫片、汽车散热器、母线、电线电缆、绞线、触点、无线电元件、开关、接线柱、浮球、铰链、扁销、钉子、铆钉、烙铁、平头钉、化工设备、铜壶、锅、印刷滚筒、膨胀板、容器。在还原性气氛中加热到 370℃以上，例如在退火、硬钎焊或焊接时，材料会变脆。若还原气氛中有 H_2 或 CO 存在，则会加速脆化
T3	有较好的导电、导热、耐蚀和加工性能，可以焊接和钎焊，但含降低导电、导热性的杂质较多，含氧量更高，更易引起氢脆，不能在高温还原性气氛中加工和使用	建筑方面：正面板、落水管、防雨板、流槽、屋顶材料、网、流道；汽车方面：密封圈、散热器；电工方面：汇流排、触点、无线电元件、整流器扇形片、开关、端子；其他方面：化工设备、釜、锅、印染辊、旋转带、路基膨胀板、容器。在 370℃以上退火、硬钎焊或焊接时，若为还原性气氛，则易发脆，如有 H_2 或 CO 存在，则会加速脆化
TU1、 TU2	纯度高，导电、导热性极好，无氢脆或极少氢脆，加工性能和焊接、耐蚀、耐寒性均好	母线、波导管、阳极、引入线、真空密封、晶体管元件、玻璃金属密封、同轴电缆、速度调制电子管、微波管
TP1 TP2	焊接性能和冷弯性能好，一般无氢脆倾向，可在还原性气氛中加工和使用，但不宜在氧化性气氛中加工和使用。TP1 的残留磷量比 TP2 少，故其导电、导热性较 TP2 高	主要以管材应用，也可以板、带或棒、线供应，用作汽油或气体输送管、排水管、冷凝管、水雷用管、冷凝器、蒸发器、热交换器、火车车厢零件
TAg0.1	铜中加入少量的银，可显著提高软化温度（再结晶温度）和蠕变强度，而很少降低铜的导电、导热性和塑性。实用的银铜时效硬化效果不显著，一般采用冷作硬化来提高强度。它具有很好的耐磨性、电接触性和耐蚀性，在制成电车线时，使用寿命一般比硬铜 2~4 倍	用于耐热、导电器材，如电动机转向器片、发电机转子用导体、点焊电极、通信线、引线、导线、电子管材料等

1. 铜

按化学成分不同，铜加工产品分为纯铜材和无氧铜两类，纯铜呈紫红色，故又称为紫铜。其密度为 $8.96 \times 10^3 \, kg/m^3$，熔点为 1083℃，它的导电性和导热性仅次于金和银，是最常用的导电、导热材料。纯铜的塑性非常好，易于冷、热加工，在大气及淡水中有很好的抗腐蚀性能。

2. 铜合金

工业上广泛采用的多是铜合金。常用的铜合金可分为高铜合金、黄铜、青铜和白铜（又分为普通白铜和锌白铜）等几大类。

(1) 黄铜。黄铜可分为普通黄铜和特殊黄铜，普通黄铜的牌号用"黄"字汉语拼音字母的字头"H"＋数字表示。按照化学成分的不同，数字表示平均含铜量的百分数。

在普通黄铜中加入其他合金元素所组成的合金，称为特殊黄铜。特殊黄铜的代号由"H"＋主加元素的元素的符号（除锌外）＋铜含量的百分数＋主元素含量的百分数组成。例如 HPb59-1，则表示铜含量为59％，铅含量为1％的铅黄铜。

常用黄铜的牌号、化学成分、力学性能和用途见表2-39。

(2) 青铜。除了黄铜和白铜（铜和镍的合金）外，所有的铜基合金都称为青铜。参考 GB/T 5231—2001《加工青铜的牌号和化学成分》标准，按主加元素种类的不同，青铜主要可分为锡青铜、铝青铜、硅青铜和铍青铜等。按加工工艺可分为普通青铜和铸造青铜。

表 2-39　常用黄铜的牌号、化学成分、力学性能和用途

| 组别 | 牌号 | 化学成分（％） | | 力学性能 | | | 用　　途 |
		Cu	其他	σ_b(MPa)	σ(%)	HBS	
普通黄铜	H90	88.0～91.0	余量 Zn	260/480	45/4	53/130	双金属片、供水和排水管、艺术品、证章
	H68	67.0～70.0	余量 Zn	320/660	55/3	/150	复杂的冲压件、轴套、散热器外壳、波纹管、弹壳
	H62	60.5～63.5	余量 Zn	330/600	49/3	56/140	销钉、铆钉、螺钉、螺母、垫圈、夹线板、弹簧

组别	牌号	化学成分（%）		力学性能			用　途
		Cu	其他	σ_b(MPa)	σ(%)	HBS	
特殊黄铜	HSn90-1	88.0～91.0	0.25～0.75Sn 余量Zn	280/520	45/5	/82	船舶零件、汽车和拖拉机的弹性套管
	HSi80-3	79.0～81.0	2.5～4.0Sn 余量Zn	300/600	58/4	90/110	船舶零件、蒸汽（小于265℃）条件下工作的零件
	HMn58-2	57.0～60.0	1.0～2.0Si 余量Zn	400/700	40/10	85/175	弱电电路用的零件
	HPb59-1	57.0～60.0	0.8～1.9Pb 余量Zn	400/650	45/16	44/80	热冲压及切削加工零件，如销、螺钉、轴套等
	HAl59-3-2	57.0～60.0	2.5～3.5Al 2.0～3.0Ni 余量Zn	380/650	50/15	75/155	船舶、电动机及其他在常温下工作的高强度、耐蚀零件

注　力学性能数值中分母数值为50%变形程度的硬化状态测定，分子数值为600℃下退火状态下测定。

　　青铜的代号由"青"字的汉语拼音的第一个字母"Q"＋主加元素的元素符号及含量＋其他加入元素的含量组成。例如 QSn4-3 表示含锡4%，含锌3%，其余为铜的锡青铜。QAl7 表示含铝7%，其余为铜的铝青铜。铸造青铜的牌号的表示方法和铸造黄铜的表示方法相同。常用青铜和铸造青铜的牌号、化学成分、力学性能和用途见表 2-40 和表 2-41。

表 2-40　普通青铜的牌号、化学成分、力学性能和用途

牌号	化学成分		力学性能			用　途
	第一主加元素	其他	σ_b(MPa)	σ(%)	HBS	
QSn4-3	Sn 3.5～4.5	2.7～3.3Zn 余量Cu	350/350	40/4	60/160	弹性元件、管配件、化工机械中耐磨零件及抗磁零件
QSn6.5-0.1	Sn 6.0～7.0	1.0～0.25P 余量Cu	350/450 700/800	60/70 7.5/12	70/90 160/200	弹簧、接触片、振动片、精密仪器中的耐磨零件

牌号	化学成分		力学性能			用 途
	第一主加元素	其他	σ_b(MPa)	σ(%)	HBS	
QSn4-4-4	Sn 3.0~5.0	3.5~4.5Pb 3.0~5.0Zn 余量Cu	220/250	3/5	890/90	重要的减零件，如轴承、轴套、蜗轮、丝杠、螺母
QAl 7	Al 6.0~8.0	余量Cu	470/980	3/70	70/154	重要用途的弹性元件
QAl9-4	Al 8.0~10.0	2.0~4.0Fe 余量Cu	550/900	4/5	110/180	耐磨零件和在蒸汽及海水中工作的高强度、耐蚀零件
QBe2	Be 1.8~2.1	0.2~0.5Ni 余量Cu	500/850	3/40	84/247	重要的弹性元件，耐磨件及在高速、高压、高温下工作的轴承
QSi3-1	Si 2.7~3.5	1.0~1.5Mn 余量Cu	370/700	3/55	80/180	弹性元件；在腐蚀介质下工作的耐磨零件，如齿轮

注 力学性能数值中分母数值为50%变形程度的硬化状态测定，分子数值为600℃下退火状态下测定。

表 2-41 铸造青铜的牌号、化学成分、力学性能和用途

牌号	化学成分		力学性能			用 途
	第一主加元素	其他	σ_b(MPa)	σ(%)	HBS	
ZCuSn5Pb5Zn5	Sn 4.0~6.0	4.0~6.0Zn 4.0~6.0Pb 余量Cu	$\dfrac{200}{200}$	13/3	60/60	较高负荷、中速的耐磨、耐蚀零件，如轴瓦、缸套、蜗轮
ZCuSn10Pb1	Sn 9.0~11.5	0.5~1.0Pb 余量Cu	$\dfrac{200}{310}$	3/2	80/90	高负荷、高速的耐磨零件，如轴瓦、衬套、齿轮
ZCuPb30	Pb 27.0~33.0	余量Cu			/25	高速双金属轴瓦
ZCuAl9Mn2	Al 8.0~10.0	1.5~2.5Mn 余量Cu	$\dfrac{390}{440}$	20/20	85/95	耐蚀、耐磨零件，如齿轮、衬套、蜗轮

注 力学性能中分子为砂型铸造试样测定，分母为金属型铸造测定。

3. 铜及铜合金的焊接特点

(1) 铜的导热系数大，焊接时有大量的热量被传导损失，容易产生未熔合和未焊透等缺陷，因此焊接时必须采用大功率热源，焊件厚度大于 4mm 时，要采取预热措施。

(2) 由于铜的热导率高，要获得成型均匀的焊缝宜采用对接接头，而丁字接头和搭接接头不推荐。

(3) 铜的线膨胀系数大，凝固收缩率也大，焊接构件易产生变形，当焊件刚度较大时，则有可能引起焊接裂纹。

(4) 铜的吸气性很强，氢在焊缝凝固过程中溶解度变化大（液固态转变时的最大溶解度之比达 3.7，而铁仅为 1.4），来不及逸出，易使焊缝中产生气孔。氧化物及其他杂质与铜生成低熔点共晶体，分布于晶粒边界，易产生热裂纹。

(5) 焊接黄铜时，由于锌沸点低，易蒸发和烧损，会使焊缝中含锌量低，从而降低接头的强度和耐蚀性。向焊缝中加入硅和锰，可减少锌的损失。

(6) 铜及铜合金在熔焊过程中，晶粒会严重长大，使接头塑性和韧性显著下降。

铜及铜合金焊接主要采用气焊、惰性气体保护焊、埋弧焊、钎焊等方法。铜及铜合金导热性能好，所以焊接前一般应预热。钨极氩弧焊采用直流正接。气焊时，纯铜采用中性焰或弱碳化焰，黄铜则采用弱氧化焰，以防止锌的蒸发。

(三) 钛及钛合金的分类和焊接特点

钛及其合金是 20 世纪 50 年代出现的一种新型结构材料。由于它的密度小（约为钢的 1/2）、强度高、耐高温、抗腐蚀、资源丰富，现在已成为机械、医疗、航天、化工、造船和国防工业生产中广泛应用的材料。

1. 钛

纯钛是银白色的，密度小（4.5g/cm³），熔点高（1667℃），热膨胀系数小。钛的塑性好，强度低，容易加工成形，可制成细丝、薄片；在 550℃ 以下有很好的抗腐蚀性，不易氧化，在海水和水蒸气的抗腐蚀能力比铝合金、不锈钢和镍合金还高。

钛的物理性能、力学性能，钛及钛合金的分类及特点，钛合金的有关术语，钛合金的特性和用途见表 2-42～表 2-45。

表 2-42　　　　　　　　**钛的物理性能和力学性能**

物理性能				力学性能	
项　目	数据	项　　目	数据	项　　目	数据
（1）密度 γ（g/cm^3）（20℃）	4.507	（6）比热容 c[J/（kg·K）]（20℃）	522.3	（1）抗拉强度 σ_b（MPa）	235
（2）熔点（℃）	1668±10	（7）线胀系数 α_1（10^{-6}/K）	10.2	（2）屈服强度 $\sigma_{0.2}$（MPa）	140
（3）沸点（℃）	3260	（8）热导率 λ[W/（m·K）]	11.4	（3）断后伸长率 δ(%)	54
（4）熔化热（kJ/mol）	18.8[①]	（9）电阻率 ρ(nΩ·m)	420	（4）硬度 HBW	60～74
（5）汽化热（kJ/mol）	425.8	（10）电导率 κ（%IACS）		（5）弹性模量（拉伸）E(GPa)	106

① 估算值。

表 2-43　　　　　　　　**钛及钛合金的分类及特点**

分类		成分特点	显微组织特点	性能特点	典型合金
α型钛合金	全α合金	含有质量分数在 6% 以下的铝和少量的中性元素	退火后，除杂质元素造成的少量 β 相外，几乎全部是 α 相	密度小，热强性好，焊接性能好，低间隙元素含量及有好的超低温韧性	TA4、TA5、TA6、TA7
	近α合金	除铝和中性元素外，还有少量（质量分数不超过 4%）的 β 稳定元素	退火后，除大量 α 相外，还有少量的（体积分数为 10% 左右）β 相	可热处理强化，有很好的热强性和热稳定性，焊接性能良好	—
	α+化合物合金	在全 α 合金的基础上添加少量活性共析元素	退火后，除大量 α 相外，还有少量的 β 相及金属间化合物	有沉淀硬化效应，提高了室温及高温抗拉强度和蠕变强度，焊接性良好	TA8 及 TA13

分类		成分特点	显微组织特点	性能特点	典型合金
α+β 型钛合金		含有一定量的铝（质量分数在6%以下）和不同量的β稳定元素及中性元素	退火后，有不同比例的α相及β相	可热处理强化，强度及淬透性随着β稳定元素含量的增加而提高，可焊性较好，一般冷成型及切削加工性能差。TC4合金在低间隙元素含量时具有良好的超低温韧性	TC1、TC2、TC3、TC4、TC6、TC8、TC9、TC10、TC11、TC12
β 型 钛 合 金	热稳定β合金	含有大量β稳定元素，有时还有少量其他元素	退火后全部为β相	室温强度较低，冷成型和切削加工性能强，在还原性介质中耐蚀性较好，热稳定性、可焊性好	TB7
	亚稳定β合金	含有临界含量以上的β稳定元素，少量的铝（一般质量分数不大于3%）和中性元素	从β相区固溶处理（水淬或空冷）后，几乎全部为亚稳定β相。在提高温度进行时效后的组织为α相、β相，有时还有少量化合物相	固溶处理后，室温强度低，冷成型和切削加工性能强，焊接性好。经时效后，室温强度高。在高屈服强度下具有高的断裂韧性，在350℃以上热稳定性差。此类合金淬透性好	TB2 TB3
	近β合金	含有临界含量左右的β稳定元素和一定量的中性元素及铝	从β相区固溶处理后有大量亚稳定β相，可能有少量其他亚稳定相（α′相或ω相），时效后，主要是α相和β相，此外，亚稳定β相可发生应变转变	除有亚稳定β合金的特点外，在固溶处理后，屈服强度低，均匀伸长率高，时效后，断裂韧性及锻件塑性较高	TB6

表 2-44   钛及钛合金的有关术语

名称	说　明
海绵钛	用 Mg 或 Na 还原 $TiCl_4$ 获得的非致密金属钛
碘法钛	用碘做载体从海绵钛提纯得到的纯度较高的致密金属钛，钛的质量分数可达 99.9%
工业纯钛	钛的质量分数不低于 99%并含有少量 Fe、C、O、N 和 H 等杂质的致密金属钛
钛合金	以钛为基体金属，含有其他元素及杂质的合金
α 钛合金	含有 α 稳定剂，在室温稳定状态基本为 α 相的钛合金
近 α 钛合金	α 合金中加入少量 β 稳定剂，在室温稳定状态 β 相的质量分数一般小于 10%的钛合金
α-β 钛合金	含有较多的 β 稳定剂，在室温稳定状态由 α 及 β 相所组成的钛合金，β 相的质量分数一般为 10%～50%
β 钛合金	含有足够多的 β 稳定剂，在适当的冷却速度下能使其室温组织全部为 β 相的钛合金

表 2-45   钛合金的特性和用途

名称	特性和用途
（1）α 型钛合金	室温强度较低，但高温强度和蠕变强度却居钛合金之首，且该类合金组织稳定，耐蚀性优良，塑性及加工成形性好，还具有优良的焊接性能和低温性能，常用于制作飞机蒙皮、骨架、发动机压缩机盘和叶片、涡轮壳以及超低温容器等
（2）β 型钛合金	在淬火态塑性、韧性很好，冷成形性好。但由于这种合金密度大，组织不够稳定，耐热性差，因此使用不太广泛，主要是用来制造飞机中使用温度不高但强度要求高的零部件，如弹簧、紧固件及厚截面构件等
（3）α＋β 型钛合金	兼有 α 型及 β 型钛合金的特点，有非常好的综合力学性能，是应用最广泛的钛合金，在航空航天工业及其他工业部门都得到了广泛的应用

　　加工钛及钛合金的化学成分参见 GB/T 3620.1—2007。

　　工业纯钛的牌号、力学性能和用途见表 2-46。

表 2-46　　　　　　　　工业纯钛的牌号、力学性能和用途

牌号	材料状态	力学性能			用　　途
		σ_b(MPa)	σ_5(%)	α_k(J/cm²)	
TA1	板材	350～500	30～40	—	航空：飞机骨架、发动机部件。
	棒板	343	25	80	化工：热交换机、泵体、搅拌器。
TA2	板材	450～600	25～30	—	造船：耐海水腐蚀的管道、阀门、泵、柴油发动机活塞、连杆
	棒板	441	20	75	
TA3	板材	550～700	20v25	—	机械：低于 350℃条件下工作且受力较小的零件
	棒板	539	15	50	

2. 钛合金

（1）加工钛及钛合金。钛具有同素异构现象，在 882℃以下为密排六方晶格，称为 α—钛（α—Ti），在 882℃以上为体心立方晶体，称为 β—钛（β—Ti）。因此钛合金有三种类型：α—钛合金，β—钛合金，α＋β—钛合金。

常温下 α—钛合金的硬度低于其他钛合金，但高温（500～600℃）条件下其强度最高，它的组织稳定，焊接性良好；β—钛合金具有很好的塑性，在 540℃以下具有较高的强度，但其生产工艺复杂，合金密度大，故在生产中用途不广；α＋β—钛合金的强度、耐热性和塑性都比较好，并可以热处理强化，应用范围较广。应用最多的是 TC4（钛铝钒合金），它具有较高的强度和很好的塑性。在 400℃时，组织稳定，强度较高，抗海水腐蚀的能力强。

常用钛合金、α＋β—钛合金的牌号、力学性能和用途见表 2-47、表 2-48。

表 2-47　　　　　常用钛合金的牌号、力学性能和用途

牌号	力学性能		用　　途
	σ_b(MPa)	σ_5(%)	
TA5	686	15	与 TA1 和 TA2 等用途相似
TA6	686	20	飞机骨架、气压泵体、叶片，温度小于 400℃环境下工作的焊接零件
TA7	785	20	温度小于 500℃环境下长期工作的零件和各种模锻件

注　伸长率值指板材厚度在 0.8～1.5mm 的状态下。

表 2-48　　　　α＋β—钛合金的牌号、力学性能和用途

牌号	力学性能		用　　途
	σ_b(MPa)	σ_5(%)	
TC1	588	25	低于 400℃环境下工作的冲压零件和焊接件
TC2	686	15	低于 500℃环境下工作的焊接件和模锻件
TC4	902	12	低于 400℃环境下长期工作的零件，各种锻件、各种容器、泵、坦克履带、舰船耐压的壳体
TC6	981	10	低于 350℃环境下工作的零件
TC10	1059	10	低于 450℃环境下长期工作的零件，如飞机结构件、导弹发动机外壳、武器结构件

注　伸长率值指在板材厚 1.0～2.0mm 的状态下。

钛及钛合金的应用情况见表 2-49。

表 2-49　　　　　　钛及钛合金的应用情况

产业	应用领域	具体的使用部位
航空、宇宙航行	喷气发动机部件、机身部件、火箭、人造卫星、导弹等部件	压气机和风扇叶片、盘、机匣、导向叶片、轴、起落架、襟翼、阻流板、发动机舱、隔板、翼梁、燃料箱、火箭燃烧室、助推器
化学、石油化工及其他一般工业	尿素、乙酸、丙酮、三聚氰酰胺、硝酸、IPA、PO、乙二酸、对苯二甲酸、丙烯腈、丙烯内酰胺、丙烯酸酯、无水马来酸、谷氨酸、浓漂白粉、造纸、纸浆	热交换器、反应槽、反应塔、压力釜、蒸馏塔、凝缩器、离心分离机、搅拌器、鼓风机、阀、泵、管道、计测器
	苏打、氯气	电极基板、电解槽
	表面处理	电镀用夹具、电极
	冶金	铜箔用滚筒、电解精炼用电极、EGL 电镀电极
	环保（排气、排液、除尘）	粪尿处理设备
发电、海水淡化	原子能、火力、地热发电、蒸发式海水淡化装置	透平冷凝器、冷凝器、管板、透平叶片、传热管

续表

产业	应用领域	具体的使用部位
海洋开发、能源	石油、天然气开采	提升管
	石油精炼、LNG	热交换器
	深海潜艇、海洋温差发电	耐压壳体
	水产养殖	渔网
	核废物处理/再处理/浓缩	离心分离机、磁体外套
土木建筑	屋顶、大厦的外装、港湾设施（如桥梁、海底隧道）	屋顶、外壁、装饰物、小配件类、立柱装饰、外装、纪念碑、标牌、门牌、栏杆、管道、耐蚀被覆、工具类
运输机构	汽车部件（四轮车、二轮车）	连杆、阀门、护圈、弹簧、螺栓、螺母、油箱
	船用部件	热交换器、喷射簧片、水翼、通气管、螺旋桨
	铁路（直线性电机车及其他）	架式受电弓、低温恒温器、超导电动机
医疗及其他	通信、光学仪器	照相机、曝光装置、印相装置、电池、海底中继器
	音响设备	振动板
	医疗、保健、福利	人工关节、齿科材料、手术器具、起波器、轮椅、手杖、碱离子净水器
体育用品	自行车零件	构架、胎圈、辐条、脚踏
	装饰品、佩带物	手表、眼镜框架、装饰品、剪子、剃须刀、打火机
	体育娱乐用品及其他	高尔夫球头、网球拍、登山工具、滑雪板、套架、雪橇、雪铲、马掌铁、击剑面具、钓具、游艇部件、氧气瓶、潜水刀、热水瓶、炒锅、家具、记录用具、印章、玩具

（2）铸造钛及钛合金。铸造钛及钛合金的化学成分、特性和用途见表 2-50、表 2-51。

表 2-50　　铸造钛及钛合金的化学成分（GB/T 15073—1994）

铸造钛及钛合金		化学成分（质量分数,%）													
		主要成分						杂质（不大于）							
牌号	代号	Ti	Al	Sn	Mo	V	Nb	Fe	Si	C	N	H	O	其他元素单个	总和
ZTi1	ZTA1	基	—	—	—	—	—	0.25	0.10	0.10	0.03	0.015	0.25	0.10	0.40
ZTi2	ZTA2	基	—	—	—	—	—	0.30	0.15	0.10	0.05	0.015	0.35	0.10	0.40
ZTi3	ZTA3	基	—	—	—	—	—	0.40	0.15	0.10	0.05	0.015	0.40	0.10	0.40
ZTiAl4	ZTA5	基	3.3~4.7	—	—	—	—	0.30	0.15	0.10	0.04	0.015	0.20	0.10	0.40
ZTiAl5Sn2.5	ZTA7	基	4.0~6.0	2.0~3.0	—	—	—	0.50	0.15	0.10	0.05	0.015	0.20	0.10	0.40
ZTiMo32	ZTB32	基	—	—	30.0~34.0	—	—	0.30	0.15	0.10	0.05	0.015	0.15	0.10	0.40
ZTiAl6V4	ZTC4	基	5.5~6.8	—	—	3.5~4.5	—	0.40	0.15	0.10	0.05	0.015	0.25	0.10	0.40
ZTiAl6Sn4.5Nb2Mo1.5	ZTC21	基	5.5~6.5	4.0~5.0	1.0~2.0	—	1.5~2.0	0.30	0.15	0.10	0.05	0.015	0.20	0.10	0.40

表 2-51　　铸造钛及钛合金的特性和用途

代号	牌号	主要特性	用途举例
ZTA1	ZTi1	与 TA1 相似	与 TA1 相近
ZTA2	ZTi2	与 TA2 相似	与 TA2 相近
ZTA3	ZTi3	与 TA3 相似	与 TA3 相近
ZTA5	ZTiAl4	与 TA5 相似	与 TA5 相近
ZTA7	ZTiAl5Sn2.5	与 TA7 相似	与 TA7 相近
ZTC4	ZTiAl6V4	与 TC4 相似	与 TC4 相近
ZTB32	ZTiMo32	耐蚀性高，在沸腾的体积分数为40%硫酸和体积分数为20%的盐酸溶液中的耐蚀性能比工业纯钛有显著提高，是目前最耐还原性介质腐蚀的钛合金之一，但在氧化性介质中的耐蚀性能很低。 随着含钼量提高（过高），合金将变脆，加工工艺性能变差	主要用于化工业中制作受还原性介质腐蚀的各种化工容器和化工机器结构件

3. 钛及钛合金的焊接特点

(1) 易受气体等杂质污染而脆化。常温下钛及钛合金比较稳定，与氧生成致密的氧化膜具有较高的耐腐蚀性能。但在540℃以上高温生成的氧化膜则不致密，随着温度的升高，容易被空气、水分、油脂等污染，吸收氧、氢、碳等，降低了焊接接头的塑性和韧性，在熔化状态下尤为严重。因此，焊接时对熔池及温度超过400℃的焊缝和热影响区（包括熔池背面）都要加以妥善保护。

在焊接工业纯钛时，为了保证焊缝质量，对杂质的控制均应小于国家现行技术条件 GB/T 3621—2007《钛及钛合金板材》规定的钛合金母材的杂质含量。

(2) 焊接接头晶粒易粗化。由于钛的熔点高，热容量大，导热性差，焊缝及近缝区容易产生晶粒粗大，引起塑性和断裂韧度下降。因此对焊接热输入要严格控制，焊接时通常用小电流、快速焊。

(3) 焊缝有易形成气孔的倾向。在钛及钛合金焊接时，气孔是较为常见的工艺性缺陷。其形成的因素很多，也很复杂，O_2、N_2、H_2、CO 和 H_2O 都可能引起气孔，但一般认为氢气是引起气孔的主要原因。气孔大多集中在熔合线附近，有时也发生在焊缝中心线附近。氢在钛中的溶解度随着温度的升高而降低，在凝固温度处就有跃变。熔池中部比熔池边缘温度高，故熔池中部的氢易向熔池边缘扩散富集。

防止焊缝气孔的关键是杜绝有害气体的一切来源，防止焊接区域被污染。

(4) 易形成冷裂纹。由于钛及钛合金中的硫、磷、碳等杂质很少，低熔点共晶难以在晶界出现，而且结晶温度区较窄和焊缝凝固时收缩量小，所以很少会产生热裂纹。但是焊接钛及钛合金时极易受到氧、氢、氮等杂质污染，当这些杂质含量较高时，焊缝和热影响区性能变脆，在焊接应力作用下易产生冷裂纹。其中氢是产生冷裂纹的主要原因。氢从高温熔池向较低温度的热影响区扩散，当该区氢富集到一定程度将从固溶体中析出 TiH_2 使之脆化；随着 TiH$_2$ 析出将产生较大的体积变化而引起较大的内应力。这些因素促成了冷裂纹的生成，而且具有延迟性质。

防止钛及钛合金焊接冷裂纹的重要措施，主要是避免氢的有害作用，减少和消除焊接应力。

（四）轴承钢及轴承合金

1. 轴承钢

轴承钢具有高的硬度、抗压强度、接触疲劳强度和耐磨性，必要的韧性，以及能够满足某些条件下的耐蚀性、耐高温性能要求。从成分和特性上看，轴承钢分为高碳铬轴承钢、渗碳轴承钢、不锈轴承钢和高温轴承钢。

（1）高碳铬轴承钢。高碳铬轴承钢淬透性好，淬火后可获得高而均匀的硬度，耐磨性好，组织均匀，疲劳寿命长，但大载荷冲击时的韧性较差，主要用作一般使用条件下滚动轴承的套圈和滚动体。高碳铬轴承钢的化学成分、硬度、特性及用途见表 2-52～表 2-54。

表 2-52　高碳铬轴承钢的化学成分（GB/T 18254—2002）

牌号	化学成分（质量分数，%）										O	
	C	Si	Mn	Cr	Mo	P	S	Ni	Cu	Ni+Cu	模铸钢	连铸钢
						不大于						
GCr4	0.95～1.05	0.15～0.30	0.15～0.30	0.35～0.50	≤0.08	0.025	0.020	0.25	0.20	—	15×10⁻⁶	12×10⁻⁶
GCr15	0.95～1.05	0.15～0.35	0.25～0.45	1.40～1.65	≤0.10	0.025	0.025	0.30	0.25	0.50	15×10⁻⁶	12×10⁻⁶
GCr15SiMn	0.95～1.05	0.45～0.75	0.95～1.25	1.40～1.65	≤0.10	0.025	0.025	0.30	0.25	0.50	15×10⁻⁶	12×10⁻⁶
GCr15SiMo	0.95～1.05	0.65～0.85	0.20～0.40	1.40～1.70	0.30～0.40	0.027	0.020	0.30	0.25	—	15×10⁻⁶	12×10⁻⁶
GCr18Mo	0.95～1.05	0.20～0.40	0.25～0.40	1.65～1.95	0.15～0.25	0.025	0.020	0.25	0.25	—	15×10⁻⁶	12×10⁻⁶

表 2-53 高碳铬轴承钢的球化和软化退火钢材硬度
(GB/T 18254—2002)

牌号	布氏硬度 HBW	牌号	布氏硬度 HBW
GCr4	179～207	GCr15SiMo	179～217
GCr15	179～207	GCr18Mo	179～207
GCr15SiMn	179～217		

表 2-54 高碳铬轴承钢的特性和用途

牌号	主要特性	用途举例
GCr4	国内研制的新牌号，是一种节能、节资源（Cr、Mn、Si、Mo）、抗冲击的低淬透性轴承钢。采用全淬透热处理的整体感应淬火处理方法，既可使材料表层具有全淬硬高碳铬轴承钢的高硬度、高耐磨性优点，又可使心部获得高韧性、抗冲击的特性	成功应用于铁道车辆的轴箱轴承，改善了用 GCr15SiMn 钢或 GCr15 钢制造轴承内圈及挡边时因脆断而造成的轴承失效，使轴承寿命较原来提高一倍
GCr15	综合性能良好；淬火和回火后硬度高而均匀，耐磨性、接触疲劳强度高；热加工性好，球化退火后有良好的可加工性，但对形成白点敏感	制造内燃机、电机车、机床、拖拉机、轧钢设备、钻探机、铁道车辆以及矿山机械等传动轴上的钢球、滚子和轴套等
GCr15SiMn	该牌号是在 GCr15 钢的基础上适当提高 Si、Mn 的含量制成的，改善了淬透性和弹性极限，耐磨性也较 GCr15 好，但白点形成敏感，有回火脆性，冷加工塑性变形中等	制造大型轴承、钢球和滚子等
GCr15SiMo	新型高淬透性轴承材料，具有良好的淬透性、淬硬性及高的抗接触疲劳性能	用于制造特大型重载轴承
GCr18Mo	新型高淬透性轴承材料，与 GCr15 钢、GCr15SiMn 钢比，明显提高了 Cr 的含量，添加了适量的 Mo 元素。采用下贝氏体等温淬火热处理工艺，可获得下贝氏体组织和较低的残留奥氏体含量，与具有贝氏体组织的 GCr15 钢相比，具有更高的冲击韧度和断裂韧度	用于制造铁道车辆等重型机械的大型轴承

（2）高碳铬不锈轴承钢。95Cr18 钢是高碳、高铬马氏体不锈钢，淬火后有高硬度和高耐蚀性。102Cr17Mo 钢是在 95Cr18 钢中加入钼发展起来的。和 95Cr18 钢相比，102Cr17Mo 钢淬火后的硬度和稳定性更好。这两种不锈钢可用于制造在腐蚀环境下及无润滑的强氧化气氛中工作的轴承，如船舶、化工、石油机械中的轴承及航海仪表上的轴承等，也可作为耐蚀高温轴承材料，但使用温度不能超过 250℃。此外，它们还可以用作医疗手术刀具。

高碳铬不锈轴承钢的牌号、化学成分、力学性能、特性和用途见表 2-55～表 2-57。

表 2-55　高碳铬不锈轴承钢的化学成分（GB/T 3086—2008）

序号	统一数字代号	新牌号	旧牌号	化学成分（质量分数，%）									
				C	Si	Mn	P	S	Cr	Mo	Ni	Cu	Ni+Cu
					不大于						不大于		
1	B21800	G95Cr18	9Cr18	0.90 ~ 1.00	0.80	0.80	0.035	0.030	17.00 ~ 19.00	—	0.30	0.25	0.50
2	B21810	G102Cr18Mo	9Cr18Mo	0.95 ~ 1.10	0.80	0.80	0.035	0.030	16.00 ~ 18.00	0.40 ~ 0.70	0.30	0.25	0.50
3	B21410	G65Cr14Mo	—	0.60 ~ 0.70	0.80	0.80	0.035	0.030	13.00 ~ 15.00	0.50 ~ 0.80	0.30	0.25	0.50

表 2-56　高碳铬不锈轴承钢的力学性能（GB/T 3086—2008）

序号	指　　标
1	直径大于 16mm 的钢材退火状态的布氏硬度应为 197～255HBW
2	直径不大于 16mm 的钢材退火状态的抗拉强度应为 590～835MPa
3	磨光状态的钢材力学性能允许比退火状态波动 10%

表 2-57　　　　　　　高碳铬不锈轴承钢的特性和用途

牌号	主要特性	用途举例
G95Cr18	高碳马氏体不锈钢，淬火后具有较高的硬度和耐磨性，在大气、水以及某些酸类和盐类的水溶液中具有优良的耐蚀性	用于制造在腐蚀条件下承受高度摩擦的轴承等零件
G102Cr18Mo	高碳高铬马氏体不锈钢，具有较高的硬度和耐回火性，良好的耐蚀性	制造在腐蚀环境和无润滑强氧化气氛中工作的轴承零件，如船舶、石油、化工机械中的轴承、航海仪表轴承等

（3）渗碳轴承钢。渗碳轴承钢的含碳量低，经表面渗碳后心部仍具有良好的韧性，能够承受较大的冲击载荷，表面硬度高、耐磨，主要用作大型机械、受冲击载荷较大的轴承。

渗碳轴承钢的牌号、化学成分、力学性能、特性和用途见表2-58～表2-60。

表 2-58　　　渗碳轴承钢的化学成分（GB/T 3203—1982）

牌号	化学成分（质量分数，%）								
	C	Si	Mn	Cr	Ni	Mo	Cu	P	S
							不大于		
C20CrMo	0.17~0.23	0.20~0.35	0.65~0.95	0.35~0.65	—	0.08~0.15	0.25	0.030	0.030
G20CrNiMo	0.17~0.23	0.15~0.40	0.60~0.90	0.35~0.65	0.40~0.70	0.15~0.30	0.25	0.030	0.030
G20CrNi2Mo	0.17~0.23	0.15~0.40	0.40~0.70	0.35~0.65	1.60~2.00	0.20~0.30	0.25	0.030	0.030
G20Cr2Ni4	0.17~0.23	0.15~0.40	0.30~0.60	1.25~1.75	3.25~3.75	—	0.25	0.030	0.030
G10CrNi3Mo	0.08~0.13	0.15~0.40	0.40~0.70	1.00~1.40	3.00~3.50	0.08~0.15	0.25	0.030	0.030
G20Cr2Mn2Mo	0.17~0.23	0.15~0.40	1.30~1.60	1.70~2.00	≤0.30	0.20~0.30	0.25	0.030	0.030

表 2-59　　　渗碳轴承钢的纵向力学性能（GB/T 3203—1982）

牌号	试样毛坯直径(mm)	淬火 温度(℃) 第一次淬火	淬火 温度(℃) 第二次淬火	淬火冷却介质	回火温度(℃)	回火冷却介质	抗拉强度 σ_b(MPa)	断后伸长率 δ_5(%)	断面收缩率 ψ(%)	冲击韧度 a_k(kJ/m²)
							不小于			
G20CrNiMo	15	880±20	790±20	油	150~200	空气	1176	9	45	784
G20CrNi2Mo	25	880±20	800±20	油	150~200	空气	980	13	45	784
G20Cr2Ni4	15	870±20	790±20	油	150~200	空气	1176	10	45	784
G10CrNi3Mo	15	880±20	790±20	油	180~200	空气	1078	9	45	784
G20Cr2Mn2Mo	15	880±20	810±20	油	180~200	空气	1274		40	686

表 2-60　　　　渗碳轴承钢的特性和用途

牌号	主要特性	用途举例
G20CrMo	G20CrMo 钢为低合金渗碳钢，经过渗碳、淬火、回火之后，表层硬度较高、耐磨性较好，而心部硬度低、韧性好	适于制作耐冲击载荷的机械零件，如汽车齿轮、活塞杆、螺栓、滚动轴承等
G20CrNiMo	G20CrNiMo 钢有良好的塑性、韧性和强度。在渗碳或碳氮共渗后，其疲劳强度比 GCr15 钢高很多，淬火后表面耐磨性与 GCr15 钢相近，二次淬火后表面耐磨性比 GCr15 钢高得多，而心部韧性好	用于制作受冲击载荷的汽车轴承及其他用途的中小型轴承，也可制作汽车、拖拉机用的齿轮及钻探用牙轮钻头的牙爪牙轮体
G20CrNi2Mo	G20CrNi2Mo 钢的表面硬化性能中等，冷加工和热加工塑性较好，可制成棒材、板材、钢带及无缝钢管	适于制作汽车齿轮、活塞杆、圆头螺栓、万向联轴器及滚动轴承等
G20Cr2Ni4	G20Cr2Ni4 钢是采用的渗碳合金结构钢。在渗碳、淬火、回火后，其表面有高硬度、高耐磨性及高接触疲劳强度，而心部有良好的韧性，可承受强烈的冲击载荷。其焊接性中等，焊前需预热至 150℃。G20Cr2Ni4 钢对白点有敏感性，有回火脆性	用于制作耐冲击载荷的大型轴承，如轧钢机轴承，也用于制作坦克、推土机上的轴、齿轮等
G10CrNi3Mo	—	用于制作承受冲击载荷大的大中型轴承
G20Cr2Mn2Mo	G20Cr2Mn2Mo 钢是优质低碳合金钢，在渗碳、淬火、回火后有相当高的硬度、耐磨性和高接触疲劳强度，同时心部又有较高的韧性。与 G20Cr2Ni4 钢相比，两者基本性能相近，工艺性各有特点	制造高冲击载荷的特大型轴承，如轧钢机、矿山机械的轴承，也用于制造承受冲击载荷大、安全性要求高的中小型轴承，是适应我国资源特点创新的新钢种

2. 轴承合金

（1）轴承合金的性能。轴承合金是用来制造滑动轴承的材料，滑动材料是机床、汽车和拖拉机的重要零件，在工作中要承受较大的交变载荷，因此轴承合金应具有下列性能。

1）足够的强度和硬度，以承受轴颈较大有压力。

2）高的耐磨性和小的摩擦因数，以减小轴颈的磨损。

3）足够的塑性和韧性，较高抗疲劳强度，以承受轴颈交变载荷，并抵抗冲击和振动。

4）良好的导热性和耐蚀性，以利于热量的散失和抵抗润滑油的腐蚀。

5）良好的磨合性，使其与轴颈能较快地紧密配合。

（2）轴承合金的分类。常用的轴承合金有锡基轴承合金、铅基轴承合金和铝基轴承合金三类。

1）锡基轴承合金。锡基轴承合金也叫锡基巴氏合金，简称巴氏合金，它是以锡为基，加入了锑、铜等元素组成的合金。这种合金具有适中的硬度，小的摩擦因数，较好的塑性及远见卓识性。优良的导热性和耐蚀性等优点，常用于重要的轴承。

这类合金的代号表示方法为："Zch"（"铸"及"承"两字的汉语拼音字母字头）＋基体元素和主加元素符号＋主加元素与辅加元素的含量。如 ZchSnSb11-6 为锡基轴承合金，主加元素锑的含量为 11％，辅加元素铜的含量为 6％，其余为锡。

锡基轴承合金的牌号、化学成分、力学性能和用途见表 2-61。

表 2-61　锡基轴承合金的牌号、化学成分、力学性能和用途

牌号	化学成分（%）					HBS（不低于）	用　途
	Sb	Cu	Pb	杂质	Sn		
ZchSnSb12-4-10	11.0～13.0	2.5～5.0	9.0～11.0	0.55	量余	29	一般发动机的主轴承，但不适于高温条件
ZchSnSb11-6	10.0～12.0	5.5～6.5	—	0.55	量余	27	1500kW 以上蒸汽机、3700kW 涡轮压缩机、涡轮泵及高速内燃机的轴承

牌号	化学成分（%）					HBS（不低于）	用　途
	Sb	Cu	Pb	杂质	Sn		
ZchSnSb8-4	7.0～8.0	3.0～4.0	—	0.55	量余	24	大型机器轴承及生载汽车发动机轴承
ZchSnSb4-4	4.0～5.0	4.0～5.0	—	0.50	量余	20	涡轮内燃机的高速轴承及轴承衬套

　　2）铅基轴承合金。铅基轴承合金也叫铅基巴氏合金，它通常是以铅锑为基，加入锡、铜元素组成的轴承合金。它的强度、硬度、韧性低于锡基轴承合金，且摩擦因数较大，故只用于中等负荷的轴承，由于其价格便宜，在可能的情况下应尽量用其代替锡基轴承合金。

　　铅基轴承合金的牌号表示方法与锡基轴承合金的表示相同，见表2-62。

表2-62　　铅基轴承合金的牌号、化学成分、力学性能和用途

牌号	化学成分（%）					HBS（不低于）	用　途
	Sb	Cu	Sn	杂质	Pb		
ZchSnSb16-16-2	15.0～17.0	1.5～2.0	1.5～17.0	0.60	量余	30	110～880kW 蒸汽涡轮机、150～750kW 电动机和小于1500kW 起重机中重载推力轴承
ZchSnSb15-5-3	14.0～16.0	2.5～3.0	5.0～6.0	0.40	Cd 1.75～2.25 As 0.6～1.0 Pb 量余	32	船舶机械、小于250kW 电动机、水泵轴承
ZchSnSb15-10	14.0～16.0	—	9.0～11.0	0.50	余量	24	高温、中等压力下机械轴承
ZchSnSb15-5	14.0～15.5	0.5～1.0	4.0～5.5	0.75	量余	20	低速、轻压力下机械轴承
ZchSnSb10-6	9.0～11.0	—	5.0～7.0	0.75	量余	18	重载、耐蚀、耐用磨轴承

3) 铝基轴承合金。目前采用的铝基轴承合金有铝锑镁轴承合金和高锡铝基轴承合金。这类合金不是直接浇铸成形的，而是采用铝基轴承合金带与低碳钢带（08 钢）一起轧成双金属带然后制成轴承。

铝锑镁轴承合金以铝为基，加入了锑（3.5%～4.5%）和镁（0.3%～0.7%）。由于镁的加入改善了合金的塑性和韧性，提高了屈服点。目前这种合金已大量应用在低速柴油机等轴承上。

高锡铝基轴承合金以铝为基，加入了约 20%的锡和 1%的铜。这种合金具有较高的抗疲劳强度，良好的耐热、耐磨和抗蚀性。已在汽车、拖拉机、内燃机车上推广应用。

（五）硬质合金

硬质合金是由硬度和熔点均很高的碳化钨、碳化钛和金属黏结剂钴（Co）用粉末冶金技术烧结制成的材料，与由冶炼技术制成的钢材性质完全不同。其特点是硬度高、红硬性高、耐磨性好、抗压强度高，是热膨胀系数很小的一种工具材料，因而将硬质合金与工具钢可以归于同一体系。但其性脆不耐冲击，其工艺性也较差。

硬质合金按其成分和性能可分为三类：钨钴类硬质合金、钨钛钴类硬质合金、钨钛钽（铌）钴类硬质合金。由于这三类硬质合金中，主要硬质相均为 WC，称为 WC 基硬质合金。

（1）钨钴类（WC-Co）硬质合金。合金中的硬质相是 WC，黏结相是 Co，代号为"K"。旧标准中用"YG"（"硬""钴"两字的汉语拼音字母字头）＋数字（含钴量的百分数）来表示。如 YG8，表示钨钴类硬质合金，含钴量为 8%。

（2）钨钛钴类（WC-TiC-Co）硬质合金。合金中的硬质相是 WC、TiC，黏结相是 Co，代号为"P"。旧标准中用用"YT"（"硬""钛"两字的汉语拼音字母字头）＋数字（含钛量的百分数）来表示。

（3）钨钛钽（铌）钴类［WC-TiC-TaC（NbC）-Co］硬质合金。它是在 P 类合金中加 TaC（NbC）烧结出来的，其代号为"M"。旧标准又称"通用硬质合金"，用"YW"（"硬""万"两字的汉语拼音字母字头）＋数字（顺序号）来表示。

常用硬质合金的牌号、化学成分和力学性能见表 2-63。

表 2-63 常用硬质合金的牌号、化学成分和力学性能

类别	牌号	化学成分 (质量分数,%)				物理性能			力学性能				
		WC	TiC	TaC (NbC)	Co	密度 (g/cm³)	热导率 [W/(m·K)]	线胀系数 (10⁻⁶/K)	硬度 HRA	抗弯强度 (MPa)	抗压强度 (MPa)	弹性模量 (GPa)	冲击韧度 (kJ/m²)
钨钴类	K01 (YG3)	97	—	—	3	14.9~15.3	87.9		91	1200	—	680~690	
	K01 (YG3X)	96.5	—	<0.5	3	15.0~15.3	—	4.1	91.5	1100	5400~5630	—	—
	K20 (YG6)	94	—	—	6	14.6~15.0	79.6	4.5	89.5	1450	4600	630~640	约30
	K10 (YG6X)	93.5	—	<0.5	6	14.6~15.0	79.6	4.4	91	1400	4700~5100	—	约20
	K30 (YG8)	92	—	—	8	14.5~14.9	75.4	4.5	89	1500	4470	600~610	约40
	K30 (YG8C)	92	—	—	8	14.5~4.9	75.4	4.8	88	1750	3900	—	约60
	K10 (YG6A)	91	3	—	6	14.9~15.3			91.5	1400			
	K20, K30 (YG8N)	91	1	—	8	14.5~14.9			89.5	1500			
钨钛钴类	P01 (YT30)	66	30	—	4	9.3~9.7	20.9	7.0	92.5	900		400~410	3
	P10 (YT15)	79	15	—	6	11.0~11.7	33.5	6.51	91	1150	3900	520~530	
	P20 (YT14)	78	14	—	8	11.2~12.0	33.5	6.21	90.5	1200	4200		7
	P30 (YT5)	85	5	—	10	12.5~13.2	62.8	6.06	89.5	1400	4600	590~600	
钨钛钽(铌)钴类	M10 (YW1)	84	6	4	6	12.6~13.5	—	—	91.5	1200			
	M20 (YW2)	82	6	4	8	12.4~13.5	—	—	90.5	1350			

注 "牌号"栏中,括号内为旧牌号。

常用硬质合金的主要特性和用途举例见表 2-64，切削加工用硬质合金的分类和用途见表 6-65 和表 2-66，切削加工用硬质合金的基本成分和力学性能见表 2-67。

表 2-64　　　　常用硬质合金的主要特性和用途举例

牌号	主 要 特 性	用 途 举 例
K01 (YG3)	属于是晶粒合金，在 K 类合金中，耐磨性仅次于 K01、K10 合金，能使用较高的切削速度，对冲击和振动比较敏感	适于铸铁、非铁金属及其合金、非金属材料（橡皮、纤维、塑料、板岩、玻璃、石墨电极等）连续切削时的精车、半精车及精车螺纹
K01 (YG3X)	属于细晶粒合金，是 K 类合金中耐磨性最好的一种，但冲击韧度较差	适于铸铁、非铁金属及其合金的精车、精镗等，也可用于合金钢、淬硬钢及钨、钼材料的精加工
K20 (YG6)	属于中晶粒合金，耐磨性较高，但低于 K10、K01 合金，可使用较 K30 合金高的切削速度	适于铸铁、非铁金属及其合金、非金属材料连续切削时的粗车，间断切削时的半精车、精车，小端面精车，粗车螺纹，旋风车丝，连续端面的半精铣与精铣，孔的粗扩和精扩
K10 (YG6X)	属于细晶粒合金，其耐磨性较 K20 合金高，而使用强度接近 K20 合金	适于冷硬铸铁、耐热钢及合金钢的加工，也适于普通铸铁的精加工，并可用于仪器仪表工业小型刀具及小模数滚刀
K30 (YG8)	属于中晶粒合金，使用强度较高，抗冲击和抗振动性能较 K20 合金好，耐磨性和允许的切削速度较低	适于铸铁、非铁金属及其合金、非金属材料加工中的不平整端面和间断切削时的粗车、粗刨、粗铣，一般孔和深孔的钻孔、扩孔
K30 (YG8C)	属于粗晶粒合金，使用强度较高，接近于 K40 合金	适于重载切削下的车刀、刨刀等
K10 (YG6A) (YA6)	属于细晶粒合金，耐磨性和使用强度与 K10（YG6X）合金相似	适于冷硬铸铁、灰铸铁、球磨铸铁、非铁金属及其合金、耐热合金钢的半精加工，也可用于高锰钢、淬硬钢及合金钢的半精加工和精加工
K20 K30 (YG8N)	属于中晶粒合金，其抗弯强度与 K30 合金相同，而硬度和 K20 合金相同，高温切削时热稳定性好	适于冷硬铸铁、灰铸铁、球磨铸铁、白口铸铁和非铁金属的粗加工，也适于不锈钢的粗加工和半精加工

牌号	主要特性	用途举例
P30 （YT5）	在 P 类合金中，强度最高，抗冲击和抗振动性能最好，不易崩刀，但耐磨性较差	适于碳素钢及合金钢，包括钢铸件，冲压件及铸件的表皮加工，以及不平整断面和间断切削时的粗车、精刨、半精刨，不连续面的粗铣、钻孔等
P20 （YT14）	使用强度高，抗冲击性能和抗振动性能好，但较 P30 合金稍差，耐磨性及允许的切削速度较 P30 合金高	适于在碳素钢和合金钢加工中不平整断面和连续切削时的粗车，间断切削时的半精车和精车，连续面的粗铣，铸孔的扩钻与粗扩
P10 （YT15）	耐磨性优于 P20 合金，但冲击韧度较 P20 合金差	适于碳素钢和合金钢加工中连续切削时的精车、半精车，间断切削时的小断面精车，旋风车丝，连续面的半精铣与精铣，孔的粗矿与精扩
P01 （YT30）	耐磨性及允许的切削速度较 P10 合金高，但使用强度及冲击韧度较差，焊接及刃磨时极易产生裂纹	适于碳素钢及合金钢的精加工，如小断面精车、精镗、精扩等
M10 （YW1）	热稳定性较好，能承受一定的冲击负荷，通用性较好	适于耐热钢、高锰钢、不锈钢等难加工钢材的精加工和半精加工，也适于一般钢材、铸铁及非铁金属的精加工
M20 （YW2）	耐磨性稍次于 M10 合金，但使用强度较高，能承受较大的冲击负荷	适于耐热钢、高锰钢、不锈钢及高级合金钢等难加工钢材的精加工、半精加工，也适于一般钢材和铸铁及非铁金属的加工

注 "牌号"栏中，括号内的代号为旧牌号。

表 2-65 切削加工用硬质合金的分类和用途 （GB/T 2075—2007）

用途大组			用途小组			
字母符号	识别颜色	被加工材料	硬切削材料			
P	蓝色	钢：除不锈钢外所有带奥氏体结构的钢和铸钢	P01 P10 P20 P30 P40 P50	P05 P15 P25 P35 P45	↑①	↓②

续表

用途大组			用途小组			
字母符号	识别颜色	被加工材料	硬切削材料			
M	黄色	不锈钢：不锈奥氏体钢或铁素体钢、铸钢	M01 M10 M20 M30 M40	M05 M15 M25 M35	↑ ①	↓ ②
K	红色	铸铁：灰铸铁、球墨铸铁、可锻铸铁	K01 K10 K20 K30 K40	K05 K15 K25 K35	↑ ①	↓ ②
N	绿色	非铁金属：铝、其他非铁金属、非金属材料	N01 N10 N20 N30	N05 N15 N25	↑ ①	↓ ②
S	褐色	超级合金和钛：基于铁的耐热特种合金、镍、钴、钛、钛合金	S01 S10 S20 S30	S05 S15 S25	↑ ①	↓ ②
H	灰色	硬材料：硬化钢、硬化铸铁材料、冷硬铸铁	H01 H10 H20 H30	H05 H15 H25	↑ ①	↓ ②

① 增加速度后，切削材料的耐磨性增加。
② 增加进给量后，切削材料的韧性增加。

表 2-66　切削加工用硬质合金的类型（GB/T 18376.1—2008）

类别	使用领域
P	长切削材料的加工，如钢、铸钢、长切削可锻铸铁等的加工
M	通用合金，用于不锈钢、铸钢、锰钢、可锻铸铁、合金钢、合金铸铁等的加工
K	短切削材料的加工，如铸铁、冷硬铸铁、短切削可锻铸铁、灰铸铁等的加工
N	非铁金属、非金属材料的加工，如铝、镁、塑料、木材等的加工
S	耐热和优质合金材料的加工，如耐热钢，含镍、钴、钛的各类合金材料的加工
H	硬切削材料的加工，如淬硬钢、冷硬铸铁等材料的加工

表 2-67   切削加工用硬质合金的基本成分和力学性能
(GB/T 18376.1—2008)

组别		基本成分	力学性能		
类别	分组号		洛氏硬度 HRA (不小于)	维氏硬度 HV3 (不小于)	抗弯强度 (MPa) (不小于)
P	01	以 TiC、WC 为基,以 Co(Ni+Mo、Ni+Co)做粘结剂的合金/涂层合金	92.3	1750	700
	10		91.7	1680	1200
	20		91.0	1600	1400
	30		90.2	1500	1550
	40		89.5	1400	1750
M	01	以 WC 为基,以 Co 做粘结剂,添加少量 TiC(TaC、NbC)的合金/涂层合金	92.3	1730	1200
	10		91.0	1600	1350
	20		90.2	1500	1500
	30		89.9	1450	1650
	40		88.9	1300	1800
K	01	以 WC 为基,以 Co 做粘结剂,或添加少量 TaC、NbC 的合金/涂层合金	92.3	1750	1350
	10		91.7	1680	1460
	20		91.0	1600	1550
	30		89.5	1400	1650
	40		88.5	1250	1800
N	01	以 WC 为基,以 Co 做粘结剂,或添加少量 TaC、NbC 或 CrC 的合金/涂层合金	92.3	1750	1450
	10		91.7	1680	1560
	20		91.0	1600	1650
	30		90.0	1450	1700
S	01	以 WC 为基,以 Co 做粘结剂,或添加少量 TaC、NbC 或 TiC 的合金/涂层合金	92.3	1730	1500
	10		91.5	1650	1580
	20		91.0	1600	1650
	30		90.5	1550	1750
H	01	以 WC 为基,以 Co 做粘结剂,或添加少量 TaC、NbC 或 TiC 的合金/涂层合金	92.3	1730	1000
	10		91.7	1680	1300
	20		91.0	1600	1650
	30		90.5	1520	1500

第二节 金属材料的热处理

一、钢的热处理种类和目的

1. 热处理的目的

热处理是使固态金属通过加热、保温、冷却工序来改变其内部组织结构，以获得预期性能的一种工艺方法。

要使金属材料获得优良的机械、工艺、物理和化学等性能，除了在冶炼时保证所要求的化学成分外，往往还需要通过热处理才能实现。正确地进行热处理，可以成倍、甚至数十倍地提高零件的使用寿命。如用软氮化法处理的 3Cr2W8V 压铸模，使模具变形大为减少，热疲劳强度和耐磨性显著提高，由原来每个模具生产 400 只工件提高到可生产 30 000 个工件。在机械产品中多数零件都要进行热处理，机床中需进行热处理的零件约占 $60\%\sim70\%$，在汽车、拖拉机中约占 $70\%\sim80\%$，而在轴承和各种工具、模具、量具中，则几乎占 100%。

热处理工艺在机械制造业中应用极为广泛，它能提高工件的使用性能，充分发挥钢材的潜力，延长工件的使用寿命。此外，热处理还可以改善工件的加工工艺性，提高加工质量。焊接工艺中也常通过热处理方法来减少或消除焊接应力，防止变形和产生裂缝。

2. 热处理的种类

根据工艺不同，钢的热处理方法可分为退火、正火、淬火、回火及表面热处理等，具体种类如图 2-3 所示。

热处理方法虽然很多，但任何一种热处理工艺都是由加热、保温和冷却三个阶段组成的。因此热处理工艺过程可用"温度-时间"为坐标的曲线图表示，如图 2-4 所示，此曲线称为热处理工艺曲线。

热处理之所以能使钢的性能发生变化，其根本原因是由于铁有同素异构转变，从而使钢在加热和冷却过程中，其内部发生了

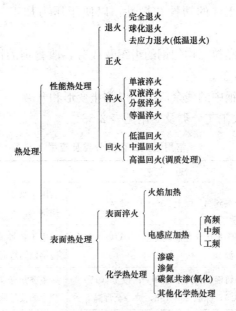

图 2-3 热处理的种类

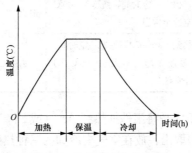

图 2-4 热处理工艺曲线图

组织与结构变化的结果。

（1）退火。将工件加热到临界点 Ac_1（或 Ac_3）以上 $30\sim50℃$，停留一定时间（保温），然后缓慢冷却到室温，这一热处理工艺称为退火。

退火的目的如下。

1）降低钢的硬度，使工件易于切削加工。

2）提高工件的塑性和韧性，以便于压力加工（如冷冲及冷拔）。

3）细化晶粒，均匀钢的组织及成分，改善钢的性能或为以后的热处理做准备。

4）消除钢中的残余应力，以防止变形和开裂。

常用退火工艺分类及应用见表2-68。

表 2-68   常用退火工艺的分类及应用

分类	退火工艺	应 用
完全退火	加热到 Ac_3 以上 20～60℃保温缓冷	用于低碳钢和低碳合金结构钢
等温退火	将钢奥氏体化后缓冷至600℃以下空冷至常温	用于各种碳素钢和合金结构钢以缩短退火时间
扩散退火	将铸锭或铸件加热到 Ac_3 以上（150～250℃），保温 10～15h，炉冷至常温	主要用于消除铸造过程中产生的枝晶偏析现象
球化退火	将共析钢或过共析钢加热到 Ac_1 以上 20～40℃，保温一定时间，缓冷至600℃以下出炉空冷至常温	用于共析钢和过共析钢的退火
去应力退火	缓慢加热到600～650℃保温一定时间，然后随炉缓慢冷却（不大于 100℃/h）至200℃出炉空冷	去除工件的残余应力

（2）正火。正火是将工件加热到 Ac_3（或 Ac_m）以上 30～50℃，经保温后，从炉中取出，放在空气中冷却的一种热处理方法。

正火后钢材的强度、硬度较退火要高一些，塑性稍低一些，主要因为正火的冷却速度增加，能得到索氏体组织。

正火是在空气中冷却的，故缩短了冷却时间，提高了生产效率和设备利用率，是一种比较经济的方法，因此其应用较广泛。

正火的目的如下。

1）消除晶粒粗大、网状渗碳体组织等缺陷，得到细密的结构组织，提高钢的力学性能。

2）提高低碳钢硬度，改善切削加工性能。

3）增加强度和韧性。

4）减少内应力。

（3）淬火。钢加热到 Ac_1（或 Ac_3）以上 30～50℃，保温一定时间，然后以大于钢的临界冷却速度 $V_{临}$ 冷却时，奥氏体将被过冷到 Ms 以下并发生马氏体转变，然后获得马氏体组织，从而提高钢的硬度和耐磨性的热处理方法，称为淬火。

淬火的目的如下。

1）提高材料的硬度和强度。

2）增加耐磨性。如各种刀具、量具、渗碳件及某些要求表面耐磨的零件都需要用淬火方法来提高硬度及耐磨性。

3）将奥氏体化的钢淬成马氏体，配以不同的回火，获得所需的其他性能。

通过淬火和随后的高温回火能使工件获得良好的综合性能，同时提高强度和塑性，特别是提高钢的力学性能。

淬火常用的冷却介质和冷却性能见表 2-69。

表 2-69　　　　　　　常用介质的冷却烈度

搅动情况	淬火冷却烈度（H 值）			
	空气	油	水	盐水
静止	0.02	0.25～0.30	0.9～1.0	2.0
中等	—	0.35～0.40	1.1～1.2	—
强	—	0.50～0.80	1.6～2.0	—
强烈	0.08	0.18～1.0	4.0	5.0

常用淬火方法及冷却方式见图 2-5。

（4）回火。将淬火或正火后的钢加热到低于 Ac_1 的某一选定温度，并保温一定的时间，然后以适宜的速度冷却到室温的热处理工艺，叫做回火。

回火的目的如下。

1）获得所需要的力学性能。在通常情况下，零件淬火后强度和硬度有很大的提高，但塑性和韧性却有明显降低，而零件的实

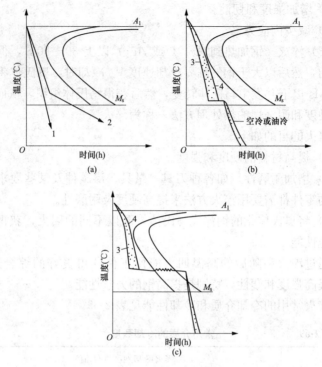

图 2-5　常用淬火方法的冷却示意图
（a）介质淬火；（b）马氏体分级淬火；（c）下贝氏体等温淬火
1—单介质淬火；2—双介质淬火；3—表面；4—心部

际工作条件要求有良好的强度和韧性。选择适当的温度进行回火后，提高钢的韧性，适当调整钢的强度和硬度，可以获得所需要的力学性能。

2）稳定组织、稳定尺寸。淬火组织中的马氏体和残余奥氏体有自发转化的趋势，只有经回火后才能稳定组织，使零件的性能与尺寸得到稳定，保证工件的精度。

3）消除内应力。一般淬火钢内部存在很大的内应力，如不及时消除，也将引起零件的变形和开裂。因此回火是淬火后不可缺少的后续工艺。焊接结构回火处理后，能减少和消除焊接应力，防止裂缝。

回火工艺的种类、组织及应用见表 2-70。

表 2-70　　　　　　　回火的种类、组织及应用

种类	温度范围	组织及性能	应　　用
低温回火	150~250℃	回火马氏体 硬度 58~64HRC	用于刃具、量具、拉丝模等高硬度高耐磨性的零件
中温回火	350~500℃	回火托氏体 硬度 40~50HRC	用于弹性零件及热锻模等
高温回火	500~600℃	回火索氏体 硬度 25~40HRC	螺栓、连杆、齿轮、曲轴等

（5）调质处理。调质是指生产中将淬火和高温回火复合的热处理工艺。

调质处理的目的：使材料得到高的韧性和足够的强度，即具有良好的综合力学性能。

（6）表面淬火。在机械设备中，有许多零件（如齿轮、活塞销、曲轴等）是在冲击载荷及表面摩擦条件下工作的。这类零件表面要求高的硬度和耐磨性，而心部应要求具有足够的塑性和韧性，为满足这类零件的性能要求，应进行表面热处理。

表面淬火是仅对工件表面淬火的热处理工艺。根据加热方式的不同可分为火焰淬火、感应淬火和加热淬火等几种。

表面淬火的目的：使工件表面有较高的硬度和耐磨性，而心部仍保持原有的强度和良好的韧性。

（7）时效处理。根据时效的方式不同可分为自然时效和人工时效。

1）自然时效是将工件在空气中长期存放，利用温度的自然变化，多次热胀冷缩，使工件的内应力逐渐消失、达到尺寸稳定目的的时效方法。

2）人工时效是将工件放在炉内加热到一定温度（钢加热到 100~150℃，铸铁钢加热到 500~600℃），进行长时间（8~15h）的保温，再随炉缓慢冷却到室温，以达到消除内应力和稳定尺寸目的的时效方法。

时效的目的：消除毛坯制造和机械加工过程中所产生的内应

力，以减少工件在加工和使用时的变形，从而稳定工件的形状和尺寸，使工件在长期使用过程中保持一定的几何精度。

二、钢的化学热处理常用方法和用途

（一）化学热处理的分类

化学热处理的种类很多，根据渗入的元素不同，可分为渗碳、渗氮、碳氮共渗、渗金属等多种。常用的渗入元素及作用见表2-71。

表 2-71　　　　　化学热处理常用的渗入元素及其作用

渗入元素	渗层深度（mm）	表面硬度	作　　用
C	0.3～1.6	57～63HRC	提高钢件的耐磨性、硬度及疲劳极限
N	0.1～0.6	700～900HV	提高钢件的耐磨性、硬度、疲劳极限、抗蚀性及抗咬合性，零件变形小
C、N（共渗）	0.25～0.6	58～63HRC	提高钢件的耐磨性、硬度和疲劳极限
S	0.006～0.08	70HV	减磨，提高抗咬合性能
S、N（共渗）	硫化物小于0.01 氮化物 0.01～0.03	300～1200HV	提高钢件的耐磨性及疲劳极限
S、C、N（共渗）	硫化物小于0.01 碳氮化合物 0.01～0.03	600～1200HV	提高钢件的耐磨性及疲劳极限
B	0.1～0.3	1200～1800HV	提高钢件的耐磨性、红硬性及抗蚀性

（二）钢的化学热处理的工艺方法

1. 钢的渗碳

（1）渗碳的目的及用钢。渗碳是将钢置于渗碳介质（称为渗碳剂）中，加热到单相奥氏体区，保温一定时间，使碳原子渗入钢表层的化学热处理工艺。

渗碳的目的：提高钢件表层的含碳量和一定的碳浓度梯度。使工件渗碳后，经淬火及低温回火，表面获得高硬度，而其内部又具有良好的韧性。

渗碳件的材料一般是低碳钢或低碳合金钢。

（2）渗碳的方式。渗碳的方法根据渗碳介质的不同可分为固体渗碳、盐浴渗碳和气体渗碳三种。

1）固体渗碳：对加热炉要求不高，渗碳时间最长，劳动条件较差，工件表面的碳浓度不易控制。适用于小批量生产。

2）盐浴渗碳：操作简单，渗碳时间短，可直接淬火。多数渗剂有毒，工件表面留有残盐，不易清洗，已限制使用。适用于小批量生产。

3）气体渗碳：生产效率高，易于机械化、自动化和控制渗碳质量，渗碳后便于直接淬火。适用于大批量生产。

各种渗碳的方式及渗碳剂的使用见表 2-72～表 2-74。

表 2-72　　　　　　钢的固体渗碳方式和渗碳剂的使用

渗剂质量分数（%）		使用方法与效果
Na_2CO_3	10	根据使用中催渗剂损耗情况，添加一定比例的新剂，混合均匀后重复使用
木炭	90	
$BaCO_3$	10	
木炭	90	
$BaCO_3$	15	新旧渗剂的比例为 3：7，920℃渗碳层深 1.0～1.5mm 时，平均渗速为 0.11mm/h，表面碳质量分数为 1%
Na_2CO_3	5	
木炭	80	
Na_2CO_3	10	由于含碳酸钠（或醋酸钠），渗碳活性较高，速度较快，表面碳浓度高；含有焦炭时，渗剂强度高，抗烧结性能好，适于深层的大零件
焦炭	30～50	
木炭	55～60	
重油	2～3	
Na_2CO_3	10	
焦炭	75～80	
木炭	10～15	
0.154mm 木炭粉	50	"603"渗碳剂，用作液体渗碳盐浴的渗剂
NaCl	5	
KCl	10	
Na_2CO_3	15	
$(NH_3)CO_3$	20	

表 2-73   钢的盐浴渗碳方式和渗碳剂的使用

盐浴质量分数（%）		使用方法和效果	
渗碳剂	10	20Cr 在 920～940℃时的渗碳速度：	
NaCl	40	渗碳时间（h）	渗碳层深度（mm）
KCl	40	1	0.55～0.65
Na$_2$CO$_3$		2	0.90～1.00
（渗碳剂中含 0.154～0.280mm		3	1.40～1.50
木炭粉，质量分数为 70%，NaCl		4	1.56～1.62
质量分数为 30%）			
Na$_2$CO$_3$	78～85	800～900℃渗碳 30min，总层深 0.15～	
NaCl	10～15	0.20mm，共析层 0.07～0.10mm，硬度达 72～	
SiC	6～8	78HRA	
"603" 渗碳剂	10	在 920～940℃，装炉量为盐浴总量的 50%～	
KCl	40～45	70%，20 钢随炉渗碳试棒的渗碳速度：	
NaCl	30～40	保温时间（h） 渗碳层深度（mm）	
Na$_2$CO$_3$	10	1 ＞0.5	
		2 ＞0.7	
		3 ＞0.9	
NaCN	4～6	低氰盐浴较易控制，渗碳零件表面含碳量较	
BaCl$_2$	80	稳定，如 20CrMnTi 和 20Cr 钢齿轮零件在	
NaCl	14～16	920℃渗碳 3.8～4.5h，表面碳的质量分数为 83%～87%	

表 2-74   钢的气体渗碳方式和渗碳剂的使用

渗剂质量分数	使 用 方 法
煤油，硫的质量分数在 0.04% 者均可	滴入或用泵喷入渗碳炉内
甲醇与丙酮，或甲醇与醋酸乙酯按比例混合	
天然气主要成分为甲烷，含有少量的乙烷及氮气等	直接通入炉内裂解
工业丙烷及丁烷是炼油厂副产品	直接通入炉内或添加少量空气在炉内裂解
由天然气或工业内烷、丁烷或焦炉煤气与空气按一定比例混合后在高温下进行裂解	一般用吸热式气做运载气体，用天然气或丙烷作为富化气，以调整炉气碳势

（3）渗碳后的组织及热处理。零件渗碳后，其表面碳的质量分数可达 0.85%～1.05%。含碳量从表面到心部逐渐减少，心部仍保持原来的含碳量。在缓冷的条件下，渗碳层的组织由表向里依次为过共析区、共析区、亚共析区（过渡层）。中心仍为原来的组织。

渗碳只改变了工件表面的化学成分，要使其表层有高硬度、高耐磨性和心部良好的韧性相配合，渗碳后必须使零件淬火及低温回火。回火后表层显微组织为细针状马氏体和均匀分布的细粒渗碳体，硬度高达 58～64HRC。心部因是低碳钢，其显微组织仍为铁素体和珠光体（某些低碳合金钢的心部组织为低碳马氏体及铁素体），所以心部有较高的韧性和适当的强度。

2. 钢的渗氮

（1）渗氮工艺及目的。渗氮是指在一定温度下，使活性氮原子渗入工件表面的化学热处理工艺。

渗氮的目的是为了提高零件表面硬度、耐磨性、耐蚀性及抗疲劳强度。

（2）渗氮的方法。常用的渗氮方法有气体渗氮和离子渗氮。

渗氮的方法和特点见表 2-75。

表 2-75　　　　　　常用渗氮方法及特点

方法	工　艺	特　点
气体渗氮	将工件放在密闭的炉内，加热到 500～600℃通入氨气（NH_3），氨气分解出活性氮原子。 $$2NH_3 \longrightarrow 2[N] + 3H_2$$ 活性氮原子被工件表面吸收，与工件表层 Al、Cr、Mo 等元素形成氮化物并向心部扩散，形成 0.1～0.6mm 的氮化层	渗氮层硬度高，工件变形小，工件渗气后具有良好的耐蚀性。但生产周期长，成本高
离子渗氮	在低于 0.1MPa 的渗氮气氛中利用工件（阴极）和阳极之间产生的辉光放电进行渗氮	除具气体渗气的优点外，还具有速度快、生产周期短、渗氮质量高、对材料适应性强等优点

3. 碳氮共渗

（1）碳氮共渗及特点。碳氮共渗是指在一定温度下，将碳、氮同时渗入工件表层奥氏体中，并以渗碳为主的化学热处理工艺。

碳氮共渗的方法有固体碳氮共渗、液体碳氮共渗和气体碳氮共渗。目前使用最广泛的是气体碳氮共渗，目的在于提高钢的疲劳极限和表面硬度与耐磨性。

气体碳氮共渗的温度为 820～870℃，共渗层表面碳的质量分数为 0.7%～1.0%，氮的质量分数为 0.15%～0.5%。热处理后，表层组织为含碳、氮的马氏体及呈细小分布的碳氮化合物。

1）碳氮共渗的特点：加热温度低，零件变形小，生产周期短，渗层有较高的硬度、耐磨性和疲劳强度。

2）用途：碳氮共渗目前主要用来处理汽车和机床上的齿轮、蜗杆和轴类等零件。

（2）软氮化。软氮化是以渗氮为主的液体碳氮共渗。其常用的共渗介质是尿素 [(NH2)2CO]。处理温度一般不超过 570℃，处理时间仅为 1～3h。与一般渗氮相比，渗层硬度低，脆性小。软氮化常用于处理模具、量具、高速钢刀具等。

4. 其他化学热处理

根据使用要求不同，工件还采用其他化学热处理方法。如渗铝可提高零件抗高温氧化性；渗硼可提高工件的耐磨性、硬度及耐蚀性；渗铬可提高工件的抗腐蚀性、抗高温氧化及耐磨性等。此外化学热处理还有多元素复合渗，使工件表面具有综合的优良性能。

三、钢的热处理分类及代号

参照 GB/T 12603—2005《金属热处理工艺分类及代号》标准，钢的热处理工艺分类及代号说明如下。

1. 分类

热处理分类由基础分类和附加分类组成。

（1）基础分类。根据工艺类型、工艺名称和实现工艺的加热方法，将热处理工艺按三个层次进行分类（见表 2-76）。

（2）附加分类。对基础分类中某些工艺的具体条件进一步分类，包括退火、正火、淬火、化学热处理工艺的加热介质（见表

2-77）；退火工艺方法（见表2-78）；淬火介质或冷却方法（见表2-79）；渗碳和碳氮共渗的后续冷却工艺，以及化学热处理中非金属、渗金属、多元共渗、熔渗四种工艺按渗入元素的分类。

表 2-76　　热处理工艺分类及代号（GB/T 12603—2005）

工艺总称	代号	工艺类型	代号	工艺名称	代号
热处理	5	整体热处理	1	退火	1
				正火	2
				淬火	3
				淬火和回火	4
				调质	5
				稳定化处理	6
				固溶处理，水韧处理	7
				固溶处理＋时效	8
		表面热处理	2	表面淬火和回火	1
				物理气相沉积	2
				化学气相沉积	3
				等离子体增强化学气相沉积	4
				离子注入	5
		化学热处理	3	渗碳	1
				碳氮共渗	2
				渗氮	3
				氮碳共渗	4
				渗其他非金属	5
				渗金属	6
				多元共渗	7

表 2-77　　　　　加热介质及代号

加热方式	可控气氛（气体）	真空	盐浴（液体）	感应	火焰	激光	电子束	等离子体	固体装箱	流态床	电接触
代号	01	02	03	04	05	06	07	08	09	10	11

表 2-78   退火工艺及代号

退火工艺	去应力退火	均匀化退火	再结晶退火	石墨化退火	脱氢处理	球化退火	等温退火	完全退火	不完全退火
代号	St	H	R	G	D	Sp	I	F	P

表 2-79   淬火冷却介质和冷却方法及代号

冷却介质和方法	空气	油	水	盐水	有机聚合物水溶液	热浴	加压淬火	双介质淬火	分级淬火	等温淬火	形变淬火	气冷淬火	冷处理
代号	A	O	W	B	Po	H	Pr	I	M	At	Af	G	C

2. 代号

(1) 热处理工艺代号。热处理工艺代号由以下几部分组成：基础分类工艺代号由三位数组成，附加分类工艺代号与基础分类工艺代号之间用半字线连接，采用两位数和英文字头做后辍。

热处理工艺代号标记规定如下：

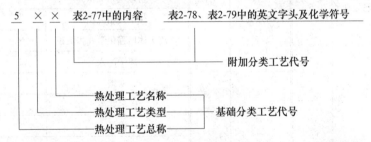

(2) 基础分类工艺代号。基础分类工艺代号由三位数组成，三位数均为 JB/T 5992.7—1999 中表示热处理的工艺代号。第一位数字"5"为机械制造工艺分类与代号中表示热处理的工艺代号；第二、三位数分别代表基础分类中的第二、三层次中的分类代号。

(3) 附加分类工艺代号。

1) 当对基础工艺中的某些具体实施条件有明确要求时，使用附加分类工艺代号。

附加分类工艺代号接在基础分类工艺代号后面。其中加热方式采用两位数字，退火工艺和淬火冷却介质和冷却方法采用英文字头表示。具体代号见表2-77～表2-79。

2）附加分类工艺代号，按表2-77～表2-79顺序标注。当工艺在某个层次不需要分类时，该层次用阿拉伯数字"0"代替。

3）当对冷却介质和冷却方法需要用表2-79中两个以上字母表示时，用加号将两或几个字母连接起来，如H＋M代表盐浴分级淬火。

4）化学热处理中，没有表明渗入元素的各种工艺，如多元共渗、渗金属、渗其他非金属，可在其代号后用括号表示出渗入元素的化学符号。

（4）多工序热处理工艺代号。多工序热处理工艺代号用破折号将各工艺代号连接组成，但除第一工艺外，后面的工艺均省略第一位数字"5"，如5151-33-01表示调质和气体渗碳。

（5）常用热处理的工艺代号。常用热处理工艺代号见表2-80。

表 2-80　　常用热处理工艺代号（GB/T 12603—2005）

工　艺	代号	工　艺	代号
热处理	500	再结晶退火	511-R
可控气氛热处理	500-01	石墨化退火	511-G
真空热处理	500-02	脱氢退火	511-D
盐浴热处理	500-03	球化退火	511-Sp
感应热处理	500-04	等温退火	511-I
火焰热处理	500-05	完全退火	511-F
激光热处理	500-06	不完全退火	511-P
电子束热处理	500-07	正火	512
离子轰击热处理	500-08	淬火	513
流态床热处理	500-10	空冷淬火	513-A
整体热处理	510	油冷淬火	513-O
退火	511	水冷淬火	513-W
去应力退火	511-St	盐水淬火	513-B
均匀化退火	5111-H	有机水溶液淬火	513-Po

工 艺	代号	工 艺	代号
盐浴淬火	513-H	化学气相沉积	523
加压淬火	513-Pr	等离子体增强化学气相沉积	524
双介质淬火	513-I	离子注入	525
分级淬火	513-M	化学热处理	530
等温淬火	513-At	渗碳	531
形变淬火	513-Af	可控气氛渗碳	531-01
气冷淬火	513-G	真空渗碳	531-02
淬火及冷处理	513-C	盐浴渗碳	531-03
可控气氛加热淬火	513-01	离子渗碳	531-08
真空加热淬火	513-02	固体渗碳	531-09
盐浴加热淬火	513-03	流态床渗碳	531-10
感应加热淬火	513-04	碳氮共渗	532
流态床加热淬火	513-10	渗氮	533
盐浴加热分级淬火	513-10M	气体渗氮	533-01
盐浴加热盐浴分级淬火	513-10H+M	液体渗氮	533-03
淬火和回火	514	离子渗氮	533-08
调质	515	流态床渗氮	533-10
稳定化处理	516	氮碳共渗	534
固溶处理，水韧化处理	517	渗其他非金属	535
固溶处理+时效	518	渗硼	535(B)
表面热处理	520	气体渗硼	535-01(B)
表面淬火和回火	521	液体渗硼	535-03(B)
感应淬火和回火	521-04	离子渗硼	535-08(B)
火焰淬火和回火	521-05	固体渗硼	535-09(B)
激光淬火和回火	521-06	渗硅	535(Si)
电子束淬火和回火	521-07	渗硫	535(S)
电接触淬火和回火	521-11	渗金属	536
物理气相沉积	522	渗铝	536(Al)

工 艺	代号	工 艺	代号
渗铬	536(Cr)	钒硼共渗	537(V-B)
渗锌	536(Zn)	铬硅共渗	537(Cr-Si)
渗钒	536(V)	铬铝共渗	537(Cr-Al)
多元共渗	537	硫氮碳共渗	537(S-N-C)
硫氮共渗	537(S-N)	氧氮碳共渗	537(O-N-C)
氧氮共渗	537(O-N)	铬铝硅共渗	537(Cr-Al-Si)
铬硼共渗	537(Cr-B)		

四、非铁金属材料热处理

1. 常用非铁金属材料的主要特性

常用非铁金属材料的主要特性见表 2-81。

表 2-81 **常用非铁金属材料的主要特性**

序号	名称	主 要 特 性
1	铜及铜合金	有优良的导电、导热性，有较好的耐蚀性，有较高的强度和好的塑性，易加工成材和铸造各种零件
2	铝及铝合金	密度小（约 2.7g/cm³），比强度大，耐蚀性好，导电、导热，无铁磁性，反光能力强，塑性大，易加工成材和铸造各种零件
3	钛及钛合金	密度小（约 4.5g/cm³），比强度大，高、低温性能好，有优良的耐蚀性
4	镍及镍合金	有高的力学性能和耐热性能，有好的耐蚀性以及特殊的电、磁、热胀等物理性能
5	镁及镁合金	密度小（约 1.7g/cm³），比强度和比刚度大，能承受大的冲击载荷，有良好的切削加工和抛光性能，对有机酸、碱类和液体燃料有较高的耐蚀性
6	锌及锌合金	有较高的力学性能，熔点低，易加工成材及进行压力铸造
7	锡及锡合金、铅及铅合金	熔点低，导热性好，耐磨。铅合金耐蚀，密度大（约 11g/cm³），X 射线和 γ 射线的穿透率低

2. 非铁金属材料的常用热处理规范

非铁金属材料的常用热处理规范见表 2-82。

表 2-82   非铁金属材料的常用热处理规范

热处理类型			工艺方法	目的及应用
1. 退火	(1) 均匀化退火		加热温度为合金熔化温度下 20～30℃，保温时间不宜过长，加热速度和冷却速度一般不做严格要求（有相变的合金必须缓冷）	铸造后或加工前用于消除应力、降低硬度和提高塑性
	(2) 再结晶退火		加热温度高于再结晶温度，保温时间不宜过长，冷却可在空气中或水中进行，但有相变的合金不宜急冷	改变材料的力学性能和物理性能，在某些情况下是恢到原来的性能
	(3) 低温退火	回复退火	加热温度低于再结晶温度	消除应力
		部分软化退火	加热温度在合金再结晶开始和终止温度之间	消除应力和控制半硬产品（HX6、HX4、HX2）的性能，避免应力腐蚀
	(4) 光亮退火		在保护气氛中或真空炉中退火。纯铜退火，气体中氢的体积分数不应超过 3%	防止氧化，节省浸蚀经费，获得光亮表面。多用于铜和铜合金
2. 淬火—时效	(1) 淬火		加热温度高于溶解度曲线且接近于共晶温度或固相线温度，可采用快速加热，冷却一般采用水，有些合金（如铸造铝合金）也有采用油淬或其他淬火冷却介质	淬火和时效是提高非铁合金强度和硬度的一种有效方法（即可热处理强化），淬火和时效应连续进行，多用于铝、硅、镁和铝铜合金以及铍青铜
	(2) 时效	自然时效	淬火后在室温下停留较长时间	对于淬火和时效效果不明显的合金（如黄铜、锡青铜和铝镁合金），工业上不采用热处理进行强化
		人工时效	淬火后再将合金加热到 100～200℃ 范围内保温一段时间	

3. 铜合金的热处理规范

铜合金的热处理规范见表 2-83。

表 2-83　　　　　　　　**铜合金的热处理规范**

热处理类型	目　的	适用合金	备　注
(1) 退火（再结晶退火）	消除应力及冷作硬化，恢复组织，降低硬度，提高塑性。消除铸造应力，均匀组织、成分，改善加工性	除铍青铜外所有的铜合金	可作为黄铜压力加工件的中间热处理，青铜件毛坯的中间热处理。退火温度：黄铜一般为 500～700℃，铝青铜为 600～750℃，变形锡青铜为 600～650℃，铸造锡青铜约为 420℃
(2) 去应力退火（低温退火）	消除内应力，提高黄铜件（特别是薄冲压件）耐腐蚀破裂（季裂）的能力	黄铜，如 H62、H68、HPb59-1 等	一般作为机械加工或冲压后的热处理工序，加热温度为 260～300℃
(3) 致密化退火	消除铸件的显微疏散，提高其致密性	锡青铜、硅青铜	—
(4) 淬火	获得过饱和固溶体并保持良好的塑性	铍青铜	铍青铜淬火温度一般为 780～800℃，水冷，硬度为 120HBW，断后伸长率可以达 25%～50%
(5) 淬火＋时效	淬火后的铍青铜经冷变形后再进行时效，更好地提高硬度、强度、弹性极限和屈服极限	铍青铜如 QBel.7、QBel.9 等	冷压成形零件加热至 300～350℃，保温 2h，铍青铜抗拉强度可达到 1250～1400MPa，硬度为 330～400HBW，但断后伸长率仅为 2%～4%
(6) 淬火＋回火	提高青铜铸件和零件的硬度、强度和屈服强度	QAl9-2、QAl9-4、QAl10-3-1.5、QAl10-4-4	—
(7) 回火	消除应力，恢复和提高弹性极限	QSn6.5-0.1、QSn4-3、QSi3-1、QAl7	一般作为弹性元件成品的热处理工序
	稳定尺寸	HPb59-1	可作为成品的热处理工序

4. 变形铝合金的热处理规范

变形铝合金的热处理规范见表 2-84。

表 2-84   变形铝合金的热处理规范

热处理类型	合金类型	目　的	备　注
(1) 高温退火	热处理不强化的铝合金，如 1070A、1060、1050A、1035、1200、5A02、5A03、5A05、3A21 等	降低硬度，提高塑性，达到充分软化的目的，以便进行变形程度较大的深冲压加工	一般在制作半成品板材时进行，如铝板坯的热处理或高温压延，3A21 合金的适宜温度为 350～400℃
(2) 低温退火		为保持一定程度的加工硬化效果，提高塑性，消除应力，稳定尺寸	在最终冷变形后进行，3A21 合金的加热温度为 250～280℃，保温 60～150min，空冷
(3) 完全退火	热处理强化的铝合金，如 2A02、2A06、2A11、2A12、2A13、2A16、7A04、7A09、6A02、2A50、2B50、2A70、2A80、2A90、2A14	用于消除原材料淬火、时效状态的硬度，或当退火不良未达到完全软化而用它制造形状复杂的零件时，也可消除内应力和冷作硬化，适用于变形量很大的冷压加工	变形量不大，冷作硬化程度不超过 10% 的 2A11、2A12、7A04 等板材不宜使用，以免引起晶粒粗大。一般加热到强化相溶解温度（400～450℃），保温、慢冷［30～50℃(h)］到一定温度（硬铝为 250～300℃）后，空冷
(4) 中间退火（再结晶退火）		消除加工硬化，提高塑性，以便进行冷变形的下一工序，也用于无淬火、时效强化后的半成品及零件的软化，部分消除内应力	对于 2A06、2A11、2A12 合金，可在硝盐槽中加热，保温 1～2h，然后水冷；对于飞机制造中形状复杂的零件，冷变形-退火要交替多次进行

续表

热处理类型	合金类型	目　的	备　注
（5）淬火	热处理强化的铝合金，如 2A02、2A06、2A11、2A12、2A13、2A16、7A04、7A09、6A02、2A50、2B50、2A70、2A80、2A90、2A14	将高温下的固溶体固定到室温，得到均匀的过饱和固溶体，以便在随后的时效过程中使合金强化。淬火后强度有提高，但塑性也相当高，可进行铆接、弯边、拉深和校正等冷塑性变形工序；不过对自然时效的零件，只能在短时间保持良好塑性，超过一定时间，强度、硬度急剧增长，故变形工序应在淬火后的短时间内进行	淬火加热的温度，上下限一般只有±5℃，为此应采用硝盐槽或空气循环炉加热，以便准确地控制温度。自然时效铝合金，淬火后能保持良好塑性的时间：2A12 为 1.5h，2A11、2A02、2A06、6A02、2A50、2A70、2A80、2A14 等为 2～3h，7A04、7A09 为 6h。变形工序应在淬火后这段时间内完成，如不能如期完成，则应在淬火后低温（如 －50℃）状态下保存
（6）时效	—	将淬火得到的过饱和固溶体在低温（人工时效）或室温（自然时效）保持一定时间，使强化相从固溶体中呈弥散质点析出，从而使合金进一步强化，获得较高的力学性能	一般硬铝采用自然时效，超硬铝及锻铝采用人工时效；但硬铝在高于150℃的温度下使用时则采用人工时效，锻铝 6A02、2A50、2A14 也可采用自然时效
（7）稳定化处理（回火）		消除切削加工应力与稳定尺寸，用于精密零件的切削工序间，有时需进行多次	回火温度不高于人工时效的温度，时间为5～10h；对自然时效的硬铝，可采用 90℃±10℃，时间为 2h
（8）回归处理		使自然时效的铝合金恢复塑性，以便继续加工或适应修理时变形的需要	重新加热到 200～270℃，经短时间保温，然后在水中急冷，但每次处理后，强度有所下降

注　表中淬火也称为固溶处理。

5. 铸造铝合金的热处理规范

铸造铝合金的热处理规范见表 2-85。

表 2-85 铸造铝合金的热处理规范

热处理类型及代号	目的及用途	适用合金	备　注
(1) 不预先淬火的人工时效 (T1)	改善铸件切削加工性,提高某些合金(如 ZL105)零件的硬度和强度(约 30%)。 用来处理承受载荷不大的硬模铸造零件	ZL104 ZL105 ZL401	用湿砂型或金属型铸造时,可获得部分淬火效果,即固溶体有着不同程度的过饱和度。时效温度为 150～180℃,保温 1～24h
(2) 退火 (T2)	消除铸件的铸造应力和由机械加工引起的冷作硬化,提高塑性。 用于要求使用过程中尺寸很稳定的零件	ZL101 ZL102	一般铸件在铸造后或粗加工后常进行此处理。退火温度为 280～300℃,保温 2～4h
(3) 淬火,自然时效 (T4)	提高零件的强度并保持高的塑性,提高 100℃以下工作零件的耐蚀性。 用于受动载荷冲击作用的零件	ZL101 ZL201 ZL203 ZL301	这种处理也称为固溶化处理,对具有自然时效特性的合金 T4 也表示淬火并自然时效。淬火温度为 500～535℃,铝镁系合金为 435℃
(4) 淬火后短时间不完全人工时效 (T5)	获得足够高的强度(较 T4 为高)并保持较高的屈服强度。 用于承受高静载荷及在不很高温度下工作的零件	ZL101 ZL105 ZL201 ZL203	在低温或瞬时保温条件下进行人工时效,时效温度为 150～170℃
(5) 淬火后完全时效至最高硬度 (T6)	使合金获得最高强度而塑性稍有降低。 用于承受高静载荷而不受冲击作用的零件	ZL101 ZL104 ZL204A	在较高温度和长时间保温条件下进行人工时效,时效温度为 175～185℃
(6) 淬火后稳定回火 (T7)	获得足够的强度和较高的稳定性,防止零件高温工作时力学性能下降和尺寸变化。 适用于高温工作的零件	ZL101 ZL105 ZL207	最好在接近零件工作温度(超过 T5 和 T6 的回火温度)下进行回火,回火温度为 190～230℃,保温 4～9h

续表

热处理类型及代号	目的及用途	适用合金	备　注
（7）淬火后软化回火（T8）	获得较高的塑性，但强度特性有所降低。适用于要求高塑性的零件	ZL101	回火温度比 T7 更高，一般为 230～270℃，保温时间为 4～9h
（8）冷处理或循环处理（冷后又热）（T9）	使零件几何尺寸进一步稳定，适用于仪表的壳体等精密零件	ZL101 ZL102	机械加工后冷处理是在 −50℃、−70℃ 或 −195℃ 保持 3～6h。循环处理是冷至 −196～−70℃，然后加热到 350℃，根据具体要求多次循环

注　热处理类型中的淬火也称固溶处理。

五、热处理工序的安排

热处理是为了改善工件材料的工艺性能或提高其机械性能和减小内应力，但热处理后的零件也会产生变形、脱碳、氮化等现象，所以热处理工序在加工过程中的位置就有着十分重要的作用，其位置的安排主要取决于零件材料和热处理的目的与要求。一般热处理工序的安排参见表 2-86。

表 2-86　　　　　热处理工序的安排

热处理项目	目的和要求	应用场合	工序位置安排
退火	降低材料硬度，改善切削性能，消除内应力，细化组织使其均匀	用于铸、锻件及焊接件	切削加工前
正火	改善组织，细化晶粒，消除内应力，改善切削性能	低碳钢及中碳钢	切削加工之前或粗加工之后
调质	提高材料硬度、塑性和韧性等综合机械性能	中碳钢结构	粗加工之后，精加工之前
淬火	提高材料的硬度、强度和耐磨性	中等含碳量以上的结构钢和工具钢	半精加工之后，磨削之前

热处理项目	目的和要求	应用场合	工序位置安排
感应淬火	提高零件的表面硬度和耐磨性	含碳量较高的结构钢	半精加工之后部分除碳后再淬火
渗碳淬火	增加低碳钢表层含碳量，然后经淬火、回火处理，进一步提高其表层的硬度、耐磨性、疲劳强度等，而其内部仍保持着原来的塑性和韧性	低碳钢和低碳合金钢	精磨削或研磨之前
氮化	使钢件层形成高硬度的氮化层，增加其耐磨性、耐蚀性和疲劳强度等	38CrMoAlA和25Cr2MoV等氮化钢	半精车后或粗磨、半精磨之后，精磨之前

第三节 冲压模具常用钢及其化学成分

一、模具材料的基本要求

制造模具的材料包括钢、铸铁、硬质合金、有色金属合金等金属材料，以及陶瓷、石膏、环氧树脂、橡胶、木材等非金属材料。其中金属材料由于具有力学性能方面的优势而占据主导地位，而金属材料中又以钢为模具制造的最主要材料。金属材料的特点是可以在不改变化学成分的情况下，能够通过不同的加热过程和冷却条件改变其内部结构和组织状态，从而改变材料的力学性能。人们可以按照实际需要，通过合理地选择模具用钢及其热处理工艺来获得高质量的模具。

钢制模具的应用场合主要有三大类。

（1）用于对固态金属材料进行压力加工，包括冷冲压、冷挤压、冷拉拔、冷镦、冷轧等利用固态金属在再结晶温度以下的塑性变形所进行的冷加工，以及热冲压、热挤压、热锻、热镦、热轧等利用固态金属在再结晶温度以上的塑性变形所进行的热加工。

（2）用于对液态金属材料进行铸造加工，如金属型铸造、压力铸造等。

（3）用于对塑料、橡胶、玻璃等非金属材料进行成形加工。其共同特点是将加工原料的粉末或颗粒熔融后，令其在闭合的模腔中冷却凝固而获得确定的几何形状。

上述三类模具分别以冲压模、压铸模和塑料模的产量最大。

本章仅对冲压模具用钢的分类方法及模具材料的常用钢的钢号进行归纳，介绍其性能与热处理规范，供冲压工学习与生产实践时参考。

二、模具材料的基本性能要求

模具材料的基本性能包括使用性能和工艺性能。

1. 使用性能

使用性能是指模具材料在工作条件下表现出来的性能，包括机械负荷方面、热负荷方面和表面负荷方面。

（1）机械负荷方面。包括硬度、强度和韧性等。

1）硬度：硬度是表征材料在一个小的体积范围内抵抗弹性变形、塑性变形及破坏的能力；硬度是影响耐磨性的主要因素。一般情况下，模具零件的硬度越高，磨损量越小，耐磨性也越好。另外，耐磨性还与材料中碳化物的种类、数量、形态、大小及分布有关。

2）强韧性：强度是表征材料在外力作用下抵抗塑性变形和断裂破坏的能力；模具的工作条件大多十分恶劣，有些常承受较大的冲击负荷，从而导致脆性断裂。

韧性是表征材料承受冲击载荷的作用而不被破坏的能力。为防止模具零件在工作时突然脆断，模具要具有较高的强度和韧性。模具的韧性主要取决于材料的含碳量、晶粒度及组织状态。

3）疲劳断裂性能：模具工作过程中，在循环应力的长期作用下，往往导致疲劳断裂。其形式有小能量多次冲击疲劳断裂、拉伸疲劳断裂、接触疲劳断裂及弯曲疲劳断裂。模具的疲劳断裂性能主要取决于其强度、韧性、硬度以及材料中夹杂物的含量。

（2）热负荷方面。包括高温强度、耐热疲劳性和热稳定性等。

1）金属的高温强度是指其在再结晶温度以上时的强度。当模具的工作温度较高时，会使硬度和强度下降，导致模具早期磨损或产生塑性变形而失效。因此模具材料应具有较高的抗回火稳定性，以保证模具在工作温度下具有较高的硬度和强度。

2）耐热疲劳性是表征材料承受频繁变化的热交变应力而不被破坏的能力。有些模具在工作过程中处于反复加热和冷却的状态，使型腔表面受拉、压交变应力的作用，引起表面龟裂和剥落，增大摩擦力，阻碍塑性变形，降低尺寸精度，从而导致模具失效。冷热疲劳是热作模具失效的主要形式之一，故这类模具应具有较高的耐冷热疲劳性能。

3）热稳定性是表征材料在受热过程中保持金相组织稳定的能力。

（3）表面负荷方面。包括耐磨性，抗氧化性，耐蚀性。

1）耐磨性：耐磨性是表征材料抗磨损（机械磨损、热磨损、腐蚀磨损及疲劳磨损）的能力。坯料在模具型腔中塑性变形时，沿型腔表面既流动又滑动，使型腔表面与坯料间产生剧烈的摩擦，从而导致模具因磨损而失效，所以材料的耐磨性是模具最基本、最重要的性能之一。

2）抗氧化：抗氧化性是表征材料在常温或高温时抵抗氧化作用的能力。

3）耐蚀性：耐蚀性是表征材料在常温或高温时抵抗腐蚀性介质作用的能力。有些模具如塑料模在工作时，由于塑料中存在氯、氟等元素，受热后分解析出 HCl、HF 等强侵蚀性气体，侵蚀模具型腔表面，加大表面粗糙度值，加剧磨损失效。

2. 工艺性能

工艺性能是指采用某种工艺方法加工金属材料的难易程度，包括铸造性能、锻造性能、焊接性能、切削加工性能、化学蚀刻性能及热处理性能。

（1）铸造性能。铸造性能是金属材料在铸造过程中所表现出来的工艺性能，包括流动性、收缩性、吸气性和偏析性等。

（2）锻造性能。锻造性能是金属材料经受锻压加工时成形的难易程度。

　　模具毛坯的锻造不仅能将原材料锻成模具的初步形状，便于切削加工，而且通过锻打，可使原材料中的网状或带状碳化物变得均匀分布；还可使原材料中的气孔、疏松等缺陷锻合，使组织更为致密；另外，锻造可使模具中的流线走向更为合理，这大大地改善了模具钢的材质，进一步提高了模具的承载能力。

　　（3）焊接性能。焊接性能是金属材料对焊接加工的适应性，即在一定的焊接工艺条件下获得优质焊接接头的难易程度。

　　（4）切削加工性能。切削加工性能是指对金属材料进行切削加工的难易程度。模具在切削加工时应注意以下几点。

　　1）表面粗糙度：模具的工作表面要求具有极低的表面粗糙度值，不允许留有任何刀痕或划痕。否则这些刀痕或划痕将成为疲劳裂纹源。

　　2）圆角半径：模具上尺寸过渡处的圆角半径均应严格按图样要求加工，不得缩小，以免在该处引起应力集中。圆弧与直线连接处应平滑过渡。

　　3）磨削裂纹：模具在磨削加工时，如金相组织中残余奥氏体含量偏高、进给量过大、冷却不充分、砂轮未及时修磨，都可能使模具表面产生磨削裂纹。这些磨削裂纹将成为裂纹源，严重影响其使用寿命。

　　（5）化学蚀刻性能。有些塑料制品要求有装饰图案、文字花样或皮纹，因此对模具一般要采用化学蚀刻工艺，要求此类模具材料必须具备适应化学蚀刻工艺的性能。

　　（6）热处理性能。包括淬透性、淬硬性、氧化脱碳敏感性、热处理变形倾向和回火稳定性等。模具在热处理过程中，应注意以下几点。

　　1）表面碳的质量分数：模具在淬火时如炉内气氛不合适，会造成氧化、脱碳或表面增碳等缺陷。表面脱碳将使模具表面硬度降低，并在表面形成拉应力，促使模具早期磨损或疲劳断裂。表面增碳会使冷作模具韧性降低，出现崩刃、崩齿、尖角崩落等失效形式，同时会使热作模具的冷热疲劳抗力降低，促进冷热疲劳裂纹的产生。

2) 淬火加热温度：模具的淬火温度过高，会使模具晶粒粗大，导致冲击韧度下降，容易产生疲劳裂纹，并使其扩展速率加快。一般来说，冷冲模的淬火温度不宜过高，以免韧性下降，影响使用寿命。而热作模具的硬度低于冷作模具，故韧性高于冷作模具。加之热作模具钢的碳的质量分数大多在 0.5％ 左右，提高淬火温度，马氏体的形状将从针状变为板条状，韧性反而有所增加。因此，热作模具可采用较高的淬火温度。

3) 模具的回火：回火的目的是为了降低淬火应力和调整硬度。因此必须按照工艺规程严格控制回火温度、回火时间及回火次数。模具回火温度偏高或偏低，回火时间或回火次数不足，都会引起模具早期失效，缩短使用寿命。

模具的性能是由模具材料的化学成分和热处理后的组织状态决定的。模具钢应该具有满足在特定的工作条件下完成额定工作量所需具备的性能。因各种模具的用途不同，要完成的额定工作量不同，所以对模具的性能要求也不尽相同。在选择模具用钢时，不仅要考虑其使用性能和工艺性能，还要考虑经济方面的因素，包括资源条件、市场供应情况和价格等。

三、冲压模具常用钢及其化学成分

冲压模具常用钢的钢号及其化学成分见表 2-87。

表 2-87　　　　冲压模具的常用钢号及其化学成分

钢号			化学成分（％）									
			C	Mn	Si	Cr	W	Mo	V	其他	S	P
冷冲压模具钢	碳素工具钢	T7	0.65~0.74	≤0.4	≤0.35						<0.03	<0.035
		T8	0.75~0.84	≤0.4	≤0.35						<0.03	<0.035
		T10	0.95~1.04	≤0.4	≤0.35						<0.03	<0.035
		T12	1.15~1.24	≤0.4	≤0.35						<0.03	<0.035

钢号		化学成分（%）									
		C	Mn	Si	Cr	W	Mo	V	其他	S	P
冷冲压模具钢	低变形高强度型钢	9Mn2V	0.85~0.95	1.7~2.2	≤0.4				0.15~0.25		≤0.03	≤0.03
		9SiCr	0.85~0.95	0.3~1.6	1.2~1.6	0.95~1.25					≤0.03	≤0.03
		CrWMn	0.9~1.05	0.8~1.1	≤0.4	0.9~1.2	1.2~1.6				≤0.03	≤0.03
		6CrW2Si	0.55~0.65	≤0.4	0.5~0.8	1.0~1.3	2.2~2.7				≤0.03	≤0.03
		8Cr2MnWMoVS	0.75~0.85	1.3~1.7	≤0.4	2.3~2.6	0.7~1.1	0.5~0.8	0.1~0.25		0.08~0.15	≤0.03
		7CrSiMnMoV（代号 CH-1）	0.65~0.75	0.65~1.05	0.85~1.15	0.9~1.2		0.3~0.5	0.15~0.3		≤0.03	≤0.03
		6CrNiMnSiMoV（代号 GD）	0.64~0.74	0.7~1.0	0.5~0.9	1.0~1.3		0.3~0.6	~0.12	Ni：0.7~1.0	≤0.03	≤0.03
	微变形高耐磨型钢	Cr6WV	1.0~1.15	≤0.4	≤0.4	5.5~7.0	1.1~1.5				≤0.03	≤0.03
		Cr5Mo1V	0.95~1.05	≤1.0	≤0.5	4.75~5.5		0.9~1.4	0.15~0.5		≤0.03	≤0.03
		Cr4W2MoV	1.12~1.25	≤0.4	0.4~0.7	3.5~4.0	1.2~2.0	0.8~1.2	0.8~1.1		≤0.03	≤0.03
		Cr12	2.0~2.3	≤0.4	≤0.4	11.5~13.0					≤0.03	≤0.03
		Cr12MoV	1.45~1.70	≤0.4	≤0.4	11~12.5		0.4~0.6	0.15~3.0		≤0.03	≤0.03
		Cr12Mo1V1	1.4~1.6	≤0.6	≤0.6	11 113		0.7~1.2	≤1.1		≤0.03	≤0.03
		Cr8MoWV3Si（代号 ER5）	0.95~1.1	0.3~0.6	0.9~1.2	7.0~8.0	0.8~1.2	1.4~1.8	2.2~2.7		≤0.03	≤0.03
	高强韧型钢	6Cr4W3Mn2VNb	0.6~0.7	≤0.4	≤0.4	3.8~4.4	2.5~3.5	1.8~2.5	0.8~1.2	Nb：0.2~0.35	≤0.03	≤0.03
		5Cr4Mo3SiMnVAl	0.47~0.57	0.8~1.1	0.8~1.1	3.8~4.3		2.8~3.4	0.8~1.2	Al：0.3~0.7	≤0.03	≤0.03
		6Cr4Mo3Ni2WV	0.55~0.64	≤0.4	≤0.4	3.8~4.3	0.9~1.3	2.8~3.3	0.9~1.3	Ni：1.8~2.1	≤0.03	≤0.03
		65Cr4W3Mo2VNb	0.6~0.7	≤0.4	≤0.35	3.8~4.4	2.5~3.0	2.0~2.5	0.8~1.1	Nb：0.2~0.35	≤0.03	≤0.03

钢号		化学成分（%）									
		C	Mn	Si	Cr	W	Mo	V	其他	S	P
冷冲压模具钢 · 高耐强磨韧型高钢	7Cr7Mo3V2Si（代号LD）	0.7~0.8	6.5~7.0	2.0~3.0	0.7~1.2	1.7~2.2	≤0.5			≤0.03	≤0.03
	9Cr6W3Mo2V2（代号GM）	0.86~0.94	5.6~6.4	2.0~2.5		1.7~2.2		2.8~3.2		≤0.03	≤0.03
高速钢	W18Cr4V	0.7~0.8	3.8~4.4	≤0.3		1.0~1.4		17.5~19.0		≤0.03	≤0.03
	W6Mo5Cr4V2	0.8~0.9	3.8~4.4	4.5~6.0		1.8~2.3		6.0~7.0		≤0.03	≤0.03
	W9Mo3Cr4	0.77~0.87	3.8~4.4	2.7~3.3		1.3~1.7		8.5~9.5		≤0.03	≤0.03
热冲压模具钢 · 低耐热高韧型钢	5CrMnMo	0.5~0.6	0.6~0.9	0.15~0.30	0.25~0.6		1.2~1.6			≤0.03	≤0.03
	5CrNiMo	0.5~0.6	0.5~0.8	0.15~0.30	≤0.4		0.5~0.8		Ni:1.4~1.8	≤0.03	≤0.03
	5Cr2NiMoVSi	0.46~0.53	1.54~2.0	0.8~1.2	0.6~0.9	0.3~0.5	0.4~0.6		Ni:0.8~1.2	≤0.03	≤0.03
	4CrMnSiMoV	0.35~0.45	1.3~1.5	0.4~0.6	0.8~1.1	0.2~0.4	0.8~1.1			≤0.03	≤0.03
中耐热强韧型钢	4Cr5MoSiV（代号H11）	0.32~0.42	4.75~5.50	1.1~1.6	0.8~1.2	0.3~0.5	0.2~0.5			≤0.03	≤0.03
	4Cr5W2VSi	0.32~0.42	4.5~5.5	0.8~1.2	0.6~1.0		≤0.4	1.6~2.4		≤0.03	≤0.03
	4Cr5MoSiV1（代号H13）	0.32~0.42	4.75~5.50	1.1~1.75	0.8~1.2	0.8~1.2	≤0.4			≤0.03	≤0.03
高热强型钢	3Cr3Mo3W2V	0.32~0.42	2.8~3.3	2.5~3.0	0.6~0.9	0.8~1.2	≤0.65	1.2~1.8		≤0.03	≤0.03
	5Cr4W5Mo2V	0.4~0.5	3.4~4.4	1.5~2.1	≤0.4	0.7~1.1	≤0.4	4.5~5.3		≤0.03	≤0.03
	5Cr4Mo3SiMnVA1（代号码012A1）	0.47~0.57	3.8~4.3	2.8~3.4	0.8~1.1	0.8~1.2	0.8~1.1		Al:0.3~0.7	≤0.03	≤0.03
	4Cr3Mo3W4VNb（代号GR）	0.37~0.47	2.5~3.5	2.0~3.0	≤0.5	1.0~1.4	≤0.5	3.5~4.5	Nb:0.1~0.2	≤0.03	≤0.03
	5Cr4Mo2W2VSi	0.45~0.55	3.7~4.3	1.8~2.2	0.8~1.1	1.0~1.3	≤0.5	1.8~2.2		≤0.03	≤0.03

1. 冷冲压模具钢

（1）碳素工具钢。碳素工具钢价廉易得，易于锻造成形，切削加工性能也比较好，缺点是淬透性差，热处理变形、开裂倾向大，耐磨性和热强性都较低，因此只能用来制造工作时受力不大、形状简单、尺寸较小的冷冲压模具。

（2）低变形高强度型钢。9Mn2V 钢不含贵重的合金元素。由于有少量的钒，使晶粒细化并减少钢件的过热敏感性；由于所含的碳化物量少而且细小，分布均匀，热处理变形小。适用于形状复杂、精度要求较高、截面较小的冷冲压模具。

9SiCr 钢含有硅、铬等元素，淬透性较好，可以分级或等温淬火，有利于减小淬火变形。但在加热过程中，脱碳的敏感性较大，所以应注意脱碳保护。

CrWMn 钢淬透性好，变形小，淬火、回火硬度高，耐磨性好。由于钢中所含钨元素有利于晶粒细化，使钢的韧性提高。适用于精度要求较高的冷冲模刃口部位零件。

6CrNiMnSiMoV（代号 GD）钢是一种碳化物偏析小、淬透性高的低变形高强度型钢。加入镍、硅、锰元素，提高了基体的强度和韧性；加入少量的钒、钼元素可使晶粒细化。可取代 CrWMn 钢，制造承受冲击载荷并要求耐磨的冷冲模具。

8Cr2MnWMoVS 钢属于含硫易切削钢。淬火、回火硬度高，耐磨性好，热处理变形小，综合力学性能好。适用于精密、重载荷的冷冲压模具的重要部位零件。

7CrSiMnMoV（代号 CH-1）钢属于火焰淬火钢。该钢的合金元素含量低，碳化物含量少，塑性变形抗力低，锻造性能好，淬火温度范围大，过热敏感性小，淬火变形小，综合性能好；火焰淬火操作简便，成本低，生产周期短。所以该钢得以广泛应用。

（3）微变形高耐磨型钢。微变形高耐磨冷冲压模具钢的突出特点是淬透性好，热处理变形小，淬硬性和耐磨性高，承载能力大。适用于各种形状复杂、精度要求高、需要承受一定冲击载荷的大中型冷冲压模具。

该类钢中的 Cr12 系列钢属于高碳莱氏体钢，塑性差，变形抗力大、导热性能低。因此，在对钢坯锻造加热时，温升不能太快、锻造温度不能太低，又要防止过烧，需分段预热，以避免锻造开裂现象的发生。

（4）高强韧型钢。高强韧型冷冲压模具钢具有最佳的强韧性配合，适用于冷挤压、冷镦、冷冲裁等要求具有高强韧性能、需要承受重载荷的模具。

（5）高强韧高耐磨型钢。7Cr7Mo3V2Si（代号 LD）钢与9Cr6W3Mo2V2（代号 GM）钢是新型的高强韧耐磨钢，具有高的强韧性和耐磨性，满足了高负荷冷冲压模具的需求。

（6）高速钢。高速钢具有很高的硬度、抗压强度和耐磨性，采用低温淬火、快速加热淬火等工艺措施可有效地改善其韧性，因此已越来越多地应用于要求重载荷、高寿命的冷冲压模具。

2. 热冲压模具钢

（1）低耐热高韧型钢。该类钢具有冲击韧性好、淬透性高、耐热疲劳性好的特点，主要用于承受很大冲击载荷的热作模具，能在 400℃左右承受急冷急热的恶劣工况，但由于合金元素总量不高，所以钢的热稳定性较差，只适宜在 400℃以下的工作条件下使用。

（2）中耐热强韧型钢。该类钢的韧性、淬透性、耐热疲劳性和抗氧化性都较好，而且由于钨、钼、钒等元素含量高，回火时增加二次硬化效果，因此提高了热强性与热稳定性，可谓强韧兼备。此类钢可以在 550～600℃高温下使用。

（3）高热强型钢。该类钢中钨、钼、钒、铌等元素的含量较高，二次硬化效果明显，热硬性、热强性、回火稳定性都较高，并具有良好的耐磨性、耐热疲劳性和抗氧化性，能在 600～650℃的高温下长期使用。

第四节　冲压模具常用钢热处理规范

在生产实践中，不同用途的模具具有不同的性能要求，而最基本的性能要求是硬度、强度、韧性、耐磨性和抗疲劳性能等。

在这些性能中有的是相互联系的，有的在某种程度上是相互矛盾的。因此必须根据模具的工作条件与失效形式进行具体分析，确定相应的失效抗力指标，并通过正确地选择模具材料和合理地制定热处理工艺来实现这些指标。

一、冷冲压模具常用钢的热处理规范

1. 碳素工具钢

冷冲压模具常用碳素工具钢相变点温度见表 2-88，钢坯锻造工艺见表 2-89，热处理工艺规范如下。

表 2-88　　冷冲压模具用碳素工具钢的相变点温度（℃）

钢号	Ac_1	Ac_{cm}	Ar_1	M_s
T7	730	770	700	280
T8	730	780	700	260
T10	730	800	700	240
T12	730	820	700	200

表 2-89　　　冷冲压模具用碳素工具钢的钢坯锻造工艺

钢号	加热温度（℃）	始锻温度（℃）	终锻温度（℃）	锻后冷却
T7	1050～1100	1020～1080	800～750	空冷
T8	1050～1100	1020～1080	800～750	空冷
T10	1050～1100	1020～1080	800～750	空冷
T12	1050～1100	1020～1080	800～750	700℃后缓冷

（1）预备热处理：锻后进行球化退火的工艺规范见表 2-90。

（2）最终热处理：淬火的工艺规范见表 2-91；回火的工艺规范见表 2-92。

表 2-90　　　冷冲压模具用碳素工具钢的球化退火工艺

钢号	T7	T8	T10	T12
加热速度（℃/h）	≥100	≥100	≥100	≥100
预热温度（℃）	680～700	680～700	680～700	680～700
保温时间（h）	8～10	8～10	8～10	8～10

续表

钢号	T7	T8	T10	T12
一次加热温度（℃）	730～750	730～750	730～750	730～750
保温时间（h）	0.5～1.0	0.5～1.0	0.5～1.0	0.5～1.0
降温速度（℃/h）	≥80	≥80	≥80	≥80
一次等温温度（℃）	700～680	700～680	700～680	700～680
等温时间（h）	0.5～1.0	0.5～1.0	0.5～1.0	0.5～1.0
二次加热温度（℃）	730～750	730～750	730～750	730～750
保温时间（h）	0.5～1.0	0.5～1.0	0.5～1.0	0.5～1.0
二次等温温度（℃）	700～680	700～680	700～680	700～680
等温时间（h）	0.5～1.0	0.5～1.0	0.5～1.0	0.5～1.0
三次加热温度（℃）	730～750	730～750	730～750	730～750
保温时间（h）	0.5～1.0	0.5～1.0	0.5～1.0	0.5～1.0
冷却速度（℃/h）	10～20	10～20	10～20	10～20
降至温度（℃）	650	650	650	650
冷却速度（℃/h）	≤80	≤80	≤80	≤80
出炉温度（℃）	600～500	600～500	600～500	600～500
出炉后冷却方式	空冷	空冷	空冷	空冷
硬度（HBS）	≤187	≤187	≤187	≤187

表 2-91　　　　冷冲压模具用碳素工具钢的淬火工艺

钢号	加热温度（℃）	冷却介质	介质温度（℃）	降至温度	油冷始温（℃）	终止冷却温度（℃）	硬度（HRC）
T7	800～830	水	20～40	至油温	250～200	20	61～63
T8	750～800	水	20～40	至油温	250～200	20	62～64
T10	770～790	水	20～40	至油温	250～200	20	62～64
T12	770～790	水	20～40	至油温	250～200	20	62～64

表 2-92　　　　冷冲压模具用碳素工具钢的回火工艺

钢号	加热温度（℃）	加热介质	保温时间（h）	硬度（HRC）
T7	160～180	油、硝盐或碱	1～2	58～61
T8	160～180	油、硝盐或碱	1～2	58～62
T10	160～180	油、硝盐或碱	1～2	60～62
T12	160～180	油、硝盐或碱	1～2	51～63

2. 低变形高强度型钢

冷冲压模具用低变形高强度型钢的相变点温度见表 2-93，钢坯锻造工艺见表 2-94。

其热处理工艺规范如下。

表 2-93　冷冲压模具用低变形高强度型钢的相变点温度（℃）

钢号	9Mn2V	9SiCr	CrWMn	6CrW2Si	8Cr2MnWMoVS	CH-1	GD
Ac_1	730	770	730	775	770	776	740
Ac_{cm}	765	870	940	810	820	834	
Ar_1	652	730	710	740	660	694	605
M_s	125	160	155	280	240	211	172

表 2-94　冷冲压模具用低变形高强度型钢的钢坯锻造工艺

钢号	加热温度（℃）	始锻温度（℃）	终锻温度（℃）	锻后冷却
9Mn2V	1080～1120	1050～1100	850～800	缓冷（砂冷或坑冷）
9SiCr	1100～1150	1050～1100	850～800	缓冷（砂冷或坑冷）
CrWMn	1100～1150	1050～1100	850～800	空冷至 700℃后缓冷
6CrW2Si	1150～1170	1100～1140	≥800	缓冷（砂冷或坑冷）
8Cr2MnWMoVS	1150～1200	1100～1150	850～800	空冷或灰冷
CH-1	1100～1150	1050～1100	≥900	缓冷
GD	1080～1120	1040～1060	≥850	缓冷并立即退火

（1）预备热处理：锻后进行等温退火的工艺规范见表 2-95。

（2）最终热处理：淬火的工艺规范见表 2-96；回火的工艺规范见表 2-97。

表 2-95　冷冲压模具用低变形高强度型钢的等温退火工艺

钢号	9Mn2V	9SiCr	CrWMn	6CrW2Si	8Cr2MnWMoVS	CH一	GD
加热速度（℃/h）	≥100	≥100	≥100	≥100	≥100	≥100	≥100
加热温度（℃）	760～780	790～810	770～790	800～820	790～810	820～840	760～780
保温时间（h）	3～4	2～4	1～2	3～5	2	2～4	2

续表

钢号	9Mn2V	9SiCr	CrWMn	6CrW2Si	8Cr2MnWMoVS	CH-	GD
冷却速度（℃/h）	≤30	≤30	≤80	≤30	≤30	≤30	≤30
等温温度（℃）	700~680	720~700	700~680	—	700~680	710~690	570~590
等温时间（h）	4~5	4~6	3~4	—	4~8	3~5	6
再冷速度（℃/h）	≤30	≤30	≤30		≤30	≤30	≤30
出炉温度（℃）	≤500	600~500	600~500	≤600	≤550	≤550	500~500
出炉冷却方式	空冷	空冷	空冷	空冷	空冷	空冷	空冷
硬度（HBS）	≤229	≤241	≤255	≤285	≤229	≤240	230~240

表 2-96　　冷冲压模具用低变形高强度型钢的淬火工艺

钢号	9Mn2V	9SiCr	CrWMn	6CrW2Si	8Cr2MnWMoVS	CH-1	GD
加热温度（℃）	780~820	860~880	820~840	860~900	860~900	840~920	870~900
冷却介质	油	油	油	油	油	空气	油
介质温度（℃）	70~120	80~140	90~140	20~40	130		130
降至温度（℃）	200~150	200~150	200~150	至油温	200~150	至室温	200~150
冷却方式	空冷	空冷	空冷		空冷		空冷
终止冷却温度（℃）	至室温	至室温	至室温		至室温		至室温
硬度（HRC）	≥62	62~65	63~65	≥57	62~64	60~64	61~64

表 2-97　　冷冲压模具用低变形高强度型钢的回火工艺

钢号	9Mn2V	9SiCr	CrWMn	6CrW2Si	8Cr2MnWMoVS	CH-1	GD
加热温度（℃）	150~200	180~200	170~200	200~250	160~200	160~200	200~260
加热介质	油、硝盐	油、硝盐	油、硝盐	油或熔融碱	油、硝盐	油、硝盐	油、硝盐
硬度（HRC）	60~62	60~62	62~64	53~58	60~62	58~62	60~61

3. 微变形高耐磨型钢

冷冲压模具用微变形高耐磨型钢的相变点温度见表 2-98，钢坯锻造工艺见表 2-99。

表 2-98　冷冲压模具用微变形高耐磨型钢的相变点温度（℃）

钢号	Cr6WV	Cr5Mo1V	Cr4W2MoV	Cr12	Cr12MoV	Cr12Mo1V1	ER5
Ac_1	815	795	795	810	810	810	858
Ac_3							907
Ac_{cm}	845		900	835	982	875	
Ar_1	625		760	755	760	695	
M_s	150	168	142	180	230	190	215

表 2-99　冷冲压模具用微变形高耐磨型钢的钢坯锻造工艺

钢号	加热温度（℃）	始锻温度（℃）	终锻温度（℃）	锻后冷却
Cr6WV	1060～1120	1000～1080	900～850	缓冲
Cr5Mo1V	1050～1100	1000～1050	900～850	缓冷
Cr4W2MoV	1130～1150	1040～1060	≥850	缓冷
Cr12	1120～1140	1080～1100	920～880	缓冷
Cr12MoV	1050～1100	1000～1050	900～850	缓冷
Cr12Mo1V1	1120～1140	1050～1070	≥850	缓冷
ER5	1150～1200	1100～1150	≥900	缓冷

其热处理工艺规范如下。

（1）预备热处理：锻后进行等温退火的工艺规范见表 2-100。

表 2-100　冷冲压模具用微变形高耐磨型钢的等温退火工艺

钢号	Cr6WV	Cr5Mo1V	Cr4W2MoV	Cr12	Cr12MoV	Cr12Mo1V1	ER5
加热速度（℃/h）	≤100	≤100	≤100	≤100	≤100	≤100	≤100
加热温度（℃）	830～850	830～850	850～870	830～850	850～870	840～860	850～870
保温时间（h）	2～4	2～4	4～6	2～3	1～2	2～3	2
冷却速度（℃/h）	≤40	≤40	≤40	≤40	≤40	≤40	≤30
等温温度（℃）	720～700	730～710	770～750	740～720	750～720	740～720	770～750

続表

钢号	Cr6WV	Cr5Mo1V	Cr4W2MoV	Cr12	Cr12MoV	Cr12Mo1V1	ER5
等温时间（h）	2～4	2～4	6～8	3～4	3～4	2～4	4
再冷速度（℃/h）	≤50	≤50	≤30	≤50	≤30	≤30	≤30
出炉温度（℃）	＜550	＜550	≤600	＜550	≤600	≤600	＜500
出炉冷却方式	空冷	空冷	空冷	空冷	空冷	空冷	空冷
硬度（HBS）	≤229	≤240	≤269	≤269	≤225	≤269	≤240

（2）最终热处理：淬火的工艺规范见表 2-101；回火的工艺规范见表 2-102。

表 2-101　冷冲压模具用微变形高耐磨型钢的淬火工艺

钢号	Cr6WV	Cr5Mo1V	Cr4W2MoV	Cr12	Cr12MoV	Cr12Mo1V1	ER5
加热温度（℃）	950～970	940～960	960～980	950～970	1020～1040	980～1040	1050～1100
冷却介质	油	空气或油	油	油	油	油或空气	油
介质温度（℃）	20～60		20～60	20～60	20～60	（油）20～60	20～60
降至温度（℃）	60～20		60～20	60～20	60～20	60～20	60～20
硬度（HRC）	62～64	62～65	≥62	62～64	60～65	60～65	63～65

表 2-102　冷冲压模具用微变形高耐磨型钢的回火工艺

钢号	Cr6WV	Cr5Mo1V	Cr4W2MoV	Cr12	Cr12MoV	Cr12Mo1V1	ER5
加热温度（℃）	150～170	180～220	280～300	180～200	150～170	180～230	500～530
加热介质	油、硝盐或碱	油、硝盐或碱	油、硝盐或碱	油、硝盐或碱	油、硝盐或碱	油、硝盐或碱	油、硝盐或碱
回火次数	1	1	3	1	1	1	1
每次保温时间（h）	2～3	2～3	1	2	2～3	2～3	1
硬度（HRC）	62～63	60～64	60～62	60～62	60～63	60～64	61～63

4．高强韧型钢

冷冲压模具用高强韧型钢的相变点温度见表 2-103，钢坯锻造工艺见表 2-104。

其热处理工艺规范如下。

表 2-103　冷冲压模具用高强韧型钢的相变点温度（℃）

钢号	Ac_1	Ac_{cm}	Ar_1	M_s
6Cr4W3Mo2VNb	830	760		220
5Cr4Mo3SiMnVA1（代号 012A1）	837		902	227
6Cr4Mo3Ni2WV	737	650	822	180
65Cr4W3Mo2VNb（代号 65Nb）	830	740		220

表 2-104　冷冲压模具用高强韧型钢的钢坯锻造工艺

钢号	加热温度（℃）	始锻温度（℃）	终锻温度（℃）	锻后冷却
6Cr4W3Mo2VNb	1120～115	1080～1120	900～850	缓冷
5Cr4Mo3SiMnVAl	1100～1140	1050～1100	≥850	缓冷（砂冷或坑冷）
6Cr4Mo3Ni2WV	1140～1160	1050～1100	≥900	缓冷（砂冷）
65Cr4W3Mo2VNb	1120～1150	1100	900～850	缓冷

（1）预备热处理：锻后进行等温退火的工艺规范见表 2-105。

表 2-105　冷冲压模具用高强韧型钢的等温退火工艺

钢号	6Cr4W3Mo2VNb	5Cr4Mo3SiMnVAl	6Cr4Mo3Ni2WV	65Cr4W3Mo2VNb
加热速度（℃/h）	≤100	≤130	≤130	≤130
加热温度（℃）	850～860	850～870	810～830	850～870
保温时间（h）	2～4	4	2	3
冷却速度（℃/h）	≤40	≤30	≤30	≤30
等温温度（℃）	750～740	720～710	740～720	750～730
等温时间（h）	4～6	4～6	4	6
再冷速度（℃/h）	≤30	30～50	≤50	50
出炉温度（℃）	≤500	≤600	550～500	550～500
出炉冷却方式	空冷	空冷	空冷	空冷
硬度（HBS）	197～229	215～225	215～225	215～220

（2）最终热处理：淬火的工艺规范见表 2-106；回火的工艺规范见表 2-107。

表 2-106　　　冷冲压模具用高强韧型钢的淬火工艺

钢号	6Cr4W3Mo2VNb	5Cr4Mo3SiMnVAl	6Cr4Mo3Ni2WV	65Cr4W3Mo2VNb
加热温度（℃）	1080～1120	1090～1120	1080～1120	1120～1140
冷却介质	油	油	油	油淬空冷
介质温度（℃）	20～60	20～60	20～60	20～60
降至温度	至 180℃后空冷	至油温	至油温	20min 后空冷
硬度（HRC）	≥61	61～62	62～63	58～60

表 2-107　　　冷冲压模具用高强韧型钢的回火工艺

钢号	6Cr4W3Mo2VNb	5Cr4Mo3SiMnVAl	6Cr4Mo3Ni2WV	65Cr4W3Mo2VNb
加热温度（℃）	500～580	540～580	540～560	540～560
加热介质	空气炉或熔融碱	空气炉或熔融碱	空气炉或熔融碱	空气炉或熔融碱
回火次数	3	2	2	2
每次保温时间（h）	1～1.5	2	1～1.5	1
硬度（HRC）	58～63	57～61	60～61	58～60

5. 高强韧高耐磨型钢

冷冲压模具用高强韧高耐磨型钢的相变点温度见表 2-108，钢坯锻造工艺见表 2-109。

表 2-108　　　冷冲压模具用高强韧高耐磨型钢的相变点温度（℃）

钢号	Ac_1	Ac_3	Ar_1	Ar_3	M_s
7Cr7Mo3V2Si（代号 LD）	856	915	720	806	105
9Cr6W3Mo2V2（代号 GM）	795	820			220

表 2-109　　　冷冲压模具用高强韧高耐磨型钢的钢坯锻造工艺

钢号	加热温度（℃）	始锻温度（℃）	终锻温度（℃）	锻后冷却
7Cr7Mo3V2Si	1120～1150	1100～1130	≥850	缓冷并立即退火
9Cr6W3Mo2V2	1100～1150	1080～1120	900～850	缓冷

其热处理工艺规范如下。

(1) 预备热处理：锻后进行等温退火的工艺规范见表 2-110。

(2) 最终热处理：淬火的工艺规范见表 2-111；回火的工艺规范见表 2-112。

表 2-110　冷冲压模具用高强韧高耐磨型钢的等温退火工艺

钢号	7Cr7Mo3V2Si	9Cr6W3Mo2V2
加热速度（℃/h）	≤130	≤130
加热温度（℃）	850～870	850～870
保温时间（h）	3～4	3～4
冷却速度（℃/h）	≤30	≤30
等温温度（℃）	750～730	750～730
等温时间（h）	4～6	5～6
再冷速度（℃/h）	≤30	≤30
出炉温度（℃）	≤500	≤500
出炉冷却方式	空冷	空冷
硬度（HBS）	187～206	225～230

表 2-111　冷冲压模具用高强韧高耐磨型钢的淬火工艺

钢号	加热温度（℃）	冷却介质	介质温度（℃）	降至温度	硬度（HRC）
7Cr7Mo3V2Si	1100～1150	油	130	至室温	63～64
9Cr6W3Mo2V2	1100～1600	油	130	至室温	63～64

表 2-112　冷冲压模具用高强韧高耐磨型钢的回火工艺

钢号	加热温度（℃）	冷却介质	回火次数	每次保温时间（h）	硬度（HRC）
7Cr7Mo3V2Si	550～570	油或硝盐	3	1	60～61
9Cr6W3Mo2V2	500～550	油或硝盐	2	1.5	62～63

6. 高速钢

冷冲压模具用高速钢的相变点温度见表 2-113，钢坯锻造工艺见表 2-114。

其热处理工艺规范如下。

表 2-113　　　　冷冲压模具用高速钢的相变点温度（℃）

钢号	Ac_1	Ac_3	Ar_1	Ar_{cm}	M_s
W18Cr4V	820		760	1330	210
W6Mo5Cr4V2	880		790		180
W9Mo3Cr4V	835	875			190

表 2-114　　　　冷冲压模具用高速钢的钢坯锻造工艺

钢号	加热温度（℃）	始锻温度（℃）	终锻温度（℃）	锻后冷却
W18Cr4V	1180～1220	1120～1140	≥950	及时退火或砂冷
W6Mo5Cr4V2	1140～1150	1040～1080	≥950	及时退火或砂冷
W9Mo3Cr4V	1160～1190	1080～1120	≥950	及时退火或砂冷

（1）预备热处理：锻后进行等温退火的工艺规范见表 2-115。

（2）最终热处理：淬火的工艺规范见表 2-116；回火的工艺规范见表 2-117。

表 2-115　　　　冷冲压模具用高速钢的等温退火工艺

钢号	W18Cr4V	W6Mo5Cr4V2	W9Mo3Cr4V
加热速度（℃/h）	≤50	≤50	≤50
加热温度（℃）	830～850	840～860	830～850
保温时间（h）	1～2	1～2	1～2
等温温度（℃）	750～730	760～740	760～740
等温时间（h）	3～4	3～4	3～4
冷却速度（℃/h）	30～50	30～50	30～50
出炉温度（℃）	≤550	≤550	≤550
出炉冷却方式	空冷	空冷	空冷
硬度（HBS）	≤255	≤255	≤255

表 2-116　　　　冷冲压模具用高速钢的淬火工艺

钢号	预热温度（℃）	加热温度（℃）	冷却介质	介质温度（℃）	硬度（HRC）
W18Cr4V	840～860	1260～1290	油	20～60	63～64
W6Mo5Cr4V2	830～850	1210～1250	油	20～60	63～64
W9Mo3Cr4V	830～850	1200～1250	油	20～60	63～64

表 2-117　　　　　　冷冲压模具用高速钢的回火工艺

钢号	加热温度（℃）	冷却方式	回火次数	每次保温时间（h）	硬度（HRC）
W18Cr4V	600～620	空冷	2	1	≤66
W6Mo5Cr4V2	580～600	空冷	2	1	≤67
W9Mo3Cr4V	580～600	空冷	2	1	≤67

二、热冲压模具常用钢的热处理规范

1. 低耐热高韧型钢

热冲压模具用低耐热高韧型钢的相变点温度见表 2-118，钢坯锻造工艺见表 2-119。

表 2-118　　　热冲压模具用低耐热高韧型钢的相变点温度（℃）

钢号	Ac_1	Ac_3	Ar_1	Ar_3	M_s
5CrMnMo	710	760	650		220
5CrNiMo	710	770	680		226
5Cr2NiMoVSi	750	874	623		243
4CrMnSiMoV	792	855	660	770	330

表 2-119　　　热冲压模具用低耐热高韧型钢的钢坯锻造工艺

钢号	加热温度（℃）	始锻温度（℃）	终锻温度（℃）	锻后冷却
5CrMnMo	1100～1150	1050～1100	850～800	缓冷（砂冷或坑冷）
5CrNiMo	1100～1150	1050～1100	850～800	缓冷（砂冷或坑冷）
5Cr2NiMoVSi	1200～1250	1150～1200	900～850	缓冷（砂冷或坑冷）
4CrMnSiMoV	1100～1150	1050～1100	≥850	缓冷（砂冷或坑冷）

其热处理工艺规范如下。

（1）预备热处理：锻后进行等温退火的工艺规范见表 2-120。

表 2-120　　　热冲压模具用低耐热高韧型钢的等温退火工艺

钢号	5CrMnMo	5CrNiMo	5Cr2NiMoVSi	4CrMnSiMoV
加热速度（℃/h）	25～30	25～35	≤30	≤30
加热温度（℃）	850～870	850～870	790～810	840～860

续表

钢号	5CrMnMo	5CrNiMo	5Cr2NiMoVSi	4CrMnSiMoV
保温时间（h）	2～4	2～4	2～4	2～4
冷却速度（℃/h）	≤30	≤30	≤30	≤30
等温温度（℃）	690～670	690～670	730～710	720～700
等温时间（h）	4～6	4～6	4～8	4～8
再冷速度（℃/h）	≤30	≤30	≤30	≤30
出炉温度（℃）	≤500	≤500	≤500	≤500
出炉冷却方式	空冷	空冷	空冷	空冷
硬度（HBS）	197～241	197～241	220～230	210～227

（2）最终热处理：淬火的工艺规范见表 2-121；回火的工艺规范见表 2-122。

表 2-121　　热冲压模具用低耐热高韧型钢的淬火工艺

钢号	5CrMnMo	5CrNiMo	5Cr2NiMoVSi	4CrMnSiMoV
加热温度（℃）	820～850	830～860	960～1010	860～880
冷却介质	油	油	油	油
介质温度（℃）	150～180	20～60	20～60	20～60
降至温度（℃）	至170℃立即回火	至170℃立即回火	至油温	至油温
硬度（HRC）	52～58	53～58	54～61	56～58

表 2-122　　热冲压模具用低耐热高韧型钢的回火工艺

钢号	5CrMnMo		5CrNiMo			5Cr2NiMoVSi		4CrMnSiMoV		
	小型模具	中型模具	小型模具	中型模具	大型模具	小型模具	中型模具	小型模具	中型模具	大型模具
加热温度（℃）	490～510	520～540	490～510	520～540	560～580	620～640	630～660	520～580	580～630	610～650
加热方式	电炉	电炉	电炉	电炉	电炉	电炉	电炉	空气炉	空气炉	空气炉
回火次数	1	1	1	1	1	1	1	1	1	1
每次保温时间（h）	2～3	2～3	2～3	2～3	2～3	2～3	2～3	2～3	2～3	2～3
硬度（HRC）	41～47	38～41	44～47	38～42	34～37	40～45	38～41	44～49	41～44	38～42

2. 中耐热强韧型钢

热冲压模具用中耐热强韧型钢的相变点温度见表 2-123，钢坯锻造工艺见表 2-124。

表 2-123　热冲压模具用中耐热强韧型钢的相变点温度（℃）

钢号	Ac_1	Ac_3	Ar_1	Ar_3	M_s
4Cr5MoVSi（代号 H11）	853	912	720	773	310
4Cr5W2VSi	800	875	730	840	275
4Cr5MoSiV1（代号 H13）	860	915	775	815	340

表 2-124　热冲压模具用中耐热强韧型钢的钢坯锻造工艺

钢号	加热温度（℃）	始锻温度（℃）	终锻温度（℃）	锻后冷却
4Cr5MoVSi	1120～1150	1070～1100	900～850	缓冷
4Cr5W2VSi	1100～1150	1080～1120	900～850	缓冷
4Cr5MoSiV1	1120～1150	1050～1100	900～850	缓冷

其热处理工艺规范如下。

（1）预备热处理：锻后进行退火的工艺规范见表 2-125。

（2）最终热处理：淬火的工艺规范见表 2-126；回火的工艺规范见表 2-127。

表 2-125　热冲压模具用中耐热强韧型钢的退火工艺

钢号	加热温度（℃）	保温时间（h）	冷却速度（℃/h）	出炉温度（℃）	出炉冷却方式	硬度（HBS）
4Cr5MoSiV	860～890	2～4	≤30	<500	空冷	≤229
4Cr5W2VSi	860～880	3～4	≤30	<500	空冷	≤229
4Cr5MoSiV1	860～890	3～4	≤30	<500	空冷	≤229

表 2-126　热冲压模具用中耐热强韧型钢的淬火工艺

钢号	加热温度（℃）	冷却介质	介质温度（℃）	降至温度	硬度（HRC）
4Cr5MoSiV	1000～1030	油	20～60	至油温	53～55
4Cr5W2VSi	1030～1050	油	20～60	至油温	55～57
4Cr5MoSiV1	1020～1050	油	20～60	至油温	56～58

表 2-127　　　热冲压模具用中耐热强韧型钢的回火工艺

钢号	加热温度（℃）	冷却方式	回火次数	每次保温时间（h）	硬度（HRC）
4Cr5MoSiV	530～560	空冷	2	2	48～50
4Cr5W2VSi	530～580	空冷	2	2	54～56
4Cr5MoSiV1	560～580	空冷	2	2	55～57

3. 高热强型钢

热冲压模具用高热强型钢的相变点温度见表 2-128，钢坯锻造工艺见表 2-129。

表 2-128　　　热冲压模具用高热强型钢的相变点温度（℃）

钢号	Ac_1	Ac_3	Ar_1	Ar_3	M_s
3Cr3Mo3W2V（代号 HM-1）	850	930	735	825	400
5Cr4W5Mo2V	836	893	744	816	250
5Cr4Mo3SiMnVA1（代号 012-A1）	837	902			277
4Cr3Mo3W4VNb（代号 GR）	821	880	752	850	
5Cr4Mo2W2Vsi	810	885	700	785	290

表 2-129　　　热冲压模具用高热强型钢的钢坯锻造工艺

钢号	加热温度（℃）	始锻温度（℃）	终锻温度（℃）	锻后冷却
HM-1	1150～1180	1050～1100	≥900	缓冷（砂冷或坑冷）
5CrW5Mo2V	1120～1170	1080～1130	≥850	缓冷（砂冷或坑冷）
012-A1	1100～1140	1050～1080	≥850	缓冷（砂冷或坑冷）
GR	1150～1180	1130～1160	≥900	缓冷（砂冷或坑冷）
5Cr4Mo2W2VSi	1130～1160	1080～1100	≥850	缓冷（砂冷或坑冷）

其热处理工艺规范如下。

（1）预备热处理：锻后进行等温退火的工艺规范见表 2-130。

表 2-130　　　热冲压模具用高热强型钢的等温退火工艺

钢号	HM-1	5Cr4W5Mo2V	012-A1	GR	5Cr4Mo2W2VSi
加热速度（℃/h）	随炉升温	随炉升温	＜150	随炉升温	随炉升温
加热温度（℃）	860～880	850～870	850～870	840～860	880～900
保温时间（h）	4	2～3	4	3	2～4

续表

钢号	HM-1	5Cr4W5Mo2V	012-A1	GR	5Cr4Mo2W2VSi
冷却速度（℃/h）	随炉冷却	随炉冷却	≤30	随炉冷却	随炉冷却
等温温度（℃）	740～720	740～720	720～710	730～710	780～750
等温时间（h）	6	3～4	6	6	8～12
再冷速度（℃/h）	随炉冷却	随炉冷却	随炉冷却	随炉冷却	随炉冷却
出炉温度（℃）	≤500	≤500	≤500	≤500	≤500
出炉冷却方式	空冷	空冷	空冷	空冷	空冷
硬度（HBS）	≤255	≤255	≤260	≤235	≤207

（2）最终热处理：淬火的工艺规范见表 2-131；回火的工艺规范见表 2-132。

表 2-131　热冲压模具用高热强型钢的淬火工艺

钢号	HM-1	5Cr4W5Mo2V	012-A1	GR	5Cr4Mo2W2VSi
加热温度（℃）	1060～1130	1120～1140	1090～1120	1090～1200	1080～1120
冷却介质	油	油	油	油	油
介质温度（℃）	20～60	20～60	20～60	20～60	40～60
降至温度	至油温	至油温	至油温	至油温	至180℃空冷
硬度（HRC）	52～56	56～58	57～59	55～59	61～63

表 2-132　热冲压模具用高热强型钢的回火工艺

钢号	HM-1	5Cr4W5Mo2V	012-A1	GR	5CrMo2W2VSi
加热温度（℃）	620～640	600～630	560～620	620～630	600～620
加热方式	空气炉	熔融盐浴或空气炉	熔融盐浴或空气炉	熔融盐浴或空气炉	熔融盐浴或电炉
回火次数	2	2～3	2～3	2～3	2
每次保温时间（h）	2	2	2	2	2
硬度（HRC）	52～54	50～56	50～53	50～54	52～54

三、常用冲压模具材料热处理典型工艺

（一）冲压模具常用材料及热处理典型工艺

冷冲模常用材料及热处理工艺，见表 2-133。

表 2-133 　　　　　　　　　冷冲模常用材料及热处理

模具类型		常用材料	热处理	硬度（HRC）	
				凸模	凹模
冲裁模	形状简单、冲裁板料厚度δ<3mm	T8A、T10A、9Mn2V、Cr6WV	淬火、回火	58～62	60～64
	形状复杂、冲裁板料厚度δ>3mm，要求耐磨性高	GrWMn、9SiCr、Cr12、Cr12MoV、Cr4W2MoV	淬火、回火	60～62	60～64
弯曲模	一般弯曲模	T8A、T10A	淬火、回火	54～58	56～60
	要求耐磨性高、形状复杂、生产批量大的弯曲模	CrWMn、Cr12、Cr12MoV	淬火、回火	60～64	60～64
	热弯曲模	5CrNiMo、5CrMnMo	淬火、回火	52～56	52～56
拉深模	一般拉伸模	T8A、T10A	淬火、回火	58～62	60～64
	要求耐磨性高、生产批量大的拉伸模	Cr12、Cr12MoV YG8、YG15	淬火、回火 不热处理	62～64	62～64
	不锈钢拉伸模	W18Cr4V YG8、YG15	淬火、回火 不热处理	62～64	62～64
	热拉伸模	5CrNiMo、5CrMnMo	淬火、回火	52～56	52～56
冷挤压模	钢件冷挤压模	CrWMn、Cr12MoV、W18Cr4V、Cr4W2MoV	淬火、回火	62～64	62～64
	铝、锌件冷挤压模	CrWMn、Cr12、Cr12MoV、6W6Mo5Cr4V、65Cr4W3Mo2VNb	淬火、回火	62～64	62～64

（二）常用冲压模具工作零件的材料选用与热处理要求

（1）冲模工作零件常用材料及热处理要求，见表 2-134。

表 2-134 **冲模工作零件常用材料及热处理要求**

模具	凸模、凹模、凸凹模使用条件	选用材料	热处理[硬度（HRC）]
冲裁模	冲件厚度 δ≤3mm，形状简单，批量中等	T10A(9Mn2V)	凸模 58～60 凹模 60～62
	冲件厚度 δ≤3mm，形状复杂或冲件厚度 δ＞3mm	CrWMn、Cr12、D2 Cr12MoV、GCr15	凸模 58～60 凹模 60～62
	要求寿命长	W18Cr4V、120Cr4W2MoV、W6Mo5Cr4V2	凸模 60～62 凹模 61～63
		GW50	69～72
		YG15、YG20	—
	加热冲裁	3Cr2W8、5CrNiMo、6Cr4Mo3Ni2WV(CG-2)	凸模 48～52 凹模 51～53
弯曲模	一般弯曲	T10A	56～60
	形状复杂，高耐磨性	Cr12、Cr12MoV、CrWMn	58～62
	要求寿命特长	GW50	64～66
		YG10、YG15	
	加热弯曲	5CrNiMo、5CrNiTi	52～56
拉深模	一般拉深的凸模和凹模	T10A	凸模 58～62 凹模 60～64
	多工位拉深级进模的凸模和凹模	Cr12、Cr12MoV、D2	凸模 58～62 凹模 60～64
	要求耐磨的凹模	Cr12、Cr12MoV、D2	凹模 62～64
		YG10、YG15	
	冲压不锈钢材料用的拉深凸模	W18Cr4V	凸模 62～64
	冲压不锈钢材料用的拉深凹模	YG18、YG15	
	材料加热拉深时的凸模和凹模	5CrNiMo、5CrNiTi	52～56
大型拉延模	中小批量生产	QT600—3	197～269HBS
	大批量生产	镍铬铸铁	40～45
		钼铬铸铁	55～60
		钼钒铸铁	50～55

（2）模具一般零件常用材料及热处理要求，见表 2-135。

表 2-135　　　　模具一般零件常用材料及热处理要求

零件名称	常用材料	热处理	硬度(HRC)	零件名称	常用材料	热处理	硬度(HRC)
上下模板	HT200、HT250、ZG270—500、ZG310—570、Q235			定位板	T8A	淬火回火	54~58
模柄	Q235、Q275			螺钉	45 钢	头部淬火	43~48
导柱、导套	20 钢	渗碳淬火	60~62	圆柱销	45 钢、T8A	淬火回火	43~48 52~56
凸、凹模固定板	Q235、Q275			推杆	45 钢		
托料板	Q235			推板	45 钢		
卸料板	Q235、Q275			压边圈	T8A	淬火回火	54~58
导料板	45 钢	淬火回火	40~44	侧刃、侧刃挡板	T8A	淬火回火	54~58
挡料销	45 钢	淬火回火	43~48	楔块、滑块	T8A、T10A	淬火回火	62~60
导正销、定位销	T7、T8	淬火回火	52~56	顶板	45 钢		
垫板	45 钢	淬火回火	43~48	弹簧	65Mn、60Si2Mn	淬火回火	40~45

第三章

冲压模具概论

第一节　模具概述

一、模具在工业生产中的作用

模具是工业生产的基础工艺装备，是工业之母。在工业生产中，各类零件或产品都是通过机械加工或模具成形而获得的，其中模具是以其特定的形状并通过一定的方式使原材料成为符合所需形状的零件或产品的。例如冲压件和锻件是通过冲压或锻造方式使金属材料在模具内发生塑性变形而获得的制件；金属压铸件、粉末冶金零件以及塑料、陶瓷、橡胶、玻璃等非金属制品，绝大多数也是用模具成形而获得的。由于模具成形具有优质、高产、省料和低成本的特点，所以模具已成为当代工业生产中使用最为广泛的重要工艺装备之一。利用模具成形来加工零部件的技术和工艺已在国民经济各个领域，特别是汽车、拖拉机、航空航天、仪器仪表、机械制造、石油化工、家用电器、轻工日用品等工业部门得到极为广泛的应用。用模具生产制件所具备的高精度、高复杂程度、高一致性、高生产率和低消耗，是其他加工制造方法所不能比拟的。

根据国际生产技术协会的预测，在世界工业生产领域内，机械零件粗加工的 75% 和精加工的 50% 都可以用模具来完成。同时模具又是"效益放大器"，用模具生产的最终产品的价值，往往是模具自身价值的几十倍甚至上百倍。目前全世界模具年产值约为 600 亿美元，日、美等工业发达国家的模具工业产值已超过机床工业，从 1997 年开始，我国模具工业产值也超过了机床工业产值。因为模具在很大程度上决定着产品的质量、效益和新产品的开发能力，模具制造技术水平的高低已成为衡量一个国家机械制造水平的重要标志之一。不仅如此，许多现代工业的发展和技术水平的提高，在很大程度上都取决于模具工业的发展水平。如今模具制造业正逐步成为与机床工业并驾齐驱的独立行业，成为当代工业生产的重要组成部分和工艺发展的方向，成为国民经济发展的重要基础。

二、模具及其类型

模具是由机械零件构成的，在与相应的压力成形机械（如冲压机、塑料注射机、压铸机、锻压机械等）相配合时，可直接改变金属或非金属材料的形状、尺寸、相对位置和性质，使之成形为合格制件或半成品的成形工具。

模具是成型金属、塑料、橡胶、玻璃、陶瓷等制件的基础工艺装备。许多制件必须用模具才能成形。模具常利用材料的流动、变形获得所需形状和尺寸的制件，因此可实现少切屑、无切屑，节约了原材料。

模具的种类很多，按材料在模具内成形的特点，模具可分为冷冲模及型腔模两大类型。其分类方法如图 3-1 所示。

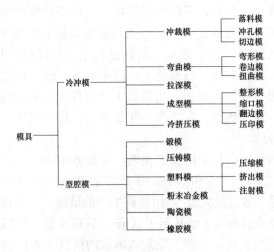

图 3-1　模具的分类

第二节　冲压工艺及冲压模具

一、冲压工艺

1. 冲压

(1) 冲压。冲压是一种金属塑性加工方法，是在室温下，利用安装在压力机上的模具对材料施加压力，使其产生分离或塑性变形，从而获得所需零件的一种先进的压力加工方法之一。冲压坯料主要是板材、带材、管材及其他型材，利用冲压设备通过模具的作用，使之获得所需要的零件形状和尺寸。

材料、模具和设备是冲压的三要素。

1) 冲压材料。冲压加工要求被加工材料具有较高的塑性和韧性，较低的屈强比和时效敏感性，一般要求碳素钢伸长率 $\delta \geqslant 16\%$、屈强比 $\sigma_s/\sigma_b \leqslant 70\%$；低合金高强度钢 $\delta \geqslant 14\%$、$\sigma_s/\sigma_b \leqslant 80\%$。否则，冲压成形性能较差，工艺上必须采取一定的措施，反而提高了零件的制造成本。

2) 冲压模具。模具是冲压加工的主要工艺装备。冲压件的表面质量、尺寸公差、生产率以及经济效益等与模具结构关系很大。

冲压模具按照冲压工序的组合方式分为单工序的简单模、多工序的级进模和复合模。

3) 冲压设备。冲压设备主要有机械压力机和液压机。在大批量生产中，应尽量选用高速压力机或多工位自动压力机；在小批量生产中，尤其是大型厚板冲压件的生产中，多采用冲压机。

(2) 冲压在机械制造中的地位。冲压既能够制造尺寸很小的零件，如微型电机、仪器、仪表零件，玩具等，又能够制造诸如汽车大梁、压力容器封头一类的大型零件；既能够制造一般尺寸公差和形状简单的零件，又能够制造精密（公差在微米级）和复杂形状的零件。占全世界钢产量 $60\% \sim 70\%$ 的是板材、管材及其他型材，其中大部分经过冲压制成成品。冲压在汽车、机械、家用电器、电机、仪表、航空、航天、兵器等制造中，具有十分重要的地位。

（3）冲压工艺特点。冲压件的重量轻、厚度薄、刚度好。冲压件的尺寸公差是由模具保证的，所以质量稳定，一般不需再经机械切削即可使用。冷冲压件的金属组织与力学性能优于原始坯料，表面光滑美观；冷冲压件的公差等级和表面状态优于热冲压件。

大批量的中、小型零件冲压生产一般是采用复合模或多工位的级进模。以现代高速多工位压力机为中心，配置带料开卷、矫正、成品收集、输送以及模具库和快速换模装置，并利用计算机数字控制，可组成生产率极高的全自动生产线。采用新型模具材料和各种表面处理技术，改进模具结构，可得到高精度、高寿命的冲压模具，从而提高了冲压件的质量和降低了冲压件的制造成本。

总之，冲压具有生产率高、加工成本低、材料利用率高、操作简单、便于实现机械化、自动化与数控技术等一系列优点。采用冲压与焊接、胶接等复合工艺，使零件结构更趋合理，加工更为方便，可以用较简单的工艺制造出更复杂的结构件。

（4）冲压方式。按照冲压时的温度不同，冲压常见的方式有冷冲压和热冲压两种方式。这取决于材料的强度、塑性、厚度、变形程度以及设备能力等，同时应考虑材料的原始热处理状态和最终使用条件。

1）冷冲压。金属在常温下的冲压加工，一般适用于厚度小于4mm的坯料。其优点是不需加热，无氧化皮，表面质量好，操作方便，费用较低；缺点是有加工硬化现象，严重时使金属失去进一步变形的能力。冷冲压要求坯料的厚度均匀且波动范围小，表面光洁、无斑、无划伤等。

2）热冲压。将金属加热到一定的温度范围的冲压加工方法。其优点是可消除内应力，避免加工硬化，增加材料的塑性，降低变形抗力，减少设备的动力消耗。

（5）热冲压的温度范围。常用材料的热冲压的温度范围可参照表3-1选择。

表3-1　　　　　　　　常用材料的热冲压的温度范围

材　料　版　号	热冲压温度（℃）	
	加热	终止（不小于）
Q235-A，15，20，20g，22g	900～1050	700
Q345，Q390，Q42	950～1050	750
18MnMoNb，18MnMoNbRE	900～1000	750
Cr5Mo，12CrMo，15CrMo		
14MnMoVBRE，12MnCrNiMoVCu	1050～1100	850
14MnMoNbB	1000～1100	750
0Cr13，1Cr13	1000～1100	850
1Cr18Ni9Ti，12Cr1MoV	950～1100	850
黄铜 H62，H68	600～700	400
铝及其合金 1060、SA02、3A21	350～400	250
钛	420～560	350
钛合金	600～840	500

2. 冲压工艺

冲压工艺分为分离工序、成形工序及复合工序几大类。

（1）冲压工艺分离工序是在冲压过程中使冲压件与坯料沿要求的轮廓线相互分离，同时冲压件分离断面的质量也要满足一定的要求。

冲压工艺分离工序分类见表3-2。

表3-2　　　　　　　　冲压工艺分离工序分类

工序名称	简图	特点及常用范围	工序名称	简图	特点及常用范围
切断		用剪刀或冲模切断板材，切断线不封闭	切口		在坯料上沿不封闭线冲出缺口，切口部分发生弯曲，如通风板
落料		用冲模沿封闭线冲切板料，冲下来的部分为工件	切边		将工作的边缘部分切掉
冲孔		用冲模沿封闭线冲切板料，冲下来的部分为废料	剖切		把半成品切开成两个或几个工件，常用于成双冲压

（2）冲压工艺成形工序是使冲压坯料在不产生分离的前提条件下发生塑性变形，并转化成所要求的成品形状，同时也应满足尺寸公差等方面的要求。

冲压工艺成形工序分类见表 3-3。

表 3-3　　　　　　　　　冲压工艺成形工序分类

工序名称		简图	特点及常用范围	工序名称	简图	特点及常用范围
弯曲	压弯		把坯料弯成一定的形状	整形		把形状不太准确的工件校正成形，如获得小的 r 等
	卷板		对板料进行连续三点弯曲，制成曲面形状不同的零件	校平		校正工件的平直度
	滚弯		通过一系列轧辊把平板卷料滚弯成复杂形状	缩口		把空心工件的口部缩小
	拉弯		在拉力与弯矩共同作用下实现弯曲变形可得精度较好的零件	翻边		把工件的外缘翻起圆弧或曲线状的竖立边缘
拉深	拉深		把平板形坯料制成空心工件、壁厚基本不变	翻孔		把工件上有孔的边缘翻出竖立边缘
				扩口		把空心工件的口部扩大，常用于管子
	变薄拉深		把空心工件拉深成侧壁比底部薄的工件	起伏		把工件上压出筋条、花纹或文字，在起伏处的整个厚度上都有变形
				卷边		把空心件的边缘卷成一定形状

工序名称	简图	特点及常用范围	工序名称	简图	特点及常用范围
成胀形形		使工件的一部分凸起，呈凸肚形	成形压印		在工件上压出文字或花纹，只在制件厚度的一个平面上有变形

（3）冲压工艺复合工序。为了进一步提高冲压生产效率，通常将两个以上的基本工序合并成一个工序，称为复合工序。

二、冲压模具

（1）冲压模具分类、特点和用途。冲压模具简称冲模，冲模是将金属板材或型材做冲压加工的模具，也可以用来冲压一些非金属材料。冲模是冲压生产中必不可少的工艺装备，不同的加工工序一般需由与此相对应的模具来完成。

冲模的分类、特点及用途见表 3-4。

表 3-4　　　　　　　　冲模的分类、特点及用途

分类		特点与用途
根据工序的复合性	（1）单工序模 （2）复合模 （3）级进模	（1）单工序模只完成一个工序。 （2）复合模是在压力机一次行程中，在同一工位上完成两道或更多工序的冲模。 （3）级进模是具有两个或更多工位的冲模，材料随压力机行程逐次送进一工位，从而使冲件逐步成形
根据工序性质	（1）冲裁模 （2）弯曲模 （3）拉深模 （4）成形模 （5）冷挤模	（1）冲裁模使部分材料或工序件与另一部分材料、工序件或废料分离。 （2）弯曲模使材料产生塑性变形，从而被弯成有一定曲率、一定角度的形状。 （3）拉深模把平坯料或工序件变为空心件，或者把空心件进一步改变形状和尺寸。 （4）成形模用以将材料变形，使工序件形成局部凹陷或凸起。 （5）冷挤模使材料在三向压应力下塑性变形挤出所需尺寸、形状及性能的零件

分　类		特点与用途
按凸模或凸凹模的安装位置分类	(1) 顺装模 (2) 倒装模	(1) 模具中的凸模或（复合模中的）凸凹模安装在模具的上模部分。 (2) 模具中凸模或凸凹模安装在模具的下模部分
按照导向装置	(1) 无导向装置的模具 (2) 有导板导向的模具 (3) 有导柱导向的模具	对生产批量较大、冲件精度较高、模具寿命要求较长的模具必须采用导向装置。应用导柱导套来导向的模具最为普遍
按送料方式	(1) 手工送料模 (2) 带有自动送料装置的模具	带有自动送料装置的模具在调整完成后不需要人工进行操作，适用于多工位级进模
按冲模制造的难易程度	(1) 简易冲模 (2) 普通冲模 (3) 高精度冲模	(1) 简易冲模成本低、制造周期短，特别适用于新产品试制和小批生产，主要有通用组合冲孔模、分解式组合冲模、钢皮冲模、薄板冲模、锌基合金模、聚氨酯橡胶冲模。 (2) 普通冲模是目前用得最多、最广的冲模。 (3) 高精度冲模用于精密冲件生产
按生产适应性	(1) 通用冲模 (2) 专用冲模	(1) 通用冲模适用于小批和试制性生产的冲件。 (2) 专用冲模适用于指定的冲件
按生产管理	(1) 大型冲模 (2) 中型冲模 (3) 小型冲模	往往以不同的行业而有所不同

(2) 模具的工作部分零件必须具备的性能。由于冲压有冷冲压和热冲压，而冲压工序又分为分离工序与成形工序两大类。所以在分离工序的工作过程中，模具除承受使材料分离所需的冲压力外，还承受与材料断面间的强烈摩擦；在成形工序的工作过程中，模具除承受材料塑性变形所需的冲压力外，其表面也受到材料的塑性流动而产生的强烈摩擦。因此模具工作部分的零件都必须具

备耐冲压、耐磨损的高强度、高硬度性能。在材料加热状态下使用的冲模，工作零件还要求具有耐热性能，这样才能保证其使用寿命。

（3）冲模的工作部分常用材料。冲模的工作部分按使用寿命要求及工作条件不同，可采用碳素工具钢或合金工具钢。用于高速冲压（一般指 250 次/min 以上）或要求高寿命的模具，工作部分零件采用硬质合金。模具用合金工具钢包括冷作模具用钢，如 Cr12、Cr12Mo1V、CrWMn、6W6Mo5Cr4V 等；热作模具用钢如 5CrMnMo、8Cr3、4CrMnSiMoV 等，无磁模具钢如 7Mn15Cr2AI3V2WMo。

（4）冲模的结构必须满足冲压生产的要求，其要点如下：

1）必须能冲出合格的冲件。

2）必须适应批量生产的要求。

3）必须满足使用方便，操作安全可靠。

4）必须坚固耐用，达到使用寿命要求。

5）要容易制造和便于维修。

6）成本必须低廉。

✦ 第三节　模具的发展趋势

一、模具工业及产品现状

1. 模具行业的现状

我国模具行业的生产一直小而散乱，跨行业、投资密集、专业化、商品化和技术管理水平都比较低。现代工业的发展要求各行各业产品更新换代快，对模具的需求量加大。一般模具国内可以自行制造，但很多大型复杂、精密和长寿命的级进模、大型精密塑料模、复杂压铸模和汽车覆盖件模等仍需依靠进口，近年来模具进口量已超过国内生产的商品模具的总销售量。

进入 21 世纪以来，模具工业获得了飞速的发展，设计、制造加工能力和水平、产品档次都有了很大的提高。据不完全统计，2003 年全国就已有模具生产企业近 3 万家，且以每年 10%～15%

的速度增长，从业人员约 60 万，2003 年模具生产总值突破 450 亿元人民币（排名跃升世界第三），并以平均 17% 的速度增长，高于 GDP 的平均增长值一倍多。这里有两个重要的时间点，1999 年中国模具出口首次突破了 1 亿美元，2010 年中国模具出口达到 22 亿美元，第一次超过模具进口；到 2012 年中国模具出口达到 37 亿美元，消化产能约 230 亿元。截至 2014 年模具行业的发展继续保持良好势头，模具企业总体上订单充足，任务饱满，模具企业和厂商约有 8 万家，从业人员达到 200 万人，全国模具总产值由 610 亿元增长到 1.8 万亿元。

但是，我国模具工业无论是在数量上还是在质量上，与工业发达国家都存在很大差距，满足不了工业高速发展的需要。我国大部分模具企业自产自用，真正作为商品流通的模具仅占 1/3。所产模具基本上以中低档为主，而国内需要的大型、精密、复杂和长寿命的模具还主要依靠进口。目前我国模具工业的技术水平和制造能力是国民经济建设中的薄弱环节和制约经济持续发展的瓶颈。

2. 模具工业产品的现状

按照中国模具工业协会的划分，我国模具基本分为 10 大类，其中冲压模和塑料成形模两大类占主要部分。按产值计算，目前我国冲压模占 50% 左右，塑料成形模约占 20%，拉丝模（工具）约占 10%，而世界上发达工业国家和地区的塑料成形模比例一般占全部模具产值的 40% 以上。

我国冲压模大多为简单模、单工序模和复合模等，精冲模、精密级进模还为数不多，模具平均寿命不足 100 万次，模具最高寿命达到 1 亿次以上，精度达到 3～5 μm，有 50 个以上的级进工位，与国际上最高模具寿命 6 亿次、平均模具寿命 5000 万次相比，尚处于 20 世纪 80 年代中期国际水平。

我国的塑料成形模具设计、制作技术起步较晚，整体水平还较低。目前单型腔、简单型腔的模具达 70% 以上，仍占主导地位。一模多腔精密复杂的塑料注射模，多色塑料注射模已经能初步设计和制造。模具平均寿命约为 80 万次左右，主要差距是模具零件变形大、溢边毛刺大、表面质量差、模具型腔冲蚀和腐蚀严重、模具排气不畅和型腔易损等，注射模精度已达到 5 μm 以下，最高寿命已突破 2000 万次，型腔数量已超过 100 腔，达到了 20 世纪 80 年代中期至 90 年代初期的国际先进水平。

3. 我国模具产品的发展趋势

当前，我国工业生产的特点是产品的品种多、更新快和市场竞争激烈，在这种情况下，用户对模具制造的要求是交货期短，精度高，质量好，价格低，因此模具工业的发展趋势是非常明显的。

（1）模具产品的大型化和精密化：模具产品成型零件大型化，以及由于高效率生产要求的一模多腔，使模具日趋大型化。

（2）多功能复合模具：新型多功能复合模具是在多工位级进模的基础上开发出来的，一套多功能模具除了冲压成型零件外，还可担负转位、叠压、攻螺纹、铆接、锁紧等组装任务，通过多功能模具生产出来的不再是单个零件，而是成批的组件。

（3）新型的热流道模具：塑料模具中采用热流道技术，可以提高生产率和质量，并能大幅度节省原材料和节约能源，所以广泛应用这项技术是塑料模具的一大变革，国外模具已有一半用上了热流道技术，有的企业甚至达到 80% 以上，效果十分明显。

（4）快速经济模具：目前快速经济模具在生产中的比例已达到 75% 以上，一方面是制品使用周期短和品种更新快，另一方面制品的花样变化频繁，均要求模具的生产周期越短越好。因此开发快速经济模具越来越引起人们的重视。

二、现代模具制造技术及发展趋势

模具制造技术迅速发展，已成为现代制造技术的重要组成部分。如模具的 CAD/CAM 技术，模具的激光快速成形技术，模具的精密成形技术，模具的超精密加工技术，模具在设计中采用有限元法、边界元法进行流动、冷却、传热过程的动态模拟技术，模具的 CIMS 技术，已在开发的模具 DNM 技术以及数控技术等，几乎覆盖了所有现代制造技术。现代模具制造技术朝着加快信息驱动、提高制造柔性、敏捷化制造及系统化集成的方向发展。

1. 我国现代模具制造技术的应用

现代模具制造技术是以两大技术的应用为标志的，一是数控加工技术，二是计算机应用技术。

（1）数控加工技术。该技术包括数控机械加工技术、数控电加工技术和数控特种加工技术。

1）数控机械加工技术。模具制造中的数控车削技术、数控铣削技术、数控磨削技术等，这些技术正在朝着高速切削的方向发展。

2）数控电加工技术。如数控电火花加工技术、数控线切割技术。

3）数控特种加工技术。通常是指利用光能、声能和超声波等来完成加工的技术，如快速原型制造技术等，它们为现代模具制造提供了新的工艺方法和加工途径。

（2）计算机技术。

1）CAD/CAM 技术。用于建模和为数控加工提供 NC 程序。

2）CAE 技术。主要是针对不同的模具类型，以相应的基础理论，通过数值模拟方法达到预测产品成型过程的目的，改善模具设计。

3）仿真技术。主要是检测模具数控加工的 NC 程序，减少实际加工过程中的失误。

4）网络技术。通过局域网和广域网达到异地同步通信，达到及时解决问题的目的。

2. 新一代模具 CAD/CAM 软件技术

目前英、美、德等国开发的模具软件，具有新一代模具 CAD/CAM 软件的智能化、集成化、三维化、网络化及模具可制造性评价等特点。

（1）模具软件的智能化：新一代模具软件应建立在从模具设计实践中归纳总结出的大量知识上，这些知识经过了系统化和科学化的整理，以特定的形式存储在工程知识库中并能方便地被调用。在智能化软件的支持下，模具 CAD 不再是对传统设计与计算方法的模仿，而是在先进设计理论的指导下，充分运用本领域专家的丰富知识和成功经验，其设计结果必然具有合理性和先进性。

（2）模具软件功能集成化：新一代模具软件以立体的思想、直观的感觉来设计模具结构，所生成的三维结构信息能方便地用于模具可制造性评价和数控加工，这就要求模具软件在三维参数化特征造型、成型过程模拟、数控加工过程仿真及信息交流和组织与管理方面达到相当完善的程度并有较高集成化水平。

模具软件功能的集成化要求软件的功能模块比较齐全，同时各功能模块采用同一数据模型，以实现信息的综合管理与共享，从而支持模具设计、制造、装配、检验、测试及生产管理的全过程，达到最佳效益目的。如英国 Delcam 公司的系列化软件包括了曲面/实体几何造型、复杂形体工程制图、工业设计高级渲染、塑料模设计专家系统、复杂形体 CAM、艺术造型及雕刻自动编程系统、逆向工程系统及复杂形体在线测量系统等。集成化程度较高的软件还包括 Pro/ENGINEER、UG 和 CATIA 等。

（3）模具设计、分析及制造的三维化：传统的二维模具结构设计已越来越不适应现代化生产和集成化技术要求。模具设计、分析、制造的三维化、无纸化要求新一代模具软件以立体的、直观的感觉来设计模具，所采用的三维数字化模型能方便地用于产品结构的 CAE 分析、模具可制造性评价和数控加工、成形过程模拟及信息的管理与共享。如 Pro/ENGINEER、UG 和 CATIA 等软件具备参数化、基于特征、全相关等特点，从而使模具并行工程成为可能。另外，Cimatron 公司的 Moldexpert、Delcam 公司的 Ps-mold 均是 3D 专业注塑模设计软件，可进行交互式 3D 型腔、型芯设计、模架配置及典型结构设计。面向制造、基于知识的智能化功能是衡量模具软件先进性和实用性的重要标志之一。如 Cimatron 公司的注塑模专家软件能根据脱模方向自动产生分型线和分型面，生成与制品相对应的型芯和型腔，实现模架零件的全相关，自动产生材料明细表和供 NC 加工的钻孔表格，并能进行智能化加工参数设定、加工结果校验等。

（4）模具可制造性评价功能：在新一代模具软件中的作用十分重要，既要对多方案进行筛选，又要对模具设计过程中的合理

157

性和经济性进行评估，并为模具设计者提供修改依据。在新一代模具软件中，可制造性评价主要包括模具设计与制造费用的估算、模具可装配性评价、模具零件制造工艺性评价、模具结构及成形性能的评价等。新一代软件还应有面向装配的功能，因为模具的功能只有通过其装配结构才能体现出来。采用面向装配的设计方法后，模具装配不再是逐个零件的简单拼装，其数据结构既能描述模具的功能，又可定义模具零部件之间相互关系的装配特征，实现零部件的关联，因而能有效保证模具的质量。

3. 模具检测、加工设备向精密、高效和多功能方向发展

（1）现场化的模具检测技术：精密模具的发展对测量的要求越来越高。精密的三坐标测量机长期以来受环境的限制，很少在生产现场使用。新一代三坐标测量机基本上都具有温度补偿及采用抗振材料，改善防尘措施，提高环境适应性和使用可靠性，使其能方便地安装在车间使用，以实现测量现场化的特点。

由于模具检测设备的日益精密、高效，精密、复杂、大型模具的发展对检测设备的要求越来越高。现在精密模具的精度已达 $2\sim3\mu m$，目前国内厂家使用较多的有意大利、美国、日本等国的高精度三坐标测量机，并具有数字化扫描功能。这方面的设备包括：英国雷尼绍公司第二代高速扫描仪（CYCLON SERIES2）可实现激光测头和接触式测头优势互补，激光扫描精度为 0.05mm，接触式测头扫描精度达 0.02mm；德国 GOM 公司的 ATOS 便携式扫描仪，日本罗兰公司的 PIX-30、PIX-4 型台式扫描仪和英国泰勒·霍普森公司的 TALYSCAN150 多传感三维扫描仪分别具有高速化、廉价化和功能复合化等特点。

（2）高速铣削：铣削加工是型腔模具加工的重要手段，高速铣削加工不但具有加工速度高以及良好的加工精度和表面质量，而且与传统的切削加工相比温升低（加工工件只升高 3℃），热变形小，因而适合于温度和热变形敏感材料（如铣合金等）加工；还由于切削力小，可适用于薄壁及刚性差的零件加工；合理选用刀具和切削用量，可实现硬材料（60HRC）加工等一系列优点。因而高速铣削加工技术在模具加工中日益受到重视。如瑞士米克

朗公司 UCP710 型五轴联动加工中心，其机床定位精度可达 $8\,\mu m$，自制的具有矢量闭环控制电主轴，最大转速为 42 000r/min。

高速铣削机床（HSM）一般主要用于大、中型模具加工，如汽车覆盖件模具、压铸模、大型塑料模等曲面加工，其曲面加工精度可达 0.01mm。该技术仍是当前的热门话题，它已向更高的敏捷化、智能化、集成化方向发展，成为第三代制模技术。

（3）数控电火花加工机床：从国外的电加工机床来看，不论从性能、工艺指标、智能化、自动化程度都已达到了相当高的水平，目前国外的新动向是进行电火花铣削加工技术（电火花创成加工技术）的研究开发，这是替代传统的用成形电极加工型腔的新技术，它是用高速旋转的简单的管状电极做三维或二维轮廓加工（像数控铣削一样），因此不再需要制造复杂的成形电极。

在数控电火花加工机床上，日本沙迪克公司采用直线电动机伺服驱动的 AQ325L、AQ550LLS-WEDM 具有驱动反应快、传动及定位精度高、热变形小等优点。瑞士夏米尔公司的 NCEDM 具有 P-E3 自适应控制、PCF 能量控制及自动编程专家系统。最近，日本三菱公司推出了 EDSCAN8E 电火花创成加工机床，该机床能进行电极损耗自动补偿，在 Windows 系统上为该机床开发的专用 CAM 系统，能与 AutoCAD 等通用的 CAD 联动，并可进行在线精度测量，以保证实现高精度加工。为了确认加工形状有无异常或残缺，CAM 系统还可实现仿真加工。

（4）镜面抛光的模具表面工程技术：模具抛光技术是模具表面工程中的重要组成部分，是模具制造过程中后处理的重要工艺。目前，国内模具抛光至 $Ra0.05\,\mu m$ 的抛光设备、磨具磨料及工艺可以基本满足需要，而要抛光至 $Ra0.025\,\mu m$ 的镜面抛光设备、磨具磨料及工艺尚处摸索阶段。随着镜面注塑模具在生产中的大规模应用，模具抛光技术就成为模具生产的关键问题。由于国内抛光工艺技术及材料等方面还存在一定问题，所以如傻瓜相机镜头注塑模、CD、VCD 光盘及工具透明度要求高的注塑模仍有很大一部分依赖进口。

4. 先进的快速模具制造技术

与传统模具加工技术相比，快速经济制模技术具有制模周期短、成本较低的特点，精度和寿命又能满足生产需求，是综合经济效益比较显著的模具制造技术，具体主要有以下一些技术。

(1) 快速成型制造技术（RPM）：我国激光快速成型技术（RPM）发展迅速，已达到国际水平，并逐步实现商品化。世界上已经商业化的快速成型工艺主要有 SLA（立体光刻）、LOM（分层分体制造）、SLS（选择性激光烧结）、3D-P（三维印刷或称 3D 打印）。清华大学最先引进了美国 3D 公司的 SLA250（立体光刻或称光敏树脂激光固化）设备与技术并进行开发研究，经几年努力，多次改进，完善、推出了"M-RPMS 形多功能快速成型制造系统"（拥有分层实体制造——SSM、熔融挤压成型——MEM），这是我国自主知识产权在世界唯一拥有两种快速成型工艺的系统（国家专利），具有较好的性价比。

(2) 无模多点成形技术：无模多点成形技术是用高度可调的冲头群体代替传统模具进行板材曲面成形的又一先进制造技术，无模多点成形系统以 CAD/CAM/CAT 技术为主要手段，快速经济地实现三维曲面的自动成形。

(3) 浇铸成形制模技术：主要有锌基合金制模技术、树脂复合成形模具技术及硅橡胶制模技术等。

(4) 表面成形制模技术：它是指利用喷涂、电铸和化学腐蚀等新的工艺方法形成型腔表面及精细花纹的一种工艺技术。

(5) 模具毛坯快速制造技术：主要有干砂实形铸造、负压实形铸造、树脂砂实形铸造及失蜡精铸等技术。

5. 模具材料及表面处理技术发展迅速

模具工业要上水平，材料应用是关键。因选材和用材不当，致使模具过早失效，大约占失效模具的 45% 以上。在模具材料方面，常用冷作模具钢有 CrWMn、Crl2、Crl2MoV 和 W6Mo5Cr4V2、火焰淬火钢［如日本的 AUX2、SX105V（7CrSiMnMoV）］等；常用新型热作模具钢有美国 H13，瑞典 QR080M、QR090SUPREME 等；常用塑料模具钢有预硬钢（如美国 P20）、时效硬化形钢（如美国

P21、日本 NAK55 等）、热处理硬化形钢（如美国 D2、日本
PD613、PD555、瑞典一胜百 136 等）、粉末模具钢（如日本
KAD18 和 KAS440）等；覆盖件拉延模具钢常用 HT300、QT700-
3，MTCuMo-175 和 MTCrMoCu-235 合金铸铁等，大型模架用
HT250。多工位精密冲模常采用钢结硬质合金及硬质合金 YG20
等。

在模具表面处理方面，主要趋势是由渗入单一元素向多元素
共渗、复合渗（如 TD 法）发展；由一般扩散向 CVD、PVD、
PCVD 离子渗入、离子注入等方向发展；可采用的镀膜有 TiC、
TiN、TiCN、TiAIN、CrN、Cr7C3、W2C 等，同时热处理手段由大
气热处理向真空热处理发展。

6. 模具工业新工艺、新理念和新模式逐步得到了认同

在成形工艺方面，主要有冲压模功能复合化、超塑性成形、
塑性精密成形技术、塑料模气体辅助注射技术及热流道技术、高
压注射成形技术等。另一方面，随着先进制造技术的不断发展和
模具行业整体水平的提高，在模具行业出现了一些新的设计、生
产、管理理念与模式。具体主要有：适应模具单件生产特点的柔
性制造技术；精益生产；提高快速应变能力的并行工程、虚拟制
造及全球敏捷制造、网络制造等新的生产哲理；广泛采用标准件
通用件的分工协作生产模式；适应可持续发展和环保要求的绿色
设计与制造等。

在经济全球化的新形势下，随着资本、技术和劳动力市场和
重新整合，我国将成为世界装备制造业的基地。而在现代制造业
中，无论哪一行业的工程装备，都越来越多地采用由模具工业提
高的产品。为了适应用户对模具制造的高精度、短交货期、低成
本的迫切要求，模具工业正广泛应用现代先进制造技术来加速模
具工业的技术进步，满足各行各业对模具这一基础工艺装备的迫
切需要。

三、我国模具制造技术的发展方向

目前，我国经济仍处于高速发展阶段，国际上经济全球化发
展趋势日趋明显，这为我国模具工业高速发展提供了良好的条件

和机遇。一方面，国内模具市场将继续高速发展，另一方面，模具制造也逐渐向我国转移以及跨国集团到我国进行模具采购趋向也十分明显。因此，放眼未来，国际、国内的模具市场总体发展趋势前景看好，预计中国模具将在良好的市场环境下得到高速发展，我国不但会成为模具大国，而且一定会逐步向模具制造强国的行列迈进。"十二五"期间，我国模具工业水平不仅在量和质的方面有很大提高，而且行业结构、产品水平、开发创新能力、企业的体制与机制以及技术进步的方面也取得较大发展。在"十三五"期间和不远的将来，我国模具工业水平将随着"物联网"的飞速发展再铸辉煌。

受到全球经济的制约，我国模具行业近年处于中低增幅阶段。只有不断地转型升级，才是模具产业变大变强的唯一出路。模具产业由大变强是一个系统工程，重点要把握两个方面：一是加快发展方式的转变，注重质量效应，实现又好又快的发展；二是坚持技术进步，推动产业升级，满足制造业对模具的新要求。

模具技术集合了机械、电子、化学、光学、材料、计算机、精密监测和信息网络等诸多学科，是一个综合性多学科的系统工程。模具技术的发展趋势主要是模具产品向着更大型、更精密、更复杂及更经济的方向发展，模具产品的技术含量不断提高，模具制造周期不断缩短，模具生产朝着信息化、无图化、精细化、自动化的方向发展，模具企业向着技术集成化、设备精良化、产品品牌化、管理信息化、经营国际化的方向发展。

我国模具制造行业今后仍需提高的共性技术如下。

(1) 建立在 CAD/CAE 平台上的先进模具设计技术，提高模具设计的现代化、信息化、智能化、标准化水平。

(2) 建立在 CAM/CAPP 基础上的先进模具加工技术与先进制造技术相结合，提高模具加工的自动化水平与生产效率。

(3) 模具生产企业的信息化管理技术。例如 PDM（产品数据管理）、ERP（企业资源管理）、MIS（模具制造管理信息系统）及 internet 平台等信息网络技术的应用、推广及发展。

(4) 高速高效、高精度、复合模具加工技术的研究与应用。

例如超精冲压模具制造技术、精密塑料和压铸模具制造技术等。

（5）提高模具生产效率、降低成本和缩短模具生产周期的各种快速经济模具制造技术。

（6）先进制造技术的应用。例如热流道技术、气辅技术、虚拟技术、纳米技术、高速扫描技术、逆向工程、并行工程等技术在模具研究、开发、加工过程中的应用。

（7）原材料在模具中成形的仿真技术。

（8）先进的模具加工和专有设备的研究与开发。

（9）模具及模具标准件、重要辅件的标准化技术。

（10）模具及其制品的检测技术。

（11）优质、新型模具材料的研究与开发及其正确应用。

（12）模具生产企业的现代化管理技术。

模具行业在"十三五"期间需要解决的重点关键技术仍然应是模具信息化、数字化技术和精密、超精、高速、高效制造技术方面的突破。

随着国民经济总量和工业产品技术的不断发展，各行各业对模具的需求量越来越大，技术要求也越来越高。虽然模具种类繁多，但其发展重点应该是既能满足大量需要，又有较高技术含量，特别是目前国内尚不能完全自给需大量进口的模具和能代表发展方向的大型、精密、复杂、长寿命模具。模具标准件的种类、数量、水平、生产集中程度等对整个模具行业的发展有重大影响。因此，一些重要的模具标准件也必须重点发展，而且其发展速度应快于模具的发展速度，这样才能不断提高我国模具标准化水平，从而提高模具质量，缩短模具生产周期，降低成本。由于我国的模具产品在国际市场上占有较大的价格优势，因此对于出口前景好的模具产品也应作为重点来发展。

根据上述需要量大、技术含量高、代表发展方向、出口前景好的原则选择重点发展产品，而且所选产品必须目前已有一定技术基础，属于有条件、有可能发展起来的产品。

第四章

冲　裁　模

冲裁是利用冲模使材料分离的冲压工艺，它是落料、冲孔、切断、切边、切口、剖切等工序的总称。

冲裁时，材料的变形过程分为三个阶段，其特点见表 4-1。

表 4-1　　　　　　　　冲裁时材料的变形过程及特点

序　号	变形过程简图	特　　点
（1）弹性变形阶段	(a)	凸模加压，材料发生弹性压缩与弯曲并略有挤入凹模口，如图（a）所示
（2）塑性变形阶段	(b)	材料内应力达到屈服强度，凸模压入材料，产生纤维的弯曲和拉伸，得到光亮的剪切带，如图（b）所示
（3）剪切分离阶段	(c)	材料内应力达到抗剪强度，冲裁力达到最大值，光亮带终止。由于应力集中和出现拉应力，靠近凸、凹模刃口处的材料出现裂纹，在间隙值合理时，上、下裂纹向内扩展，最后重合，材料分离，如图（c）所示，形成粗糙锥形剪裂带

第一节　冲裁模种类及冲裁间隙

冲裁时所采用的模具叫冲裁模，它是冲模的一种。冲裁模的作用是使部分材料或工序件与另一部分材料、工序件或废料分离。

一、冲裁模的种类

1. 落料模

落料模是沿封闭的轮廓将制件或工序件与材料分离的冲模。

如图 4-1 所示为冲制锁垫的落料模。该模具有导柱、导套导向，因而凸、凹模的定位精度及工作时的导向性都较好。导套内孔与导柱的配合要求为 H6/h5。凸模断面细弱，为了增加强度和刚度，凸模上部放大。凸模与固定板紧密配合，上端带台肩，以防拉下。凹模刃壁带有斜度，冲件不易滞留在刃孔内，同时减轻对刃壁的磨损，一次刃磨量较小，刃口尺寸随刃磨变化。凹模刃口的尺寸决定了落料尺寸。凸模和凹模有刃口间隙。

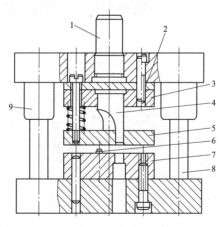

图 4-1　落料模

1—模柄；2—垫板；3—凸模固定板；4—凸模；5—卸料板；
6—定位销；7—凹模；8—导柱；9—导套

在条料进给方向及其侧面装有定位销，在条料进给时确定冲裁位置。工件从凹模的落料孔中排出，条料由卸料板卸下，这种无导向弹压卸料板广泛用于薄材料和零件要求平整的落料、冲孔、复合模等模具上的卸料。弹压元件可用弹簧和硬橡胶板，卸料效果好，操作方便。

2. 冲孔模

冲孔模是在落料板材或成形冲件上，沿封闭的轮廓分离出废料得到带孔制件的冲模。

（1）冲单孔的冲孔模。冲单孔的冲孔模结构大致与落料模相同。冲孔模的凸模、凹模类似于落料模。但冲孔模所冲孔与工件外缘或工件位置精度是由模具上的定位装置来决定的。常用的定位装置有定位销、定位板等。

（2）冲多孔的冲孔模。如图 4-2 所示是印制板冲孔模，用于冲裁印制板小孔。孔径为 $\phi 1.3\mathrm{mm}$，材料为复铜箔环氧板，厚 1.5mm。为得到较大的压料力，防止孔壁分层，上部采用 6 个矩形弹簧。导板材料为 CrWMn，并淬硬至 $50\sim54\mathrm{HRC}$。凸模采用弹簧钢丝，拉好外径后切断、打头，即可装入模具中使用。凸模与固定板动配合。下模为防止废料胀死、漏料孔扩大、工件孔距较近时，漏料孔可互相开通。

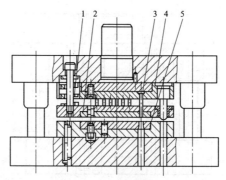

图 4-2　印制板冲孔模

1—矩形弹簧；2—导板；3—凸模；4—凸模固定板；5—凹模

（3）深孔冲模。当孔深比 t/D（料厚/孔径）$\geqslant 1$，即孔径等于或小于料厚时，采用深孔冲模结构。图 4-3 所示是凸模导向元件在工作过程中的始末情况，该结构给凸模以可靠的导向。主要特点是导向精度高，凸模全长导向及在冲孔周围先对材料加压。

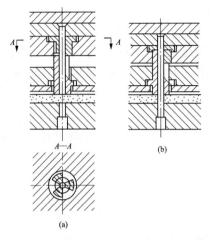

图 4-3　凸模导向元件在工作行程中的始末情况
（a）冲孔开始；（b）冲孔结束

3. 冲裁复合模

冲裁复合模是只有一个工位，并在压力机的一次行程中，同时完成落料与冲孔两道冲压工序，如图 4-4 所示。

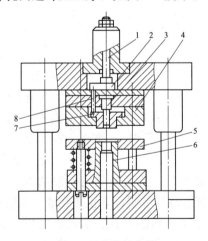

图 4-4　冲裁复合模
1—打棒；2—打板；3—冲孔凸模；4—落料凹模；
5—卸料板；6—凸凹模 7—推板；8—推杆

凸凹模既是落料凸模又是冲孔凹模，因此能保证冲件内外形之间的形状位置。

4. 冲裁级进模

冲裁级进冲模是在条料的送料方向上，具有两个以上的工位，并在压力机一次行程中，在不同的工位上同时完成两道或两道以上的冲压工序的冲模，又称跳步模或连续模。

对孔边距较小的工件，采用复合模有困难，往往采取落料后冲孔，由两副模具来完成，如果采用级进模冲裁则可用一副模具来完成。

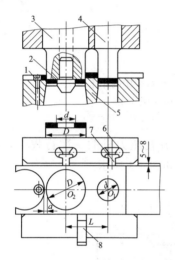

图 4-5 为冲孔、落料级进模的工作原理图。条料送进时，先用始用挡料销定位，在挡料销位置由冲孔凸模冲出内孔 d，此时落料凸模是空冲。当第二次送进时，退回始用挡料销，利用挡料销粗定位，送进距离 $L = D + a$，这时带孔的条料位于 O_2 处，落料凸模下行时，装在凸模中的导正销插入内孔 d 中实现精确定位，接着落料凸模的刃口部分对条料进行冲裁，得到内径为 d、外径为 D 的工件。与此同时，在矶的位置上又冲出了一个内孔 d，待下次送料时，在 O_2 的位置上冲出下一个工件，如此往复进行。

图 4-5　冲孔、落料级进模工作原理
1—挡料销；2—导正销；3—落料凸模；
4—冲孔凸模；5—凹模；6—弹簧；
7—侧压块；8—始用挡料销

级进模除了需要具有普通模具的一般结构外，还需根据要求设置始用挡料装置、侧压装置、导正销和侧刃等结构件。图 4-6 为用导正销定距、手工送料的冲孔、落料级进模。其工件见图右上角。上、下模用导板导向，模柄用螺纹与上模座连接。为防止冲压中螺纹的松动，采用骑缝的紧定螺钉拧紧。冲孔凸模与落料凸模之间的距离就是送料步距 A。

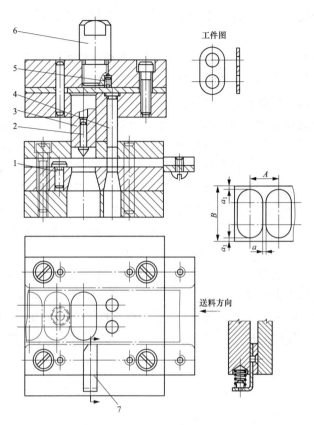

图 4-6　用导正销定距、手工送料的冲孔、落料级进模
1—固定挡料销；2—导正销；3—落料凸模；4—冲孔凸模；
5—螺钉；6—模柄；7—始用挡料销

　　送料时，由固定挡料销 1 进行初定位，由两个装在落料凸模上的导正销进行精定位。导正销与落料凸模的配合为 H7/r6，其连接的结构应保证在修磨凸模时装拆方便，因此落料凸模安装导正销的孔是一个通孔。导正销头部的形状应有利于在导正时插入已冲的孔，而且与孔的配合应略有间隙。为了保证首件的正确定距，在带导正销的级进模中，常采用始用挡料装置。始用挡料装置安装在导板下的导料板中间。在条料冲制首件时，用手推始用挡料销，使它从导料板中伸出抵住条料的前端，即可冲第一个件上

169

的两个孔。以后各次冲裁时，就由固定挡料销控制送料步距做初定位。

级进模是一种多工序、高效率、高精度的冲压模具，与单工序模和复合模相比，级进模构成模具的结构复杂、零件数量多、精度及热处理要求高，模具装配与制造复杂，要求精确控制步距，适用于批量较大或外形尺寸较小、材料厚度较薄的冲压件生产。由于级进模可以在一套模具中完成冲裁、弯曲、拉深等多道工序，因此生产效率高，模具的导向精度和定位精度较高，能够保证工件的加工精度。而且采用级进模冲压时，大多采用条料、带料自动送料，冲床或模具内装有安全检测装置，容易实现自动化加工，操作安全。由于级进模的生产效率高，需要的设备和操作人员较少，因此在大批量生产时成本相对较低。

为了保证冲裁零件形状间的相对位置精度，常采用侧刃定距和导正销定距的结构。

（1）侧刃定距。如图 4-7 所示，在条料的侧边冲切一定形状的缺口，该缺口的长度等于步距，条料送进步距就以缺口定距。

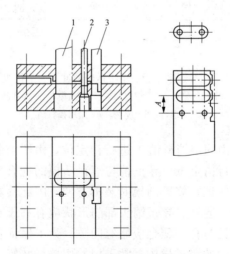

图 4-7　侧刃定距

1—落料凸模；2—冲孔凸模；3—侧刃

（2）导正销定距。如图 4-8 所示，导正销在冲裁中，先进入预冲的孔中导正材料位置，保证孔与外形的相对位置，消除送料误差。

在图 4-8 中，冲裁时第一步送料用手按压始用挡料销抵住条料端头，定位后进行第一次冲制，冲孔凸在条料上冲孔。第一次冲裁后缩回始用挡料销，以后冲压不再使用。第二步把条料向前送至模具上落料的位置，条料的端头抵住固定挡料钉初步定位，此时在第一步所冲的孔已位于落料的位置上。当第二次冲裁时，落料凸模下降，装于落料凸模工作端的导正销首先插进原先冲好的孔内，将条料导正到准确的位置。然后冲下一个带孔的工件，同时冲孔凸模又在条料上预冲好孔，以后各次动作均与第二次相同。

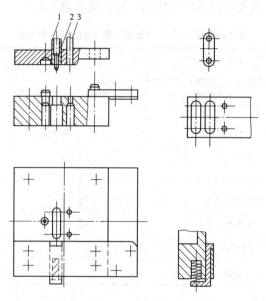

图 4-8　导正销定距
1—落料凸模；2—导正销；3—冲孔凸模

二、冲裁间隙及其合理选择

1. 冲裁间隙符号及含义

（1）冲裁间隙系指冲裁模具中凹模与凸模刃口侧壁的距离，

用符号 c 表示，如图 4-9 所示。

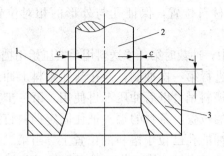

图 4-9 冲裁间隙
1—材料；2—凸模；3—凹模；t—料厚；c—冲裁间隙

(2) 冲裁间隙标准中所用到符号含义见表 4-2。

表 4-2　　　冲裁间隙符号含义（摘自 GB/T 16743—2010）

	符号	名称	单位	图例	图例
符号	c	冲裁间隙（单边间隙）	以料厚百分比表示		
	t	板料厚度	mm		
	τ	材料抗剪强度	MPa		
	R	塌角高度	以料厚百分比表示		
	B	光亮带高度	以料厚百分比表示		
	F	断裂带高度	以料厚百分比表示		
	α	断裂角	（°）		
	h	毛刺高度	mm		
	f	平面度	mm		

2. 冲裁间隙分类及适用范围

(1) 金属板材冲裁间隙。

1) 金属板材冲裁间隙分类。按照 GB/T 16743—2010《冲裁间隙》标准，根据冲件尺寸精度、剪切面质量、模具寿命和力量消耗等主要因素，将金属板材冲裁间隙分为Ⅰ类（小间隙）、Ⅱ类（较小间隙）、Ⅲ类（中等间隙）、Ⅳ类（较大间隙）、Ⅴ类（大间隙）等五类，见表 4-3。

表 4-3 金属板材冲裁间隙的分类（摘自 GB/T 16743—2010）

项目名称	类别和间隙值				
	Ⅰ类	Ⅱ类	Ⅲ类	Ⅳ类	Ⅴ类
剪切面特性	毛刺细长 α很小 光亮带很大 塌角很小	毛刺中等 α小 光亮带大 塌角小	毛刺一般 α中等 光亮带中等 塌角中等	毛刺较大 α大 光亮带小 塌角大	毛刺大 α大 光亮带最小 塌角大
塌角高度 $R(\%t)$	(2～5)	(4～7)	(6～8)	(8～10)	(10～20)
光亮带高度 $B(\%t)$	(50～70)	(35～55)	(25～40)	(15～25)	(10～20)
断裂带高度 $F(\%t)$	(25～45)	(35～50)	(50～60)	(60～75)	(70～80)
毛刺高度 h	细长	中等	一般	较高	高
断裂角 α	—	4°～7°	7°～8°	8°～11°	14°～16°
平面度 f	好	较好	一般	较差	差
尺寸精度 落料件	非常接近凹模尺寸	接近凹模尺寸	稍小于凹模尺寸	小于凹模尺寸	小于凹模尺寸
尺寸精度 冲孔件	非常接近凸模尺寸	接近凸模尺寸	稍大于凸模尺寸	大于凸模尺寸	大于凸模尺寸
冲裁力	大	较大	一般	较小	小
卸、推料力	大	较大	最小	较小	小
冲裁功	大	较大	一般	较小	小
模具寿命	低	较低	较高	高	最高

2）金属板材冲裁间隙的档次。按金属材料的种类、供应状态和搞剪强度，给出相对应于表 4-3 的五类冲裁间隙值见表 4-4。

表 4-4　金属板材冲裁间隙值（摘自 GB/T 16743—2010）

材　料	抗剪强度 τ (MPa)	初始间隙（单边间隙）(%t)				
		Ⅰ类	Ⅱ类	Ⅲ类	Ⅳ类	Ⅴ类
低碳钢 08F、10F、10、20、Q235-A	≥210~400	1.0~2.0	3.0~7.0	7.0~10.0	10.0~12.5	21.0
中碳钢 45、不锈钢 1Cr18Ni9Ti、4Cr13、膨胀合金（可伐合金）4J29	≥420~560	1.0~2.0	3.5~8.0	8.0~11.0	11.0~15.0	23.0
高碳钢 T8A、T10A、65Mn	≥590~930	2.5~5.0	8.0~12.0	12.0~15.0	15.0~18.0	25.0
纯铝 1060、1050A、1035、1200、铝合金（软态）3A21、黄铜（软态）H62、纯铜（软态）T1、T2、T3	≥65~255	0.5~1.0	2.0~4.0	4.5~6.0	6.5~9.0	17.0
黄铜（硬态）H62、铅黄铜 HPb59-1、纯铜（硬态）T1、T2、T3	≥290~420	0.5~2.0	3.0~5.0	5.0~8.0	8.5~11.0	25.0
铝合金（硬态）ZA12、锡磷青铜 QSn4-4-2.5、铝青铜 QA17、铍青铜 QBe2	≥225~550	0.5~1.0	3.5~6.0	7.0~10.0	11.0~13.5	20.0
镁合金 MB1、MB8	≥120~180	0.5~1.0	1.5~2.5	3.5~4.5	5.0~7.0	16.0
电工硅钢	190	—	2.5~5.0	5.0~9.0	—	—

3）金属板材冲裁间隙适用场合：Ⅰ类冲裁间隙适用于冲裁件剪切面、尺寸精度要求高的场合；Ⅱ类冲裁间隙适用于冲裁件剪切面、尺寸精度要求较高的场合；Ⅲ类冲裁间隙适用于冲裁件剪切面、尺寸精度要求一般的场合。因残余应力小，能减小破裂现象，适用于继续塑性变形的工件的场合；Ⅳ类冲裁间隙适用于冲裁件剪切面、尺寸精度要求不高时，应优先采用较大间隙，以利于提高冲裁模寿命的场合；Ⅴ类冲裁间隙适用于冲裁件剪切面、尺寸精度要求较低的场合。

（2）非金属板材冲裁间隙。

非金属材料红纸板、胶纸板、胶布板的间隙比值分两类，相当于表 4-5 中Ⅰ类时，取 $(0.5\sim2)\%t$；相当于Ⅱ类时取大于 $(2\sim4)\%t$。纸、皮革、云母纸的间隙比值取 $(0.25\sim0.75)\%t$。非金属板材冲裁间隙值选择见表 4-5。

表 4-5　非金属板材冲裁间隙值（摘自 GB/T 16743—2010）

材　　料	初始间隙（单边间隙）/(%t)
酚醛层压板、石棉板、橡胶板、有机玻璃板、环氧酚醛玻璃布	1.5～3.0
红纸板、胶纸板、胶布板	0.5～2.0
云母片、皮革、纸	0.25～0.75
纤维板	2.0
毛毡	0～0.2

3. 冲裁间隙选用依据

选用冲裁间隙值的主要依据是在保证冲裁件断面质量和尺寸精度的前提下，使模具寿命最高。

4. 冲裁间隙选用原则与方法

（1）冲裁间隙选用原则。

1）对于金属板料的普通冲裁而言，生产中常用冲裁间隙的取值范围为板料厚度的 3%～12.5%。选取冲裁间隙时，需根据实际生产要求综合考虑多种因素的影响，主要依据应在保证冲裁件尺寸精度和满足剪切面质量要求前提下，考虑模具寿命、模具结构、冲裁件尺寸与形状、生产条件等因素所占的权重综合分析后确定。

2）对下列情况，应酌情增减冲裁间隙。

①在同样条件下，依据不同零件的质量要求，依据生产实践把握，使冲孔间隙比落料间隙适当增加。

②冲小孔（一般孔径小于料厚，即 $d<t$）时，凸模易折断，间隙应取大值，但这时应采取有效措施，防止废料回升。

③硬质合金冲裁模应比钢模的间隙大 30% 左右。

④复合模的凸凹模壁厚较薄时，为防止胀裂，依据不同产品

质量要求，实践把握放大冲孔凹模间隙。

⑤硅钢片随着含硅量增加，间隙相应取大些，由实验确定放大间隙量。

⑥采用弹性压料装置时，间隙可大些，放大间隙量根据不同弹压装置实际中应用测定。

⑦高速冲压时，模具容易发热，间隙应增大。如果行程次数超过 200 次/min 时，间隙应增大 10% 左右。

⑧电加工模具刃口时，其间隙应考虑变质层的影响。

⑨凹模为斜壁刃口时，间隙应比直壁刃口小。

⑩对需攻丝的孔，间隙应取小些，减小间隙量应由实际情况测定。

⑪加热冲裁时，间隙应减小，减小间隙量应由实际情况测定。

3）表 4-4 所列冲裁间隙值适用于厚度为 10mm 以下的金属板材，考虑到料厚对间隙的影响，实际选用时，可以将料厚分成小于 1.0mm、1.0～2.5mm、2.5～4.5mm、4.5～7.0mm、7.0～10.0mm 等五档。当料厚小于 1.0mm 时，各类间隙取其下限值，并以此为基数，随着料厚的增加，逐挡递增；对于双金属复层板材，应以抗剪强度高的金属厚度为主来选取冲裁间隙。

4）凸、凹模的制造偏差和磨损均使间隙变大，故新模具的初始间隙应取最小合理间隙。

5）落料凹模尺寸为工件要求尺寸，间隙值由减小凸模尺寸获得；冲孔时凸模尺寸为工件孔要求尺寸，间隙值由增大凹模尺寸获得。

（2）冲裁间隙选用方法。

1）两步法。选用金属板材冲裁间隙时，应针对冲裁件技术要求、使用特点和特定的生产条件等因素，首先按表 4-4 确定拟采用的间隙类别，然后按表 4-5 相应选取该类的间隙值。

2）类比法。其他金属板料冲裁间隙值的选择可参照表 4-4 中抗剪强度相近的材料选取。

此外，根据工件尺寸精度要求不同、材质不同、材料厚度不同可参照表 4-6～表 4-8 选择。

表 4-6　　工件尺寸精度要求较高时的冲裁间隙选择 （一）

材料厚度 δ(mm)	软铝				纯铜、黄铜、软铜 （0.08%～0.2%c）			
	初始间隙值 c							
	c_{min}		c_{max}		c_{min}		c_{max}	
	δ%	单面 (mm)	δ%	单面 (mm)	δ%	单面 (mm)	δ%	单面 (mm)
0.2	2	0.004	3	0.006	2.5	0.005	3.5	0.007
0.3		0.006		0.009		0.008		0.011
0.4		0.008		0.012		0.010		0.014
0.5		0.010		0.015		0.013		0.018
0.6		0.012		0.018		0.015		0.021
0.7		0.014		0.021		0.018		0.025
0.8		0.016		0.024		0.020		0.028
0.9		0.018		0.027		0.023		0.032
1.0		0.020		0.030		0.025		0.035
1.2	2.5	0.030	3.5	0.042	3	0.036	4	0.048
1.5		0.038		0.053		0.045		0.060
1.8		0.045		0.063		0.054		0.072
2.0		0.050		0.070		0.060		0.080
2.2	3	0.066	4	0.088	3.5	0.077	4.5	0.099
2.5		0.075		0.100		0.088		0.113
2.8		0.084		0.112		0.098		0.126
3.0		0.090		0.120		0.105		0.135
3.5	3.5	0.123	4.5	0.176	4	0.140	5	0.170
4.0		0.140		0.180		0.160		0.200
4.5		0.158		0.203		0.180		0.225
5.0		0.170		0.225		0.200		0.250
6.0	4	0.240	5	0.300	4.5	0.270	5.5	0.330
7.0		0.280		0.350		0.315		0.385
8.0	4.5	0.360	5.5	0.440	5	0.400	6	0.480
9.0		0.405		0.490		0.450		0.540
10.0		0.450		0.550		0.500		0.600

表 4-7　　工件尺寸精度要求较高时的冲裁间隙选择（二）

材料厚度 δ(mm)	硬铝，中硬钢 $(0.3\%\sim0.4\%)c$				硬钢 $(0.5\%\sim0.65\%)c$			
	初始间隙值 c							
	c_{min}		c_{max}		c_{min}		c_{max}	
	$\delta\%$	单面 (mm)	$\delta\%$	单面 (mm)	$\delta\%$	单面 (mm)	$\delta\%$	单面 (mm)
0.2	3	0.006	4	0.008	3.5	0.007	4.5	0.009
0.3		0.009		0.012		0.011		0.014
0.4		0.012		0.016		0.014		0.018
0.5		0.015		0.020		0.018		0.023
0.6		0.018		0.024		0.021		0.027
0.7		0.021		0.028		0.025		0.032
0.8		0.024		0.032		0.028		0.036
0.9		0.027		0.036		0.032		0.041
1.0		0.030		0.040		0.035		0.045
1.2	3.5	0.042	4.5	0.054	4	0.048	5	0.060
1.5		0.053		0.068		0.060		0.075
1.8		0.063		0.081		0.072		0.090
2.0		0.070		0.090		0.080		0.100
2.2	4	0.088	5	0.110	4.5	0.099	5.5	0.121
2.5		0.100		0.125		0.113		0.138
2.8		0.122		0.140		0.126		0.154
3.0		0.120		0.150		0.135		0.165
3.5	4.5	0.158	5.5	0.193	5	0.170	6	0.210
4.0		0.180		0.220		0.200		0.240
4.5		0.203		0.248		0.225		0.270
5.0		0.225		0.275		0.250		0.300
6.0	5	0.300	6	0.360	5.5	0.330	6.5	0.390
7.0		0.350		0.420		0.385		0.405
8.0	5.5	0.440	6.5	0.520	6	0.480	7	0.560
9.0		0.490		0.585		0.540		0.630
10.0		0.550		0.650		0.600		0.700

表 4-8　　工件尺寸一般精度要求时的冲裁间隙选择

材料牌号	料厚(mm)	c_{min} $\delta\%$	c_{min} 单面(mm)	c_{max} $\delta\%$	c_{max} 单面(mm)
0.8	0.05				
10	0.10				
08	0.20				
50	0.20		无间隙		
20	0.22				
08	0.3				
16Mn	0.3				
65Mn	0.4				
08	0.5	4	0.20	6	0.30
65Mn	0.5	4	0.20	6	0.30
35	0.5	4	0.20	6	0.30
20	0.6	4	0.24	6	0.36
09Mn	0.6	4	0.24	6	0.36
65Mn	0.7	4.5	0.032	6.5	0.046
45	0.7	4.5	0.032	6.5	0.046
20	1.5	5.5	0.083	7.5	0.113
50	1.5	5.5	0.083	7.5	0.113
16Mn	1.5	5.5	0.083	7.5	0.113
10	1.75	6	0.105	9	0.160
Q235	2	6	0.120	9	0.180
08	2	6	0.120	9	0.180
10	2	6	0.120	9	0.180
09Mn	2	6	0.120	9	0.180
20	2	6.5	0.130	9.5	0.109
16Mn	2	6.5	0.130	9.5	0.109

材料牌号	料厚(mm)	c_{min} $\delta\%$	c_{min} 单面(mm)	c_{max} $\delta\%$	c_{max} 单面(mm)
08	0.8	4.5	0.037	6.5	0.062
20	0.8	4.5	0.037	6.5	0.062
16Mn	0.8	4.5	0.037	6.5	0.062
65Mn	0.8	4.5	0.037	6.5	0.062
09Mn	0.8	4.5	0.037	6.5	0.062
Q235	0.9	5	0.045	7	0.63
08	0.9	5	0.045	7	0.63
09Mn	0.9	5	0.045	7	0.63
30	1	5	0.50	7	0.070
65Mn	1	5	0.50	7	0.070
10	1	5	0.50	7	0.070
08	1.2	5.5	0.066	7.5	0.090
09Mn	1.2	5.5	0.066	7.5	0.090
Q235	1.5	5.5	0.083	7.5	0.113
08	1.5	5.5	0.083	7.5	0.113
16Mn	3	8	0.240	11	0.330
Q235	3.5	7.5	0.262	11.5	0.402
08	4	8	0.320	11	0.440
Q235	4	8	0.320	11	0.440
20	4	8.5	0.340	11.5	0.460
16Mn	4	8.5	0.340	11.5	0.460
10	4.5	8	0.360	11	0.450
Q235	4.5	8	0.360	11	0.450
16Mn	4.5	7.5	0.338	10	0.450
20	4.5	8.5	0.383	11.5	0.518

材料牌号	料厚(mm)	c_{min}		c_{max}		材料牌号	料厚(mm)	c_{min}		c_{max}	
		$\delta\%$	单面(mm)	$\delta\%$	单面(mm)			$\delta\%$	单面(mm)	$\delta\%$	单面(mm)
50	2.1	6.5	0.140	9.5	0.200	16Mn		7.5	0.375	10.5	0.525
Q235		7	0.175	10	0.250	Q235	5	8	0.400	11	0.550
08						08					
20	2.5	7.5	0.188	10.5	0.262	20		8.5	0.425	11.5	0.575
16Mn						08	5.5	8.5	0.468	11.5	0.632
09Mn		7.2	0.180	10.2	0.255	16Mn		7	0.385	10	0.550
40						Q235					
08						08		9	0.540	12	0.720
Q235	3	7.5	0.225	10.5	0.315	20	6	9.5	0.570	12.5	0.750
09Mn						16Mn		7.5	0.450	10	0.600
20		8	0.240	11	0.330	16Mn	8	8	0.640	11	0.880

注 表中所列牌号较少,实际工作中可用材料性能(σ_b)为基础,对照表中材料相近的做出间隙选择。

第二节 冲裁力、卸料力、推件力和顶件力

一、冲裁力选择

1. 冲裁力计算

冲裁力的大小取决于冲裁内外周边的总长度、材料的厚度和抗拉强度,计算公式如下

$$F_0 = f_1 L t \sigma_b \qquad (4\text{-}1)$$

式中 f_1——系数,取决于材料的屈强比,可从图4-10求得;

L——冲裁内外周边的总长(mm);

t——材料厚度(mm);

σ_b——材料的抗拉强度(MPa)。

2. 降低冲裁力的方法与诀窍

(1)波形刃口。波形刃口冲裁时材料是逐步分离的,可以减

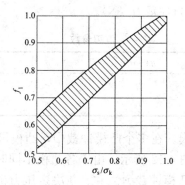

图 4-10 f_1 与材料屈强比的关系

小冲裁力和冲裁时的振动和噪声。其结构按冲裁要求决定，落料时为了得到平整的工件，凸模做成平刃，凹模做成波刃［见图 4-11 （a）、（b）］，冲孔时则相反［见图 4-11 （c）、（d）］。波形刃口应力求对称。

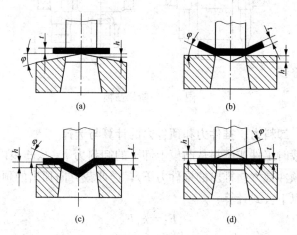

图 4-11 波刃结构

（a）、（b）落料；（c）、（d）冲孔

波形刃口冲裁力 F_b 按下式计算

$$F_b = k \, F_0 \qquad (4-2)$$

式中 k——减力系数（见表 4-9）；

F_0——平刃口冲裁力（N）。

表 4-9 　　　　　　　　　　　 **波刃参数**

t(mm)	h(mm)	$\varphi(°)$	k
<3	$2t$	<5°	0.5～0.3
3～10	t	<8°	0.8～0.5

（2）阶梯凸模。在多个凸模冲裁中，凸模可设计成高低不同的阶梯形式，如图 4-12 所示。由于各凸模不同时接触材料，因此总冲裁力不是各凸模冲裁力之和。在决定压力机吨位时，应分别计算每个凸模的冲裁力，取其中最大的冲裁力作为确定压力机吨位的依据。

材料加热红冲也是行之有效的减力方法。

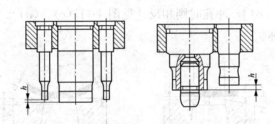

图 4-12　阶梯凸模

二、卸料力、推件力和顶件力的计算与选择

冲裁时工件或废料从凸模上卸下的卸料力 F_1 从凹模内将工件或废料顺冲裁方向推出的推件力 F_2，逆冲裁方向顶出的顶件力 F_3 分别按以下公式计算：

$$F_1 = k_1 F_0 \tag{4-3}$$
$$F_2 = n k_2 F_0 \tag{4-4}$$
$$F_3 = k_3 F_0 \tag{4-5}$$

式中　　F_0——冲裁力（N）；

　　　　n——同时卡在凹模内的工件或废料的数目；

k_1，k_2，k_3——卸料力、推件力和顶件力系数，按表 4-10 选取。

表 4-10　　　　　　卸料力、推件力和顶件力系数

材料	t(mm)	k_1	k_2	k_3
钢	≤0.1	0.065~0.075	0.1	0.14
	>0.1~0.5	0.045~0.055	0.065	0.08
	>0.5~2.5	0.04~0.05	0.055	0.06
	>2.5~6.5	0.03~0.04	0.045	0.05
	>6.5	0.02~0.03	0.025	0.03
铝、铝合金		0.025~0.08	0.03~0.07	0.03~0.07
纯铜、黄铜		0.02~0.06	0.03~0.09	0.03~0.09

注　k_1 在冲多孔、大搭边和轮廓复杂时取上限值。

第三节　排样和搭边

合理的排样和搭边应保证材料的利用率高，模具的结构简单，工件质量好，操作方便，生产率高。

一、排样形式

（1）条料上的排样。有搭边的排样如表 4-11 所示，无搭边的排样如表 4-12 所示；斜刃剪板机下料精度（见表 4-13）和送料精度能满足零件的尺寸精度时可采用无搭边排样，它是节约材料的有效途径。

表 4-11　　　　　　　　有搭边排样形式

形式	简　图	用　途
直排		几何形状简单的零件（如图形等）
斜排		Γ形或其他复杂外形零件，这些零件直排时废料较多
对排		T、Π、Ш形零件，这些零件直排或斜排时废料较多

续表

形式	简 图	用 途
混合排	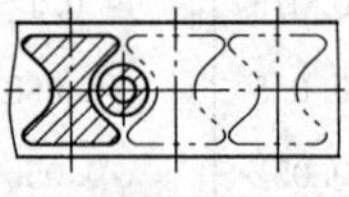	两个材料及厚度均相同的不同零件，适于大批量生产
多排	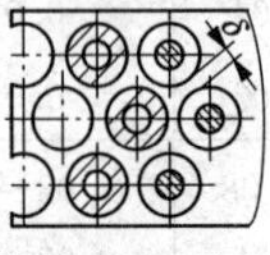	大批量生产中轮廓尺寸较小的零件
冲裁搭边	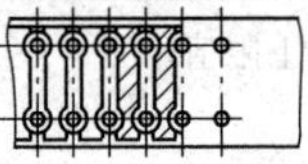	大批量生产中小而窄的零件

表 4-12　　　　　　　　　无搭边排样形式

形式	简 图	用 途
直排	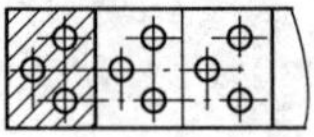	矩形零件
斜排	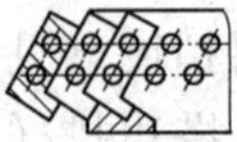	Γ形或其他形状零件，在外形上允许有不大的缺陷
对排	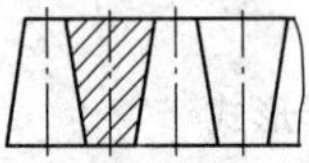	梯形零件
混合排	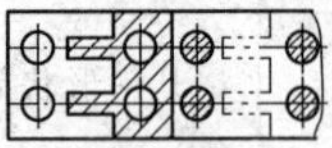	两外形互相嵌入的零件（铰链或Ⅱ-Ⅲ形等）
多排	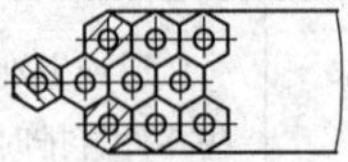	大批量生产中尺寸较小的矩形、方形及六角形零件
冲裁搭边	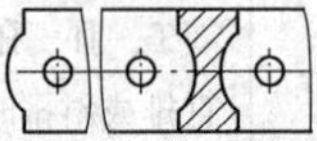	用宽度均匀的条料或卷料制造的长形件

表 4-13　　　　　　　　斜刃剪板机下料精度（mm）

板厚 t	宽　　　度				
	<50	50～100	100～150	150～220	220～300
<1	+0.2	+0.2	+0.3	+0.3	+0.4
	−0.3	−0.4	−0.5	−0.6	−0.6
1～2	+0.2	+0.3	+0.3	+0.4	+0.4
	−0.4	−0.5	−0.6	−0.6	−0.7
2～3	+0.3	+0.4	+0.4	+0.5	+0.5
	−0.6	−0.6	−0.7	−0.7	−0.8
3～5	+0.4	+0.5	+0.5	+0.6	+0.6
	−0.7	−0.7	−0.8	−0.8	−0.9

（2）板料上的排样。板料上排样注意事项如下。

1）注意板料轧制纤维方向以防止弯曲类零件的开裂。

2）如果条料宽度就是工件的尺寸时，其所能达到的尺寸精度就是下料精度，可按表 4-11 确定。

3）手工送料时，条料长度不宜超过 1～1.5m。

4）当余料尺寸较大又无法避免时，应尽可能保留完整的余料，如图 4-13 所示，供其他冲压件应用。

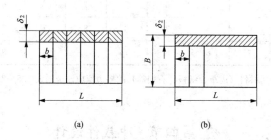

(a)　　　　　　　　　　(b)

图 4-13　板料排样

（a）余料被剪碎；（b）余料完整

二、搭边值的合理选择

冲裁件的合理搭边值见表 4-14。

表 4-14 　　　　　**冲裁件合理搭边值（mm）**

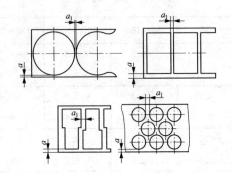

料厚 t	手送料						自动送料	
	圆形		非圆形		往复送料			
	a	a_1	a	a_1	a	a_1	a	a_1
≤1	1.5	1.5	2	1.5	3	2	2.5	2
>1~2	2	1.5	2.5	2	3.5	2.5	3	2
>2~3	2.5	2	3	2.5	4	3.5	3.5	3
>3~4	3	2.5	3.5	3	5	4	4	3
>4~5	4	3	5	4	6	5	5	4
>5~6	5	4	6	5	7	6	6	5
>6~8	6	5	7	6	8	7	7	6
>8	7	6	8	7	9	8	8	7

注 非金属材料（皮革、纸板、石棉等）的搭边值应比金属大 1.5~2 倍。

第四节　冲裁件设计

一、冲裁件结构工艺性设计

冲裁件结构工艺性应考虑的原则及设计诀窍如下。

（1）形状应尽量简单。由规则的几何形状如圆弧与互相垂直的直线所组成，有利于节约材料，减少工序，提高模具寿命和降低工件成本。

（2）外形和内孔应避免尖角。冲裁件的外形和内孔应避免尖角，如有适当的圆角时，一般圆角半径 R 应大于料厚的一半，即 $R > 0.5t$。

（3）优先选用圆形孔。由于受凸模强度的限制，冲模冲孔的最小尺寸见表 4-15。

表 4-15　　　　　　　　　冲孔的最小尺寸 （mm）

材料	冲孔最小直径或最小边长	
	圆孔	方孔
硬钢	$1.3t$	$1t$
软钢及黄铜	$1t$	$0.7t$
铝	$0.8t$	$0.5t$
夹布胶木及夹纸胶木	$0.4t$	$0.35t$

（4）冲裁件上应避免窄长的悬臂和凹槽。悬臂和凹槽的宽度 b〔见图 4-14（a）〕应大于或等于料厚的 2 倍，即 $b \geqslant 2t$。对于高碳钢、合金钢等硬材允许值应增加 $30\% \sim 50\%$，对于黄铜、铝等较软材料允许值可减少 $20\% \sim 25\%$。

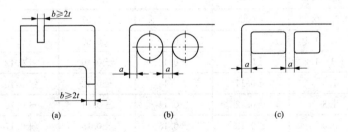

图 4-14　悬臂、凹槽、孔边距、孔间距

（5）冲裁件的孔边距和孔间距。孔间距 a 应大于或等于料厚的 2 倍，即 $a \geqslant 2t$，但要保证 a 大于 $3 \sim 4mm$。用连续模冲裁且工件精度要求不高时，a 可适当减小，但是不小于 t，如图 4-14（b）、（c）所示。

二、冲裁件尺寸公差的选择

1. 冲压件的尺寸公差要求

钣金冲压加工的主要材料是板材，主要有板料和卷料两种。金属板料都是用轧制的方法得到的。按轧制方法分为热轧和冷轧。冷轧板比热轧板具有更高的表面质量、较准确的尺寸以及某些更好的物理性能，但冷轧板的成本较高，并且仅限于薄板。

板料的长度和宽度公差是为了确保冲压下料能按设计的排样进行，不至于浪费材料。条料的长度和宽度也是如此，它使条料在冲模上定位准确，冲压后得到不缺边缺角的合格冲压件。板料的厚度公差直接影响到冲压件的质量，冲模的间隙和冲床的选择都和板料的厚度有直接关系。所以在冲压作业中，要求板料的厚度不得超出公差范围，否则会使冲压件报废，或者造成模具和设备的损坏。冷轧钢板和钢带的厚度允许偏差见表 4-16。

表 4-16　　　冷轧钢板和钢带的厚度允许偏差（mm）

宽度 厚度	A 级精度		B 级精度	
	≤1500	>1500～2000	≤1500	>1500～2000
0.20～0.50	±0.04	—	±0.05	—
>0.50～0.65	±0.05	—	±0.06	—
>0.65～0.90	±0.06	—	±0.07	—
>0.90～1.10	±0.07	±0.09	±0.09	±0.11
>1.1～1.2	±0.09	±0.10	±0.10	±0.12
1.5	±0.11	±0.13	±0.12	±0.15
1.8	±0.12	±0.14	±0.14	±0.16
2.0	±0.13	±0.15	±0.15	±0.17
2.5	±0.14	±0.17	±0.16	±0.18
3.0	±0.16	±0.19	±0.18	±0.20
3.5	±0.18	±0.20	±0.20	±0.21
4.0	±0.19	±0.21	±0.22	±0.24
4.0～5.0	±0.20	±0.22	±0.23	±0.25

2. 冲压件的公差等级选择

冲压件的尺寸精度是由模具、冲压设备和其他有关工艺因素决定的。冲压件的尺寸公差要求合理，就能够在一般工作条件下达到尺寸精度要求，这样的精度叫作经济精度。

一般来说，金属冲裁件内外形的经济精度为 IT12～IT14，一般要求落料件精度最好低于 IT10，冲孔件精度最好低于 IT9。冲裁件精密级的公差等级为 IT9～IT12，冲裁件普通级的角度公差等级为 C 级，冲裁件精密级的角度公差等级为 m 级。

弯曲件的尺寸，由于受到多种因素的影响，精度较低。一般弯曲件的尺寸经济公差等级最好在 IT13 级以下增加整形等工序可以达到 IT11。

拉深的尺寸精度也不高，并且材料愈厚，精度愈低。一般合适的精度在 IT11 级以下。

3. 冲压件的尺寸公差选择

冲裁件长度、孔间距、孔边距、直径的极限偏差按表 4-17 确定，分为 A、B、C、D 四个精度等级。

表 4-17　　冲裁件长度 L、直径 D、d 的极限偏差（mm）

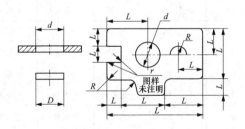

基本尺寸	精度等级	厚度尺寸范围				
		>0.1～1	>1～3	>3～6	>6～10	>10
>1～6	A	±0.05	±0.10	±0.15	—	—
	B	±0.10	±0.15	±0.20	—	—
	C	±0.20	±0.25	±0.30	—	—
	D	±0.40	±0.50	±0.60	—	—

续表

基本尺寸	精度等级	厚度尺寸范围				
		>0.1~1	>1~3	>3~6	>6~10	>10
>6~18	A	±0.10	±0.13	±0.15	±0.20	—
	B	±0.20	±0.25	±0.25	±0.30	—
	C	±0.30	±0.40	±0.50	±0.60	—
	D	±0.60	±0.80	±1.00	±1.2	—
>18~50	A	±0.12	±0.15	±0.20	±0.25	±0.35
	B	±0.25	±0.30	±0.35	±0.40	±0.50
	C	±0.50	±0.60	±0.70	±0.80	±1.00
	D	±1.00	±1.20	±1.40	±1.60	±2.00
>50~180	A	±0.15	±0.20	±0.25	±0.30	±.40
	B	±0.30	±0.35	±0.45	±0.55	±0.65
	C	±0.60	±0.70	±0.90	±1.10	±1.30
	D	±1.20	±1.40	±1.80	±2.20	±2.60
>180~400	A	±0.20	±0.25	±0.30	±0.40	±0.50
	B	±0.40	±0.50	±0.60	±0.80	±1.00
	C	±0.80	±1.00	±1.20	±1.60	±2.00
	D	±1.40	±1.60	±2.00	±2.60	±3.20
>400~1000	A	±0.35	±0.40	±0.45	±0.50	±0.70
	B	±0.70	±0.80	±0.90	±1.00	±1.40
	C	±1.40	±1.60	±1.80	±2.00	±2.80
	D	±2.40	±2.60	±2.80	±3.20	±3.60
>1000~3150	A	±0.60	±0.70	±0.80	±0.85	±0.90
	B	±1.20	±1.40	±1.60	±1.70	±1.80
	C	±2.40	±2.80	±3.00	±3.20	±3.60
	D	±3.20	±3.40	±3.60	±3.80	±4.00

冲裁件圆弧半径 R（见表 4-17 中的图）极限偏差按表 4-18 确定。

表 4-18　　　冲裁件圆弧半径 R 的极限偏差（mm）

基本尺寸	精度等级	厚度尺寸范围				
		>0.1~1	>1~3	>3~6	>6~10	>10
>1~6	A、B	±0.20	±0.30	±0.40		
	C、D	±0.40	±0.50	±0.60		
>6~18	A、B	±0.40	±0.50	±0.60	±0.60	
	C、D	±0.60	±0.80	±1.00	±1.20	
>18~50	A、B	±0.50	±0.60	±0.70	±0.80	±1.00
	C、D	±1.00	±1.20	±1.40	±1.60	±2.00
>50~180	A、B	±0.60	±0.70	±0.90	±1.10	±1.30
	C、D	±1.20	±1.40	±1.80	±2.20	±2.60

　　GB/T 15055—2007《冲压件未注公差尺寸极限偏差》规定了各种加工工序未注尺寸公差的数值，见表 4-19～表 4-24。

表 4-19　　未注公差冲裁件线性尺寸的极限偏差（mm）

基本尺寸		材料厚度		公差等级			
>	至	>	至	f	m	c	v
0.5	3	—	1	±0.05	±0.10	±0.15	±0.20
		1	3	±0.15	±0.20	±0.30	±0.40
3	6	—	1	±0.10	±0.15	±0.20	±0.30
		1	4	±0.20	±0.30	±0.40	±0.55
		4	—	±0.30	±0.40	±0.60	±0.80
6	30	—	1	±0.15	±0.20	±0.30	±0.40
		1	4	±0.30	±0.40	±0.55	±0.75
		4	—	±0.45	±0.60	±0.80	±1.20
30	120	—	1	±0.20	±0.30	±0.40	±0.55
		1	4	±0.40	±0.55	±0.75	±1.00
		4	—	±0.60	±0.80	±1.10	±1.50
120	400	—	1	±0.25	±0.35	±0.50	±0.70
		1	4	±0.50	±0.70	±1.00	±1.40
		4	—	±0.75	±1.05	±1.45	±2.10

基本尺寸		材料厚度		公差等级			
>	至	>	至	f	m	c	v
400	1000	—	1	±0.35	±0.50	±0.70	±1.00
		1	4	±0.70	±1.00	±1.40	±2.00
		4	—	±1.05	±1.45	±2.10	±2.90
1000	2000	—	1	±0.45	±0.65	±0.90	±1.30
		1	4	±0.90	±1.30	±1.80	±2.50
		4	—	±1.40	±2.00	±2.80	±3.90
2000	4000	—	1	±0.70	±1.00	±1.40	±2.00
		1	4	±1.40	±2.00	±2.80	±3.90
		4	—	±1.80	±2.60	±3.60	±5.00

注　对于不大于 0.5mm 的尺寸应标注公差。

表 4-20　　未注公差成形件线性尺寸的极限偏差 (mm)

基本尺寸		材料厚度		公差等级			
>	至	>	至	f	m	c	v
0.5	3	—	1	±0.15	±0.20	±0.35	±0.50
		1	4	±0.30	±0.45	±0.60	±1.00
3	6	—	1	±0.20	±0.30	±0.50	±0.70
		1	4	±0.40	±0.60	±1.00	±1.60
		4	—	±0.55	±0.90	±1.40	±2.20
6	30	—	1	±0.25	±0.40	±0.60	±1.00
		1	4	±0.50	±0.80	±1.30	±2.00
		4	—	±0.80	±1.30	±2.00	±3.20
30	120	—	1	±0.30	±0.50	±0.80	±1.30
		1	4	±0.60	±1.00	±1.60	±2.50
		4	—	±1.00	±1.60	±2.50	±4.00
120	400	—	1	±0.45	±0.70	±1.10	±1.80
		1	4	±0.90	±1.40	±2.20	±3.50
		4	—	±1.30	±2.00	±3.30	±5.00

续表

基本尺寸		材料厚度		公差等级			
>	至	>	至	f	m	c	v
400	1000	—	1	±0.55	±0.90	±1.40	±2.20
		1	4	±1.10	±1.70	±2.80	±4.50
		4	—	±1.70	±2.80	±4.50	±7.00
1000	2000	—	1	±0.80	±1.30	±2.00	±3.30
		1	4	±1.40	±2.20	±3.50	±5.50
		4	—	±2.00	±3.20	±5.00	±8.00

注　对于不大于 0.5mm 的尺寸应标注公差。

表 4-21　未注公差圆角半径线性尺寸的极限偏差（mm）

基本尺寸		材料厚度		公差等级			
>	至	>	至	f	m	c	v
0.5	3	—	1	±0.15		±0.20	
		1	4	±0.30		±0.40	
3	6	—	4	±0.40		±0.60	
		4	—	±0.60		±1.00	
6	30	—	4	±0.60		±0.80	
		4	—	±1.00		±1.40	
30	120	—	—	±1.00		±1.20	
		4	—	±2.00		±2.40	
120	400	—	—	±1.20		±1.50	
		4	—	±2.40		±3.00	
400	—	—	4	±2.00		±2.40	
		4	—	±3.00		±3.50	

表 4-22　未注公差成形圆角半径线性尺寸的极限偏差（mm）

基本尺寸	≤3	>3～6	>6～10	>10～18	>18～30	>30
极限偏差	+1.00～ −0.30	+1.50～ −0.50	+2.50～ −0.80	+3.00～ −1.00	+4.00～ −1.50	+5.00～ −2.00

表 4-23　　　　　　　未注公差冲裁角度尺寸的极限偏差

公差等级	短边长度（mm）						
	≤10	>10～25	>25～63	>63～160	>160～400	>400～1000	>1000～2500
f	±1°00′	±0°40′	±0°30′	±0°20′	±0°15′	±0°10′	±0°06′
m	±1°30′	±1°00′	±0°45′	±0°30′	±0°20′	±0°15′	±0°10′
$\frac{c}{v}$	±2°00′	±1°30′	±1°00′	±0°40′	±0°30′	±0°20′	±0°15′

表 4-24　　　　　　　未注公差弯曲角度尺寸的极限偏差

公差等级	短边长度（mm）						
	≤10	>10～25	>25～63	>63～160	>160～400	>400～1000	>1000～2500
f	±1°15′	±1°00′	±0°45′	±0°35′	±0°30′	±0°20′	±0°15′
m	±2°00′	±1°30′	±1°00′	±0°45′	±0°35′	±0°30′	±0°20′
$\frac{c}{v}$	±3°00′	±2°00′	±1°30′	±1°15′	±1°00′	±0°45′	±0°30′

　　一般说来，各企业都依据 GB/T 15055—2007《冲压件未注公差尺寸极限偏差》的要求，并结合自身产品的需要和实际加工能力，通过企业标准规定了本企业各种冲压工艺所能保证的经济精度，规定了不同材料厚度和不同基本尺寸以及不同形状和不同材质的冲裁、弯曲、拉深等冲压工件的合理尺寸公差和角度公差。因此具体到某企业的冲压件加工，一般可按相关企业标准及其相应的工艺规程参照执行。

三、冲裁件的质量分析

　　冲裁件的质量分析见表 4-25。

表 4-25　　　　　　　　冲裁件的质量分析

序号	缺　　陷	消除方法
1	工件上部形成侧锤形的齿状毛刺	合理调整凸模和凹模的间隙及修磨工作部分的刃口
2	工件有较厚的拉断毛刺，切断边缘上斜角显著，断面粗糙，且上下裂缝不重合而有凹坑现象	
3	工件的一边有显著带斜角的毛刺	
4	落料、冲孔件上产生毛刺，圆角大	

序号	缺　　陷	消除方法
5	工件有凹形圆弧面	修磨凹模口
6	落料外形和冲孔位置不正成偏位现象	修正挡料钉或更换导正销和侧刃
7	工件内小孔孔口破裂及工件有严重变形	修对导正销尺寸

第五节　冲裁模设计

一、冲裁模的结构设计

表 4-26 列出了冲裁模结构设计需要注意的因素。

表 4-26　　　　　冲裁模结构设计中需要注意的因素

因　素	注　意　事　项
排样	冲裁件的排样（参见表 4-11 和表 4-12）
模具结构	为何采用单工序冲裁模而不用复合模或级进模
	模具结构是否与冲件批量相适应
模架尺寸	模架的平面尺寸不仅与模块平面尺寸相适应，还应与压力机台面或垫板开空孔大小相适应。用增加或除去垫板的办法使压力机容纳模具时，注意压力机台面（垫板）开孔的改变
送料方向	送料方向（横送、直送）要与选用的压力机相适应
冲裁力	冲裁力计算及减力措施
操作安全	冲孔模应考虑放入和取出工件方便、安全
防止失误	冲孔模的定位，宜防止落料平坯正反面都能放入
凸模强度	多凸模的冲孔模，邻近大凸模的细小凸模，应比大凸模在长度上短一冲件料厚，若做成相同长度则容易折断
防止侧向力	单面冲裁的模具，应在结构上采取措施，使凸模和凹模的侧向力相互平衡，不宜让模架的导柱套受侧向力
限位块	为便于校模和存放，模具安装闭合高度限位块，模具工作时限位块不应受压

二、冲裁模与压力机关系的确定

为了合理设计模具和正确选用压力机，就必须进行冲裁力计算［参见式（4-1）、式（4-2）］。选择压力机吨位时，应将冲裁力乘以安全系数，其值一般取 1.3。

冲模与压力机的闭合高度也有一定的配合关系，即

$$(H_{\max} - h_1) - 5 \geqslant h \geqslant (H_{\min} - h_1) + 10 \qquad (4\text{-}6)$$

式中　$H_{\max}$——压力机最大闭合高度（mm）；

　　　$H_{\min}$——压力机最小闭合高度（mm）；

　　　h_1——压力机垫板厚度（mm）；

　　　h——模具的闭合高度（mm）。

三、冲裁模设计前的准备工作

（1）熟悉图纸，理解设计意图。在熟悉冲裁件图样和技术要求时，若发现图样上的尺寸公差、形位公差在制造上有困难要及时同冲裁件设计人员联系，进行修改。对于模具的结构、性能、制造及使用上的问题，模具设计人员也可征求工艺人员和操作者的意见，必要时还可进行交底和会审。

（2）根据生产批量对模具选型。模具的结构与批量有关，对单件小批和新产品试制，结构要尽量简单，用料也不必考究。只有在批量较大的情况下，模具的结构较复杂，既要求生产率高，又要保证模具寿命。

（3）按模具结构和冲裁力选择压力机的诀窍，应了解以下内容。

1）压力机闭合高度。即调节螺栓至上限，曲轴处于下限时，滑块端面至压力机工作台的距离。

2）模柄孔的直径尺寸。安装模具柄部的相配尺寸，如不用模柄则为采用滑块压板槽的距离及形状。

3）工作台尺寸。安装模具下模参考尺寸。

4）压力机冲裁力。明确压力机的冲裁力。

（4）模具结构工艺性应符合制造能力。模具结构工艺性应合理，要符合各企业自行制造能力，尽量避免外协，设计上要多采用标准件和外购件，降低制造费用。

四、冲裁模的设计要素

（1）冲裁件的精度及技术要求。设计时，首先考虑模具的结

构和形式，要在保证冲裁件的精度的前提下，使模具结构简单，制造和维修方便。

（2）操作安全。模具的操作要安全，使用要方便。设计的模具一定要符合安全生产要求，特别是进料和出料部位，要有良好的安全措施，冲模的安装与拆卸也必须方便、可靠。

（3）冲模的选材。模具的材料、种类较多，要根据冲模的不同要求、批量大小、加工设备的能力来考虑。

若模具形状适宜，冲裁件批量大，要考虑模具的使用寿命，最好采用硬质合金材料。

一般模具要求高硬度和高耐磨性，可选用铬系模具钢。如Cr12、Crl2MoV、CrWMo。

用于热状态下的冲裁模应选用热模钢，如 3Cr2W8V、5CrMnMo。

五、简单冲裁模设计实例

1. 板模设计实例

板模主要用于分离薄板料和有色金属板料，且加工质量要求不高、批量较小的冲裁件。其突出特点是凹模板很薄，可分为结构简单的夹板模，凹模板厚度为 0.5～0.8mm 薄片组成的薄片模，凹模板厚度为 5～6mm 薄板模，以及凹模板厚度为 15～20mm 的板模。

板模结构如图 4-15 所示，当小批量或试生产时，凹模（有时甚至包括凸模）不必整体都采用模具钢的材料，只要上模板为优质材料，底模为一般性的材料即可。通常的板模都是用通用模架与专用模芯组成，所以可以缩短模具设计与制造生产的准备周期，降低成本，节省模具钢材料。

（1）夹板模。夹板模是一种只有模芯而不用模架结构、形式非常简单的板模，如图 4-16 所示。这种落料夹板模采用 1.5～3mm 厚的普通材料（如 Q235）钢板做垫板，弹簧钢板为凸模固定板，相应的模具钢板为凹模（板），将凸模铆接在夹板上，再加居料销和挡料销组成。夹板和凹模板通常采用销子和螺栓进行定位连接。凸、凹模的厚度比冲裁件的厚度要厚 1mm，在一般情况下，凸模的厚度为 2~2.5mm，凹模的厚度为 2~3.5mm。工作时将板料置于凸、凹模之间，用挡料销定位，压力机直接打击上夹板即可完成冲裁工作。

夹板模的一些关键尺寸与冲裁件尺寸如图 4-16 所示，尺寸关系见表 4-27，但其中 R 的尺寸必大于 200mm。

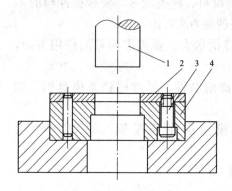

图 4-15　板模示意图

1—凸模；2—凹模；

3—螺钉、销钉连接件；4—底模

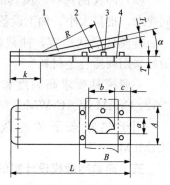

图 4-16　简单落料夹板模示意图

1—上夹板（凸模固定板）；2—凸模；

3—挡料销；4—凹模

表 4-27　　　　　　夹板模推荐尺寸（mm）

工件尺寸		凹模或下模		冲模尺寸					
a	b	A	B	L	c	T_{pmin}	T_{lmin}	k	R
10	20	50	60	125					
10	35	50	75	150	20	1	1	20	
10	80	50	125	200					
25	25	75	75	150					
25	50	75	100	200					
25	75	75	125	250					
50	50	100	100	200					>200
50	75	100	125	250	30	2	1.5	30	
50	100	100	150	300					
75	75	125	125	250					
75	100	125	150	300					
75	150	125	200	350					

工件尺寸		凹模或下模		冲模尺寸					
a	b	A	B	L	c	T_{pmin}	T_{lmin}	k	R
100	100	200	200	350					
100	150	200	250	400					
100	200	200	300	500	50	2.5	2	40	
200	200	300	300	500					
200	300	300	400	600					
200	400	300	400	700					>200
300	400	420	500	750	60	3	2	50	
300	500	420	520	850					
400	500	540	620	850	80	3	2.5	55	
400	600	540	700	1000					
500	700	650	860	1000	90	3.5	2.5	60	

　　夹板模制造简单，模具耗材小，成本较低廉。但由于冲裁加工时，夹角 α 由大变小，凸模刃口不是同时接触板料，两者会同时受到侧向力，冲裁间隙不易保证，板料也极易离开正常的送料位置。为避免凹、凸模相撞，常采用大间隙；又由于间隙大且不均匀，所以冲裁件质量差，不平整、有毛刺；只能用于加工尺寸精度要求不高的工件，或为后续工序准备毛坯。

　　夹板模的使用寿命不高，一般冲 δ 不大于 3mm 的有色金属板约 1000 件左右，或 δ 不大于 2mm 的有软料钢板约 500 件左右。

　　夹板模的凸、凹模材料可采用 T7A、T8A 或 65Mn 制造，热处理后硬度达 52~56HRC。

　　(2) 薄片模。薄片模指凹模板厚为 0.5~0.8mm 的冲裁模，用于冲裁较薄的材料，凹模型腔是由凸模直接冲裁所得到的，不需要专门加工或配间隙。凹模板的材料多选用贝氏体合金钢。通常是利用通用模架与专用模芯所组成，也有不采用通用模架的简易薄片模，适用于冲裁件尺寸较小、厚度不大（一般厚度 δ 不大于 1.5mm）的冲孔、落料、复合、连续等多种冲裁模。如图 4-17 所示为撞击式薄片冲裁模，这种模具除凸模、导板、凹模板、垫板和挡料销是专用模具元件外，其余都是通用模架元件，成本较低，且模具上模部分不必连接在冲模滑块上，可完全避开冲床精

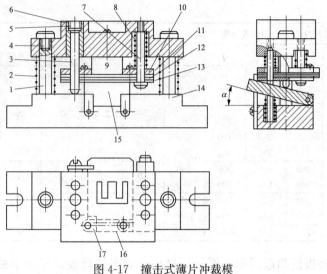

图 4-17 撞击式薄片冲裁模

1—导柱；2—支撑弹簧；3—小导柱；4—螺钉；5—螺塞；
6—上模座；7—卸料螺钉；8—卸料弹簧；9—凸模；10—导板；
11—导料板；12—凹模板；13—垫板；14—下模板；
15—垫板；16—挡料销；17—弹簧片

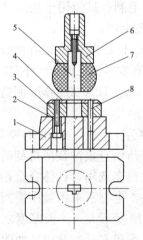

图 4-18 简易薄片冲孔模

1—下模座；2—螺钉；3—垫块；4—凹模板；
5—凹模；6—模柄；7—橡胶块；8—销钉

度对冲裁间隙的影响。如图 4-18 所示为简易薄片冲孔模，其结构与普通冲裁模基本相同，应用也比较广泛。一块凹模板磨损后可再换上一块，用凸模冲出型腔，即可投入使用。

（3）薄板模与厚板模。这两种模除凹模外的其他结构设计、间隙设计等级同常规冲裁模具相似。薄板模是由厚度为 5～6mm 的凹模与其固定板所组成的，适用于小批量的中、小型尺寸的金属板料的分离工序，一般用于料厚 δ 为 0.2～

2mm 的有色金属和软钢板的冲裁。

厚板模的凸、凹模均采用 15～20mm 的模具钢板加工而成，适用于中、小批量的冲裁件生产，相对常规冲压模较为节省模具钢。

2. 钢带冲裁模结构实例

（1）钢带冲裁模结构特点。钢带冲裁模又称钢皮模或钢片模，主要用于冲裁加工。它的冲裁刃口使用淬硬的钢带，并将钢带嵌入木质层压板、底熔点合金或塑料等制成的模板中，通过橡胶件卸料或卸件。这类模具适用于冲裁尺寸精度要求不高而轮廓较大的制件。其优点是做凸凹模的钢带可以弯制而成，且以层压板或低熔点合金固定刃口，所以制造简单、周期短，成本比普通钢模下降约 80％左右。产品更换时，旧模具容易改造成新模具，模具元件标准化程度高，设计简单。但这种模具的缺点是不宜冲制厚度过薄、精度偏高的制件。另外，冲件必须从上方退出，生产效率低。钢带模适用材料应用范围见表 4-28。

表 4-28　　　　　　　　　钢带模的应用范围

材料种类	冲裁厚度 t（mm）	模具一次刃磨寿命 n	冲件尺寸（mm）
软钢板	0.35～8.0	钢板	50×50
有色金属板	0.35～8.0	$t=0.5\sim1.0$，$n=1$ 万次	2500×2500
塑料板	≤3.0	$t=1.6\sim3.2$，$n=0.4$ 万次	
纤维板	≤6.0	$t=4.5$　$n=0.1$ 万次	
不锈钢板	0.5～1.7	有色金属板，$n=2$ 万次	

（2）木质层压板钢带模结构特点。如图 4-19 所示是木质层压板钢带模，模具的上、下模刃口均为钢带。在木质层压板上锯出宽度为钢带厚度的刃槽，将钢带立镶到刃槽内，再固定安装到通用模架上。该类模具的顶料和卸料均采用弹性较大的聚氨酯橡胶。

（3）低熔点合金钢带模结构特点。图 4-20 所示是低熔点合金钢带模。这种模具与层压板钢带模结构的区别是用低熔点合金代

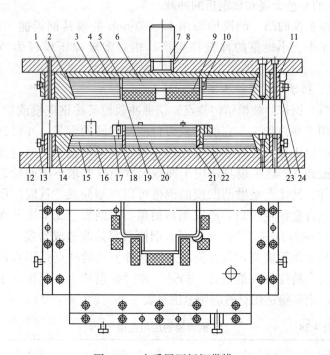

图 4-19　木质层压板钢带模

1—上模板；2、14—压板；3—上垫板；4—上、外模板；5—钢带凹模；

6—上、内模板；7—模柄；8—止动螺钉；9—紧固螺钉；10—低熔点合金；

11—挡铁；12—模座；13—调节螺钉；15—下、外模板；16—下垫板；

17—聚氨酯橡胶卸料板；18—挡料销；19—聚氨酯橡胶顶件器；

20—下、内模板；21—导销；22—钢带凹模；23—导柱；24—导套

替木质层压板。制造模具时，先将钢带通过螺钉连接在支撑板上，钢带的位置可通过螺钉调节并固定，然后浇注低熔点合金。合金冷却凝固后，将钢带紧固在模座上。这种模具制造简单、方便，除低熔点合金外，还可用锌合金、环氧树脂塑料代替层压板用于固定钢带。

（4）半钢模钢带冲模结构特点。图 4-21 所示是半钢模钢带冲模，模具的凹模采用钢带层压板结构，凸模则采用普通的钢模结构。因为钢凸模容易加工制造，所以这种模具除用于冲孔外，一

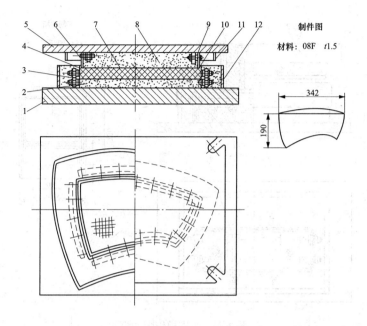

制件图

材料：08F　t1.5

图 4-20　低熔点合金钢带模

1—凹模板；2、8—低熔点合金；3、9——钢带支撑板；

4—凹模钢带；5—凸模座；6—凸模钢带；7—制件；

10—橡胶垫；11、12—容框

般多用于冲孔、落料的复合加工。

3. 叠层钢板冲模

钢板冲模一般适用于冲压中等尺寸、精度要求不高的零件，可冲制有色金属与 10 钢以下的黑色金属。根据凸凹模钢板的厚度，可分为叠层薄板冲模和单板式冲模。叠层薄板冲模又称积层薄钢板冲模，它是在模具工作刃口处覆盖一层或多层具有高硬度、高韧性、高耐磨性、厚度为 0.5～1.2mm 的薄钢板。常用的材料是高硅贝氏体钢板或薄弹簧钢板（60Si2Mn）。它与钢带冲模的区别是强化刃口的薄钢板可以单片或多片平镶在基模上。

叠层薄钢板冲模的结构如图 4-22 所示，其凸模部分与普通钢模相同，而凹模部分则是由基模和叠层薄钢板刃口组成。

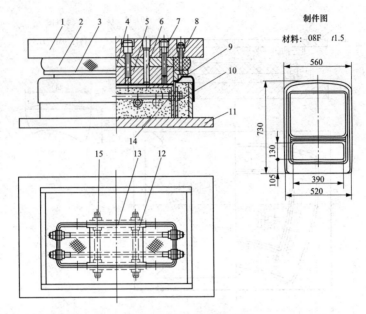

制件图

材料：08F *t*1.5

图 4-21 半钢模钢带冲模

1—凸模座；2—橡胶；3—退料板；4—垫板；5—凸模镶块；6—定位销；
7—内六角螺钉；8—柱头螺钉；9—制件；10—凹模钢带；11—熔箱；
12—螺母；13—短夹板；14—长双头螺柱；15—短双头螺柱

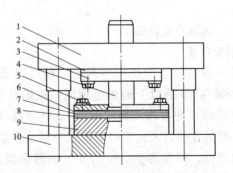

图 4-22 叠层薄钢板冲模

1—上模座；2—垫板；3—凸模固定板；4—凸模；5—卸料板；
6、7—凹模钢板；8—垫板；9—凹模；10—下模座

第五章

弯 曲 模

根据采用的设备和工具的不同，弯曲分为压弯、滚弯、拉弯和转板等。

将毛坯或半成品制件沿弯曲线弯成一定角度和形状的冲模，叫弯曲模。

第一节 弯曲变形过程及弯曲回弹

一、弯曲变形过程

1. 弯曲变形过程

弯曲过程变形区切向应力的变化如图 5-1 所示。变形区集中在曲率发生变化的部分，外侧受拉，内侧受压。受拉区和受压区以中性层为界。初始阶段变形区内、外表层的应力小于材料的屈服强度 σ_s，这一阶段称为弹性弯曲阶段，如图 5-1（a）所示。弯曲继续进行时，变形区曲率半径逐渐减小，内、外表层首先由弹性变形状态过渡到塑性变形状态，随后塑性变形由内、外两侧继续向中心扩展，最后达到塑性变形过程，切向应力的变化，如图 5-1（b）、（c）所示。

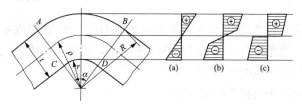

图 5-1 弯曲过程变形区切向应力分布发生的变化

（a）弹性弯曲；（b）弹-塑性弯曲；（c）塑性弯曲

弹性弯曲时，中性层位于料厚的中心，塑性弯曲时，中性层的位置随变形程度的增加而内移。

对于相对宽度（料宽 b 和料厚 t 的比值）$b/t<3$ 的窄板，宽向和厚向材料均可自由变形。弯曲时横截面将产生很大的畸变，如图 5-2 所示，其应变状态是立体的，宽度方向应力为 0，为平面应力状态。

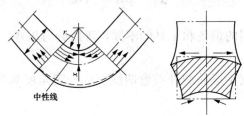

中性线

图 5-2　窄板弯曲时横截面的畸变

对于相对宽度 $b/t>3$ 的宽板，宽度方向受到材料的约束，不能自由变形，为平面应变状态，其应力状态是立体的。

2. 最小弯曲半径

弯曲时毛坯变形外表面在切向拉应力作用下产生的切向伸长变形用下式计算

$$\varepsilon = \frac{1}{2\dfrac{r}{t}+1} \tag{5-1}$$

式中　r ——弯曲零件内表面的圆角半径（mm）；

　　　t ——料厚（mm）。

从上式可以看出，相对弯曲半径 r/t 越小，弯曲的变形程度越大。

在使毛坯外层纤维不发生破坏的条件下，能够弯成零件内表面的最小圆角半径称为最小弯曲半径 r_{min}，实际生产中用它来表示弯曲工艺的极限变形程度。

影响最小弯曲半径的因素如下。

（1）材料的力学性能。材料的塑性指标越高、最小弯曲半径的数值越小。

（2）弯曲线的方向。弯曲线与材料轧纹方向垂直时，最小弯曲半径的数值最小；弯曲线与轧纹方向平行时，数值最大。

（3）板材的表面质量和剪切面质量。质量差会使材料最小弯曲半径增大，清除毛刺和剪切面硬化层有利于提高弯曲的极限变形程度。

（4）弯曲角。弯曲角较小时，变形区附近的直边部分也参与变形，对变形区外层濒于拉裂的极限状态有缓解作用，有利于降低最小弯曲半径。弯曲角对最小弯曲半径的影响如图 5-3 所示，α <70°时影响显著。

（5）材料厚度。厚度较小时，切向应变变化梯度大，邻近的内层可起到阻止外表面金属产生局部的不稳定塑性变形作用。这种情况下可获得较大的变形和较小的最小弯曲半径。料厚对最小弯曲半径的影响见图 5-4 所示。

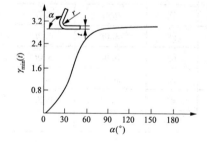 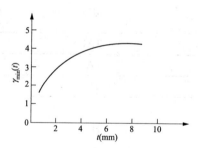

图 5-3　弯曲角对最小弯曲半径的影响　　图 5-4　料厚对最小弯曲半径的影响

各种钣金材料的最小弯曲半径见表 5-1 所示。

表 5-1　　　　　　　　各种材料的最小弯曲半径

材 料		弯曲线与轧纹方向垂直	弯曲线与轧纹方向平行
牌号	状态		
08F、08Al		0.2t	0.4t
10、15		0.5t	0.8t
20		0.8t	1.2t

续表

材　　料		状态	弯曲线与轧纹方向垂直	弯曲线与轧纹方向平行
牌号				
25、30、35、40、10Ti、13MoTi、16MnL			1.3t	1.7t
65Mn		退火	2.0t	4.0t
		硬	3.0t	6.0t
1Cr18Ni9		硬	0.5t	2.0t
		半硬	0.3t	0.5t
		软	0.1t	0.2t
1J79		硬	0.5t	2.0t
		软	0.1t	0.2t
3J1		硬	3.0t	6.0t
		软	0.3t	6.0t
3J53		硬	0.7t	1.2t
		软	0.4t	0.7t
TA1		硬	3.0t	4.0t
TA5		硬	5.0t	6.0t
TB2		硬	7.0t	8.0t
H62		硬	0.3t	0.8t
		半硬	0.1t	0.2t
		软	0.1t	0.1t
HPb59-1		硬	1.5t	2.5t
		软	0.3t	0.4t
BZn15-20		硬	2.0t	3.0t
		软	0.3t	0.5t
QSn6.5-0.1		硬	1.5t	2.5t
		软	0.2t	0.3t
QBe2		硬	0.8t	1.5t
		软	0.2t	0.2t
T2		硬	1.0t	1.5t
		软	0.1t	0.1t

材 料		弯曲线与轧纹方向垂直	弯曲线与轧纹方向平行
牌号	状态		
L3（1050）、L4（1035）	硬	0.7t	1.5t
	软	0.1t	0.2t
LC4（7A04）	淬火加人工时效	2.0t	3.0t
	软	1.0t	1.5t
LF5（5A05）、LF6（5A06）、LF21（3A21）	硬	2.5t	4.0t
	软	0.2t	0.3t
LY12（2A12）	淬火加自然时效	2.0t	3.0t
	软	0.3t	0.4t

注 1. t 为材料厚度。

2. 括号内为对应材料新牌号。

3. 表中数值适用于下列条件：原材料为供货状态，90°V 形校正压弯，材料厚度小于 20mm，宽度大于 3 倍料厚，剪切面的光亮带在弯角外侧。

二、弯曲回弹及预防措施

塑性弯曲和任何一种塑性变形一样，外载卸除以后，都伴随有弹性变形，使工件尺寸与模具尺寸不一致，这种现象称为回弹。回弹的表现形式有两种，如图 5-5 所示。

第一种，曲率减小。曲率由卸载前的 $\frac{1}{\rho}$ 减小至卸载后的 $\frac{1}{\rho'}$。回弹量 $\Delta R = \frac{1}{\rho} - \frac{1}{\rho'}$。

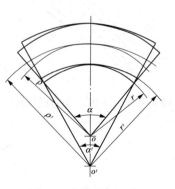

图 5-5 弯曲时的回弹

第二种，弯角减小。弯曲角由卸载前的 α 减少至卸载后的 α'。回弹角 $\Delta\alpha = \alpha - \alpha'$。

1. 影响回弹的因素

（1）材料的力学性能。材料的屈服点 σ_s 越大，硬化指数 n 越大，弹性模 E 越小，回弹量越大。

（2）相对弯曲半径减小，变形程度增大时，回弹量减小。

（3）弯曲角 α。α 越大，变形区长度越大，$\Delta\alpha$ 越大，对曲率的回弹无影响。

（4）弯曲条件。

1）弯曲方式及模具结构。不同的弯曲方式和模具结构对毛坯弯曲过程、受力状态及变形区和非变形区都有关系，直接影响回弹的数值。

2）弯曲力。弯曲工艺经常采用带有一定校正成分的弯曲方法，校正力对回弹量有影响，但单角弯曲和双角弯曲影响各不相同。

3）模具的几何参数。凸、凹模间隙，凸模圆角半径，凹模圆角半径对回弹的影响见图 5-6～图 5-8。

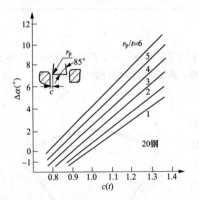

图 5-6 凸、凹模间隙对回弹的影响

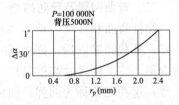

图 5-7 凸模圆角对回弹的影响

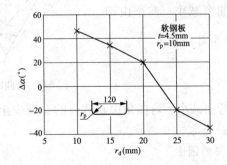

图 5-8 凹模圆角对回弹的影响

2. 回弹量计算技巧

几种碳钢做 V 形弯曲时，不同弯曲角、不同相对弯曲半径时的回弹角 $\Delta\alpha$，如图 5-9～图 5-12 所示。

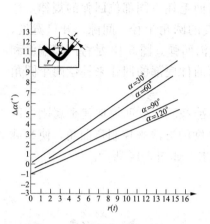

图 5-9　08～10 钢弯曲时的回
弹角 $\Delta\alpha$

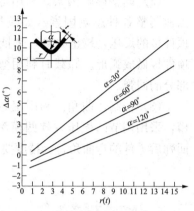

图 5-10　15～20 钢弯曲时的回
弹角 $\Delta\alpha$

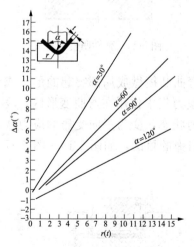

图 5-11　25～30 钢弯曲时的回
弹角 $\Delta\alpha$

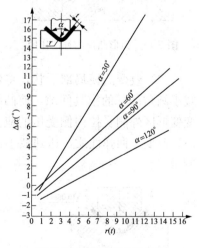

图 5-12　35 钢弯曲时的回
弹角 $\Delta\alpha$

3. 减小弯曲回弹的措施

（1）修正工作部分的几何形状。根据有关资料提供的回弹值，对模具工作的部分的几何形状做相应的修正。

（2）调整影响因素。利用弯曲毛坯不同部位回弹的规律，适当地调整各种影响因素（如模具的圆角半径、间隙、开口宽度、顶件板的反压，校正力等）来抵消回弹。图 5-13 是将凸模端面和顶件板做成弧形。卸载时利用弯曲件底部的回弹来补偿两个圆角部分的回弹。

（3）控制弯曲角。利用聚氨酯橡胶等软凹模取代金属刚性凹模，采用调节凸模压入软凹模深度的方法来控制弯曲角，使卸载回弹后零件的弯曲角符合精度要求，如图 5-14 所示。

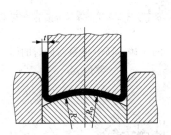

图 5-13　弧形凸模的补偿作用

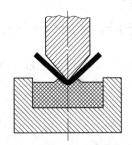

图 5-14　弹性凹模弯曲图

（4）改变凸模局部形状，将弯曲凸模做成局部突起的形状或减小圆角部分的模具间隙，使凸模力集中作用在弯曲变形区。改变变形区外侧受拉内侧受压的应力状态，变为三向受压的应力状态，改变了回弹性质，达到减小回弹的目的，如图 5-15～图 5-17 所示。

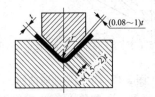

图 5-15　凸模局部凸起的单角弯曲

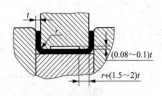

图 5-16　凸模局部凸起的双角弯曲

212

（5）采用带摆动块的凹模结构。如图 5-18 所示，可以采用带摆动块的凹模结构。

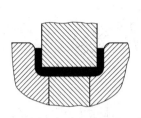

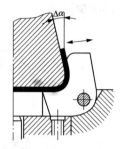

图 5-17　圆角部分间隙减小的弯曲　　　图 5-18　带摆动块的凹模结构

（6）采用提高工件结构刚性的办法。如图 5-19～图 5-21 所示，可以采用提高工件结构刚性的办法减小回弹量。

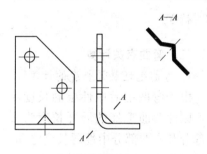

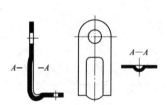

图 5-19　在弯角部位加三角筋　　　图 5-20　在弯角部位加条形筋

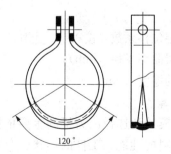

图 5-21　在环箍上加筋

213

（7）采用拉弯。拉弯如图 5-22 所示。毛坯弯曲时加以切向拉力改变毛坯横截面内的应力分布，使之趋于均匀，内、外两侧都受拉，以减少回弹。

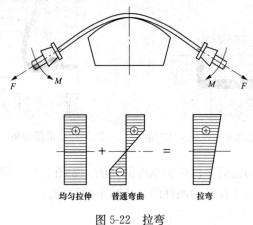

均匀拉伸　普通弯曲　拉弯

图 5-22　拉弯

三、弯曲有关计算

1. 弯曲毛坯展开长度的计算

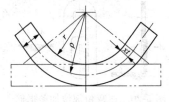

图 5-23　中性层的曲率半径 ρ

由于弯曲前后中性层的长度不变，因此弯曲毛坯的展开长度为直线部分和弯曲部分中性层长度之和。中性层曲率半径如图 5-23 所示。

中性层曲率半径按下式计算：

$$\rho = r + xt \tag{5-2}$$

式中　x——中性层位移系数，按表 5-2 选取；

　　　ρ——中性层曲率半径（mm）；

　　　t——毛坯的厚度（mm）。

2. 弯曲力的计算

弯曲力是设计模具和选择压力机的重要依据。影响弯曲力的因素很多，包括材料的性能、工件的形状、弯曲的方法以及模具结构等。很难用理论方法准确计算，在生产中通常采用表 5-3 所列的经验公式进行弯曲力估算。

表 5-2 中性层位移系数

$\dfrac{r}{t}$	弯 曲 形 式			
	V	U	⊔	⌐
0.3	0.1	0.21	—	—
0.5	0.14	0.23	0.1	0.77
0.6	0.16	0.24	0.11	0.76
0.7	0.18	0.25	0.12	0.75
0.8	0.2	0.26	0.13	0.73
0.9	0.22	0.27	0.14	0.72
1	0.23	0.28	0.15	0.70
1.1	0.24	0.29	0.16	0.69
1.2	0.25	0.30	0.17	0.67
1.3	0.26	0.31	0.18	0.66
1.4	0.27	0.32	0.19	0.64
1.5	0.28	0.33	0.20	0.62
1.6	0.29	0.34	0.21	0.60
1.8	0.30	0.35	0.23	0.56
2.0	0.31	0.36	0.25	0.54
2.5	0.32	0.38	0.28	0.52
3	0.33	0.41	0.32	0.50
4	0.36	0.45	0.37	0.50
5	0.41	0.48	0.42	0.50
6	0.46	0.50	0.48	0.50

注 1. 本表适用于低碳钢。

    2. 表中 V 形压弯角度按 $90°$ 考虑,当弯曲角 $\alpha < 90°$ 时,x 应适当减小,反之应适当增大。

表 5-3 计算弯曲力的经验公式

弯曲方式	简图	经验公式	备注
V 形自由弯曲		$p=\dfrac{Cbt^2\sigma_b}{2L}$ $=Kbt\sigma_b$ $K\approx\left(1+\dfrac{2t}{L}\right)\dfrac{t}{2L}$	p—弯曲力（N）； b—弯曲件宽度（mm）； σ_b—抗拉强度（MPa）； t—料厚（mm）； $2L$—支点内距离（mm）； r_p—凸模圆角半径（mm）； C—系数，$C=1\sim1.3$； K—系数
V 形接触弯曲		$p=0.6\dfrac{Cbt^2\sigma_b}{r_p+t}$	
U 形自由弯曲		$p=Kbt\sigma_b$	p—弯曲力（N）； b—弯曲件宽度（mm）； σ_b—抗拉强度（MPa）； t—料厚（mm）； $2L$—支点内距离（mm）； r_p—凸模圆角半径（mm）； C—系数，$C=1\sim1.3$； K—系数，$K\approx0.3\sim0.6$； F—校形部分投影面积（mm²）； q—校形所需单位压力（MPa），见表5-4所示
U 形接触弯曲		$p=0.7\dfrac{Cbt^2\sigma_b}{r_p+t}$	
校形弯曲的校形力		$p_c=F\cdot q$	

表 5-4 校形弯曲时的单位压力 q（MPa）

材料	材料原度 t(mm)	
	<3	$3\sim10$
铝	30~40	50~60
黄铜	60~80	80~100
10~20 钢	80~100	100~120
25~35 钢	100~120	120~150
钛合金 BT1	160~180	180~210
钛合金 BT3	160~200	200~260

第二节 弯曲件设计

一、弯曲件结构工艺性设计

弯曲件结构工艺性直接影响产品的质量和生产成本，是设计弯曲零件的主要依据。

（1）弯曲半径设计诀窍。弯曲件的圆角半径应大于表 5-1 所示最小弯曲半径，但也不宜过大。弯曲半径过大时，受回弹的影响，弯曲角度和弯曲半径的精度都不易保证。

（2）弯边高度设计诀窍。弯直角时，为了保证工件的质量，弯边高度 h 必须大于最小弯边高度 h_{min}，如图 5-24 所示，即

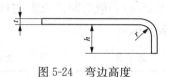

图 5-24 弯边高度

$$h > h_{min} = r + 2t$$

（3）局部弯曲根部结构设计诀窍。局部弯曲根部由于应力集中容易撕裂，需在弯曲部分和不弯曲部分之间冲孔〔见图 5-25（a）〕、切槽〔见图 5-25（b）〕或将弯曲线位移一定距离〔见图 5-25（c）〕。

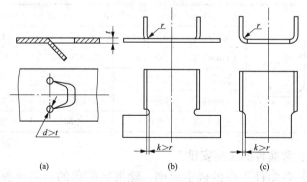

图 5-25 局部弯曲根部结构

（a）冲孔；（b）切槽；（c）弯曲线位移一定距离

（4）弯曲件的孔边距设计诀窍。孔位过于靠近弯曲区时孔会产生变形，图 5-26 所示孔边到弯边的距离 t 满足以下条件时，可

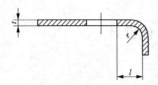

图 5-26　弯曲件的孔边距

以保证孔的精度。

$t<2mm$ 时　$l\geqslant r+t$

$t\geqslant 2mm$ 时　$l\geqslant r+2t$

二、弯曲件公差选择

弯曲件的精度要求应合理。影响弯曲件精度的因素很多，如材料厚度公差、材料性质、回弹、偏移等。对于精度要求较高的弯曲件，必须减小材料厚度公差，消除回弹。但这在某些情况下有一定困难，因此弯曲件的尺寸精度一般在 IT13 级以下。角度公差最好大于 $15'$；一般弯曲件长度的自由公差见表 5-5，角度的自由公差见表 5-6。

表 5-5　　　　　　弯曲件长度的自由公差（mm）

长度尺寸		3～6	>6～18	>18～50	>50～120	>120～260	>260～500
材料厚度	≤2	±0.3	±0.4	±0.6	±0.8	±1.0	±1.5
	>2～4	±0.4	±0.6	±0.8	±1.2	±1.5	±2.0
	>4	—	±0.8	±1.0	±1.5	±2.0	±2.5

表 5-6　　　　　　弯曲件角度的自由公差

	L(mm)	≤6	>6～10	>10～18	>18～30
	$\Delta\alpha$(°)	±3°	±2°30′	±2°	±1°80′
	L(mm)	>30～50		>50～80	>80～120
	$\Delta\alpha$(°)	±1°15′		±1°	±50°
	L(mm)	>120～180		>180～260	>260～360
	$\Delta\alpha$(°)	±40′		±30′	±25′

三、弯曲件的工序安排

（1）弯曲件工序的确定原则。除形状简单的弯曲件外，许多弯曲件都需要经过几次弯曲成形才能达到最后要求。为此，就必须正确确定工序的先后顺序。弯曲件工序的确定，应根据制件形状的复杂程度、尺寸大小，精度高低，材料性质、生产批量等因素综合考虑。如果弯曲工序安排合理，可以减少工序，简化模具。

反之，安排不当，不仅费工时，且得不到满意的制件。工序确定的一般原则如下。

1）对于形状简单的弯曲件，如 V 形、U 形、Z 形件等，尽可能一次弯成。

2）对于形状较复杂的弯曲件，一般需要二次或多次弯曲成形，如图 5-27、图 5-28 所示。多次弯曲时，应先弯外角后弯内角，并应使后一次弯曲不影响前一次弯曲部分，以及前一次弯曲必须使后一次弯曲有适当的定位基准。

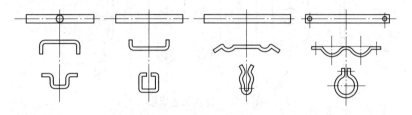

图 5-27 二次弯曲成形

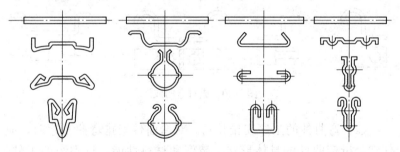

图 5-28 三次弯曲成形

3）弯曲角和弯曲次数多的制件，以及非对称形状制件和有孔或有切口的制件等，由于弯曲很容易发生变形或出现尺寸误差，为此，最好在弯曲之后再切口或冲孔。

4）对于批量大、尺寸小的制件，如电子产品中的接插件，为了提高生产率，应采用有冲裁、压弯和切断等多工序的连续冲压工艺成形，如图 5-29 所示。

5）非对称的制件，若单件弯曲时毛坯容易发生偏移，应采用

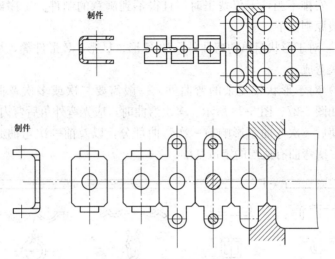

图 5-29　连续工艺成形

成对弯曲成形，弯曲后再切开，如图 5-30 所示。

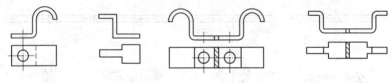

图 5-30　成对弯曲成形

　　(2) 弯曲件的工序安排技巧。对弯曲件安排弯曲工序时，应仔细分析弯曲件的具体形状、精度和材料性能。特别小的工件，尽可能采用一次弯曲成形的复杂弯曲模，这样有利于定位和操作。当弯曲件本身带有单面几何形状，在结构上宜采用成对弯曲，这样既改善模具的受力状态，又可防止弯曲毛料的滑移（见表 5-7）。

表 5-7　　　　　　　　　　　弯曲件的工序安排

分类	简　　图		
二道弯曲工序	展开图	第一道弯曲	第二道弯曲

续表

分类	简　图
三道弯曲工序	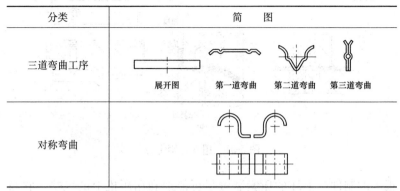 展开图　第一道弯曲　第二道弯曲　第三道弯曲
对称弯曲	

第三节　弯曲模结构设计

一、弯曲模的设计要点

弯曲模的结构与一般冲裁模很相似，也有上模和下模两部分，并由凸模、凹模、定位件、卸料件、导向件及紧固件等组成。但是弯曲模有它自己的特点，如凸、凹模的工作部分一般都有圆角，凸、凹模除一般动作外，有时还有摆动或转动等动作。设计弯模是在确定弯曲工序的基础上进行的，为了达到制件要求，设计时必须注意以下几点。

（1）毛坯放置在模具上应有准确的定位。首先，应尽量利用制件上的孔定位。如果制件上的孔不能利用，则应在毛坯上设计出工艺孔。图 5-31 所示是用导正销定位。图 5-31 （a）是以毛坯的外形做粗定位，用凸模上的导正销做精定位，它适合平而厚的板料弯曲，所得部件精度好，生产率也高。对于采用外形定位有困难或制件材料较薄时，应利用装在压料板上的导正销定位［见图 5-31 （b）］，但此时压料板与凹模之间不允许有窜动。在不得已的情况下，要使用发生变形的部位做定位时，应有不妨碍材料移动的结构［见图 5-31 （c）］。应该说明的是，当多道工序弯曲时，各工序要有同一定位基准。

（2）在压弯过程中，应防止毛坯滑动或偏移。对于外形尺寸

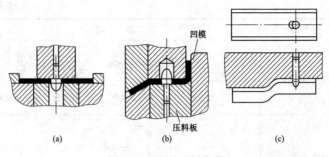

图 5-31　用导正销定位

很大的制件，毛坯的压紧装置尽可能地利用压机上的气垫。它与弹簧相比，易于获得较大的行程，且力量大，在工作中可保持恒定压力。但缺点是受所用压力机类别的限制，且会给模具的安装调整带来一些困难。当压力垫为浮动结构时，为了安全，必须防止因强大的弹力作用使某些板件飞出的危险，而应将其设计成如图 5-32 所示的限程装置。在弯曲小件时，可以用专用弹簧式压力垫（有时也兼做定位用）。对于上模，通常采用弹簧或橡皮压料装置。

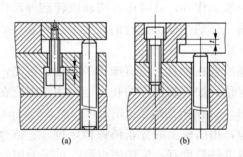

图 5-32　限程装置

（3）消除回弹。为了消除回弹，在冲程结束时，应使制件在模具中得到校正或在模具结构上考虑到能消除回弹的具体措施。

（4）要有利于安全操作，并保证制件质量。毛坯放入和压弯后从模具中取出，均应迅速方便；为尽量减少件件在压弯过程中的拉长、变薄和划伤等现象（这对于复杂的多角弯曲尤为重要），弯曲模的凹模圆角半径应光滑，凸、凹模间的间隙不宜过小；当有较大的水平侧向力作用于模具零件上时，应尽量予以均衡掉。

二、常见弯曲模结构设计

弯曲模随弯曲件形状的不同，而有各种不同的结构。这里主要介绍一些常见的单工序结构模具。

1. V形件弯曲模设计

V形件即单角弯曲件，可以用两种方法弯曲。一种是按弯角的角平分线方向弯曲，称为V形弯曲；另一种是垂直于一条边的方向弯曲，称为L形弯曲。

V形弯曲模的基本形式如图5-33所示，图中弹压顶杆是为了防止压弯时毛坯偏移而采用的压料装置。如果弯曲件的精度要求不高，压料装置可不用。这种模具结构简单，在压力机上安装和调整都很方便，对材料厚度公差要求也不严。制件在冲程末端可以得到校正，回弹较少，制件平整度较好。

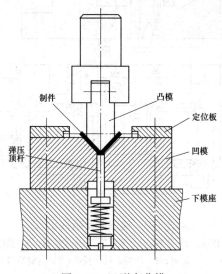

图 5-33　V形弯曲模

图5-34所示为通用V形弯曲模。这种通用模因装有定位装置

和压顶件装置，而使弯曲的制件精度较一般通用弯曲模高。该模具的特点是两块组合凹模可配合成四种角度，并与四种不同角度的凸模相配使用，弯曲成不同角度的 V 形件。毛坯由定位板定位，其定位板可以根据毛坯大小做前后、左右调整。凹模装在模座 1 内由螺钉固紧。凹模与模座的配合为 J7/js 6，从而保证了制件的弯曲质量和精度。制件弯曲时，先由顶杆通过缓冲器使毛坯在凸模力的作用下紧紧压住，防止移动；弯曲后，还由顶杆通过缓冲器把制件顶出。

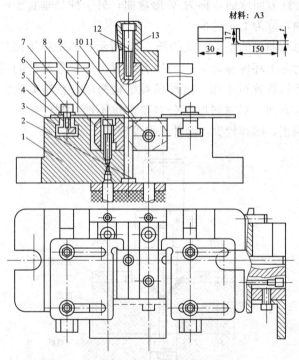

图 5-34　通用 V 形弯曲模

1—模座；2—顶杆；3—T 形块；4—定位板；5—垫圈；

6、8、9、12—螺钉；7—凹模；10—托板；11—凸模；13—模柄

　　L 形弯曲模用于两直边相差较大的单角弯曲件，如图 5-35 所示。制件面积较大的一边被夹紧在压料板与凸模之间，另一边沿

凹模圆角滑动而向上弯起。压料板的压力大小可通过调整缓冲器得到。对于材料较厚的制件，因压紧力不足而容易产生坯料滑移。如果在压料板上装设定位销，用毛坯上的孔定位，则可防止滑移并能得到较高精度的弯曲件〔见图 5-35（a）〕。然而，由于校正力未作用于模具所弯曲的制件直边所以有回弹现象。图 5-35（b）为带有校正作用的 L 形弯曲模，由于压料板和凹模的工作面都有斜面，从而使 L 形制件在弯曲时倾斜一个角度，校正力作用于竖边，因此可以减少回弹。图中倾斜角 α，对于厚料可取 $10°$，薄料取 $5°$。当 L 形制件的一条边很长时，可采用如图 5-35（c）所示结构。

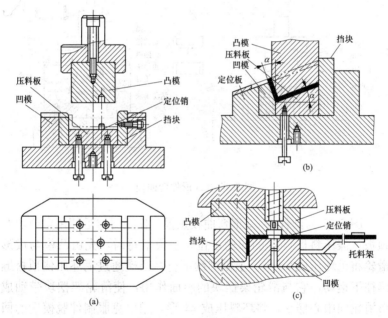

图 5-35　L 形件弯曲模

2. Ц 形件弯曲模设计

图 5-36 所示为 Ц 形件弯曲模。其中图 5-36（a）为一种最基本的 Ц 形件弯曲模，弯曲时压料板将毛坯压住，一次可弯两个角。只要左右凹模的圆角半径相等，毛坯在弯曲时就不会滑移。弯曲后，制件由压料板顶起。如果划件卡在凸模上，可在凸模里装设

推杆或设置固定卸料装置。图 5-36（b）为用于夹角小于 90°的凵形件弯曲模，它的下模座里装有一对有缺口的转轴凹模，缺口与制件外形相适应。转轴的一端由于拉簧的作用而经常处于图的左半部位置，凸模具有制件内部形状，压弯时毛坯用定位板定位。凸模下降时，先将毛坯弯成 90°夹角的凵形件，然后继续下压，使制件底部压向转轴凹模缺口，迫使转轴凹模向内转动，将制件弯曲成形。当凸模上升时，带动转轴凹模反转，转轴凹模上的销钉因拉簧的拉力而紧靠在止动块上，制件从垂直于图面方向取下。

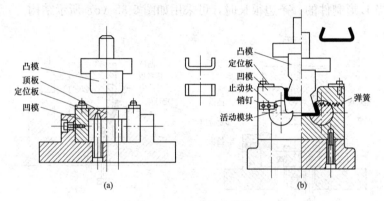

图 5-36　凵形件弯曲模

图 5-37 为圆杆件凵形弯曲校正模。使用时，毛坯用定位块及顶板（兼压料板）12 的凹槽定位。上模下行时，先由凸模与成形滑轮将毛坯压成凵形。上模继续下行，凸模通过毛坯压住顶板继续往下运动，它与滑轮架摆块的斜面作用，使滑轮架摆块带动成形滑轮向中心摆动，将坯料压成△形，用以克服制件脱模后的回弹。将凹模做成滑轮，是为了减少毛坯与凹模的摩擦力，并在压弯时使坯料得到定位。凸模与圆杆件压紧部分加工成半圆槽。这种模具的特点是滚轮凹模使用寿命长，磨损后便于维修。

3. 凵形件弯曲模设计

如图 5-38 所示，对于凵形件，可一次压弯成形，也可两次压弯成形。图 5-38（a）为二次弯曲成形，第一次先弯成冂形，第二次弯成凵形。弯曲成形前，坯料由压料板压住，第二次压弯

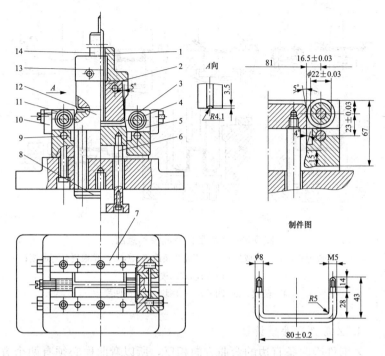

图 5-37 圆杆件 凵 形弯曲校正模

1—打杆；2—凸模；3—成形滑轮；4—轴销；5—滑轮架摆块；6、13—顶杆；
7—侧挡块；8、12—顶板；9—轴销；10—挡板；11—定位块；14—模柄

凹模的外形兼做坯料的定位作用，结构很紧凑。图 5-38（b）为一次弯曲成形的模具工作原理，因其毛坯在弯曲过程中受到凸模和凹模圆角处的阻力，材料有拉长现象，因此弯曲件的展开长度存在较大的误差。如果把弯曲凸模改成如图 5-38（c）所示，则材料拉长现象有所改善。图 5-38（d）为将两个简单模复合在一起的弯曲模，它主要由上模部分的凸凹模、下模部分的固定凹模与活动凸模组成。弯曲时，毛坯由定位板定位，凸凹模下行，先弯成 凵 形，继续下行与活动凸模作用，将毛坯弯成 凸 形。这种结构需要在凹模下腔有足够大的空间，以便在弯曲过程中制件侧边的摆动。图 5-38（e）为采用摆动式的凹模结构，其两块凹模可各自绕轴转动，不工作时缓冲器通过顶杆将摆动凹模顶起。

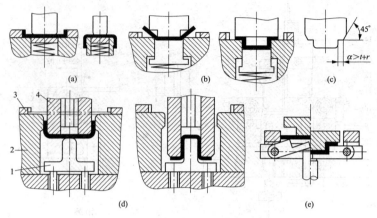

图 5-38　凵形件弯曲模示意图

(a) 二次成形；(b) 一次成形；(c) 弯曲凸模改善；(d) 简单模复合弯曲模；
(e) 摆动式凹模

1—凸模；2—凹模；3—压块；4—凸凹模

4. Z形件弯曲模设计

Z形件因两条直边的弯曲方向相反，所以弯曲模必须有两个方向的弯曲动作，如图 5-39 所示。其中图 5-39 (a) 所示的弯曲模，在冲压前，利用毛坯上的孔和毛坯的一个端面，由定位销对毛坯定位。由于橡皮的弹力，使压块与凸模的端面齐平，或压块略高一点。冲压时，压块与顶块将毛坯夹紧。由于托板上橡皮的弹力大于顶块上缓冲器的弹力，毛坯随凸模和压块下行，顶块下移，先使毛坯的左端弯曲。当顶块与下模座接触时，托板上的橡皮压缩，使凸模相对压块下降，将毛坯的右端弯曲成形。当限位块与上模座相碰时，整个制件得到校正。这种弯曲模动作称为双向弯曲。图 5-39 (b) 所示结构与图 5-39 (a) 相似，不同处只是将制件倾斜约 20°～30°。此结构适宜冲制折弯边较长的制件，冲压终了时制件受到校正作用，回弹较小。图 5-39 (c) 所示 Z 形件弯曲模用于弯曲直边较短的薄料制件，其定位板为整体式，上凸模铆接在固定板上，上凸模和下凸模的非工作端设有弹压装置，压弯过程中毛坯始终被压紧，不会滑移，制件弯曲精度较高。

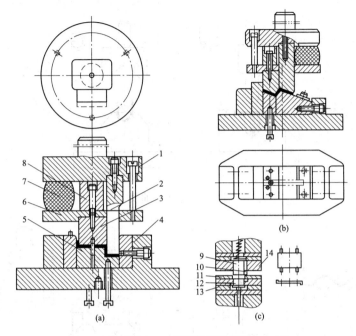

图 5-39 Z形件弯曲模

（a）双向弯曲；（b）制件倾斜；（c）弯曲直边较短的薄料制件

1—上模座；2—凸模；3—压块；4—下模座；5—顶块；6—托板；7—橡皮；

8—限位块；9、10—上凸模；11—定位板；12—下凸模；13—顶块；14—固定板

5. 弯圆模设计

弯圆成形一般有三种方法。第一种方法是把毛坯先弯成 U 形，然后再弯成 O 形，这种模具结构比较简单，如图 5-40 所示。如果制件圆度不好，可以将制件套在芯模上，旋转芯模连续冲压几次进行整形。这种方法适用于弯 ϕ10mm 以下的薄料小圆。如果是厚料，且对圆度的要求较高，可用三道工序进行弯曲。图 5-41 所示是第二种弯圆方法，先把毛坯弯成波浪形或两头有一定圆弧形［见图 5-41（a）、（b）］，然后弯成 O 形，这种方法一般用于直径大于 40mm 的圆环。其模具结构见图 5-41（c），波浪形状由中心角 120°的三等分圆弧组成。首次弯曲的波浪部分的形状尺寸，必须经试验修正。末次弯曲后，可推开支撑，将制件从凸模上取下。模

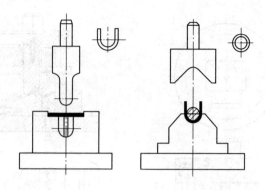

图 5-40　小圆弯曲模

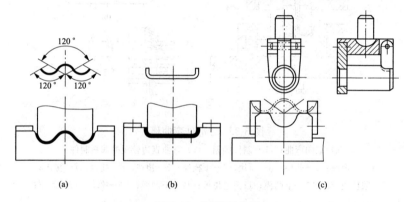

图 5-41　圆管弯曲模

（a）、（b）弯圆方法；（c）模具结构

料很薄、冲压力不大时，支撑可以不用。第三种弯圆方法是采用摆动式凹模一次弯成，此法一般用于直径 10～40mm、材料厚度为 1mm 左右的圆环。其模具结构如图 5-42 所示，一对活动凹模安装在座架中，它能绕轴销转动。在非工作状态时，由于弹簧作用于顶柱，两块活动凹模处于张开位置。模柄体上固定凸模，工作时，毛坯放置在凹模上定位；凸模下行，把毛坯弯成 U 形。凸模继续下压，毛坯压入凹模底部，迫使活动凹模绕轴 7 转动，压弯成 O 形件。支撑对凸模起稳定加强作用，它可绕转轴旋转，从而可将制件从凸模上取下。

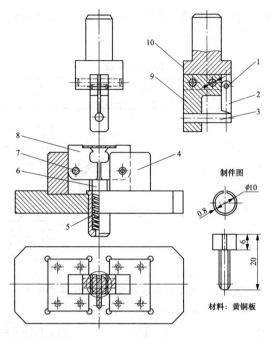

图 5-42　一次弯成的弯圆模
1—转轴；2—支撑；3—凸模；4—座架；5—弹簧；6—顶柱；
7—轴销；8—活动凹模；9—上模座；10—模柄

6. 铰链弯曲模

铰链件弯曲成形，通常是将毛坯头部先预弯曲成图 5-43（a）所示形状，然后卷圆。在预弯工序中，弯曲的端部 $\alpha=75°\sim80°$ 的圆弧量一般不易成形，故将凹模的圆弧中心向里偏移 Δ 值，使其局部材料挤压成形，便于卷圆。其凸、凹模成形尺寸见图 5-44（b），偏移量 Δ 值见表 5-8。图 5-44（a）为铰链预弯模，铰链卷圆的一般方法是：当 $r/t=0.5\sim2.2$、卷圆质量要求不高时，可在预弯后一次卷圆成形，如图 5-44（b）所示。对于短而材料厚度较厚的铰链，最好选用直立式弯曲模结构，以便于卷圆成形和模具制造。当 $r/t>0.5$ 且卷圆质量要求较高时，在预弯后再取二道工序卷圆，如图 5-45 所示。当 $r/t\geqslant4$ 且卷圆内径又有公差要求时，在预弯后可采用芯棒一次卷圆成形。

231

铰链卷圆件的回弹随 r/t 比值而增加，故卷圆凹模尺寸应比铰链外径小 $0.2\sim0.5$mm。

表 5-8 偏移量 Δ 值

材料厚度 t（mm）	1	1.5	2	2.5	3	3.5	4	4.5	5	5.5	6
偏移量 Δ（mm）	0.3	0.35	0.4	0.45	0.48	0.5	0.52	0.6	0.6	0.65	0.65

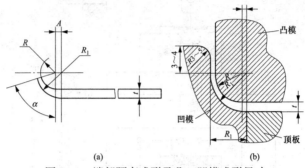

(a) (b)

图 5-43 端部预弯成形及凸、凹模成形尺寸

（a）预弯成形；（b）凸、凹模成形尺寸

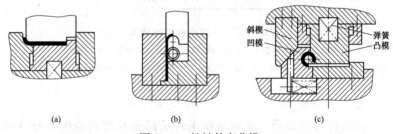

(a) (b) (c)

图 5-44 铰链件弯曲模

（a）铰链预弯模；（b）一次卷圆成形；（c）二次卷圆成形

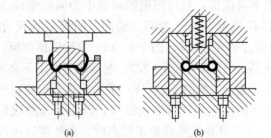

(a) (b)

图 5-45 双边铰链弯曲模示意图

（a）第二道弯曲；（b）第三道弯曲

7. 螺旋弯曲模

用螺旋弯曲模可制造各种形状的杆形件，如图 5-46 所示。螺旋弯曲的工作原理如图 5-47 所示，旋弯凸模装于上模，随压机滑块上下运动。工作面直径 d_1 相当于制件内径，凸模下端的直径差 $d_2 - d_1 = 2d$，恰好是杆件直径的 2 倍。凹模装于下模，固定不动，

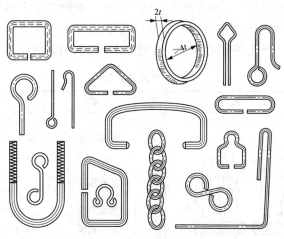

图 5-46　各种形状的杆形件

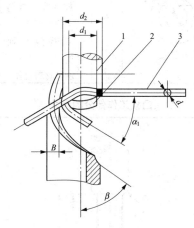

图 5-47　螺旋弯曲工作原理

1—凸模；2—凹模；3—杆件

其工作面 A 具有螺旋形。模具在压力机滑块下降时，由凸模迫使杆件沿螺旋工作面滑动，并在凸模上旋弯，弯曲成形后制件从凹模下部孔中推出。凹模工作部分的尺寸确定，见表 5-9。凹模的螺旋升角 α 是旋弯凹模的主要参数，选择适当易于弯曲成形；反之，成形困难，且造成废品。一般取 $\alpha = 50° \sim 70°$ 为宜。α 的大小直接影响凹模的高度，α 愈大凹模愈高。所以，在确定 α 大小与凹模高度时，应考虑压力机行程及其开启高度等情况，否则会出现模具无法在压力机上使用的现象。凸模工作部分尺寸的确定见表 5-10。

表 5-9　　　　　　　　　凹模工作部分的尺寸

图　　示	代号	名称	参数
	D_1	凹模内孔	按制件外径实际尺寸减去回弹量
	B	工作面壁厚	$B - (2-3)d$；不小于 1.5mm
	α	螺旋升角	$\alpha = 50° \sim 70°$
	h	进口高度	$h = 4d$
	L	工作孔口直线高度	$L = (4 \sim 5)d$
	I	杆（线）材挡料定位长度	$I = (2 \sim 2)d$
	S	凹模螺旋面高度	$S = \dfrac{\pi D}{3}\tan\alpha$
	d	制件材料直径	

表 5-10　　　　　　　　　凸模工作部分的尺寸

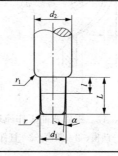

代号	名 称	参 数
d_1	凸模工作直径	按制件内径尺寸并考虑回弹值
d_2	与凹模 D_1 配合部分直径	按 D_1 的实际尺寸做成 H6 配合
L	工作部分直线长度	$L \geqslant 8d$
i	成形工作部分长度	$i \geqslant 4d$
α	进口斜度	$\alpha = 4° \sim 5°$
r	进口部分端面圆角	$r = (0.5 \sim 1)d$
r_1	台肩部分圆角	$r_1 \approx (0.2 \sim 0.4)d$
d	制件材料直径	

设计螺旋弯曲模时，如果弯曲模螺旋面高度大于压力机行程，必须缩短螺旋面高度，此时应将杆材支承面即凸模上的台肩做成与水平面成 β 角，使螺旋升角 α' 减小一个 β 值，如图 5-48 所示。即

$$\alpha' = \alpha - \beta$$

这时应重新计算凸模和凹模工作部分成形尺寸

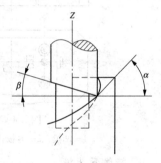

图 5-48 减低螺旋高度的方法

$$d_1 = D\cos\beta$$

式中 d_1——凸模工作部分直径（mm）；

D——制件内径（mm）。

图 5-49 所示为搭扣螺旋弯模，材料从钢套进入凹模，以另一头钢套做定位。当弯模的上部下行时，凸模由导板导向进入凹模 1 的工作孔内，以防止被切刀所切下来的坯料脱落。切下的坯料沿凹模 1 的左右工作面滑动旋弯，此时制件即被旋绕在凸模上。弯成的制件由凹模的底孔中漏出。应当指出，考虑用左右两把切刀，是为了使切断后的杆件最初在工作面滑动时可以保持平衡。导板对于弯曲直径粗的材料，可以起到使凸模稳定以防止在工作时产生偏移的重要作用。

235

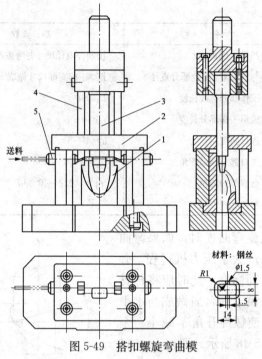

材料：钢丝

图 5-49 搭扣螺旋弯曲模

1—凹模；2—导板；3—凸模；4—切刀；5—钢套

8. 其他弯曲模

　　由于制件的形状、尺寸和精度的要求各不相同，因而弯曲模的结构也有多种多样。图 5-50 所示为摇板弯模，它适用于弯制□形类制件。工作时，用钳子将毛坯放入凹模的凹槽内，并放入芯模。当上模下行时，凸模压两边的摇板的端部，使摇板向下旋转，将毛坯压弯成形。上模回升时，摇板在拉簧的作用下复位，取出芯模，即可卸下制件。

　　图 5-51 为带滑轮摆动凸模的弯模，它适用于压线卡类制件的弯曲。工作时，用镊子将毛坯放在凹模上，由活动定位销定位。上模下行时，压板将毛坯压紧。上模继续下行，压板 7 压缩弹簧、滑轮、连接板沿凹模的斜槽面运动，将毛坯压弯成形。上模回升后，制件留在凹模上，拉出推板，使定位销下降，制件从图形的纵向取出。图 5-52 所示为卷圆、弯曲一次成形模及其工作过程。工

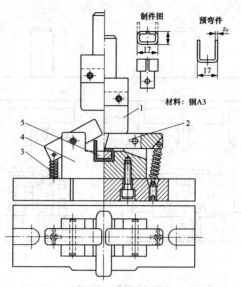

图 5-50　摇板弯模

1—凸模；2—摇板；3—拉簧；4—凹模；5—芯模

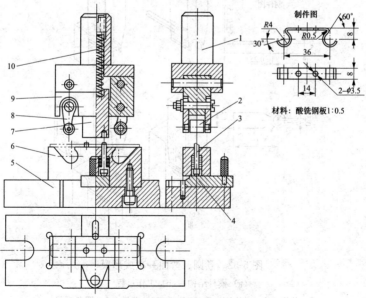

图 5-51　带滑轮摆动凸模的弯模

1—凸模；2—滑轮；3—定位销；4—推板；5—下模座；6—凹模；

7—压板；8—连接板；9—上模座；10—弹簧

237

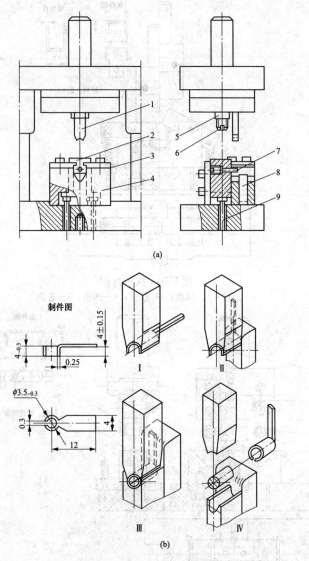

制件图

图 5-52　卷圆、弯曲一次成形模

（a）模具结构；（b）工作过程

1—凸模；2—滑块座；3—定位板；4—凹模；5—调节螺母；

6—螺钉；7—芯模；8—凹模镶件；9—顶杆

作时，将毛坯推入定位板和芯模之间定位。当上模下行时，卷圆凸模先接触毛坯并在芯模之间弯曲成 U 形［见图 5-52（b）中 I］。当上模继续下行时，螺钉的端面接触滑块座上平面，并推着向下运动，使 U 形件的端部靠凹模镶件向上弯曲成形［见图 5-52（b）中Ⅱ］。滑块座的活动量通过调节螺母控制螺钉的长度实现。滑块座继续下行，使 U 形件在凹模 4 中弯曲成 O 形［见图 5-52（b）中Ⅲ］。上滑模回升，顶杆将滑块座复位，芯模上的制件即可取出［见图 5-52（b）中Ⅳ］。这种模具的主要特点是，芯模固定在滑块座上，当卷圆凸模将毛坯在芯模上弯成 U 形时，凸模 1 不再对芯模加压力，而是螺钉推动滑块座向下运动继续成形，从而可防止芯模受很大的压力而折断。

图 5-53 所示为带有内斜楔的弯模，此结构适用于弯制各种弹簧夹，其料厚为 1mm 以内。工作时将毛坯放在压板上，由定位板定位。当上模下行时，凸模通过压板先将毛坯压弯成 ⊔ 形，并进入两件成形滑块的中间。上模继续下行，压杆压住成形滑块向下运动，并沿基座的斜面向中心收缩，将制件挤压成形。上模上行时，托板在弹簧的作用下向上顶起，使两成形滑块张开，包在凸模上的制件从纵向推出。

图 5-54 所示为带外斜楔的弯模。工作时，利用毛坯上 2-$\phi2.2$ 孔套在模具的定位销上定位。当上模下行时，凸模先压住料，并在顶杆和凹模 9 的作用下将毛坯初压成 ⌣ 形。上模继续下行，斜楔压着滑块向中心运动，此时弯曲两端弯脚，凸模、凹模把制件压得更紧，使制件完全成形。

图 5-55 为卡脚多工序一次成形弯模。工作时，毛坯用凸模端面和定位板定位。上模下行时，先由凸凹模、凸模和顶板将毛坯压成形。上模继续下行，再由凸凹模与凹模将毛坯两端弯起，使制件全部成形。本模具的特点是，橡皮的弹力必须大于毛坯压成 ⊔⊔ 形时的弯力，而且要求压力机有足够的行程。

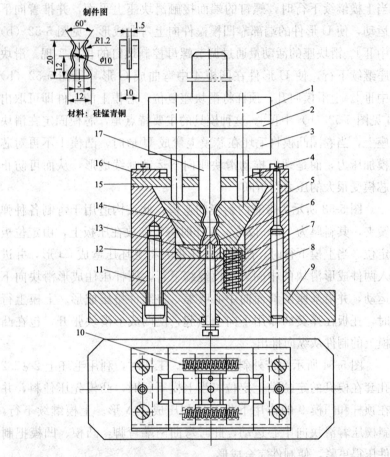

图 5-53　内斜楔弯模图

1—上模座；2—垫板；3—固定板；4—压杆；5—销钉；6—定位销；
7—顶杆螺钉；8—弹簧；9—下模座；10—弹簧；11—基座；12—托板；
13—定位顶板；14—成形滑块；15—压板；16—定位板；17—凸模

240

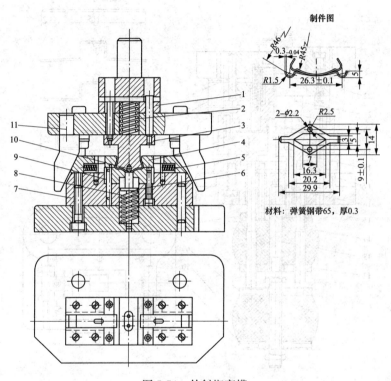

制件图

2—φ2.2   R2.5

材料：弹簧钢带65，厚0.3

图 5-54　外斜楔弯模

1—衬板；2—方弹簧；3—凸模；4—滑块；5—弹簧；6—顶杆；
7—凹模座；8—弹簧；9—凹模；10—定位销；11—斜楔

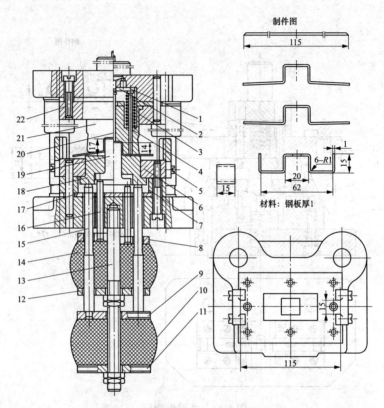

图 5-55　卡脚多工序一次成形弯曲模

1—推板；2—打杆；3—垫板；4、20—顶杆；5—定位板；6—凹模；

7—中垫板；8、9、18—顶板；10、14—橡皮；11、12—托板；

13—螺杆；15、16—下顶杆；17—下垫板；

19—凸模；21—凸凹模；22—固定板

第六章

拉 深 模

第一节 拉深零件分类

一、拉深工艺特点

把毛坯拉压成空心体，或者把空心体拉压成外形更小而板厚没有明显变化的空心体的冲模叫拉深模。

圆筒形件拉深过程如图 6-1 所示。从直径 D_0 的平板坯料拉深成高度 h、直径 d 的工件时，坯料凸缘部分是变形区，其扇形单元经切向收缩与径向伸长的变形，逐渐转变为工件筒壁上的长方形单元。筒壁是传力区，它将外力传递给变形区。当拉深所需的变形力大于工件筒壁的承载能力时，将产生工件拉裂现象。

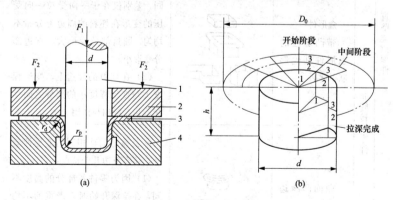

图 6-1 圆筒形件的拉深过程

（a）拉深过程；（b）变形特点

1—凸模；2—压边圈；3—坯料；4—凹模

凸缘起皱和筒壁拉裂是拉深过程顺利进行的两个主要障碍。防止起皱的措施是采用有压边装置的拉深模。为避免出现拉裂，应使坯料的变形程度不超出拉深材料允许的最大变形程度。

二、拉深零件分类

拉深是主要的冲压工艺方法之一，应用非常广泛。用拉深工艺，可以制成各种直壁类或曲面类零件，见表 6-1。若与其他冲压成形工艺配合，可以制造出其他形状更为复杂的零件。

表 6-1　　　　　　拉深零件的分类（按变形特点）

拉深件名称		拉深件简图	变形特点
直壁类拉深件	旋转体零件　圆筒形件　带凸缘边圆筒形件　阶梯形件		（1）拉深过程中变形区是坯料的法兰边部分，其他部分是传力区，不参与主要变形。 （2）坯料变形区在切向压应力和径向拉应力的作用下，产生切向压缩与径向伸长的一向受拉一向受压的变形。 （3）极限变形参数主要受到坯料传力区的承载能力的限制
	非旋转体零件　盒形件　带凸缘边的盆形件其他形状的零件		（1）变形性质与旋转体零件相同，差别仅在于一向受拉一向受压的变形在坯料的周边上分布不均匀，圆角部分变形大，直边部分变形小。 （2）在坯料的周边上，变形程度大与变形程度小的部分之间存在着相互影响与作用
	曲面凸缘边的零件		除具有与前项相同的变形性质外，还有下边几个特点： （1）因为零件各部分的高度不同，在拉深开始时有严重的不均匀变形。 （2）拉深过程中坯料变形区内还要发生剪切变形

244

拉深件名称		拉深件简图	变形特点
曲面类拉深件	旋转体零件 球面类零件 锥形件 其他曲面零件		拉深时坯料的变形区由两部分组成： （1）坯料的外周是一向受拉一向受压的拉深变形区。 （2）坯料的中间部分是受两向拉应力作用的胀形变形区
	非旋转体零件 平面凸缘边零件 曲面凸缘边零件		（1）拉深坯料的变形区也是由外部的拉深变形区与内部的胀形变形区所组成，但这两种变形在坯料周边上的分布是不均匀的。 （2）曲面法兰边零件拉深时，在坯料外周变形区内还有剪切变形

（一）旋转体零件拉深

直壁类旋转体零件主要有圆筒形件、带凸缘圆筒形件和阶梯形件等。曲面类旋转体零件主要有球面类零件、锥形件和抛物面零件等。

1. 坯料尺寸计算

坯料尺寸应按加上修边余量 δ，见表 6-2 和表 6-3，然后对拉深件尺寸进行展开计算。

表 6-2　　　　　　　无凸缘拉深件的修边余量 δ

简图	拉深件高度 h	拉深相对高度 $\frac{h}{d}$			
		$>0.5\sim0.8$	$>0.8\sim1.6$	$>1.6\sim2.5$	$>2.5\sim4$
	≈25	1.2	1.6	2	2.5
	$25\sim50$	2	2.5	3.3	4
	$50\sim100$	3	3.8	5	6
	$100\sim150$	4	5	6.5	8
	$150\sim200$	5	6.3	8	10
	$200\sim250$	6	7.5	9	11
	>250	7	8.5	10	12

表 6-3 有凸缘拉深件的修边余量 δ

简图	凸缘直径 d_f	凸缘的相对直径 $\frac{d_f}{d}$			
		<1.5	1.5~2	2~2.5	2.5
	≈25	1.8	1.6	1.4	1.2
	20~50	2.5	2	1.8	1.6
	50~100	3.5	3	2.5	2.2
	100~150	4.3	3.6	3	2.5
	150~200	5	4.2	3.5	2.7
	200~250	5.5	4.6	3.8	2.8
	>250	6	5	4	3

（1）简单形状。根据拉深件与坯料的表面积相等的原则，坯料直径

$$D_0 = \sqrt{\frac{4}{\pi}A} = \sqrt{\frac{4}{\pi}\sum A_i} \qquad (6\text{-}1)$$

式中 A——拉深件面积（mm²）。

如图 6-2 所示的圆筒形拉深件，可将其先分解成三个简单的几何形状，分别计算它们的面积 A_1、A_2、A_3，然后再按上式计算其坯料直径 D_0。

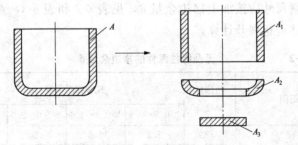

图 6-2 圆筒形拉深件

（2）复杂形状。复杂形状的拉深件，可用形心法计算坯料的尺寸。具体方法如下。

1）先将拉深件按适当比例放大，然后将母线分段，求出每一段母线的展开长度 l_i 和形心至轴线的距离 x_i（见图 6-3），再按下

式计算每段母线绕轴线旋转的面积。

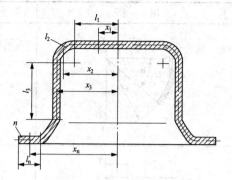

图 6-3　旋转体拉深件

$$A_i = 2\pi x_i l_i \tag{6-2}$$

2）整个拉深件的表面积

$$A = \sum A_i = 2\pi \sum x_i l_i \tag{6-3}$$

3）坯料直径

$$D_0 = \sqrt{8 \sum x_i l_i} \tag{6-4}$$

母线为圆弧段时，形心至轴线的距离 x 按表 6-4 计算。

2. 拉深系数与次数的确定

直壁类拉深件的拉深系数

$$m = d/D_0 \tag{6-5}$$

式中　D_0——平板坯料直径（mm）；

　　　d——拉深后的圆筒直径（mm）。

表 6-4　　　　　　　　　　形心至轴线的距离 x

类　别	图　示	计算公式
中心角 $\alpha = 90°$		$x = \dfrac{2}{\pi} R$

类别	图　示	计算公式
中心角 $\alpha<90°$		$x=R\dfrac{180°\sin\alpha}{\pi\alpha}$
中心角 $\alpha<90°$		$x=R\dfrac{180°(1-\cos\alpha)}{\pi\alpha}$

m 越小，筒壁承受的载荷就越大。当 m 过小时，为防止拉裂，应分两道或多道拉深。拉深系数是一个很重要的工艺参数，通常用它来决定拉深次数。再次拉深时，拉深系数 m_n 为本工序与前工序筒部的直径之比，即

$$m_n=d_n/d_{n-1}$$

（二）盒形件拉深

盒形件包括方形盒拉深件和矩形盒拉深件等，拉深时的变形特点见表 6-1。沿坯料周边应力与变形均不均匀分布，不均匀程度随相对高度 h/B 及相对圆角半径 r/B 的大小而变化，也与坯料的形状有关。

1. 展开坯料尺寸与形状

一次拉深成形的无凸缘方形盒拉深件（修边余量按表 6-5 取）展开坯料的尺寸（见图 6-4）。

圆角部分

$$R=\begin{cases}\sqrt{r^2+2rh-0.86r_P(r+0.16r_P)} & (R\leqslant 2.19r)\\ 1.32r+0.46h & (R\geqslant 2.19r)\end{cases}$$

$$(6-6)$$

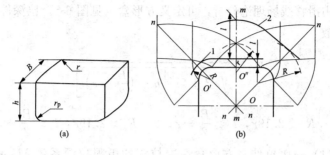

图 6-4 方形盒及展开坯料

(a) 方形盒；(b) 展开坯料

直边部分

$$l = \begin{cases} h + 0.57r_p & \left(l \leqslant \dfrac{B}{2} - r\right) \\ \sqrt{r'^2 + 2r'\left[h - \left(\dfrac{B}{2} - r\right)\right]} + 0.21B - \sqrt{2}\,r & \left(l > \dfrac{B}{2} - r\right) \end{cases}$$

$$r' = r + \sqrt{2}\,e^{-\frac{\pi}{4}}\left(\frac{B}{2} - r\right) \tag{6-7}$$

表 6-5　　　　　　　　　　无凸缘方形盒拉深件修边余量 δ

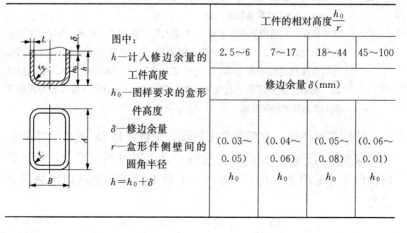

图中：	工件的相对高度 $\dfrac{h_0}{r}$			
h—计入修边余量的工件高度	2.5～6	7～17	18～44	45～100
h_0—图样要求的盒形件高度	修边余量 δ(mm)			
δ—修边余量				
r—盒形件侧壁间的圆角半径	$(0.03～0.05)$ h_0	$(0.04～0.06)$ h_0	$(0.05～0.08)$ h_0	$(0.06～0.01)$ h_0
$h = h_0 + \delta$				

2. 拉深系数与次数确定

由滑移线场理论分析,可定义方形盒(见图 6-5)拉深件的拉深系数

$$m_{s}=\frac{r'}{\sqrt{r'^{2}+2r'\left[h-\left(\frac{B}{2}-r\right)\right]}} \tag{6-8}$$

$$1-R<2.19r,\ l<\frac{B}{2}-r;\ 2-R>2.19r,\ l>\frac{B}{2}-r$$

(1)一次拉伸。方形盒一次拉深的极限拉深系数 $M_{s1}=1\sim1.1m_{1}$(m_{1} 由表 6-6 查得)。一般来说,若计算 $M_{s}\geqslant M_{s1}$(r/B 较小时取大值,反之取小值)时,可一次拉成;反之,应多次拉深。

表 6-6   无凸缘筒形件用压边圈拉深时的极限拉深系数

拉深道次	拉深系数	坯料相对厚度 $\frac{t}{D_0}\times100$					
		2～1.5	<1.5～1.0	<1.0～0.6	<0.6～0.3	<0.3～0.15	<0.15～0.08
1	m_1	0.48～0.50	0.50～0.53	0.53～0.55	0.55～0.58	0.58～0.60	0.60～0.63

注 1. 凹模圆角半径大时($r_{d}=8\sim15t$),拉深系数取小值,凹模圆角半径小时($r_{d}=4\sim8t$),拉深系数取大值。

2. 表中拉深系数适用于 08、10S、15S 钢与软黄铜 H62、H68。当拉深塑性更大的金属时(05、08Z 及 10Z 钢、铝等),应比表中数值减小 1.5%～2%。而当拉深塑性较小的金属时(20、25、Q215A、Q235A、A2、A3、酸洗钢、硬铝、硬黄铜等),应比表中数值增大 1.5%～2%(符号 S 为深拉深钢,Z 为最深拉深钢)。

(2)多次拉深。方形盒多次拉深,是将直径 D_0 的坯料中间各次拉深成圆筒形的半成品,在最后一道工序得到方形盒拉深件的形状尺寸[见图 6-5(a)]。第 $n-1$ 道工序所得圆筒形半成品直径为

$$D_{n-1}=1.41B-0.82r+2\delta \tag{6-9}$$

式中 δ——角部壁间距离，取值范围 $0.2\sim0.25$mm。

（3）矩形盒多次拉深时的中间半成品形状为椭圆（或圆）筒 [图6-5（b）]。第 $n-1$ 道工序所得椭圆筒尺寸为

$$R_{a(n-1)} = 0.705A - 0.41r + \delta$$
$$R_{b(n-1)} = 0.702B - 0.41r + \delta$$

第 $n-2$ 道工序拉深系由椭圆变椭圆，这时应保证

$$\frac{R_{a(n-1)}}{R_{a(n-1)}+a} = \frac{R_{b(n-1)}}{R_{b(n-1)}+b} = 0.75 \sim 0.85$$

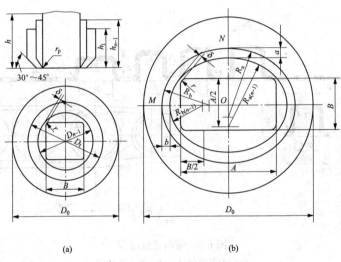

(a) (b)

图 6-5 盒形件多工序拉深时半成品的形状与尺寸

（a）方形盒拉深件；（b）矩形盒拉深件

（三）带料连续拉深

带料连续拉深系利用多工位级进模在带料进行多道拉深，最后将工件与带料分离的冲压工艺。还可以在一些工位上安排冲孔、弯曲、翻边、胀形和整形等加工形状极为复杂的零件。它适合大批量生产的小件，但模具结构比较复杂，如图 6-6 所示。

带料连续拉深时，要求材料有较好的塑性。

带料连续拉深的分类及应用范围见表 6-7。

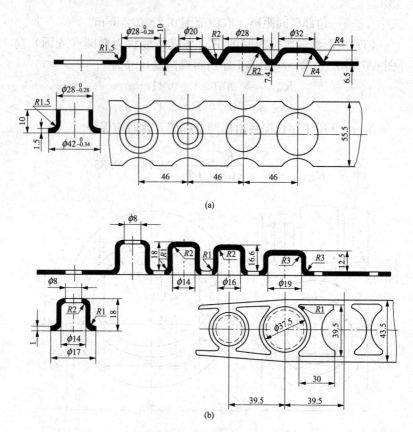

图 6-6 带料连续拉深

（a）无工艺切口；（b）有工艺切口

表 6-7 带料连续拉深的分类及应用范围

分类	图示号	应用范围	特 点
无工艺切口	图 6-6（a）	$\dfrac{t}{D_0} \times 100 > 1$ $\dfrac{d_i}{d} = 1.1 \sim 1.5$ $\dfrac{h}{d} < 1$	（1）拉深时，相邻两个拉深件之间互相影响，使得材料在纵向流动困难，主要靠材料的伸长。 （2）拉深系数比单工序大，拉深工序数需增加。 （3）节省材料

分类	图示号	应用范围	特 点
有工艺切口	图 6-6 (b)	$\dfrac{t}{D_0} \times 100 < 1$ $\dfrac{d_f}{d} = 1.3 \sim 1.8$ $\dfrac{h}{d} > 1$	(1) 有了工艺切口，相似于有凸缘零件的拉深，但由于相邻两个拉深件间仍有部分材料相连，因此变形比单工序凸缘零件稍困难。 (2) 拉深系数略大于单工序拉深。 (3) 费料

（四）变薄拉深

变薄拉深用来制造壁部与底厚不等而高度很大的零件，如氧气瓶等。

变薄拉深有如下特点。

(1) 凸、凹模之间的间隙小于料厚，坯料通过间隙时受挤压而变薄，如图 6-7 所示。

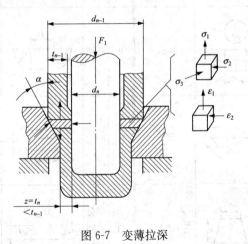

图 6-7 变薄拉深

(2) 可得到质量高的工件，壁厚偏差在 ± 0.01mm 以内，表面粗糙度 $Ra < 0.2 \mu$m。

(3) 没有起皱问题，使用模具结构简单。

(4) 工件壁部残余应力较大，有时甚至在储存期间产生开裂，应采用低温回火解决。

三、拉深件有关计算

（1）简单几何体表面积计算。拉深件简单几何体表面积计算公式见表6-8。

表 6-8　　　　　　　简单几何体表面积计算公式

序号	名称	简图	表面积	序号	名称	简图	表面积
1	圆片		$\dfrac{\pi d^2}{4}$	7	球面片		$2\pi rh$
2	环		$\dfrac{\pi}{4}(d_2^2 - d_1^2)$	8	球面带		$2\pi Rh$
3	圆筒		πdh	9	1/4凸圆环		$\dfrac{\pi}{4}(2\pi Dr + 8r^2)$
4	圆锥		$\dfrac{\pi dl}{2}$	10	1/4凹圆环		$\dfrac{\pi}{4}(\pi Dr + 2.28r^2)$ 或 $\dfrac{\pi}{4}(2\pi D_1 r - 8r^2)$
5	圆锥台		$\dfrac{\pi l}{2}(d + d_1)$	11	部分凸圆环		$\pi(DL + 2rh)$ 其中 $L = \dfrac{\pi r\alpha}{180} = 0.0172r\alpha$
6	半圆球		$2\pi r^2$	12	部分凹圆环		$\pi(DL - 2rh)$ 其中 $L = \dfrac{\pi r\alpha}{180} = 0.0172r\alpha$

（2）规则旋转体毛坯直径计算。拉深规则旋转体毛坯直径计算公式见表 6-9。

表 6-9 规则旋转体毛坯直径计算公式

序号	工件形状	毛坯直径
1		$\sqrt{d^2 + 4dh}$
2		$\sqrt{d_1^2 + 4d_2h + 2\pi d_1 r + 8r^2}$
3		$\sqrt{d_1^2 + 2\pi r_2 d_1 + 8r_2^2 + 4d_2h + 2\pi r_1 d_2 + 4.56r_1^2}$ 若 $r_1 = r_2 = r$，则 $\sqrt{d_1^2 + 4d_2h + 2\pi r(d_1 + d_2) + 4\pi r^2}$
4		$\sqrt{d_2^2 + 4(d_1h_1 + d_2h_2)}$
5		$\sqrt{d_1^2 + 2s(d_1 + d_2 + 4d_2h)}$

序号	工件形状	毛 坯 直 径
6		$\sqrt{d_1^2 + 2s(d_1 + d_2)}$
7		$\sqrt{d_1^2 + 2s(d_1 + d_2) + d_3^2 - d_2^2}$
8		$\sqrt{d_1^2 + 2[s(d_1 + d_2) + 2d_3^2 h]}$
9		$\sqrt{d^2 + 4h^2}$
10		$\sqrt{d_1^2 + 2\pi r_2 d_1 + 8r_2^2 + 4d_2 h + 2\pi r_1 d_2 + 4.56 r_1^2}$ 若 $r_1 = r_2 = r$, 则 $\sqrt{d_1^2 + 4d_2 h + 2\pi r(d_1 + d_2) + 4\pi r^2}$

序号	工件形状	毛 坯 直 径
11		$\sqrt{d_1^2 + 2\pi d_1 r + 8r^2}$
12		$\sqrt{d_2^2 + 4d_1 h}$
13		$1.414\sqrt{d^2 + 2dh}$
14		$\sqrt{d_2^2 + 4h}$
15		$\sqrt{d_1^2 + d_2^2}$
16		$\sqrt{d_1^2 + d_2^2 + 4d_1 h}$
17		$\sqrt{d^2 + 4(h_1^2 + dh_2)}$

序号	工件形状	毛 坯 直 径
18		$\sqrt{d_2^2 + 4(h_1^2 + d_1 h_2)}$
19		$\sqrt{2d^2} = 1.414d$

第二节 拉深件的润滑和清洗

一、拉深中润滑的方法和作用

（1）拉深中润滑的作用。在拉深过程中，坯料与模具的表面直接接触，应保持它们之间的良好润滑状态，这样可以减少摩擦对拉深过程的不利影响，防止工件的拉裂和模具的过早磨损。

（2）拉深润滑方法。拉深常用的润滑剂及使用特点和方法见表 6-10～表 6-12。

表 6-10 拉深低碳钢用的润滑剂

简称号	润滑剂		备注
	成分	质量分数（%）	
5 号	锭子油	43	用这种润滑剂可得到最好的效果，硫磺应以粉末状态加进去
	鱼肝油	8	
	石墨	15	
	油酸	8	
	硫磺	5	
	绿肥皂	6	
	水	15	

简称号	润滑剂		备注
	成分	质量分数（%）	
6 号	锭子油	40	硫磺应以粉末状态加进去
	黄油	40	
	滑石粉	11	
	硫磺	8	
	酒精	1	
9 号	锭子油	20	将硫磺溶于温度约为160℃的锭子油内。其缺点是保存时间太久时会分层
	黄油	40	
	石墨	20	
	硫磺	7	
	酒精	1	
	水	12	
10 号	锭子油	33	润滑剂很容易去除，用于重的压制工作
	硫化蓖麻油	1.5	
	鱼肝油	1.2	
	白垩粉	45	
	油酸	5.6	
	苛性钠	0.7	
	水	13	
2 号	锭子油	12	这种润滑剂比以上的略差
	黄油	25	
	鱼肝油	12	
	白垩粉	20.5	
	油酸	5.5	
	水	25	
8 号	绿肥皂	20	将肥皂溶在温度为60～70℃的水里。是很容易溶解的润滑剂，用于半球形及抛物线形工件的拉深中
	水	80	
—	乳化液	37	可溶解的润滑剂，加入占润滑剂质量分数3%的硫化蓖麻油后，可改善其效用
	白垩粉	45	
	焙烧苏打	1.3	
	水	16.7	

表 6-11   低碳钢变薄拉深用的润滑剂

润滑方法	成分含量	备注
接触镀铜化合物： 硫酸铜 食盐 硫酸 木工用胶 水	4.5～5kg 5kg 7～8L 200kg 80～100L	将胶先溶解在热水中，然后再将其余成分溶进去。将镀过铜的坯料保存在热的肥皂溶液内，进行拉深时才由该溶液内将坯料取出
先在磷酸盐内予以磷化，然后在肥皂乳浊液内予以皂化	磷化配方 马日夫盐－30～33g/L 氧化铜－0.3～0.5g/L	磷化液温度：96～98℃，保持 15～20min

表 6-12   拉深非铁金属及不锈钢用的润滑剂

金属材料	润 滑 方 法
铝	植物油（豆油）、工业凡士林
硬铝	植物油乳浊液
纯铜、黄铜及青铜	菜油或肥皂与油的乳浊液（将油与浓肥皂水溶液混合）
镍及其合金	肥皂与油的乳浊液
2Cr13 不锈钢 1Cr18NiTi 不锈钢 耐热钢	用氧化乙炔漆（GO1-4）喷涂板料表面，拉深时另涂机油

拉深时润滑剂要涂抹在凹模圆角部位和压边面的部位，以及与此部位相接触的坯料表面上。涂抹要均匀，间隔时间要固定，并经常保持润滑部位的清洁。切忌在凸模表面或与凸模接触的坯料面上涂润滑剂，以防材料沿凸模滑动并使材料变薄。

二、钣金件的清理与清洗方法

1. 钣金件与毛坯表面常用的清洗方法

钣金件与毛坯表面常用的清理和清洗方法见表 6-13。

表 6-13　　　　钣金件与毛坯表面常用的清理和清洗方法

清洗方法	浸渍擦刷	喷洗喷淋	机械清理	气相清洗	电解清洗	超声清洗	取合清洗
配用清洗液或介质	有机溶剂、水基清洗液、碱液、酸液	有机溶剂、各种清洗液（除多泡品种）、清水	磨具、磨料、抛光膏、砂布、清水	氮化烃类（蒸气）	碱液、酸液、水基清洗液、其他电解液	各种相应清洗液	各种清洗液
设备与工具	浸渍槽、擦刷工具	喷淋设备、喷洗装置	砂轮机、砂带机、喷丸机、抛丸机、液磨机、刷光机	气相清洗设备	电解设备	超声清洗设备	多步清洗设备
用途	除油、除锈、去小毛刺	除油、除锈、去小毛刺	除油、除锈、去各种毛刺	除油	除油、除锈、去小毛刺	除油、除锈、去微小毛刺、去粘附物	除油、除锈、去毛刺、综合效果好

2. 钣金除油清洗液

　　清洗液对污物有吸附、卷离、湿润、溶解、乳化、分散及化学腐蚀等多种作用。一种清洗液可能只有其中几种或一种作用。加热可促进清洗过程；机械力、液力或界面电二重作用存在，则增强清洗效果；污物的性质与数量、工件表面状况、清洗方法和清洗液浓度也影响清洗速度和清洗效果。

　　在清洗液中，含表面活性剂的乳化液（代号 E）、助剂（B）、溶剂（S）及水（W）是四种基本组分。按它们存在与否，可将清洗液分成四大类共十个类型（又称 BESW 分类法）。

　　（1）单组分清洗液，有 W 型（即水，水对电解质、无机盐、有机盐有最高的溶解力和分散力）和 S 型（即对油溶性污物清洗能力很强的各种溶剂，它适用于各种金属材料），见表 6-14。

表 6-14　　　常用有机溶剂金属清洗剂

分类	名称	分子式	密度 (g/cm³)	沸点（℃）	闪点（℃）	K_B①	可燃性	爆炸性	毒性
石油类	汽油		0.69～0.74	60～120	−17	30	易		
	煤油		0.78～0.88	36～108	+53	30	可		
苯类	苯	C_6H_6	0.895	80	−11	100	易	易	有
	二甲苯	$C_6H_4(CH_3)_2$	0.861	138～144	+29	94	可	易	有
酮类	丙酮	C_3H_6O	0.79	56.1	−18	130	易	易	无
压燃氯化烃类	三氯甲烷	CH_2Cl_2	1.316	39.8	−14	136	不	不	无
	三氯乙烷	$C_2H_3Cl_3$	1.322	74.1	无	124			无
	三氯乙烯	C_2HCl_3	1.456	86.9		132			有②
	全氯乙燃	C_2Cl_4	1.613	121		90			无
	三氯三氟乙烷（即氟里昂 113）	$CClF\,CClF_2$	1.564	47.6		31			无

①　K_B 值即贝壳松脂丁醇值，表示该溶剂对污物的溶解能力，其值愈大则溶解能力愈强。

②　三氯乙烯蒸气受强光照射产生剧毒光气（$COCl_2$），距槽 6m 内严禁抽烟、点火与强光。

（2）双组分清洗液，有 BW 型，即价格低廉、但使用时常要加热的碱液，见表 6-15；酸液，见表 6-16，如硫酸废液和稀硝酸等，常用于铝材，因易引起氢脆而不用于钢材；还有 EW 型、BS 型和 ES 型，见表 6-17。

表 6-15　　　几种化学除油用碱液配方（g/L）和使用

序号	苛性钠	磷酸三钠	碳酸钠	水玻璃	其他成分	工艺参数，温度时间	适用范围
1	50～55	25～30	25～30	10～15	—	90～95℃浸、喷 10min	
2	40～60	50～70	20～30	5～10	—	80～90℃浸、喷至净	钢铁重油污
3	60～80	20～40	20～40	5～10	—	70～90℃浸至净	

续表

序号	苛性钠	磷酸三钠	碳酸钠	水玻璃	其他成分	工艺参数，温度时间	适用范围
4	70~100	20~30	20~30	10~50	—	70~95℃浸、喷 2~10min	镍铬合金钢
5	—	—	2%~3%	—	重铬酸钾 0.1%~0.2%	60~90℃ 浸、喷 5~10min	黑色、有色金属轻油污
6	750	—	—	—	亚硝酸钠 225	250~300℃浸 15min	钛合金
7	5~10	50~70	20~30	10~15	—	80~90℃浸 5~8min	铜、铜合金
8	—	70~100	—	5~10	OP-1 乳化剂 1~3	70~80℃浸至净	铜、铜合金
9	—	20~40	50~60	—	皂粉 1~2	70~80℃浸至净	黄铜、锌等
10	5~10	≈50	≈30	—	—	60~70℃浸喷 10min	铝及其合金重油污
11	—	40~60	40~50	2~5	海鸥湿润剂 3~5ml/L	70~90℃浸 5~10min	铝及其合金重油污
12	—	20~25	25~30	5~10	—	60~80℃浸、喷至净	铝、镁、锌、锡及其合金

注 1. 除油后用冷水或 40~60℃热水漂洗或喷淋，除尽表面残液。

2. 电解除油碱液配方略有变化。

表 6-16 　　　　　　　　几种典型化学除锈浸蚀液

序号	槽液	配比(g/L)	温度(℃)	时间(min)	适用与说明
1	盐酸 若丁	200~350 0.5~1	室温	至净	钢铁
2	硝酸 若丁	700~1000 0.5~1	室温	至净	钢铁、磁性氧化皮
3	A. 硝酸 B. 盐酸 若丁 C. 硝酸 过氧化氢	100~150 400~450 0.3~0.8 40~60 30%	室温 45~55 室温	30~60 36~60 30~60	不锈钢除锈顺序 A—松动氧化皮 B—浸蚀去氧化皮 C—清除浸蚀残渣
4	硝酸 硫酸 盐酸	120~170 600~800 4~6	室温	3~5	黄铜

序号	槽液	配比(g/L)	温度(℃)	时间(min)	适用与说明
5	硫酸	100	40～50	1～5	薄壁铜材
	硫酸高铁	100			
6	硫酸（$d=1.84$）	5%～10%	室温	5～10	紫铜
	水	余量			
7	硝酸	5%	10～35	1～10	铝及其合金
	重铬酸钾	1%			
	水	余量			
8	苛性钠	40～60	45～60	2	铝及其合金
9	硝酸	15～30	15～30	1～2	镁合金
10	苛性钠	350～400	室温	8～15	镁及其合金
11	醋酸铵饱和液		室温	1～15	锌及镀锌件、铅、镉
12	醋酸铵	5%	室温	1～10	锡、镀锡件
	水	余量			
13	A. 苛性钠	1000	138～143	30	钛合金去氧化皮先用 A 液预处理（松皮）再用 B 液蚀除约去除 0.006mm 金属
	亚硝酸钠	12.5			
	重铬酸钾	12.5			
	B. 氢氟酸	50～60	室温	浸泡约60s	
	硫酸铁	200～230			

（3）三组分清洗液，有 BES 型、BEW 型和 ESW 型。

（4）四组分清洗液，即 BESW 型，亦称多功能清洗液，综合性能良好。

以上十个类型中，EW 和 BEW 总称水基金属清洗液，常经粉剂、膏剂或胶剂供货，使用时加入 95% 水即可使用。它对水溶性、油溶性污物都能清洗，而且作用安全，对环境污染小，成本不及汽油的 1/3，技术经济效果显著，在国内外取得了广泛应用。

目前国产水基金属清洗牌号较多，其中供黑色金属常温除油的牌号有 8112、XA-1、77-1、WP81-4、812-A、SF-1（粉）、JS-A、8310（粉）、HX-1、NZ-A、PA30-1A、SHA-10A、RD-1-95、RD-3、

XH-16、XH-17、XH-23、D-2 等；供有色金属常温除油用的有 JH-2、JH-B、BESW-3Ⅲ、8313（粉）、HX-2、DD-Ⅲ、XH-14、XH-16A（铝）、S201（铜）等；还有如 D-5、SF-2（粉）等对各种金属都适用。表 6-17 介绍了几种水基金属清洗液配方及使用。

表 6-17　几种 EW 型和 BEW 型水基清洗液配方及使用

组分（余量为水）		主要工艺参数	适用范围
名称	含量（%）		
XH-16	3～7	常温浸渍	钢铁
SL9502	0.1～0.3	常温、浸、擦、喷	
664 清洗剂	2～3	75℃、3～4min 浸漂	钢铁脱脂，不宜铜锌
105 清洗剂	0.08	常温、浸洗 喷洗、超声 6～10min	钢铁
NA 乳化剂	0.1		
荷性钠	0.2		
碳酸钠	1.2		
磷酸钠	0.2		
煤油	0.15		
664 清洗剂	0.8	35～45℃ 浸洗 （上下窜动） 1～2min	钢铁脱脂兼 有中间防锈作用
平平加清洗剂	0.6		
油酸	1.6		
三乙醇胺	0.8		
亚硝酸钠	0.6		
平平加清洗剂	1～3	60～80℃浸漂 5min	铝、铜及其 合金镀锌钢件
105 清洗剂	0.3	60～90℃喷洗 4～6min	铝及其合金
TX-10 清洗剂	0.2		
8201	2～5	常温浸漂至净	铜及其合金

3. 除锈

锈是金属表面的腐蚀物。在不同的储运、使用环境和加工条件下，各种金属会生成不同的腐蚀物——多为氧化物、氢氧化物和金属的盐类。从外观上看，轻度腐蚀的金属表面一般失去原有光泽而变暗，腐蚀程度加重时，钢铁表面呈黑色、棕色，甚至出现麻点和疤痕；铜及铜合金表面出现黑色或绿色堆积物；铝合金、镁合金出现白色粉末甚至锈坑；镀锌板表面出现白色粉状膜。这些腐蚀物对钣金质量影响较大。清除的方法常用机械方法和化学方法。化学方法系用酸液或碱液浸蚀，其工艺顺序为：除油—清水洗净—除锈—清水冲洗—中和残液—清水洗净—后处理（如钝化）。除锈浸蚀液见表 6-16。对表面油污不太严重的坯件，可将除油除锈合并为下一步进行，称为除油除锈联合处理。满足这一要求的市售多功能金属清洗液品牌繁多，如 NZ1＋1 等还可进行磷化、钝化等后处理。

第三节　拉深模结构设计

一、拉深模的结构形式及设计

（1）第一次拉深工序的模具设计见表 6-18。

表 6-18　　　　　　　　第一次拉深工序的模具

分类	简单拉深模	落料拉深复合模	双动压力机用拉深模
简图	1—凸模；2—压料圈；3—推件板；4—凹模	1—拉深凸模；2—凸凹模；3—推件板；4—落料凹模	1—顶棒；2—拉深肋；3、4—导板；5—凸模固定座；6—凸模；7—出气管；8—压料圈；9—凹模；10—凹模座
特点	凸模装于下模，坯料由压料圈定位，推料板推下拉深件	首先落料出拉深坯料，再由拉深凸模和凸凹模将坯料拉深	根据拉深工艺使用双动压力机。凸模通过固定座安装在双动压力机的内滑块上，压料圈安装在双动压力机的外滑块上，凹模安装在双动压力机的下台面上，凸模与压料圈之间有导板导向

（2）后续拉深工序用模具设计见表 6-19。

表 6-19　　　　　　　　　后续拉深工序的模具

分类	简图	特点
在单动压力机上的拉深模	定位圈	定位圈使工序件定位。而该定位圈又是压料圈
在双动压力机上的拉深模	1　2　3　1—压料圈；2—凹模；3—凸模	压料圈将坯料压紧，凸模下降进行拉深

（3）反拉深模设计。将工序件按前工序相反方向进行拉深，称为反拉深。反拉深把工序件内壁外翻，工序件与凹模接触面大，材料流动阻力也大，因而可不用压料圈。图 6-8 是反拉深示例。图 6-9 所示是反拉深模，凹模的外径小于工序件的内径，因此反拉深的拉深系数不能太大，太大则凹模壁厚过薄，强度不足。

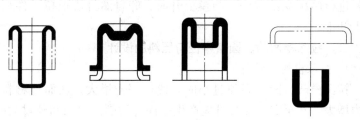

图 6-8　反拉深示例

267

（4）变薄拉深模设计。变薄拉深与一般拉深不同，变薄拉深时工件直径变化很小，工件底部厚度基本上没有变化。但是工件侧壁壁厚在拉深中加以变薄，工件高度相应增加。变薄拉深凹模形式见表 6-20。变薄拉深的凸模形式见表 6-21。

表 6-20   **变薄拉深凹模形式**

简 图	参 数	
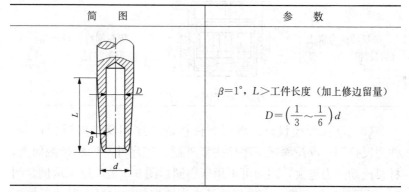	凹模的锥角（°）	工作带高度（mm）
	$\alpha = 7° \sim 10°$ $\alpha_1 = 2\alpha$	$D = 10 \sim 20$ 时 $h = 1$ $D = 20 \sim 30$ 时 $h = 1.5 \sim 2$

表 6-21   **变薄拉深的凸模形式**

简 图	参 数
	$\beta = 1°$，$L >$ 工件长度（加上修边留量） $D = \left(\dfrac{1}{3} \sim \dfrac{1}{6} \right) d$

图 6-10 所示变薄拉深模，凸模下冲时，经过凹模（两件），对坯料进行两次变薄拉深。凸模上升时，卸料圈拼块把拉深件从凸模上卸下。

二、拉深模间隙、圆角半径与压料肋设计

1. 拉深模间隙设计

拉深模凸、凹模间隙过小时，使拉深力增大，从而使材料内应力增大，甚至在拉深时可能产生拉深件破裂。但当间隙过大时，在壁部易产生皱纹。

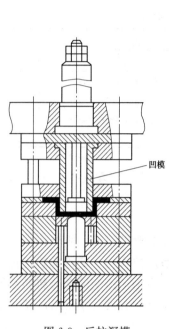

图 6-9　反拉深模

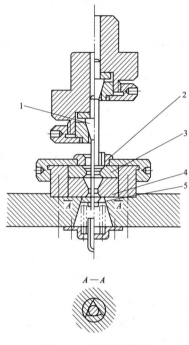

$A—A$

图 6-10　变薄拉深模

1—凸模；3、4—凹模；2—定位圈；

5—卸料圈拼块

拉深模在确定其凸、凹模间隙的方向时，主要应正确选定最后一次拉深的间隙方向。在中间拉深工序中，间隙的方向是任意的。而最后一次拉深的间隙方向应按下列原则确定。

（1）当拉深件要求外形尺寸正确时，间隙应由缩小凸模取得，当拉深件要求内形尺寸正确时，间隙应由扩大凹模取得。

（2）矩形件拉深时，由于材料在拐角部分变厚较多，拐角部分的间隙应比直边部分的间隙大 $0.1t$（t 为拉深件材料厚度）。

（3）拉深时，凸模与凹模每侧间隙 $c/2$ 可按下式计算

$$c/2 = t_{max} + Kt \tag{6-10}$$

式中　t_{max}——材料的最大厚度（mm）；

　　t——材料的公称厚度（mm）；

K——间隙系数，见表 6-22。

表 6-22　　　　　　　　　拉深模间隙系数 K

材料厚度 t(mm)	一般精度		较精密拉深	精密拉深
	一次拉深	多次拉深		
<0.4	0.07~0.09	0.08~0.10	0.04~0.05	
≥0.4~1.2	0.08~0.10	0.10~0.014	0.05~0.06	0~0.04
≥1.2~3	0.10~0.12	0.14~0.16	0.07~0.09	
≥3	0.12~0.14	0.16~0.20	0.08~0.10	

注　1. 对于强度高的材料，K 取较小值。

　　2. 精度要求高的拉深件，建议最后一道采用拉深系数 $m=0.9~0.95$ 的整形拉深。

2. 圆角半径设计

凸模圆角半径增大，可减低拉深系数极限值，应该避免小的圆角半径。过小的圆角半径显然将增加拉应力，使得危险剖面处材料发生很大的变薄。在后续拉深工序中，该变薄部分将转移到侧壁上，同时承受切向压缩，因而导致形成具有小折痕的明显的环形圈。

凹模圆角半径对拉深力和变形情况有明显的影响。增大凹模圆角半径，不仅降低了拉深力，而且由于危险剖面的应力数值降低，增加了在一次拉深中可能的拉深深度，亦即可以减小拉深系数的极限值。但过大的圆角半径，将会减少毛坯在压料圈下的面积，因而当毛坯外缘离开压料圈的平面部分后，可能导致发生皱折。

多道拉深的凸模圆角半径，第一道可取与凹模半径相同的数值，以后各道可取工件直径减少值的一半。末道拉深凸模的圆角半径值决定于工件要求，如果工件要求的圆角半径小时，需增加整形模，整小圆角。

拉深凹模的圆角半径

$$r_A = 0.8\sqrt{(d_0 - d)t} \tag{6-11}$$

式中　d_0——坯料直径或上一次拉深件的直径（mm）；

　　　d——本次拉伸件直径（mm）；

　　　t——材料厚度（mm）。

3. 压料肋和压料装置设计

复杂曲面零件拉深时，为控制坯料的流动，根据拉深件的需要增加或减少压料面上各部位的进料阻力，需要在模具上设置压料肋。

拉深模的压料装置见表 6-23 所示。

表 6-23　　　　　　　　拉深模的压料装置

结构简图	特　点
	用于单动压力机的首次拉深模。由弹顶器或气垫等提供压料力，故压料力较大
	用于单动压力机的后道拉深工序的压料装置，压料接触面积较小，为限制压料力，采用限位柱

三、拉深模压边力选择

拉深时，若坯料的相对厚度较小而变形程度又较大，就会在变形区出现起皱现象，防止起皱的措施是采用有压边装置的拉深模。拉深中是否采用压边圈的条件见表 6-24。

表 6-24　　　　　　　　采用或不采用压边圈的条件

拉深方法	第一次拉深		以后各次拉深	
	$t/D_0 \times 100$	m_1	$t/d_{n-1} \times 100$	m_n
用压边圈	<1.5	<0.6	<1	<0.8
可用可不用	$1.5\sim2.0$	0.6	$1\sim1.5$	0.8
不用压边圈	>2.0	>0.6	>1.5	>0.8

压边力 F_2 的计算式为

$$F_2 = K_2 A p \qquad (6\text{-}12)$$

式中 A——压边面积（mm^2）；

p——单位压边力（MPa）（见表 6-25）；

K_2——系数，取 $1.1 \sim 1.4$（m 小时取大值）。

为避免拉裂，在保证坯料不起皱的前提下，压边力应尽量取较小的数值。

表 6-25　　　　　单位压边力 p（MPa）

材料	单位压边力 p
铝	$0.8 \sim 1.2$
纯铜、硬铝（退火的或刚淬好火的）	$1.2 \sim 1.8$
黄铜	$1.5 \sim 2$
压轧青铜	$2 \sim 2.5$
20 钢、08 钢、镀锡钢板	$2.5 \sim 3$
软化状态的耐热钢	$2.8 \sim 3.5$
高合金钢、高锰钢、不锈钢	$3 \sim 4.5$

冲压模具实用手册

第七章

成 形 模

第一节 起伏成形

一、起伏成形特点

1. 成形工序及特点

所谓模具成形，是指在冲压生产中，除冲裁、弯曲和拉深工序外，用各种不同性质的局部变形来改变钣金及坯料形状的各种工序，主要有缩口、外凸曲线翻边、内凹曲线翻边、翻孔、扩口、起伏、卷边、胀形、整形、校平、压印等。

（1）伸长类成形工艺。翻孔、内凹曲线翻边、起伏、胀形、液压（橡皮）成形等属于伸长类成形工艺，如图 7-1 所示，变形区

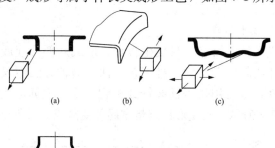

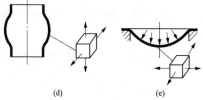

图 7-1　伸长类变形
（a）翻孔；（b）内凹曲线翻边；（c）起伏；（d）胀形；（e）液压（橡皮）成形

273

材料受切向拉应力作用，产生伸长变形，厚度减薄，容易发生开裂。此类工艺的极限变形程度主要受材料塑性的限制。当材料硬化指数 n 和厚向异性系数 r 较大时，极限变形程度也较大。

（2）压缩类成形工艺。缩口和外凸曲线翻边工艺属于压缩类成形工艺，如图 7-2、图 7-3 所示。变形区材料受切向压应力作用，产生压缩变形，厚度增加。此类工艺的极限变形程度不受材料塑性的影响，而受压缩失稳的限制，即有变形区的起皱和非变形区（例如缩口时的刚性支承区）的失稳两种。

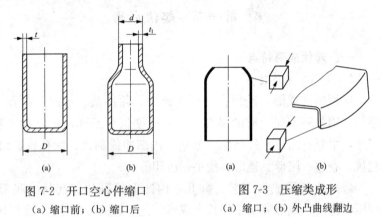

图 7-2　开口空心件缩口
（a）缩口前；（b）缩口后

图 7-3　压缩类成形
（a）缩口；（b）外凸曲线翻边

2. 起伏成形特点

起伏成形是使钣金材料发生拉深，形成局部凸起或凹下，从而改变毛坯或制件形状的一种工艺方法。这种方法不仅可以增强制件的刚性，也可用作表面装饰或标记，如加强筋、花纹、文字等，如图 7-4 所示。其变形特点是靠局部变薄成形，所以开裂决定

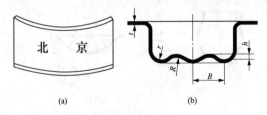

图 7-4　起伏成形
（a）压文字；（b）压加强筋

它的成形极限。一般来说，材料的伸长率 δ 越大，可能达到的极限变形程度就越大。

二、起伏成形工艺

1. 冲压所需要压力

冲压加强筋所需要的压力 $F(\text{N})$ 可近似用下式进行计算

$$F = Lt\sigma_b K$$

式中　L——加强筋的周长（mm）；

t——材料厚度（mm）；

σ_b——材料的抗拉强度（MPa）；

K——系数，由筋的宽度及深度决定，一般取 $0.7\sim1$。

2. 成形几何参数的选择

一次成形允许的加强筋的几何参数见表 7-1；平板局部冲压凸包时的极限成形高度 h_{max} 可参照表 7-2 确定。

表 7-1　　　　　　　　加强筋的形式和尺寸（mm）

名　称	简　图	R	h	b	r_p	α
半圆形筋		$(3\sim4)t$	$(2\sim3)t$	$(7\sim10)t$	$(1\sim2)t$	—
梯形筋		—	$(1..5\sim2)t$	$\geqslant 3h$	$(0.5\sim1.5)$	$15°\sim30°$

表 7-2　　平板局部冲压凸包时的极限成形高度 h_{max}（mm）

	材料	h_{max}
	软钢	$(15\sim0.2)d$
	铝	$(0.1\sim0.15)d$
	黄铜	$(0.15\sim0.22)d$

钣金起伏成形的间距和边距的极限尺寸可参照表 7-3 选择确定。

表 7-3　　　　　起伏成形的间距和边距的极限尺寸

简　图	D	l_1	l
	6.5	10	6
	8.5	13	7.5
	10.5	15	9
	13	18	11
	15	22	13
	18	26	16
	24	34	20
	31	44	26
	36	51	30
	43	60	35
	48	68	40
	55	78	45

第二节　翻边模与翻孔模

一、翻边与翻孔

翻边和翻孔在冲压生产中应用较为广泛,尤其是在汽车、拖拉机等领域应用极为普遍。所谓翻边和翻孔是利用模具把板材上的孔缘或外缘翻成竖边的冲压加工方法,主要用于制出与其他零件的装配部位,或是为了提高零件的刚度而加工出特定的形状,如图 7-5 所示。

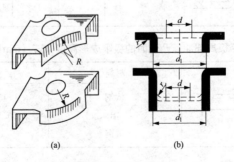

(a)　　　　　　　(b)

图 7-5　翻边与翻孔
(a) 翻边；(b) 翻孔

（1）翻边是使材料沿不封闭的外凸或内凹曲线，弯曲而竖起直边的方法，如图 7-5（a）所示。翻边分为外凸曲线翻边（见图 7-6）和内凹曲线翻边〔见图 7-7（b）〕。外凸曲线翻边的变形性质和应力状态类似于浅拉深，变形程度用 $K_{fb}=r/R_0$ 表示；内

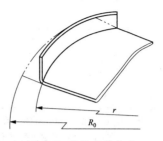

图 7-6　外凸曲线翻边

凹曲线翻边变形程度用翻边系数 $K'_{fb}=\dfrac{r_0}{r_0+b}$ 来表示，当曲线的中心角 $\alpha\leqslant180°$ 时，$K'_{fb}=\dfrac{K_{fk}\alpha}{180°}$（翻孔系数 K_{fk} 按表 7-4 选取），当 $\alpha>180°$ 时，$K'_{fb}=K_{fk}$。

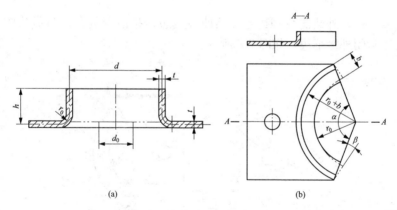

(a) (b)

图 7-7　翻孔及内凹曲线翻边

（a）翻孔；（b）内凹曲线翻边

表 7-4　　　　　　　　　　翻孔系数 K_{fk}

材料	K_{fk}	K_{min}
白铁皮	0.70	0.65
碳钢	0.74～0.87	0.65～0.71
合金结构钢	0.80～0.87	0.70～0.77
镍铬合金钢	0.65～0.69	0.57～0.61

续表

材料	K_{fk}	K_{min}
软铝	0.71～0.83	0.63～0.74
钝铜	0.72	0.63～0.69
黄铜	0.68	0.62

注 1. 竖边允许有不大的裂纹时可用 K_{min}。

2. 钻孔、冲孔毛刺朝凸模一侧时 K_{fk} 取较小值。

3. 采用球形凸模及 t/d_0 较大时 K_{fk} 取较小值。

（2）翻孔是在钣金毛坯上预先加工孔（或不预先加工孔），使孔的周围材料弯曲而竖起凸缘的冲压方法，如图 7-5（b）、图 7-7（a）所示。

二、翻边工艺与翻边模

1. 翻边

（1）外凸曲线翻边。外凸曲线翻边是指沿着具有外凸形状的不封闭外缘翻边，如图 7-8 所示。

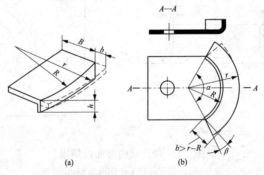

图 7-8 外凸曲线翻边及坯料修正

（a）外凸曲线翻边；（b）外凸曲线翻边坯料修正

外凸曲线翻边的变形程度 $\varepsilon_\text{凸}$ 可用下式表示，外凸曲线翻边的极限变形程度见表 7-5。

$$\varepsilon_\text{凸} = b/R + b$$

式中 b——翻边的宽度（mm）；

R——翻边的外凸圆半径（mm）。

表 7-5　　　　　　　　　　翻边允许的极限变形程度

材料名称及牌号		$\varepsilon_凸$（%）		$\varepsilon_凹$（%）	
		橡皮成形	硬模成形	橡皮成形	硬模成形
铝合金	1035（软）(L4M)	25	30	6	40
	1035（硬）(L4Y1)	5	8	3	12
	3A21（软）(LF21M)	23	30	6	40
	3A21（硬）(LFY1)	20	8	3	12
	5A02（软）(LF2M)	5	25	6	35
	5 A03（硬）(LF3Y1)	14	8	3	12
	5 A12（软）(LY12M)	6	20	6	30
	5 A12（硬）(LY12Y)	14	8	0.5	9
	2 A11（软）(LY11M)	5	20	4	30
	2 A11（硬）(LY11Y)		6	0	0
黄铜	H62（软）	30	40	8	45
	H62（半硬）	10	14	4	16
	H68（软）	35	45	8	55
	H68（半硬）	10	14	4	16
钢	10	—	38	—	10
	120	—	22	—	10
	1Cr18Ni9（软）	—	15	—	10
	1Cr18Ni9（硬）	—	40	—	10
	2 Cr18Ni9	—	40	—	10

外凸曲线翻边的毛坯形状可参照浅拉深方法计算。但是外凸曲线翻边是沿不封闭曲线边缘进行的局部非对称的变形，变形区各处的切向压应力和径向拉应力的分布是不均匀的，因而变形也是不均匀的。如果采用翻边外缘宽度 b 一致的毛坯形状，则翻边后零件的高度为两端低中间高的形状，而且竖边的两端边缘线与不变形平面不垂直（向外倾斜）。为了得到平齐的高度和平面垂直的端线，需对毛坯形状修正。修正方向与内凹曲线翻边相反，如图 7-9 (b) 虚线所示。外凸曲线翻边的模具设计要考虑防止起皱问题。当零件翻边高度较大时，应设置防皱的压紧装置压紧坯料的变形区。

（2）内凹曲线翻边。内凹曲线翻边是指沿着有凹形状的曲线翻边，如图 7-9 所示。

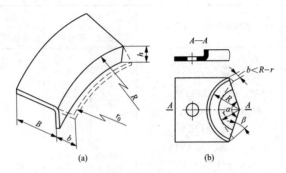

图 7-9　内凹曲线翻边及坯料修正

（a）内凹曲线翻边；（b）内凹曲线翻边坯料修正

内凹曲线翻边程度 $\varepsilon_凹$ 可用下式表示，内凹曲线翻边的极限变形程度见表 7-5。

$$\varepsilon_凹 = b/R - b$$

式中　b——翻边的宽度（mm）；

R——翻边的内凹圆半径（mm）。

因为内凹曲线翻边变形区各处的切向拉深变形不均匀，两端部的变形程度小于中间部分［见图 7-9（b）］，因此采用翻边宽度 b 一致的毛坯形状在翻边后的零件竖边会呈两端高中间凹的形状，而且竖边的两端边缘线是不变形的平面（向内倾斜）。为了得到平直一致的竖边，需要对毛坯轮廓进行修正。修正的方法是使竖边毛坯宽度 b 逐渐变小，使坯料端线按修正角 β 下料，如图 7-9 虚线所示。β 取 $25°\sim40°$，r/R 值和 α 角越小，修正量就越大。如果 r/R 值较大且 α 角也很大，坯料形状可按照翻孔确定。

内凹曲线翻边模具设计时要注意设置定位压紧装置，压紧平面不变形区部分。还可以采用两件对称的冲压的方法，使水平方向冲压力平衡，以减少坯料的窜动趋势。

2. 翻边模

（1）外凸、内凹曲线翻边模，既可以用刚性冲模实现，也可以用软模或其他方法实现。如图 7-10 所示为用橡皮模翻边的方法。

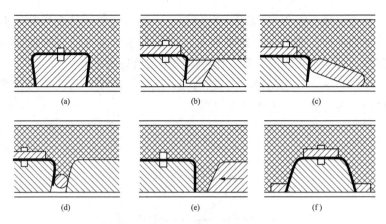

图 7-10 橡皮模翻边方法

（a）用橡皮；（b）用楔块；（c）用铰链压板；（d）用棒；（e）用活动楔块；（f）用圈

（2）图 7-11 所示为圆筒形工件的翻边模，坯件套在定位芯上，当压力机滑块下降时，凸模压下坯料，顶板下降，进入凹模，对坯料进行翻边。压力机滑块上升时，压力机在弹顶器的作用下，顶板升至原来的位置。推杆、推件板把工件从凸模上顶下。

（3）图 7-12 是对矩形孔翻边问题的解决方法。对矩形孔用冲

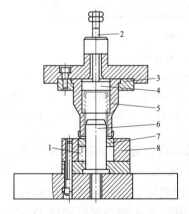

图 7-11 圆筒形件翻边模

1—卸料螺钉；2—推杆；3—固定板；4—推件板；

5—凸模；6—定位芯子；7—顶板；8—凹模

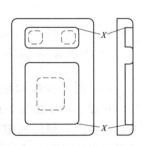

图 7-12 矩形孔翻边

孔翻边方法会在 X 角部发生撕裂现象，克服的方法是先压窝，再将底部冲掉。如果仍有撕裂现象，可先将图示虚线部分冲掉后再翻边。如果仍无收效，就应该考虑增加拐角与圆角半径。

（4）图 7-13 所示为面板翻边模，凸模、凹模、凸凹模对工序件进行内外翻边，生产效率较高。

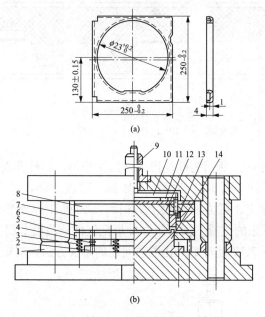

图 7-13　面板翻边模
（a）制件；（b）模具

1—限位套；2—凸凹模；3—弹簧；4—活动挡料装置；5—卸料板；6—凹模；7—空心垫板；8—凸模固定板；9—推杆；10、13—推极；11—垫块；12—凸模；14—凸凹模

（5）图 7-14 所示为内外缘翻边复合模。这是典型的翻边复合模，其加工工件如图 7-14（b）所示。工件内、外缘均需要翻边。毛坯套在内缘翻边凹模上，并由它定位，而它装在压料板上。为了保证它的位置准确，压料板需与外缘翻边凹模按照 H7/h6（间隙配合）装配。压料板既起压料作用又起整形作用。所以压至下止点时应与下模座刚性接触，最后还起顶件作用。内缘翻边后，在弹簧作用力下，顶件块将工件从内缘翻边凹模中顶起。推件板

由于弹簧的作用，冲压时始终与毛坯保持接触。到下止点时，与凸模固定板刚性接触，因此推件板也起整形作用，冲出的工具比较平整。上模出件时，为了防止弹簧力的不足，最终采用刚性推件装置将工件推出。

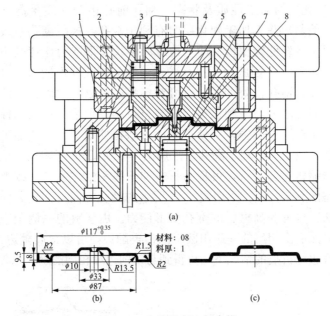

图 7-14　内外缘翻边复合模

（a）模具结构；（b）工件图；（c）毛坯图

1—外缘翻边凸模；2—凸模固定板；3—外缘翻边凹膜；4—内缘翻边凸模；

5—压料板；6—顶件块；7—内缘翻边凹模；8—推件板

三、翻孔工艺与翻孔模

1. 翻孔

（1）变形分析。翻孔的主要变形是变形区内材料受切向和径向拉伸，越接近预冲孔边缘变形就越大。因此，翻孔失败的原因往往是边缘拉裂，但拉裂与否主要取决于拉伸变形程度的大小。翻孔的变形程度，一般用坯料预冲孔直径 d_0 与翻孔后的平均直径 D 的比值 K_0 表示，称为翻孔系数。显然，翻孔系数越大变形程度就越大。翻孔系数 K_0 与竖边边缘厚度变薄量的关系是非常密切的。也就是说翻孔系数越小，坯料边缘变形就越严重。当翻孔系数减小到使孔的边缘濒于拉裂时，这种极限状态下的翻孔系数就称为极限翻孔系数。

影响翻孔系数的因素及提高变形程度的主要措施有如下几点。

1) 孔边的加工性质及状态。翻孔前孔边表面质量高（无撕裂、无毛刺）并无加工硬化层时有利于翻孔，极限翻孔系数可小些。对于冷轧低碳钢板、冲裁边缘的伸长变形能力比切削边缘减少 30%～80%，因此为了提高冲裁边缘的翻孔变形能力，可考虑以切削孔、钻孔代替冲孔，也可对坯料退火以消除硬化；以铲刺或刮削的方法去除毛刺也可以提高材料的变形能力；采用锋利刃口和大于料厚的间隙，可使剪切面近似拉伸断裂，因此加工硬化与损伤都较少，有利于翻孔；采用图 7-15 所示的压印法，从毛刺一侧压缩挤光剪切带，可提高材料伸长率 1 倍左右，是改善孔边缘状态的有效方法；采用图 7-16 所示的翻孔方向与冲孔方向相反的方法，也可提高材料的翻孔变形能力。由坯料的一侧预先稍加翻边，然后由相反的一侧用圆锥凸模再翻边，可以提高翻边极限，在允许边缘折痕的情况下，可得到与切削边缘相同的翻孔系数。

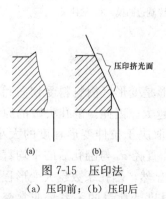

图 7-15　压印法

（a）压印前；（b）压印后

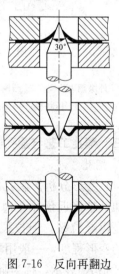

图 7-16　反向再翻边

2）材料的种类和力学性能。材料的塑性越好，翻孔系数 K_0 就可以小一些。

3）材料的相对厚度 (δ/d)。翻孔前材料的厚度 δ 和孔径 d 的比值 δ/d 越大，即材料相对厚度较大时，在断裂前材料的绝对伸长量可以大些。因此，较厚材料的极限翻孔系数 K_0 可以小些，如图 7-17 所示。

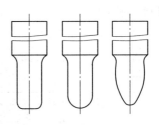

图 7-17　翻孔凸模的头部形状

（2）工艺计算。

1）平板毛坯翻孔的工艺计算。翻孔的毛坯计算是利用板料中性层长度不变的原则近似地进行预冲孔直径大小和翻边高度计算的，平板毛坯翻孔预冲孔直径 d_0 可以近似地按照弯曲展开计算。

2）在拉深件底部翻孔的工艺计算。在拉深件底部的翻孔是一种常见的冲压方法。当翻孔高度较高，一次翻孔难以达到要求时，可将平板毛坯先进行拉深，再在拉深件底部冲孔后再翻孔。其工艺计算过程是：先计算允许翻孔高度 h，然后按照零件的要求高度 H 及 h 确定拉深高度 h_1 及预冲直径 d_0。

3）翻孔力的计算。翻孔力一般不是很大，其大小与凸模形式及凸、凹模间隙有关，当使用平底凸模时，翻孔力可以按下式计算

$$F = 1.1\pi(D - d_0)\delta\sigma_s$$

式中　d_0——翻孔前冲孔直径（mm）；

　　　D——翻孔后直径（mm）；

　　　σ_s——材料屈服强度（MPa）。

4）凸凹模间隙。凸凹模单边间隙可取 $(0.75 \sim 0.85)\delta$，也可按照表 7-6 选取。

表 7-6　　　　　　翻孔凸、凹模单边间隙（mm）

材料厚度	0.3	0.5	0.7	0.8	1.0	1.2	1.5	2.0
平毛坯翻边	0.25	0.45	0.6	0.7	0.85	1.0	1.3	1.7
拉深后翻边	—	—	—	0.6	0.75	0.9	1.1	1.5

2. 翻孔模

翻孔模具的结构与拉深模十分相似，不同之处就是翻孔模的

凸模圆角半径一般比较大，甚至有的翻孔凸模的工作部分做成球形或抛物线形，以利于翻孔工作的进行。翻孔凹模的圆角半径对材料变形影响不大，一般可取工件的圆角半径。

图 7-18 和图 7-19 分别给出了冲孔、翻边连续模和落料、翻孔、冲孔复合模的示意图。

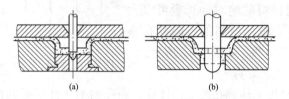

(a)   (b)

图 7-18   冲孔、翻孔连续模示意图

（a）冲孔；（b）翻孔

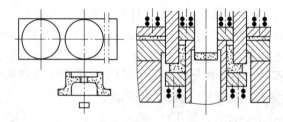

图 7-19   落料、翻孔、冲孔复合模

第三节   胀形及胀形模

胀形是利用模具对板料或管状毛坯的局部施加压力，使变形区内的材料厚度减薄和表面积增大，以获取制件几何形状的一种变形工艺。其变形情况如图 7-20 所示。在凸模力 P 的作用下，变形区内的金属处于两向（径向 σ_1 和切向 σ_2）拉应力状态（忽略料厚度方向的应力 σ_3）。其应变状态为两向（径向 ε_1 和切向 ε_2）受拉，一向受压（厚度方向 ε_3）的三向应变状态。其成形极限将受到拉裂的限制。材料的塑性越好，硬化指数值越大，则极限变形程度就越大。在大型覆盖件的冲压成形过程中，为使毛坯能够很好地贴模，提高成形件的精度和刚度，必须使零件获得一定的胀

形量。因此胀形是冲压变形的一种基本的方法。

一、胀形工艺及特点

1. 胀形件的特点

在制定冲压工艺和设计模具时，需要考虑胀形件的以下特点。

（1）胀形件的形状应尽可能的简单、对称。轴对称胀形件在圆周方向上的变形是均匀的。其工艺性最好，模具加工也比较容易；非轴对称胀形件也应避免急剧的轮廓变化。

（2）胀形部分要避免过大的高径比（h/d）或宽径比（h/b），如图 7-21 所示。过大的 h/d 和 h/b 将引起破裂，一般需要增加预成形工序，通过预先聚料来防止破裂的发生。

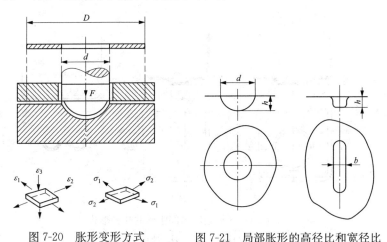

图 7-20　胀形变形方式　　　图 7-21　局部胀形的高径比和宽径比

（3）胀形区过渡部分的圆角不能太小，否则该处材料厚度容易严重减薄而引起破裂，如图 7-22 所示。

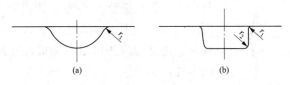

图 7-22　局部胀形区的过渡圆角

（a）$r_1 \geqslant (1\sim2)\delta$；（b）$r_2 \geqslant (1\sim1.5)\delta$

注　δ 为材料的厚度。

（4）对胀形件壁厚均匀性不能要求太高。因为胀形时材料必然变薄，在极限变形的情况下，对于平板局部胀形，中心部分变薄可达到 $0.5\delta_0$ 以上，对于空心管件胀形，最大变薄可达到 $0.3\delta_0$ 以上（δ_0 为平板毛坯或空心毛坯胀形前的厚度）。

2. 胀形工艺方法

（1）平板毛坯的局部胀形。平板毛坯的局部胀形是板料在模具作用下，通过局部胀形而产生凸起或凹下的冲压加工方法。这种成形工艺的主要目的是用来增强零件的刚度和强度，也可用作表面装饰或标记。常见的有压加强筋、压凸包、压字和压花等，如图 7-23 所示。

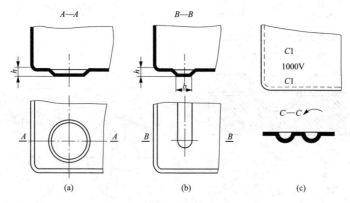

图 7-23　平板毛坯局部胀形的几种形式

（a）压凸包；（b）压加强筋；（c）压字

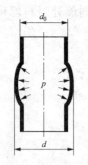

图 7-24　空心胀形

（2）圆柱形空心毛坯胀形。圆柱形空心毛坯胀形是通过模具的作用，将空心毛坯材料向外扩张成曲面空心零件的成形方法，如图 7-24 所示，胀形时，变形区钣金材料厚度变薄。用这种方法可以制造成许多形状复杂的零件，如波纹管、带轮等。

常用圆柱形空心毛坯胀形一般要用可分式凹模，常用胀形方法见表 7-7。

表 7-7　　　　　　　　　　空心胀形方法

序号	1	2	3	4	5	6
简图	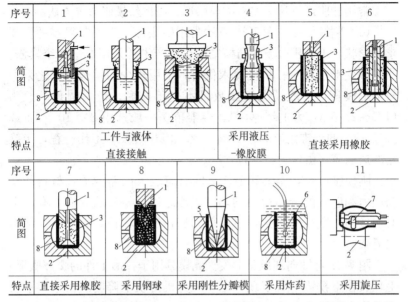					
特点	工件与液体 直接接触			采用液压 -橡胶膜	直接采用橡胶	

序号	7	8	9	10	11
简图					
特点	直接采用橡胶	采用钢球	采用刚性分瓣模	采用炸药	采用旋压

注　表中1—凸模；2—凹模（或型胎）；3—橡胶；4—阀；5—胀形模；6—炸药；
　　7—滚轮；8—工件。

常用分式凹模胀形模如图 7-25 所示。凸模材料为聚氨酯橡胶，有一定的弹性、强度和寿命，适宜制造各种成形模零件。由于工件的形状要求，凹模 2、3 分成上下两部分，以便取出，凸模 1 则制成相似工件的形状，略小于工序件的内径。

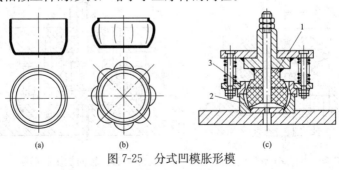

图 7-25　分式凹模胀形模

（a）工序件；（b）成品；（c）模具

1—凸模；2、3—凹模

二、常用胀形方法与模具

常用的胀形方法主要有刚模胀形、固体软模胀形等方法。

（1）刚模胀形。图 7-26 所示为刚模胀形。为了获得零件所要求的形状，可采用分瓣式凸模结构，生产中常采用 8～12 个模瓣。当胀形变形程度小，精度要求低时，采用较少的模瓣，反之采用较多的模瓣，一般情况模瓣数目不少于 6 瓣。模瓣圆角一般为 (1.5～2) δ（δ 为毛坯厚度）。半锥角 α 一般选用 8°、10°、12°或 15°，较小的半锥角有利于提高力比，但却增大了工作行程，半锥角的选取应该由压力机的行程决定。

刚模胀形时，模瓣和毛坯之间有着较大的摩擦力，材料的切向应力和应变的分布很不均匀。成形之后，零件的表面上有时会有明显的直线段和棱角，很难得到高精度的零件，而且模具结构也复杂。

图 7-27 是轴向加压胀形模。此模具用于杯形工件的腰部胀形。毛坯放在下模内，置于顶板上，压力机滑块下降时，由上、下模对毛坯进行胀形。当压力机滑块上升时，由卸件块和顶板将冲件从上模和下模内退出。用这种方法胀出的埂，其高度不能大于管壁的厚度，其范围不能超过 90°弧度，否则，管子会在胀出埂以前被压垮。

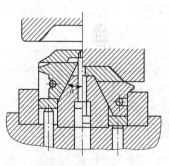

图 7-26　刚体分瓣凸模胀形

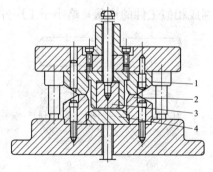

图 7-27　轴向加压胀形模

1—上模；2—下模；3—卸件块；4—顶板

图 7-28 是筒形件局部凸包胀形模。冲头下行时，压板将筒件压在心轴上，在上模斜楔的作用下，三个小凹模向中心推进，将筒件压紧在心轴上，形成刚性压边，接着顶销的圆锥头压向凸模斜面，使其向外伸出，将筒件压出凸包。冲头上行时，凹模由弹簧恢复到原来位置。螺栓带动顶板、顶杆和顶件环将工件顶出。这时三个凸模向中心收缩，由限位钉限制其位置。

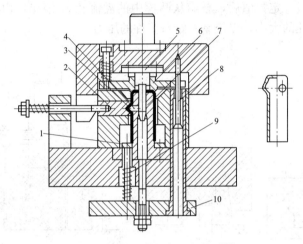

图 7-28 筒形件局部凸包胀形模

1—顶件环；2—凹模；3—凸模；4—限位钉；5—顶销；6—压板；

7—心轴；8—螺柱；9—顶杆；10—顶板

（2）固体软模胀形。用固体软模胀形可以改善刚模胀形的某些不足（如工件变形不均匀、模具结构复杂等）。此时凸模可采用橡胶、聚氨酯或 PVC（聚氯乙烯）等材料。胀形时利用软凸模受压变形并迫使板材向凹模型腔贴靠。根据需要，钢质凹模可做成整体式与可分式两种形式，图 7-29 所示。

软体模的压缩量与硬度对零件的胀形精度影响很大，最小压缩量一般在 10% 以上才能确保零件在开始胀形时具有所需的预压力，但最大不能超过 35%，否则软凸模很快就会损坏。一般常用聚氨酯橡胶制作凸模。为了使毛坯胀形后能充分贴模，应在凹模壁上适当位置开设通气孔。

对于不同材料，胀形后的回弹也各不相同。有的材料如钛合金，回弹量不可忽视（约占基本尺寸的 0.35％）。但是由于回弹量与零件形状密切相关，针对不同形状的零件，要经过多次修模和试模之后才能够比较稳定地生产合格的产品。

图 7-30 是用石蜡的胀形方法。在凸模压力下，筒件和其中的石蜡受轴向压缩，在上、下凹模内成形。在压缩过程中，当单位压力超过一定数值后，石蜡从凸模中的溢流孔 A 溢出，由螺钉调节溢流孔的大小，以控制石蜡对筒件的压力。

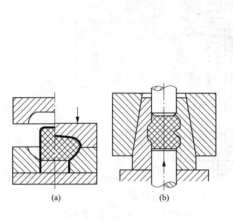

图 7-29　固体软模胀形

（a）整体式；（b）可分式

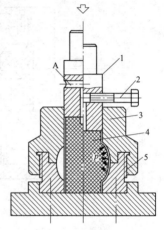

图 7-30　石蜡胀形模

1—凸模；2—螺钉；3—上凹模；

4—石蜡；5—下凹模；A—溢流孔

第四节　缩口及缩口模

缩口模广泛地运用于国防工业、机械制造业和日用工业生产中。所谓缩口就是将先拉深好的圆筒形件或管件坯料通过缩口模具使口部直径缩小的一种成形工序。若用缩口代替拉深工序来加工某些零件，可以减少成形工序。

一、缩口工艺特点

1. 缩口变形的方式

根据零件的特点，在实际的生产过程中，可以采用不同的缩口方式。常见的缩口方式有以下几种。

（1）整体凹模缩口。这种方式适用于中小短件的缩口。如图7-31所示。

（2）分瓣凹模缩口。这种方式多用于长管口。图7-32是将管端缩口成球形的工艺实例，分瓣凹模安装在快速短行程通用偏心压力机上，此时，管材要一边送进一边旋转。

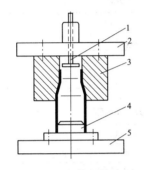

图 7-31　整体凹模缩口

1—推料杆；2—上模板；

3—凹模；4—定位器；5—下模板

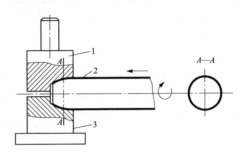

图 7-32　分瓣凹模缩口

1—上半模；2—零件；3—下半模

（3）旋压缩口。这种方式适用于相对料厚较小的大中型空心坯料的缩口，如图7-33所示。

2. 缩口的变形程度

钣金缩口变形主要是毛坯受切向压缩而使直径减小，厚度与高度都略

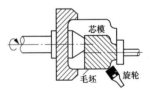

图 7-33　旋压缩口

有增加。因此在缩口工艺中毛坯发生失稳起皱。同时，在未变形区的筒壁，由于承受全部缩口压力，也易产生失稳变形。所以，防止失稳是缩口工艺的主要问题。钣金缩口的极限变形程度主要受失稳条件的限制，它是以切向压缩变形的大小来衡量的，一般采用缩口系数 K 表示。

$$K = d/D$$

式中　D——缩口前口部直径（mm）；

d——缩口后口部直径（mm）。

由上式可以知道，缩口系数 K 越小，变形程度越大。如果零件要求总的缩口变形很大，那么就需要进行多次缩口了。

缩口系数的大小主要与材料的种类、厚度以及模具结构形式有关。表 7-8 是不同材料、不同厚度的平均缩口系数。表 7-9 给出了不同材料和不同模具形式的平均缩口系数。

表 7-8　　　　　不同材料、不同厚度的平均缩口系数

材　料	材　料　厚　度（mm）		
	～0.5	＞0.5～1	＞1
黄铜	0.85	0.8～0.7	0.7～0.65
钢	0.85	0.75	0.7～0.65

表 7-9　　　　　不同材料和不同模具形式的平均缩口系数

材料名称	模　具　形　式		
	无支承	外部支承	内部支承
软铜	0.7～0.75	0.55～0.60	0.30～0.35
黄铜 H62、H68	0.65～0.70	0.50～0.55	0.27～0.32
铝	0.38～0.72	0.53～0.57	0.27～0.32
硬铝（退火）	0.73～0.80	0.60～0.63	0.35～0.40
硬铝（淬火）	0.75～0.80	0.68～0.72	0.40～0.43

从表 7-8 和表 7-9 所列举的数值可以看出：材料塑性越好，厚度越大，或者模具结构中对筒壁有支承作用的，缩口系数就小些。多道工序缩口时，一般第一道工序的缩口直径系数 K_1 为 $0.9k_i$，以后各道工序的缩口系数 K_n 为 $(1.05～1.1)k_i$（注：k_i 为每一道工序的平均缩口系数；K_n 为缩口 n 次后的缩口系数）。

二、常用缩口模

1. 缩口模具的种类

缩口模具按照支承形式一般可以分为三种。

（1）无支承形式。这种模具结构简单，但是毛坯稳定性差，如图 7-34 所示。

（2）外支承形式。这种模具比无支承缩口模复杂，但是毛坯稳定性较好，允许的缩口系数可以小些，如图 7-35（a）所示。

（3）内外支承形式。这种模具较前两者都复杂，但是稳定性更好，允许缩口系数可以取得更小，如图7-35（b）所示。

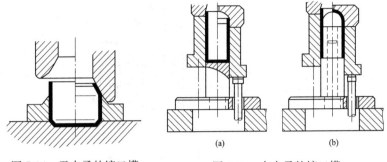

图7-34　无支承的缩口模

图7-35　有支承的缩口模

（a）外支承；（b）内外支承

2. 典型的缩口模

（1）薄壁压延件缩口模。图7-36是对薄壁压延件的缩口模。将压延件置入配合良好的下模，放入粘在钢板上的橡胶柱。上模下行时，先由有锥尖的模块将钢板和橡胶柱定位，如图7-36（a）所示。接着对工件上端进行缩口，如图7-36（b）所示。

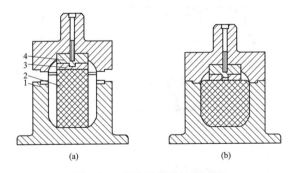

图7-36　薄壁压延件的缩口模

（a）工件定位；（b）缩口

1—下模；2—橡胶柱；3—钢板；4—模块

（2）非圆形件的缩口模。图7-37是非圆形件的缩口模。上模下行时，由弹簧作用的侧压板将菱形盒紧靠在下模上，由压块压住，此时上模进行缩口，但要用不同形状的缩口模分几次完成一个工件四个角和四条直边的缩口工作。

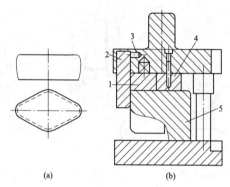

图 7-37　非圆形件缩口模

（a）工件图；（b）缩口模

1—压块；2—侧压板；3—弹簧；4—上模；5—下模

（3）缩口镦头模。图 7-38 为缩口镦头模，此模具对圆管料进

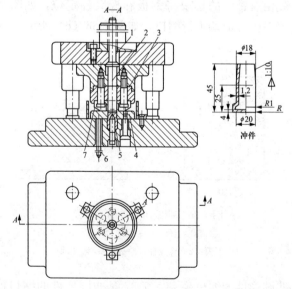

图 7-38　缩口镦头模

1—推杆；2—推销；3、7—凹模；4—卸料板；5—凸模；6—顶杆

行缩口镦头。圆管放置在凸模和顶杆的卸料板上，当压力机滑块下降时，在凹模 3、7 和卸料板的作用下，圆管被缩口镦头。当压力机滑块上升时，卸料板在顶杆的作用下，将冲件顶起。如冲件被凹模 3、7 带起，推销、推杆把冲件推下。

（4）灯罩缩口模。如图 7-39 所示，由模芯保证缩口尺寸，在缩口前，工件由斜楔推动的下模夹紧，上模下降进行缩口。

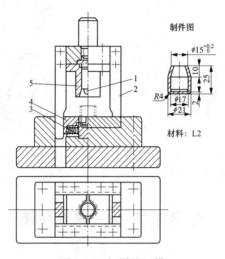

图 7-39　灯罩缩口模
1—模芯；2—斜楔；3、4—下模；5—上模

（5）空心球缩口成形过程。如图 7-40 所示，是由管子经多次缩口，最后经过点焊、抛光成为空心球。

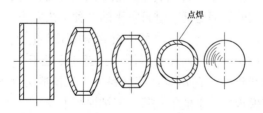

图 7-40　空心球缩口成形过程

（6）缩口与扩口复合模。缩口与扩口复合工艺是管形制件两

端直径差较大时，将管子两端同时进行缩口和扩口的工艺方法。可用管子制成空心阶梯形或锥形的工件，如图7-41所示。此工艺简单，消耗材料少，模具成本低。最后加一道整形工序，可提高工件质量。缩口与扩口复合模如图7-42所示。

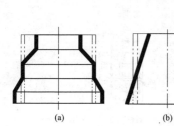

图 7-41　缩口与扩口复合工艺

（a）缩口；（b）扩口

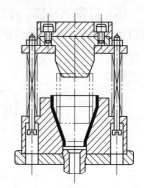

图 7-42　缩口与扩口复合模

✂ 第五节　校平及压印模

一、校平模

校平是校形的一种方法，是作为成形后的补充加工，虽然使工序有所增加，但从整个工艺设计考虑却往往是经济合理的。有了这一环节，前面的成形工序就可以更好地满足成形规律的要求。

所以，校平就是将冲压件或毛坯的不平面放在两个平光面或带有齿形刻纹的表面之间，进行校平的一种工艺方法。

校平时，板料在上下两块平模板的作用下产生反向弯曲变形，出现微量塑性变形，从而使板料压平。当冲床处于下止点位置时，上模板对材料进行强制压紧，使材料处于三向应力状态，卸载后回弹小，在模板作用下的平直状态就被保留下来。

根据板料的厚度和对表面的要求，校平可采用光面模校平、齿形校平以及加热校平等方法。

一般对于薄料和表面不允许有压痕的零件，采用光面校平模。

由于材料回弹的影响，对材料强度较高零件，校平效果较差。为了使校平不受压力机滑块导向精度的影响，校平模最好采用图 7-43 所示结构。

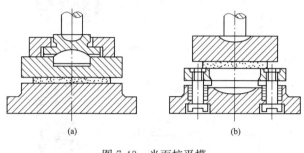

图 7-43　光面校平模

(a) 上模浮动式；(b) 下模浮动式

当零件平面度要求较高或采用材料较厚、较硬时，通常采用齿形校平模，如图 7-44 所示。齿形校平模可分为细齿校平模和粗齿校平模，如图 7-44（a）所示。细齿校平模是将齿尖挤压进入零件表面一定的深度，使之形成很多塑性变形的小网点，改变了零件材料原有的应力状态，故能减少回弹，校平效果较好。但由于细齿校平零件表面压痕较深，而且又易粘在模板上，造成操作上的困难，因此细齿校平模多用于材料较厚、强度高、表面允许有压痕的零件；而粗齿校平模适用于厚度较薄的铝、青铜、黄铜等表面不允许有压痕的零件，如图 7-44（b）所示。安装齿形校平模时，要使上下模齿形相互交错，其形状和尺寸可参考图 7-44 所给数值。

当零件的平面度要求较高且又不允许有压痕或零件尺寸较大时，也可采用加热校平的方法。加热校平是指把要校平的零件迭成，用夹具压紧成平直状态，放入加热炉内加热，因温度升高而使屈服强度降低、回弹减小，从而校平零件的整形方法。一般情况下，铝材加热温度为 $300\sim320℃$，黄铜（H62）为 $400\sim450℃$。校平的工作行程不大，但校平力却很大，可参照表 7-10。

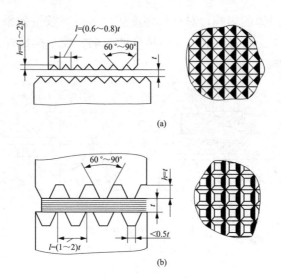

图 7-44 齿形校平模

（a）细齿校平模；（b）粗齿校平模

表 7-10   校平和整形单位压力（MPa）

方　　法	P 值
光面校平模校平	50～80
细齿校平模校平	80～120
粗齿校平模校平	100～150
敞开形制件整形	50～100
拉深件减小圆半径及对底、侧面整形	150～200

二、压印模

压印是使材料厚度发生变化，将挤压的材料充塞在有起伏的模腔内，使零件上形成起伏花纹或字样。在大多数情况下压印是在封闭模内进行的，从而避免了金属被挤压到形腔外面，如图 7-45 所示。对于尺寸较大或形状特殊需要切边的零件，可采用敞开式模具进行表面压印。

压印广泛用于制造钱币、纪念章以及在餐具和钟表零件上压出标记或花纹。零件压印的厚度精度一般可以达到±0.1mm，高

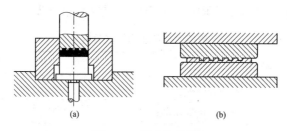

图 7-45　压印模简图

（a）封闭式；（b）敞开式

的可以达到 ±0.05mm。设计压印模时应该注意花纹的凸起宽度不要高而窄，更要避免尖角。如图 7-46 所示，如果压印花纹深度 $h \leqslant (0.3 \sim 0.4)t$，则压印花纹工作可在光面凹模上进行。如果 $h > 0.4t$，需按凸模形状做相应的凹槽，其宽度比凸模的凸出部分大，深度则比较小。

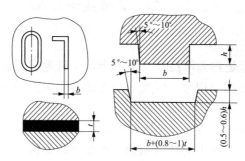

图 7-46　压印花纹时模具成形部分尺寸

计算压印毛坯尺寸时，可以用零件与毛坯体积相等的原则确定，对于事后需要切边的零件，还需在计算时考虑加飞边余量。

在压印加压力过程中，虽然金属的位移不会太大，但为了得到理想清晰的花纹则需要相当大的单位压力，压印力可按下式计算

$$F = Ap$$

式中　　F ——压印力（N）；

　　　　A ——零件的投影面积（mm^2）；

p——单位面积压力（MPa），其试验值见表 7-11。

表 7-11　　　　　压印时单位压力的试验值

工 作 性 质	单位压力（MPa）
在黄铜板上敞开压凸纹	200～500
在 $t<1.8mm$ 的黄铜板上压凸凹图案	800～900
用淬得很硬的凸模，在凹模上压制轮廓	1000～1100
金币的压印	1200～1500
银币或镍币的压印	1500～1800
在 $t<0.4mm$ 的薄黄铜板上压印单面花纹	2500～3000
不锈钢上压印花纹	2500～3000

第六节　其他成形方法

一、液压成形

液压成形是在无摩擦状态下成形，与其他成形方法相比，极少出现变形不均匀现象。因此，液压成形法多用于生产表面质量和精度要求较高的复杂形状零件。

1. 液压成形特点

液压成形是指用液体（如油、水等）作为传压介质来成形零件的一种工艺方法，可以完成拉深、挤压、胀形等工序。

2. 液压成形方法

液压成形方法大致有两种：一种是液体直接作用在成形零件上；另一种是液体通过橡胶囊间接地作用在成形零件上。图 7-47 是直接加压液压成形法，用这种方法成形之后还需将液体倒出，生产效率较低。图 7-48 是橡皮囊充液成形法。工作时向橡皮囊内打入高压液体，皮囊成形之后迫使毛坯向凹模贴靠成形。这种方法的优点是密封问题容易解决，每次成形时压入和排除的液体量小。因此生产效率比直接加压液压成形法高。缺点是橡皮囊的制作比较麻烦，使用寿命较短。

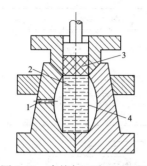

图 7-47　直接加压液压成形法

1—凹模；2—液体；3—橡胶垫；4—坯料

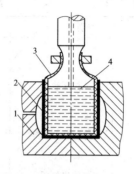

图 7-48　橡皮囊充液成形法

1—凹模；2—毛坯；3—橡皮囊；4—液体

在设计模具时，应根据零件的形状和大小，并考虑操作的方便程度及取件难易等因素，将凹模设计成整体式与分块式两种。在凹模壁上也需开设不大的排气孔，以便毛坯充分贴模。

图 7-49 是在双动冲床上使用的成形模具。可自行确定一定的液体量。将盛满液体的杯形件置于下模内，外冲头下行，上模和凸模外套先下降，将多余的液体排出，接着内冲头下行，凸模插入外套内成形。

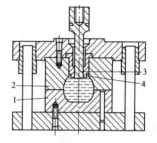

图 7-49　双动冲床用液压成形模

1—下模；2—上模；
3—凸模；4—凸模外套

二、旋压成形

旋压属于回转加工，是利用钣金坯料随芯模旋转（或旋压工具绕坯料与芯模旋转）和旋压工具与芯模相对进给，使坯料受压力作用并产生连续、逐点的变形，从而完成工件的加工。

1. 旋压的分类

根据坯料厚度变化情况，旋压可分为不变薄旋压（普通旋压）和变薄旋压（强力旋压）两大类，见表 7-12。

表 7-12 旋压成形分类

类别		图例
不变薄旋压	拉深旋压	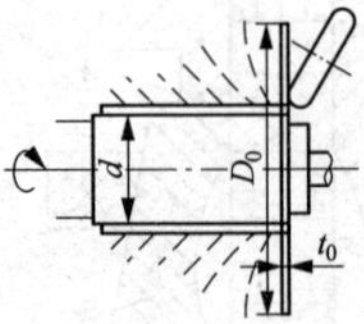
	缩口旋压	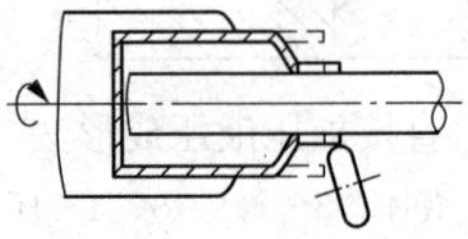
	扩口旋压	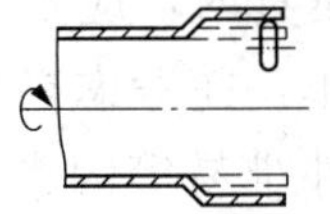
变薄旋压	锥形件变薄旋压（剪切旋压）	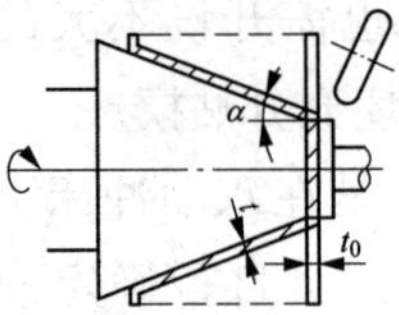
变薄旋压	筒形件变薄旋压 — 正旋	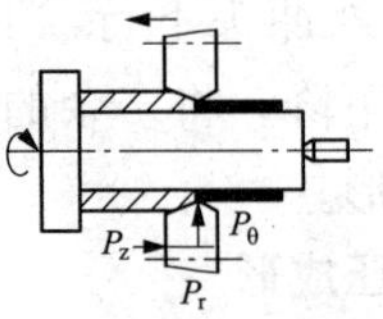
	筒形件变薄旋压 — 反旋	

304

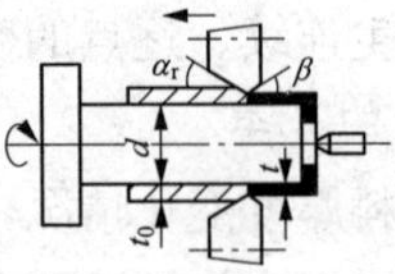

2. 旋压成形的特点

旋压成形的主要特点如下。

（1）旋压属于局部连续塑性变形加工，瞬间的变形区小，所需的总变形力较小。

（2）有一些形状复杂的零件或高强度难变形的材料，传统工艺很难甚至无法加工，用旋压成形却可以方便地加工出来。

（3）旋压件的尺寸公差等级可达 IT8 左右，表面粗糙度 $Ra<3.2\mu m$，强度和硬度均有显著提高。

（4）旋压加工材料利用率高，模具费用低。

3. 旋压材料的种类及工件形状特点

可旋压的钣金材料见表 7-13。

表 7-13　　　　　　　旋压加工常用材料

材　料	牌　　号
优质碳素钢	20 钢、30 钢、35 钢、45 钢、60 钢、15Mn、16Mn
合金钢	40Cr、40Mn2、30CrMnSi、15MnPV、15MnCrMoV、14MnNi、40SiMnCrMoV、28CrSiNiMoWV、45CrNiMoV、PCrNiMo
不锈钢	1Cr13、1Cr18Ni9Ti、1Cr21Ni5Ti
耐热合金	CH-30、CH128、Ni-Cr-Mo
非铁金属及其合金	T2、HNi65-5、HSn62-1、LG2（1A90）、LD8（2A80）、LF3（5A03）、LF5（5A05）、LF6（5A06）、LF12（5A12）、LF21（3A21）、LY12（2A12）、LD2（6A02）、LD10（2A14）、LC4（7A04）、LD7（2A70）、LG4（1A97）、LG3（1A93）
难溶金属稀有金属	烧结纯钼、纯钨、纯钽、铌合金 C-103、Cb-275、纯钛、TC$_4$、TB$_2$、6Al-4V-Ti、纯锆、Zr-2

注　括号内为材料新牌号。

可旋压的工件只能是旋转体，主要有筒形、锥形、曲母线形和组合形（前三种相互组合而成）四类。如图 7-50 所示。

4. 旋压成形完成的工序

旋压成形可以完成旋体工件的拉深、缩口、扩口、胀形、翻边、弯边、叠缝等不同工序。见表 7-12。

各种旋轮的形状如图 7-51 所示。对应旋轮的主要尺寸可参考表 7-14 选择确定。

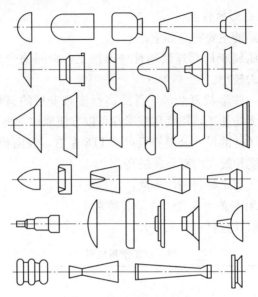

图 7-50　旋压件的形状示例

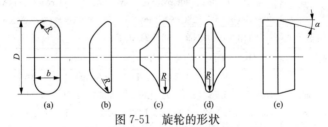

图 7-51　旋轮的形状

（a）旋压空心件用；（b）变薄旋压用；（c）缩口、滚波纹管用；（d）、（e）精加工用

表 7-14　　　　　　　　旋轮的主要尺寸（mm）

旋轮直径 D	旋轮宽度 b（旋压空心作用）	旋轮圆角半径 R				
		a	b	c	d	e[α(°)]
140	45	22.5	6	5	6	4（2）
160	47	23.5	8	6	10	4（2）
180	47	23.5	8	8	10	4（2）
200	47	23.5	10	10	12	4（2）
220	52	26	10	10	12	4（2）
250	62	31	10	10	12	4（2）

　　注　表内的 a、b、c、d、e 对应图 7-50 分图号。

5. 旋压加工实例

（1）航空和宇宙工业是钣金旋压产品的主要用户。例如发动机整流罩、燃烧室、机匣壳体、涡轴、导弹和卫星的鼻锥和封头、助推器壳体、喷管等，都是旋压成形的。图 7-52 所示是卫星鼻锥，用不锈钢经两次变薄旋压和一次不变薄旋压而成。

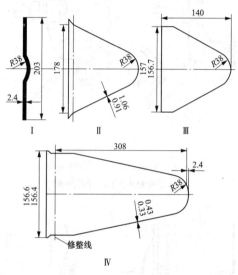

图 7-52 卫星"探险者"1号鼻锥

（2）旋压成形技术在机电工业中的应用正在日益扩大，主要用于制造汽车和拖拉机的车轮、制动器缸体、减振管等，各种机械设备的带轮、耐热合金管、复印机卷筒、雷达屏和聚光镜罩等。图 7-53 所示是汽车轮辐，其厚度向外周渐薄，原用普通冲压成形，工序较多，改用旋压工艺后，用圆板坯料直接旋压成形。

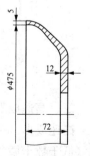

图 7-53 汽车轮辐

（3）大型封头零件的传统工艺为拉深，也有采用爆炸成形的。但作为主要加工手段，现已转为旋压工艺。如图 7-54 所示是容器或锅炉常用的平底封头和碟形封头的旋压成形，借助旋压机上可做纵向和横向调节的辅助旋轮，可旋压不同直径的封头。图 7-55 是平边拱形封头的两种旋压法。半球形封头可一次装夹或两次装夹旋压而成，如图 7-56 所示，前者用于硬化指数不大的材料（如铝板和钢板）。

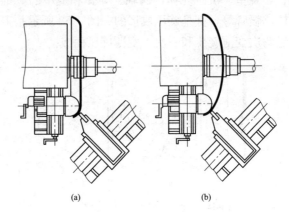

(a)   (b)

图 7-54 平底封头和碟形封头旋压

（a）平底封头；（b）碟形封头

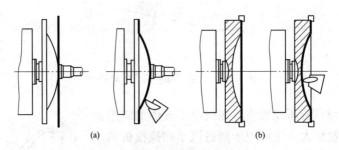

(a)   (b)

图 7-55 平边拱形封头旋压

（a）外旋压法；（b）内旋压法

三、高速成形

高速成形（又叫高能成形）是利用炸药或电装置在极短的时间（低于数十微秒）内释放出的化学能或电能，通过介质（空气或水等）以高压冲击作用于坯料，使其在很高的速度下变形和贴模的一种方法。它包括爆炸成形、电水成形和电磁成形（见表 7-15）。

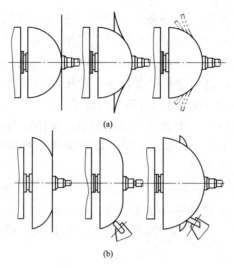

(a)

(b)

图 7-56 半球形封头旋压

（a）一次装夹旋压法；（b）两次装夹旋压法

表 7-15 高速成形方法比较

加工方法		能源形式	所用设备	成形方法的多样性与灵活性	工件形状的复杂程度	成形工件尺寸	生产效率	组织生产的难易程度	适用生产规模
爆炸成形	井下	炸药	简单	较大	较复杂	尺寸较大，但受井限制	低	困难	小批量
	地面	炸药	非常简单	大	复杂	不受限制	很低	困难	小批量、单件
电水成形		高压电源	复杂	小	一般	尺寸不大，受设备功率限制	较高	容易	较大批量
电磁成形		高压电源	复杂	小	一般	尺寸不大，受设备功率限制	高	最容易	较大批量

高速成形是用传压介质——空气或水代替刚体凸模或凹模，适用于加工某些形状复杂、难以用成对钢模制造的工件。用高速成型可以进行拉深、胀形、起伏、弯曲、扩孔、缩口、冲孔等冲压加工工序。在高速变形的条件下，冲压件的精度很高，而且使某些难加工的金属也能变得很容易成形了。

（1）爆炸成形。爆炸成形装置简单，操作容易，可能加工工件的尺寸一般不受设备能力限制，在试制或小批量生产大型工件时经济效益尤其显著。

爆炸拉深与爆炸胀形见图 7-57 和图 7-58。在地面上成形时，可以采用一次性的简易水桶（见图 7-57）或可反复使用的金属水桶（见图 7-58）。为了保证要件的质量，除用无底模成形外，都必须考虑排气问题。

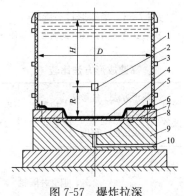

图 7-57　爆炸拉深

1—纤维板；2—炸药；3—绳索；4—坯料；5—密封袋；
6—压边圈；7—密封圈；8—定位圈；9—凹模；10—抽真空孔

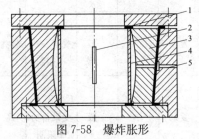

图 7-58　爆炸胀形

1—密封圈；2—炸药；3—凹模；4—坯料；5—抽真空孔

爆炸成形的工艺参数如下。

1）炸药与药包形状。常用的炸药有梯恩梯（TNT）、黑索金（RDX）、泰安（PETN）、特屈儿等。药包可以是压装、铸装和粉装的。药包形状选择可参见表 7-16。

表 7-16　　　　　　　　　　药包形状选择

零件特点	药包形状
(1) 球形、抛物面形零件拉深	球形、短圆柱形、锥形
(2) 大型封头零件拉深	环形
(3) 筒形或管子类零件胀形与整形	长圆柱形（长度与零件长度相适应）
(4) 大中型平面零件的成形与整形	平板形、网格形、环形

2）药位与水头。药位是指药包中心至坯料表面的距离（图 7-57 中的 R）。它对工件成形质量影响极大，药位过低导致坯料中心部位变形大、变薄严重；过高的药位必须靠增加药量弥补成形力能的不足。生产中常用相对药位 R/D（D——凹模口直径）的概念。

短圆柱形、球形、锥形药包：$R/D=0.2\sim0.5$。

环形药包：$R/D=0.2\sim0.3$。

药包中心至水面的距离称为水头（图 7-57 中的 H）。一般取 $H=(1/2\sim1/3)$。

常用爆炸成形模具材料见表 7-17。

表 7-17　　　　　　　　　　爆炸成形模具材料的选用

模具材料	特点	适用范围
锻造合金钢	抗冲击性能好，尺寸稳定，成形工件精度高，表面质量好，寿命长，但加工困难，制造周期长，成本高	适用于形状非常复杂、尺寸精度要求高、厚度大、强度高而尺寸不大的工件的成形与胀形。批量较大
铸钢	基本同前项，但冲击能力稍差，成本稍低于锻钢	适用于形状复杂、尺寸精度要求较高、厚度较大的黑色金属或高强度的非铁金属工件的成形与胀形。批量较大

模具材料	特 点	适 用 范 围
球墨铸铁	成本低，易于制造，能保证一定的成形尺寸公差，但抗冲击能力差	适用于一定批量的黑色金属与非铁金属的成形模
锌合金	可反复熔铸，加工方便，制造周期短，成本低，但强度低，受冲击后尺寸容易变化，成形精度不高，而且寿命较低	中小型工件、小装药量、精度要求不严格的成形模。单件试制与小批量生产
水泥本体用玻璃钢或环氧树脂衬里	成本低，容易制造，不要求模具加工设备，但抗冲击能力差，寿命很低	适用于大型、厚度小的工件成形。单件试制与小批量生产

（2）电水成形和电爆成形。电水成形原理如图 7-59 所示。由升压变压器和整流器得到的 $20\sim40\mathrm{kV}$ 的高压直流电向电容器充电，当充电电压达到一定数值时，辅助间隙击穿，高压加在由两个电极板形成的主间隙上，将其击穿并放电，形成的强大冲击电流（达 $3\times10^4\,\mathrm{A}$ 以上）在介质（水）中引起冲击波及液流冲击，使金属坯料成形。与爆炸成形一样，可进行拉深（见图 7-59）、成形（见图 7-60）、校形、冲孔等。

电水成形的加工能力

$$W=1/2Cu^2$$

式中　C——电容器的容量度（F）；

u——充电电压（V）。

假如把两个电极用细金属丝联结起来，放电时产生的强大电流将使金属丝迅速熔化和蒸发成高压气体，并在介质中形成冲击波使金属成形，这就是电爆成形的原理。

常用放电电极形式有对向式（见图 7-59 和图 7-60）和同轴式（见图 7-61）。

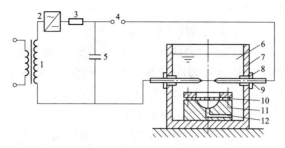

图 7-59 电水成形原理

1—升压变压器；2—整流元件；3—充电电阻；4—辅助间隙；5—电容器；6—水；

7—水箱；8—绝缘；9—电极；10—坯料；11—凹模；12—抽气孔

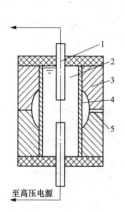

图 7-60 电水胀形

1—电极；2—水；3—凹模；

4—坯料；5—抽气孔

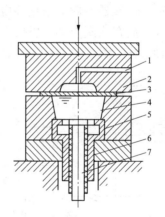

图 7-61 用同轴电极的闭式电水成形装置

1—抽气孔；2—凹模；3—坯料；

4—水；5—外电极；6—绝缘；7—内电极

（3）电磁成形。工作原理如图 7-62 所示。与电水成形一样，电磁成形也是利用储存在电容器中的电能进行高速成形的一种加工方法。当开关闭合时，将在线圈中形成高速增长和衰减的脉冲电流，并在周围形成一个强大的变化磁场，处于磁场中的坯料内部会产生感应电流，与磁场相互作用的结果是使坯料高速贴模成形。

电磁成形工艺对管子和管接头的连接装配特别适用，目前在生产中得到推广应用。

应用电磁成形工艺需注意的问题如下。

1）线圈。线圈是电磁成形中最关键的元件，它直接与坯料作用，其参数及结构直接影响成形效果。线圈的结构应根据工件的形状和变形特点设计。常用的结构形式有平板式线圈、多叠式线圈、带式线圈和螺管线圈。前两种适用于板坯，后两种适用于管坯。在进行工艺试验或单件生产时，可采用一次性简易线圈，即成形时即烧毁。永久性线圈则应用玻璃纤维环氧树脂绝缘及固定。

2）集磁器。若要求强而集中的磁场，应采用集磁器。它可以改善磁场分布以满足成形工件的要求，并且分担部分线圈所受的机械负荷。集磁器一般应采用高电电率、高强度材料（如铍青铜等）制成，放在线圈内部。根据不同工件的要求，集磁器可以设计成各种形状。图 7-63 是一局部缩颈用集磁器的实例。

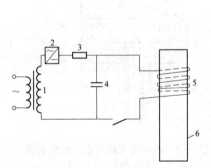

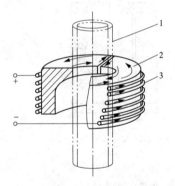

图 7-62　电磁成形原理

1—升压变压器；2—整流元件；3—限流电阻；

4—电容器；5—线圈；6—坯料

图 7-63　集磁器

1—管坯；2—集磁器；3—螺形线圈

3）工件材料电导率。电磁成形加工的材料应具有良好的电导率。若坯料的电导率小，应于坯料与线圈之间放置高电导率的材料做驱动片。

第八章

精密冲模与特种冲模

第一节 精密冲裁及精冲件

强力压边精密冲裁通过一次冲压行程即可获得剪切面粗糙度值小和尺寸精度高的工件，如图 8-1 所示。精密冲裁是目前提高冲裁件质量经济而又有效的方法之一。

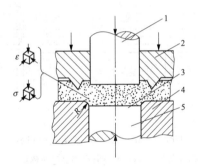

图 8-1 强力压边精密冲裁

1—凸模；2—强力压板；3—板料；4—凹模；5—反压板

一、精冲变形过程

精密冲裁（精冲）从形式上看是分离工序，但实际上工件和条料在最后分离前始终保持为一个整体，即精冲过程中材料自始至终是塑性变形的过程。

1. 精冲变形区域

精冲变形过程如图 8-2 所示。图 8-2（a）表示精冲开始时的状况，图 8-2（b）表示冲裁凸模进入材料一定深度 x 时的情况。A、B 两点分别表示凸模和凹模的刃口，AB 联线将间隙区分为 Ⅰ、Ⅱ

两个部分，塑性变形主要集中在间隙区，即Ⅰ、Ⅱ为塑性变形区，间隙两侧为刚性平移的传力区。它分为两部分，即靠近Ⅰ、Ⅱ区的塑性变形影响区Ⅲ和弹性变形影响区Ⅳ。精冲的塑性变形始终在以 AB 为对角线的矩形中进行，例如当凸模进入材料一定深度 x 时，A 点以上的部分和 B 点以下的部分均已完成变形。精冲继续进行时，塑性变形将在缩短了的 AB 为对角线的矩形中进行。精冲过程中Ⅰ区材料将被凸模挤压到条料上，Ⅱ区材料将补凹模逐渐挤压到工件上。当 AB 距离达最小值时，材料全部转移，精冲过程完毕。

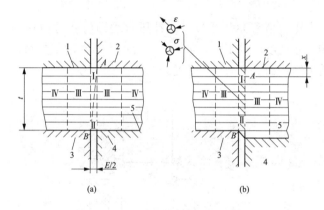

图 8-2　精冲变形区域及变形过程

1—压边；2—凸模；3—凹模；4—反压板；5—工件

Ⅰ、Ⅱ—塑性变形区；Ⅲ—塑性变形影响区；Ⅳ—弹性变形影响区

　　精冲件出现的倒锥现象，即凸模侧大凹模侧小，就是上述材料转移的结果。

　　变形区材料的变形程度，随过程的进行变形区逐渐缩短而增加。这些变形程度不同的材料逐渐转化到工件表面，形成精冲件剪切面从凹模侧到凸模侧变形过程逐渐增加。

　　图 8-2 中给出的精冲塑性变形区的变形力学简图显示主应力简图为三向压应力状态。主应力简图为平面应变状态，$\varepsilon_1=\varepsilon_2$，$\varepsilon_3=0$，视精冲过程为纯剪切的变形过程。

2. 精冲时防止材料产生撕裂采取的措施

精冲时为了抑制冲裁过程中材料产生撕裂，保证塑性变形过程的进行采取了以下措施：

（1）精密冲裁前，用 V 形环压边圈压住材料，防止剪切变形区以外的材料在剪切过程中随凸模流动。

（2）利用压边圈和反压板的夹持作用，再结合凸、凹模的小间隙使材料在冲裁过程中始终保持和冲裁方向垂直，避免弯曲翘起而在变形区产生拉应力，从而构成塑性剪切的条件。

（3）必要时将凹模或凸模刃口倒以圆角，以便减少刃口处的应力集中，避免或延缓裂纹的产生，改善变形区的应力状态。

（4）利用压边力和反压力提高变形区材料的球形压应力张量即静水压，以提高材料的塑性。

（5）材料预先进行球化处理，或采用专门适于精冲的特种材料。

（6）采用适于不同材料的润滑剂。

二、精冲力

精冲工艺过程是在压边力、反压力和冲裁力三者同时作用下进行的［见图 8-3（a）］。冲裁结束，卸料力将废料从凸模上卸下，顶件力将工件从凹模内顶出完成整个工艺过程［见图 8-3（b）］。因此，正确的计算、合理地调试和选定以上诸力，对于选用精冲压力机、模具设计、保证工件的质量以及提高模具的寿命都具有重要意义。

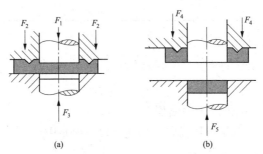

(a)　　　　　　　　(b)

图 8-3　精冲工艺过程作用力

F_1—冲裁力；F_2—压边力；F_3—反压力；F_4—卸料力；F_5—顶件力

1. 冲裁力

冲裁力的计算参见式（8-1）

$$F_1 = f_1 L t \sigma_b \tag{8-1}$$

式中　f_1——系数，取决于材料的屈强比，可从图 5-9 求得；

　　　L——冲裁内外周边总长（mm）；

　　　t——材料厚度（mm）；

　　　σ_b——材料的抗拉强度（MPa）。

精冲时由于模具间隙小，刃口有圆角，材料处于三向受力的应力状态，和一般冲裁相比提高了变形抗力，因此系数 f_1 取 0.9，故精冲的冲裁力 $F_1(N)$ 为

$$F_1 = 0.9 L t \sigma_b$$

2. 压边力

精冲时压边力 $F_2(N)$ 按经验式（8-2）计算

$$F_2 = 2 f_2 L_e h \sigma_b \tag{8-2}$$

式中　L_e——工件外周边长度（mm）；

　　　h——V 形齿高（mm）；

　　　σ_b——材料的抗拉强度（MPa）；

　　　f_2——系数，取决于 σ_b，见表 8-1。

表 8-1　　　　　　　　　　系数 f_2 值

σ_b (MPa)	200	300	400	600	800
f_2	1.2	1.4	1.6	1.9	2.2

3. 反压力

精冲时反压力 $F_3(N)$ 可按经验式（8-3）计算

$$F_3 = pA \tag{8-3}$$

式中　A——工件的平面面积（mm²）；

　　　p——单价反压力，一般为 200～700MPa。

反压力也可用另一经验式（8-4）计算

$$F_3 = 20\% F_1 \tag{8-4}$$

式中　F_1——精冲时冲裁力（N）。

4. 总压力

精冲时，V 形环压边圈压入材料所需的压力 F_2 远大于精冲过程中为了保证工件剪切面质量要求 V 形环压边圈保持的压力 F'_2，一般 $F'_2 =（30\%\sim50\%）F_2$。为了提高精冲压力机的有效负载 4，目前大多数精冲压力机的压边系统都有可无级调节部分的自动卸压装置。精冲开始时，首先在压边力 F_2 作用下 V 形环压边圈压入材料，完成压边后，压力机自动卸压到预先调定的保压压边力 F'_2，然后再进行冲裁。因此实现精冲所需的总压力 $F_t(N)$ 是 F_1、F'_2、F_3 之和。即

$$F_t(N) = F_1 + F'_2 + F_3 \tag{8-5}$$

5. 卸料力和顶件力

精冲完毕，在滑块回程过程中不同步地完成卸料和顶件。压边圈将废料从凸模上卸下，反压板将工件从凹模内顶出。卸料力 $F_4(N)$ 和顶件力 $F_5(N)$ 可按以下经验公式计算

$$F_4 =(5\% \sim 10\%)F_1 \tag{8-6}$$
$$F_5 =(5\% \sim 10\%)F_2 \tag{8-7}$$

三、精冲复合工艺

精冲和其他工艺的复合，简称精冲复合工艺。某些原来由铸、锻毛坯切削加工的零件，切削加工后铆、焊组装的零件，可用精冲复合工艺加工的零件来代替。

精冲复合工艺常见的有半冲孔、压扁精冲、精冲弯曲、压沉孔等。

1. 半冲孔工艺

（1）半冲孔复合工艺过程分析。半冲孔是利用精冲工艺在冲裁过程中工件和条料始终保持为一整体这一特点而派生出来的新工艺。其变形过程和轮廓附近有齿圈压边的精冲过程基本类同，如图 8-4 所示。由于一般半冲孔均在精冲件的内部进行，半冲孔的变形部位距工件边缘较远，外部材料的刚端作用及精冲件外围齿圈压边的作用，可以防止半冲孔剪切区以外的材料在变形过程中随凸模流动。凸凹模和反压板，半冲孔凸模和顶杆的夹持作用使材料在半冲孔过程中始终保持和冲裁方向垂直而不翘起，再结合

半冲孔凸模和凹模之间的小间隙构成了变形区材料获得纯剪切的条件。另外在半冲孔凸模、顶杆、凸凹模和反压板的强压作用下，半冲孔变形区的材料处于三向受压的应力状态，提高了塑性，避免了精冲件的凸台部分和本体分离或产生撕裂。

（2）半冲孔相对深度的确定。图 8-5 所示为精冲－半冲孔零件，零件的材料厚度为 t，半冲孔凸模进入材料的深度为 h，凸台和本体部分连接的厚度为 $(t-h)$。

半冲孔凸模进入材料的深度 h 和材料厚度 t 之比是衡量半冲孔变形程度的指标，称为半冲孔相对深度，用 C 表示

$$C = h/t$$

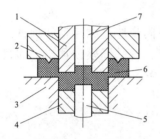

图 8-4　精冲-半冲孔复合工艺

过程示意图

1—凸凹模；2—压边圈；3—凹模；

4—反压板；5—半冲孔凸模；

6—工件；7—顶杆

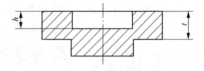

图 8-5　精冲半冲孔零件

（3）半冲孔工件精冲实例。图 8-6 为汽车座椅调角器零件，是精冲半冲孔工艺的典型实例。此零件模数为 2.5，压力角 32°，齿数 23。

图 8-7 为各种半冲孔零件。图 8-7（a）为双联齿轮，图 8-7（b）为齿轮偏心轴，图 8-7（c）、（d）为齿轮凸轮，图 8-7（e）为棘轮方形凸台。

图 8-7 的实例表明：半冲孔工艺可将各种异形凸台（包括齿轮）附在任何形状的零件上，也可以作为异形不通孔（包括内齿）附在任何形状的零件上，此时只需将相应的凸台部分采用加工方法去掉即可。加工异形不通孔是半冲孔工艺的另一独特功能。

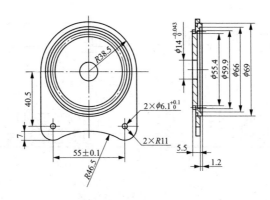

图 8-6　汽车座椅调角器零件

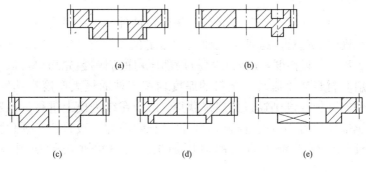

图 8-7　精冲-半冲孔零件

　　(4) 半冲孔组合件加工工艺特点。图 8-8 所示是由两个精冲件组成的半冲孔组合件。图 8-8 (a) 为链轮原来的结构形式,它用铸造或锻造毛坯,通过若干个机械加工工序来完成,图 8-8 (b) 为两个精冲件组合的零件,两个零件各自只需要一个冲压工序即可完成,而且两件共用一套模具,其中一件只需将冲孔凸模相应地减短即可。图 8-8 (c) 为原来的双联齿轮结构形式,它同样是用铸造或锻造毛坯,通过多个机械加工工序完成的。图 8-8 (d) 为两个精冲-半冲孔件组合成的零件。

　　图 8-8 的实例表明:各种形状的扁平类零件都有可能用相应的

321

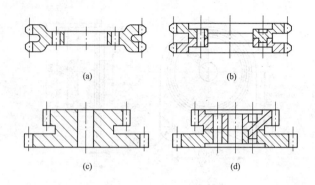

图 8-8　半冲孔组合件

精冲、半冲孔件来组合。

2. 压扁精冲工艺

压扁精冲复合工艺是获得不等厚精冲件的另一种方法，一般在级进模上进行。这种工艺要先冲出定位孔，通过定位销保证每一工步的送料精度，还要在材料局部压扁的周围预先切口，以便压扁时材料易于流动。条料的厚度均按工件的最大厚度来选取，工件的其他厚度则通过压扁来获得。由于在级进模上进行，条料经压扁硬化后不可能进行退火，因此压扁精冲一般只适于硬化指数较低的低碳钢等材料的冲压加工。压扁精冲实例如图 8-9 所示。

压扁精冲工艺的技术关键主要是压扁后材料的硬化对后续精冲表面质量的影响。图 8-10 给出了 20 钢的相对压扁量 $\left(\dfrac{t-t_1}{t}\times 100\%\right)$ 与加工硬化的实验结果。材料的厚度和强度（硬度）是制定精冲工艺方案以及设计精冲模具的主要原始数据。

3. 精冲弯曲工艺

精冲和弯曲复合有三种情况，即精冲与弯曲同时进行、先弯曲后精冲和先精冲后弯曲。

（1）精冲和弯曲同时进行。采用精冲弯曲复合模，它适用于切口弯曲和浅 Z 形弯曲，要求弯曲高度小于料厚，弯曲角度小于 45°。

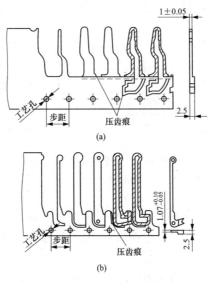

图 8-9　压扁精冲实例

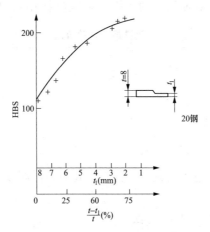

图 8-10　20 钢相对压扁量与加工硬化的实验结果

（2）先弯曲后精冲的复合模。如图 8-11 所示，要求弯曲角 $\alpha < 75°$；压边圈只在平面上有齿形，斜面上不带齿；另外模具闭合时还要求凸模和凹模的平刃口和斜刃口都相切合缝，这样条料完

成弯曲后再精冲时可防止凸模进入凹模。

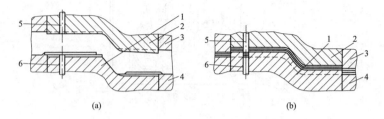

图 8-11　弯曲精冲复合模

1—凸模；2—反压板；3—凹模；4—压边圈；5—冲孔凸模；6—顶杆

（3）先精冲后弯曲。主要采用精冲弯曲级进模完成，当然也可采用两副模具，先完成精冲后，再用另一副模具完成弯曲。

4. 压沉孔工艺

压沉头孔若在工件的塌角面，可和精冲一次复合完成。各种材料压 90°沉孔的最大深度 h_{max} 可参照表 8-2 选择，沉孔的角度和深度改变时应注意使压缩的体积不超过表中相应数值。

表 8-2　　　　　　　　压沉孔最大深度 h_{max}

	材料强度 σ_b（MPa）	300	450	600
	h_{max}（mm）	0.4t	0.3t	0.2t

当在工件的毛刺面或两面都有沉孔时，需有预成形工序。

四、精冲件

（一）精冲件结构工艺性

精冲件的几何形状在满足技术要求的前提下应力求简单，尽可能是规则的几何形状，并避免尖角。

精冲件的尺寸极限，如最小孔径、最小悬臂和槽宽等都比普通冲裁的小，这是由于精冲设备具有良好的刚度和导向精度。精冲过程的速度低、冲击小；精冲模架的刚度好，导向精度高。凸凹模和冲孔凸模在压边圈，反压板无松动滑配长距离的导向和支承下，避免了纵向失稳，提高了承受载荷的能力。

精冲件的尺寸极限范围主要取决于模具的强度，也和剪切面质量和模具寿命有关。

本节给出了圆角半径、槽宽、悬臂、环宽、孔径、孔边距、齿轮模数的极限范围图表。各种几何形状的零件实现精冲的难易程度（难度）共分为三级：S_1—容易；S_2—中等；S_3—困难。模具寿命随精冲难度的增加而降低。

在 S_3 的范围内，模具冲切元件用高速工具钢（$\sigma_{0.2}=3000\mathrm{MPa}$）制造，被精冲的材料 $\sigma_b \leqslant 600\mathrm{MPa}$。在 S_3 的范围以下，一般不适于精冲。

1. 圆角半径

精冲难易程度与圆角半径和料厚的关系如图 8-12 所示。

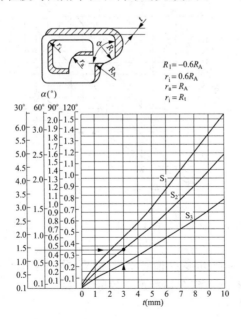

图 8-12　精冲难易程度与圆角半径、料厚的关系

精冲件内外轮廓的拐角处必须采用圆角过渡，以保证模具的寿命及零件的质量。圆角半径在允许范围内应尽可能取的大些，它和零件角度、零件材料、厚度及强度有关。

【例 8-1】 已知零件角度 30°，材料厚度 3mm，半径为 1.45mm，由图 8-12 查得其精冲难易程度在 S_2 和 S_3 之间（S_2 和 S_3 区域分界线上）。

2. 槽宽、悬臂宽

精冲件槽的宽度和长度、悬臂的宽度和长度取决于零件的料厚和强度，应尽可能增大宽度，减小长度，以提高模具的寿命。

精冲难易程度与槽宽、悬臂宽和料厚的关系如图 8-13 所示。

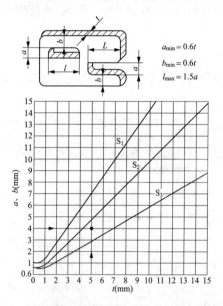

图 8-13　精冲难易程度与槽宽、悬臂宽和料厚的关系

【例 8-2】 已知零件槽宽 a 和悬臂宽 b 为 4mm，材料厚度 5mm，由图 8-13 查得其精冲难易程度为 S_3。

3. 环宽

精冲难易程度与环宽的关系见图 8-14。

【例 8-3】 已知零件环宽 6mm，料厚 6mm，由图 8-14 查得其

精冲难易程度在 S_2 和 S_3 之间。

4. 孔径和孔边距

精冲难易程度与孔径、孔边距和料厚的关系如图 8-15 所示。

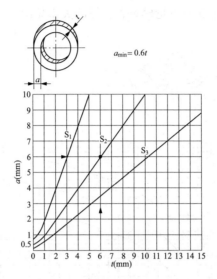

图 8-14 精冲难易程度与环宽和料厚的关系

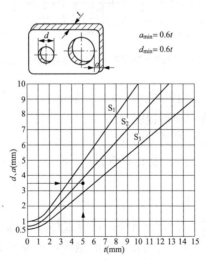

图 8-15 精冲难易程度与孔径、孔边距和料厚的关系

【**例 8-4**】 已知零件孔径 3.5mm，材料厚度 4.5mm，由图 8-15 查得其精冲难易程度为 S_3。

5. 齿轮模数

精冲难易程度与齿轮模数和料厚的关系见图 8-16。

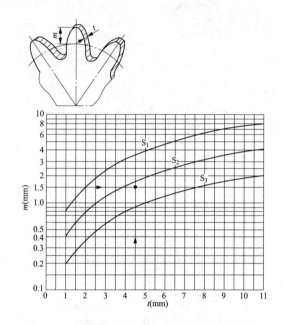

图 8-16　精冲难易程度与齿轮模数和料厚的关系

【**例 8-5**】 已知齿轮模数 $m=1.5$mm，材料厚度 4.5mm，由图 8-16 查得其精冲难易程度为 S_3。

6. 半冲孔相对深度

半冲孔的变形程度及相对深度表示，它直接影响零件的结构工艺性。

（二）精冲材料

大约 95% 的精冲件是钢件，其中大部分是低碳钢，适于精冲的主要钢种见表 8-3。未列在表中的钢种，可参考表中含碳量接近的钢种。

表 8-3 适于精冲的主要钢种

钢种	可精冲的大约最大厚度（mm）	精冲难易程度
08，10	15	S_1
15	12	S_1
20，25，30	10	S_1
35	8	S_2
40，45	7	S_2
50，55	6	S_2
60	4	S_2
70，T8A，T10A	3	S_3
15Mn，16Mn	8	S_2
15CrMn	5	S_2
20MnMoB	8	S_2
20CrMo	4	S_2
G Cr15	6	S_3
1Cr18Ni9	8	S_2
0Cr13	6	S_2
1Cr13	5	S_2
4Cr13	4	S_2

适于精冲的铜和铜合金、铝和铝合金见表 8-4。

表 8-4 适于精冲的铜和铜合金、铝和铝合

材 料	精冲难易程度
T2、T3、T4、TU1、TU2	S_1
H96、H90、H80、H70、H68	S_1
H62	S_2
HSn70—1、HSn62—1	S_2
HNi65—5	S_2
QSn4—3	S_2
QBe2、QBe1.7	S_3
QA17	S_3
1070A、1060、1050A、1035、1200、8A06	S_1
LF21（3A21）	S_1
LF2（5A02）、LF3（5A03）	S_2
LY11（2A11）、LY12（2A12）	S_2

（三）精冲件质量

精冲件的质量与模具结构，模具精度，凸模和凹模刃口的状态，工件材料的种类、金相组织和料厚，设备精度，冲裁速度，压边力和反压力以及润滑条件等因素有关。正常情况下精冲件的尺寸公差和几何形状公差见表 8-5。

表 8-5　　　　　精冲件的尺寸公差和几何形状公差

料厚 t（mm）	抗拉强度极限至 600（MPa）			100mm 长度上的平面度（mm）	剪切面垂直度（mm）
	内形 IT 等级	外形 IT 等级	孔距 IT 等级		δ
0.5～1	6～7	7	7	0.13～0.600	0～0.01
1～2	7	7	7	0.12～0.055	0～0.014
2～3	7	7	7	0.11～0.045	0.001～0.018
3～4	7	8	7	0.10～0.040	0.003～0.022
4～5	7～8	8	8	0.09～0.040	0.005～0.026
5～6.3	8	9	8	0.085～0.035	0.007～0.030
6.3～8	8～9	9	8	0.08～0.030	0.009～0.038
8～10	9～10	10	8	0.075～0.025	0.011～0.042
10～12.5	9～10	10	9	0.065～0.025	0.015～0.055
12.5～16	10～11	10	9	0.055～0.020	0.020～0.065

精冲件的尺寸一致性较好，公差在 0.01mm 之内。

剪切面质量包括表面粗糙度、表面完好率和允许的撕裂等级三项内容。精冲件的剪切面粗糙度为 $Ra0.2～3.2\,\mu m$，一般为 $Ra0.32～2.5\,\mu m$。

第二节　精密冲模

一、精冲模具结构

精冲模和普通复合模类似，但冲裁间隙小，有 V 形环压边圈，工件和废料都是上出料，要求精度高，刚性和导向性好。

1. 结构分类

精冲模按结构特点分为活动凸模式（见图 8-17、图 8-18）、固定凸模式（见图 8-19、图 8-20）和简易精冲模等。

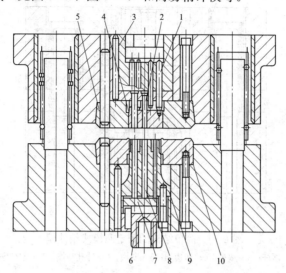

图 8-17 简单结构的活动凸模式精冲模

1—顶杆；2—冲孔凸模；3—垫板；4—反压板；5—凹模；6—凸模座；

7—桥板；8—顶杆；9—凸模；10—压边圈

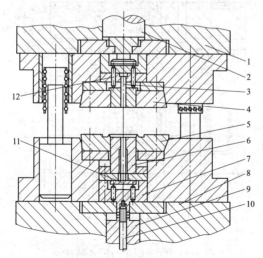

图 8-18 柱塞活动凸模式精冲模

1—滑块；2—上柱塞；3—冲孔凸模；4—落料凹；5—齿圈压板；6—凸凹模；

7—凸模座；8—工作台；9—滑块；10—凸模拉杆；11—桥板；12—顶杆

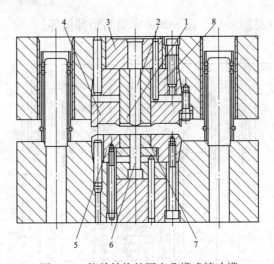

图 8-19　简单结构的固定凸模式精冲模

1—凸模；2—顶杆；3—垫板；4—压边圈；5—凹模；6—冲孔凸模；7—反压板；8—凸模座

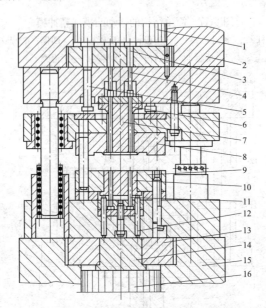

图 8-20　顺装固定凸模式精冲模

1—上柱塞；2—上工作台；3、4、5—传力杆；6—推杆；7—凸凹模；

8—齿圈压板；9—凹模；10—顶板；11—冲孔凸模；12—顶杆；

13—垫板；14—顶块；15—下工作台；16—下柱塞

活动凸模式精冲模的压边圈固定在模座上，凸模与模座有相对运动。固定凸模式精冲模的结构与顺装或倒装弹压导板模相类似，凸模固定在模座上，压边圈与模座有相对运动。精冲中小件时，宜选用活动凸模结构；精冲轮廓较大或窄而长的工件以及采用级进模时，宜选用固定凸模结构。

活动凸模式精冲模常采用倒装结构形式，如图 8-17 所示。其凹模固定于上模座，凸模和齿形压板（压边圈）装在下模座上，凸模的上、下运动靠下模座内孔和齿形压板的型孔导向，其冲裁力和辅助压力由专用精冲压力机提供，故模架承载面积大，不易变形。

活动凸模式精冲模适用于精冲中小冲件。冲件外形尺寸较大时，活动凸模的对中性精度很难保证。柱塞活动凸模式精冲模见图 8-18。

固定凸模式精冲模的凸模以齿圈压板型孔导向。这种结构的模具刚度好，由于模具装在专用的精冲压力机上，上模座和下模座均受承力环支承，通过推杆、顶杆传递辅助压力，故受力平稳。图 8-19 为简单结构的固定凸模式精冲模；图 8-20 为顺装固定凸模式精冲模。

固定凸模式精冲模适用于精冲轮廓较大的大型、窄长、厚料、外形复杂不对称及内孔较多的精冲件或需级进精冲的零件。

简易精冲模在单动机械压力机或液压压力机上获得主要冲裁力，其他辅助压力靠模具的弹压和顶推装置完成，使冲裁变形区处于三向受压的应力状态。由于简易精冲模的辅助压力要求很大，齿圈压边力为冲裁力的 $40\%\sim60\%$，而普通冲裁的卸料力只有冲裁力的 $1\%\sim6\%$，因而在简易精冲模具中常用碟形弹簧或聚氨酯橡胶作为弹性元件。聚氨酯简易精冲模的结构如图 8-21 所示。

简易精冲模主要用于板厚 4mm 以下、批量不大、多品种的小型精冲零件。

2. 精冲件排样与搭边

精冲排样与普通冲裁排样原则相同，对于外形两侧剪切面质量要求有差异的工件，排样时应将要求高的一侧放在进料方向，

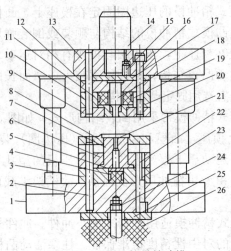

图 8-21 聚氨酯简易精冲模

1—下模座；2、21—顶杆；3、5、11、17—垫板；4、19—聚氨酯橡胶；
6—凸凹模固定板；7—凸凹模；8—齿圈压板；9—凹模；10、22—销钉；
12—凸模固定板；13—上模座；14—模柄；15、16、23—螺钉；
18—冲孔凸模；20—推件板；24—螺杆；25—垫圈；26—聚氨酯弹顶器

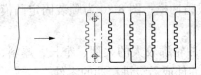

图 8-22 精冲件排样

以便冲裁时搭边更充分。如图 8-22 所示，零件带齿的一侧要求高，需将齿形一侧放在进料方向。

精冲由于采用了 V 形压边，因而搭边宽度比普通冲裁大。表 8-6 给出了精冲所需搭边的最小值。

表 8-6　　　　　　　精冲搭边的最小值（mm）

料厚 t	x	y
0.5	1.5	2
1	2	3
1.5	2.5	4
2	3	4.5

续表

料厚 t		x	y
		见图	
2.5		4	5
3		4.5	5.5
3.5		5	6
4		5.5	6.5
5		6	7
6		7	8
8		8	10
10		10	12
12		12	15
15		15	18

3. V形环尺寸

V形环在压边圈上，与冲裁保持一定距离，其尺寸取决于料厚。料厚 4mm 以下采用单面 V 形环，尺寸见表 8-7；料厚 4mm 以上采用双面 V 形环，尺寸见表 8-8，其中一个 V 形环在压边圈上，另一个在凹模上。对于齿轮等要求剪切面垂直度较高的零件，即使料厚不到 4mm，也采用双 V 形环。冲直径 30mm 以上的孔时应在顶杆上加 V 形环，小孔可不加。

表 8-7 单面 V 形环尺寸（mm）

料厚 t		a	h
0.5～1		1	0.3
1～1.5		1.3	0.4
1.5～2		1.6	0.5
2～2.5		2	0.6
2.5～3		2.4	0.7
3～3.5		2.8	0.8
3.5～4		3.2	0.9

表 8-8 双面 V 形环尺寸（mm）

料厚 t			
	a	h	H
4～5	2.5	0.6	0.9
5～6	3	0.8	1.1
6～8	3.5	1.1	1.4
8～10	4.5	1.2	1.6
10～12	5.5	1.6	2
12～15	7	2.2	2.6

　　V 形环一般沿冲裁轮廓分布，但当工件有较小的内凹轮廓时，V 形环可以不紧沿轮廓分布，如图 8-23 所示。

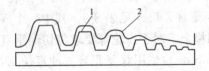

图 8-23　V 形环特殊分布

1—刃口；2—V 形环

4. 精冲模间隙

　　精冲凸模和凹模的间隙选择见表 8-9，它和料厚、冲裁轮廓及材质有关。外形上向内凹的轮廓部分，V 形环不沿轮廓分布，按内形确定间隙。

表 8-9 凸模和凹模的单边间隙 c（%t）

料厚 t(mm)	外形	内形（孔直径 d）		
		$d<t$	$d=1\sim5t$	$d>5t$
0.5		1.25	1.0	0.5
1		1.25	1.0	0.5
2		1.25	0.5	0.25

料厚 t(mm)	外形	内形（孔直径 d）		
		$d<t$	$d=1\sim5t$	$d>5t$
3		1.0	0.5	0.25
4	0.5	0.85	0.375	0.25
6		0.85	0.25	0.25
10		0.75	0.25	0.25
15		0.5	0.25	0.25

合理选取间隙，保证四周间隙均匀，并在结构上使冲切元件有足够的刚度和导向精度，使其在整个工作过程中保持间隙均匀恒定不变是实现精冲的技术关键。

5. 精冲凸模和凹模尺寸

在正常情况下，精冲件的外形比凹模刃口稍小，精冲件的内孔比冲孔凸模的刃口也稍小，在确定凸模和凹模尺寸时，必须考虑这一特点。另外还应注意模具磨损对零件尺寸的影响分为三种情况，如图 8-24 所示。

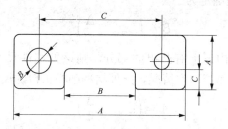

图 8-24　模具磨损对零件尺寸的影响

A—零件尺寸逐渐增大；B—零件尺寸逐渐减小；C—零件尺寸基本不变

（1）随模具刃口磨损零件尺寸逐渐增大，如图中尺寸 A。

（2）随模具刃口磨损零件尺寸逐渐减小，如图中尺寸 B。

（3）模具磨损对零件尺寸基本无影响，如图中尺寸 C。

6. 精冲落料模的尺寸

落料时，精冲件的外形尺寸取决于凹模，因此间隙应取在凸模上。

随着凹模的磨损零件尺寸逐渐增大，应按第一类情况确定，精冲凹模刃口的尺寸 A 为

$$A = (L_{\min} + \frac{\Delta}{4})_0^{+\delta} \tag{8-8}$$

如果零件外形有内凹部分，则该处零件尺寸随凹模的磨损而逐渐减小，属第二类情况，此处精冲凹模刃口的尺寸 B 为

$$B = (L_{\max} - \frac{\Delta}{4})_{-\delta}^0 \tag{8-9}$$

式中　$L_{\min}$——零件的最小极限尺寸（mm）；

　　　　$L_{\max}$——零件的最大极限尺寸（mm）；

　　　　Δ——零件的公差（mm）；

　　　　δ——模具的制造公差（mm）。

7. 精冲冲孔模的尺寸

冲孔时，精冲件的内形尺寸取决于凸模，因此间隙应取在凹模上。

随着凸模的磨损零件尺寸逐渐减小，属第二类情况，精冲凸模的尺寸 B 应确定为

$$B = \left(L_{\max} - \frac{\Delta}{4}\right)_{-\delta}^0 \tag{8-10}$$

如果零件内形上有凸出的部分，则该处零件尺寸将随凸模的摩擦而增大，属第一类情况，此处精冲凸模刃口的尺寸 A 为

$$A = \left(L_{\min} + \frac{\Delta}{4}\right)_0^{+\delta} \tag{8-11}$$

对于第三类情况，应使新模具的刃口尺寸等于零件的平均尺寸，即取刃口公称尺寸为

$$C = (L_{\min} + L_{\max})/2 (\text{mm})$$

8. 精冲模结构特殊要求

（1）反压板和凹模、压边圈和凸模、冲孔凸模和反压板等模具零件之间应为无间隙配合。

（2）压边圈内平面应高出凸模平面 δ 值，精冲压力机上的精冲模 δ 值一般为 0.2mm 左右。在通用压力机上采用自制压边系统时，δ 值视系统刚性而定，一般应适当增大，应保证冲裁前 V 形

环已压入坯料。

（3）反压板应高出凹模面 0.1～0.2mm，顶杆头部倒圆以利清除废料。

（4）垫板应高出板座表面 0.01～0.03mm，使凹模或凸模确实得到支承。

（5）凸模由压边圈定位，冲孔凸模由反压板定位。

（6）护齿垫在压边圈上，其高度小于料厚而大于 V 形环齿高。

（7）应注意排气。

（8）试模时如在制件的剪切面上发现有撕裂，增加压边力不能克服时，可将模具对应部位的刃口倒圆，圆角半径一般为 0.01～0.03mm。

二、在普通压力机上精冲的模架驱动方式

一般精冲均需在专用的三动精冲压力机上进行。但在普通压力机上附加压边系统和反压系统也可进行精冲。其模架压边、反压可采用液压［如图 8-25（a）所示］、气动液压［如图 8-25（b）所示］，在液压系统中用气功增压缸代替液压泵或机械（弹簧、橡皮等）系统驱动。

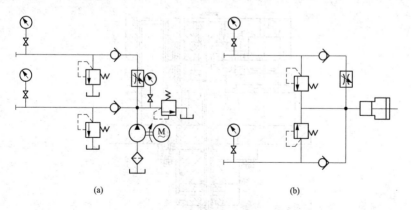

(a)　　　　　　　　　　　　　　　(b)

图 8-25　液压模架驱动方式
（a）液压系统；（b）气动液压系统

在普通压力机上精冲，采用的压边、反压系统可单独成为一个系统，如图 8-26 所示的液压模架，也可装在精冲模和压力机内，如图 8-27 所示。

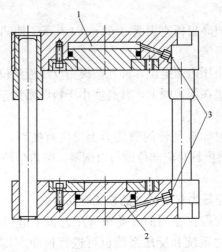

图 8-26　液压模架

1—压边系统；2—反压系统；3—进油孔

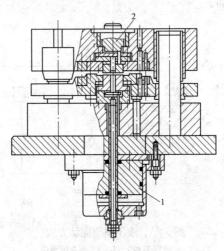

图 8-27　液压精冲模

1—压边系统；2—反压系统

第三节　特种冲模

一、硬质合金冲模

（1）E形硅钢片硬质合金冲裁模。图 8-28 所示为 E形硅钢片硬质合金冲裁模，其结构采用滚动导向模架和浮动模柄，模具由硬质合金圆凸模 3、凹模 2 和凸凹模 1 组成，4 为凹模固定板。

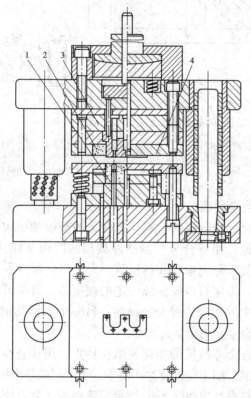

图 8-28　E形硅钢片复合冲模

1—凸凹模；2—凹模；3—圆凸模；4—凹模固定板

（2）硬质合金拉深模。图 8-29 所示为硬质合金拉深模，除 6 为硬质合金制作的凹模外，其余部分与一般拉深模相同。

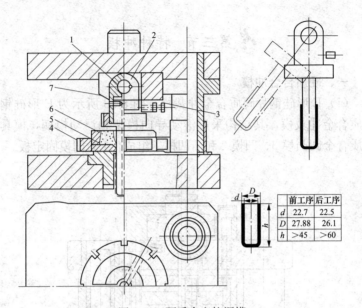

	前工序	后工序
d	22.7	22.5
D	27.88	26.1
h	>45	>60

图 8-29 硬质合金拉深模

1—轴；2—摇臂；3—调节螺钉；4—弹簧；5—卸料板；6—凹模；7—凸模

二、锌合金冲模

（1）锌合金冲裁模的特点。锌合金冲裁模的结构形式与普通钢模基本相同。用锌合金可制造冲裁模的凹模及模具的结构件，如凸模固定板、导向板、卸料板等。为了保证制件的精度和模具的使用寿命，工作刃口要保证一定的硬度差，既模具的成形零件凸模或凹模中的一个为锌合金材料，另一个为模具钢材料。在生产中，锌合金主要用来制造凹模。

（2）锌合金冲裁模的类型及结构特点。用锌合金可制作成落料模、修边模、剖切模以及冲孔模等，也可制成复合模。

简单落料模结构如图 8-30 所示。落料冲孔复合模结构如图 8-31 所示。

（3）锌合金冲裁模凹模结构形式。锌合金冲裁模凹模的结构形式有三种，如图 8-32 所示，图 8-32（a）为整体式，多用于中小件的生产。图 8-32（b）为镶拼式，凹模由多块锌合金镶件组成，

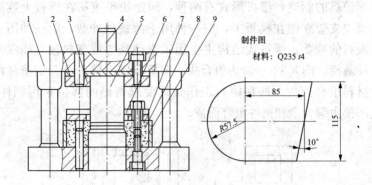

图 8-30　简单落料模

1—模架；2—垫板；3—凸模固定板；4—模柄；5—凸模；
6—卸料板；7—导板；8—锌合金凹模；9—凹模框

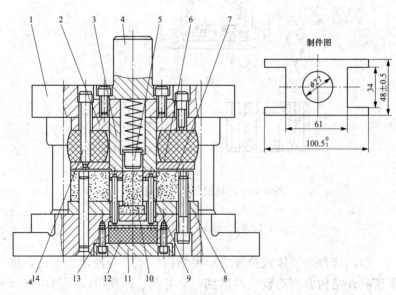

图 8-31　落料冲孔复合模

1—模架；2—凸模固定板；3—凸模；4—模柄；5—退料杆；6—卸料板；
7—锌合金凹模；8—凸模固定板；9—顶料板；10—锌合金凸模；
11—下盖板；12—顶料托板；13—顶料杆；14—柱头螺钉

343

以便模具的制造，镶拼形式有两种，即镶块平镶拼在模板上或通过镶块支架立镶在模板上，前一种用于薄板件冲裁，后一种用于厚板料的冲裁；镶拼式结构主要用于撤型修边或落料模，如汽车件冲裁模。图 8-32（c）为组合式，凹模分别由锌合金及钢镶件两种材料组合而成，即在模具工作条件要求苛刻的部位采用钢件，或凹模由锌合金和钢件组合而成。

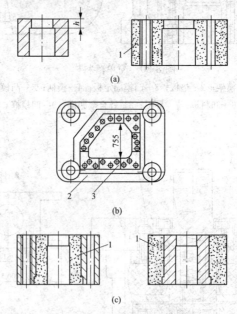

图 8-32　冲裁模凹模的结构形式
（a）整体式；（b）镶拼式；（c）组合式
1—锌合金；2—下模座；3—锌合金凹模镶块

（4）锌合金整体式拉深成形模结构特点。与冲裁模相比，这类模具在结构方面有较大的区别，它的凸、凹模可以全部由锌合金制成，此外还可以用锌合金制成模板等各类零件。在结构形式方面，整体式模具的上、下模由锌合金材料分别制成一个整体的零件，可使模具零件减少到最少。其结构如图 8-33 所示，主要用于弯曲与成形。

制件图
材料:Q235 t1

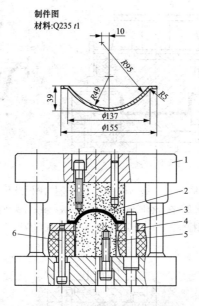

图 8-33 整体式拉深成形模

1—模架；2—锌合金凹模；3—导销；

4—压料板；5—锌合金凸模；6—柱头螺钉

（5）钢凸模锌合金凹模拉深模结构特点。模具的凸模和凹模可由锌合金和其他材料共同组成复合材料镶件结构，如用锌合金做凸模，而凹模由锡铋合金或环氧树脂塑料制成。也可以由铸铁构成凸模，而凹模由锌合金制成。在某种情况下，可由锌合金构成模具凸、凹模主体，在某些局部凸台、棱缘等尺寸精度要求高的部位镶入钢或填注环氧树脂塑料。用钢做凸模、锌合金做凹模的拉深模结构如图 8-34 所示。

三、聚氨酯橡胶冲裁模

（1）带弹压式卸料板的复合冲模。聚氨酯橡胶冲裁模的结构形式很多，图 8-35 所示是带弹压式卸料板的复合冲模，凸凹模与容框型孔的间隙（单边）$c = 0.5 \sim 1.5\text{mm}$，有效压料宽度 $b \geqslant 12t$（t 为料厚），凸台的宽度 $B = b + c$，容框口圆角半径 $R = 0.1 \sim 0.2\text{mm}$。

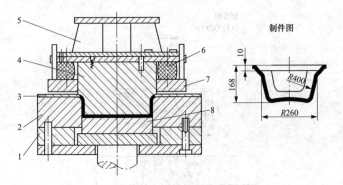

图 8-34　钢凸模锌合金凹模拉深模结构

1—凹模固定板；2—锌合金凹模；3—模口衬板；4—铸铁凸模；5—上模架；

6—压边圈橡胶块；7—压边圈；8—锌合金底部成形模（顶件器）

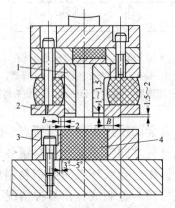

图 8-35　聚氨酯橡胶冲裁模

1—凸凹模；2—卸料模；3—容框；4—聚氨酯橡胶

（2）自行车中接头成形模结构特点。聚氨酯橡胶可用于制造对零件的胀形和局部成形的模具。图 8-36 所示自行车中接头成形模即为聚氨酯橡胶成形模。

四、低熔点合金模

低熔点合金模以样件为模型，采用低熔点铋锡合金作为模具材料，在熔箱内一次将模具铸造后型腔不需要经过加工即可用于

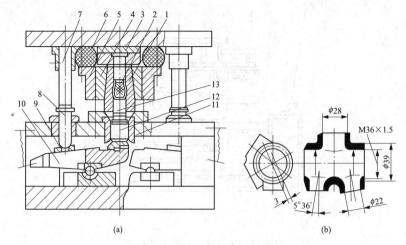

图 8- 36　自行车中接头成形模

(a) 模具；(b) 制件

1—聚氨酯橡胶；2—凹模；3—上凸模；4—内圈；5—外圈；6—橡胶；7—推杆

8—圆销；9、11—支架；10—杠杆；12—承压板；13—下凸模

冲压生产。如果变换制作，该模具不再使用，可在熔箱内快速将合金熔化，另铸其他模具。

低熔点合金模具的结构如图 8-37 所示，主要由熔箱、样件、凸模连接板、凸模座、压边圈及压边圈座等几部分组成。熔箱是熔化合金进行铸模的容器，同时又是模具的凹模，在熔箱内有熔化合金的加热装置、冷却装置和铸模时调整金液面的副熔箱装置。

五、非金属零件冲裁模

（1）云母片复合冲裁模。云母片的力学性能特点是硬、脆、冲裁面容易产生脱层或裂纹。云母片零件的冲裁在室温下进行，为了保证冲裁质量，可采用小间隙、有压料和顶推装置的普通冲裁模冲槽。模具的结构常用倒装单工序和复合工序的形式。为了防止碎屑挤入凸、凹模与卸料板或推板之间的缝隙，设有气嘴，冲压完成后通入压缩空气将碎屑吹走。云母片冲裁模制造精度要求为 IT6～IT7 级，凸、凹模刃口部分的表面粗糙度 $Ra \leqslant 0.8\,\mu m$。

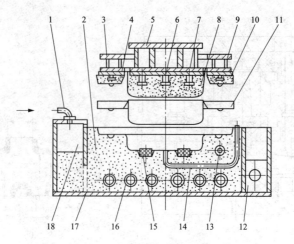

图 8-37　铋锡低熔点合金成形模

1—加压进气管；2—合金凹模；3—压边圈框；4—压边圈连接板；

5—凸模架；6—凸模连接板；7—固定合金螺钉；8—合金凸模；

9—拉深筋；10—合金压边圈；11—样件；12—冷却水柱；

13—测温装置；14—凹模排气管；15—橡胶顶件器；

16—电加热器；17—主熔箱；18—副熔箱

图 8-38 所示为用于冲裁制作电子管云母片零件的复合冲裁模。

（2）尖刃冲裁模。尖刃冲裁模一般适用于纤维性及弹性非金属材料的冲裁加工。

纤维性材料主要指纤维布、毛毡、皮革、石棉板、玻璃纸和纸板等，而弹性材料主要是橡胶和塑料薄膜等。这些材料的制件尺寸要求精度不高，如纸盒、商标、标签及密封垫等。由于这类材料的厚度、硬度或力学性能不同，一般采用不同结构的尖刃冲裁模。

尖刃冲裁模的结构如图 8-39 所示，主要由模柄、落料凹模和冲孔凸模、顶出器及连接固定件组成上模；下模只有一件垫板；上模通过模柄固定在压力机滑块上的固定孔内，垫板放置或固定在工作台上。

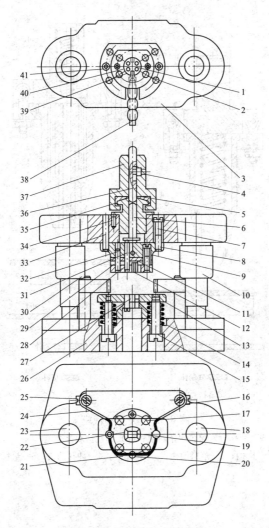

图 8-38　云母片复合冲裁模

1、2—凸模；3—上模座；4、8、9、16、17、22、34—螺钉；5—球面垫圈；
6—打杆；7、19、20、33、36—销钉；10、30—导套；11—固定板；
12—推板；13—卸料板；14—弹簧；15—柱头螺钉；18、23—导柱；
21、32—固定架；24—安全板；25—螺柱；26—下模座；27—凸凹模；
28—凹模；29—垫板；31—顶杆；35—球接头；37—模柄；
38—气嘴；39、40、41—凸模

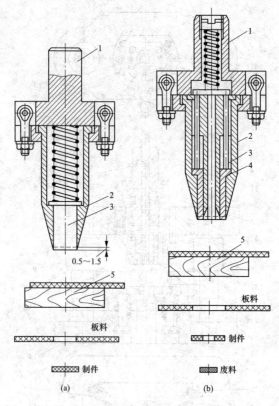

图 8-39　尖刃冲裁模

（a）单工序落料模；（b）冲孔落料复合模

1—模柄；2—落料凹模；3—顶出器；4—冲孔凸模；5—垫板

第九章

复合模与级进模

第一节 复 合 模

一、复合模的特点

冲压复合模简称复合模或复合冲模，冲压复合模是一种多工序模，是指在压力机的一次工作行程中，在同一模具的同一工位上同时完成两道或两道以上不同冲裁工序的模具。

复合模的主要特点是结构紧凑，工作零件除了凸模、凹模之外，还有凸凹模。复合模只有一个工位，冲出的制件精度较高，生产率也高，适合大批量生产，特别是孔与制件外形的同轴度容易保证。但模具结构复杂，制造较困难。

如图 9-1 所示为落料、拉深复合模，其结构特点及装配工艺顺序如下。

（1）装配压入式模柄，垂直上模座端面，装后同磨大端面平齐。

（2）将拉深凸模装在下模座上，并相对下模座底面垂直。同磨端面平齐后，加工防转螺钉孔，并装防转螺钉。

（3）以压边顶料圈定心，将凹模装在下模座上，经调整与拉深凸模同轴后，用平行夹板夹紧，作螺钉孔和定位销孔，并装上螺钉，配入适当过盈的定位销。

（4）将凸凹模装于固定板上，并保持垂直度要求，同磨大端面平齐。

（5）用平行夹板将装上凸凹模的固定板与上模座夹紧后合模，使导柱缓慢进入导套。在凸凹模的外圆对正凹模后，配作螺钉孔

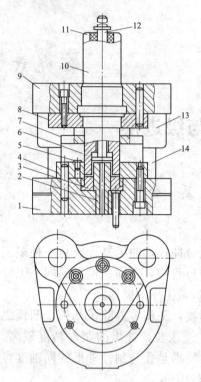

图 9-1 落料、拉深复合模

1—下模座；2—拉深凸模；3—压边顶料圈；
4—凹模；5—固定挡料销；6—凸凹模；
7—卸料板；8—凸凹模固定板；9—上模座；
10—打料装置；11—模柄；12—打杆；
13—导套；14—导柱

和螺钉过孔，并拧入螺钉，但不要太紧。用轻轻敲打固定板的方法进行细致的调整，待凸凹模与凹模的间隙均匀后，配作凸凹模固定板与上模座的销钉孔，并配入具有适当过盈的定位销。

（6）加工压边顶料圈时，外圆按凹模的孔实配，内孔按拉深凸模的外圆实配，保持要求的间隙。装配后压边顶料圈的顶面须高于凹模 0.1mm，而拉深凸模的顶面不得高于凹模。

（7）安装固定挡料销及卸料板。卸料板上的孔套在凸凹模外圆上应与凹模中心保持一致。在用平行夹板夹紧的情况下，按凹模上的螺孔引作卸料板上的螺钉过孔，并用螺钉固紧。其他零件的装配均符合要求后打标记。

二、典型复合模结构

1. 复合模结构原理

如图 9-2 所示为复合模结构原理图。凸凹模兼起落料凸模和冲孔凹模的作用，它与落料凹模完成落料工序，与冲孔凸模完成冲孔工序，在压力机的一次工作行程中，落料工序和冲孔工序同时完成。冲裁结束后，冲压件卡在落料凹模型孔内由推件块推出，条料箍在凸凹模上由卸料板卸下，冲孔废料卡在凸凹模内由冲孔孔凸模逐次推下。

2. 复合模典型结构

按照落料凹模安装位置的不同，复合冲模可分为正装式复合

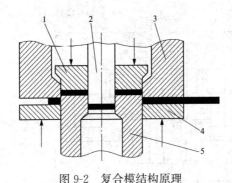

图 9-2　复合模结构原理

1—推件块；2—冲孔凸模；3—落料凹模；4—卸料板；5—凸凹模

模和倒装式复合模两种。

　　落料凹模装在下模的复合模称为正装式复合模；落料凹模装在上模的复合模称为倒装式复合模。

　　(1) 倒装式复合模。如图 9-3 所示为垫圈的落料、冲孔复合模，其凸凹模装在下模，落料凹模和冲孔凸模装在上模，属倒装式复合模。

　　如图 9-3 所示模具是在闭合时的位置。工作时，滑块带动模柄、上模座等上部零件上行，毛坯被送入模具，并与导料销、活动挡料销接触，以保持毛坯在冲压时的正确位置。滑块向下运动时，首先是卸料板与凹模夹住毛坯，随后开始冲裁，冲下的毛坯材料紧包在凸凹模的孔内，而外部的毛坯材料则紧包在凸凹模上。当冲床滑块回程时，毛坯由卸料板靠弹簧的作用而退出凸凹模。工件仍留在凹模的孔内，直到推杆碰到冲床的打料横梁而向下移动，推动推板，在传到推销而推动推件块向下运动，将工件顶出凹模孔而落下。

　　倒装式复合模对冲压件不起压平作用，冲孔废料由凸凹模上的冲孔凹模洞口下漏，结构简单、操作方便。卸料装置在下模，卸料弹性元件在卸料板与凸凹模固定板之间，受空间位置限制，卸料力不大；凸凹模孔内积存废料，故所受胀力较大，当凸凹模壁厚较小，强度不足时容易破裂，所以不能冲制孔径太小、孔壁

353

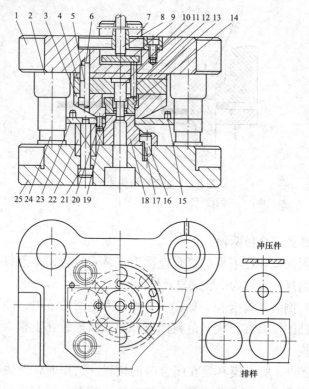

图9-3 倒装式落料、冲孔复合模

1—上模座；2—导套；3—凹模；4—凸模固定板；5、11、17—螺钉；
6、16—销钉；7—模柄；8—推杆；9—推板；10—凸模；12—推销；
13—垫板；14—推件块；15—导料销；18—凸凹模；19、22—弹簧；
20—活动挡料销；21—卸料螺钉；23—卸料板；24—导柱；25—下模座

太薄的工件。倒装复合模凸凹模的最小壁厚可参见表9-1选择。

表9-1　　　　　　　倒装复合模凸凹模的最小壁厚 （mm）

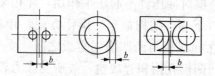

材料厚度 t	0.1	0.15	0.2	0.4	0.5	0.6	0.7	0.8	0.9	1	0.2	1.4	1.5	1.6
最小壁厚 b	0.8	1	1.2	1.4	1.6	1.8	2	2.3	2.5	2.7	3.2	3.6	3.8	4
材料厚度 t	1.8	2	2.2	2.4	2.6	2.8	3	3.2	3.4	3.6	4	4.5	5	5.5
最小壁厚 b	4.4	4.9	5.2	5.6	6	6.4	6.7	7.1	7.4	7.7	8.5	9.3	10	12

(2) 正装式复合模。复合模若按工序组合的不同，分为冲孔、落料复合模，如图9-4所示；落料、拉深、冲孔复合模，如图9-5所示；落料、拉深、冲孔、翻边复合模，如图9-6所示等。

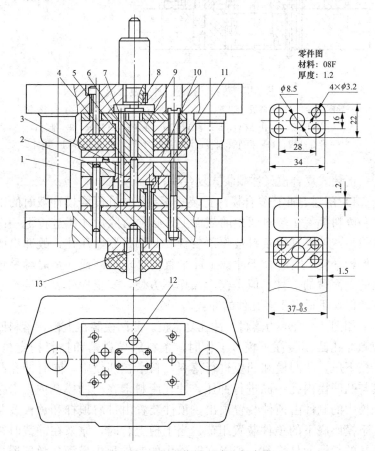

图 9-4 正装式落料、冲孔复合模

1—凹模；2、7—顶板；3、4—凸模；5、6、11—顶杆；8—推杆；

9—凸凹模；10—卸料板；12—挡料销；13—顶件装置

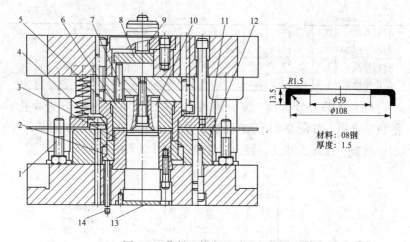

图 9-5 落料、拉深、冲孔复合模

1—导向螺栓；2—压料板（卸料板）；3—拉深凸模（冲孔凹模）；4—挡料销；
5—拉深凹模（冲孔凸模）；6—顶出器；7—顶销；8—顶板；9—推杆；
10—冲孔凸模；11—弹性卸料板；12—落料凹模；13—盖板；14—拖杆

正装式复合模又称顺装式复合模。

1）落料、冲孔复合模。正装式落料、冲孔复合模冲裁时的工件和废料都落在落料凹模的表面上，必须清除后才能进行下一次冲裁。这种模具的条料被弹顶装置和凸凹模紧紧压住，故冲出的工件较平整，它适合于冲裁工件平直度要求较高或冲裁时容易弯曲的大而薄的工件。但是模具操作不方便，安全性较差，生产效率较低，不适合于多孔件的冲裁。

如图 9-4 所示为落料、冲孔复合模。凸凹模装在上模，落料凹模和冲孔凸模装在下模。工作时，条料靠导料销和挡料销定位。上模下压，凸凹模和凹模进行落料，料卡在凹模中，同时冲孔凸模与凸凹模内孔一同进行冲压，冲孔废料卡在凸凹模孔内。卡在凹模中的制件由顶件装置顶出。顶件装置由带肩顶杆和顶板及装在下模座底下的顶件装置组成。当上模上行时，原来在冲裁时被压缩的弹性元件恢复，把卡在凹模中的制件顶出模面。弹顶器之弹性元件的高度不受模具空间的限制，顶件力的大小容易调整，可获得较大的顶件力。卡在凸凹模内的冲孔废料由推件装置推出。

推件装置由推杆、顶板和顶杆组成。当上模上行至上止点时，把废料推出。每冲裁一次，冲孔废料被推出一次，凸凹模内不积存废料，因而胀力小，不易破裂，且制件的平直度较高。但冲孔废料落在下模工作面上，清除麻烦。由于采用固定挡料销和导料销，所以在卸料板上需钻让位孔。

2) 落料、拉深、冲孔复合模。如图 9-5 所示模具，拉深凸模的刃面稍低于落料凹模刃面约一个料厚，使落料完毕后才进行拉深。同样凸模的刃面也应设计成使拉深完毕后才进行冲孔。条料送进时由左边的挡料销定距，由后面的挡料销及两导向螺栓导向。拉深时由压力机气垫通过根拖杆和压料板进行压边，拉深完毕后靠它顶件。由弹性卸料板进行卸料。冲孔废料则落在下模槽中的盖板上，需经常把废料从槽中清出。当上模上行时，由推杆、顶板、顶销及顶出器把制件从拉深凹模中推出。

3) 落料、拉深、冲孔、翻边复合模。如图 9-6 所示模具，凸凹模与凹模由固定板固定并保证它们的同轴度。凸模轻轻压合在凸凹模内，以螺纹拧紧在模柄上。这样不仅装拆容易，而且易于

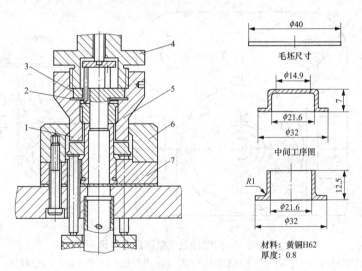

φ40

毛坯尺寸

φ14.9

7

φ21.6

φ32

中间工序图

R1

12.5

φ21.6

φ32

材料：黄铜H62
厚度：0.8

图 9-6 落料、拉深、冲孔、翻边复合模
1、5—凸凹模；2—垫片；3—凸模；4—模柄；6—凹模；7—固定板

保证它们的同轴度。翻边前的拉深高度由垫片调整控制，以保证翻出合格的制件高度。

（3）混装式复合模。如图 9-7 所示为同时冲制三种垫圈的混装

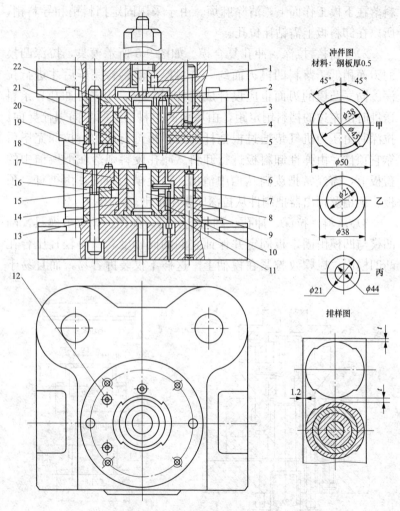

图 9-7　同时冲三个垫圈的复合模

1—打杆；2—打板；3—半环形键；4、5、14—凸凹模；6—推件块；7—连接销；
8—冲孔凸模；9、21—固定板；10—顶杆；11、22—垫板；12—导料销；13—衬套；
15、17—顶件块；16—垫块；18—落料凹模；19—卸料板；20—推杆

式复合模。这三种垫圈是相互套冲的，即垫圈甲的孔径为垫圈乙的外径，垫圈乙的孔径为垫圈丙的外径。这副模具的凸、凹模的布置方法是：上模部分装有凸凹模（它的外径是垫圈甲的落料凸模，内刃口是垫圈甲的冲孔凹模同时又是垫圈乙的落料凹模）和凸凹模（它的外刃口是垫圈乙的冲孔凸模同时又是垫圈丙的落料凸模，内刃口是垫圈丙的冲孔凹模），下模部分装有垫圈甲的落料凹模，垫圈丙的冲孔凸模以及凸凹模（它的外刃口是垫圈甲的冲孔凸模同时又是垫圈乙的落料凸模，内刃口是垫圈乙的冲孔凹模同时又是垫圈丙的落料凹模）。冲裁后，由上模推下的垫圈乙和垫圈丙的冲孔废料，由下模顶出的是垫圈甲和垫圈丙。在凸凹模的筒壁上开有三条等分的长圆孔，用连接销将内外两个顶件块连接起来，以便利用模具底部的弹顶器（图中未画出）通过顶件装置同时将垫圈甲和垫圈丙一起顶出。

3. 复合模的出件装置

复合模出件装置的作用是从凹模内卸下冲压件或废料。根据安装位置的不同，我们把装在上模的出件装置称为推件装置，装在下模的出件装置称为顶件装置。

（1）推件装置。推件装置有刚性推件装置和弹性推件装置两种结构。

如图 9-8 所示为刚性推件装置。在冲压结束后上模回程时，利用压力机滑块上的打料杆打击模柄内的打杆，打杆再将推力传递给推件块从而将凹模内的冲压件或废料推出。刚性推件装置的基本零件有推件块、推板、推杆和打杆等，如图 9-8（a）所示。当打杆下方投影区域内无凸模时，可省去由连接推杆和推板组成的中间传递机构，而由打杆直接推动推件块，甚至直接由打杆推件，如图 9-8（b）所示。

刚性推件装置推力大，工作可靠，所以应用十分广泛。其中打杆、推板、连接推杆已经标准化。

如图 9-9 所示为弹性推件装置。它以安装在上模内的弹性元件的弹力代替打杆的推力而推动推件块。如图 9-9（a）所示的弹性元件装在推板之上，如图 9-9（b）所示的弹性元件装在推件块之上。

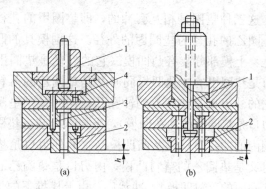

图 9-8　刚性推件装置
1—打杆；2—推件块；3—推杆；4—推板

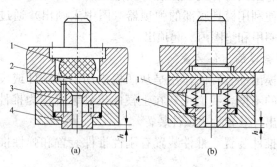

图 9-9　弹性推件装置
1—弹性元件；2—推板；3—连续推板；4—推件块

　　采用弹性推件装置时，可使板料处于压紧状态下分离，因而冲压件的平直度较高。但开模时，冲压件易嵌入边料中，取件较麻烦；受模具结构空间限制，弹性元件产生的弹力有限，所以弹性推件装置主要适用于板料较薄且平直度要求较高的冲压件。

　　（2）顶件装置。顶件装置一般来说都是弹性的，其基本零件有顶件块、顶杆和弹顶器等，如图 9-10 所示。弹顶器一般做成通用的，其弹性元件可以是弹簧或橡胶。大型压力机本身具有气垫做弹顶器。如图 9-10（b）所示为直接在顶件块下方安装弹簧，适用于顶件力不大的场合。

　　弹性顶件装置的顶件力可以调节，工作可靠，冲压件平直度

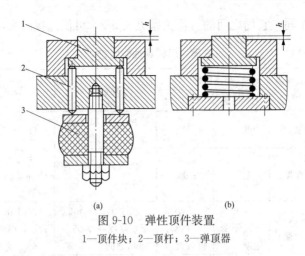

(a)   (b)

图 9-10   弹性顶件装置

1—顶件块；2—顶杆；3—弹顶器

较高，但冲压件容易嵌入边料中。

在上述推件装置和顶件装置中，推件块和顶件块工作时与凹模型孔配合并做相对运动。若模具处于闭合状态时，其背后应有一定的空间，以备修模和调整；若模具处于开启状态时，必须顺利复位，且工作面应高出凹模平面 0.2～0.5mm，以保证推件或顶件的可靠性；与凸模和凹模的配合应保证顺利滑动，一般与凹配合为间隙配合，与凸模的配合可呈较松的间隙配合或根据材料厚度取适当间隙。

第二节   多工位级进模的特点及分类

级进模（又称连续模）是一种多工序模，具有两个或两个以上的工位，是指在压力机的一次工作行程中，依次在同一模具的不同工位上同时完成两种或两种以上工序的冲压模。它的主要特点是生产率高，为高速自动冲压提供了有利条件。它不但可以完成冲裁工序，还可以完成成形工序，甚至完成装配工序。

因为级进模的工位数多，所以必须解决好条料或带料的排料和准确定位问题，才可能保证冲压件质量。

一、多工位级进模的特点

单工序模、复合模、级进模这三类模具的结构特点与适用场合各不相同，它们之间的对比关系见表 9-2，可供选择时参考。

表 9-2　　　　　　　　　三类冲压模具性能比较

比较项目 ＼ 模具种类	单工序模		复合模	级进模
	无导向的	有导向的		
冲件精度	低	一般	可达 IT10～IT8 级	IT13～IT10 级
冲件平整度	差	一般	因压料较好，冲件平整	不平整，要求质量较高时需校平
冲件最大尺寸和材料厚度	尺寸和厚度不受限制	中小型尺寸、厚度较大	尺寸在 300mm 以下，厚度在 0.05～3mm 之间	尺寸在 250mm 以下，厚度在 0.1～6mm 之间
生产率	低	较低	冲件或废料落到或被顶到模具工作面上，必须用手工或机械清理，生产率稍低	工序间可自动送料，冲件和废料一般从下模漏下，生产效率高
使用高速压力机的可能性	不能使用	可以使用	操作时出件较困难，速度不宜太高	可以使用
多排冲压法的应用	不采用	很少采用	很少采用	冲件尺寸小时应用较多
模具制造的工作量和成本	低	比无导向的稍高	冲裁复杂形状件时比级进模低	冲裁简单形状时比复合模低
适应冲件批量	小批量	中小批量	大批量	大批量
安全性	不安全，需采取安全措施	不安全，需采取安全措施	比较安全

　　由此可见，多工位级进模与普通冲模相比具有如下显著的特点：

　　(1) 可以完成多道冲压工序，局部分离与连续成形相结合。

　　(2) 具有高精度的导向和准确的定距系统。

　　(3) 备有自动送料、自动出件、安全检测等装置。

　　(4) 模具结构复杂，镶块较多，模具制造精度要求很高，制造和装调难度大。

（5）冲压生产率高、操作安全性好、自动化程度高、产品质量高、模具寿命长、设计制造难度大，但冲压生产总成本并不高。

多工位级进模主要用于冲制厚度较薄（一般不超过2mm）、产量大、形状复杂、精度要求较高的中、小型零件。

二、多工位级进模的分类

1. 按冲压工序性质分类

（1）冲裁多工位级进模。冲裁多工位级进模是多工位级进模的基本形式，有冲落形式级进模和切断形式级进模两种。冲落形式级进模完成冲孔等工序后落料，切断形式级进模完成冲孔等冲裁工序后切断。

（2）成形工序多工位级进模。

1）冲裁并且包括弯曲、拉深、成形中的某一工序，如冲裁弯曲多工位级进模、冲裁拉深多工位级进模、冲裁成形多工位级进模。

2）冲裁并且包括弯曲、拉深、成形中的某两个工序，如冲裁弯曲拉深多工位级进模、冲裁弯曲成形多工位级进模、冲裁拉深成形多工位级进模。

3）由几种冲压工序结合在一起的冲裁、弯曲、拉深、成形多工位级进模。

2. 按冲压件成形方法分类

（1）封闭型孔级进模。这种级进模的各个工作型孔（侧刃除外）与被冲工件的各个型孔及外形（或展开外形）的形状完全一样，并且分别设置在一定的工位上，材料沿各个工位经过连续冲压，最后获得成品或工件，如图9-11所示。

（2）切除余料级进模。这种级进模是对冲压件较为复杂的外形和型孔采取逐步切除余料的办法（对于简单的型孔，模具上相应型孔与之完全一样），经过逐个工位的连续冲压，最后获得成品或工件。这种级进模的工位一般比封闭型孔级进模多，如图9-12所示为八个工位的冲压件。

如图9-13所示为一个小型拉深弯曲件——接线帽工序排样实

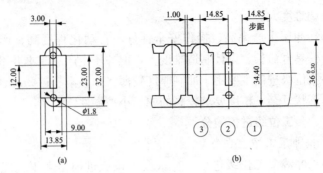

图 9-11　封闭型孔连续式多工位冲压

（a）工件图；（b）条料排样图

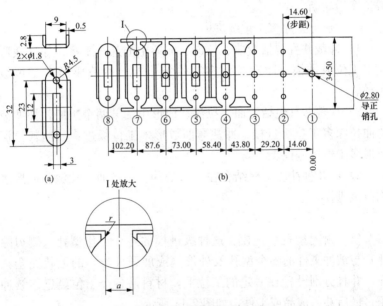

图 9-12　切除余料的多工位冲压

（a）工件图；（b）条料排样图

例。零件材料为 H62 黄铜，$t = 0.4\text{mm}$，该工件采用带料切口
（或称切槽）的级进拉深工艺，经过三次拉深成形。在工位⑥～⑨
使用安装在凸模上的导正销对工件做导正定位。工件的弯曲成形
是在工位⑨将坯料切断以后进行的，称其为切断弯曲。

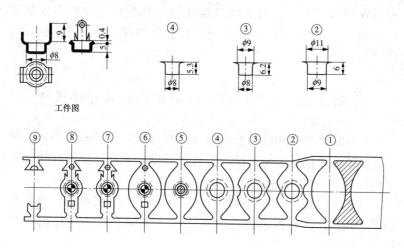

图 9-13　接线帽工序排样实例

①—切槽；②—首次拉深；③—二次拉深；④—拉深成形；⑤—冲底孔；
⑥—冲小孔；⑦—切外形；⑧—空位；⑨—切断弯曲

如图 9-14 所示坯料的拉深通常也被称为带料切口连续拉深。带料连续拉深一般用于冲制产量大、外形尺寸在 50mm 以内、材料厚度不超过 2mm 的以连续拉深为主的冲压件。根据零件的结构特点，连续拉深后可以在适当的工位安排冲孔、翻边、局部切除余料、局部弯曲等工序，并在最后工位进行分离。适合连续拉深的带料必须具有良好的塑性，冷作硬化效应弱。黄铜（H62、H68）、低碳钢（08F、10F）、纯铝、铝合金（3A21）和铁镍钴合金（4J32）等材料都适合连续拉深。带料连续拉深通常使用自动送

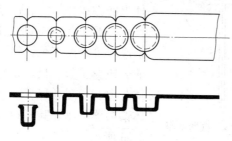

图 9-14　整体带料拉深

料装置进行送料，有带料切口连续拉深和整体带料拉深（如图9-14所示）两种方式。其中带料切口连续拉深比整体带料拉深应用更为普遍。

第三节　多工位级进模的排样与零部件设计

排样设计是指冲压件展开后在条料或板料上的布置方式。冲压件排样设计是多工位级进模设计的重要依据，排样设计决定了多工位级进模的结构形式。

冲压件成本中材料费用约占 60%，排样设计关系到材料的利用率，因此在进行模具设计之前，首先要解决好冲压件的排样设计。

排样设计是在零件冲压工艺分析的基础之上进行的，首先根据冲压件图样计算出展开尺寸，然后进行各种方式的排样。实际生产中冲压件的形状很复杂，要设计出合理的排样图，必须积累实践经验，通过试模调整，最后达到满意的排样设计。

一、排样设计的原则

由于排样设计是设计多工位级进模的重要依据，因此要设计出多种方案，进行比较分析，选取最佳方案。在进行排样设计时应考虑以下因素。

（1）为了准确排样，可以先制作一个冲压件展开毛坯件，在图面上进行试排，初步确定出各道工序的先后顺序。要注意冲压件留在载体上的方式和如何最后与载体分离。

一般开始时先进行冲孔或切口、切废料等分离工位，然后依次安排弯曲、成形工位，最后安排冲压件和载体分离。如图 9-15 所示为电子产品晶体谐振器基座，其底板冲压排样如图9-16 所示。

（2）为保证条料送料时步距的精

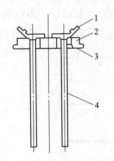

图 9-15　晶体谐振器基座

1—弹簧片；2—底板；

3—玻璃绝缘珠；4—引线

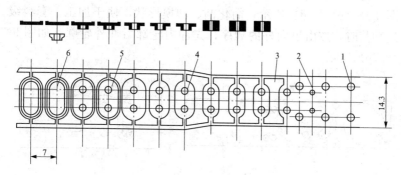

图 9-16　底板冲压排样

1—冲导正工艺孔；2—冲引线孔；3—切口；

4— 一次挤压；5—二次挤压；6—落料

度，要设置导正销，所以第一工位一般是冲裁导正工艺孔，第二工位设置导正销。在凸、凹模部位要设置导正销，尤其较细凸模部位要增设导正销，如图 9-17 所示。

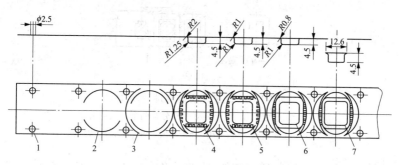

图 9-17　壳体冲压排样

1—冲导正工艺孔；2、3—切口；4—一次拉深；5—二次拉深；6—整形；7—落料

（3）对弯曲和拉深件，在弯曲和拉深前进行切口、切槽，如图 9-17 所示，以便材料的流动。每一工位的变形程度不宜过大。对精度要求较高的成形工件，应设置整形工位。

（4）应尽量简化凸模、凹模形状，提高凸模、凹模的强度并要便于加工。孔壁距离较小的冲压件，其孔可分步冲出，如图 9-18（a）、（b）所示。工件之间凹模壁厚较小时，应增设空位，如

图 9-18 (c)、(d) 所示，简化凸、凹模形状，便于加工。套料级进冲裁时，按由里向外的顺序，先冲内轮廓后冲外轮廓，如图 9-18 (e) 所示。

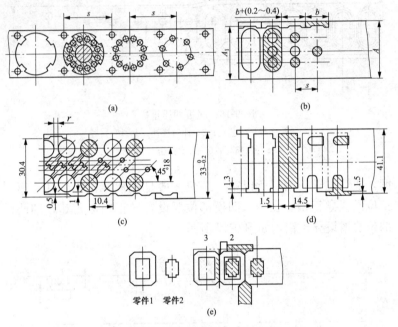

图 9-18　级进冲压时的排样设计
(a) 级进-复合排样；(b) 3 个孔分在两个工位冲出；
(c) 工位之间增设空位；(d) 分步冲出；(e) 套料冲裁排样

(5) 弯曲和拉深等成形方向的选择（向上或向下）要有利于送料的顺畅，有利于模具的设计和制造。

(6) 冲压件精度要求较高时，应尽量减少工位数。位置精度要求高的内外形状及孔距，应尽量在同一工位冲出；无法安排在同一工位时，可安排在相近工位上冲出，以减少累积误差造成冲压件轮廓形状和外形尺寸的变化。

(7) 在弯曲、拉深、翻边等成形工序中，距离变形部位较近的孔，应在成形之后进行冲孔。落料或切断一般安排在最后的工位上。

(8) 对于相对弯曲半径较小或塑性较差的弯曲件，应使条料的纤维方向尽量与工件的弯曲方向相垂直或形成一定的角度。

对于复杂冲压件，需要有经验积累的过程，需要反复试验，才能达到满意的排样设计。

二、载体设计

载体是运送冲压件坯料在各工位进行冲裁、弯曲、拉深等冲压工序时条料的搭边。载体要使冲压件坯件运送到位，并且定位准确。载体形式一般可分为如下几种。

（1）边料载体。边料载体是利用条料两侧搭边而形成的载体。边料载体送料刚度好，条料不容易变形，精度较高，提高了材料的利用率。如图 9-16、图 9-17、图 9-18（a）、（b）、图 9-19 所示，这些都属于边料载体形式。

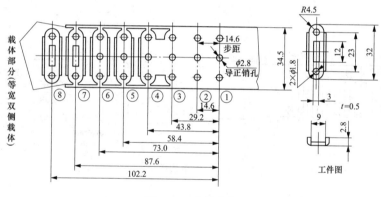

图 9-19　边料载体

（2）双边载体。双边载体与边料载体相同，是将条料两侧搭边增大宽度所形成，适合较薄板料使用，可以保证送料的刚度和精度，但降低了材料的利用率，如图 9-20 所示。

（3）单边载体。条料仅有一侧有搭边称为单边载体。单边载体主要用在工件的一端需要弯曲时，由于其导正孔在条料的一侧，导正和定位有一定的困难，如图 9-18（c）、图 9-21 所示。

（4）中间载体。条料搭边在中间的称为中间载体。中间载体主要适用于零件两侧有弯曲时使用。中间载体在成形过程中平衡性较好，如图 9-22 所示。

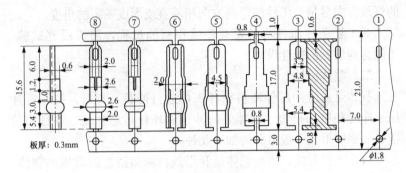

图 9-20 双边载体

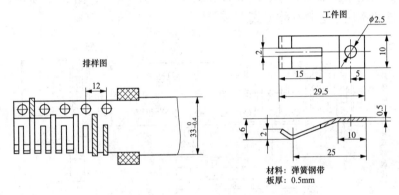

图 9-21 单边载体

三、冲模零部件设计

多工位级进模工位多、精度高，经常冲压一些细小孔、窄槽等工件，同时要考虑模具的使用寿命，所以重点是从凸、凹模零件制造和装配要求来设计其结构形状和尺寸。

1. 凸模

如图 9-23 所示为普通凸模设计实例。在多工位级进模中有许多冲小孔凸模，冲窄长槽凸模等。为了保证小凸模的强度和刚度，通常采用加大固定部分直径，特别小的凸模顶端加保护套的方式，同时卸料板也要起到对凸模的导向保护作用，如图 9-24 所示。

冲 1mm 以下窄长槽时，凸模常采用电火花线切割加工如图

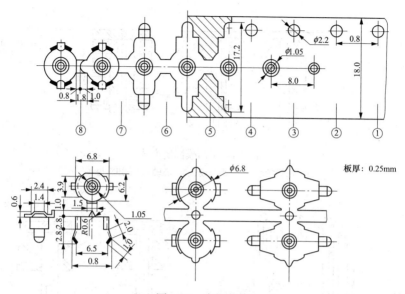

板厚：0.25mm

图 9-22　中间载体

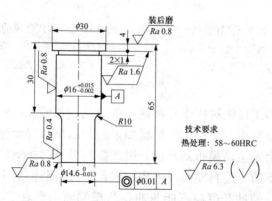

技术要求

热处理：58~60HRC

图 9-23　普通凸模设计实例

9-25（a）所示的直通式，采用的固定方法是吊装和铆接在固定板上，但铆接后难以保证凸模固定板的较高垂直度，同时凸模刚度不够，易折断。所以往往采用成形磨削的加工方法，如图 9-25（b）所示，与直通式相比较，既保证了凸模刃口尺寸，又增加了凸模刚度。直通式凸模的固定方法如图 9-26 所示。

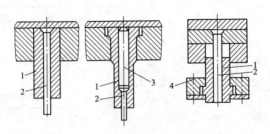

图 9-24　小凸模固定方式

1—凸模护套；2—小凸模；3—心轴；4—卸料板

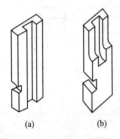

(a)　　　(b)

图 9-25　凸模的形状

（a）线切割加工凸模；

（b）成形磨削凸模

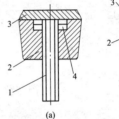
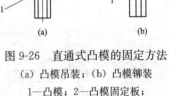

(a)　　　(b)

图 9-26　直通式凸模的固定方法

（a）凸模吊装；（b）凸模铆装

1—凸模；2—凸模固定板；

3—垫板；4—防转销

　　由于多工位级进模常要冲裁一些小孔、窄槽等，所以模具的凸模细小或窄小，冲孔后的废料如果随着凸模回程而掉在凹模表面，经常会发生凸模折断现象，因此废料要及时排除。在设计凸模时应考虑防止废料随凸模上窜，因此一般在凸模的中心部位加开通气孔，使冲孔废料不能与冲孔凸模端面出现真空吸附现象。也可在凸模中心加弹性顶出销，如图 9-27 所示。

　　设计多工位级进模时要考虑模具的使用寿命，因此凸、凹模常采用硬质合金材料。由于硬质合金只能采用电火花线切割加工、电火花成形加工和成形磨削加工，因此不能同时采用一般凸模的安装方法。硬质合金凸模安装固定方法如图 9-28 所示。

　　例如，电动机转子冲裁模为多工位级进模。转子槽凸模（见

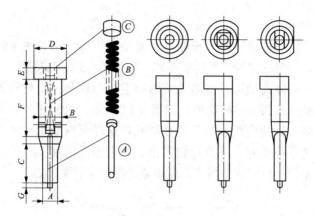

图 9-27　在凸模中心加弹性顶出销

Ⓐ—顶出销；Ⓑ—弹簧；Ⓒ—挡块

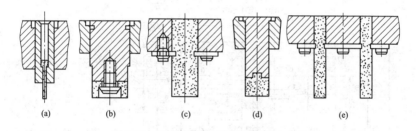

图 9-28　硬质合金凸模的安装固定方法

（a）固定套固定；（b）螺栓固定；（c）、（e）压板固定；（d）镶拼固定

图 9-29）材料为硬质合金，采用电火花线切割加工。如图 9-30 所示为转子槽凸模的安装固定方法。

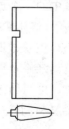

图 9-29　转子槽凸模

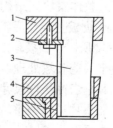

图 9-30　转子槽凸模的安装固定方法

1—凸模固定板；2—凸模压板；3—凸模；

4—卸料固定板；5—卸料板镶件

2. 凹模

多工位级进模中的凹模制造较复杂和困难，为了便于装配后的调整，凹模的结构常采用整体式、整体镶块式、镶拼式。

（1）整体式结构。整体式结构的整个凹模是一块材料加工制作的。整体式凹模结构简单，如图 9-31 所示。常采用电火花线切割。在淬火后的模板上加工各种型孔，这样可以减少镶块式凹模所产生的累积误差，适合比较简单、较大型孔的加工。但其互换性却很差，一旦有部分损坏，就得整个凹模进行更换。

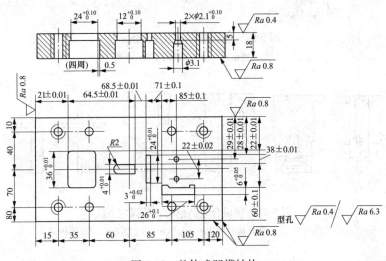

图 9-31　整体式凹模结构

（2）整体镶块式结构。将多工位级进模中的一个或几个工位加工在一块板上，然后镶拼在凹模板上，称为整体镶块式结构。如图 9-32 所示，凹模是由三个镶块组成。整体镶块式凹模结构简单，便于锻造和热处理，便于加工，便于模具维修及更换易损部分。尤其是当冲压件尺寸、形状出现偏差时，可以通过磨削镶块侧面或加垫片进行调整。模具采用硬质合金材料制作时，整体镶块式凹模可以节省材料，降低模具成本。

（3）镶拼式结构。镶拼式凹模是由几块镶件组成的，加工方便，可内表面变成外表面，便于使用精密成形磨床和光学曲线磨

374

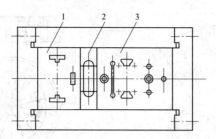

图 9-32　整体镶拼式凹模结构

1～3—凹模镶块

床加工，手工抛光、研磨方便，更换、维修容易。镶拼式凹模如图 9-33（a）～（d）所示。小孔、窄缝以及形状复杂的整体镶块式凹模常采用镶拼式。

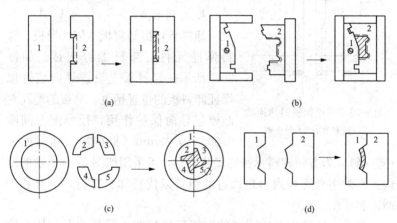

图 9-33　镶拼式凹模结构

（a）平面镶拼；（b）折线镶拼；（c）分块镶拼；（d）曲线镶拼

1～5—凹模镶块

如图 9-34 所示为电动机转子冲裁模具中的转子槽凹模镶拼块；如图 9-35 所示为转子槽凹模镶拼块组成的转子槽凹模总成。

3. 导正销脱料装置

多工位级进冲模的导正孔一般都在第一工位冲出。当条料宽度尺寸较大时，多用双排定位。由于导正销数量多，导正销与导

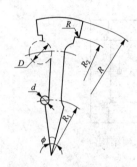

图 9-34　转子槽凹模镶拼

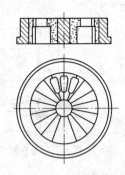

图 9-35　转子槽凹模总成

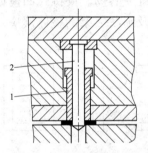

图 9-36　导正销脱料弹顶器

1—脱料套；2—导正销

正孔之间的空隙小，因此必须考虑导正销的脱料，如图 9-36 所示为导正销脱料弹顶器。

4. 卸料装置

卸料装置由卸料板本体，导板、卸料弹性元件，卸料螺钉组成。如图 9-37 所示在卸料板上设置导向装置以保证卸料板的位置精度。导板的型孔对凸模起导向保护作用，径向配合间隙 $0.005\sim0.02$mm（根据冲裁间隙的大小选择）。为方便卸料弹簧的安装调整，可采用如图 9-38 所示的结构。有时用套管和内六角螺钉的组合以代替卸料螺钉，更有利于制造和使用。

此外，还可用浇注耐磨的专用环氧树脂于导板内孔，从而简便地达到导板内孔与凸模的精确配合导向，也在多工位级进冲模上得到成熟的应用，如图 9-39 所示。

5. 顶料装置

顶料装置保证条料的顺利送进，不会卡入凹模。如图 9-40（a）、（b）所示为顶料装置，如图 9-40（c）、（d）所示为具有导向功能的顶料导向装置。

6. 防粘结构

为防止废料粘住凸模端面带出凹模，可用压缩空气通过气孔

376

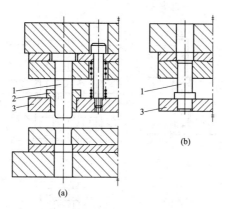

图 9-37　在卸料板上设置导向装置

（a）小导柱；（b）小导套

1—小导柱；2—小导套；3—卸料板

吹落冲件、用真空泵从凹模下面吸引，也可用推杆从凸模内部将制件推出，如图 9-41 所示。

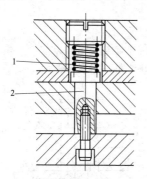

图 9-38　卸料弹簧的安装

1—弹簧；2—卸料销

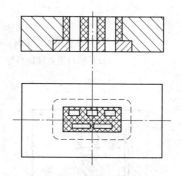

图 9-39　用环氧树脂浇注的
导向卸料板

7. 安全检测装置

安全检测装置的设置目的在于防止失误，以保护模具和压力机免受损坏，在高速冲压机上使用的多工位级进冲模都需要设置安全检测装置。检测装置的位置既可设置在模具内，也可设置在模具外。如图 9-42 所示为利用浮动导正销检测条料误送的结构示

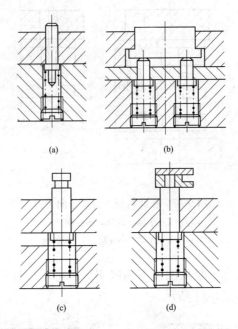

图 9-40 顶料装置

（a）顶料销直接顶料；（b）顶料销不直接接触顶料；
（c）顶料销直接顶料导料；（d）顶料销间接顶料导料

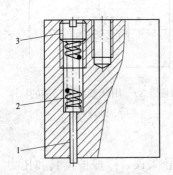

图 9-41 装有推杆的凸模

1—推杆；2—弹簧；3—螺塞

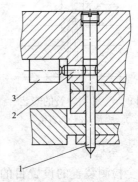

图 9-42 安全检测装置结构示意图

1—浮动检测销（导正销）；
2—接触销；3—微动开关

378

意图。当导正销 1 因送料失误不能进入条料的导正孔时，便随上模的下行被条料推动向上移动，同时推动接触销 2 使微动开关 3 闭合，而微动开关同压力机的电磁离合器同步工作，因此电磁离合器脱开，压力机滑块停止运动，避免压力机与模具的损坏。

四、定距设计

1. 步距与步距精度

多工位级进模中定距设计包括步距与步距精度的设计。

步距是指条料在模具每次冲压时向前移动的距离。步距精度是指步距给定的公差范围。条料的步距精度直接影响冲压件的尺寸精度。步距误差以及步距累积误差将影响冲压件轮廓形状和外形尺寸。因此在排样时，一般应在第一工位冲裁导正工艺孔，紧接着第二工位设置导正销导正，以导正销矫正自动送料的步距误差。连续冲压立体图如图 9-43 所示。

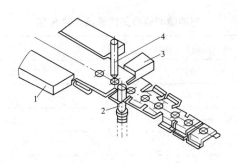

图 9-43　连续冲压立体图

1—导料板；2—顶料销；3—侧刃挡板；4—导正销

2. 步距基本尺寸的确定

步距基本尺寸计算公式为

$$A = D_0 + a_1$$

式中　A——步距（mm）；

　　　D_0——平行于送料方向的冲压件展开宽度（mm）；

　　　a_1——件与件之间的搭边值（mm）。

3. 步距精度的确定

模具的步距精度高，可以提高冲压件的精度，但也增加了模具的制造难度，在设计模具时，应根据工件的实际要求确定条料的步距精度。条料步距精度可按下列经验公式计算，即

$$\delta = \pm \frac{\beta}{2\sqrt[3]{n}} K$$

式中 δ ——多工位级进模步距的公差值（mm）；

β ——工件展开尺寸沿条料送进方向最大轮廓公称尺寸的精度等级，在提高四级后的实际公差值（mm），例如，IT14 级精度的冲压件取 IT10 级精度的公差值；

n ——模具工位数（个）；

K ——与冲裁间隙有关的修正系数，见表 9-3。

表 9-3　　　　　与冲裁间隙有关的修正系数 K 值

冲裁（双面）间隙 C （mm）	K 值
0.01~0.03	0.85
>0.03~0.05	0.90
>0.05~0.08	0.95
>0.08~0.12	1.00
>0.12~0.15	1.03
>0.15~0.18	1.06
>0.18~0.22	1.10

步距的公差值 δ 与工位间的公称尺寸无关。为了消除多工位级进模各工位之间步距的累积误差，在标注凹模、凸凹模固定板和卸料板等零件与步距有关的孔位尺寸时，均以第一工位为尺寸基准向后标注，不论距离多大，均以 δ 标注步距公差，以保证孔位制造精度。连续冲压模具尺寸标注如图 9-44 所示。

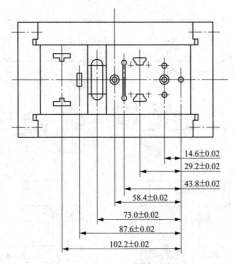

图 9-44 连续冲压模具尺寸标注

第四节 多工位级进模结构设计

多工位级进模结构设计对模具工作性能、制造工艺性、成本、生产周期以及模具寿命等起决定性作用。

一、总体设计

多工位级进模总体设计以工序排样图为基础，根据工件成形要求确定级进模的基本结构框架。

1. 模具基本结构设计

多工位级进模基本框架主要由正倒装关系、导向方式、卸料方式三个要素组成。

（1）正倒装关系。由于正装式模具结构容易出件和排除废料，因此在级进模中多采用正装式结构。

（2）导向方式。分为外导向和内导向两种。外导向主要指模架中上模座的导向；内导向则是指利用小导柱和小导套对卸料板进行导向，卸料板进而对凸模进行导向。内导向也称为辅助导向，常用于薄料、凸模直径小、工件精度要求高的级进模。

图 9-45 所示为内导向小导柱和小导套的典型结构。

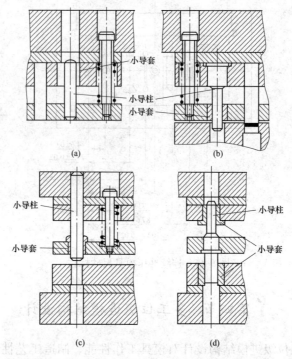

图 9-45 内导向小导柱和小导套的典型结构

（3）卸料方式。多工位级进模多采用弹压卸料装置，当工位数较少、料厚大于 1.5mm 时，也可以采用固定卸料方式。

2. 模具基本尺寸

如图 9-46 所示，模具基本尺寸主要有模具的平面轮廓尺寸、闭合高度、凸模的基准高度和各模板的厚度。

（1）模具的平面轮廓尺寸。以凹模外形尺寸为基础，以最终选择的模架尺寸为准。

（2）凸模的基准高度。由于凸模绝对高度不一样，可以选择一基准凸模高度，根据料厚和模具大小等因素确定，一般取 35～65mm，其余凸模高度按照基准高度计算差值。

（3）模板厚度。包括凹模、凸模固定板、垫板、卸料板以及导料板的厚度。各模板的厚度取值见表 9-4。

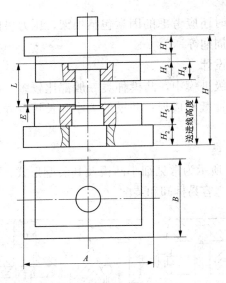

图 9-46 模具基本尺寸

表 9-4 级进模模板厚度（mm）

名称		模 板 厚 度			备注
凹模板	A／t	＜125	125～160	160～300	
	＜0.6	13～16	16～20	20～25	
	0.6～1.2	16～20	20～25	25～30	
	1.2～2.0	20～25	25～30	30～40	
固定卸料板	A／t	＜125	125～160	160～300	A 为模板长度；t 为条料或带料厚度
	＜1.2	13～16	16～20	16～20	
	1.2～2.0	16～20	20～25	20～25	
弹压卸料板	A／t	＜125	125～160	160～300	
	＜0.6	13～16	16～20	20～25	
	0.6～1.2	16～20	20～25	25～30	
	1.2～2.0	20～25	25～30		
垫板	A	＜125	125～160	160～300	
		5～13	8～16		

总体设计时还应考虑的因素包括模架、压力机的选择以及模具价格与生产周期等。

二、凸模设计

在多工位级进模中，凸模种类一般都比较多，截面有圆形和异形，功用有冲裁和成形；凸模的大小和长短各异，且有不少是细小凸模。

1. 细小凸模

如图 9-47 所示为常见细小凸模及其装配形式，要对细小凸模实施保护且使之容易拆卸和装配。

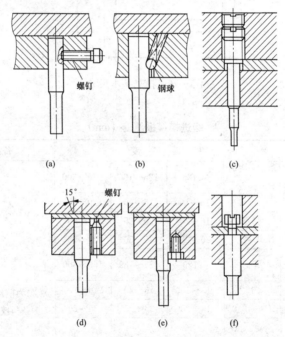

图 9-47 常见细小凸模及其装配形式

（a）横向螺钉装配；（b）钢球装配；（c）起子口双螺柱装配；

（d）圆锥螺钉装配；（e）骑缝螺钉装配；（f）内六角螺钉装配

2. 带顶出销的凸模结构

带顶出销的凸模结构如图 9-48 所示。

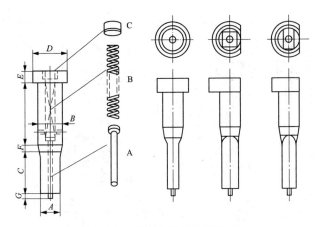

图 9-48 带顶出销的凸模结构

A—顶出销；B—弹簧；C—挡块

3. 成形磨削凸模结构

成形磨削凸模结构如图 9-49 所示。

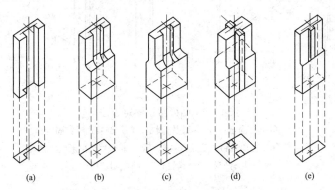

图 9-49 成形磨削凸模结构

（a）直通槽形凸模；（b）不通槽形凸模；（c）不通槽台形凸模；

（d）双凸形凸模；（e）单凸形凸模

4. 凸模固定方法

异形凸模一般采用直通结构，用螺钉吊装固定。如图 9-50 所示为凸模常用固定方法。同一副模具中的凸模固定方法应基本一致。

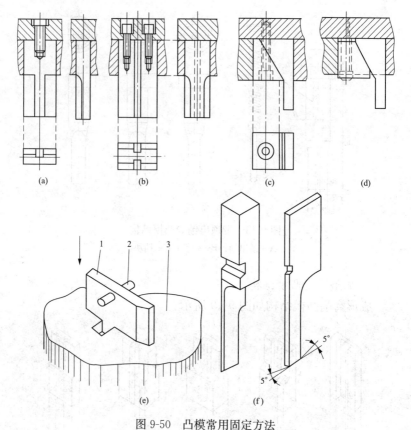

图 9-50　凸模常用固定方法
（a）单螺钉固定；（b）双螺钉固定；（c）倒装式螺钉固定；
（d）楔块螺钉固定；（e）销钉固定；（f）凸模形状
1—凸模；2—销钉；3—凸模固定板

5. 刃磨后不改变闭合高度的结构

如图 9-51 所示，凸模 3 刃磨后，将磨削的垫片也磨薄，使磨削的垫片的修磨量等于凸模的刃磨量，同时将垫片换成增厚相同量的新垫片。这样，刃磨前后凸模的刃口在同一水平面上。

三、凹模设计

除了工步较少或纯冲裁、精度要求不是很高的多工位级进模凹模为整体式的以外，一般凹模采用镶拼式结构。凹模镶拼原则与普通冲裁凹模基本相同。

1. 凹模外形尺寸

(1) 凹模厚度。凹模厚度 H 可以根据冲裁力和刃口轮廓长度参照图 9-52 确定。当凹模冲裁的轮廓长度超过 50mm 时，从曲线中查出的数据要乘以修正系数，见表 9-5。凹模厚度的最小值为 7.5mm。凹模表面积在 $55mm^2$ 以上时，H 的最小值为 10.5mm。图 9-52 中的材料为合金工具钢，当凹模材料采用碳素工具钢时，应乘以系数 1.3。此外，凹模厚度还应加上凹模刃口的修磨量。

(2) 凹模长度。从凹模的工作刃口到外形要有足够的距离，图 9-53 中给出了凹模刃口到外边缘距离的经验值。此外还要考虑留有螺钉孔和定位销孔的位置，统筹加以确定。

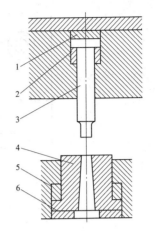

图 9-51 刃磨后不改变闭合高度的结构

1—更换的垫片；2—磨削的垫片；
3—凸模；4—凹模镶套；
5—磨削的垫圈；6—更换的垫片

表 9-5	凹模厚度修正系数				
l/mm	50～75	75～150	150～300	300～500	＞500
修正系数	1.12	1.25	1.37	1.56	1.60

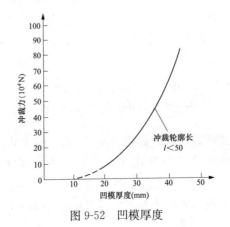

图 9-52 凹模厚度

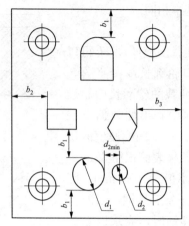

图 9-53　凹模刃口到外边缘的距离

$b_1 \geqslant 1.2H$，$b_2 \geqslant 1.5H$，$b_3 \geqslant 2.0H$（H 为凹模厚度）

2. 镶拼式凹模结构

由于凹模尺寸较大，工位数较多，并且使用寿命要求高，因此常采用镶入式结构或拼块式结构，如图 9-54 所示。

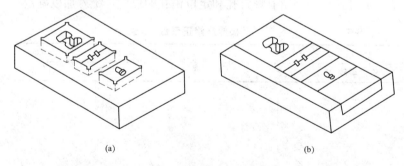

图 9-54　镶拼式凹模结构

(a) 镶入式凹模；(b) 拼块式凹模

（1）镶入式凹模结构。如图 9-55 所示，镶入式凹模一般是在凹模基体上开出圆孔或矩形孔（可通可不通），在孔内镶入镶件，镶件可以是整体的也可以是由拼块组成的。这种结构节约材料，也便于镶件的更换，常用于精度要求高的小型多工位级进模。

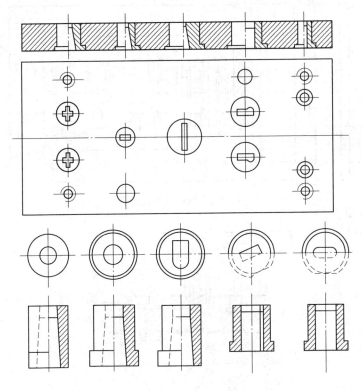

图 9-55　镶入式凹模结构

（2）镶块式凹模结构。如图 9-56 所示为镶块式凹模结构。

3. 倒冲结构

有些工件在成形时需要向上进行弯曲、翻边等，为了实现由下向上的冲压，需要在凹模规定的工位安装利用杠杆机构实现弯曲或翻边凸模由下向上运动的倒冲机构，其结构原理如图 9-57 所示，半圆形杠杆旋转推动凸模向上，半圆形杠杆依靠弹簧复位。倒冲结构属于加工方向转换机构之一，主要是利用压力机（冲床）的向下行程使工作凸模向上运动。

四、导料装置设计

由于带料经过冲裁、弯曲、拉深等变形后，在条料厚度方向上会有不同高度的弯曲和凸起，为了顺利送进带料，必须将已经

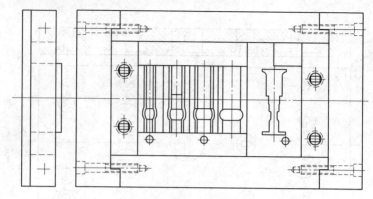

图 9-56 镶块式凹模结构

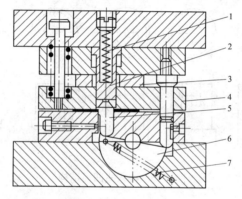

图 9-57 倒冲机构示意图

1—弹簧；2—顶件器；3—限位块；4—凹模；5—凸模；6—半圆形杠杆；7—拉簧

成形的带料托起，使凸起和弯曲部位离开凹模孔壁并略高于凹模工作表面。以上这项工作由导料系统来完成。完整的导料系统包括导料板、浮顶器（或浮动导料销）、承料板、侧压装置、除尘装置以及安全检测装置等。

1. 带台阶导料板与浮顶器配合使用的导料装置

浮动顶料装置如图 9-58 所示。浮顶器有销式、套式和块式几种。由图 9-58 可知，套式浮顶器使导正销得到保护。浮顶器数量一般应设置为偶数且左右对称布置，在送料方向上间距不宜过大；条料较宽时，应在条料中间适当位置增加浮顶器。

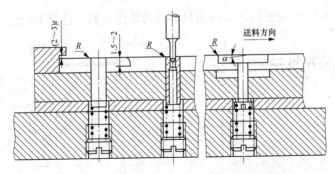

图 9-58　浮动顶料装置

2. 带槽浮动顶料销的导料装置

带槽浮动顶料销既起导料作用，又起浮顶条料的作用，也是常用的导料装置结构形式，如图 9-59（a）所示。如图 9-59（b）、（c）所示的设计是错误的。由于带槽浮动顶料销与条料为点接触，

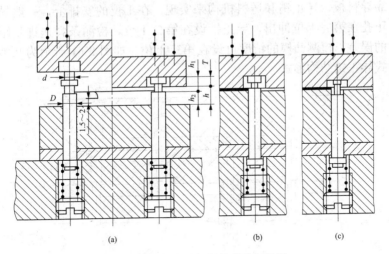

(a)　　　　　　　　　　　　　　(b)　　　　　　(c)

图 9-59　带槽浮动顶料销的导料装置
（a）正确；（b）、（c）错误

不适用于料边为断续的条料的导向，故在实际生产中常采用浮动导轨式导料装置，如图 9-60 所示。

如果结构尺寸不正确，则在卸料板压料时会产生如图 9-59

（b）、（c）所示的问题，即条料的料边产生变形，这是不允许的。

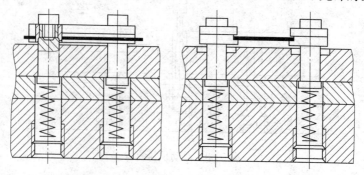

图 9-60　浮动导轨式导料装置

五、导正销设计

条料的导正定位，常使用导正销与侧刃配合定位，侧刃做定距和初定位，导正销做精确定位。条料的定位与送料步距的控制靠导料板、导正销和送料机构来实现。在工位的安排上，一般导正孔在第一工位冲出，导正销设在第二工位，检测条料送进步距的误差，检测凸模的精度可设在第三工位。如图 9-61 所示为凸模式导正销结构形式。

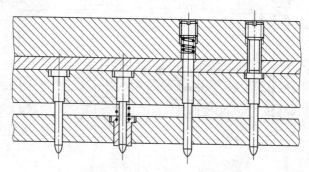

图 9-61　凸模式导正销结构形式

导正销工作段部分伸出卸料板压料面的长度不宜过长，以防止上模部分回程时将条料带上去或由于条料窜动而卡在导正销上，影响正常送料。导正销工作段伸出长度通常取（0.5～0.8）t（t 为料厚），如图 9-62 所示，如果导正销露出过长，容易引起条料变形，影响冲击，形成冲击。

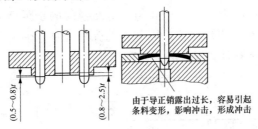

由于导正销露出过长，容易引起
条料变形，影响冲击，形成冲击

图 9-62 导正销伸出长度

六、卸料装置设计

1. 卸料装置的作用及组成

多工位级进模结构中一般使用弹压卸料装置，其作用主要有压料、卸料、导向保护等。如图 9-63 所示为弹压卸料板的组成。

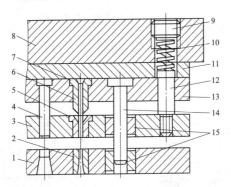

图 9-63 弹压卸料板的组成

1—凹模；2—凹模镶块；3—弹压卸料板；4—凸模；5—凸模导向护套；
6—小凸模；7—凸模加强套；8—上模座；9—螺塞；10—弹簧；
11—垫板；12—卸料螺钉；13—凸模固定板；14—小导柱；15—小导套

2. 卸料装置的结构

多工位级进模卸料装置一般采用分段拼装结构。如图 9-64 所示为五个分段拼块组合而成的弹压卸料板。基体按基孔制配合关系开出通槽，两端的两块按位置精度压入基体通槽后分别用定位销和螺钉定位固定，中间三段磨削后直接压入基体通槽内，仅用螺钉连接。通过对各分段结合面进行微量研磨加工来调整、控制各型孔的尺寸和位置精度。通过研磨各分段结合面，去除过盈量，也容易保证卸料板各导向型孔与相应凸模间的步距精度与配合间隙。拼合调整好的卸料板连同装上的弹性元件、辅助小导柱和小导套，通过卸料螺钉安装到上模座。

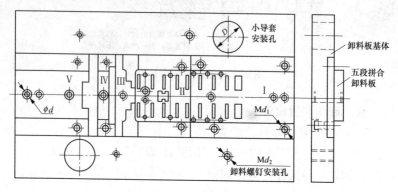

图 9-64　镶拼式弹压卸料板

3. 卸料装置的安装

卸料板一般采用卸料螺钉吊装在上模上，如图 9-65 所示。

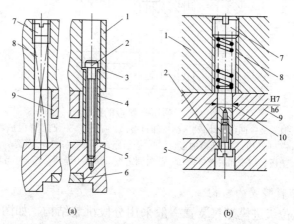

(a)　　　　　(b)

图 9-65　卸料板的安装

（a）安装方式一；（b）安装方式二

1—上模座；2—螺钉；3—垫片；4—管套；5—卸料板；6—卸料板拼块；

7—螺塞；8—弹簧；9—固定板；10—卸料销

4. 卸料螺钉的调整

卸料螺钉宜采用如图 9-66 所示的结构，以便控制工作长度 L，也便于在凸模每次刃磨时工作长度被同时磨去同样的高度；如采用如图 9-66（a）所示的结构，则应加上图中所示的垫片，可以达到同样的效果。

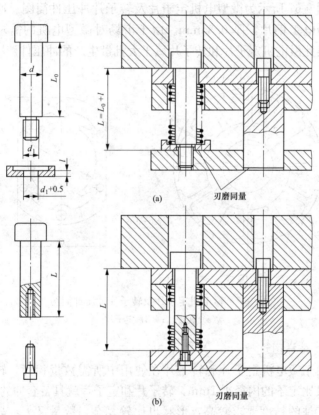

图 9-66 卸料螺钉的结构与调整
（a）加入垫片；（b）宜采用的方式

第五节 级进模典型结构实例

根据工序排样，可以考虑多工位级进模的整体结构。生产中使用的多工位级进模的基本类型有冲孔落料多工位级进模、冲裁弯曲多工位级进模、拉深冲孔翻边多工位级进模等。下面通过三个不同类型的冲压件的工序排样及所设计的三副模具的结构分析，介绍不同类型的多工位级进模的结构特点。

一、冲孔落料多工位级进模

图 9-67 所示为微型电机定子片及转子片冲压件简图。冲压件材料为电工钢片，厚 0.35mm。由于市场对微型电机的需求量较大，因此微电机定子片和转子片属于大批量生产的冲压件。

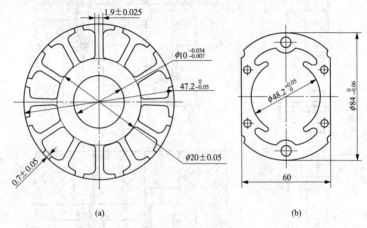

图 9-67　微电机定子片及转子片冲压件简图

(a) 转子片；(b) 定子片

1. 排样图设计

由于微电机定子片和转子片在使用中所需数量相等，转子的外径又比定子的内径小 1mm，转子片和定子片就具备套冲的条件。由于工件的精度要求较高，形状也比较复杂，数量又大，故适宜采用多工位级进模生产，冲压件的工序均为落料和冲孔。工件的异形孔较多，在多工位级进模的结构设计和加工制造上都有一定的难度。多工位级进模属于单件生产，试模失败后很难补救，因此必须精心设计，考虑周全。

微电机的定子片、转子片是大批量生产，故选用电工钢片卷料，采用自动送料装置送料，其送料精度可达±0.05mm。为进一步提高送料精度，模具中使用导正销做精确定位。

　　冲压件工序排样图如图 9-68 所示，共分 8 个工位，各工位工序内容如下。

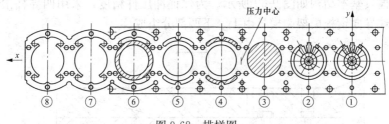

图 9-68　排样图

　　工位①冲 2 个 ϕ8mm 的导正销孔，冲转子片各槽孔及中心轴孔，冲定子片两端 4 个小孔的左侧 2 孔。

　　工位②冲定子片右侧 2 孔，冲定子片两端中间 2 孔，冲定子片角部 2 个工艺孔，转子片槽和 ϕ10mm 孔校平。

　　工位③转子片外径 ϕ47.2mm 处落料。

　　工位④冲定子片两端异形槽孔。

　　工位⑤空工位。

　　工位⑥冲定子片 ϕ48.2mm 内孔，定子片两端圆弧余料切除。

　　工位⑦空工位。

　　工位⑧定子片切断。

　　排样图步距为 60mm，与工件宽相等。

　　转子片中间 ϕ10mm 的孔有较高的精度要求。12 个线槽孔需要缠绕线径细、绝缘层薄的漆包线，因此不允许有明显的毛刺，为此在工位②设置对 ϕ10mm 孔和 12 个线槽孔的整形工序。工位③完成转子片落料。

　　定子片中的异形孔比较复杂，孔中有四个较狭窄的突出部分，若不将内形孔分解冲切，则整体凹模中 4 个突出部位容易损坏。为此把内形孔分为两个工位冲出，考虑到 ϕ48.2mm 孔精度较高，应先冲两头长形孔，后冲中间孔，同时将 3 个孔打通，完成内孔冲裁。若先冲中间孔，后冲长形孔，可能引起中间孔的变形。

　　工位⑧采取单边切断的方法，尽管切断处相邻两片毛刺方向不同，但不影响使用。

2. 模具结构

根据工序排样图，确定模具为八工位级进模，步距为 60mm。模具基本结构如图 9-69 所示。为保证冲压件精度，采用四导柱滚珠导向钢板模架。模具由上、下两部分组成。

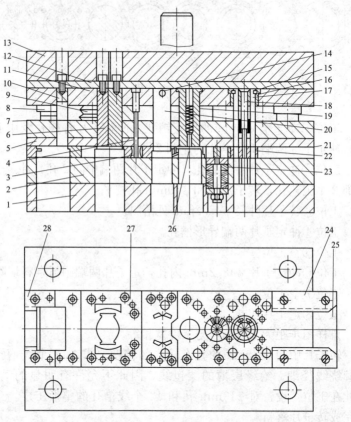

图 9-69　微型电机转子片和定子片多工位级进模

1—钢板下模座；2—凹模基体；3—导正销座；4—导正销；5—弹压卸料板；

6、7—切废料凸模；8—滚动导柱导套；9—碟形卸料弹簧、卸料螺钉；10—切断凸模；

11—凸模固定板；12—垫板；13—钢板上模座；14—销钉；15—卡圈；16—凸模座；

17—冲线槽凸模；18—冲孔凸模；19—落料凸模；20—冲异形孔凸模；21—凹模拼块；

22—冲槽凹模；23—弹性校正组件；24、28—局部导料板；

25—承料板；26—弹性防粘销；27—槽式顶料销

（1）下模部分。

1）凹模。凹模由凹模基体 2 和凹模拼块 21 等组成。由图 9-69 俯视图可见凹模拼块有 4 个，工位①、②、③为第 1 块，工位④为第 2 块，工位⑤、⑥为第 3 块，工位⑦、⑧为第 4 块，每块凹模用螺钉和销钉分别固定在凹模基体上，保证模具的步距精度为 ±0.05mm。

2）导料装置。下模上始、末端均装有局部导料板，始端局部导料板 24 至第一工位开始时为止，末端局部导料板 28 设在工位⑦以后，其目的是避免条料送进过程中产生过大的阻力。中间各工位上放置了 4 组 8 个槽式顶料销 27，槽式顶料销兼有导向和顶料的作用，能使带料在送进过程中从凹模面上顶起一定高度，有利于带料送进。

3）校平部分。下模内还有弹性校正组件 23，目的是起校平作用。因为线槽孔冲制后，工件平面度降低，特别是槽孔毛刺会影响微电机组装的下线质量。为提供足够的校平力，采用碟形弹簧。

（2）上模部分。上模部分主要由钢板上模座 13、垫板 12、凸模固定板 11、装配式弹压卸料板 5 和各个凸模及导正销等组成。

1）弹压卸料板。弹压卸料板 5 在多工位级进模中是关键零件之一。为了保护细小凸模并对凸模进行精确导向，卸料板本身需要更精确的导向，此外，还应具有很高的精度和足够的刚性以及较高的硬度、韧性和耐磨性。本模具结构较大，卸料板采用拼块组合形式，有利于减少热处理变形，有利于制造和更换。4 块卸料板拼块通过螺钉和卸料板基体联结起来成为弹性卸料板 5。拼块采用 Crl2 制作，淬火硬度 55～58HRC，卸料板基体采用 45 钢制作。

2）导正销。本模具采用导正销做精定位，上模设置 4 组共 8 个导正销，在工位①、③、④、⑧实现带料的精确定位。导正销呈对称布置，与凸模固定板和弹性卸料板的配合选用 H7/h6。在工位⑧，导正销孔已被切除，此时可借用定子片两端 ϕ6mm 孔做导正销孔，以保证最后切除时定位精确。在工位③切除转子片外圆时，用装在凸模上的导正销，借用中心孔 ϕ10mm 导正。

3）凸模。凸模高度应符合工艺要求。工位③的 ϕ47.2mm 的落料凸模 19 和工位⑥的 3 个凸模冲定子片 φ48.2mm 内孔凸模，定子片两端圆弧余料切除凸模较大，应先进入冲裁工作状态，其余凸模均比其短 0.5mm，当大凸模完成冲裁后，再使小凸模进行冲裁，这样可防止小凸模的折断。

模具中冲线槽凸模 17，切废料凸模 6、7，冲异形孔凸模 20 都为异形凸模，无台阶。大一些的凸模采用螺钉紧固，凸模 20 呈薄片状，上端打销孔后，可采用销钉 14 吊装于凸模固定板 11 上。至于环形分布的 12 个冲线槽凸模 17 是镶在带台阶的凸模座 16 中相应的 12 个孔内，冲线槽凸模采用卡圈 15 固定，如图 9-70 所示。卡圈切割成两半，用卡圈卡住冲线槽凸模上部磨出的凹槽，可防止凸模工作时被拔出。

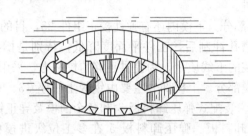

图 9-70　冲线槽凸模采用卡圈固定

4）防粘装置。防粘装置主要是指弹性防粘销 26 及弹簧等，其作用是防止冲裁时分离的材料粘在凸模上，影响模具的正常工作，甚至损坏模具。工位③的落料凸模 19 上均布 3 个弹性防粘销，目的是使落料凸模中的导正销与工件分离，阻止工件随凸模上升。需要指出的是，为防止冲槽废料的回升，也采用了类似的防粘装置。

二、冲裁弯曲多工位级进模

如图 9-71 所示为录音机机心自停连杆立体图，如图 9-72 所示为其零件图。该连杆用 10 钢制作，厚 0.8mm，属于大批量生产。零件形状较复杂，精度要求较高，有 a、b、c 三处弯曲，还有 4 个小凸包。主要工序有冲孔、冲裁外形、弯曲、成形等，适宜采用多工位级进模生产。

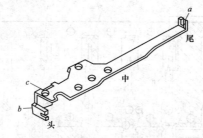

图 9-71　机心自停连杆立体图

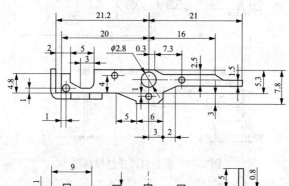

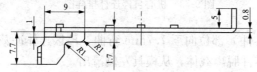

图 9-72　机心自停连杆零件图

1. 排样图设计

冲压材料使用厚 0.8mm 钢带卷料，采用自动送料装置送料。工序排样图如图 9-73 所示，这是以零件展开图为基础进行设计的，共有六个工位。

工位①冲导正销孔，冲 $\phi 2.8$mm 圆孔，冲 K 区窄长孔，冲 T 区的 T 形孔。

工位②冲零件右侧 M 区外形，连同下一工位冲裁 E 区的外形。

工位③冲零件左侧 N 区外形。

工位④零件 a 部位向上 5mm 弯曲，冲四个小凸包。

工位⑤零件 b 部位向下 4.8mm 弯曲。

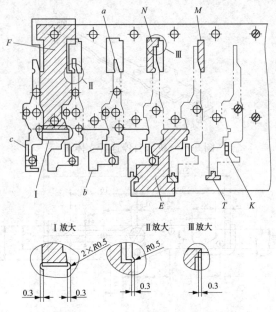

图 9-73　机心自停连杆排样图

工位⑥零件 c 部位向下 7.7mm 弯曲，F 区连体冲裁，废料从孔中漏出，零件脱离载体，从模具左侧滑出。

零件的外形是分五次冲裁完成的，如图 9-73 所示。若把零件分为头部、尾部和中部，则尾部的冲裁是分左、右两次进行的，如果一次冲出尾部外形，则凹模中间部位将处于悬臂状态，容易损坏。零件头部的冲裁是分两次完成的，第一次是冲头部的 T 形槽，第二次是 E 区的连体冲裁，采用交接的方式以消除搭接处的缺陷。如果两次冲裁合并，则凹模的强度不够。零件中部的冲裁兼有零件切断分离的作用。

2. 模具结构

模具基本结构如图 9-74 所示，采用滑动对角导柱模架。

（1）下模部分。带料依靠在模具两端设置的导料板导向，中间部位采用槽式顶料销导向。由于零件有弯曲工序，每次冲压后带料需抬起，槽式顶料销具有导向和顶料的双重作用，如图 9-74 俯视图所示，在送料方向右侧装有五个槽式顶料销，在工位③，E

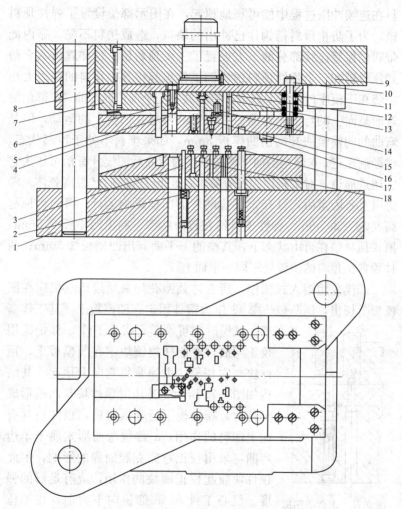

图 9-74　机心自停连杆多工位级进模结构

1—模座；2、11—弹簧；3—顶料销；4—卸料板；5—F 区冲裁凸模；

6—弯曲凸模；7—凸模固定板；8—垫板；9—上模座；10—卸料螺钉；

12—冲孔凸模；13—T 区冲裁凸模；14—固定凸模用压板；15—导正销；

16—小导柱；17—槽式顶料销；18—压凸包凸模

区已被切除，边缘无材料，因此在送料方向左侧只能装三个槽式
顶料销。在工位④、⑤的左侧是具有弯曲工序的部位，为了使带

料在连续冲压过程中能可靠地顶起，在图示部位设置了弹性顶料销，为了防止顶料销钩住已冲出的缺口，造成送料不畅，靠内侧带料仍保持连续部分的下方设置了三个顶料销。这样就由八个槽式顶料销和三个弹性顶料销协调工作顶起带料，顶料的弹力大小由装在下模座内的螺塞调节。带料共有三个部位的弯曲，a 部位的弯曲是向上的弯曲，弯曲后并不影响带料在凹模上的运动，但是弯曲的凹模镶块却高出凹模板 3mm，如果带料不处于顶起状态，将影响送进；b 部位的向下弯曲高度为弯曲后凹模开有槽可作为它的送进通道，对带料顶起没有要求；c 部位弯曲后已脱离载体。考虑以上各因素后，只有 a 部位的弯曲凹模影响运行，因而将顶起高度定为 3.5mm。弹性顶料销在自由状态下高出凹模板 3.5mm；槽式顶料销在自由状态下，其槽的下平面高出凹模板 3.5mm；两种顶料销顶料的位置处于同一平面上。

　　凹模采用镶入式凹模，所有冲裁型孔均采用线切割机床在凹模板上切出，压凸包凸模 18 作为镶件固定在凹模板上，其工作高度在试模时还可调整。机心工件 a 部位采用校正弯曲，弯曲凹模镶块镶在凹模板上，顶件块与它相邻，由弹簧将它向上顶起，其结构如图 9-75 所示。冲压时顶件块与凸模形成夹持力，随凸模下行完成弯曲，顶件块具有向上卸料的作用。a 部位弯曲形式属于单边弯曲，采用校正弯曲克服回弹的影响，因此顶件块兼起校正镶块的作用，应有足够的强度。机心工件 b、c 部位向下弯曲，在工位⑤、⑥进行，由于相邻较近，采用同一凹模镶块，用螺钉、销钉将其固定在凹模板上；b

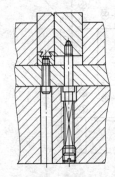

图 9-75　上弯曲凹模部分示意图

部位向下弯曲的高度为 4.8mm，顶料销只能将带料托起 3.5mm，所以在凹模板上沿其送进方向还需加工出宽约 2mm、深约 3mm 的槽，供其送进时通过。

　　零件在最后一个工位上从载体脱离后处于自由状态，容易粘在凸模或凹模上，为此凸模和凹模镶块上各装一个弹性防粘销。

凹模板侧面加工出斜面，使工件从侧面滑出；还可在适当部位安装气管喷嘴，利用压缩空气将成品件吹离凹模板。

（2）上模部分。上模部分主要由卸料板、凸模固定板、垫板和各个凸模组成。为了保护细小凸模，装有四个 $\phi16mm$ 的小导柱16，导柱由凸模固定板固定，与卸料板、凹模板成小间隙配合，其双面配合间隙不大于 0.025mm，这样可以提高模具的精度与刚度。

为提高送料步距精度，保证零件冲压加工的稳定性，在工位②～⑤均设置导正销导正，八个导正销 15 直接装在卸料板上，导正销的位置偏差不应大于 0.05mm。

三、拉深冲孔翻边多工位级进模

如图 9-76 所示为电子元件外壳基座工件图，材料为可伐合金，厚 0.3mm，属大批量生产。

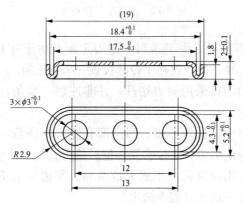

图 9-76　电子元件外壳基座工件图

1. 排样图设计

基座的冲压工序主要有冲孔、拉深、翻边、整形及落料等工序，工艺较复杂，生产批量大，适宜用多工位级进模生产。

基座排样图如图 9-77 所示，共分九个工位。

工位①侧刃定距冲裁。

工位②冲两个切口用的工艺孔 $\phi2mm$。

工位③切口。

工位④空工位。

工位⑤拉深。

工位⑥整形。

工位⑦冲三个 $\phi 3$ mm孔。

工位⑧空工位，导正。

工位⑨落料、翻边。

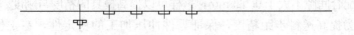

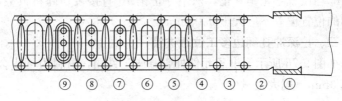

⑨ ⑧ ⑦ ⑥ ⑤ ④ ③ ② ①

图 9-77　基座工件排样图

材料选用条料，手工送料，侧刃定距。由于零件是拉深件，所以不用多设导正销，仅在工位⑧设置一个导正销。

工位③的切口采用斜刃切开，并非冲切一窄条，这对于矩形零件是适宜的。

拉深工序中，拉深凸模、凹模都有较大的圆角，拉深后的工序件也有相应的圆角。工位⑥安排整形是为获得工件所需的圆角。

工位⑨采用复合模的形式完成落料、翻边两道工序。工件脱离条料，随条料从模具侧面滑出。

2. 模具结构

本模具选用对角滚珠钢板模架是基于两方面的考虑，一是所冲的工件材料厚度为 0.3mm，比较薄，冲裁间隙比较小，因而对模架精度要求高；二是本模具为九个工位级进模，具有多次冲裁，各处冲裁凸、凹模的制造、装配也存在误差。为尽量减少误差累积对模具的负面影响，选用精密模架以减小上模座的导向误差是必要的。

如图 9-78 所示是基座级进模结构图。

为保护模具的细小凸模，在上模板与卸料板之间装有 4 组滑

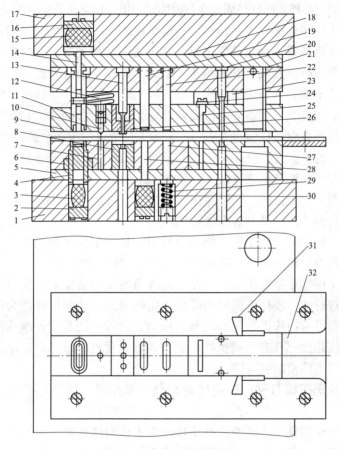

图 9-78　基座级进模结构图

1—钢板下模座；2、16、24—压板；3、15、30—橡胶弹性体；4—顶件块；

5、18—垫板；6—翻边凹模；7—凹模镶块；8—冲孔凹模镶块；9—卸料板；

10—导正销；11—落料、翻边凸凹模；12—卸料螺钉；13—冲孔凸模；

14—压料杆；17—钢板上模座；19—整形凸模；20—冲孔凸模；

21—侧刃凸模；22—拉深凸模；23—滑动导柱；25—切口凸模；

26—保护套；27、28—顶杆；29—弹簧；31—侧刃挡块；32—承料板

动导柱及导套，按一级精度模架要求制造。

工位①的倒刃定距冲裁，侧刃凸模宽度选为 1.25mm，侧刃长为 13.05mm，比步距大 0.05mm，可给导正销精确定位留有导正余

量。倒刃凸模用圆柱销固定在凸模固定板上，以防止凸模向下脱落。

工位③是切口工序。切口凸模是在两个工艺孔之间冲切，因而冲切后条料不会随凸模上升，它不需要卸料板卸料，故把冲切口的侧刃凸模直接装在卸料板上。侧刃凸模上设计有凸台，从卸料板的上面装入，用压板压住，压板用螺钉固定。切口凸模厚为2mm，工作部位在右侧，构成刃口的切口凸模底面有约为15°的倾角，凸模高出卸料板约为2δ（δ为多工位级进模步距公差值）；切口凹模的宽度为3mm，若与切口凸模25宽度相等，会使切口凸模的左侧与凹模挤压条料，产生不应有的变形。

前三个工位的凹模设计在同一块凹模拼块上，原因是前3个工位都为冲裁，拼块制造较为方便。

工位⑤是拉深工序。拉深凸模用圆柱销吊装于固定板上，拉深凹模内设置一顶杆，拉深后靠弹簧将工件顶出凹模。

工位⑥是整形工序。工件上部圆角的整形是整形凸模与凹模配合进行的，顶杆下面采用受到一定约束的橡胶弹性体作为弹性元件，可给顶杆提供足够的整形压力，这种方法与设置刚性的整形凹模相比，具有可调整性和安全性好的优点。整形后工序件再次被顶出凹模以利送进。

拉深凹模与整形凹模结构相似，做在同一块独立的凹模拼块上。

工位⑦是三个孔的冲孔工序。本工位的凹模也设计为独立的一个镶块，在卸料板上设置保护套保护冲孔凸模。工件的冲孔位置在拉深后的工件底面上，为保证冲孔时工序件落平到位，不被弹压卸料板压坏，这一镶块要做得薄一些，上表面低于其他拼块2mm。冲孔凸模的保护套则要向下凸出。

工位⑧是落料和翻边工序。上模是落料翻边凸凹模，外围是落料凸模，内圈是翻边凹模，用卡块和凸模固定板固定。凸凹模内部装有压料杆，在压料杆上部的模座内装有橡胶弹性体，由压板和螺钉固定。压料杆是直筒形状，中部开长孔并有销钉穿过，使压料杆既有一定的行程，又不会向下脱落。下模由凹模镶块、翻边凹模和顶件块组成。顶件块下面接橡胶弹性体。翻边凹模与顶件块的结构如图 9-79 所示。

工位⑨模具的工作过程如下：上模下行，压料杆压住工件的底面。上模继续下行，卸料板压平条料，落料翻边凸凹模的外缘刃口与凹模镶块作用，完成外形落料。上模继续下行，凸凹模内侧与翻边凹模相互作用，完成零件的外翻边，同时顶件块被凸凹模压住

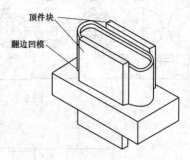

图 9-79　翻边凹模与顶件块结构

F 下行。当上模回升，顶件块将工件顶出凹模时，卸料板卸下条料，压料杆也可将粘于上模的工件推出。

四、多工序级进模应用实例

1. 仪表游丝支片多工序冲裁级进模

游丝支片多工序冲裁级进模的冲件图、排样图和模具图如图 9-80～图 9-82 所示。

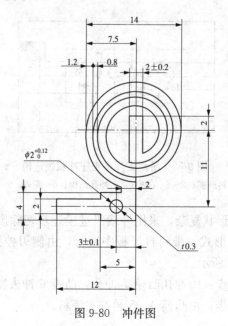

图 9-80　冲件图

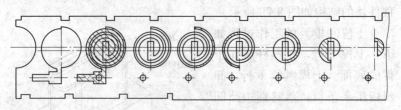

图 9-81 排样图

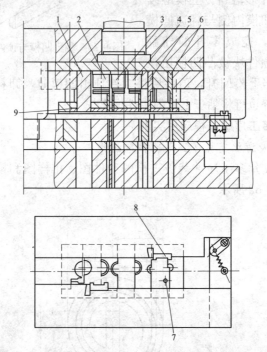

图 9-82 游丝支片多工序冲裁级进模

1—落料凸模；2~6—凸模；7—冲孔凸模；8—侧刃；9—导板

　　游丝支片形状复杂，采用冲裁级进模逐步切除废料最后落料。凹模采用拼块形式，带料自导板中通行，由侧刃控制步距。具体步骤如图 9-82 所示。

　　（1）第一步：由冲孔凸模 7 冲孔，凸模 6 冲去废料。

　　（2）第二步：由凸模 4、5 再冲去废料。

（3）第三步：由凸模 3 继续冲去废料。

（4）第四步：由凸模 2 冲出工件外缘一部分。

（5）第五步：由落料凸模 1 冲出成形工件。

导板对各凸模有导向保护作用。

2. 锁扣多工序级进模

图 9-83 所示的模具是用于冲制锁扣的 11 工位多工序级进模，图 9-84 是冲件图和排样图。模具使用在带有自动送料装置的高速压力机上，要求模具精度高及刚性好。模具工作部分材料为 Crl2Mo。结构上采用了始用挡料销装置、可调整凸模长度的装置、顶料装置和保护装置。所有凸模均由导板导向，凸模与固定板的配合间隙为 0.05mm（双向间隙），使其在冲压过程中可自行导正。11 个导正销在一条直线上，其间距误差不大于 0.01mm，它用来保证各工位的送料精度。冲长方孔凹模拼块采用可以调换的拼合式结构，用高精度的磨削加工保证互换性。该模具采用精度高、稳定性好的四导柱模架，由于在冲压过程中必须保证导套不脱离导柱，故需用于行程符合要求的压力机。

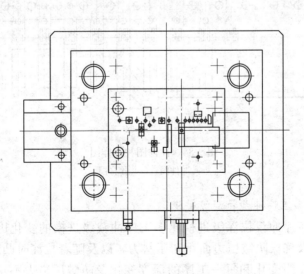

图 9-83　锁扣多工序级进冲模

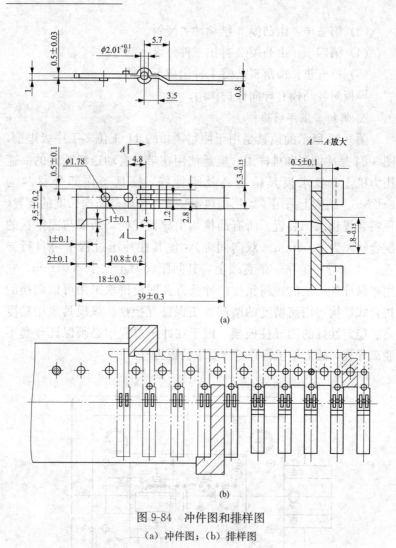

图 9-84　冲件图和排样图
(a) 冲件图；(b) 排样图

3. 多工序冲裁拉深级进模

多工序冲裁拉深级进模比多工序冲裁级进模的变化因素多，主要涉及确保防皱压边面积和压料力，以及随着拉深时凸缘直径减小使步距变化和每一工序的深度变化及防皱压边力不均匀等。而且级进模与单工序模相比更需保证其安全性，在模具结构上要留有空工位，以备必要时能有调整余地。

图 9-85 为多工序冲裁拉深级进模。图 9-86 为冲件图及排样图。

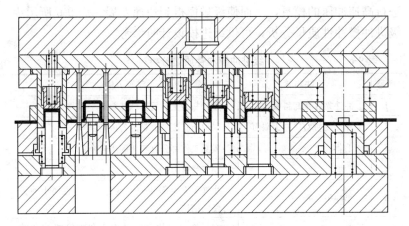

图 9-85 多工序冲裁拉深级进模

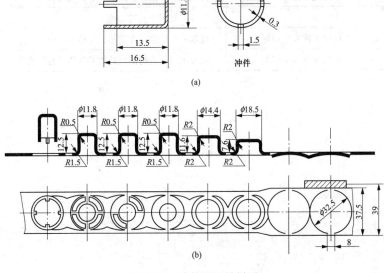

(a)

(b)

图 9-86 冲件图及排样图

（a）冲件图；（b）排样图

五、级进冲模冲件质量分析

目前由于重视对级进模结构的研究和模具零件精密加工技术的进步，有更好的条件制造出能够保证冲件质量并正常地稳定地进行高速冲压的模具，从而使级进模得到快速发展。表 9-6 所示为级进冲模冲件质量分析，可供级进模设计时参考。

表 9-6　　　　　　　　　级进冲模冲件质量分析

序号	缺陷	消除方法
1	冲件黏着在卸料板	在卸料板上装置弹性卸料钉
2	冲孔废料粘住冲头端面	采取防止废料上粘的各种措施
3	毛刺	模具工作部分材料用硬质合金
4	印痕	调节弹簧力
5	小冲头易断	小冲头固定部分采用镶套，采用更换小冲头方便的结构
6	卸料板倾斜	卸料螺钉采用套管及内六角螺钉相结合的形式
7	凹模涨碎	严格按斜度要求加工
8	工件成形部分尺寸偏差	修正上、下模，修正送料步距精度
9	孔变形	模具上有修正孔的工位
10	拉深工件发生问题	增加一些后次拉深的加工工位和空位
11	每批零件间的误差	对每批材料进行随机检查并加以区分后再用

第十章

冲压自动装置与自动冲模

第一节 冲压自动化与自动冲模概述

一、冲压机械化与自动化

冲压生产的自动化按照自动化范围和自动化程度的不同分为冲压全过程自动化、自动压力机、冲压自动生产线和自动模等几种。从冲压自动化技术发展的情况来看，目前冲压生产自动化主要是指将加工材料自动送到冲模作业点（工作位置）上，并把冲压件自动取出为主的自动化。它包括三种情况：采用自动压力机；在普通压力机上安装通用的自动送料装置、自动卸件装置、自动出件装置以及自动检测装置；冲模本身带有自动送料、卸件、出件、检测等装置的自动冲模。本章主要介绍冲模上的自动装置以及自动冲模。

由于冲压技术的发展以及冲压结构日趋复杂，尤其是高速、精密冲压设备和多工位冲压设备的较好应用，对冲压机械化与自动化提出了更高的要求。

随着现代工业的发展，加强电子技术、计算机技术以及控制技术的应用与完善，以冲模为中心的全自动冲压柔性加工系统的开发研制、广泛应用已势在必行。目前计算机数字控制的冲压机械手、机器人、全自动冲压加工生产线、冲压加工中心、全自动落料机床、自身备有薄板上料和卸料装置的数控转塔式冲床以及其他冲压系统已经出现。当然这些系统必须配备高质量、高效率的冲模。

1. 机械化与自动化方式

实现冲压机械化与自动化可以采用不同方式，例如：

(1) 在通用压力机上使用自动冲模；

(2) 通用自动冲压压力机；

(3) 专用自动冲压压力机；

(4) 冲压自动生产线。

选择时应结合企业具体条件，考虑下列因素。

(1) 安全生产。必须确保设备安全和操作人员的人身安全。

(2) 冲压件批量。批量较小时，应重点考虑通用性，适应多品种生产。随着批量的增大，考虑选择自动化程度高的方式。

(3) 冲压件的结构。冲压件的结构形式一般情况下就决定了机械化、自动化的方式。例如较小而不太复杂的成形或冲裁件，用级进模自动冲压的可能会较大；较大的多道拉深件，要考虑多工位自动冲压。为利于自动化，有时需要在不影响冲压件使用性能的前提下，对工件设计做适当修改。

(4) 冲压工艺方案。对于中小型冲压件，即使批量很大，一般也不采用生产线生产方式，而尽可能在一台自动压力机上用一套冲模或级进模完成全部工序。如果还有后道工序（如表面处理、装配等）也应考虑与之结合成线。为此有时级进模并不把工件从卷料上切下来，而是在后道非冲压工序完成，再与卷料分离，以实现自动化生产。

(5) 材料规格。卷料、条料和板料以及厚料和薄料的机械化、自动化装置大多互不相同。

(6) 压力机形式。在普通压力机上，可安装通用自动送料装置实现自动化，也可用自动冲模。如果压力机滑块和台面尺寸较大，也可改装成多工位自动压力机。多工位自动压力机一般用卷料做坯料，也可用冲出的平坯或成形工序件自动送进进行生产。另外，大型压力机由于采用活动工作台，中型压力机上设置快换模具台板，以及采用模具快速夹紧装置，换模时间明显缩短，有利于批量较小的冲压件实现自动化生产。

冲压件品种单一时，用自动冲模实现自动化较为适宜；品种较多时，在通用自动压力机上用普通冲模自动化生产比较合理；在批量很大时，要考虑以专用自动压力机代替通用自动压力机的可能性；大型冲压件的自动化生产往往以自动线的形式出现。

2. 机械化自动化装置

冲压机械化自动化包括供（料）件、送料、出料（件）和废料（工件）处理等环节。各环节所用装置见表 10-1。

表 10-1　　　　　　　　冲压机械化自动化装置

装置名称	原材料			工序或工件	
	卷料	板料	条料	平件	成形件
供料（件）	卷料架	贮料、顶料、吸料、释料和移料装置、分离装置		贮料槽	贮料斗
	校平装置、润滑装置				
送料	辊式、夹持式、钩式、其他			传件装置、定向和翻转装置、分配装置	
出料（件）	收料架	取料装置		接件装置	
废料（工件）处理	切料装置			理件装置	
其他	安全检测装置、自动保护装置				

表中所列装置可以配备在冲模、压力机或生产线上，构成自动或半自动冲模、自动或半自动压力机、自动或半自动生产线。

下面以供料装置结构组成及作用加以简要说明，其他如送料装置、接件装置、出料装置、废料处理装置、安全检测装置、自动保护装置等将在后面详细介绍。

供料装置主要为送料装置做准备工作，不同的原材料（板料、条料、卷料）采用的供料装置不尽相同。

（1）板料（条料）供料装置。板料（条料）供料装置通常具有贮料、顶料、吸料、提料、移料和释料等功能。

1）贮料。最简便的贮料是将板料或条料直接堆放在顶料机构上。如图 10-1 所示为两个贮料架交替使用的一种形式。

2）顶料。根据吸料机构的要求，有一次顶料和分次顶料。被提吸的材料需经常保持在一定高度时，须采用分次顶料。如图

10-2 所示为一次顶料示意图,将材料放在料架上,扳动手柄通过齿轮齿条使料架提升,达到活动销以上位置后,放下料架。整叠材料由几个活动销托住,完成顶料动作。如图 10-3 所示为机械式分次顶料装置,由电动机经蜗轮、蜗杆将料架提升,料架上、下极限位置由限位开关控制。

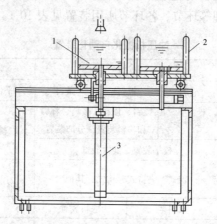

图 10-1 交替使用的贮料架
1—贮料架;2—挡杆;3—液压缸

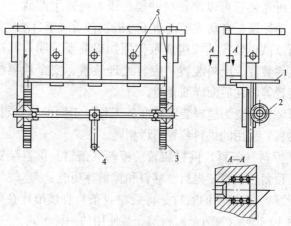

图 10-2 一次顶料装置示意图
1—料架;2—齿轮;3—齿条;4—手柄;5—活动销

3）吸料与释料。一般都采用真空吸盘。无适当平面可吸的钢、铁等磁性材料，如冲裁后的废料用电磁吸盘。

如图 10-4 所示为挤气式空气负压吸盘，当吸盘与工件接触后，吸盘受挤压变形排出吸盘内的空气而形成负压吸附工件。当电磁铁工作，推动顶杆顶开锥阀 3，吸盘 4 的小孔与大气相通，工件落下。

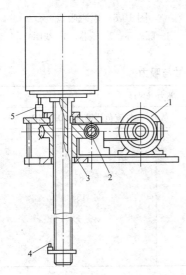

图 10-3　机械式顶料装置

1—电动机；2—蜗杆；3—蜗轮；

4、5—限位开关

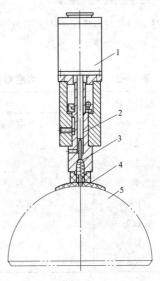

图 10-4　挤气式空气负压吸盘

1—电磁铁；2—顶杆；3—锥阀；

4—吸盘；5—工件

如图 10-5 所示为气流负压喷嘴式吸盘，压缩空气通入喷嘴，由于喷嘴通道截面的变化，使吸盘相连的小孔口处形成很高的气流速度，将吸盘中的空气带出，形成负压吸附工件。

也可采用真空泵抽真空的方法吸附工件，此法吸力大、工作可靠，但需有专门设备。

真空吸盘的尺寸与吸力见表 10-2，电磁吸盘结构如图 10-6 所示。

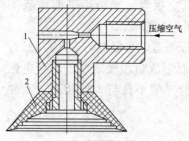

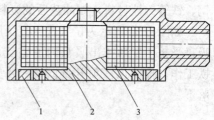

图 10-5　气流负压喷嘴式吸盘　　　　图 10-6　电磁吸盘

1—喷嘴；2—吸盘　　　　1—隔磁环；2—铁芯；3—线圈

表 10-2　　　　　　　真空吸盘的尺寸与吸力

吸盘直径 (mm)	吸力（N）	
	真空泵式	气流负压喷嘴（0.5MPa）
25	10	10
50	50	40
70	100	85
100	200	165
120	300	
170	600	
205	800	

4）提料。如图 10-7 所示为机械提料装置，当大齿轮 2 被小齿轮 1 驱动转动半周时，多杆平面机构由图示双点划线位置上升到实线位置，吸盘 8 即被提升，再转动半周时，吸盘下降。

如图 10-8 所示为气动提料装置，气缸 1 固定，活塞杆带动吸盘上下运动。材料面积大时，可以用几个气缸同时动作。

对于质量大的板材，可以局部提升或吸而不提。如图 10-9 所示，最上面的板料 1 被吸盘 2 局部提起，支承 3 插入，吸盘 2 和支承 3 装在同一移料装置上，将板料拖走。如图 10-10 所示为抓料器，吸盘 2 只将料吸住，并不提升。被吸住的材料随着抓爪移动，移料完成后，活塞杆推动支承板绕轴销转动，将料释放。

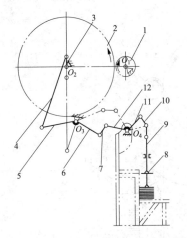

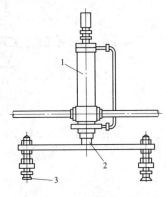

图 10-7　机械式提料装置机构动作原理
1、2—齿轮；3~7、9~12—杠杆；8—吸盘

图 10-8　气动式提料装置
1—气缸；2—活塞杆；3—吸盘

5）移料。移料装置把吸盘吸住的料移送到送料装置。对于板料，常直接用移料装置将材料送入模具。

如图 10-11 所示为机械式移料装置，凸轮 3 固定在大齿轮上做等速运动。摆杆 4 沿凸轮轮廓左右摆动，杆 5、6、7 与 O_3O_5 组成双摇杆机构，通过杆 8、9 使导块移动。这个装置和图 10-7 所示的提料装置

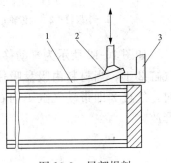

图 10-9　局部提料
1—板料；2—吸盘；3—支承

在同一台压力机上使用，两个装置位于大齿轮的两侧。

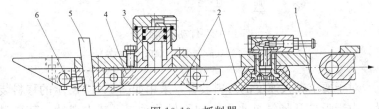

图 10-10　抓料器
1—料；2—吸盘；3—活塞杆；4—支承板；5—抓料爪；6—轴销

421

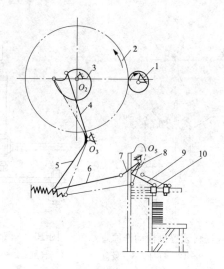

图 10-11　机械式移料装置机构动作原理
1—小齿轮；2—大齿轮；3—凸轮；4～9—杠杆；10—导块

如图 10-12 所示为气动移料装置，吸盘升降气缸 1 固定在移料气缸 2 上，当材料由吸盘吸住，并由升降气缸 1 提升到所需高度时，气缸 2 即带动气缸 1 向右移动，在材料进入送料装置时将它释放。

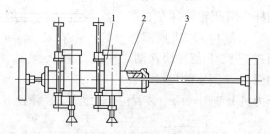

图 10-12　气动移料装置
1—吸盘升降气缸；2—移料气缸；3—活塞杆

对于要求较大速度的移料装置，采用如图 10-13 所示的移料装置。由于吸盘升降气缸水平方向不做移动，可减少惯性。其移料方法是板料被吸住和提升后，由于上辊是磁辊或在辊子侧面装有永久磁钢而吸住材料，使板料暂时留在辊道上，再由推料爪1沿上辊移动板料，板料脱离上辊磁钢的吸力后，靠自重落在下辊道上。

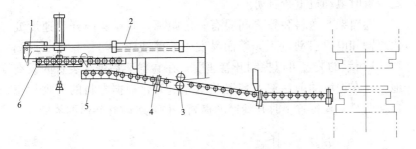

图 10-13　辊道式移料装置

1—推料爪；2—气缸；3—上油装置；4—活动挡块；5—下辊道；6—上辊道

（2）卷料架。卷料架有本身不带动力和带动力的两种，前者是靠送料装置（或校平装置）对卷料的拉力使卷料开卷。带动力的卷料架又称开卷装置。

如图 10-14 所示为不带动力的卷料架，用于支承卷料内圈，卷料表面不易擦伤。卷料装置在两侧的料架上，当一侧的卷料向压力机送料时，另一侧做上料准备。待卷料送完时，料架旋转 180°，另一卷即可开卷。

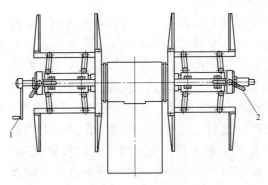

图 10-14　回转式卷料架

1—内径调节手柄；2—锁紧手柄

如图 10-15 所示为用电动机开卷的卷料架，杠杆 2 一端压在材料 1 上，如开卷速度过快，材料下垂到一定位置时，杠杆另一端接触限位开关 4，使电动机停止转动。当下垂的材料逐渐提升到一定位置时电动机重新启动。

卷料架与送料装置之间要有一定距离，以避免因开卷速度变化急剧和电机启动过于频繁而易发生故障或影响进给精度。如图 10-16 所示的装置可以控制开卷速度，在卷料架和进给装置间设有地坑，在地坑的前后壁上装置几组光电管，根据卷料的下垂状态自动调节。在位置 1 时开卷速度提高，位置 2 时开卷速度降低。

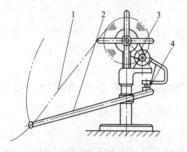 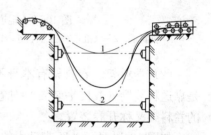

图 10-15　用电动机开卷的卷料架
1—材料；2—杠杆；
3—电机；4—限位开关

图 10-16　用光电控制的
开卷速度调节示意图

二、自动冲模概述

自动冲模通常是指具有独立而完整的送料、定位、出件和动作控制机构，在一定时间内不需要人工操作而自动完成冲压工作的冲模。自动冲模中的送料、出件等装置主要由模具本身的运动部分来驱动（一般是上模），还可由压力机滑块或曲轴来驱动，也可用单独的驱动装置来驱动。自动冲模在普通压力机上使用。

自动冲模的送料、卸料、出件等工作的最大特点是周期性间歇地与冲压工艺协调进行。实现周期性动作的机构有棘轮机构、凸轮机构、定向离合器、槽轮机构和平面连杆机构等。自动模的自动化装置就是其驱动装置通过周期性动作机构使自动化装置的工作零件完成周期性动作。

1. 推板式上件半自动弯曲模

如图 10-17 所示为推板式上件半自动弯曲模，其工作原理是：当上模下行时，上模通过滚轮压下摇杆和连杆，推板沿着件 2 和 3 导滑槽向右运动（左视图），退出料匣的底部，工序件落下一个板料厚度的距离，弯曲凸模和弯曲凹模进行弯曲工作。当上模回程时，推板在弹簧的作用下向左复位（摇杆和连杆也复位），将工序件向左推进一步，一件推一件地把前面的工序件推入弯曲模工作位置（限位板定位）。同时顶杆将弯曲好的工件推离弯曲模工作位置。

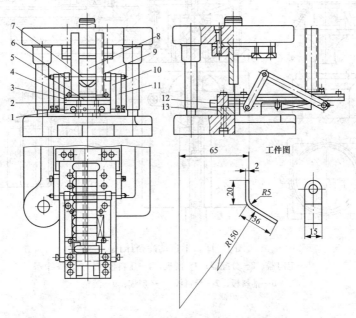

图 10-17　推板式上件半自动弯曲模

1—连接轴；2、3—导滑槽；4—推板；5—限位板；6—滚轮；7—连接轴；
8—弯曲凸模；9—料匣；10—连杆；11—摇杆；12—顶杆；13—弯曲凹模

2. 振动式料斗储料的半自动冷挤压模

如图 10-18 所示为采用振动式料斗储料的半自动冷挤压模。经分配定向后的坯料经过料槽进入进料轨道（由导料板构成）上。

当上模下行时，斜楔推动滚轮带动滑板向右移动，此时料槽内的坯料进入轨道，同时对已进入凹模的坯料进行挤压。当上模回程时，靠拉簧的作用使滑板复位，带动推料板向前运动，将另一个坯料送入凹模。当上模再次下行时，又进行挤压，同时料槽内的又一个坯料进入轨道。如此重复上述动作，继续进行挤压加工。

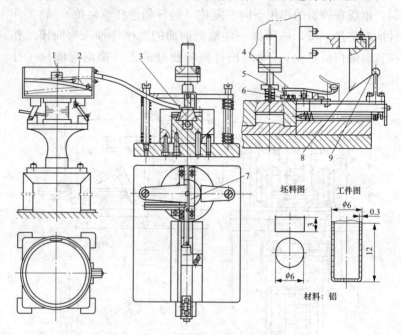

图 10-18 半自动冷挤压模

1—定向器；2—分配器；3—滑板；4—压料板；5—压料钉；
6—推料板；7—导料板；8—斜楔；9—滚轮

第二节 冲压自动送料装置

一、自动送料装置及其分类

按送进材料的形式不同，自动送料装置分为下列两类：

（1）送料装置将原材料送入模具的装置。常见的送料装置有钩式、夹持式和辊轴式等。

（2）上件装置将工序件送入模具的装置。

自动送料装置的详细分类如图 10-19 所示。

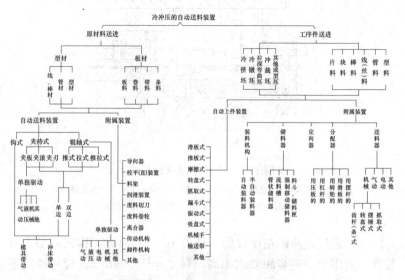

图 10-19 冲压自动送料装置的分类

1. 钩式自动送料装置

钩式自动送料装置通常是利用安装在送料滑块上的送料钩，在压力机滑块或上模的推动下，钩拉住材料搭边进行自动间隙送料的。一般由直接装在上模的斜模直接推动的钩式送料装置应用较为广泛。如图 10-20 所示即为装在上模的斜模楔推动的钩式自动送料装置。其工作过程如下：当上模带动斜楔向下运动时，斜楔推动送料滑块沿着 T 形导轨向左运动，连接在送料滑块上的送料钩将材料向左拉动；当斜楔 3 的斜面完全进入送料滑块时，材料即移动一个送进步距 s。此后，材料停止不动，上模继续向下运动，凸、凹模工作。当上模回程时，送料滑块在复位拉簧的作用下，向右移动复位，使具有斜面的拉料钩跳过搭边进入下一个料孔，完成一次送料。此时条料在止退簧片的作用下固定不动。照此循环动作，达到自动间歇送料的目的。

钩式自动送料装置结构简单，制造方便，造价低廉，应用较

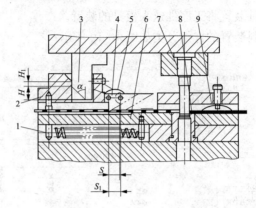

图 10-20　钩式自动送料装置

1—复位拉簧；2—送料滑块；3—斜楔；4—送料钩；5—压紧簧片；

6—T形导轨；7—凸模；8—凹模；9—止退簧片

为广泛；但送进步距精度较低（见表 10-3）。因此，钩式自动送料装置一般用于送进步距要求不高，料宽小于 100mm、板料厚度不小于 0.3mm、搭边值不小于 1.5mm、送进步距不大于 75mm 的带料或条料的送料。允许送进速度小于 15m/min，行程次数为 200次/min。

表 10-3　　　　　　　　　　　　　　送料精度

步距 s（mm）	≤10	10～20	20～30	30～50	50～70
送料精度 Δ（mm）	±0.15	±0.20	±0.25	±0.30	±0.50

设计钩式自动送料装置时必须注意以下几点。

（1）为保证送料钩顺利进入下一个料孔，应保证 $s_1 > s$。一般按下式计算：

$$s_1 = s + (1 \sim 3) \tag{10-1}$$

式中　s_1——送料钩的行程（mm）；

　　　s——送进步距（mm）。

（2）斜楔压力角 α 与斜面高度 H 取决于送进步距的最大调节范围，α 角度一般应小于 $40°$。

（3）应保证送料在冲压工作进行之前进行，送料与冲压二者之间必须互不干涉。为此斜楔在送料滑块停止左移后的行程 H_1 应有一定值。一般冲裁工序取 $H_1 = t + (2 \sim 4)$ mm（t 为板料厚度）；成型工序 H_1 不超过冲件高度。

2. 夹持式自动送料装置

夹持式自动送料装置按其工作零件的形式分为夹刃式、夹辊式和夹板式三种。该类装置一般由活动送料部分和固定止退部分组成。其驱动方式多以装在上模的斜楔驱动，或由压力机直接驱动或单独驱动（当送进步距较大时）。

（1）夹刃式自动送料装置。如图 10-21 所示为表面夹刃式自动送料装置。装置的活动送料部分由送料夹刃、送料夹座和滑块组成；固定止退部分由止退夹刃和固定夹座组成。其自动送料过程是：当上模向下运动时，斜楔推动送料夹座连同送料夹刃一起向右移动，送料夹刃在摩擦力作用下克服弹簧压力，绕其转轴顺时针转动，随着送料夹座向右移动而在材料上打滑。而固定夹座不动，止退夹刃在弹簧压力作用下，始终将材料压紧，阻止其右移。当上模回程时，送料夹座连同送料夹刃及滑块在弹簧的压力作用下逆时针转动，夹住材料向左送进一个步距。而止退夹刃却在摩擦力的作用下顺时针转动，在材料上打滑。如此循环往复，实现材料周期性的间歇送料。

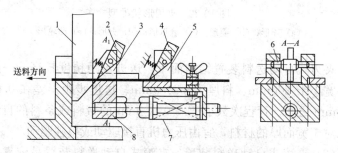

图 10-21 表面夹刃式自动送料装置

1—斜楔；2—送料夹刃；3—送料夹座；4—止退夹刃；
5—固定夹座；6—转轴；7—弹簧；8—滑块

夹刃式自动送料装置除了表面夹刃式外，还有侧面夹刃式和组合夹刃式两种。表面夹刃式主要用于材料较硬、表面质量要求不高的材料送料；侧面夹刃式用于表面质量要求较高、材料较厚或方、圆、扁等型材的送料；组合夹刃式是表面夹刃式和侧面夹刃式的组合，其表面夹刃夹持的是材料已冲压的废料部位，侧面夹刃夹持的则是材料未冲压的部分。

设计夹刃式自动送料装置时应注意夹刃装置的形式、夹刃形状的选择及送料精度的控制。常见夹刃的结构如图 10-22 所示。一般方形、斧形、棘爪形用于表面夹料；菱形用于侧面夹料；凸轮形用于表面或侧面夹料。

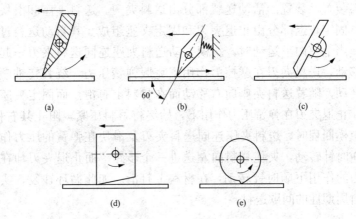

图 10-22　夹刃形状类型

(a) 斧形；(b) 菱形；(c) 棘爪形；(d) 方形；(e) 凸轮形

夹刃式自动送料装置结构简单，送进步距精度较高。一般用于料宽小于 200mm、料厚大于 0.5mm、送进步距误差在 0.02～0.05mm 之间、行程次数小于 200 次/min 的带料或条料的自动送料。对于宽而厚的材料，宜由压力机直接驱动或单独驱动。

（2）夹滚式自动送料装置。夹滚式自动送料装置是依靠滚珠或滚柱夹持材料送进的。如图 10-23 所示为夹滚式自动送料装置。其工作部分由起送料作用的活动夹持器和起止退作用的固定夹持器组成。两夹持器的结构与安装方向均相同。大多由装在上模的斜楔来驱动活动夹持器。

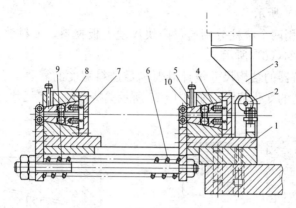

图 10-23　夹滚式自动送料装置

1—活动夹持器底板；2—滑轮；3—斜楔；4、6—弹簧；
5—固定夹持器支座；7—保持架；8、10—滚柱；9—螺栓

　　夹滚式自动送料装置的送料过程如下：当上模下行时，斜楔通过滑轮推动活动夹持器底板沿导轨向左移动，此时活动夹持器内的滚柱连同保持架由于材料的摩擦作用，在支座内的斜面上向右移动，使两滚柱间的间隙增大，结果滚柱在材料上滚动。而固定夹持器不动，夹持器内的滚柱在摩擦力和弹簧力的作用下向右推紧，夹住材料以阻止其后退。当上模回程时，活动夹持器在弹簧的作用下右移，此时活动支座内的滚柱由于弹簧压力的作用，在支座斜面上左移而夹紧材料，随着活动支座的右移，将材料向右送进一个步距。而固定支座内的滚柱则放松材料，任其右行。如此循环往复，以实现周期性间歇送料的目的。其送进步距可通过调节螺栓得到，夹紧力的大小则可通过调节弹簧来满足。

　　夹滚式自动送料装置设计的关键是夹持器的设计。常见夹持器的结构形式有下列四种，如图 10-24 所示。

　　1）用两个滚柱直接夹持材料，夹持较均匀，但材料会产生局部弯曲，软材料会被夹伤，如图 10-24（a）所示。

　　2）用一个滚柱与一块淬硬的钢板夹料，材料仍有局部弯曲，如图 10-24（b）所示。

　　3）用一个滚柱通过淬硬夹板夹料，材料不会被夹伤，如图

10-24（c）所示。

4）用两个滚柱分别通过两块淬硬夹板夹料，夹料效果较好，如图 10-24（d）所示。

夹持器的结构尺寸设计既要满足送料宽度的需要，也要满足送料厚度的变化范围。如图 10-25 所示夹持器的几何尺寸能够保证上述要求。

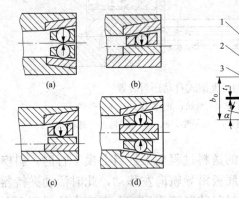

图 10-24　夹持器的结构形式

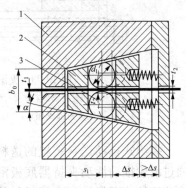

图 10-25　夹持器的几何尺寸
1—支座；2—保持架；3—滚柱

①滚柱的位置调节量 Δs 为

$$\Delta s = \frac{t_2 - t_1}{2\tan\alpha} \qquad (10\text{-}2)$$

式中　Δs ——滚柱的位置调节量（mm）；
　　　t_2 ——材料最大厚度（mm）；
　　　t_1 ——材料最小厚度（mm）；
　　　α ——支座内壁斜角，$\alpha = 11° \sim 12°$。

②滚柱的直径 d

$$d = \frac{b_0 + 2s_1\tan\alpha - t_1}{1 + \dfrac{1}{\cos\alpha}} \qquad (10\text{-}3)$$

式中　d ——滚柱直径（mm）；
　　　b_0 ——支座小端内框尺寸（mm）；
　　　s_1 ——支座小端至滚柱的中心距（mm）。

432

夹持式送料装置结构简单、通用性强、送进步距精度高，适用于送料宽度不超过 200mm、料厚等于 0.3～3mm、送进步距为 10～230mm 的条料或带料，或送进线材或小直径棒材（宜用滚珠式夹持送料装置）。允许滑块行程次数小于 600 次/min，送进速度小于 25～40m/min。

（3）气动夹板式送料装置。气动送料装置是最近几年来国内外迅速发展的一种送料装置。其结构并不复杂，在通用压力机上安装即可使用，有推式和拉式两种。

如图 10-26（a）所示为气动夹板式送料装置的工作原理图，其夹板夹料、放松和往复运动都是由气缸活塞的动作来完成。气缸的控制，有的由压力机滑块（或上模）的运动通过阀门直接控制（推式送料装置气动原理如图 10-27 所示）；有的利用装在压力

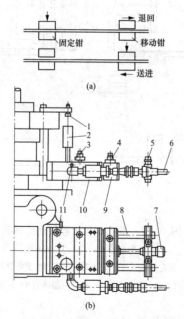

图 10-26　气动夹板式送料装置

(a) 工作原理；(b) 结构形式

1—推杆；2—导向阀；3—固定夹板；4—移动夹板；5—导轮；6—连接器；

7—调节器；8—导杆；9—移动夹紧体；10—送料器；11—排气孔

机曲柄一的凸轮通过辅助控制阀或电磁阀进行控制。如图 10-26 （b）所示为上模控制的小型气动夹板式送料装置，带料通过固定夹板、移动夹板和移动夹紧体以两根导杆导向，调节装置用来调节送料长度。

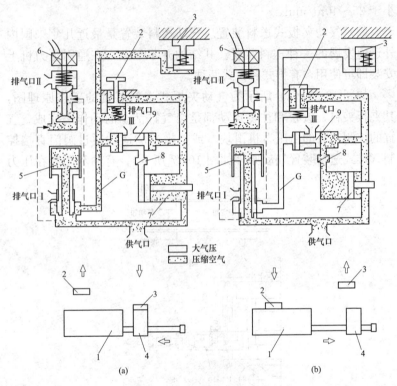

图 10-27　推式送料装置气动原理图

（a）送进动作；（b）复位动作

1—送料器；2—固定夹板；3—移动夹板；4—移动夹紧体；5—导向阀；
6—电磁阀；7—主气缸；8—速度控制阀；9—推动阀活塞

3. 辊轴自动送料装置

辊轴自动送料装置是通过一对辊轴定向间歇转动而进行间歇送料的，如图 10-28 所示。按辊轴安装的方式有辊和卧辊两种，应用较多的是卧辊，卧辊又分为单边和双边两种。单边卧辊一般为推式；双边卧辊是一推一拉的，通用性更好，能用于很薄的条料、带料、卷料的送料，可保证材料全长被充分利用。

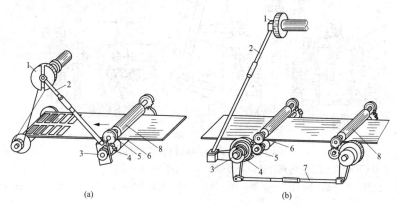

图 10-28 辊轴自动送料装置简图

（a）单边卧辊推式；（b）双边卧辊推拉式

1—偏心盘；2—拉杆；3—棘轮式定向离合器；4、5—齿轮；6、8—辊轴；7—推杆

（1）辊轴送料装置的工作过程。如图 10-29 所示为辊式自动送料装置结构图，其工作过程如下：使用时，首先提起偏心手柄，通过吊杆将上辊轴提起，使上、下辊轴之间形成空隙，将条料从空隙中穿过，然后按下偏心手柄，在弹簧的作用下，上辊轴将材料压紧。拉杆上端与偏心调节盘连接。当上模回程时，在偏心调节盘的作用下，拉杆向上运动，通过摇杆带动定向离合器逆时针旋转，从而带动下辊轴（主动辊）和上辊轴（从动辊）同时旋转完成送料工作。当上模下行时，辊轴停止不动，到了一定位置（冲压工作之前），调节螺杆撞击横梁，通过翘板将铜套提起，使上辊轴松开材料，以便使模具中的导正销导正材料后再冲压。当上模再次回程时，又重复上述动作，完成自动间歇送料的目的。

（2）辊轴自动送料装置的结构特性。

1）驱动力传递方式与送进步距的调节。辊轴送料装置的驱动方式有压力机曲轴驱动、压力机滑块驱动、上模驱动和电动或气压单独驱动等。

送进步距 s 的计算，如图 10-30 所示。

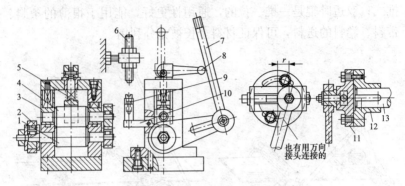

图 10-29　辊式自动送料装置结构图

1—下辊轴；2—定向离合器；3—铜套；4—上辊轴；5—吊杆；6—螺杆（撞钉）；
7—拉杆；8—偏心手柄；9—横梁；10—翘板；11—偏心调节盘；12—法兰盘；13—曲轴

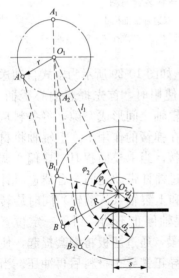

图 10-30　送进步距与
辊轴直径及转角的关系

$$s = \pi d_1 \alpha / 360 \qquad (10\text{-}4)$$

式中　s——送进步距（mm）；

d_1——主动辊直径（mm）；

α——主动轴转角（°）。

由上式可知，当送进步距一定时，就要协调主动辊直径 d_1 和转角 α，以满足送进步距的需要。设计时主动辊直径不宜太大，以免送进机构尺寸过大。这样如果送进步距较大时，就需增大 α 角，但对于曲柄摇杆机构，摇杆的摆角一般不宜超过 100°，最好在 45°以内。因此设计时应全面考虑和正确选择传动方式和传动机构的几何参数。

对于现有的辊轴送料装置，需要调节转角 α 的大小。而改变转角 α 的大小可通过调节传动机构的几何尺寸参数实现。对于曲柄摇杆机构可调节摇杆长度（如图 10-29 所示拉杆下端在摇杆上的位置）和偏心盘上偏轴销的位置；对于齿轮齿条传动的可调节其传动比。

436

曲柄摇杆机构的递进步距调节范围较小，齿轮齿条传动的调节范围较大。

另外，也可应用数控技术来控制送进步距。如采用脉冲控制步进电动机的辊轴送进装置，如图 10-31 所示，其送进步距由电子计算机控制，并根据压力机曲轴端的转换凸轮、微动开关指令进行工作。每个脉冲的送进长度一般为 0.1mm，对于精度要求较

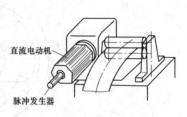

图 10-31 脉冲控制步进
电动机的辊轴送料

高的送料，每个脉冲的送进长度一般为 0.05mm 或 0.01mm。

必须注意到，定向离合器驱动辊轴做间歇运动时，必然产生加速度，在间歇运动的开始和终了时所产生的加速度最大，从而引起机械振动，影响送料精度。因此随着高速压力机的发展，出现了凸轮驱动辊轴的辊轴送料。凸轮的形状应保证间歇运动在开始和终了时加速度不会突变，从而可避免振动，提高送料精度。图 10-32 所示为应用蜗杆凸轮-辊子齿轮式分度机构的辊轴送料装置。该装置能在高速送料情况下保持很高

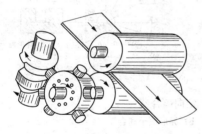

图 10-32 凸轮驱动辊轴送料装置

的送料精度，如送料速度为 120m/min 时，送进步距误差可达 ±0.025mm。但该种装置不能自由地调整送进步距长度。

2）定向离合器。自动送料装置中的定向离合器有普通定向离合器和异型辊子定向离合器两种，如图 10-33 所示。

普通定向离合器的工作原理：当外轮逆时针转动时，由于摩擦力的作用使滚柱楔紧，从而驱动星轮一起转动，星轮则带动送料装置的工作零件转动，当外轮顺时针转动时，带动滚柱克服弹簧力而滚到楔形空间的宽敞处，离合器处于分离状态，星轮停止不动。外轮的反复转动是由摇杆带动的。

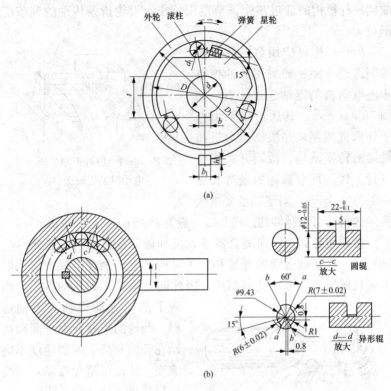

图 10-33　定向离合器

(a) 普通离合器；(b) 异形滚子离合器

　　异形滚子定向离合器在其内、外轮之间的圆环内装有数量较多、方向一致的异形滚子。由于滚子的 a-a 方向尺寸大于 b-b 方向尺寸，因而当外轮逆时针方向转动时，滚子的 a-a 方向与内、外轮接触，起啮合作用，带动内轮一起转动；当外轮顺时针方向旋转时，则不起啮合作用，内轮不动。这种离合器因滚子数量多，滚子的圆弧半径较大，故与外轮的接触应力小、磨损小、寿命长。当传递扭矩相同时，其径向尺寸比普通定向离合器小。由于其体积小，运动惯量小，送进步距精度高，因而适用于高速送料。

　　定向离合器常用于驱动辊轴送料机构的辊轴，使之产生间歇运动，如图 10-29 所示，以达到按一定规律送料的目的。它允许的滑块行程次数和送料速度比棘轮机构大。压力机滑块行程次数小于 200 次/min，普通定向离合器送料速度小于 30m/min，异形滚子定向离合器小于 50m/min。

3）辊轴。辊轴是与材料直接接触的工作零件，有实心和空心两种。对于直径小、送进速度低的用实心辊轴，对于直径大、送进速度高的则用空心辊轴。由式（10-4）可导出主动辊直径 d_1 为

$$d_1 = 360s/\pi\alpha \tag{10-5}$$

式中　s——送进步距（mm）；

　　　α——主动轴转角（°）。

由上式可知，主动辊直径受送进步距和转角的限制，从动辊可设计得小些。上、下辊的圆周速度应相同，因此辊轴的齿轮传动为升速关系。即

$$d_1/d_2 = n_1/n_2 = z_1/z_2 = i \tag{10-6}$$

式中　n_1、n_2——主动辊与从动辊的转速（m/min）；

　　　z_1、z_2——主动辊与从动辊的齿轮齿数；

　　　i——主动辊与从动辊的转速比。

根据式（10-6）可确定辊轴的直径及其齿轮的齿数。

4）抬辊装置。辊轴送料装置在使用过程中需要两种抬辊动作：第一种是开始装料时的临时抬辊，使上、下辊之间有一间隙，以便材料通过；第二种抬辊是在每次送进结束之后，冲压工作之前，使材料处于自由状态，以便导正。实现第一种抬辊动作可用手动；实现第二种抬辊动作有杠杆式和气动式两种。杠杆式是常用方式，如图 10-28 所示是通过调节螺杆推动杠杆实现抬辊动作；如图 10-34 所示则是通过凸轮推动杠杆从而实现抬辊。

5）压紧装置。辊轴送料是依靠

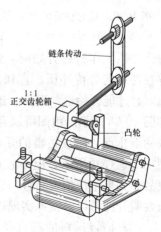

链条传动

1:1
正交齿轮箱

凸轮

图 10-34　凸轮式抬辊机构

辊轴与材料之间的摩擦力来完成的。为了防止辊轴与材料之间打滑而影响送进步距的精度，应设置压紧装置对辊轴施加适当的压力，以产生必要的摩擦力。压紧可采用弹簧或气压装置，如图10-28所示采用的是弹簧压紧装置。

6）制动装置。辊轴送料装置在送料过程中，由于辊轴及传动系统的惯性和离合器的打滑，会影响送进步距精度。为了克服上述现象，可在上辊或下辊轴端设置制动器，尤其是对送进速度高、辊轴直径大的情况更应如此。

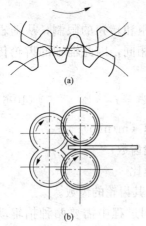

图10-35 送料辊的传动
(a) 直接传动；(b) 间接传动

7）上、下辊之间的传动。上、下辊之间通常采用齿轮传动。但仅仅靠上、下辊的一对齿轮传动，材料厚度的变化将引起齿隙增大，如图10-35（a）所示，这样会影响送进步距精度。因此应在辊子上安装制动器，并建议材料厚度不超过齿轮的模数。若采用间接传动，如图10-35（b）所示，则即使材料厚度发生变化，齿轮也基本上能保持正常传动。

8）送料动作与冲压的配合。辊轴送料装置与其他送料装置一样，必须保持送料动作与冲压工作有节奏地配合。每当冲压工作行程开始时，送料装置已完成全部送料动作，材料停在冲压区等待冲压。直到冲压工作结束，上、下模工作零件脱离时，才能开始送料动作。这种配合关系可用送料周期图来表示，如图10-36所示。由图可以看出，抬辊的开始点和结束点对称于滑块的下止点，而且抬辊的开始点稍大于压力机的公称压力角，如图10-36（a）所示，但不宜过早抬辊，以免引起板料位移而产生废品。如果不设抬辊装置，送料开始点也不一定从270°附近开始，只要避开冲压区，就可实现送料，如图10-36（b）所示。

（3）抬辊送料的特点及应用场合。辊轴送料装置通用性强，适用范围广，宽度为10～1300mm、厚度为0.1～8mm、送进步距

440

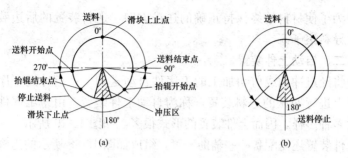

图 10-36 送料周期图

为 10～2500mm 的条料、带料和卷料一般都能适用。其送进步距精度较高,一般的驱动方法可达±0.05mm。

如图 10-37 所示为单边拉式辊轴自动送料级进模。其周期性间歇送料是由上模通过调节螺杆带动普通超越离合器实现的,当上模上升时,带动超越离合器外轮逆时针转动,离合器处于啮合状态,带动辊轴不动,材料也静止不动,冲模进入冲压工作行程。如此循环往复达到自动送料的目的。

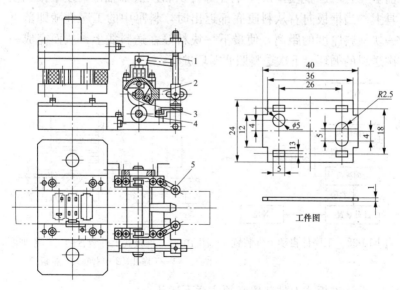

图 10-37 辊轴自动送料级进模

1—调节螺杆;2—离合器外轮;3、4—辊轴;5—导料滚子为了使材料始终保持正确的送进方向，送料装置的后边装有两个导料滚子5。

二、自动上件装置

将经过冲压或剪切加工的工序件自动送到下一道冲压工序的模具上进行冲压的送料装置，称为自动上件装置。由于工序件的形状多种多样，因而上件装置的形式很多，如图10-19所示。一般的上件装置还需配备一些辅助装置，组成如图10-38所示的送料系统。将待加工的工序件装入料斗中，经过配出机构（包括分配机构和定向机构）使工序件按照正确的方位排列，并连续不断地经过料槽进入上件装置，再由上件装置送到模具上进行冲压。自动线上的工序件也可不经过料斗和配出机构，直接通过上件机构进入模具的作业点上。几种常用的上件装置如下。

1. 推板式上件装置

推板式上件装置的工作原理如图10-39所示。将已整理定向的平板状工序件置于料匣中（或由配出机构把工序件直接送至推板前），当推板向左运动时，将工序件从料匣底部推出，逐个推到模具上。当推板向右从料匣底部退出时，料匣中的工序件随即落下一块板料厚度的距离，使最下一块料停在送料线上，从而完成一次送料的循环。下次送料照此循环进行。

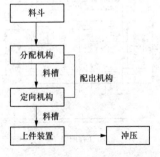

图10-38 工序件自动上件装置

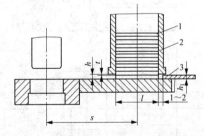

图10-39 推板式上件装置的工作原理图

1—工序件；2—料匣；3—推板

设计推板式上件装置必须注意下述几点。

（1）为了保证工序件能够每次顺利地推出一件，推板在工序件导滑槽中的高度和料匣出口高度应按下式确定：

$$h_1 = (0.6 \sim 0.7)t$$
$$h = (1.4 \sim 1.5)t$$

式中　h_1——推板厚度（mm）；

　　　t——工序件厚度（mm）；

　　　h——料匣出口高度（mm）。

（2）料匣轴线到凸模轴线的距离 s 为坯料在送进方向上的长度 l 的整数倍，而推板的行程应比工序件在送进方向的长度大 1~2mm。

（3）采用推板式上件的平板件厚度一般应大于 0.5mm，并要求平整、无毛刺，不宜有过多的润滑剂，以免阻碍送进。

2. 转盘式自动上件装置

转盘式自动上件装置是常见的一种上件装置。间歇转动的转盘将配出机构送出的工序件依次送到模具上进行冲压。带动转盘转动的机构有棘轮机构、槽轮机构、蜗轮蜗杆机构、凸轮机构和摩擦器等。

如图 10-40 所示为棘轮传动的转盘式自动上件装置。其工作原理是：当上模下行时，斜楔通过滚轮推动滑板往右运动，并使棘爪带动棘轮转过一定角度，即转动一个工位，将工序件送到凹模上。当上模回程时，斜楔离开滚轮，滑板在拉簧的作用下复位。此时转盘在定位爪的作用下不动。照此循环动作继续送料。转盘料孔中的工序件可以由配出机构送入。

转盘式上件装置的轮廓尺寸与工位数量和工序件的大小有关，工位数越多，工序件尺寸越大，则转盘尺寸越大。但工位数太少，每次上件转盘的转角大，则惯性增大，使送料精度降低。一般送料工位数以 24~30 个为宜。

由于转盘式上件装置送料作业点离开冲模作业点较安全，因而广泛用于小型的杯形、平板形工序件的送料。

如图 10-41 所示为转盘式上件半自动冲裁弯曲模。当上模下行时，滚轮推动斜楔带动摆杆摆动，棘轮在摆杆中的棘爪拨动下做顺时针转动。由于棘轮与转盘为刚性连接，因而棘轮转动带动转

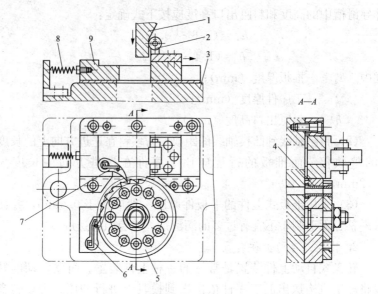

图 10-40　棘轮传动的转盘式自动上件装置

1—斜楔；2—滚轮；3—模座；4—凹模；5—棘轮；

6—定位爪；7—棘爪；8—拉簧；9—滑板

盘一起转动，直到滚轮离开斜楔斜面进入直边部分，棘轮连同转盘不再转动，待小导柱插入转盘上的导向孔后进行冲压。当上模回程时，在拉簧的作用下，斜楔复位，棘轮和转盘分别在定位爪和定位楔的作用下不动。照此循环动作，继续送料和冲压。在转盘上的定位槽转到位置Ⅱ之前，应将工序件放入定位槽内（连续手工放置）。位置Ⅱ是切口工序；位置Ⅲ是冲长方孔工序；位置Ⅳ是压弯工序；位置Ⅴ是工件从凹模排料孔落下。冲件在冲压过程中由固定卸料板进行卸料。

3. 冲压机械手

随着冲压技术的发展，多工位压力机和多台压力机冲压联动生产线的应用，冲压机械手在安全生产和提高生产率等方面显示出了强大的优势。现以二向机械手送料装置为例加以说明。

如图 10-42 所示为二向（X、Y）式机械手。这种机械传动的送料装置用于多工位压力机和普通压力机上的多工位传递模

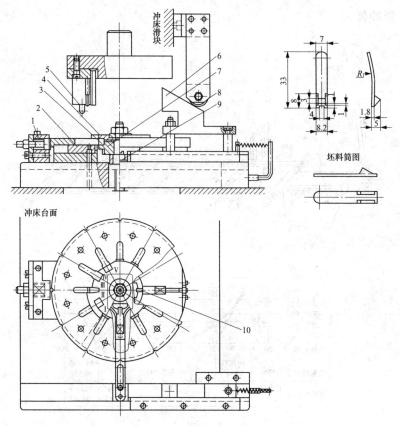

图 10-41 转盘式上件半自动冲裁弯曲模

1—定位楔；2—凹模；3—转盘；4—固定卸料板；5—小导柱；
6—斜楔；7—棘轮；8—滚轮；9—摆杆；10—定位爪

中，它将工序件依次从上一工位传至下一工位，从而完成一个完整冲压件的冲压过程。其工作原理是：凸轮安装在压力机的曲轴端上，随着曲轴一起旋转。拉杆上端装有滚轮，在凸轮的滑槽内随着凸轮转动，从而带动拉杆上、下运动。通过摇臂、轴、扇形齿轮、齿条，使滑块、连接板及两条夹板沿着小滑块的滑槽做纵向送料运动。在压力机滑块的两旁各装有一斜楔，随着滑块向下运动，并推动小滑块上的滚轮，使夹板连同夹钳张开。当压力机滑块向上运动时，在弹簧的推动下，夹板连同夹钳闭合而夹紧冲件。

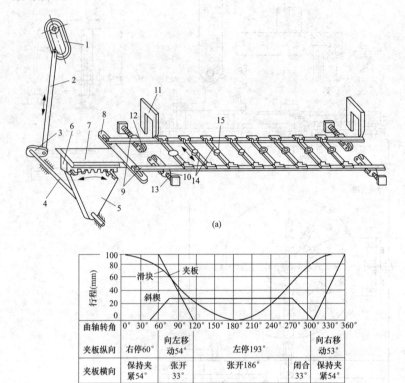

(a)

曲轴转角	0° 30° 60° 90° 120° 150° 180° 210° 240° 270° 300° 330° 360°			
夹板纵向	右停60°	向左移动54°	左停193°	向右移动53°
夹板横向	保持夹紧54°	张开33°	张开186°	闭合33° 保持夹紧54°

(b)

图 10-42 二向式机械手

（a）送料装置示意图；（b）送料周期循环图

1—凸轮；2—拉杆；3—摇臂；4—轴；5—扇形齿轮；6—齿条；7—滑块；8—连接板；
9—夹板；10—小滑块；11—斜楔；12—滚轮；13—弹簧；14—夹钳；15—冲件

二向式机械手的送料循环如图 10-42 （b）所示。当压力机滑块从上止点向下行程中，夹钳由夹紧状态到松开，夹板则由送料终点的静止状态开始复位；当压力机滑块处于工作行程状态时，夹钳依然张开，夹板已复位并静止不动；当压力机滑块向上行程并接近于上止点时，夹钳夹紧冲件，夹板送料行程结束，完成一个送料循环动作。

除了上述工作的机械传动二向式机械子送料装置外，还有气动二向式冲压机械手送料装置。其夹钳有真空吸盘式和电磁铁式等结构形式。

4. 自动上件的附属装置

自动上件的附属装置很多，诸如储料器、料槽、定向器、分配器、控制器等。它们的作用是储存一定数量的工序件，并经过分配与定向使之具有一定的方向，经过料槽后，有序地送到上件装置，以便按规定送至冲模的工作位置上。

振动式料斗是典型的起储料、分配、定向等综合作用的装置，如图 10-43 所示。它由料斗、芯轴、托板、电磁铁、弹性支架、底座等组成。其工作原理是：接通工频电源，经降压和整流（小型工序件可不整流）后输入电磁铁，在周期性变化磁场作用下，电磁振动器的衔铁连同料斗和工序件一起产生上下振动，料斗用三个倾斜的弹簧片支承，在上下振动的同时产生圆周方向的振动，两个方向的振动合成为螺旋方向的振动，结果使工序件沿着料斗内壁上的螺旋导轨蠕动前进，直至进入料槽。通常工序件需要在料斗中定向，因而需要根据不同工序件的具体要求在螺旋轨道上设置各种形状的分配和定向机构，如图 10-44 所示。振动式料斗结构不复杂，制造较方便，适应性强，使用很广泛。

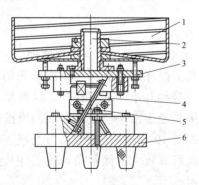

图 10-43　振动式料斗

1—料斗；2—芯轴；3—托板；4—电磁铁；

5—弹性支架；6—底座

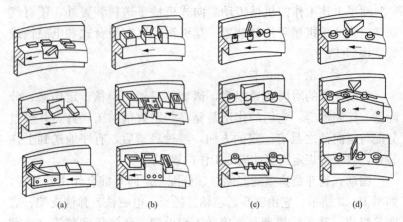

图 10-44　振动式料斗的分配与定向机构

第三节　冲压自动出件装置

冲压自动出件（料）装置是将从冲模卸下的冲压件自动送离冲压模具作业点的装置，有机械式、气动式和机械手等形式。

一、机械式出件装置

机械式出件装置的结构形式有很多种，最常用的有接盘式和弹簧式两种。

1. 接盘式出件装置

图 10-45 所示为接盘式出件装置工作原理。它由上、下摇杆和接盘组成，接盘与下摇杆焊接成一个互成 β 角的整体，上摇杆和下摇杆互为铰接并分别与上、下模铰接。这种结构保证了上模回程到最高位置时接盘处于水平位置，以便冲模推件装置将冲压件推落到接盘上，如图 10-45（a）所示；当上模下行时，上、下摇杆向外摆动，接盘形成较大的倾斜角，使工件从接盘中滑下，如图 10-45（b）所示。

接盘式出件装置的结构形式如下。

（1）缩放仪式接盘出件装置。如图 10-46（a）所示，图中状态为上模上行后出件的情形。

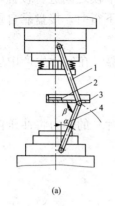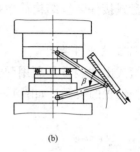

(a)　　　　　　　　　　(b)

图 10-45　接盘式出件装置工作原理

（a）接件状态；（b）出件状态

1—上摇杆；2—工件；3—接盘；4—下摇杆

（2）斜楔推动式接盘出件装置。如图 10-46（b）所示，斜楔装在滑块或模具上，当上模下行时，斜楔通过滚轮使轴与接盘旋转一定角度，接盘退出冲模工作区。当上模回程时，接盘在扭转弹簧的作用下转入上、下模之间进行接件。

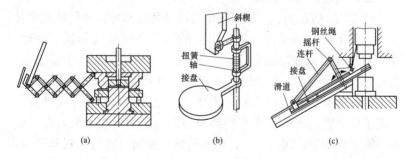

(a)　　　　　　　(b)　　　　　　(c)

图 10-46　接盘式出件装置结构形式

（a）缩放仪式；（b）斜楔推动式；（c）滑动式

（3）滑动式接盘出件装置。如图 10-46（c）所示。它由滑块通过钢丝绳带动摇杆、连杆运动，从而带动接盘沿滑道滑动。当压力机滑块回程时，带动接盘进入上、下模之间进行接件，冲件可沿接盘的倾斜角滑下。当压力机滑块下行时，接盘靠自重沿滑道下滑而离开冲模工作区。

接盘式接件装置结构简单，工作可靠，在实际生产中应用很广泛。

2. 弹簧式出件装置

弹簧式出件装置是利用弹簧（或簧片）的弹力将冲压件推离冲模工作位置的装置，如图 10-47 所示。

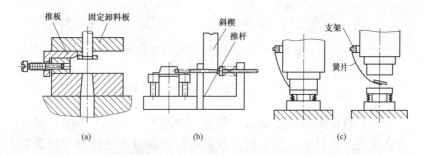

图 10-47　弹簧式出件装置

二、气动式出件装置

图 10-48 所示为直接用压缩空气将冲件吹离冲模的气动式出件装置。其工作原理是：由管道引来的压缩空气经气阀送至喷嘴。气阀的开或关由曲轴端的凸轮来控制。当冲件从模具中顶出时，凸轮半径较大的部分推动阀门 3 打开（图示状态），从而使压缩空气由气阀上腔进入气阀下腔，再通过孔流向喷嘴，将冲压件吹离冲模工作位置。当凸轮小半径部分与阀杆端滚子接触时，在气阀中弹簧的作用下，阀门关闭，切断气路。此时可进行送料和冲压。气体压力一般为 $0.4 \sim 0.6 \mathrm{MPa}$。压缩空气吹件装置结构简单，广泛应用于小型冲件的出件（如多工位级进模中），但吹出的冲件落点无定向，且噪声大。

三、出件与冲压工作的配合

出件装置的动作与冲压过程协调配合，冲件一般应在下一次被加工原材料或工序件送至冲模之前取出。图 10-49 所示为出件周期图，从图中可看出，一般将上模脱离下模、冲件可以推出时至上模回到下止点之前作为出件时间。但对于不同的出件装置和不同的驱动方式，其出件时间有所不同。

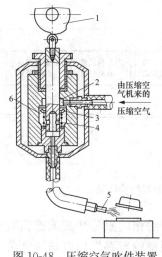

图 10-48　压缩空气吹件装置
1—凸轮；2—气阀上腔 3—阀门；
4—孔；5—喷嘴；6—气阀下腔

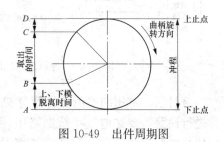

图 10-49　出件周期图

第四节　冲压自动检测与保护装置

　　为了使冲压生产自动化能够顺利进行，防止在冲压工作过程中发生故障，以免冲压工作中断和发生冲模或设备的损坏甚至人身伤亡事故。因此在必要的环节必须采用各种监视和检测装置，当发生送料差错、料宽超差、材料弯曲或重叠、冲压件未推出及材料用完的现象时，检测装置发出信号，使压力机自动停止运转，以实现冲压加工的自动控制，保证生产过程稳定而有节奏地进行。

　　如图 10-50 所示为自动模及其有关环节的各种监视和检测装置

的示意图。一般说来，检测与保护装置系统是由能感觉出差错的检测部分（如传感器等）及将检测出的信号向压力机发出紧急停止运转命令的控制部分组成的。

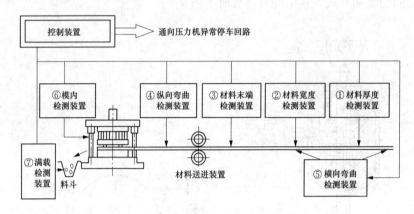

图 10-50　冲压自动化的监视与检测装置

目前，常用的检测方法有靠机械动作的限位开关或按钮开关进行检测，或在电气系统回路中，用接触短路发出电信号并将其传给控制部分。前者属于传统的方法，后者因动作安全、准确、可靠、耐用，是目前正在推广应用的方法。利用传感器的方法在现代冲压自动化生产中的应用日益增多。

一、原材料的检测与自动保护装置

原材料的检测与自动保护装置包括原材料监视、进给监视、出件监视等装置。

（1）对原材料监视的要求是：当材料厚度和宽度超差、弯曲或起拱，以及卷料用完时，自动保护装置都能发出信号。

（2）对进给监视的要求是：当材料误送以致导正销或定料销无法进入、工序件定位不正、叠片以及工序件未送进或用完时，自动保护装置都能发出信号。

（3）对出件监视的要求是：出件自动保护装置用以监视工件的正常逸出或计件，当出现非正常情况时发出信号。

自动保护装置的传感方式，有接触式和无触点式两种。前者主要通过机械方式使电触头动作，后者通过电磁感应、光电或 β 射线等取得信号。

　　自动排除冲压加工中产生的故障，还存在不同程度的困难。目前对自动保护装置的要求，是在发生故障时能使压力机迅速停止。对于滑块行程次数不超过 200 次/min 的压力机，电子控制的自动保护装置发现故障后可使滑块在同一行程中停止。行程次数更高时，只能在完成这一行程后停止。如果此刻离合器已脱开，则滑块下行时无飞轮驱动，可使模具损伤减至最小。

　　1）采用限位开关的材料厚度自动保护装置。如图 10-51（a）所示，当材料太厚时，顶销 4 顶起杠杆 2 的一端，使之绕铰接轴逆时针转动，从而压下动断开关 1 的触头，切断电源，压力机停止运行。

　　2）卷料送进的检测装置。如图 10-51（b）所示，机构正常工作时卷料 4 张紧，抬起杠杆 1 的下端，使常用的限位开关 3 闭合。当卷料料尾离开料架时，杠杆逆时针转动，其上端脱离限位开关触头 2，切断电源，压力机停止运转。

　　3）工序件送进检测装置。如图 10-51（c）所示，当料匣中的工序件用完后，弹簧将顶杆 2 顶起，顶杆下端脱离动断开关 3，切断电源，压力机停止运转。

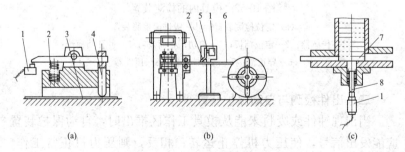

(a)　　　　　　　　　　(b)　　　　　　　　　　(c)

图 10-51　原材料的检测装置

(a) 采用限位开关的检测装置；(b) 卷料送进的检测装置；(c) 工序件送进的检测装置

1—开关；2—杠杆；3—材料；4—顶销；5—触头；

6—卷料；7—工序件；8—顶杆

二、模具内的检测与保护装置

（1）定位检测装置。如图 10-52（a）所示，在定位板上设置传感器，只有当材料送到预定的位置，并接触传感器，压力机才开动进行冲压工作。若送进步距不足，材料未接触传感器，压力机就不工作。

（2）级进模检测装置。如图 10-52（b）所示，当材料送至活动挡料器时，动合触头 KA1 接通，压力机运转。如果上一次冲压后，冲件未被顶出凹模，动断触头 KA2 处于被顶件器顶开状态，压力机滑块将停在上止点不动。若冲模凸模突然折断，材料未冲出孔，或送进不到位，则导正销被顶起，动断触头 KA3 被顶开，滑块也处于停止状态。

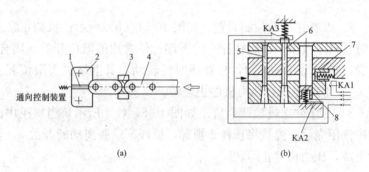

(a) (b)

图 10-52　模具内的检测装置

(a) 定位检测装置；(b) 级进模检测装置

1—传感器；2—定位挡板；3—剪切；4—材料；5—冲孔凸模绝；

6—导正销；7—活动挡料器；8—顶件器

三、出件检测与自动保护装置

当出现冲件或废料未能从模具工作区推出时，自动保护装置应能发出信号，使压力机停止运转；相反，则压力机正常工作。通常采用带传感器的检测装置实现此目的。光电式监视与检测装置是其中的一种，它利用光电二极管对冲压进行过程检测。光电二极管的特性是：遮光时内阻很大，受光时电阻值变小，光照越强，电阻值越小。因此可借助光电二极管将光信号转换成电信号，使压力机工作或停止。这种装置调整方便，工作灵敏度高，抗振性强，在送料、推件等过程的监视及安全保护方面将得到广泛应用。

✗ 第五节　自动冲模应用实例

一、自动冲模的设计要点

（1）要根据冲压件的产量和复杂程度确定是否采用自动冲模和冲模的自动化程度。

（2）自动冲模稳定工作的基本条件是：自动冲模的各种动作，包括送料、冲压、出件等应按预定的冲压工序循环，有节奏地、可靠地协调配合。

（3）保证自动冲模工作的稳定性。

1）组成自动冲模的所有结构和元件均应可靠，零件应有足够的强度和刚度。

2）弹性元件的弹力及工作行程应完全满足工作要求。

3）液压、气动、电气装置须符合冲压工作的特点要求，安全可靠。

4）具备必要的检测装置，以确保设备、模具和人身的安全，保证冲压自动化的顺利进行。

二、自动冲模设计的注意事项

（1）正确确定自动化程度。

1）对于需要连续性生产的冲压件（生产量极大，几乎是连续生产同一零件），可考虑采用自动化及检测系统较完善的高寿命自动冲模。

2）对于持续性生产的冲压件（生产量较连续性生产的低），首先宜选用基本的通用性强的自动化冲压加工系统；或采用通用性强的自动化机构（如气动夹板式送料装置）。

3）对于暂时性生产的冲压件（或安排生产的冲压件形状、尺寸不断变化），为安全生产起见，可在推广标准化冲模和简易冲模的同时，采用一些简易的、通用的自动化装置。

但是冲压件的形状、尺寸、厚度也限制了自动化方式和自动化系统，而大型件应用起来就较困难。

（2）正确选择自动冲模的结构形式。冲压的形状、冲压精度要求及所用压力机的类型是确定自动冲模结构形式的主要依据。

1）原材料为条料、带料、卷料或板料时，采用自动送料装置。

2）加工对象为工序件时，需采用自动上件装置。

①对于平板式工序件，可采用推板式上件装置或转盘式上件装置。

②对于成型工序件，可采用转盘式上件装置。

③振动式料斗可用于各种形状的小型工序件的储料、分配、定向及送料工作。

3）一般公差要求的冲压件可用钩式等送料装置；而对精度要求较高的则宜采用夹板式或凸轮传动的辊轴送料装置。

4）实现间歇送料的驱动机构的选用原则。

①当压力机滑块行程次数低时，可采用棘轮、槽轮等驱动机构。

②当压力机滑块行程次数高时，应采用异形滚子定向离合器。

③高速压力机宜采用凸轮驱动的辊式送料装置。

（3）正确确定自动冲模冲压周期图。必须根据自动冲模所选用机构的特性制定冲压周期图，作为机构调节的依据，以保证不同结构形式的送料和出件装置所组成的自动冲模在送料、冲压、出件等工作时，动作协调而互不干扰，确保产品质量和生产安全。

（4）送料或出件机构应有一定的调节范围和必要的送进精度。

（5）注意与自动冲模有联系的生产环节。

三、自动冲模的典型应用实例

自动冲模的种类很多，发展非常迅速。现通过几个典型实例，着重分析常见的自动冲模与半自动冲模的结构、工作特性和应用场合。

1. 钩式自动送料冲模

钩式自动送料装置利用搭边或冲出的断面推动材料前进。因搭边刚性不足和废料在冲压后的变形，送料精度较差。采用钩式送料，料厚至少1mm，要有较大搭边，并要有配合提高定位精度的措施。

(1) 钩式自动送料复合模。如图10-53所示为倒装式冲孔落料复合模与钩式自动送料装置组成的钩式送料自动冲模。当上模下行时，斜楔通过滚轮推动滑块和托料板向后侧运动，同时铰接在轴上的两个拉料钩（弹簧始终压在拉料钩上）钩住条料搭边向后移动，直到斜楔直边与滚轮接触，条料停止送进，完成一次送料。当上模继续下行一定距离后，模具完成冲裁。当上模回程时，滑块在复位弹簧的作用下向前复位，拉料钩跳过搭边而进入下一个废料孔中，准备下一循环送料。T形弹簧片起压料作用，防止拉料钩复位时，条料边随之移动。该自动模结构简单，使用方便。

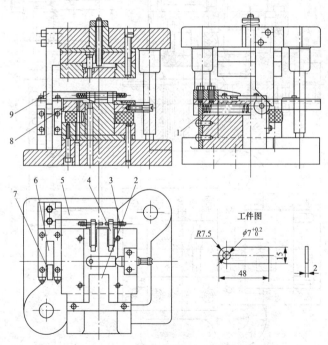

图 10-53　钩式送料自动复合模

1—复位弹簧；2—T型弹簧片；3—弹簧；4—拉料钩；

5—托料板；6—滑块；7—滚轮；8—轴；9—斜楔

可用于带料、条料的冲裁。

(2) 钩式自动送料级进模。如图 10-54 所示为簧片自动送料级进冲模，材料厚 1.5mm，带料排样搭边宽度前后为 2mm，左右为 2.5mm。材料先用手工送进，待带料上的落料孔至钩下面时，开始自动进给。工作行程时，斜楔推动滑块，送料钩钩住带料向左移动，挡料销被压下，斜楔完全进入滑块后，送进完毕。此时挡料销 5 进入带料空档处弹起，带料由侧刃挡板定位面定位。凸模继续下降时，同时进行冲孔和落料。回程时，滑块及送料钩由弹

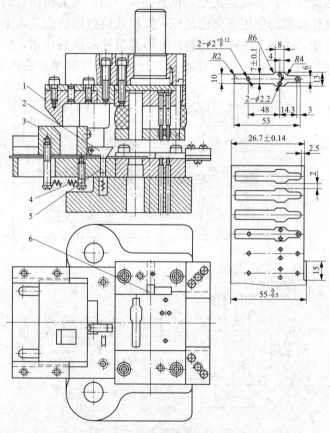

图 10-54　簧片自动送料级进冲模

1—斜楔；2—送料钩；3—滑块；4—弹簧；5—挡料销；6—侧刃挡板

簧4复位。送料钩2通过材料搭边时，因头部侧面作用而抬起。

2. 夹滚式送料自动级进模

如图 10-55 所示为滚柱夹持式自动送料的卡板无废料冲孔、切断、弯曲硬质合金级进模，其滚柱夹持式自动送料装置在一定范围内可以通用。工作行程时，固定在支架子上的斜楔随之下降。斜面使带有滚轮的送料夹持器在由导板和下座板 10 组成的槽内向

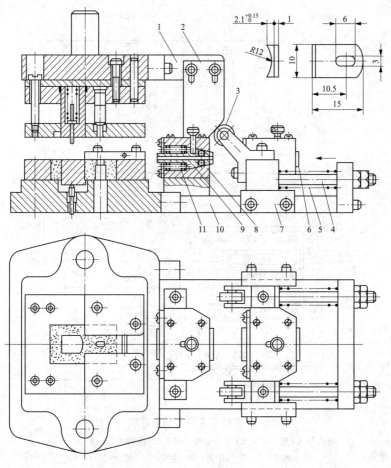

图 10-55　卡板冲孔、切断、弯曲硬质合金自动级进模

1—支架；2—斜楔；3—滚轮；4—螺杆；5、11—弹簧；6—送料夹持器；

7—导板；8—滚柱；9—活动夹持器；10—下座板

右滑动。在此过程中，坯料被定料夹持器 9 卡住停止，直至行程结束。回程时，送料夹持器在弹簧的作用下夹持坯料向左移动。此时固定在下座板上的定料夹持器内的滚柱、逆弹簧 11 的力松开，让坯料通过。可通过调节调节螺杆或变换斜楔改变送进步距。

3. 夹板式送料自动级进模

如图 10-56 所示为夹板式送料的冲孔、压型、裁边、切断、弯

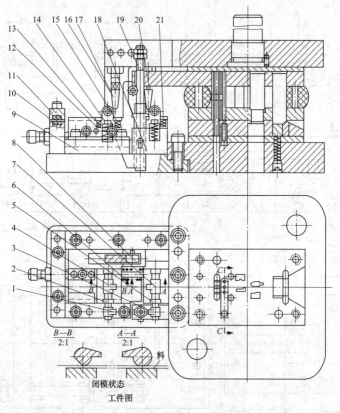

图 10-56　夹板式送料自动级进模（一）

1—动齿开关；2—动支架；3—定齿开关；4—送料开关；5—定支架；

6、12、13—弹簧；7—定料开关；8—滚轮；9—滑块座；10—毛毡；

11—清料器；14—送料托板；15—送料压板；16—撞钉；17—斜楔；

18—转换开关；19—拉杆；20—定料托板；21—定料压板

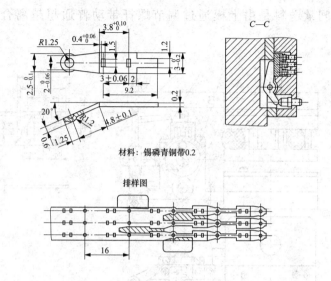

图 10-56　夹板式送料自动级进模（二）

曲自动级进模。其送料过程是：当上模下行时，撞钉打击送料开关和定料开关，使送料开关通过送料压板和送料托板将材料压紧，与此同时定料器（由定齿开关、定料开关、定支架、定料压板、定料托板等组成）将料松开；当上模回程时，由斜楔通过滚轮 8 推动送料器右移，达到送料的目的。拉杆和转换开关组成交换器。当上模回程到最高点时，动齿开关和定齿开关被交换器提起，使送料器松开材料，定料器压紧材料，在弹簧的作用下，送料器复位，定料器夹紧板料阻止其后退。

　　本模具在送料装置之前装有清料器，其作用是在材料进入送料装置和冲模工作位置之前，先由毛毡清除油污以利于送料和保护模具。这种清料器在夹滚式和辊轴式送料装置中也常有应用。

　　4. 辊轴送料自动级进模

　　图 10-57 所示为垫板冲孔落料级进自动冲模，是在普通冲模上加上通用辊轴式自动送料装置而成，由于所冲压的材料较薄，为避免送进时材料弯曲，故采用拉式自动送料机构。其周

期性间歇送料是由上模通过调节螺杆带动普通超越离合器实现的。

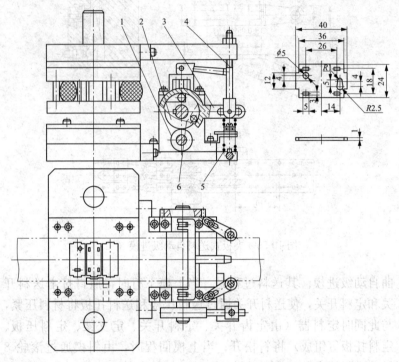

图 10-57　垫板冲孔、落料自动级进冲模
1、2—辊轮；3—支架；4—螺杆 5—拉簧；6—超越离合器

卷料先手工定位，由侧刃定位，到进入辊轮 1 和 2 之间并夹持后，开始自动冲裁。当回程时，带有调节螺母的螺杆 4 随之上行，使支架 3 转动，从而带动卷料在一对辊轮间向右送出。当进入冲压工作行程时，拉簧 5 使支架 3 复位，由于超越离合器的作用，此时辊轮 1 和 2 不转动，卷料不动。如此循环达到自动送料的目的。为了使带料保持正确的送料方向，送料装置后边装有两个导轮。

5. 通用自动出件冲模

如图 10-58 所示为带有自动弹出装置的通用校平模。工序件沿滑板滑到校平模上，在工作行程时校平。回程时，钩子使拨杆绕轴转动，推动小滑块向右移动，将校平过的工件推入斜槽内滑入容器。小滑块由弹簧3复位。为了减小滑块4对支架1的冲击，其尾部装有弹簧起缓冲作用。

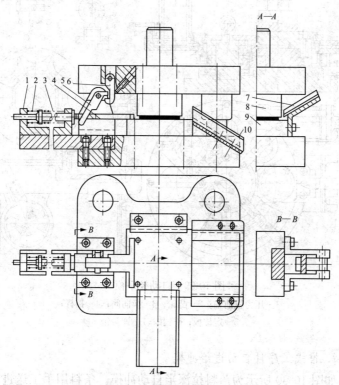

图 10-58　通用自动出件校平模

1—支架；2、3—弹簧；4—小滑块；5—拨杆；6—钩；7—滑板；

8—校平上模；9—校平下模；10—斜槽

6. 回转式工序件自动进给冲模

如图 10-59 所示为自动校平模，利用气缸带动回转盘做工序件的自动进给。气缸由装在压力机曲轴 1 上的凸轮 2 通过换向阀 3 控制。

这副冲模有一定的通用性，更换挡杆 4 并调节其位置，可存储不同形状和尺寸的工序件。转盘上容纳工序件的定位板 5 由弹簧销 7 固定，按下扣 6 使销 7 退回，从而可换定位板 5。

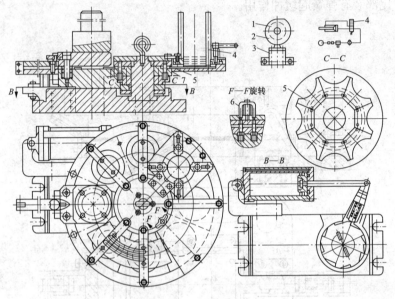

图 10-59　自动校平模

1—压力机曲轴；2—凸轮；3—换向阀；4—挡杆；

5—定位板；6—扣；7—弹簧销

7. 推式工序件自动进给冲模

如图 10-60 所示为落料拉深半自动冲模。条料用手工送进。工作行程时落出的平片停留在模块 11 的平面上。同时，斜楔子 5 通过滚柱 1、板 13 和杆 14，逆弹簧 12 之力将板 10 向右推，而拉深凸模 6 与凹模 3 将送来的平片拉深成形。

回程时，卸件装置 2（3 件）在弹簧作用下从凸模上卸件。同时弹簧 12 将板 10 向左拉，把停在模块 11 面上的平片推过一个进距。这样平片被逐步送进，最后到达拉深凹模 3 被拉深成形。

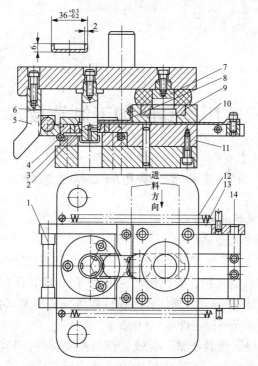

图 10-60 圆盖落料拉深半自动冲模
1—滚柱；2—卸件装置；3、9—凹模；4、12—弹簧；5—斜楔；
6、7—凸模；8—盖板；10、13—板；11—模块；14—杆

465

第十一章

冲压模具的加工制造技术

第一节　模具加工制造基础

一、模具组成部分

1. 模具常见组成部分

模具通常由工作部分（凸模、凹模、凸凹模或凹凸模等）、材料定位部分（定位销、导正销、定位板等）、卸料部分（卸料杆、卸料板等）、顶件部分（顶件杆、顶件板等）和模架（含模座、模板、导向件和安装固定件等）组成。

模架是保证模具正常、有效工作的重要部件，其功能是连接与承载。冲裁模具、塑料注射成形模具中所用模架都已制定了标准，因此这类模架应按标准选用，由专业厂（点）组织标准化、专业化生产。模架零件的加工与通用机械零件相同。

图 11-1 所示是一副较典型的简单冲模，它由上模（图中双点划线以上部分）和下模（图中双点划线以下部分）两部分组成。图中上模部分有模柄 19 和上模座 3、垫板 17、凸模固定板 4、凸模 7、卸料板 15、导套 5、6 等零件，主要靠模柄与压力机的滑块紧固在一起，随滑块上、下往复运动，所以又称活动部分。图中下模部分有下模座 14、导柱 8、9、凹模 13、安全板并兼做导料板 10 等零件，主要通过压板、垫块、螺钉、螺母等零件将下模座压紧固定在压力机工作台面上，所以又称固定部分。

不同结构的冲模的复杂程度也不同，组成模具的零件也各有差异，但典型零件大致可以归纳成如下几种。

（1）工作零件。指冲模上直接对毛坯和板料进行冲压加工的

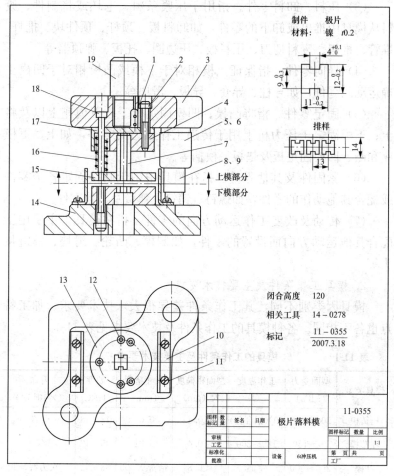

图 11-1　冲模总图

1—紧定螺钉；2—螺钉；3—上模座；4—凸模固定板；5、6—导套；7—凸模；
8、9—导柱；10—安全板兼导料板；11—螺钉；12—销钉；13—凹模；
14—下模座；15—卸料板；16—弹簧；17—垫板；18—螺钉；19—模柄

　　零件，如凸模、凹模、凸凹模及组成它们的镶件、拼块等。

　　（2）定位零件。指用来确定条料或毛坯在冲模中正确位置的
零件，如定位销、定位板、挡料销、导正销、导料板、侧刃、限
位块等。

（3）压料、卸料零件。指用于压紧条料、毛坯或将制件、废料从模具中推出或卸下的零件，如卸料板、顶杆、顶件块、推杆、推管、推板、废料切刀、压料板、压边圈、托板、弹顶器等。

（4）导向零件。指保证上模相对于下模或凸模相对于凹模正确运动的零件，如导柱、导套、导板、滑块等。

（5）固定零件。指将凸模、凹模固定于上、下模座上以及将上、下模固定于压力机上用于传递工作压力的零件，如上、下模座和凸、凹模固定板及垫板、模柄等。

（6）紧固件及其他零件。指在模具中用于联接固定各个零件或配合其他动作的零件，如螺钉、销钉、弹簧及其他零件。

（7）传动及改变工作运动方向的零件。指在模具中主要用于配合其他运动方向而设置的零件，如侧模、凸轮、滑块、铰链接头等。

2. 模具工作条件及主要技术要求

模具因类别不同，其工作条件差异很大，技术要求、加工特点也各不相同。各种模具的工作条件及技术要求见表11-1。

表 11-1　　　　　　模具的工作条件及主要技术要求

模具类型	型面受力 （MPa）	工作温度 （℃）	型面粗糙度 $R_a(\mu m)$	尺寸精度 （mm）	硬度 HRC	寿命 （$\times 10^3$ 次）
压铸模	300～500	600(铝合金)	≤0.4	0.01	42～48	＞70
注塑模	70～150	180～200	≤0.4	0.01	35～40	＞200
冲模	200～600	室温	＜0.8	精密 0.005	58～62	一次刃磨＞30
热锻模	300～800	700（表面）	＜0.8	0.02	40～48	≥10（机锻）
冷锻模	1000～2500	室温	＜0.8	0.01	58～64	＞20
粉末冶金模	400～800	室温	＜0.4	0.01	58～62	＞40

3. 模具工作部分的作用

模具工作部分或称模块，是模具型腔的承载体，其功能是赋予制件以一定的形状和尺寸。

模具工作部分一般由动、定模及型芯等组成，许多模具的动、定模表现为凸、凹模。图 11-2 所示为动、定模形状的示意图。图 11-2（a）所示的动、定模为凹-凹模，如锻造模具等；图 11-2（b）所示为凸-凹模，如冲裁模等；图 11-2（c）所示为另一种凸-凹模，如压铸、注塑、拉深模等。

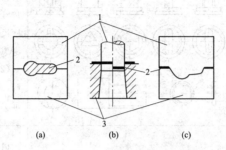

图 11-2　模具工作部分形状示意图
（a）锻造凹-凹模；（b）冲裁凸-凹模；（c）拉深凸-凹模
1—动模；2—制件坯料；3—定模

4．模具工作部分加工特点

模具工作部分加工部位分为外形、定位面、分模面、固定孔和型面，其中最具加工特点的是型面。表 11-2 是凸模型面的加工特点，表 11-3 是凹模型面的加工特点。

表 11-2　　　　　　　　凸模型面的加工特点

凸模型式	简图	加工特点
直通式		（1）断面形状复杂，精度高。 （2）硬度高，热处理后精加工。 （3）需加工出锋利刃口，包括带前角刃口。 （4）可沿轴向加工，也可沿断面轮廓的切向加工

凸模型式	简图	加工特点
台阶式		（1）工作刃带轮廓尺寸小于固定部分轮廓尺寸，加工时必须考虑两者轴线平行。 （2）硬度高，精度高，热处理后进行精加工
曲面式（三维）		（1）型面为三维曲面，几何形状精度的保证需与测量手段相结合。 （2）定位面要合理选择和精细加工，以保证与凹模的配合及制件厚度的均匀。 （3）需抛光，并达到低的表面粗糙度值

表 11-3　　　　　凹模型面加工特点

凹模型式	简图	加 工 特 点
贯通式		（1）形状复杂，精度高，与凸模形状高度一致，有时需根据凸模配作。 （2）高硬度下的精加工（55HRC以上）。 （3）应保证良好的成形性能，刃口处要加工出后角
非贯通式（三维）		（1）工作面形状复杂，曲面和过渡面多。 （2）与凸模形状一致性，有时需配作。 （3）低的表面粗糙度值，高的硬度

二、模具加工程序

模具加工的一般程序见图 11-3。其中除了部分标准件可直接进行装配外，其他零件都要经过如下步骤的加工。各加工阶段的主要任务如下。

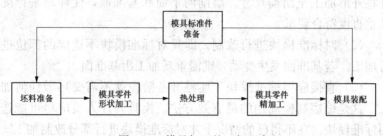

图 11-3　模具加工的一般程序

1. 模具毛坯材料的选择和要求

模具毛坯的形状和特性在很大程度上决定着模具制造过程中工序的多少、机械加工的难易、材料消耗量的大小及模具的质量和寿命。因此正确选择毛坯材料具有重要的经济意义。毛坯材料的选择和要求大体上要考虑以下几个方面。

（1）按模具图样的规定选择，如铸铁模座就只能是铸件、碟形弹簧只能是板料冲裁件、大量的通用紧固件应是外购件等。

（2）按零件的结构形状及尺寸选择，如圆盘形毛坯直径超过最大圆钢直径，或台阶轴形毛坯的大外圆和小外圆直径尺寸相差悬殊时，应该采用锻件。

（3）按生产的批量选择，如在专业化生产中，模架和其他一部分模具标准件采用大批量生产方式时，工艺方法必须做相应的变化，以提高生产效率和降低加工成本，此时模锻可代替自由锻，精密铸造可代替砂型铸造或圆钢坯料，数控气割、线切割可代替一般气割及其后续的铣刨工序。

（4）对一部分凸模、凹模和凸凹模，为保证模具质量和使用寿命，规定采用锻造毛坯，并对毛坯提出碳化物偏析的技术要求（这也是模具制造中经常采用的一种工艺措施）。

2. 坯料准备

坯料准备阶段的主要任务是为各模具零件提供相适应的坯料，其加工内容按原材料的类型不同而异。通常的几种类型如下。

（1）对锻件或切割钢板进行六面加工，去除原材料表面黑皮，并将外形加工至所需尺寸。磨削两平面和基准面，使坯料平行度和垂直度符合要求。

（2）对标准模块进行改制。即只对标准模块不适应的部位进行加工。若基准面发生变动，则需重新加工出基准面。

（3）直接应用标准模块。坯料准备阶段就不需要再做任何加工。这是缩短制模周期的最有效方法。模具设计人员应尽可能选用标准模块。在不得已的情况下才对标准模块进行部分改制加工。

3. 热处理

热处理阶段的主要任务是使经初步加工的模具零件半成品达到所需的强度和硬度。

4. 模具零件的形状加工

此阶段的主要任务是按模具零件要求对坯料进行内外形状加工。如按冲裁凸模所需形状进行外形加工，接冲裁凹模所需形状加工冲裁型孔、紧固螺钉孔等；又如按照塑料模的型芯形状进行内外形状加工。当然，一些用电加工或线切割加工的型孔，可在热处理后进行。

图 11-4　模板

随着加工设备的不断进步，形状加工的过程也发生很大的变化。对如图 11-4 所示模板的可能加工过程如图 11-5 所示。采用手工划线需五道工序才能完成，且手工划线的孔位精度较差，如图 11-5（a）所示。改用数控机床后则由数控机床定位钻孔，虽然只减少一道工序，但孔位精度却有了提高，如图 11-5（b）所示。应用加工中心加工后，一次装夹可完成所有加工内容，如图 11-5（c）所示。由于减少了装夹和工序转移的等待时间，大幅度缩短了加工周期，同时也减少了多次装夹带来的孔位误差，提高了加工精度。

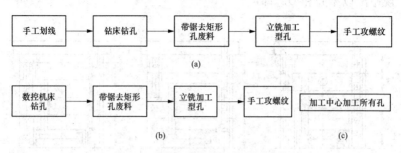

图 11-5　模板形状加工的发展趋势

（a）常规加工；（b）数控机床加工；（c）加工中心加工

5. 模具零件精加工

此阶段的主要任务是对淬硬的模具零件半成品进一步加工，以满足尺寸精度、形位精度和表面质量的要求。精加工阶段针对材料较硬的特点，大多数采用磨削加工和精密电加工方法。用各类数控磨床进行精加工时，可达到的位置精度和形状精度为 $\pm 0.005 \sim \pm 0.003$mm。用精密线切割机床及电加工机床可达到的位置精度和形状精度为 $\pm 0.01 \sim \pm 0.005$mm。

6. 模具标准件准备

无论冲模或塑料模，都有预先加工好的标准件供选用。现在除了螺钉、销钉、导柱、导套等一般标准件外，还有常用圆形和异形冲头、导正销、推杆等标准件。此外还开发了许多标准件组合，使模具标准化达到了更高的水平。图 11-6 所示是冲孔模标准组合示意图。除了模架以外，还配置了模板、螺钉、销钉、弹簧等各种标准件。使用时只需按冲孔要求对安装冲孔凸凹模的模板进行再加工即可。图 11-7 所示是注塑模标准组合（俗称塑

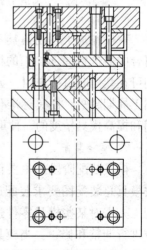

图 11-6　冲孔模标准组合

料模架）的实例。使用时只要从所需结构中选择平面尺寸合适的
规格配以型腔和型芯即可。

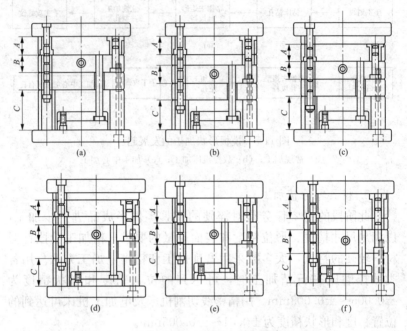

图 11-7　适用于点浇口的注塑模标准组合实例

　　一般在加工自制模具零件的同时准备好所需的标准件，标准
组合中需进行局部加工的模板可直接进入形状加工，其他标准件
则可在装配时直接应用。实践证明模具制造中的标准化水平越高，
加工周期越短，模具标准化已经成为现代模具加工中缩短制模周
期和提高模具精度的一种重要手段。

　　7. 模具装配

　　模具装配阶段的主要任务是将已加工好的模具零件及标准件
按模具总装配图要求装配成一副完整的模具。在装配过程中，装
配工人需对某些模具零件进行抛光和修整，试模后还需对某些部
位进行调整和修正。当模具生产的制品符合图样要求，且模具能
正常地连续工作，模具加工工艺过程即宣告结束。

三、模具制造工艺过程

1. 模具制造大致过程及主要加工设备

模具按其不同的类型和使用目的，对材料、尺寸精度和热处理后性能等条件提出不同要求。加工时应充分考虑其特点，采用最合理的方法，其中优良的加工设备是制造精密模具所不可缺少的。

模具制造过程大致为备料、外形加工、工作部位加工、热处理、修整和装配等，各过程所用的主要设备见表 11-4。

表 11-4   模具制造过程及主要加工设备

备料	外形加工	工作部位加工	热处理	修整和装配
锻造设备 切割设备	通用机械 加工设备	仿形加工设备 数控加工设备 加工中心 电加工设备 精密加工设备 特种成形设备	各种热 处理设备	各种机动、气动、电动等抛磨工具、装配工具及检测仪器

2. 模具制造工艺分类

模具制造工艺分为两类：一类是保证模具内在质量的加工工艺，即毛坯的制备和零件的热处理（包括表面强化处理）；二是模具零部件几何尺寸的加工工艺。

模具零件的原材料质量对模具的加工和使用有着很大影响。通过铸造制备毛坯的模具零件大致分两类：

（1）底板、模座、框架零件，如锻造用的切边模座、校正模座、机械压力机模座、冷冲模底板等。

（2）大型拉深模，如汽车覆盖件模具等。

此外，模具毛坯的锻造成形是模具工作部分制坯的重要手段。

3. 模具型面加工工艺特点

型面加工是模具制造的关键，它决定着制件的精度、工艺性能和模具寿命。技术难度表现在异型零件几何形状加工及精度控制，凸凹模型面的高度一致性，凸凹模间隙均匀性等。型面加工工艺流程见表 11-5。

表 11-5 　　　　　　　　　　　　　**型面加工工艺**

模具	零件特点	加工工艺流程
凸模	直通式冲头	(1) 简单断面：粗加工→热处理→磨削 (2) 复杂断面：粗加工→热处理→磨平面→线切割 (3) 精度较低时：粗加工→精加工→真空热处理（或保护气氛热处理）
	台阶式冲头	(1) 精度要求高：粗加工→热处理→磨削 (2) 精度较低时：粗加工→精加工→真空热处理
	三维凸模	(1) 大型零件：粗加工→热处理→精加工→修磨→抛光 (2) 小型精密零件：粗加工→热处理→电加工→（或磨削）→抛光
凹模	贯通式凹模	(1) 粗加工→热处理→磨端面→线切割型腔 (2) 粗加工→精加工型腔→热处理→磨刃口
	三维曲面凹模（非贯通式）	(1) 粗加工→热处理→电火花加工型腔→抛光 (2) 大型零件：粗加工→热处理→精加工→修磨→抛光

四、模具加工方法分类

通常按照模具的种类、结构、用途、材质、尺寸、形状、精度及使用寿命等各种因素选用相应的加工方法。目前模具加工方法主要分为切削加工及非切削加工两大类，这两大类各自包含的各种加工方法见表 11-6。

表 11-6 　　　　　　　　　　　　**模具加工方法**

类别	加工方法	机床	使用工具	适用范围
切削加工	平面加工	龙门刨床 牛头刨床 龙门铣床	刨刀 刨刀 面铣刀	对模具坯料进行六面加工
	车削加工	车床 NC 车床 立式车床	车刀 车刀 车刀	各种模具零件
	钻孔加工	钻床 横臂钻床 铣床 数控铣床 加工中心 深孔钻	钻头、铰刀 钻头、铰刀 钻头、铰刀 钻头、铰刀 钻头、铰刀 深孔钻	加工模具零件的各种孔 加工注塑模冷却水孔

续表

类别	加工方法	机床	使用工具	适用范围
切削加工	镗孔加工	卧式镗床	镗刀	镗削模具中的各种孔
		加工中心	镗刀	
		铣床	镗刀	
		坐标镗床	镗刀	镗削高精度孔
	铣加工	铣床	立铣刀、面铣刀	铣削模具各种零件
		NC 铣床	立铣刀、面铣刀	
		加工中心	立铣刀、面铣刀	
		仿形铣床	球头铣刀	进行仿形加工
		雕刻机	小直径立铣刀	雕刻图案
	磨削加工	平面磨床	砂轮	模板各平面
		成形磨床	砂轮	各种形状模具零件的表面
		NC 磨床	砂轮	
		光学曲线磨床	砂轮	
		坐标磨床	砂轮	精密模具型孔
		内、外圆磨床	砂轮	圆形零件的内、外表面
		万能磨床	砂轮	可实施锥度磨削
	电加工	型腔电加工	电极	用切削方法难以加工的部位
		线切割加工	线电极	精密轮廓加工
		电解加工	电极	型腔和平面加工
	抛光加工	手持抛光工具抛光机或手工	各种砂轮锉刀、砂纸、磨石、抛光剂等	去除铣削痕迹对模具零件进行抛光
非切削加工	挤压加工	压力机	挤压凸模	难以进行切削加工的型腔
	铸造加工	铍铜压力铸造精密铸造	铸造设备石膏模型、铸造设备	铸造塑料模型腔
	电铸加工	电铸设备	电铸母型	精密注塑模型腔
	表面装饰纹加工	蚀刻装置	装饰纹样板	加工注塑模型腔表面

1. 模具制造根据公差等级要求选择加工方法

模具零件通常由大量的外圆、内孔、平面等简单几何表面和一部分复杂的成形表面组成。在模具图样上，根据零件的功能对所有表面都提出了加工质量的要求。对不同公差等级要求选择合适的加工方法可参照表 11-7 确定。

2. 模具制造根据表面粗糙度的要求选择加工方法

选择加工方法，先要按零件的表面形状和加工质量要求对照各种加工方法所能达到的经济精度和表面粗糙度，找出适宜的加工方法。所谓经济精度和表面粗糙度是指在正常生产条件下，某种加工方法所能达到的精度和表面粗糙度。模具制造可根据表面粗糙度的不同要求参照表 11-8 选择不同的加工方法。

表 11-7　　　　　　　加工方法与公差等级的关系

加工方法	公差等级 IT																			
	01	0	1	2	3	4	5	6	7	8	9	10	11	12	13	14	15	16	17	18
精研磨																				
细研磨																				
粗研磨																				
终珩磨																				
初珩磨																				
精磨																				
细磨																				
粗磨																				
圆磨																				
平磨																				
金刚石车削																				
金刚石镗孔																				
精铰																				
细铰																				
精铣																				
粗铣																				
精车、精刨、精镗																				
细车、细刨、细镗																				

续表

加工方法	公差等级 IT																		
	01	0	1	2	3	4	5	6	7	8	9	10	11	12	13	14	15	16	17	18
粗车、粗刨、粗镗												──	──	──						
插削												──	──							
钻削													──	──	──					
锻造																──	──	──		
砂型铸造																──	──	──		

表 11-8　　　　不同加工方法可能达到的表面粗糙度

加工方法		表面粗糙度 Ra（μm）													
		0.012	0.025	0.05	0.10	0.20	0.40	0.80	1.60	3.20	6.30	12.5	25	50	100
锉															
刮　削锉															
刨削	粗														
	半精														
	精														
插削															
钻孔															
扩孔	粗														
	精														
金刚镗孔															
镗孔	粗														
	半精														
	精														
铰孔	粗														
	半精														
	精														
滚铣	粗														
	半精														
	精														

加工方法		表面粗糙度 Ra（μm）													
		0.012	0.025	0.05	0.10	0.20	0.40	0.80	1.60	3.20	6.30	12.5	25	50	100
端面铣	粗									■	■	■			
	半精								■	■	■				
	精						■	■	■						
车外圆	粗									■	■	■			
	半精								■	■	■				
	精						■	■	■						
金刚车			■	■	■	■	■								
车端面	粗									■	■	■			
	半精								■	■	■				
	精						■	■	■						
磨外圆	粗							■	■						
	半精					■	■	■							
	精			■	■	■									
磨平面	粗							■	■						
	半精					■	■	■							
	精			■	■	■									
珩磨	平面			■	■	■	■								
	圆柱		■	■	■	■									
研磨	粗				■	■	■								
	半精			■	■	■									
	精	■	■	■											
电火花加工							■	■	■	■	■				
螺纹加工	丝锥板牙						■	■	■	■					
	车						■	■	■	■					
	搓丝						■	■	■						
	滚压						■	■	■						
	磨					■	■	■							

五、模具切削加工的常用刀具

模具切削加工的范围极广，既有成形汽车外覆盖件的大型模具，也有成形电子器件的小型高精度复杂模具，因而必须具有适合于对模具高精度、高效率和低成本加工的各种刀具。

1. 可转位立铣刀

这种铣刀与整体立铣刀或焊接立铣刀相比，具有运输成本低和更换、调整刀具方便的优点。可转位立铣刀的种类很多、加工范围广，见图 11-8。特别是直径 20mm 以上的立铣刀，加工性能极佳。

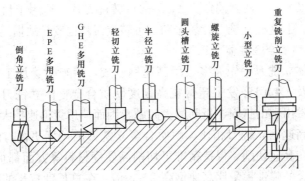

图 11-8　碳化钨硬质合金可转位立铣刀

2. 端面铣削立铣刀。

（1）CHE 多用铣刀是一种用于直角切削的带柄立铣刀。直径为 10～100mm，共有 14 种尺寸规格形成系列化。当直径为 25mm 以上时，轴向前角为 +15°，因是大前角刃型铣刀，所以较锋利。

（2）EPE 多用铣刀是带 45°主偏角的带柄端面立铣刀，也可用于倒角。因具有轴向前角+15°、径向前角-3°的精密光洁型刀刃，所以在不均匀切削中有防振效果，适合于加工一般钢材及难切削钢材。铣刀直径已实现标准化，分为 50mm、63mm、80mm、100mm 等 4 种尺寸。另外在刀片材料中增加了切削铸铁用的 G10E 和切削普通钢材用的 A30N 品种，使刀具的使用范围更加广泛。

（3）小型立铣刀使用带 87°主偏角的方形刀片，还可更换 90°、80°的三角形刀片及 90°的菱形刀片。这种立铣刀使用方便，其基本尺寸系列为 50mm 和 6mm。

3. 加工曲面的立铣刀

这是一种球头立铣刀，在模具加工中用得很多。在粗加工中，整体式和带柄式都可使用。

4. 加工台阶的立铣刀

（1）螺旋立铣刀的夹紧部分直径为 0～50mm。带有刃长 60mm、螺旋角 25°的螺旋刀头。由于螺旋刀头的锋利度和排屑性能均很好，又与高刚性本体相结合，所以适用于精加工深孔台阶。

（2）重复铣削立铣刀用螺旋夹紧两副偏角为 15°（当直径为 50mm 以上时，两副偏角为 11°）的可转位刀片，适用于粗加工深孔台阶。但这种立铣刀容易振动，可转位刀片也较易缺损。

5. 硬质合金整体立铣刀

整体立铣刀原先大多数用高速钢制成，后来随着加工中心的迅速普及，专门开发了超微粒高韧度硬质合金整体立铣刀，解决了以往常出现的折损、折断的大问题，因而使用量迅速扩大。

与高速钢立铣刀相比，硬质合金立铣刀的硬度更高，耐磨性更好。在高速切削、保持精准可切削高硬度材料等方面都很有效，硬质合金的弹性模量比高速钢高 2～3 倍。在总长度较长的整体立铣刀中，硬质合金整体立铣刀的挠度最小，可保持其应有的加工精度。

整体立铣刀的直径通常在 10mm 以下，常在较低切削速度的条件下使用，这时必须采取措施来防止硬质合金由于粘附切屑因而出现急速磨损。用 PVD 方法涂敷 TiN 硬质合金的立铣刀，由于 TiN 具有耐磨性、耐凝着性以及在各种切削速度范围内显示出来的稳定性，大大提高了切削不锈钢及其他难切削材料的性能。

为缩短模具加工中抛光工序的时间，须尽量减小立铣刀精加工表面的粗糙度值。为此采用新开发的韧性很好的 TiN 金属陶瓷整体立铣刀进行精加工，从而大大减少了抛光工时。

为适应模具加工精度高及形状复杂的特点，开发了多种形式的立铣刀。图 11-9 所示是碳化钨硬质合金整体立铣刀的种类和加工示例。

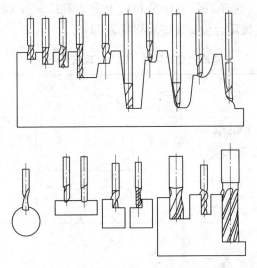

图 11-9　碳化钨硬质合金整体立铣刀的种类和加工示例

6. 立方氮化硼（CBN）立铣刀

立方氮化硼（CBN）立铣刀用于对硬度超过 50HRC 模具坯料的高效率、高精度加工。现已开发了直角形（$\phi6 \sim \phi20\text{mm}$）及圆头（$\phi2 \sim \phi20\text{mm}$）立铣刀。其特征是能用 10m/min 的线速度切削高硬质材料、精加工面的粗糙度值达到磨削的水平。用这种立铣刀加工塑料模具，刀具使用寿命为硬质合金刀具的 3.8 倍，加工效率提高 2.4 倍。

这种刀具的另一个特点是可用于高速加工铸铁模具。原来采用硬质合金立铣刀用于加工成形汽车外覆盖件的铸铁模具时，尚存在铣刀使用寿命低和加工面粗糙的问题，改用立方氮化硼球头立铣刀后，加工表面粗糙度值 Ra 可减小 50%，加工效率可提高 4 倍。

7. 硬质合金旋转锉（铣刀）

硬质合金旋转锉可取代金刚石锉刀和磨头来加工淬火后硬度小于 65HRC 的各种模具，它主要用于对模具型腔的整形和修去毛刺，也可对叶轮成形表面进行加工，亦可装在风动工具和电动工具上使用。上海工具厂有限公司（上海工具厂）按 GB/T 9217—2005 生产的硬质合金旋转锉规格见表 11-9。

表 11-9 硬质合金旋转锉（铣刀）规格（mm）

名称与简图	主要参数				
	直径 d	总长 L	刃长 l	柄部直径	齿数 z
硬质合金倒锥形旋转锉	7.5	48	8	6	18
硬质合金 38°圆锥形旋转锉	7.5	54	11	6	18
硬质合金椭圆形旋转锉	10	56	16	6	22
硬质合金弧形圆头旋转锉	6	58	18	6	16
	10	60	20	6	20
	12	65	25	6	24
硬质合金带分屑槽弧形旋转锉	10	60	20	6	22
硬质合金弧形尖头旋转锉	10	60	20	6	22
硬质合金火炬形旋转锉	12	72	32	6	24
硬质合金锥形圆头旋转锉	3	50	10	3	12
	6	56	16	6	16
	10	65	25	6	22
	12	68	28	6	24
硬质合金半圆形旋转锉	15	44	4	6	32

名称与简图	主要参数				
	直径 d	总长 L	刃长 l	柄部直径	齿数 z
硬质合金圆柱形旋转锉	3	50	13	3	12
	10	60	20	6	22
硬质合金带端刃圆柱形旋转锉	6	56	16	6	16
	10	60	20	6	22
硬质合金圆柱形球头旋转锉	3	50	13	3	12
	6	56	16	6	16
	10	60	20	6	22
	12	65	25	6	24
硬质合金带分屑槽圆柱形旋转锉	10	60	20	6	22
硬质合金带分屑槽圆柱形球头旋转锉	10	60	20	6	22
硬质合金圆球形旋转锉	12	51	10.8	6	24
硬质合金 60°圆锥形旋转锉	12	55	10.4	6	24
硬质合金 90°圆锥形旋转锉	12	51	6	6	24

✦ 第二节 模具零件的划线

一、模具零件划线的基本要求

1. 模具零件划线的要求

划线时要正确使用划线工具和划线方法，除了要求划出的线条清晰均匀、样冲冲眼落点准确、深浅均匀外，更重要的是保证尺寸准确。在立体划线中还应注意使长、宽、高三个方向的线条互相垂直。由于划出的线条总有一定的宽度，在使用划线工具和测量调整尺寸时难免产生误差，所以划线尺寸不可能绝对准确。一般的划线精度能达到 0.25～0.5mm。因此通常不能依靠划线直接确定加工时的最后尺寸，而必须在加工过程中通过测量来保证尺寸的准确性。

2. 划线注意事项

（1）划线前应去除零件毛刺，检查零件的外形加工精度，如上、下平面的平行度，相邻两侧面的垂直度。

（2）在理解图样的基础上，正确选择划线基准，使之尽量与设计基准或工艺基准一致。

（3）依据加工方法而定划线方法。如图 11-10（a）、（b）所示均为加工型腔，因加工方法不同，划线方法也不相同。

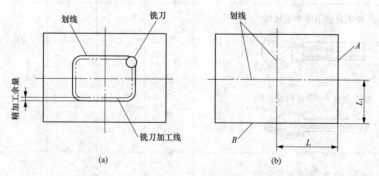

图 11-10　用于铣加工和电加工的两种划线

（4）两个以上零件必须保证尺寸一致时，为防止划线误差，每调整一次划线尺寸，就将各零件按统一的基准，依次划出需保持一致的所有尺寸线。

（5）起模斜度一般不划出。凸模或零件上的凸出部位均按大端尺寸划线，凹模或零件上的凹入部位均按小端尺寸划线，起模斜度在加工中得到保证。

二、模具零件划线实例

1. 平面划线实例

（1）冲模凸模的平面划线。如表 11-10 所示为冲模凸模的平面划线过程。

表 11-10　　　　冲模凸模的平面划线过程

顺序	图形	说明
划线图形	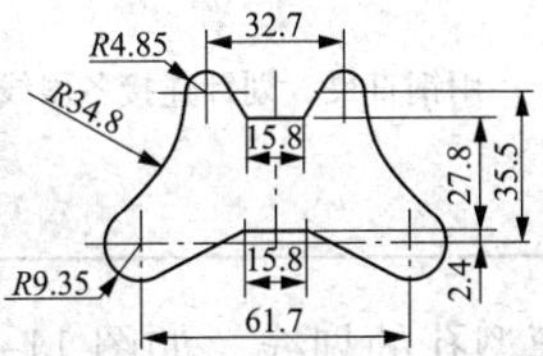	（1）一般划线后的加工过程中都要用测量工具测量，因此可直接按基本尺寸划线。 （2）划线后加工时，均按线加工放余量
坯料准备	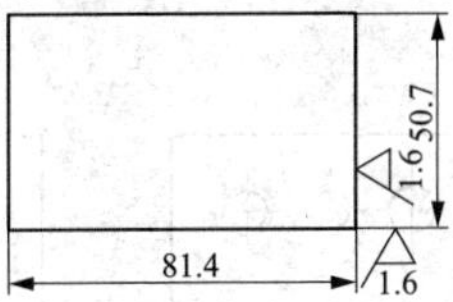	（1）刨成六面体，每边放余量 0.3～0.5mm 后尺寸为 81.4mm×50.7mm×42.5mm。 （2）划线平面及一对互相垂直的基准面用平面磨床磨平。 （3）去毛刺，划线平面去油、去锈后涂色
划直线	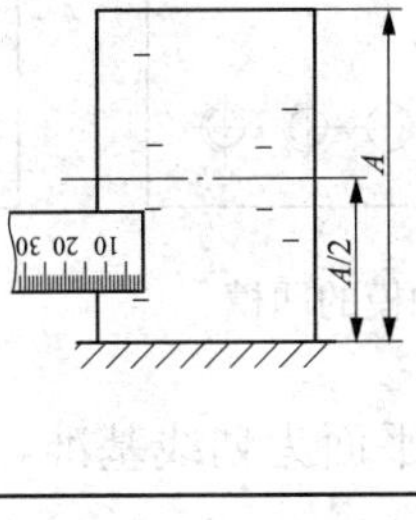	（1）以基准面放平在平板上。 （2）用游标高度尺测得实际高度 A。 （3）以 $A/2$ 划中心线（适合对称形状）。 （4）计算各圆弧中心位置尺寸并划中心线，划线时用钢皮尺大致确定划线横向位置。 （5）划出尺寸 15.8mm 线的两端位置

续表

顺序	图形	说明
划直线		（1）另一基准面放平在平板上。 （2）划 $R9.35$mm 中心线，加放 0.3mm 余量。 （3）计算各线尺寸后划线
划圆弧线	R34.8	（1）在圆弧十字线中心轻轻敲样冲眼（划线较深时可不敲）。 （2）用划规划各圆弧线。 （3）$R34.8$mm 圆弧中心在坯料之外，取用一辅助块，用平口钳夹紧在工件侧面，求出圆心后划线
连接斜线		用钢直尺、划针连接各斜线

（2）级进模（连续冲模）凹模型孔的划线。如图 11-11 所示为连续冲模的凹模。其成形孔尺寸基准线与凹模块外形基准线成 45°，其划线步骤如下。

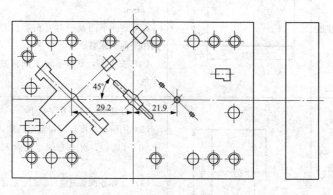

图 11-11　连续冲模的凹模

1）以凹模块的一对互相垂直的平面为划线基准，划出十字中心线，以及各螺孔、销钉孔十字中心线。

2）以垂直基准面为基准划出两个 L 形孔。

3）通过凹模块十字中心交点，用万能角度尺划一 45°斜线。

4）利用平口钳将凹模按图 11-12（a）所示夹紧，夹紧前用游标高度尺校平 45°斜线。然后用游标高度尺测得基准面至 O 点间距离 H_1，根据尺寸 H_1 计算各尺寸，划出平行于 45°斜线的各条直线。尺寸 A 及 B 计算如下：

$$A = 29.2 \times \sin45° = 20.64mm$$
$$B = 21.9 \times \sin45° = 15.48mm$$

5）将平口钳转 90°放在平板上［见图 11-12（b）］测得尺寸 H_2，计算各线尺寸并划出各线。

6）连接各圆弧。

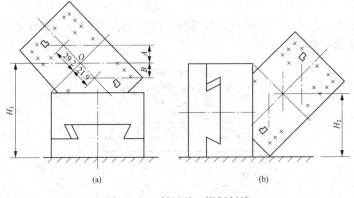

图 11-12 利用平口钳划斜线

另一种划斜线的办法是利用 V 形块代替上述的平口钳，如图 11-13 所示。

在冲模制造中，级进模和多凸模冲裁模占有一定的比重。这类模具的凹模、凸模固定板和卸料板，各型孔的尺寸和它们之间的相对位置都有一定的精度要求。因此在划线时应注意以下几点。

1）在具有多型孔的级进模中，各工位步距误差和步距积累误差都有一定的要求。在划各工位步距中心线时，就不能从起点一

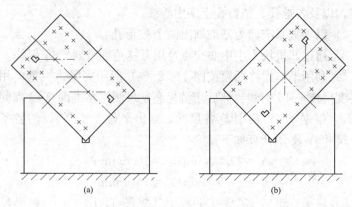

图 11-13　利用 V 形块划斜线

步一步地划到最后，这样会导致误差积累过大。正确的划线方法如图 11-14 所示，以 O 点为基准、步距 P 为单位，分别划出 P、$2P$、$3P$、…或取中间一点为基准，由中间向两侧分，这样就不会有误差积累现象了。

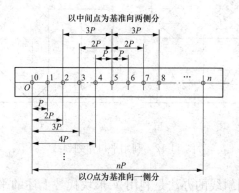

图 11-14　在直线上划等分点

2）型孔为圆形时，模具的加工比较简单，这些孔系通常安排在立铣、工具铣或坐标镗床上加工。型孔为非圆形孔时，型孔的加工比较困难，其加工工艺过程随所用加工设备的不同而异，因此划线方法也有所变化。

3）如果采用组合电极电火花加工，型孔的轮廓线就可以不划，只需划出模块的基准线和供电极定位用的基准孔。如果采用线切割机床加工，那就先镗型孔的线切割工艺穿丝孔，型孔轮廓线也可以不划，但要准备好模具加工程序。

2. 立体划线实例

（1）型腔的划线。型腔划线是在模块表面上划出型腔的轮廓，其划线方法与一般划线方法没有太大的区别。由于型腔加工部分的复杂程度不一样，在具体划线时应综合考虑所加工的型腔部分结构和加工方法。如图 11-15 所示的锻模型腔，型腔内部有深有浅，侧壁有 7°的起模斜度。如果采用立式铣床铣削，则型腔的加工顺序是先加工深处，然后再加工浅处，划线时就必须如图示那样，在模块平面上划出全部线条来指出型腔所需的尺寸，如图 11-15（a）所示。如果采用电火花加工，那就只需划出供电极与模块间做定位用的型腔轮廓线，如图 11-15（b）所示。

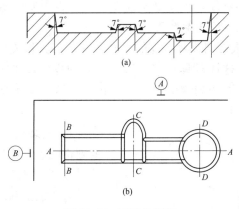

图 11-15　型腔的划线

在型腔加工中常采用仿形铣削加工。仿形铣削型腔时，一般不需在模块平面上划出型腔轮廓线，只要在靠模和模块上划出做定位用的 X、Y 基准线。如图 11-16 所示，是以铣刀轴线和仿形触头轴线做中心定位。但有时还在模块平面上划出表示型腔位置的轮廓线，它不是型腔的加工线，而是用来检查模块与靠模上所划线的位置是否一致用的，当两者不一致时，可予以修正。

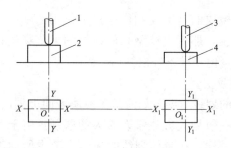

图 11-16　模块与靠模的相关位置
1—铣刀；2—模块；3—仿形触头；4—靠模

在对型腔划线时应注意以下几点。

1) 为避免模具工作部分在模具装配后产生错位，上、下模型腔划线时，最好用样板或定好尺寸的划规或划线尺一次划出。

2) 要充分注意模块各平面之间的垂直度和平行度要求。要考虑工件加工的顺序，不要划不需要的线，也不要使所划线超过必要的尺度，以避免线条繁杂。

3) 划线要在对模具零件的尺寸公差和与其相关尺寸充分了解之后再进行。这样对具有同一形状型面的零件，如冲裁模的凸模和凹模，其型面的划线就可以一起进行，这对缩短划线时间和防止差错都是有利的。

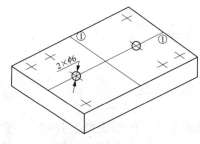

图 11-17　加工基准的标记

4) 划线时，模块中心线要划得明显，这是因为它是尺寸基准线，有时又是加工基准。对于加工基准，最好在基准线附近做出记号，便于后续加工。例如在使用坐标镗床加工时，如图 11-17 所示，在基准线附近做出标记，其指示明确，便于加工。

5) 工件上划好的线会随着加工进展消失，对于以后有用的线，要事先延长到工件的外侧，并在非工作面上做出标记。

6) 划完线后，就用样冲打样冲眼，样冲眼的大小、疏密要适当而准确。如果划完线的工件不能及时加工，要妥善保管，以免线条被擦掉。

7）对于压铸模、锻模等热成型模具的划线，在划线时必须考虑正常情况下的收缩量。由于这些模具都具有起模斜度，划线时应注意标明斜度的基点是在模具分型面上，还是在型腔的底面。

（2）成型模的划线。冷冲模中的拉深、弯曲模，成型模的凸模和凹模以及锻模、塑料模、压铸模中的型芯和型腔及其镶块的划线，大多是立体划线。划线时要将工件多次进行翻转，才能将各面所需的线划出。因此在划线前，要从多方面进行考虑，明确工件的加工工艺过程，按照工艺要求，确定划线方法并选择好基准。

3. 拉深模凸模窝座的划线

图 11-18 所示为汽车覆盖件拉深模凸模窝座及中心线的划线步骤。

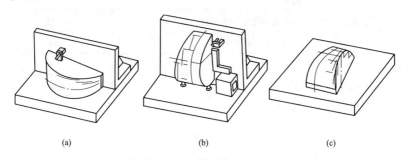

(a)   (b)   (c)

图 11-18 拉深模凸模窝座划线

图 11-18（a）所示是将凸模夹紧于角铁上，凸模另一基准面与平板合平，用游标高度尺划出平行于平板平面的中心线与窝座线。

图 11-18（b）所示是将凸模转动 90°，用 90°角尺与千斤顶校正基准面的垂直度，夹紧后用游标划线尺划出中心线与窝座线。

图 11-18（c）所示是将凸模底面平放在平板上，划出窝座深度线。

✦ 第三节 模具零件的机械加工成形工艺

一、机械加工经济精度

在机械加工中，由于受到各种因素的影响，同一种切削加工方法在不同的条件下所能达到的精度可能不一样，工艺成本也不相同。每种切削加工方法在正常生产条件下，能较经济地达到的加工精度范围称为该加工方法的经济精度。经济精度包括尺寸经济精度、几何形状经济精度、相互位置经济精度和加工表面粗糙度。如表 11-11～表 11-18 所示分别是各种切削加工能够达到的经济精度。

表 11-11　　　　　　　　孔加工的经济精度

加工方法		公差等级（IT）
钻孔及用钻头扩孔		11～12
扩孔	粗扩	12
	铸孔或冲孔后一次扩孔	11～12
	钻或粗扩后的精扩	9～10
铰孔	粗铰	9
	精铰	7～8
	精密铰	7
镗孔	粗镗	11～12
	精镗	8～10
	高速镗	8
	精密镗	6～7
	金刚镗	6
拉孔	粗拉铸孔或冲孔	7～9
	粗拉或钻孔后精拉孔	7
磨孔	粗磨	7～8
	精磨	6～7
	精密磨	6
研磨、珩磨		6
滚压、金刚石挤压		6～10

表 11-12　　　　　　　　平面加工的经济精度

加工方法		公差等级（IT）
刨削和圆柱铣刀及端面铣刀铣削	粗	11~14
	半精或一次加工	11~12
	精	10
	精密	6~9
拉削	粗拉铸面及冲压表面	10~11
	精拉	6~9
磨削	粗	8~9
	半精或一次加工	7~9
	精	7
	精密	5~6
研磨、刮研		5
用钢珠或滚柱工具滚压		7~10

注　1. 本表适用于尺寸小于 1m、结构刚性好的零件加工，用光洁的加工表面作为定位和测量基准。

2. 端铣刀铣削的加工精度在相同条件下大体比圆柱铣刀铣削高一级。

3. 精密铣仅用于端铣刀铣削。

表 11-13　　　　　　　　型面加工的经济精度

加工方法		在直径上的形状误差（mm）	
		经济的	可达到的
按样板手动加工		0.2	0.06
在机床上加工		0.1	0.04
按划线刮及刨		2	0.40
按划线铣		3	1.60
在机床上用靠模铣	用机械控制	0.4	0.16
	用跟随系统	0.06	0.02
靠模车		0.24	0.06
成形刀车		0.1	0.02
仿形磨		0.04	0.02

表 11-14 平面度和直线度误差的经济精度

加工方法	公差等级
研磨、精密磨、精刮	1～2
研磨、精磨、刮	3～4
磨、刮、精车	5～6
粗磨、铣、刨、拉、车	7～8
铣、刨、车、插	9～10
各种粗加工	11～12

表 11-15 平行度的经济精度

加工方法	公差等级
研磨、金刚石精密加工、精刮	1～2
研磨、珩磨、刮、精密磨	3～4
磨、坐标镗、精密铣、精密刨	5～6
磨、铣、刨、拉、镗、车	7～8
铣、镗、车，按导套钻、铰	9～10
各种粗加工	11～12

表 11-16 端面跳动和垂直度的经济精度

加工方法	公差等级
研磨、精密磨、金刚石精密加工	1～2
研磨、精磨、精刮、精密车	3～4
磨、刮、珩、精刨、精铣、精镗	5～6
磨、铣、刨、刮、镗	7～8
车、半精铣、刨、镗	9～10
各种粗加工	11～12

表 11-17 同轴度误差的经济精度

加工方法	公差等级
研磨、珩磨、精密磨、金刚石精密加工	1～2
精磨、精密车，一次装夹下的内圆磨、珩磨	3～4
磨、精车，一次装夹下的内圆磨及镗	5～6
粗磨、车、镗、拉、铰	7～8
车、镗、钻	9～10
各种粗加工	11～12

表 11-18　　各种机床加工形状、位置的平均经济精度

机床类型			圆度误差（mm）	圆柱度误差（mm）长度（mm）	平面度误差（凹入）（mm）直径（mm）
卧式车床	最大加工直径（mm）	≤400	0.01	100：0.007 5	200：0.015 300：0.02
		>400~800	0.015	300：0.025	400：0.025 500：0.03 600：0.04
		>800~1600	0.02	300：0.03	700：0.05 800：0.06
		>1600~3200	0.025	300：0.04	900：0.07 1000：0.08
高精度普通车床		≤500	0.005	150：0.01	200：0.01
外圆磨床	最大磨削直径（mm）	≤200	0.003	500：0.005 5	—
		>200~400	0.004	1000：0.01	
		>400~800	0.006	全长：0.015	
无心磨床			0.005	100：0.004	等径多边形偏差 0.003
珩磨机			0.005	300：0.01	—

机床类型			圆度误差（mm）	圆柱度误差（mm）长度（mm）	平面度误差（凹入）（mm）直径（mm）	成批工件尺寸的分散度（mm）	
						直径	长度
转塔车床	最大棒料直径（mm）	≤12	0.007	300：0.007	300：0.02	0.04	0.12
		>12~32	0.01	300：0.01	300：0.03	0.05	0.15
		>32~80	0.01	300：0.02	300：0.04	0.06	0.18
		>80	0.02	300：0.025	300：0.05	0.09	0.22

续表

机床类型			圆度误差（mm）	圆柱度误差（mm）长度（mm）	平面度误差（凹入）（mm）直径（mm）	孔加工的平行度误差（mm）长度（mm）	孔和端面加工的垂直度误差（mm）长度（mm）
卧式镗床	镗杆直径（mm）	≤100	外圆 0.025 内孔 0.02	200∶0.02	300∶0.04	300∶0.05	300∶0.05
		>100~160	外圆 0.025 内孔 0.025	300∶0.025	500∶0.05		
		>160	外圆 0.03 内孔 0.025	400∶0.03	—		
内圆磨床	最大磨孔直径（mm）	≤50	0.004	200∶0.004	0.009	—	0.015
		>50~200	0.007 5	200∶0.007 5	0.013	—	0.018
		>200	0.01	200∶0.01	0.02	—	0.022
立式金刚镗床			0.004	300∶0.01	—	—	300∶0.03

机床类型			平面度误差	平行度误差（加工面对基面）	垂直度误差	
					加工面对基面	加工面相互间
			长度（mm）			
卧式铣床			300∶0.06	300∶0.06	300∶0.04	300∶0.05
立式铣床			300∶0.06	300∶0.06	150∶0.04	300∶0.05
龙门铣床	最大加工宽度（mm）	≤2000	1000∶0.05	1000∶0.03 2000∶0.05 3000∶0.06 4000∶0.07 6000∶0.10 8000∶0.13	侧加工面间的平行度误差 1000∶0.03	300∶0.06
		>2000				500∶0.10
龙门刨床		≤2000	1000∶0.03	1000∶0.03 2000∶0.05 3000∶0.06 4000∶0.07 6000∶0.10 8000∶0.12	—	300∶0.03
		>2000				500∶0.05

续表

机床类型			平面度误差	平行度误差（加工面对基面）	垂直度误差	
					加工面对基面	加工面相互间
			长度（mm）			
插床	最大插削长度（mm）	≤200	300：0.05	—	300：0.05	300：0.05
		>200～500	300：0.05	—	300：0.05	300：0.05
		>500～800	500：0.06	—	500：0.06	500：0.06
		>800～1250	500：0.07	—	500：0.07	500：0.07
平面磨床	立卧轴矩台		—	1000：0.02	—	—
	卧轴矩台（提高精度）		—	500：0.009	—	100：0.01
	卧轴圆台		—	工作台直径：0.02	—	—
	立轴圆台		—	1000：0.03	—	—
牛头刨床			300：0.04	3000：±0.07	3000：±0.07	3000：±0.07

二、车削加工

1. 车削运动及车削用量

车床按其结构和用途的不同可以分为卧式和落地车床、立式车床、转塔车床、单轴和多轴自动和半自动车床、仿形车床、专门化车床、数控车床和车削加工中心等。各种车床加工精度差别较大，常用车床加工尺寸精度可达 IT7～IT6，表面粗糙度 $Ra1.6$～$0.8\mu m$，精密车床的加工精度更高，可以进行精密和超精密加工。

因为车床通用性强，所以在模具加工中，车床是常用的设备之一。车床可以车削模具零件上各种回转面（如内外圆柱面、圆锥面、回转曲面、环槽等）、端面和螺纹面等形面，还可以进行钻孔、扩孔、铰孔及滚花等加工。如图 11-19 所示为车床的主要用途。

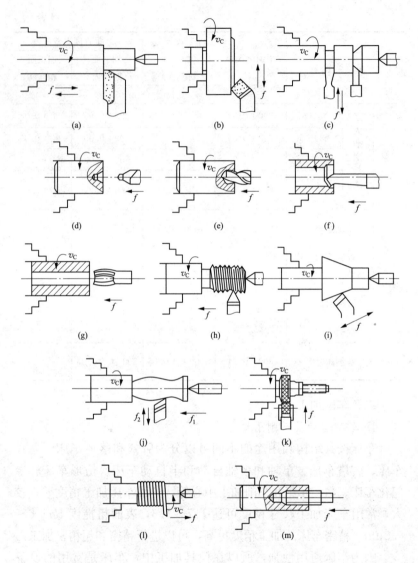

图 11-19　车床的主要用途

（a）车外圆；（b）车端面；（c）切槽和切断；（d）钻顶尖孔；

（e）钻孔；（f）车内孔；（g）铰孔；（h）车螺纹；（i）车圆锥；

（j）车成形面；（k）滚花；（l）绕弹簧；（m）攻螺纹

2. 车削加工

在模具加工中，车床是常用的设备之一。主要用于回转体类零件或回转体类型腔、凹模的加工，有时也用于平面的粗加工。车削的工艺过程常常采用粗车→半精车→精车或粗车→半精车→精车→研磨。对尺寸精度和表面粗糙度要求较高的零件在精车之后再安排研磨，根据实际情况选定合适的加工路线。

（1）回转体类零件车削。主要用于导柱、导套、浇口套等回转体类零件热处理前的粗加工，成形零件的回转曲面型腔、型芯、凸模和凹模等零件的粗、精加工。对要求具有较高的尺寸精度、表面粗糙度和耐磨性的零件，如导柱、导套、浇口套、凸模和凹模等，需在半精车后再热处理，最后在磨床上磨削。但对拉杆等零件，车削可以直接作为成形加工。毛坯为棒料的零件，一般先加工中心孔，然后以中心孔作为定位基准。

（2）回转曲面型腔车削。型腔车削加工中，除内形表面为圆柱、圆锥表面可以应用普通的内孔车刀进行车削外，对于球形面、半圆面或圆弧面的车削加工，为了保证尺寸、形状和精度的要求，一般都采用样板车刀进行最后的成形车削。

如图 11-20 所示给出了一个多段台阶内孔的对拼式型腔。车削时用销钉定位，通过螺钉或焊接将型腔板两部分连接在一起。在进给过程中要控制刀架在 x、y 两个方向上的运动，可以使用定程挡块实现。

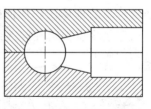

图 11-20　曲面型腔车削

（3）在仿形车床上加工模具。在普通车床上增加仿形装置或在仿形车床上加工各种带有回转体表面的凸、凹模，主要是依靠靠模样板进行加工，其仿形精度随靠模样板的精度、仿形系统的灵敏程度和操作者的熟练程度而不同。

回转曲面在仿形车床上加工，即应用与曲面截面形状相同的靠模仿形车削。如图 11-21 所示靠模仿形车削回转曲面的原理图。靠模 2 上有与型腔曲面形状相同的沟槽。车削时床鞍纵向移动，小滑板和车刀在滚子 3 和连接板 4 的作用下随靠模 2 做横向进给，由此完成仿形车削。这种方式适合于精度要求不高的、需要侧向分模的模具型腔的加工。

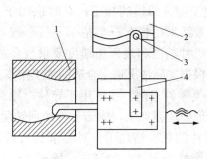

图 11-21 仿形车削
1—工件；2—靠模；3—滚子；4—连接板

仿形车削一般用于精加工工序，工件加工后经抛光或淬火、抛光后即可装配使用。

仿形车削加工有机械仿形、电气仿形和液压仿形。

1）机械仿形。机械仿形包括靠板靠模仿形、刀架靠模仿形和尾座靠模仿形，如图 11-22～图 11-24 所示。对于长度较长、精度要求较高的锥体或异形回转体，一般都用靠板靠模加工。刀架靠模仿形是将靠板装在经改装的刀架上，而尾座靠模仿形是将靠模装在尾座上。

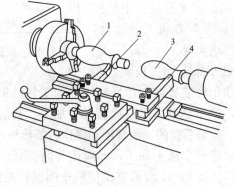

图 11-22 尾座靠模仿形
1—工件；2—车刀；3—靠模；4—靠模杆

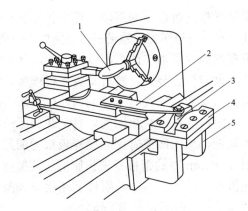

图 11-23　靠板靠模仿形

1—工件；2—拉杆；3—滚柱；4—靠板；5—支架

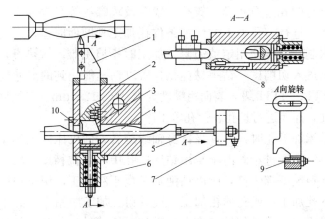

图 11-24　刀架靠模仿形装置

1—刀体；2—靠模体；3—触头；4—靠模杆；5—拉杆；6—弹簧；
7—固定架；8—键；9—螺钉；10—槽块

2）电气仿形。电气仿形是通过电气元件将仿形信号放大后，用来控制机械传动部分进行仿形进给的，完成工件型面的车削加工。

3）液压仿形。液压仿形加工方法的可靠性较好，其仿形精度和被加工工件的型面质量都较高。液压仿形原理是，在纵向走刀

503

时仿形销沿靠模样板同时做横向运动，再由仿形阀控制液压缸带动刀架做横向进给，通过车刀按靠模板形状完成工件型面的车削。

采用仿形车削的方法加工凸、凹模工件时，其工艺方法基本相同，即先将工件定位、装夹，然后安装靠模样板，调整基准位置，使靠模板上曲线的基准线与工件的回转轴线平行。在仿形车床上加工凸模或凹模的程序是相同的，只是在加工凸模时用靠模样板型槽的内侧面，加工凹模时用靠模样板型槽的外侧面。靠模样板一般采用 3～5mm 厚的钢板或硬铝制造，其型面应光滑无滞涩。此外，在仿形车削工序前，必须将毛坯粗车成型，并留有较少的仿形车削余量（一般不大于 2.5mm）。

三、钻削加工

钻削加工是一种用钻头在实体工件上加工孔的加工方法，包括对已有的孔进行扩孔、铰孔、锪孔及攻螺纹等二次加工，主要在钻床上进行。孔加工的切削条件比加工外圆面时差，刀具受孔径的限制，只能使用定值刀具。加工时排屑困难，散热慢，切削液不易进入切削区，钻头易钝化，所以钻孔能达到的尺寸公差等级为 IT12～IT11 级，表面粗糙度为 $Ra50～12.5\mu m$。对精度要求高的孔，还应进行扩孔、铰孔等工序。

钻床加工孔时，刀具绕自身轴线旋转，即机床的主运动，同时刀具沿轴线进给。由于常用钻床的孔中心定位精度、尺寸精度和表面粗糙度都不高，所以钻削加工属于粗加工，用于精度要求不高的孔加工，或孔的粗加工。模具钳工加工中钻床是必不可少的设备之一。常见的钻床有台式钻床、立式钻床、卧式钻床、摇臂钻床、坐标镗钻床、深孔钻床、中心孔钻床和钻铣床等。模具加工中应用最多的是台式钻床和摇臂钻床，一般以最大的钻削孔径作为机床的主要参数。

1. 钻孔

钻孔主要用于孔的粗加工。普通孔的钻削主要有两种方法：一种是在车床上钻孔，工件旋转而钻头不转；另一种是在钻床或镗床上钻孔，钻头旋转而工件不转。当被加工孔与外圆有同轴度要求时可在车床上钻孔，更多的模具零件孔是在钻床或镗床加工的。

　　麻花钻是钻孔的常用刀具，一般由高速钢制成，经热处理后其工作部分硬度达 62HRC 以上。钻孔时，按工件的大小、形状、数量和钻孔直径选用适当的夹持方法和夹具。钻较硬的材料和大孔时切削速度要小；钻小孔时切削速度要大些；遇大于 $\phi30mm$ 的孔径应分两次钻出，先钻出 0.6～0.8 倍孔径的小孔，再钻至要求的孔径。进给速度要均匀，快慢适中。

　　钻盲孔要做好深度标记，钻通孔时当孔将钻通时，应减慢进给量，以免卡钻，甚至折断钻头。钻削时切削条件差，刀具不易散热，排屑不畅，故需加注切削液进行冷却和润滑减摩。钻深孔时，必须不时地退出钻头，以排屑、冷却，注入切削液。

　　在模具加工中钻床主要用于孔的预加工（如导柱导套孔、型腔孔、螺纹底孔、各种零件的线切割穿丝孔等），也用于对一些孔的成形加工（如推杆过孔、螺钉过孔、水道孔等）。另外，对于拉杆孔系，为保证拉杆正常工作，设计时要求的精度较高，应用坐标镗孔势必增加加工成本。可以把相关模板固定在一起，并通过导柱定位对孔系一起加工。这种加工孔系的方法虽不能达到孔系间距的要求，但可以保证相关模板孔中心相互重合，不影响其使用功能且制造上很容易实现。

　　此外，模具零件中常有各种尺寸的小孔，镗削较困难，这时可用精孔钻加工（见表 11-19）。

表 11-19　　　　　　　精孔钻加工小孔

简图	结构特点	说明
	用麻花钻修磨而成，切削刃两边磨出顶角。 $2\varphi=8°～10°$的修光刃，同时磨出 $2\varphi=60°$的切削刃	切削速度：$(2～8)m/min$ 进给量：$(0.1～0.2)mm/r$ 加工余量： 0.1～0.3mm 扩孔时，尺寸精度可达 IT8～IT6，表面粗糙度可达 $Ra1.6～0.4\mu m$

注意事项：

（1）钻头尺寸必须在加工孔径的公差范围之内。

（2）刃磨时刃口角度对称。钻头装夹正确，采用适当的润滑油。

（3）钻孔前选用小于孔径的中心钻定中心，并钻入一定深度，然后再用钻头加工小孔。孔径较大而深度较浅时可一次加工，反之则需要分几次钻孔。

2. 扩孔

扩孔是用扩孔钻对已经钻出的孔进一步加工，以提高孔的加工精度的加工方法。扩孔钻结构与麻花钻相似，但齿数较多，有3～4齿，导向性好；中心处没有切削刃，消除了横刃影响，改善了切削条件；切削余量较小，容屑槽小，使钻芯增大，刚度好，切削时，可采用较大的切削用量。故扩孔的加工质量和生产效率都高于钻孔。

扩孔可作为孔的最终加工，但通常作为镗孔、铰孔或磨孔前的预加工。扩孔能达到的公差等级为 IT10～IT9，表面粗糙度 $Ra6.3～3.2\mu m$。

3. 锪孔

在原有孔的孔口表面需要加工成圆柱形沉孔、锥形沉孔或凸台端面时，可用锪钻锪孔，如图 11-25 所示。

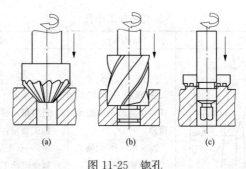

图 11-25 锪孔

（a）锪锥形沉孔；（b）锪圆柱形沉孔；（c）锪凸台端面

锪孔常用于螺钉过孔和弹簧过孔的加工。在实际生产中，往往以立铣刀或端部磨平的麻花钻代替锪钻。

4. 铰孔

铰孔是中小孔径的半精加工和精加工方法之一，是用铰刀在工件孔壁上切除微金属层的加工方法。铰刀刚度和导向性好，刀齿数多，所以铰孔相对于扩孔在加工的尺寸精度和表面粗糙度上又有所提高。铰孔的加工精度主要不是取决于机床的精度，而在于铰刀的精度、安装方式和加工余量等因素。机铰达 IT8～IT7，表面粗糙度为 $Ra1.6～0.2\mu m$；手铰达 IT7～IT6，表面粗糙度为 $Ra0.4～0.2\mu m$。由于手铰切削速度低，切削力小，热量低，不产生积屑瘤，机床振动等影响，所以加工质量比机铰高。

当工件孔径小于 25mm 时，钻孔后可直接铰孔；工件孔径大于 25mm 时，钻孔后需扩孔，然后再铰。

铰孔时，首先应合理选择铰削用量，铰削用量包括铰削余量、切削速度（机铰时）和进给量。应根据所加工孔的尺寸公差等级、表面粗糙度要求，以及孔径大小、材料硬度和铰刀类型等合理选择，如用标准高速钢铰刀铰孔，孔径大于 50mm，精度要达到 IT1，铰削余量取小于等于 0.4mm 为宜，需要再精铰的，留精铰余量 0.1～0.2mm。手铰时铰刀应缓缓进给，均匀平稳。机铰时以标准高速钢铰刀加工铸铁，切削速度应小于等于 10m/min，进给量为 0.8mm/r 左右；加工钢件时切削速度应小于等于 8m/min，进给量为 0.4mm/r 左右。

手铰是间歇作业，应变换每次铰刀停歇的位置，以消除刀痕。铰刀不能反转，以防止细切屑擦伤孔壁和刀齿。

用高速钢铰刀加工钢件时用乳化液或液压切削油；加工铸铁件时用清洗性好、渗透性较好的煤油为宜。

铰孔常用于推杆孔、浇口套和点浇口的锥浇道等的加工和镗削的最后一道工序。

四、镗削加工

（一）镗削加工

镗孔是一种应用非常广泛的孔及孔系加工方法。它可用于孔的粗加工、半精加工和精加工，可以用于加工通孔和盲孔。对工件材料的适用范围也很广，一般有色金属、灰铸铁和结构钢等都可以镗削。镗孔可以在各种镗床上进行，也可以在卧式车床、立式或转塔车床、铣床和数控机床、加工中心上进行。与其他孔加工方法相比，镗孔的一个突出优点是可以用一种镗刀加工一定范围内各种不同直径的孔。在数控机床出现以前，对于直径很大的孔，它几乎是可供选择的唯一方法。此外，镗孔可以修正上一工序所产生的孔的位置误差。

镗孔的加工精度一般为 IT9～IT7，表面粗糙度一般为 $Ra6.3$～$0.8\mu m$。如在坐标镗床、金刚石镗床等高精度机床上镗孔，加工精度可达 IT7 以上，表面粗糙度一般为 $Ra1.6$～$0.8\mu m$，用超硬刀具材料对铜、铝及其合金进行精密镗削时，表面粗糙度可达 $Ra0.2\mu m$。

由于镗刀和镗杆截面尺寸及长度受到所镗孔径、深度的限制，所以镗刀的刚性差，容易产生变形和振动，加之切削液的注入和排屑困难、观察和测量的不便，所以生产率较低，但在单件和中、小批生产中，仍是一种经济的应用广泛的加工方法。

（二）坐标镗削

坐标镗床的种类较多，有立式和卧式的，有单柱和双柱的，有光学、数显和数控的。镗床的万能回转工作台不仅能绕主轴做任意角度的分度转动，还可以绕辅助回转轴做 0～90°的倾斜转动，由此实现镗床上加工和检验互相垂直孔、径向分布孔、斜孔和斜面上的孔。此外，坐标镗铣床还可以加工复杂的型腔。光学坐标镗床定位精度可达 0.002～0.004mm，万能回转工作台的分度精度有 10′和 12′两种。在模具加工中，坐标镗床和坐标镗铣床是应用非常广泛的设备。

由于高精度模具在生产上的应用日益广泛，在模具上需加工很多孔距和孔径精度高的孔。坐标镗床主要用于模具零件中加工对孔距有一定精度要求的孔，也可做准确的样板划线、微量铣削、中心距测量和其他直线性尺寸的检验工作。因此在多孔冲模、连续冲模和塑料成形模具的制造中得到广泛的应用。

1. 坐标镗床的功能

坐标镗床的主要功能是加工高精度的孔。它除进行钻孔、扩孔、镗孔、铰孔、钻中心孔外，还可进行立铣、精密划线及加工极坐标制的孔。使用小型测微仪和定中心显微铣在坐标镗床上可进行高精度测量。使用圆形旋转台和倾斜工作台等可进行复杂形状工件的测量。

坐标镗床坐标值的读数方法有光学和数字显示等方式，大多数坐标镗床的定位读数为 $1\mu m$，机床的定位精度为 $2\sim2.5\mu m$。

随着数控机床的发展，数控坐标镗床也应用于模具生产，与手工控制的坐标镗床相比，主要有以下功能。

（1）可自动进行多孔加工和形状加工。与自动换刀装置相结合，可进一步实现自动化加工。

（2）可进行规则轮廓形状加工。如大直径圆孔和倾斜矩形孔加工，见图 11-26。

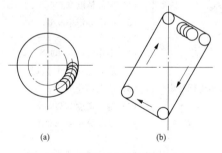

(a)　　　　　　　　(b)

图 11-26　圆孔和倾斜矩形孔加工
(a) 圆孔；(b) 倾斜矩形孔

（3）可方便地确定基准面。当工件的基与机床进给方向不一致时，只要规定出基准面，即可自动进行坐标变换，见图 11-27。

（4）重复加工的性能良好。只要保存好加工程序，在重复进行加工时可达到相同的加工结果。

（5）可组合在模具 CAD/CAM 系统中。大大节省了编程时间，使模具加工进一步合理化。

国产坐标镗床的主要技术规格见表 11-20。

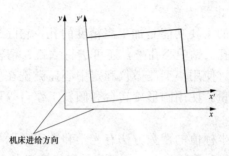

机床进给方向

图 11-27　与安装面相配合基准面的变换

表 11-20　　　　　坐标镗床的主要技术规格（mm）

型号	主要技术规格
T4145 光学单柱坐标镗床	(1) 工作台尺寸 200×400。 (2) 最大镗孔尺寸 ϕ150。 (3) 最大钻孔尺寸 ϕ25。 (4) 定位精度 0.005。 (5) 最小分辨率 0.001
TX4240B 双柱数显坐标镗床	(1) 工作台尺寸 400×560。 (2) 最大镗孔尺寸 ϕ110。 (3) 最大钻孔尺寸 ϕ15。 (4) 定位精度 0.002 5。 (5) 最小分辨率 0.001
TG4132B 单柱数显坐标镗床	(1) 工作台尺寸 320×600。 (2) 最大镗孔尺寸 ϕ100。 (3) 最大钻孔尺寸 ϕ15。 (4) 定位精度 0.002。 (5) 最小分辨率 0.001
TG4120B 光学单柱坐标镗床	(1) 工作台尺寸 200×400。 (2) 最大镗孔尺寸 ϕ32。 (3) 最大钻孔尺寸 ϕ10。 (4) 定位精度 0.002。 (5) 最小分辨率 0.001

2. 坐标镗床的主要附件

（1）万能回转工作台：在坐标镗床上使用万能回转工作台可以扩大机床的用途，可用来加工和检验互相垂直的孔、径向分布的孔、斜孔以及倾斜面上的孔。

图 11-28 所示为 T4145 型坐标镗床用的万能回转工作台。它除了能绕主分度回转轴做任意角度转动外，还能绕辅助回转轴做 0～90°的倾斜转动，以组成任意空间角度。主回转运动由手轮 1 带动蜗杆副实现，当要求快速转动时，可松开手柄 4 转动偏心套，使蜗杆副脱开。转角的角度值可以在刻度盘上读取。在转台下面装有修正圈，通过杠杆带动游标盘 2，用以修正蜗杆副的分度积累误差。通过手轮 3 带动蜗杆副获得转台的倾斜回转运动，转动角度可用刻度盘和游标盘 8 控制。当要求较高回转精度时（30″以下），可利用正弦轴与一定尺寸的量块来控制。锁紧手柄 5 可固定分度回转轴，锁紧手柄 9 可固定倾斜回转轴。

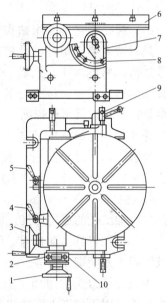

图 11-28 T4145 型坐标镗床用的万能回转工作台

1—手轮；2—游标盘；3—手轮；4—手柄；5—手柄；6—回转工作台；7—刻度盘；8—游标盘；9—手柄；10—偏心套

（2）镗排：T4145 型坐标镗排用锥柄装在镗床主轴锥孔内，镗刀插入下滑块孔内，用螺钉紧固。

3. 一般加工步骤

（1）模板在机床上的安装定位。将模板安装在平行垫铁上，使其达到平行后即轻轻夹住，然后以长度方向的前侧面为基准面，在用千分表接触此面的同时使工作台左右移动，读取千分表摆动的数值。根据千分表指针的摆动值进行微调，直至调节到指针摆

511

动为零时即将模板压紧。最后将工作台再移动一次，进行校验并加以确认。

（2）钻中心孔。在用坐标镗床加工时，首先要用中心钻很浅地标钻出所有孔的位置。并以中心孔导准进行钻孔，钻到一定深度后需再一次进行校准。

（3）镗孔。它是在用钻头等加工的通孔中用镗刀进行镗削加工，是对精度要求很高的孔进行精加工。由于坐标镗床的主要功能是进行高精度加工，因而必须避免采用强力切削。为了提高坐标镗床的加工效率，应先在其他机床上进行粗加工，仅留少量镗孔余量，然后进行坐标镗削。

镗孔加工是最后的精加工，必须在其他各种加工结束，且进行平面磨削以后才能进行。若切削条件选用不当，镗刀刀头伸出太长、刃口形状不佳、工件固定不妥则会产生振动。

4. 使用的刀具和工具

（1）加工孔的通用刀具。如钻头、铰刀、立铣刀等。

（2）镗孔刀具。如镗排、阶梯式镗排、镗刀头、小直径镗刀头及镗刀、万能端面刀等。

小直径镗刀头主要用于加工小孔，并设有微量调节机构。万能端面刀具用于加工大直径的孔，刀头可做自动微量调节。

（3）测量工具。如检验棒、中心棒、千分表座、定中心显微铣、刀具调节规等。

（4）装夹工件的工具。如基准块、双头螺栓和螺母等标准化零件。

5. 坐标镗床的其他应用

（1）划线及冲中心眼：将需要精密划线的工件安装在万能回转工作台上，中心冲子安装在坐标镗床的主轴孔内。中心冲子结构见图11-29，由弹簧使顶尖给予工件一定的压力进行划线，划圆弧线时必须使圆弧中心与万能回转工作台中心一致，转动万能回转工作台，若圆弧较多时，由于调整中心较麻烦，次要的圆弧可用手工联接。

冲中心眼时转动手轮，使手轮上的斜面将柱销向上推，使顶尖提升并压缩弹簧，当柱销达到斜面最后位置而继续转动手轮时，弹簧将顶尖下弹打出中心眼。

（2）用于测量：利用机床的坐标精度和万能回转工作台，对已加工零件的孔进行测量。例如测量热处理后的孔距变形情况等。

（3）用于铣削：在坐标镗床上安装立铣刀可对工件进行铣削。

6. 模具加工实例

（1）加工前的准备。

1）模板的放置。将模板进行预加工并将基准面精度加工到 0.01mm 以上，然后将模板放置在镗床恒温室一段时间，以减少模板受环境温度的影响产生的尺寸变化。

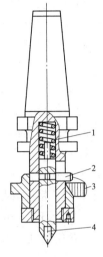

图 11-29　中心冲子
1—弹簧；2—柱销；
3—手轮；4—顶尖

2）确定基准并找正。在坐标镗削加工中，根据工件形状特点，定位基准主要有以下几种：

①工件表面上的划线；

②圆形件上已加工的外圆或孔；

③矩形件或不规则外形件的已加工孔；

④矩形件或不规则外形件的已加工的相互垂直的面。

对外圆、内孔和矩形工件的找正方法主要有以下几种：

①用百分表找正外圆柱面；

②用百分表找正内孔；

③用标准槽块找正矩形工件侧基准面；

④用块规辅助找正矩形工件侧基准面；

⑤用专用槽块找正矩形工件侧基准面。

根据以上基准找正方法可以看出，一般对圆形工件的基准找正是使工件的轴心线和机床主轴轴心线相重合。对矩形工件的基准找正是使工件的侧基面与机床主轴轴心线对齐，并与工作台坐标方向平行。

513

3) 确定原始点位置和坐标值的转换。原始点可以选择相互垂直的两基准线（面）的交点（线），也可以利用寻边器或光学显微镜来确定，还可以用中心找正器找出已加工好孔的中心作为原始点。

此后，通常需要对工件已知尺寸按照已确定的原始点进行坐标值的转换计算。对模板孔的镗削，需根据模板图样计算出需要加工的各孔的坐标值并记录。

（2）镗孔加工。镗孔加工的一般顺序为：孔中心定位→钻定心孔→钻孔→扩孔→半精镗→精铰或精镗。为消除镗孔锥度以保证孔的尺寸精度和形状精度，一般将铰孔作为精加工（终加工）。对于孔径小于 8mm、尺寸精度小于 IT7、表面粗糙度 Ra 小于 1.6 μm 的小孔加工，由于无法选用镗刀和铰刀，可以用精钻代替镗孔。

在应用坐标镗加工时，要特别注意基准的转换和传递的问题，机床的精度只能保证孔与孔间的位置精度，但不能保证孔与基准间的位置精度，这个概念不要混淆。一般在坐标镗削加工后，即以其加工出的孔为基准，进行后续的精加工。

坐标镗削的加工精度和加工生产率与工件材料、刀具材料及镗削用量有着直接关系。表 11-21 与表 11-22 中的数值可在镗削加工中参考。

表 11-21   坐标镗床加工孔的切削用量

加工方式	刀具材料	切削深度 (mm)	进给量 (mm/r)	切削速度 （m/min）			
				软钢	中硬钢	铸铁	铜合金
钻孔	高速钢		0.08～0.15	20～25	12～18	14～20	60～80
扩孔	高速钢	2～5	0.1～0.2	22～28	15～18	20～24	60～90
半精镗	高速钢	0.1～0.8	0.1～0.3	18～25	15～18	18～22	30～60
	硬质合金	0.1～0.8	0.08～0.25	50～70	40～50	50～70	150～200
精钻、精铰	高速钢	0.05～0.1	0.08～0.15	6～8	5～7	6～8	8～10
精镗	高速钢	0.05～0.2	0.02～0.08	25～28	18～20	22～25	30～60
	硬质合金	0.05～0.2	0.02～0.06	70～80	60～65	70～80	150～200

表 11-22　　　　　坐标镗床加工孔的精度和表面粗糙度

加工步骤	孔距精度 (机床坐标精度的倍数)	孔径精度级 IT	表面粗糙度 Ra（μm）	适应孔径 （mm）
钻中心孔—钻—精钻	1.5～3	7	3.2～1.6	<8
钻—扩—精钻	1.5～3	7	3.2～1.6	<8
钻中心孔—钻—精铰	1.5～3	7	3.2～1.6	<20
钻—扩—精铰	1.5～3	7	3.2～1.6	<20
钻—半精镗—精钻	1.2～2	7	3.2～1.6	<8
钻—半精镗—精铰	1.2～2	7	1.6～0.8	<20
钻—半精镗—精镗	1.2～2	7～6	1.6～0.8	

在坐标镗床加工时，应备有回转工作台、块规、镗刀头、千分表等多种辅助工具才能适应轴线不平行的孔系、回转孔系等工件的加工需要。

由于坐标镗床的精度比较高，其加工精度的影响因素为机床本身的定位精度，测量装置的定位精度，加工方法和工具的正确性，操作工人技术熟练程度，工件和机床的温差，切削力和工件重量所产生的机床、工件热变形及弹性变形。因此在坐标镗削加工过程中应尽量克服和降低以上因素的影响。

五、刨（插）削加工

1. 刨削加工范围及刨削运动

（1）刨削加工范围。在刨床上用刨刀加工工件叫作刨削。刨削加工主要用来加工水平面、垂直面、斜面、台阶、燕尾槽、直角沟槽、T 形槽、V 形槽等，如图 11-30 所示。刨削类机床有牛头刨床、液压牛头刨床、龙门刨床和插床等。刨削加工精度可达 IT9～IT8，表面粗糙度 Ra6.3～1.6μm。

（2）刨削运动。牛头刨床刨削运动如图 11-31 所示，刨刀的直线往复运动为主运动，刨刀回程时工作台做横向水平或垂直移动为进给运动。

2. 刨削加工

由于一般只用一把刀具切削，返回行程又不工作，刨刀切入

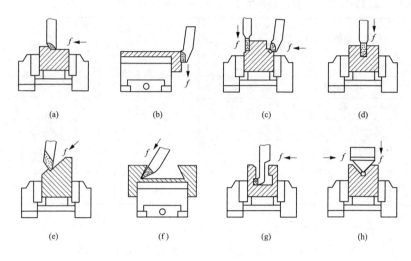

图 11-30 刨削加工范围

（a）刨平面；（b）刨垂直面；（c）刨台阶；（d）刨直角沟槽；

（e）刨斜面；（f）刨燕尾形工件；（g）刨 T 形槽；（h）刨 V 形槽

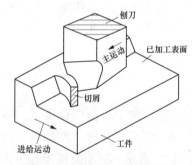

图 11-31 牛头刨床刨削运动

和切出会产生冲击和振动，限制了切削速度的提高，故刨削的生产率较低，但加工狭而长的表面生产率则较高。同时由于刨削刀具简单，加工调整灵活，故在单件生产及修配工作中仍广泛应用。

（1）平面刨削。平面刨削主要用于模板类零件的表面加工，加工路线为：

1）粗刨—半精刨—精刨；

2）粗刨—半精刨—精刨刮研；

3）粗刨—半精刨—精磨。

以上的工艺方案可根据模板的精度要求，结合企业的生产条件、技术状况等具体情况进行选择。

（2）成形刨削。刨削在加工等截面的异形零件具有比较突出的优势。因此用刨床加工模具成形零件，如凸模、型芯等，具有较好的经济效果，目前仍被广泛使用。

刨削加工凸模前，模具零件需要在非加工端面进行划线或粘贴样板，作为刨削时的依据。划线必须线条明显、清晰、准确。最好能点样冲，以免加工中造成线条不清。加工过程中，每次切削深度和送进量不要太大，零件夹紧要牢固。对刨削零件要以量具和样板配合检验。对于精度要求高的零件，刨削后应留有精加工余量。一般粗刨后单边余量为 0.2mm 左右，精刨后单边余量为 0.02mm 左右。

1）牛头刨床加工。利用牛头刨床可以对模具零件的外形平面或曲面进行粗加工。对于成形表面可按划线加工。加斜垫铁后还可加工斜面，用样板刀（成形刀）还可加工成形面、圆角和小圆弧面。

利用插床可以对非圆形凹模进行粗加工。一般按划线加工，通过带分度头的回转工作台可以加工圆弧面，也可以用样板刀加工特形面。

对模具零件大型曲面，在牛头刨床上可以用靠模刨削，不仅可以加工凸模成形表面，也可以加工镶拼结构的凹模成形表面。

图 11-32 所示是牛头刨床上一种简单的靠模装置，可加工出与靠模曲面相反的成形表面。

在牛头刨床上还可以安装液压仿形装置、供油系统和靠模，用来加工形状复杂的凸模曲面。图 11-33 是牛头刨床液压仿形刨曲面的原理。

2）仿形刨床加工。仿形刨床也叫刨模机，它适于加工中小型冷冲模的凸模、凹模、凸凹模等各种复杂形状的外形和内孔，

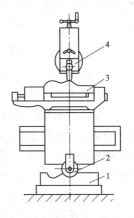

图 11-32　在牛头刨床上
用简单靠模加工
1—靠模；2—滚轮；
3—工件；4—刀架

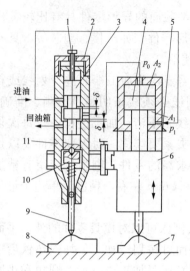

图 11-33　牛头刨床液压仿形刨曲面
1—拉杆；2—螺母；3—滑阀；
4—活塞；5—液压缸滑板；
6—刀架滑块；7—工件；8—靠模；
9—触杆；10—球面摇杆；11—阀体

而且在一次定位中加工出的内、外型面可具有较高的相对位置精度。

　　仿形刨床用于加工圆弧和直线组成的各种形状复杂的凸模时，其加工的尺寸精度达 $\pm 0.02mm$，表面粗糙度可达到 $Ra\ 3.2\sim1.6\mu m$。

　　用仿形刨床加工前，凸模毛坯需要在车床、铣床或刨床上进行预加工，并将必要的辅助面（包括凸模端面）磨平，然后在凸模端面上划线，并在铣床上按划线粗加工凸模轮廓，留下单边余量 $0.2\sim0.3mm$，最后用仿形刨床精加工。

　　如果凹模已经加工好，可用压印法在凸模上压出印痕。然后按印痕在仿形刨床上精加工凸模。此时单边余量可适当加大到 $1\sim2mm$。

　　图 11-34 所示为仿形刨床加工凸模的示意图。凸模 1 固定在工作台上的卡盘 3 内，刨刀 2 除做垂直的直线运动外，切削到最后时还能摆动，因此能在凸模根部刨出一段圆弧。

　　仿形刨床的工作台可做纵向（机动或手动）和横向（手动）进给运动。装在工作台上的分度头可使卡盘和凸模旋转，并能控制旋转角度（分度）。利用刨刀的主运动和凸模的纵、横向和旋转进给，就可以加工出各种形状复杂的凸模。

　　加工圆弧部分时，必须使凸模上的圆弧中心与卡盘中心重合，校正方法是用手摇动分度头 4 的手柄，使凸模旋转，用划针按照凸模上已划出的圆弧线进行校正，并调整凸模的位置，直到圆弧线上各点都与划针重合为止。为了使校正更精确，可使用仿形刨床附的 30 倍放大镜来观察划针与圆弧的位置。如果凸模上有几个不同心的圆弧时，就需要进行多次装夹和校正，然后分别加工。

利用仿形刨床加工时，凸模的根部应设计成圆弧形，凸模的装夹部分应设计成圆形和方形，如图 11-35 所示。这样能增加凸模的刚性，而且凸模固定板的孔也为圆形或方形，便于加工。

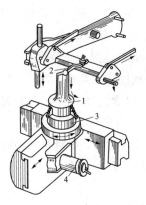 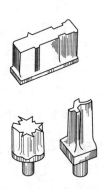

图 11-34 仿形刨床加工凸模示意图
1—凸模；2—刨刀；3—卡盘；4—分度头

图 11-35 用仿形刨床加工的几种凸模

经仿形刨床加工的凸模应与凹模配修。热处理后还需要研磨和抛光工作表面，以满足表面粗糙度的要求，并使凸模和凹模之间的间隙适当而均匀。

仿形刨床加工凸模的生产效率较低，而且凸模的精度还会受到热处理变形的影响，因此已逐渐被成形磨削所代替。

凸模毛坯安装在分度回转盘的卡盘上，回转盘安装在滑板上，并能沿滑板横向移动，使毛坯进给运动。滑板可沿导轨做纵向移动，自动走刀。利用刨刀的运动及凸模毛坯的旋转和纵横向进给，可加工出各种形状复杂的凸模。

3. 仿形刨床加工磁极冲片凸凹模实例

图 11-36 所示是一磁极冲片凸凹模，加工前在仿形刨床（刨模机）上划其型面线。

（1）划型面线顺序。

1）将弹性划针安装在刀架上。

2）将分度头回转中心与对刀显微镜十字线中心重合。

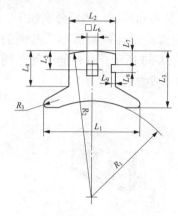

图 11-36　磁极冲片凸凹模

3）用安装座或三爪自动定心卡盘装夹好工件。

4）对称工件外形尺寸划出 L_1 的中心线。

5）按 R_1、R_2 尺寸将工件移至距离回转中心适当处，且使 L_1 的中心线与显微镜十字线重合，然后用压板固定安装座。

6）以 R_1、R_2 的中心为起点，将划针摇出尺寸 R_1 并划 R_1 圆弧线，摇出尺寸 R_2 并划 R_2 圆弧线。

7）对称中心线划出 L_1、L_2 以及 L_3、L_4，对称 L_5、L_2 划 L_6 方孔，再划 L_7、L_8、L_9 缺口。

8）划出两处 R_3 的中心位置（以十字线表示）。

9）松开压板，移动安装座，使一个 R_3 的中心与对刀显微镜十字线中心重合，然后用压板固定安装座。

10）以十字中心为起点，将划针摇出尺寸 R_3 并划出 R_3 圆弧线。

11）用同样的方法划好另一处 R_3 圆弧线。

12）用显微镜十字线找正划出两处斜肩，一端保持尺寸 L_4，另一端与 R_3 相切。至此，划线完毕。

（2）刨床上使用的专用刀杆。

1）如图 11-37 所示是刨刀及其专用刀杆，其尾部利用专用卡箍与刀架牢固相连，前端开有与刨刀外形尺寸相同的矩形孔，装入刨刀后用止动螺钉压紧。

2）如图 11-38 所示是插刀及其专用刀杆，其尾部也利用专用卡箍与刀架相连，前端开一近似垂直的矩形孔，装入插刀后用止动螺钉压紧。插刀一般不磨后角，而是借 A 面上的斜面（约 6°）自然形成后角。

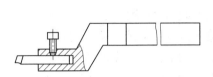

图 11-37　刨刀及其专用刀杆

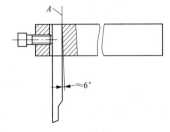

图 11-38　插刀及其专用刀杆

（3）加工工艺过程。

1）用牛头刨床按工件最大外形刨六面。

2）用平面磨床磨上下两面。

3）用仿形刨床上划针在端面上划外形及方孔线。

4）用工具铣床去除外形及孔的余量，每面仍留 1～1.5mm 余量，扩大方孔后部，保持刃口长度。

5）调质处理达 28～32HRC。

6）用平面磨床磨上、下两面。

7）仿形刨床上划线，倒外形，插方孔，按最大实体尺寸每面留研磨余量 0.02～0.03mm，表面粗糙度值达 $Ra1.6～3.2\mu m$。

8）钳工研磨型面和方孔，按最大实体尺寸每面留研磨余量 0.01～0.015mm，用放大图检验型面。

9）淬火、回火达 58～62HRC，记录实际硬度值。

10）用平面磨床磨上、下两面及配入固定板尺寸。

11）钳工按图样要求研修型面和方孔。

需要注意的是：加工外形的 R_1、R_2 和 R_3 时，都应将该圆弧的中心调整到与分度头回转中心重合时再转动分度头进给，这样加工可得到较好的表面质量。型面上的直线和圆弧线段应尽量采用自动进给，只有在靠近直线和圆弧的切点处才改用手动进给。插小孔一般都是手动进给，而公差较小的槽口则常以定值刀具保证，因为在对刀显微镜下将定值刀具的刀刃对正槽口的划线是很方便的。

521

六、铣削加工

1. 铣削方式及铣削运动

（1）铣削方式。铣削是一种应用范围极广的加工方法。在铣床上可以对平面、斜面、沟槽、台阶、成形面等表面进行铣削加工。如图 11-39 所示为铣削加工常见的加工方式。铣床加工时，多齿铣刀连续切削，切削量可以较大，所以加工效率高。铣床加工成形的经济精度为 IT10，表面粗糙度为 $Ra3.2\,\mu m$；用作精加工时，尺寸精度可达 IT8，表面粗糙度 $Ra1.6\,\mu m$。

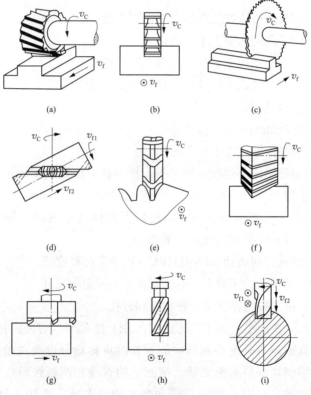

图 11-39　常见的铣削方式（一）

（a）圆柱铣刀铣平面；（b）三面刃铣刀铣直槽；（c）锯片铣刀切断；

（d）成形铣刀铣螺旋槽；（e）模数铣刀铣齿轮；（f）角度铣刀铣角度；

（g）端铣刀铣平面；（h）立铣刀铣直槽；（i）键槽铣刀铣键槽

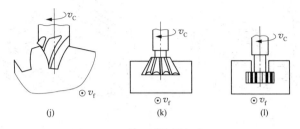

图 11-39　常见的铣削方式（二）

（j）指状模数铣刀铣齿轮；（k）燕尾槽铣刀铣燕尾槽；（l）T 形槽铣刀铣 T 形槽

（2）铣削运动。由图 11-39 可知，不论哪一种铣削方式，为完成铣削过程必须要有以下运动：

1）铣刀的旋转—主运动；

2）工件随工作台缓慢的直线移动—进给运动。

2. 铣床附件

铣床的主要类型有卧式万能升降台铣床、立式升降台铣床、龙门铣床、万能工具铣床、仿形铣床、刻模铣床等。除其自身的结构特点外，铣床加工功能的实现主要是依靠附件。

常用铣床附件有万能分度头、万能铣头、机用平口钳、回转工作台等，如图 11-40 所示。

（1）万能分度头。分度头是一种分度的装置，由底座、转动体、主轴、顶尖和分度盘等构成。主轴装在转动体内，并可随转动体在垂直平面内扳动成水平、垂直或倾斜位置。可以完成多面体的分度，如铣六方、齿轮、花键等工作。

（2）万能铣头。万能铣头是一种扩大卧式铣床加工范围的附件，利用它可以在卧式铣床上进行立铣工作。使用时卸下卧式铣床横梁、刀杆，装上万能铣头，根据加工需要，其主轴在空间可以转成任意方向。

（3）机用平口钳。机用平口钳主要用于机床上装夹工件。装夹时工件的被加工面要高出钳口，并需找正工件的装夹位置。

（4）回转工作台。回转工作台也是主要用于铣床上装夹工件。

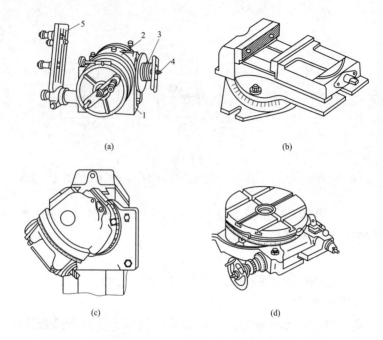

图 11-40　常用铣床附件

（a）万能分度头；（b）机用平口钳；（c）万能铣头；（d）回转工作台

1—底座；2—转动体；3—主轴；4—顶尖；5—分度盘

利用回转工作台可以加工斜面、圆弧面和不规则曲面。加工圆弧面时，使工件的圆弧中心与回转工作台中心重合，并根据工件的实际形状确定主轴中心与回转工作台中心的位置关系。加工过程中控制回转工作台的转动，由此加工出圆弧面。

3. 常用铣削加工

（1）平面铣削。平面铣削在模具中应用最为广泛，模具中的定、动模板等模板类零件在精磨前均需通过铣削来去除较大的加工余量；铣削还用于模板上的安装型腔镶块的方槽、滑块的导滑槽、各种孔的止口等部分的精加工和镶块、压板、锁紧块热处理前的加工。

（2）孔系加工。在铣床的纵向和横向附加量块和百分表测量装置，能够准确地控制工作台移动的距离，直接用工作台的纵向、横向进给来控制平面孔系的坐标尺寸，所达到的孔距精度远高于划线钻孔的加工精度，可以满足模具上低精度的孔系要求。对于坐标精度要求高时，可用量块和千分表来控制铣床工作台的纵、横向移动距离，加工的孔距精度一般为±0.01mm。

图 11-41 所示为用于控制工作台纵向移动距离的测量装置，在工作台前侧面的 T 形槽（装行程挡块的槽）内安装一个量块支座，便可用量块组和百分表控制工作台的移动距离。使用时，在升降台的横导轨面（或其他固定不动的零部件）上安放百分表座，用量块组成所要求移动的尺寸，然后将所选好的量块组放在量块支座上，使百分表的测头接触量块 A 面，调整百分表的读数为零，取下量块组，移动工作台，使百分表的触头与支座 B 面接触，直至百分表的读数与原来的读数相同为止。这样工作台纵向移动的实际距离就等于量块组的尺寸。用同样方法可控制工作台横向移动的距离。

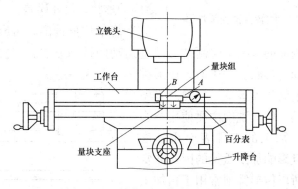

图 11-41　量块和百分表测量装置

（3）镗削加工。卧式和立式铣床也可以代替镗床进行一些加工，如斜导柱孔系的加工一般是在模具相关部分装配好后，在铣床上一次加工完成；同样，导柱、导套孔也可采取相同方法加工。

加工斜孔时可将工件水平装夹，而把立铣头倾斜一角度，或

525

用正弦夹具、斜垫铁装夹工件。加工斜孔前，用立铣刀切去斜面余量，然后用中心钻确定斜孔中心，最后加工到所需尺寸。

（4）成形面铣削。成形铣削可以加工圆弧面、不规则形面及复杂空间曲面等各种成形面。模具中常用的加工工艺方法有以下两种。

1）立铣。利用圆转台可以加工圆弧面和不规则的曲面。安装时使工件的圆弧中心与圆转台中心重合，并根据工件的实际形状确定主轴中心与圆转台中心的位置关系。加工过程中控制圆转台的转动，由此加工出圆弧面，如图11-42所示。图中圆弧槽的加工需要严格控制圆转台的转动角度 θ 和直线段与圆弧段的平滑连接。这种方法一般用于加工回转体上的分浇道，还可以用来加工多型腔模具，从而很好地保证上下模具型腔的同心和减小各型腔之间的形状、尺寸误差。

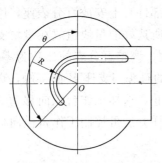

图 11-42　圆转台铣削圆弧面

2）简单仿形铣削。仿形铣削是以预先制成的靠模来控制铣刀轨迹运动的铣削方法。靠模具有与型腔相同的形状。加工时，仿形头在靠模上做靠模运动，铣刀同步做仿形运动。仿形铣削主要使用圆头立铣刀，加工的工件表面粗糙度差，而且影响加工质量的因素非常复杂，所以仿形铣削常用于粗加工或精度要求不高的型腔加工。仿形铣床有卧式和立式仿形铣床，都可以在 X、Y、Z 等 3 个方向相互配合完成运动。

图 11-43 所示为在立式铣床上利用靠模装置精加工凹模型孔。精

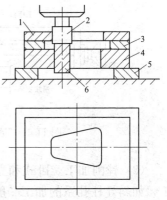

图 11-43　简单的靠模装置
1—样板；2—滚轮；3、5—垫板；
4—凹模毛坯；6—铣刀

加工前型孔应粗加工，靠模样板、垫板和凹模一起紧固在工作台上，在指状铣刀的刀柄上装有一个钢制的、已淬硬的滚轮。加工凹模型孔时，用手操纵工作台的纵向和横向移动，使滚轮始终与靠模样板接触，并沿着靠模样板的轮廓运动，这样便能加工出凹模型孔。

利用凹模靠模装置加工时，铣刀的半径应小于凹模型孔转角处的圆角半径，这样才能加工出整个轮廓。

3）型腔的加工。在立式铣床上加工型腔，是应用各种不同形状和尺寸的指形铣刀按划线加工，指形铣刀不适于切削大的深度，工作时是用侧面进刀的。因此为了把铣刀插进毛坯和提高铣削效率，可预先在坯料上钻出一些小孔，其深度接近铣削深度；孔钻好后，先用圆柱形指形铣刀粗铣，然后用锥形指形铣刀精铣。铣刀的斜度和圆角与零件图的要求一致，型腔留出单边余量 0.2～0.3mm，做钳工修整之用。简单型腔可用普通的游标卡尺及深度尺测量，形状复杂的型腔用样板检验，加工过程中不断进行检查直至尺寸合格为止。立铣适宜加工形状不太复的型腔。

（5）雕刻加工。如图 11-44 所示，工件和模板分别安装在制品工作台和靠模工作台上。通过缩放机构在工件上缩小雕刻出模板上的字、花纹、图案等。

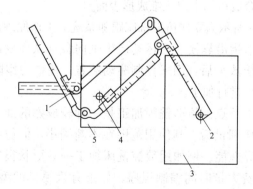

图 11-44　刻模铣床示意图

1—支点；2—触头；3—靠模工作台；4—刻刀；5—制品工作台

4. 仿形铣削加工

（1）工作原理。图 11-45 所示为 XB4450 型电气立体仿形铣床。

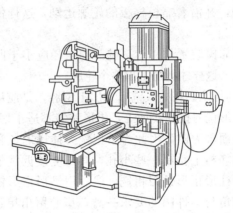

图 11-45　XB4450 型电气立体仿形铣床

该机床的工作台可沿机床床身做横向进给运动，工作台上装有支架，上下支架可分别固定靠模及模具毛坯，主轴箱可沿横梁上的水平导轨做纵向进给运动，亦可连同横梁一起沿立柱上下做垂直进给运动。铣刀及仿形指均安装在主轴箱上，利用三个方向进给运动的合成可加工出三维成形表面。

图 11-46 所示为立体仿形铣床跟随系统的工作原理图。在加工过程中，仿形指沿靠模表面运动产生轴向移动从而发出信号，经机床随动系统放大后，用来控制驱动装置，使铣刀跟随仿形指做相应的位移而进行加工。

（2）加工特点。仿形铣削加工是一种较成熟的加工工艺，虽然在数控铣床问世后，其使用范围在不断缩小，但仿形铣床仍具有独特的优异性能。例如用数控铣床加工一只形状很复杂的三维型芯，要花费大量时间编制程序。如果有该模具的型芯或样品，可用其作为模型进行仿形加工。对于某些保留仿形功能的加工中心机床，通过仿形加工时，数控系统自动记录加工的数控程序，可供以后进行数控加工。在汽车工业的模具中有许多曲面难以用

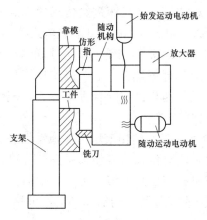

图 11-46　立体仿形铣床跟随系统的工作原理

图形表达，一般都要制作模型和样件，因而可以充分发挥仿形铣加工以及仿形与数控相结合加工的优越性。

1）仿形铣床的加工特性

①可按模型自动地加工出与模型形件相同的模具。

②对那些难以用视觉或触觉感知数值的形状，可以根据模型做出判断并进行加工。

③加工条件的选择范围很宽，加工时间短。

④对工件上不需要的部分可用目视进行粗加工，以提高工作效率。

⑤对加工后的形状可用模型来进行判断。

⑥只要有实样，即可进行仿形加工。

2）仿形加工的不足之处

①必需要有仿形模型，且在加工之前要把模型制作好。

②模型大多用手工制作，所以容易变形，难以提高精度。

③由于对模型进行仿形时会产生误差，因此仿形以后的形状精度还有不少问题。

④难以确定加工基准，所以很难保证与其他加工工序之间的定位精度。

（3）仿形方式。

按照传递信息的形式及机床进给传动的控制方式不同，可分为机械式、液压式、电气式、电液式和光电式等。

1) 机械式仿形。仿形指与铣刀是刚性联结，或是通过其他机械装置如缩放仪或杠杆等连在一起，以实现同步仿形加工。机械式仿形多用手动或手动与机械配合进给方式实现仿形加工，适合精度较低的模具型腔。

2) 液压式仿形。工作台由液压马达拖动做进给运动，靠模使仿形指产生位移，同时位移信号使伺服阀的开口量发生变化，从而改变进入铣刀机构液压缸的液流参数，带动铣刀做出与仿形指同步的位移。液压随动系统结构简单，工作可靠，仿形精度较高，可达 0.02~0.1mm。

3) 电气式仿形。伺服电动机拖动工作台运动，靠模通过仿形指给传感器一个位移信号，传感器把位移信号变成电信号，经控制部分对信号做放大和转换处理，再控制伺服电动机转动螺杆以带动铣刀做相应的随动，实现仿形加工。电气仿形系统结构紧凑，操作灵活，仿形精度可达 0.01~0.03mm，可用计算机与其构成多工序连续控制仿形加工系统。

4) 电液式仿形。仿形加工时电气传感器得到电信号，经电液转换机构（电液伺服阀）使液压执行机构（液压缸、液压马达）驱动工作台做相应伺服运动。电液式仿形是将电气系统控制的灵活性和液压系统动作的快速性相结合的形式。

5) 光电式仿形。利用光电跟踪接受图样反射来的光信号，经光敏元件转换为电信号，再送往控制部分，经信号转换处理和放大，分别控制 x、y 两个方向的伺服电动机带动工作台做仿形运动。光电式仿形只需图样，按图样与工件为 1∶1 的尺寸进行仿形铣削。对图样绘制精度要求较高，只用于平面轮廓的仿形加工。

七、磨削加工

（一）磨削加工的特点

磨削加工是零件精加工的主要方法。磨削时可采用砂轮、油石、磨头、砂带等做磨具，而最常用的磨具是用磨料和粘结剂做成的砂轮。通常磨削能达到的经济精度为 IT7~IT5，表面粗糙度

一般为 $Ra0.8\sim0.2\mu m$。

　　磨削的加工范围很广，不仅可以加工内外圆柱面、内外圆锥面和平面，还可以加工螺纹、花键轴、曲轴、齿轮、叶片等特殊的成形表面。如图 11-47 所示为常见的磨削方法。

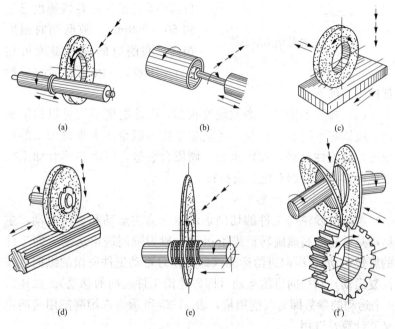

图 11-47　常见的磨削方法
(a) 外圆磨削；(b) 内圆磨削；(c) 平面磨削；
(d) 花键磨削；(e) 螺纹磨削；(f) 齿形磨削

　　从本质上看，磨削加工是一种切削加工，但和通常的车削、铣削、刨削加工相比却有以下特点。

　　(1) 磨削属多刀、多刃切削。磨削用的砂轮是由许多细小而且极硬的磨粒粘结而成的，在砂轮表面上杂乱地布满很多棱形多角的磨粒，每一磨粒就相当于一个切削刃，所以磨削加工实质上是一种多刀、多刃切削的高速切削。如图 11-48 所示为磨粒切削示意图。

　　(2) 磨削属微刃切削。磨削切削厚度极薄，每一磨粒切削厚

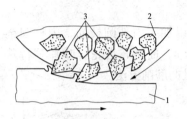

图 11-48　磨粒切削示意图

1—工件；2—砂轮；3—磨粒

度可小到数微米，故可获得很高的加工精度和低的表面粗糙度。

（3）磨削速度高。一般砂轮的圆周速度达 $2000\sim3000\mathrm{m/min}$，目前的高速磨削砂轮线速度已达到 $60\sim250\mathrm{m/s}$。故磨削时温度很高，磨削时的瞬时温度可达 $800\sim1000℃$。因此磨削时一般都使用切削液。

（4）加工范围广。磨粒硬度很高，因此磨削不仅可以加工碳钢、铸铁等常用金属材料，还能加工比一般金属更难以加工的高硬度、高脆性材料，如淬火钢、硬质合金等。但磨削不宜加工硬度低而塑性很好的有色金属材料。

1. 磨削运动与磨削用量

磨削时砂轮与工件的切削运动也分为主运动和进给运动，主运动是砂轮的高速旋转；进给运动一般为圆周进给运动（即工件的旋转运动）、纵向进给运动（即工作台带动工件所做的纵向直线往复运动）和径向进给运动（即砂轮沿工件径向的移动）。描述这 4 个运动的参数即为磨削用量，表 11-23 所示为常用磨削用量的定义、计算及选用。

表 11-23　　磨削用量的定义、计算及选用

磨削用量	定义及计算	选用原则
砂轮圆周速度 v_s	砂轮外圆的线速度 $v_s=\dfrac{\pi d_s n_s}{1000\times60}\mathrm{(m/s)}$	一般陶瓷结合剂砂轮 $v_s\leqslant35\mathrm{m/s}$ 特殊陶瓷结合剂砂轮 $v_s\leqslant50\mathrm{m/s}$
工件圆周速度 v_w	被磨削工件外圆处的线速度 $v_w=\dfrac{\pi d_w n_w}{1000\times60}\mathrm{(m/s)}$	一般 $v_w=\left(\dfrac{1}{80}\sim\dfrac{1}{160}\right)\times60$ (s) 粗磨时取大值，精磨时取小值

磨削用量	定义及计算	选用原则
纵向进给量 f_a	工件每转一圈沿本身轴向的移动量	一般取 $f_a=(0.3\sim0.6)B$ 粗磨时取大值，精磨时取小值，B 为砂轮宽度
径向进给量 f_r	工作台一次往复行程内，砂轮相对工件的径向移动量（又称磨削深度）	粗磨时取 $f_r=(0.01\sim0.06)$mm 精磨时取 $f_r=(0.005\sim0.02)$mm

2. 平面与外圆磨削加工

（1）平面磨削。平面磨床的主轴分为立轴和卧轴两种，工作台也分为矩形和圆形两种，分别称为卧轴矩台和立轴圆台平面磨床。与其他磨床不同的是工作台上装有电磁吸盘，用于直接吸住工件。

平面的磨削方式有周磨法和端磨法。磨削时主运动为砂轮的高速旋转，进给运动为工件随工作台直线往复运动或圆周运动以及磨头做间隙运动。

周磨法的磨削用量为：

1）磨钢件的砂轮外圆的线速度（m/s）：粗磨 22～25，精磨 25～30；

2）纵向进给量一般选用 1～12m/min；

3）径向进给量（垂直进给量）（mm）：粗磨 0.015～0.05，精磨 0.005～0.01。

平面磨削尺寸精度为 IT6～IT5，两平面平行度误差小于 100∶0.01，表面粗糙度为 $Ra0.8\sim0.2\mu$m，精密磨削时为 $Ra0.1\sim0.01\mu$m。

平面磨削作为模具零件的终加工工序，一般安排在精铣、精刨和热处理之后。磨削模板时，直接用电磁吸盘将工件装夹；对于小尺寸零件，常用精密平口钳、导磁角铁或正弦夹具等装夹工件。

磨削平行平面时，两平面互相作为加工基准，交替进行粗磨、精磨和1~2次光整。磨削垂直平面时，先磨削与之垂直的两个平行平面，然后以此为基准进行磨削。除了模板面的磨削外，模具中与分模面配合精度有关的零件都需要磨削，以满足平面度和平行度的要求。

（2）外圆磨削。外圆磨削是指磨削工件的外圆柱面、外圆锥面等，外圆磨削可以在外圆磨床上进行，也可以在无心磨床上进行。某些外圆磨床还具备有磨削内圆的内圆磨头附件，用于磨削内圆柱面和内圆锥面。凡带有内圆磨头的外圆磨床，习惯上称为万能外圆磨床。外圆磨削工艺要点见表11-24。

表 11-24　　　　　　　　　外圆磨削工艺要点

	工艺内容	工艺要点
外圆磨削用量	（1）陶瓷结合剂砂轮的磨削速度不大于35m/s，树脂结合剂砂轮的磨削速度大于50m/s。 （2）工件圆周速度一般为13~20m/min，磨淬硬钢大于26m/min。 （3）粗磨的磨削深度为0.02~0.05mm，精磨的磨削深度为0.005~0.015mm。 （4）粗磨时纵向进给量为砂轮宽度的0.5~0.8倍，精磨时纵向进给量为砂轮宽度的0.2~0.3倍	（1）当被磨工件刚性差时，应将工件转速降低，以免产生振动面影响磨削质量。 （2）当工件表面粗糙度和精度要求高时，可精磨后在不进刀情况下再光磨几次
工件装夹方法	（1）前、后顶尖装夹，具有装夹方便、加工精度高的特点，适用于装夹长径比大的工件。 （2）用三爪或四爪卡盘装夹，适用于装夹长径比小的工件，如凸模、顶块、型芯等。 （3）用卡盘和顶尖装夹较长的工件。 （4）用反顶尖装夹，适用于磨削细小尺寸轴类工件，如小型芯，小凸模等。 （5）配用芯轴装夹，适用于磨削有内外圆同轴度要求的薄壁套类工件	（1）淬硬件的中心孔必须准确刮研，并使用硬质合金顶尖和适当的顶紧力。 （2）用卡盘装夹的工件，一般采用工艺柄装夹，能在一次装夹中磨出各段台阶外圆，以保证同心度。 （3）由于模具制造的单件性，通常采用带工艺柄的心轴，并按工件孔径配磨，做一次性使用，心轴定位面锥度一般取1：5000~1：7000

工艺内容	工艺要点
一般外圆面磨削	（1）采用纵向磨削法时，工件与砂轮同向转动，工件相对砂轮做纵向运动。当一次纵向行程后，砂轮横向进给一次磨削深度；磨削深度小，切削力小，容易保证加工精度，适于磨削长而细的工件。 （2）采用横向磨削法（切刃法）时，工件与砂轮同转动，并做横向进给连续切除余量，磨削效率高。但磨削热大，容易烧伤工件，适于磨较短的外圆面和短台阶轴，如凸模、圆型芯等。 （3）阶段磨削法是横磨法与纵磨法的综合应用，先用横磨法去除大部余量，留有 0.01～0.03mm 作为纵磨余量。适于磨削余量大，刚度高的工件	（1）台阶轴等，如凸模的磨削，在精磨时要减小磨削深度，并多做光磨行程，以利于提高各段外圆面的同轴度。 （2）磨台阶轴时，可先用横磨法沿台阶切入，留 0.03～0.04mm 余量，然后用纵法磨法精磨。 （3）为消除磨削重复痕迹，提高磨削精度和降低表面粗糙度值，应在终磨前使工件做短距离手动纵向往复磨削。 （4）在允许磨削量大的情况下可提高磨削效率
台阶端面磨削	（1）对轴上带退刀槽的台阶端面磨削，可先用纵磨法磨外圆面，再将工件靠向砂轮端面。 （2）轴上带圆角的台阶端面磨削，可先用横磨法磨外圆面，并留小于 0.05mm 余量，再纵向移动工件（工作台），磨削端面	（1）磨退刀槽台阶端面的砂轮，端面应修成内凹形。磨带圆角的台阶端面，则修成圆弧形。 （2）为保证台阶端面的磨削质量，在磨至无火花后，还需光磨一段时间

外圆磨削方法分为纵向磨削法、横向磨削法、混合磨削法和深磨法等。外圆磨削的磨削用量如下。

1）砂轮外圆的线速度（m/s）：陶瓷结合剂砂轮不大于 35，树脂结合剂砂轮大于 50。

2）工件线速度（m/min）：一般选用 13～20，淬硬钢大于等于 26。

3）径向进给量（磨削深度）（mm）：粗磨 0.02～0.05，精磨 0.005～0.015。

4）纵向进给量（mm）：粗磨时取 0.5～0.8 砂轮宽度，精磨时取 0.2～0.3 砂轮宽度。外圆磨削的精度可达 IT6～IT5，表面粗糙度一般为 $Ra0.8～0.2\mu m$，精磨时可达 $Ra0.16～0.01\mu m$。

在外圆磨床上磨削外圆时，工件主要有以下几种装夹方法：前后顶尖装夹，但与车削不同的是两顶尖均为死顶尖，具有装夹方便、加工精度高的特点，适用于装夹长径比大的工件，如导柱、复位杆等；用三爪自定心卡盘或四爪单动卡盘装夹，适用于装夹长径比小的工件，如凸模、顶块、型芯等；用卡盘和顶尖装夹较长的工件；用反顶尖装夹磨削细长小尺寸轴类工件，如小凸模、小型芯等；配用芯棒装夹，磨削有内外圆同轴度要求的套类工件，如凹模嵌件、导套等。外圆磨削主要用于圆柱形型腔型芯、凸凹模、导柱导套等具有一定硬度和粗糙度要求的零件精加工。

（二）成形磨削加工

1. 成形磨削方法

成形磨削的原理就是把零件的轮廓分成若干直线、斜线和圆弧，然后按照一定的顺序逐段磨削，并使构成零件的几何形线互相连接圆滑光整，达到图样上的技术要求。成形磨削主要方式见表 11-25。

表 11-25　　　　　　　　成形磨削主要方式

磨削方式	示意简图	说明
成形砂轮磨削	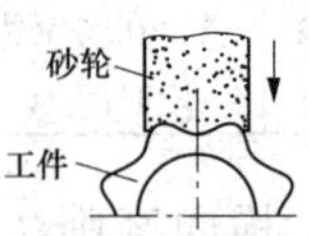	将砂轮修整成与工件型面吻合的反型面，用切入法磨削 这种方式在外圆、内圆、平面、无心、工具等磨床上均可进行
成形夹具磨削	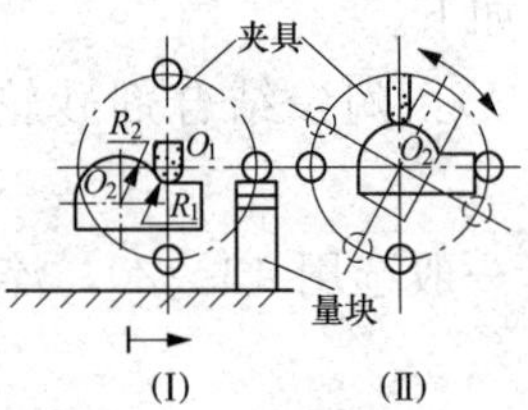	使用通用或专用夹具，在通用或专用磨床上，对工件的成形面进行磨削
仿形磨削	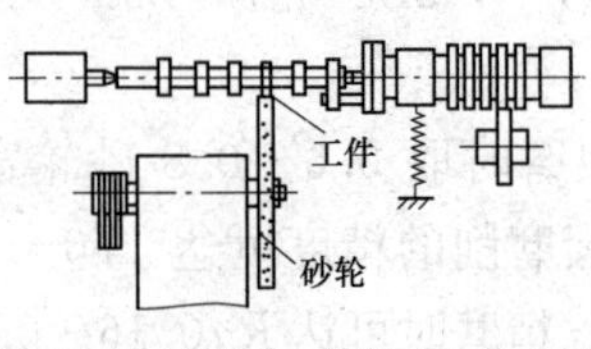	在专用磨床上按放大样板（或靠模）或放大图进行磨削

磨削方式	示意简图	说明
坐标磨削	工件　砂轮　按CNC指令	用坐标磨床上的回转工作台和坐标工作台，使工件按坐标运动及回转，利用磨头的上下往复和行星运动，磨削工件的成形面

在模具零件中，凸模和凹模拼块的几何形状一般都由圆弧与直线或圆弧与圆弧的简单几何形线光滑过渡而成。因此成形磨削是模具零件成形表面精加工的一种方法，具有高精度和高效率等优点。利用成形磨削的方法加工凸模、凹模拼块、凸凹模及电火花加工用的电极是目前最常用的一种工艺方法。这是因为成形磨削后的零件精度高，质量好，并且加工速度快，减少了热处理后的变形现象。常见模具刃口轮廓如图 11-49 所示。

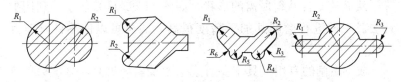

图 11-49　模具刃口轮廓

在模具零件制造中，为了保证工件质量、提高效率和降低成本，可以把多种方法综合起来使用，并且成形磨削还可以对热处理淬硬后的凸模或镶拼凹模进行精加工，因此还可以清除热处理变形对模具精度的影响。成形磨削还可以用来加工电火花加工用的电极。

成形磨削的两种主要方法如图 11-50 所示。

（1）成形砂轮磨削法。利用修正砂轮夹具把砂轮修正成与工件形面完全吻合的反形面，然后再用此砂轮对工件进行磨削，使其获得所需的形状，如图 11-50（a）所示。适用于磨削小圆弧、小尖角和槽等无法用分段磨削的工件。利用成形砂轮对工件进行

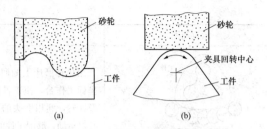

图 11-50　成形磨削的两种主要方法

(a) 成形砂轮磨削法；(b) 夹具磨削法

磨削是一种简便有效的方法，可使磨削生产率高，但砂轮消耗较大。

修整砂轮的专用夹具主要有砂轮角度修整夹具、砂轮圆弧修整夹具、砂轮万能修整夹具和靠模修整夹具等几种。

(2) 成形夹具磨削法。将工件按一定的条件装夹在专用夹具上，在加工过程中，通过夹具的调节使工件固定或不断改变位置，从而使工件获得所需的形状，如图 11-50 (b) 所示。利用夹具法对工件进行磨削其加工精度很高，甚至可以使零件具有互换性。

成形磨削的专用夹具主要有磨平面及斜面夹具、分度磨削夹具、万能夹具及磨大圆弧夹具等几种。

上述两种磨削方法虽然各有特点，但在加工模具零件时，为了保证零件质量，提高生产率，降低成本，往往需要两者联合使用。并且将专用夹具与成形砂轮配合使用时，常可磨削出形状复杂的工件。

2. 成形磨削常用机床

成形磨削所使用的设备可以是特殊专用磨床，如成形磨床，也可以是一般平面磨床。由于设备条件的限制，利用一般平面磨床并借助专用夹具及成形砂轮进行成形磨削的方法，在模具零件的制造过程中占有很重要的地位。

在成形磨削的专用机床中，除成形磨床外，生产中还常用一些数控成形磨床、光学曲线磨床、工具曲线磨床、缩放尺曲线磨床等精密磨削专用设备。

（1）平面磨床。在平面磨床上借助于成形磨削专用夹具进行成形磨削时，模具零件及夹具安装在模具的磁性吸盘上，夹具的基面或轴心线必须校正与磨床纵向导轨平行。当磨削平面时，工件及夹具随工作台做纵向直线运动，磨头在高速旋转的同时做间歇的横向直线运动，从而磨出光洁的平面；当磨削圆弧时，工件及夹具相对于磨头只做纵向运动，在磨头高速旋转的同时，通过夹具的旋转部件带动工件的转动，从而磨出光滑的圆弧；当采用成形砂轮磨削工件成形表面时，首先调整好工件及夹具相对于磨头的轴向位置，然后通过工件及夹具随工作台的纵向直线运动、磨头的高速旋转，并用切入法对工件进行成形切削。在上述的磨削中，砂轮沿立柱上的导轨做垂直进给。

（2）成形磨床。如图 11-51 所示为模具专用成形磨床。砂轮由装在磨头架上的电动机带动做高速转运动，磨头架装在精密的纵向导轨上，通过液压传动实现纵向往复运动，此运动用手把操纵；转动手轮可使磨头架沿垂直导轨上下运动，即砂轮做垂直进给运动，此运动除手动外还可机动，以使砂轮迅速接近工件或快速退出；夹具工作台具有纵向和横向滑板，滑板上固定着万能夹具，它可在床身右端精密导轨上做调整运动，只有机动；转动手轮 10 可使万能夹具做横向移动。床身中间是测量平台，它是放置测量工具，以及校正工件位置、测量工件尺寸用的，有时修正成形砂轮用的夹具也放在此测量平台上。

在成形磨床上进行成形磨削时，工件装在万能夹具上，夹具可以调节在不同的位置。通过夹具的使用能磨削出平面、斜面和圆弧面。必要时配合成形砂轮，可加工出更为复杂的曲面。

（3）光学曲线磨床。如图 11-52 所示为 M9017A 型光学曲线磨床，它是由光学投影仪与曲线磨床相结合的磨床。在这种机床上可以磨削平面、圆弧面和非圆弧形的复杂曲面，特别适合单件或小批生产中复杂曲面零件的磨削。

光学曲线磨床的磨削方法为仿形磨削法。其操作过程是把所需磨削的零件的曲面放大 50 倍绘制在描图样上，然后将描图样夹

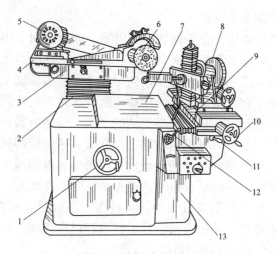

图 11-51　专用成形磨床

1、10—转动手轮；2—垂直导轨；3—纵向导轨；4—磨头架；5—电动机；

6—砂轮；7—测量平台；8—万能夹具；9—夹具工作台；

11、12—手把；13—床身

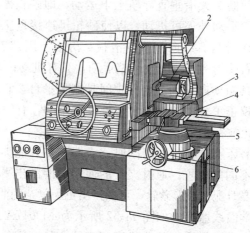

图 11-52　M9017A 型光学曲线磨床

1—投影屏幕；2—砂轮架；3、5、6—手柄；4—工作台

在光学曲线磨床的投影屏幕上，再将工件装夹在工作台上，并用
手柄调整工件的加工位置。在透射光的照射下，使被加工工件及

砂轮通过放大镜放大 50 倍后投影到屏幕上。为了在屏幕上得到浓黑的工件轮廓的影像，可通过转动手柄调节工作台升降运动来实现。由于工件在磨削前留有加工余量，故其外形超出屏幕上放大图样的曲线。磨削时只需根据屏幕上放大图样的曲线，相应移动砂轮架 2，使砂轮磨削掉由工件投影到屏幕上的影像覆盖放大图样上曲线的多余部分，这样就磨削出较理想的曲线来。

光学曲线磨削表面粗糙度可达 $Ra0.4\mu m$ 以下，加工误差在 $3\sim5\mu m$ 以内。采用陶瓷砂轮磨削，最小圆角半径可达 $3\mu m$，一般砂轮也可磨出 0.1mm 的圆角半径。

3. 成形磨削典型工艺

在模具零件制造中，凸模或凹模拼块型面大多由圆弧、斜线和直线光滑过渡而成，其型面加工可参照表 11-26 所示典型工艺方法选择加工方法。

表 11-26　　　　　　　　　　成形磨削典型工艺

形状特征	示意图	磨削工艺与计算
凸圆弧		(1) 按 $\alpha>90°$ 方法修整砂轮。 (2) 工件反复翻转 180° 对中心磨削。 (3) 适于 $R\geqslant4mm$ 的圆弧成形磨削
		(1) 用滚轮滚压成形砂轮。 (2) 工件反复翻转 180° 对中心磨削。 (3) 适于 $R\leqslant4mm$ 圆心角 180° 的圆弧成形磨削
		(1) 按 $\alpha=90°$ 方法修整砂轮。 (2) 用侧磨或切磨方法磨削。 (3) 适于方形工件四角的圆弧磨削

续表

形状特征	示意图	磨削工艺与计算
凹圆弧	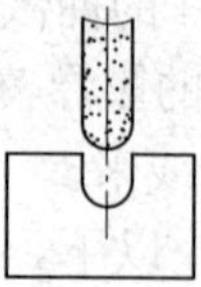	(1) 先切磨直槽。 (2) 用滚轮滚压成形砂轮。 (3) 适于 $R0.5\sim3mm$ 小圆弧凹槽成形磨削
凹圆弧	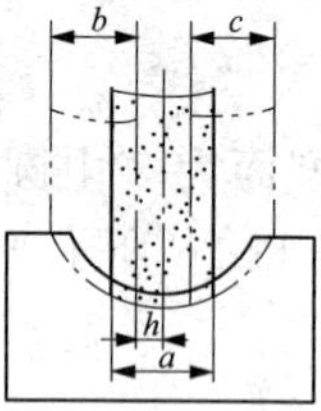	(1) 对称成形磨削 a 段圆弧。 (2) 修整 b、c 段圆弧砂轮，精确地控制金刚石尖点摆动中心至砂轮侧面距离 h。 (3) 精确控制砂轮侧面至圆弧中心距离尺寸 h，用切磨法成形磨削
斜面与凸圆弧相接	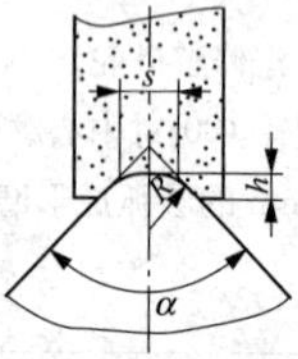	已知：R、α 公式： $$s = 2\left[\left(\dfrac{R}{\sin\dfrac{\alpha}{2}} - R\right)\tan\dfrac{\alpha}{2}\right]$$ $$h = R - R\sin\dfrac{\alpha}{2}$$ (1) 先磨斜面控制尺寸 s。 (2) 按计算值 h 修整砂轮圆弧深度。 (3) 此方法也适用于方形工件四周圆弧的磨削
斜面与凹圆弧相接	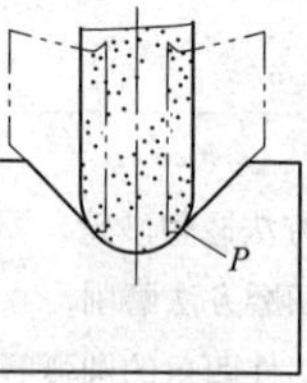	(1) 先磨凹圆弧后接斜面。 (2) 控制磨削斜面的成形砂轮下降至切点 P。 (3) 对称磨削斜面与切点 P 圆滑相接。 (4) P 点计算与上图 h 值计算相同

续表

形状特征	示意图	磨削工艺与计算
两凸圆弧相接	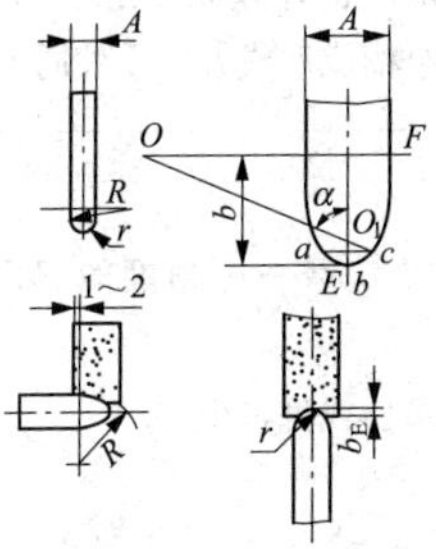	已知：R、r、A 公式：$\sin\alpha = \dfrac{R - A/2}{R - r}$ 　　　$h = r + (R - r)\cos\alpha$ 　　　$ac = 2r \cdot \sin\alpha$ 　　　$b_E = r - \sqrt{r^2 - (ac/2)^2}$ （1）先对称磨大圆弧 R，控制切点尺寸 ac。 （2）磨小圆弧 r，控制砂轮圆弧修整深度 b_E 圆滑连接。 注：右上图中　$OF = R$ 　　　　　　　$O_1c = r$
两凹圆弧相接	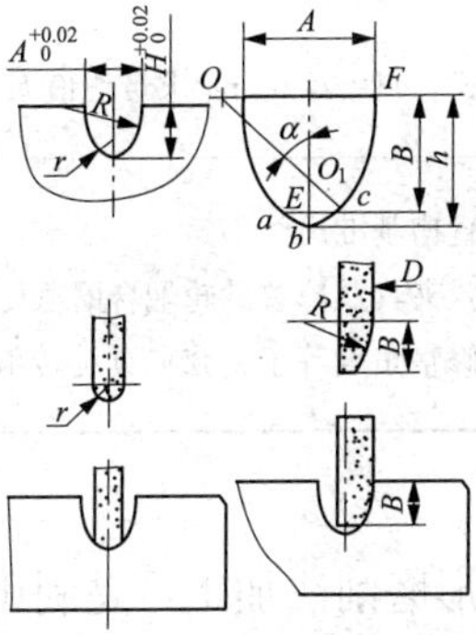	已知：R、r、A 公式：$\sin\alpha = \dfrac{R - A/2}{R - r}$ 　　　$h = r + (R - r)\cos\alpha$ 　　　$ac = 2r\sin\alpha$ $b_E = r - \sqrt{r^2 - (ac/2)^2}$ $B = h - b_E$ （1）先磨小圆弧 r。 （2）修整大圆弧 R 的成形砂轮，控制金刚石尖点至砂轮侧面 D 相切，并控制圆弧中心至砂轮平面的深度 B。 （3）将砂轮从工件表面下降至深度 B，对称磨削至大小圆弧圆滑相接
凸凹圆弧相接	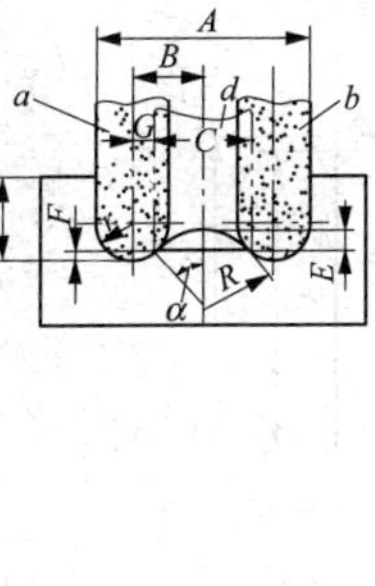	已知：A、B、D、R、r 公式：$\sin\alpha = \dfrac{B}{R + r}$ 　　　$E = R(1 - \cos\alpha)$ 　　　$F = r(1 - \cos\alpha)$ 　　　$C = (2R \cdot \sin\alpha)$ 　　　$G = B - \dfrac{1}{2}C$ （1）修整砂轮 a 与 b，先磨凹圆弧 r 控制磨削深度 D。 （2）修整砂轮 d，控制 R 修整深度 E，磨削凸圆弧 R，a 可按计算尺寸大 $0.5\sim1$mm。 （3）磨削凸圆弧 R，测量并保证 C 对称于 A 的中心，注意圆弧 R 与切点圆滑相接

543

形状特征	示意图	磨削工艺与计算
斜面之一		(1) 修整成形砂轮磨斜面或槽底斜面。 (2) 适用于窄槽成形或方形零件周围倒角
斜面之二		(1) 用导磁角铁磨一定角度的斜面，使用简便。 (2) 适用于单件或批量生产
斜面之三		(1) 用正弦夹具磨斜面，可以磨任意角度，精度高。 (2) 按公式：$H = L \cdot \sin\alpha$ 求量块值 H
斜面之四		(1) 先磨直槽基准尺寸 B。 (2) 用正弦夹具及修整砂轮配合磨燕尾槽。 (3) 砂轮修整角度等于正弦夹具旋转角度

4. 仿形磨削工艺加工凹模拼块

如图 11-53 所示凹模拼块。采用仿形磨削法加工，是利用仿形修整夹具，利用按工件放大 5 倍的样板，将砂轮修成缩小为 1/5（样板）的精确形状，用切磨法对工件进行成形磨削。仿形法修整

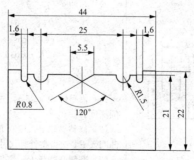

图 11-53 凹模拼块

砂轮与仿形磨削的步骤见表 11-27 所示。

表 11-27 　　　　　　仿形法修整砂轮与仿形磨削的步骤

工序	操作示意图	说明
1	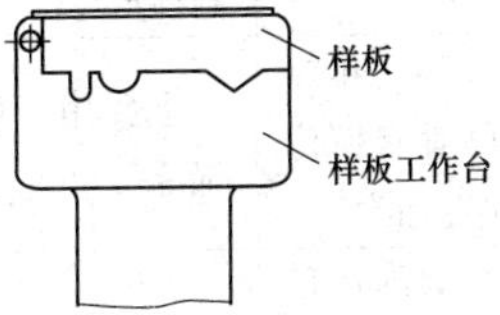 样板　样板工作台	（1）样板用 3mm 横铜板或钢板制成。 （2）样板加工按工件尺寸中间值放大 5 倍。 （3）将样板固定在样板工作台上，进行仿形修整砂轮
2	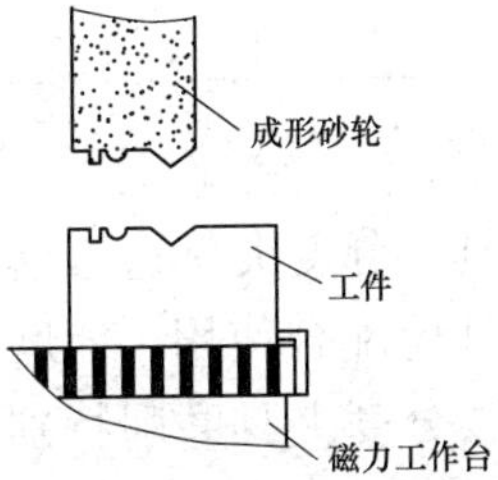 成形砂轮　工件　磁力工作台	（1）将工件固定在磁性工作台上。 （2）用切磨法磨削成尺寸
3	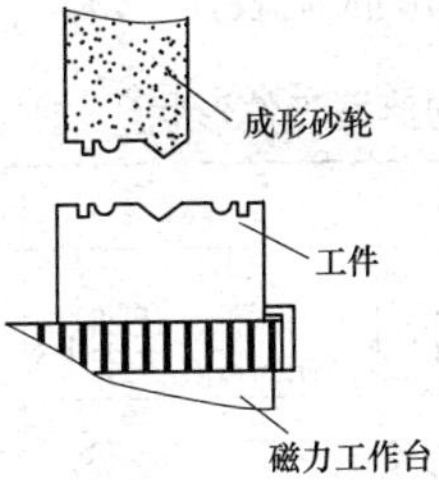 成形砂轮　工件　磁力工作台	（1）将工件翻转 180°。 （2）对称切磨切成尺寸

仿形磨削是在专用磨床上按放大样板、放大图或编程、软盘以及计算机指令进行加工的方法。仿形加工时砂轮不断改变运动轨迹，将工件磨削成形。仿形磨削加工工艺方法见表 11-28。模具的仿形磨削加工方法可参照选择。

表 11-28 　　　　　　　　仿形磨削加工方法

加工方法	工作原理	用途
缩放尺曲线磨床磨削	应用机床的比例机构，使砂轮按放大样板的几何形状正确地加工出工件形面	主要用于磨削成形刀具、样板及模具

续表

加工方法	工作原理	用途
光学曲线磨床磨削	利用投影放大原理将工件形状与放大图进行对照，加工出精确的工件形面	主要用于磨削尺寸较小的成形刀具、样板模块及圆柱形零件
靠模仿形磨削	一般按工件曲面形状制作靠模，装在机床上，再对靠模仿形加工出需要的精确曲面	主要用于磨削凸轮、轧辊等
数控仿形磨削	应用数控原理，在磨削过程中按预订的曲线控制磨头运动轨迹，精确磨出形面	主要用于大型模具加工

5. 成形夹具磨削

（1）用分度夹具磨削典型模具。分度夹具适于磨削具有一个回转中心的各种成形面，与成形砂轮配合使用，能磨削比较复杂的形面，对于模具零件加工来说，分度夹具磨削特别适合于各种型面凸模的磨削，其加工典型工件形状见表 11-29。

表 11-29　　　　用分度夹具磨削的典型工件形状

类别	示意图	使用夹具
带有台肩的多角体、等分槽及凸圆弧工件	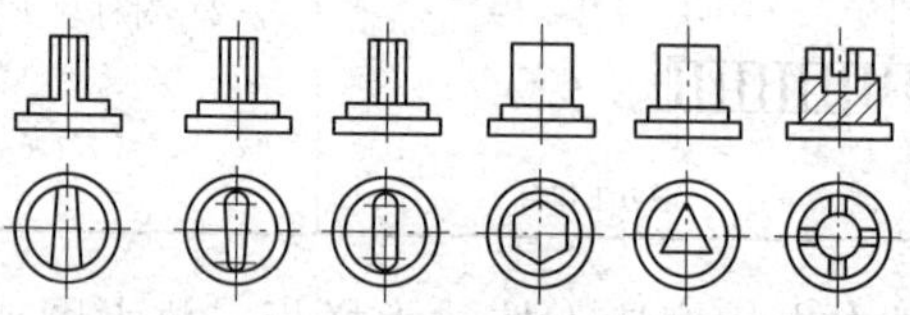	回转夹具、卧式回转夹具
具有一个回转中心的多角体、分度槽（一般工件无台肩）	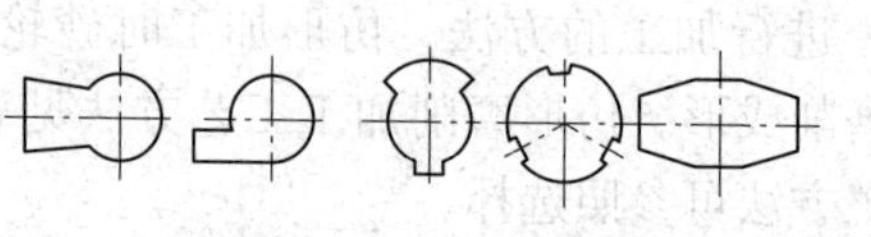	正弦分度夹具
具有一个（或多个）回转中心并带有台肩的多角体	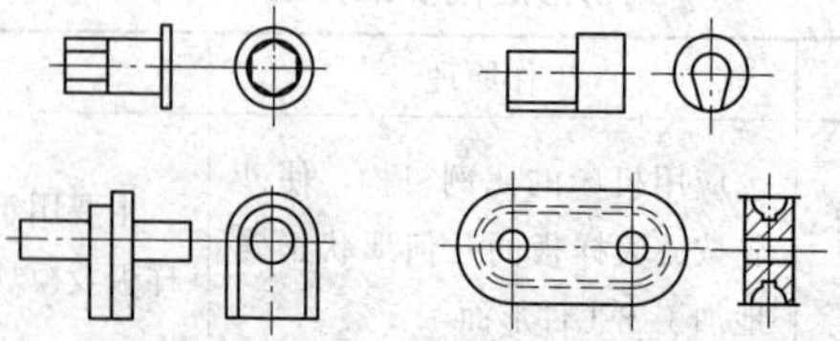	短分度夹具

（2）用回转夹具成形磨削带台阶工艺冲头的加工工艺。

带台阶的工艺冲头（或凸模）型面由 $R3$ 和 $R4$ 两段圆弧与两段圆弧与两段斜线组成，材料选用 Cr12MoV，备料后经粗加工（车、铣）、热处理后，精加工可采用回转夹具成形磨削。用回转夹具成形磨削实例见表 11-30。

表 11-30   **用回转夹具成形磨削实例**

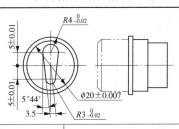

工序	操作示意图	说　明
1		工件用 V 形块装夹，并测出 a、b 尺寸
2		在角尺垫板基面或 V 形块间垫 L_1 及 M_1 尺寸的量块，使工件 $\phi20$mm 的圆心与夹具中心重合 $L_1 = A - a$ $M_1 = B - b$
3、4		（1）正弦分度盘分别在两个方向转 $5°44'$，用砂轮侧向磨二侧面。 （2）以 $\phi20$mm 外圆为基准，测量斜面尺寸 $P = 10 - 3.5 = 6.5$（mm）
5		调整量块值：$L_2 =（A-a）+5$（即调整工件位置）。 使 $R4$mm 圆弧中心与夹具中心重合

工序	操作示意图	说　明
6		左右摆动台面，磨 $R4\text{mm}$ 圆弧 $$\theta_1 = 90° + 5°44' = 95°44'$$
7		调整量块值：$L_3 = (A-a)-5$。 使 $R3\text{mm}$ 圆弧中心与夹具中心重合
8		左右摆动台面，磨 $R3$ 圆弧 $$\theta_2 = 90° - 5°44' = 84°16'$$

（3）用万能夹具的成形磨削工艺。用万能夹具磨削成形面，其工艺要点如下。

1）首先将形状复杂的形面分解成若干直线、圆弧线，然后按顺序磨出各段形面。

2）根据被磨削工件的形状选择回转中心，视工件情况不同，此回转中心可以是一个或多个。磨削时要依次调整回转中心与夹具中心重合，工件便以此中心回转，并借此测量各磨削面的尺寸。

3）成形磨削时的工艺基准不尽一致，往往需要工艺尺寸换算。主要计算尺寸为：

①计算出各圆弧面的中心之间的坐标尺寸。

②从一个已选定的中心（回转中心）至各平面或斜面间的垂直距离。

③各斜面对坐标轴的倾斜角度。

④各圆弧面包角等。

4）对有的形面采用成形砂轮进行磨削，可以提高精度和效率。用万能夹具成形磨削实例见表 11-31。

表 11-31　　　　用万能夹具成形磨削实例

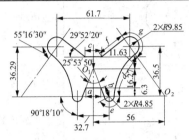

磨削次序标记图

序号	内容	操作示意图	说　明
1	装夹、找正	$d=10$	（1）工件用螺钉及垫块直接装夹。 （2）调整工件回转中心与夹具主轴中心重合。 （3）根据回转中心测量各面磨削余量
2	磨平面 a	$25°53'50''$　16.27	（1）$L_1 = P + 16.27\text{(mm)}$。 （2）接角处留余量
3	磨斜面 b 及接角	$25°53'50''$　$\varnothing 200$	（1）$H_1 = P-(100\sin25°53'50''+10)$ $\qquad = P-53.66\text{（mm）}$。 （2）磨斜面，用成形砂轮或与工序 2 结合反复磨削进行接角。 （3）$L_2 = P$
4	磨平面 c	O_1	（1）$L_3 = P + 11.53\text{(mm)}$。 （2）接角处留余量

序号	内容	操作示意图	说　明
5	磨基面		（1）磨 $R9.35$mm 顶部做调整工件位置用基面。 （2）$L_4 = P + 40.2$（mm）
6	调整工件位置及磨 $R34.8$ 凹圆弧 d		（1）调整工件位置，使 $R34.8$mm 圆心与夹具中心重合。 （2）旋转主轴，用凸圆弧砂轮进行磨削。 （3）$L_5 = P - 34.8$（mm）
7	调整工件位置及磨 $R4.85$ 凹圆弧 e		（1）调整工件位置，使 $R4.85$mm 圆心与夹具中心重合。 （2）旋转主轴，磨削 $R4.85$mm 凸圆弧，并控制左右摆动的角度。 （3）$L_6 = P + 4.85$（mm）
8	调整工件位置磨斜面 f		（1）使 $R9.35$mm 圆心与夹具中心重合。 （2）$H_2 = P - $ $(100\sin29°52'20'' + 10)$ $= P - 59.8$（mm）。 （3）用成形砂轮磨斜面及接角。 （4）$L_7 = P + 9.35$（mm）
9	磨 $R9.35$ 凸圆弧 g		（1）旋转夹具主轴磨 $R9.35$mm 凸圆弧，并控制左右摆动的角度。 （2）$L_8 = P + 9.35$（mm）

注 因工件形状对称，工件另一半磨削方法相同。

（三）坐标磨削

（1）坐标磨床。坐标磨床是 1940 年前后在坐标镗床加工原理和结构的基础上发展起来的，它利用准确的坐标定位实现孔的精密加工。坐标磨床具有精密坐标定位装置，是一种精密加工设备，主要用于磨削孔距精度很高的圆柱孔、圆锥孔、圆弧内表面和各种成形表面，适于加工淬硬工件和各种模具（凹模、凸模），是模具制造业、工具制造业和精密机械行业的高精度关键加工设备。

坐标磨床与坐标镗床有相同的结构布局，它们的加工都是按准确的坐标位置来保证加工尺寸的精度，不同的是镗轴换成了高速磨头，将镗刀改为砂轮。坐标磨床有立式和卧式两种，有单柱的，也有双柱固定桥式的；控制方式有手动、数显和数控。立式坐标磨床应用广泛。

坐标磨削是一种高精度的加工方法，主要用于淬火工件、高硬度工件的加工。对消除工件热处理变形、提高加工精度尤为重要。坐标磨削的适用范围较大，坐标磨床加工的孔径范围 $\phi 0.4 \sim 90mm$，表面粗糙度 $Ra0.32 \sim 0.8\mu m$，坐标误差小于 $3\mu m$。

（2）坐标磨削的基本运动。坐标磨削能完成三种基本运动，如图 11-54 所示。

1）工作台纵、横向坐标定位移动。

2）主运动为砂轮的高速旋转，砂轮除高速自转外，还通过主轴行星运动机构慢速公转，并能做轴向运动（主轴往复冲程运动），改变磨头行星运动的半径可实现径向进给，如图 11-54 所示。

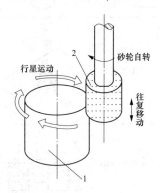

图 11-54 坐标磨削的基本运动

3）主轴箱还可做位置调整运动，当磨头上安装插磨附件时，砂轮不做行星运动而只做上下往复运动，可进行类似于插削形式的磨削，例如磨削花键、齿条、侧槽、内齿圈、分度板等。

（3）坐标磨床的基本磨削方法见表 11-32。

表 11-32 　　　　　　　　　**坐标磨削基本方法**

方法	简图	说　明
通孔磨削		(1) 砂轮高速旋转，并做行星运动。 (2) 磨小孔，砂轮直径取孔径的 3/4
外圆磨削		(1) 砂轮旋转，并做行星运动，行星运动的直径不断缩小。 (2) 砂轮垂直进给
外锥面磨削		(1) 砂轮旋转，并做行星运动，行星运动的直径不断缩小。 (2) 砂轮锥角方向与工件相反
沉孔磨削		(1) 砂轮自转同时做行星运动，垂直进给，砂轮主要工作面是底面棱边。 (2) 内孔余量大时，此法尤佳
沉孔成形磨削		(1) 成形砂轮旋转，同时做行星运动，垂直方向无进给。 (2) 磨削余量小时，此法尤佳
底部磨削		(1) 砂轮底部修凹。 (2) 进给方式同沉孔磨削
横向磨削		(1) 砂轮旋转，直线进给，不做行星运动。 (2) 适于直线或轮廓的精密加工

续表

方法	简图	说　明
垂直磨削		(1) 砂轮旋转，垂直进给。 (2) 适用轮廓磨削且余量大的情况。 (3) 砂轮底部修凹
锥孔磨削 （用圆柱形砂轮）		(1) 将砂轮调一个角度，此角为锥孔锥角之半。 (2) 砂轮旋转，并做行星运动，垂直进给
锥孔磨削 （用圆锥砂轮）		(1) 砂轮旋转，主轴垂直进给，行星运动直径不断缩小。 (2) 砂轮角度修整成与锥孔锥角相应
倒锥孔磨削		(1) 砂轮旋转，主轴垂直运动，随砂轮下降，行星运动直径不断扩大。 (2) 砂轮修整成与锥孔锥角相适应
槽侧磨		(1) 砂轮旋转，垂直进给。 (2) 用磨槽机构，砂轮修整成需要的形面
外清角磨削		(1) 用磨槽机构，按需要修整砂轮。 (2) 砂轮旋转，垂直进给。 (3) 砂轮中心要高出工件的上、下平面
内清角磨削		(1) 用磨槽机构，按需要修整砂轮。 (2) 砂轮旋转，垂直进给。 (3) 砂轮中心要高出工件的上、下平面。 (4) 砂轮直径小于孔径
凹球面磨削		(1) 用附件45°角板，将高速电动机磨头安装在45°角板上。 (2) 砂轮旋转，同时绕主轴回转

方法	简图	说　明
连续轨迹磨削		（1）用电子进给系统。 （2）砂轮旋转，同时按预订轨迹运动

　　（4）坐标磨削在模具加工中的应用。坐标磨床有手动和数控连续轨迹两种。前者用手动点定位，无论是加工内轮廓还是外轮廓，都要把工作台移动或转动到正确的坐标位置，然后由主轴带动高速磨头旋转，进行磨削；数控连续轨迹坐标磨削是由计算机控制坐标磨床，使工作台根据数控系统的加工指令进行移动或转动。（见本章第四节数控磨削部分）

　　坐标磨削主要用于模具精加工，如精密间距的孔、精密型孔、轮廓等。在坐标磨床上可以完成内孔磨削、外圆磨削、锥孔磨削（需要专门机构）、直线磨削等。

第四节　模具数控加工成形技术

一、数控机床简介

　　数字控制是近代发展起来的一种自动控制技术，是用数字化信号（包括字母、数字和符号）对机床运动及其加工过程进行控制的一种方法，简称数控或 NC（Numerical Control）。

　　数控机床就是采用了数控技术的机床。它是用输入专用或通用计算机中的数字信息来控制机床的运动，自动将所需几何形状和尺寸的工件加工出来。

　　1. 数控机床分类

　　数控机床的种类很多，但主要有如下两种。

　　（1）数控铣床类：这类机床主要包括镗铣床、加工中心、钻床等。这类机床加工的特点为主轴上安装刀具，工件装夹在工作台上，主要加工箱体、圆柱、圆锥及其他由曲线构成的复杂形状的工件和平面工件。

（2）数控车床类：这类机床主要包括数控立式、卧式车床。其特点为工件装夹在主轴上，刀具安装在刀台上。主要加工轴类、套类工件。

2. 数控铣床的分类

（1）按控制的坐标数分类。常用数控铣床有如下几种。

1）三坐标数控铣床。这种铣床的刀具，可沿 X、Y、Z 三个坐标，按数控编程的指令运动。三坐标数控铣床又分为两坐标联动的数控铣床，也称为两个半坐标数控铣床。例如用两个半坐标数控铣床加工图 11-55 所示的空间曲面的工件时，在 ZOX 平面内控制 X、Z 两坐标联动，加工垂直截面内的表面，控制 Y 轴坐标方向做等距周期移动，即能将工件空间曲面加工出来。三坐标联动用于加工的工件如图 11-56 所示。

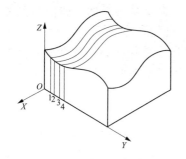

图 11-55　两个半坐标数控
铣床加工空间曲面

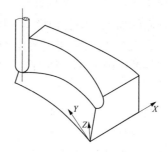

图 11-56　三坐标数控铣床加工曲面

2）四坐标数控铣床。这类铣床除 X、Y、Z 轴以外，还有旋转坐标 A（绕 X 轴旋转）或旋转坐标 C（绕 Z 轴旋转），它可加工需要分度的型腔模具。若配置相应的机床附件，还可扩大使用范围。

3）五坐标数控铣床。这类铣床除 X、Y、Z、A 或 C 坐标以外，还有 B 坐标。五坐标联动时，可使刀具在空间按给定的任意轨迹进刀。利用铣刀在两个坐标平面内的摆动，可使铣刀轴线总处在与被加工表面的法向重合位置，避免加工时的干涉现象，从而可以采用平底铣刀加工曲面，以提高切削效率和表面质量。

4）加工中心。加工中心实际上是将数控铣床、数控镗床、数控钻床的功能组合起来，再附加一个刀具库和一个自动换刀装置的综合数控机床。工件经一次装卡后，通过机床自动换刀连续完成铣、钻、镗、铰、扩孔、螺纹加工等多种工序的加工。

（2）按数控系统功能水平分类。

数控铣床都具有数控镗铣功能，按数控系统功能水平分类，数控镗铣床可以分为以下几种类型。

1）数控铣床。数控铣床主要有两种：一种是在普通铣床的基础上对机床的机械传动结构进行简单的改造，并增加简易数控系统后形成的简易型数控铣床。这种数控铣床成本较低，但自动化程度和功能都较差，一般只有 X、Y 两坐标联动功能，加工精度也不高，可以加工平面曲线类和平面型腔类零件；另一种是普通数控铣床，可以三坐标联动，用于各类复杂的平面、曲面和壳体类零件的加工，如各种模具、样板、凸轮和连杆等。

2）数控仿形铣床。数控仿形铣床主要用于各种复杂型腔模具或工件的铣削加工，特别对不规则的三维曲面和复杂边界构成的工件更显示出其优越性。

新型的数控仿形铣床一般包括三个部分。

①数控功能。它类似一台数控铣床具有的标准数控功能，有三轴联动功能、刀具半径补偿和长度补偿、用户宏程序及手动数据输入和程序编辑等功能。

②仿形功能。在机床上装有仿形头，可以选用多种仿形方式，如笔式手动、双向钳位、轮廓、部分轮廓、三向、NTC（Numerical Tracer Control 数字仿形）等。

③数字化功能。在仿形加工的同时可以采集仿形头运动轨迹数据，并处理成加工所需的标准指令，存入存储器或其他介质（如软盘），以便以后可以利用存储的数据进行加工，因此要求有大量的数据处理和存储功能。

3）数控工具铣床。数控工具铣床是在普通工具铣床的基础上，对机床的机械传动系统进行改造并增加数控系统后形成的数控铣床，由于增加了数控系统，使工具铣床的功能大大增强。这种机床适用于各种工装、刀具，各类复杂的平面、曲面零件的加工。

4）数控钻床。数控钻床能自动地进行钻孔加工，用于以钻为主要工序的零件加工。这类机床大多用点位控制，同时沿两轴或三个轴移动，以减少定位时间。有些机床也采用直线控制，为的是进行平行于机床轴线的钻削加工。

钻削中心是一种可以进行钻孔、扩孔、铰孔、攻螺纹及连续轮廓控制铣削的数控机床。用于电器及机械行业中小型零件的加工。

5）数控龙门镗铣床。数控龙门镗铣床属于大型数控机床，主要用于大中等尺寸、大中等重量的黑色金属和有色金属的各种平面、曲面和孔的加工。在配置直角铣头的情况下，可以在工件一次装夹下分别对五个面进行加工。对于单件小批生产的复杂、大型零件和框架结构零件，能自动、高效、高精度地完成上述各种加工。适用于航空、重机、机车、造船、发电、机床、印刷、轻纺、模具等制造行业。

二、数控机床的数控原理与基本组成

1. 机床数字控制的基本原理

如图 11-57 所示样板，其轮廓是由 $ABCDE$ 构成的封闭曲线，属直线成形面。加工这样的外形轮廓有多种方法，当采用普通立式铣床加工时，须在样板毛坯上划出外形曲线，然后把工件装夹在铣床工作台上，铣削 BCD 曲线段时，操作工人需同时操纵纵向和横向进给手轮，不断改变切削点的位置，沿着所划的线铣出曲线部分。若设纵向进给为 X 向，横向进给为 Y 向，切削点要沿着曲线变化，必定要移动相对应的 ΔX 和 ΔY，当 ΔX 和 ΔY 取得非常小时，铣削出的形面就很接近曲线的形状，也就是说，当 ΔX 与 ΔY 越小时，曲线的形状精度就越高。根据这个原理，数控机床在进给系统采用步进电动机，步进电动机按电脉冲数量转动相应角度，实现 ΔX 和 ΔY 的对应关系和精确程度。ΔX 和 ΔY 的对应关系由曲线的数学关系确定，这种数学关系通过编程时的数学处理，编入计算机程序中，运用机床上的数控装置转换为进给电脉冲，从而实现数控过程。

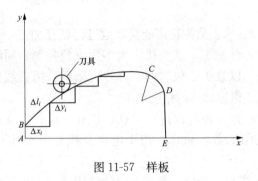

图 11-57　样板

2. 数控机床的工作过程和基本组成

（1）数控机床的工作过程。如图 11-58 所示，其工作过程可以概括如下。

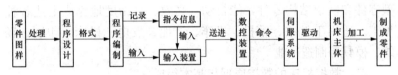

图 11-58　数控机床的工作过程

1）根据工件加工图样给出的形状、尺寸、材料及技术要求等内容，确定工件加工的工艺过程、工艺参数和位移数据（包括加工顺序、铣刀与工件的相对运动轨迹、坐标设置和进给速度等）。

2）用规定的代码和程序格式编写工件加工程序单，或应用APT（Automatically Programmed Tool）自动编程系统进行工件加工程序设计。

3）根据程序单上的代码，用 APT 系统制作记载加工信息，输入数控装置；或用 MDI（手动数据输入）方式，在操作面板的键盘上，直接将加工程序输入数控装置；或采用微机存储加工程序，通过串行接口 RS-232，将加工程序传送给数控装置，或计算机直接数控 DNC（Direct Numerical Control）通信接口，可以边传递边加工。

4）数控装置在事先存入的控制程序支持下，将代码进行一系列处理和计算后，向机床的伺服系统发出相应的脉冲信号，通过伺服系统使机床按预定的轨迹运动，从而进行工件的加工。

（2）数控机床的组成。根据数控机床的工作过程，数控机床由四个基本部分组成。

1）机械设备。数控机床的机械设备主要是机床部分，与普通机床基本相间，包括冷却、润滑和排屑系统，由步进电动机、滚珠丝杆副、工作台和床鞍等组成进给系统。

2）数控系统。包括微机和数控装置在内的信息输入、输出、运算和存储等一系列微电子器件与线路。

3）操作系统及辅助装置。即开关、按钮、键盘、显示器等一系列辅助操作器和低压回路，还包括液压装置、气动装置、排屑装置、交换工作台、数控回转工作台、数控分度头、刀具及监控检测装置等。

4）附属设备。如对刀装置、机外编辑器、磁带、测头等。

三、数控系统的基本功能

数控系统的基本功能包括准备功能、进给功能、主轴功能、刀具功能及其他辅助功能等。它解决了机床的控制能力，正确掌握和应用各种功能对编程来说是十分必要的。

1. 准备功能

准备功能也称 G 代码，它是用来指令机床动作方式的功能。按 JB/T 3028—1999 规定，与 ISO 1056—1975E 规定基本一致，G 代码从 G00～G99，共 100 种，但某些次要的 G 代码，根据不同的设备，其功能亦有不同。目前，ISO 标准规定的这种地址字（见表 11-33），因其标准化程度不高（"不指定"和"永不指定"的功能项目较多），故必须按照所用数控系统（说明书）的具体规定使用，切不可盲目套用。

表 11-33　　　　　　　准备功能 G 代码

代 码	功 能	代 码	功 能
G00	点定位	G53	直线偏移，注销
G01	直线插补	G54~G59	直线偏移（坐标轴、坐标平面）
G02	顺时针方向圆弧插补	G60	准确定位 1（精）
G03	逆时针方向圆弧插补	G61	准确定位 2（中）
G04	暂停	G62	快速定位（粗）
G05	不指定	G63	攻螺纹
G06	抛物线插补	G64~G67	不指定
G07	不指定	G68/G69	刀具偏置，内角/外角
G08/G09	加速/减速	G70~G79	不指定
G10~G16	不指定	G80	固定循环注销
G17~G19	（坐标）平面选择	G81~G89	固定循环
G20~G32	不指定	G90	绝对尺寸
G33	螺纹切削，等螺距	G91	增量尺寸
G34	螺纹切削，增螺距	G92	预置寄存
G35	螺纹切削，减螺距	G93	时间倒数，进给率
G36~G39	永不指定	G94	每分钟进给
G40	刀具补偿/偏置注销	G95	主轴每转进给
G41/G42	刀具补偿—左/右	G96	恒线速度
G43/G44	刀具偏置—正/负	G97	主轴每分钟转数
G45/G52	刀具偏置（＋、—或 0）	G98、G99	不指定

注　1. 指定了功能的代码，不能用于其他功能。
　　2. "不指定"代码，在将来有可能规定其功能。
　　3. "永不指定"代码，在将来也不指定其功能。

　　G 代码按其功能的不同分为若干组。G 代码有两种模态：模态式 G 代码和非模态式 G 代码。00 组的 G 代码属于非模态式的 G 代码，只限定在被指定的程序段中有效，其余组的 G 代码属于模态式 G 代码，具有延续性，在后续程序段中，在同组其他 G 代码未出现前一直有效。

不同组的 G 代码在同一程序段中可以指令多个，但如果在同一程序段中指令了两个或两个以上属于同一组的 G 代码时，只有最后一个 G 代码有效。在固定循环中，如果指令了 01 组的 G 代码，固定循环将被自动取消或为 G80 状态（即取消固定循环），但 01 组的 G 代码不受固定循环 G 代码的影响。如果在程序指令了 G 代码表中没有列出的 G 代码，则显示报警。

2. 进给功能

进给功能是用来指令坐标轴的进给速度的功能，也称 F 机能。

进给功能用地址 F 及其后面的数字来表示。在 ISO 规定 F1～F2 位。其单位是 mm/min，或用 in/min 表示。如：

F1 表示切削速度为 1mm/min 或 0.01in/min；

F150 表示进给速度为 150mm/min 或 1.5in/min。

对于数控车床，其进给方式又可分为以下两种：每分钟进给，用 G94 配合指令，单位为 mm/min；每转进给，用 G95 配合指令，单位为 mm/r。

对于其他数控机床，通常只用每分钟进给方式。除此以外，地址符 F 还可用在螺纹切削程序段中指令其螺距或导程，以及在暂停（G04）程序段中指令其延时时间，单位为 s 等。

3. 主轴功能

主轴功能是用来指令机床主轴转速的功能，也称为 S 功能。

主轴功能用地址 S 及其后面的数字表示，目前有 S2 位和 S4 位之分，其单位为 r/min。如：指定机床转速为 1500r/min 时，可定成 S1500。

在编程时除用 S 代码指令主轴转速外，还要用辅助代码指令主轴旋转方向。如正转 CW 或 CCW。

例：　S1500　M03　表示主轴正转，转速为 1500r/min；

　　　S800　　M04　表示主轴反转，转速为 800r/min。

对于有恒定表面速度控制功能的机床，还要用 G96 或 G97 指令配合 S 代码来指令主轴的转速。

4. 刀具功能

刀具功能是用来选择刀具的功能，也称为 T 机能。

刀具功能是用地址 T 及其后面的数字表示，目前有 T2 和 T4 位之分。如：T10 表示指令第 10 号刀具。

T 代码与刀具相对应的关系由各生产刀具的厂家与用户共同确定，也可由使用厂家自己确定。

5. 辅助功能

辅助功能是用来指令机床辅助动作及状态的功能，因其地址符规定为 M，故又称为 M 功能或 M 指令，它的后续数字一般为两位数（00～99），也有少数的数控系统使用三位数。例如：

（1）M02、M30：表示主程序结束、自动运转停止、程序返回程序的开头。

（2）M00：M00 指令的程序段起动执行后，自动运转停止。与单程序段停止相同，模态的信息全被保存。随着 CNC 的起动，自动运转重新开始。

（3）M01：与 M00 一样，执行完 M01 指令的程序段之后，自动运转停止，但是只限于机床操作面板上的"任选停止开关"接通时才能执行。

（4）M98（调用子程序）：用于子程序调出时。

（5）M99（子程序结束及返回）：表示子程序结束。此外，若执行 M99，则返回到主程序。

辅助功能是由地址 M 及其后面的数字组成，由于数控机床实际使用的符合 ISO 标准规定的这种地址符（见表 11-34），其标准化程度与 G 指令一样不高，JB 3028—1983 规定辅助功能从 M00～M99 共 100 种，其中有许多不指定功能含义的 M 代码。另外，M 功能代码常因机床生产厂家以及机床结构的差异和规格的不同有差别，因而在进行编程时必须熟悉具体机床的 M 代码，仍应按照所用数控系统（说明书）的具体规定使用，不可盲目套用。

表 11-34 　　　　　　　　　　　　辅助功能字 M

代码	功能	代码	功能
M00	程序停止	M31	互锁旁路
M01	计划停止	M32～M35	不指定
M02	程序结束	M36/M37	进给范围 1/2
M03	主轴顺时针方向	M38/M39	主轴速度范围 1/2
M04	主轴逆时针方向	M40～M45	齿轮换挡或不指定
M05	主轴停止	M46、M47	不指定
M06	换刀	M48	注销 M49
M07/M08	2 号/1 号冷却液开	M49	进给率修正旁路
M09	冷却液关	M50/M51	3 号/4 号冷却液开
M10/M11	夹紧/松开	M52～M54	不指定
M12	不指定	M55/M56	刀具直线位移，位置 1/2
M13	主轴顺时针方向，冷却液开	M57～M59	不指定
M14	主轴逆时针方向，冷却液开	M60	更换工件
M15/M16	正/负运动	M61/M62	工件直线位移，位置 1/2
M17/M18	不指定	M63～M70	不指定
M19	主轴定向停止	M71/M72	工件角度位移，位置 1/2
M20～M29	永不指定	M73～M89	不指定
M30	程序（纸带）结束	M90～M99	永不指定

四、数控机床的坐标系统

（一）数控机床的坐标轴和运动方向

对数控机床的坐标轴和运动方向做出统一的规定，可以简化程序编制的工作和保证记录数据的互换性，还可以保证数控机床的运行、操作及程序编制的一致性。按照等效于 ISO841 的我国机械标准 JB/T 3051—1999 规定：如图 11-59 所示，数控机床直线运动的坐标轴 X、Y、Z（也称为线性轴），规定为右手笛卡儿坐标系。X、Y、Z 的正方向是使工件尺寸增加的方向，即增大工件和刀具距离的方向。通常以平行于主轴的轴线为 Z 轴（即 Z 坐标运动由传递切削动力的主轴所规定）；而 X 轴是水平的，并平行于工件的装卡面；最后 Y 轴就可按右手笛卡儿坐标系来确定。三个旋转轴 A、B、C 相应的表示其轴线平行于 X、Y、Z 的旋转运行。A、B、C 的正方向相应地为在 X、Y、Z 坐标正方向向上按右旋螺纹前进的方向。上述规定是工件固定、刀具移动的情况。反之若工件移动，则其正方向分别用 X'、Y'、Z' 表示。通常以刀具移动时的正方向作为编程的正方向。

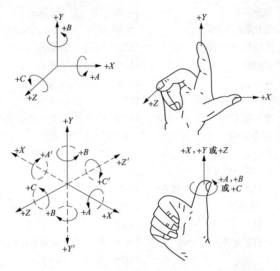

图 11-59　数控机床坐标系

除了上述坐标外，还可使用附加坐标，在主要线性轴（X、Y、Z）之外，另有平行于它的依次有次要线性轴（U、V、W）、第三线性轴（P、Q、R）。在主要旋转轴（A、B、C）存在的同时，还有平行于或不平行于 A、B 和 C 的两个特殊轴（D、E）。数控机床各轴的标示仍是根据右手定则，当右手拇指指向正 X 轴方向，食指指向 Y 轴方向时，中指则指向正 Z 轴方向。图 11-60所示为立式数控机床的坐系，图 11-61 所示为卧式数控机床的坐标系。

（二）绝对坐标系统与相对坐标系统

1. 绝对坐标系统

绝对坐标系统是指工作台位移是从固定的基准点开始计算的，例如假设程序规定工作台沿 X 坐标方向移动，其移动距离为离固定基准点 100mm，那么不管工作台在接到命令前处于什么位置，

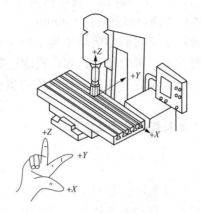

图 11-60　立式数控机床坐标系

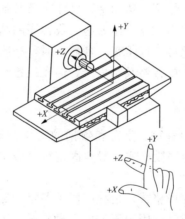

图 11-61　卧式数控机床坐标系

它接到命令后总是移动到程序规定的位置处停下。

2. 相对坐标系统

相对（增量）坐标系统是指工作台的位移是从工作台现有位置开始计算的。在这里对一个坐标轴虽然也有一个起始的基准点，但是它仅在工作台第一次移动时才有意义，以后的移动都是以工作台前一次的终点为起始的基准点。例如设第一段程序规定工作台沿 X 坐标方向移动，其移动距离起始点 100mm，那么工作台就

565

移动到 100mm 处停下,下一段程序规定在 X 方向再移动 50mm,那么工作台到达的位置离原起点就是 150mm 了。

点位控制的数控机床有的是绝对坐标系统,有的是相对坐标系统,也有的两种都有,可以任意选用。轮廓控制的数控机床一般都是相对坐标系统。编程时应注意到不同的坐标系统,其输入要求不同。

五、数控程序编制有关术语及含义

(一)程序

1. 程序段

能够作为一个单位来处理的一组连续的字,称为程序段。

程序段是组成加工程序的主体,一条程序段就是一个完整的机床控制信息。

程序段由顺序号字、功能字、尺寸字及其他地址字组成,末尾用结束符"LF"或"*"作为这一段程序的结束以及与下一段程序的分隔,在填写、打印或屏幕显示时,一般情况下每条程序均占一行位置,故可省略其结束符,但在键盘输入程序段时,则不能省略。

2. 程序段格式

指对程序段中各字、字符和数据的安排所规定的一种形式,数控机床采用的程序段格式一般有固定程序段格式和可变程序段格式。

(1)固定程序段格式。指程序段中各字的数量、字的出现顺序及字中的字符数量均固定不变的一种形式,固定程序段格式完全由数字组成,不使用地址符,目前在数控机床中已较少采用。

(2)可变程序段格式。指程序段内容各字的数量和字符的数量均可以变化的一种形式,它又包括使用分隔符和使用地址符的两种可变程序段格式。

1)使用分隔符格式。指预先规定程序段中所有可能出现的字的顺序(这种规定因数控装置不同而不同),格式中每个数据字前均有一个分隔符(如 B),在这种形式中,程序段的长度及数据字的个数都是可变的。

2）使用地址符格式。这是目前在各种数控机床中，采用最广泛的一种程序段格式，也是 ISO 标准的格式，我国有关标准也规定采用这种程序段格式，因为这种格式比较灵活、直观，且适应性强，还能缩短程序段的长度，其基本格式的表达形式通常为：

N×××× G×× X±×××××.××× Y±×××××.××× Z±×××××.××× F×××××.××× S××××/×× T×××× M×× *

（二）各种原点

在数控编程中，涉及的各种原点较多，现将一些主要的原点（见图 11-62）及其与机床坐标系、工件坐标系和编程坐标系有关的术语介绍如下。

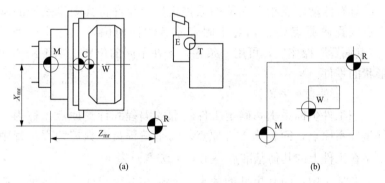

(a)   (b)

图 11-62　数控机床坐标原点

（a）数控车床坐标原点；（b）数控镗床坐标原点

1. 机床坐标系中的各原点

（1）机床坐标系原点。机床坐标系原点简称机床原点，也称为机床零位，又因该坐标系是由右手笛卡儿坐标系而规定的标准坐标系，故其原点又称为准原点，并用 M（或 ⊕）表示。

机床坐标系原点的位置通常由机床的制造厂确定，设置在机床上的一个物理位置，其作用是使机床与控制系统同步，建立测量机床运动坐标的起始点。如图 11-62（a）数控车床坐标系原点的位置大多规定在其主轴轴线与装夹卡盘与法兰盘端面的交点上，该原点是确定机床固定原点的基准。

（2）机床固定原点。机床固定原点简称固定原点，用 R（或 ⊕）表示，又称为机床原点在其进给坐标轴方向上的距离，在机床出厂时已准确确定，使用时可通过"寻找操作"方式进行确认。

数控机床设置固定原点的目的主要是：

1）在需要时，便于将刀具或工作台自动返回该点；

2）便于设置换刀点；

3）可作为行程限制（超程保护）的终点；

4）可作为进给位置反馈的测量基准点。

（3）浮动原点。当其固定原点不能或不便满足编程要求时，可根据工件位置而自行设定的一个相对固定、又不需要永久存储其位置的原点，称为浮动原点。

具有浮动原点指令功能的数控机床，允许将其测量系统的基准点或程序原点设在相对于固定原点的任何位置上，并在进行"零点偏置"操作后，可用一条穿孔带在不同的位置上加工出相同形状的零件。

2. 工件坐标系原点

在工件坐标系上，确定工件轮廓的编程和计算原点，称为工件坐标系原点，简称为工件原点。它是编程员在数控编程过程中定义在工件上的几何基准点，用 C（或 ⊕）表示。

在加工中，因其工件的装夹位置是相对于机床而固定的，所以工件坐标系在机床坐标系中位置也就确定了。

3. 编程坐标原点

指在加工程序编制过程中，进行数值换算及填写加工程序段时所需各编程坐标系（绝对与增量坐标系）的原点。

4. 程序原点

指刀具（或工作台）按加工程序执行时的起点，实质上它也是一个浮动原点，用 W（或 ⊕）表示。

对数控车削加工而言，程序原点又可称为起刀点，在对刀时所确定的对刀点位置一般与程序原点重合。

（三）刀具半径补偿的概念

数控系统的刀具半径补偿（Cutter Radius Compensation）就

是将计算刀具中心轨迹的过程交由 CNC 系统执行，编程员假设刀具的半径为零，直接根据零件的轮廓进行编程，因此这种编程方法也称为对零件的编程（Programming the Part），而实际的刀具半径则存放在一个可编程刀具半径偏置寄存器中，在加工过程中，CNC 系统根据零件程序和刀具半径自动计算刀具中心轨迹，完成对零件的加工。当刀具半径发生变化时，不需要修改零件程序，只需要修改存放在刀具半径偏置寄存器中的刀具半径值，或者选用存放在另一个刀具半径偏置寄存器中的刀具半径所对应的刀具即可。

　　铣削加工刀具半径补偿分为：刀具半径左补偿（Cutter Radius Compensation Left），用 G41 定义；刀具半径右补偿（Cutter Radius Compensation Right），用 G42 定义，使用非零的 D♯♯代码选择正确的刀具半径偏置寄存器号。根据 ISO 标准，当刀具中心轨迹沿前进方向位于零件轮廓右边时称为刀具半径左补偿；反之称为刀具半径右补偿，如图 11-63 所示；当不需要进行刀具半径补偿时，则用 G40 取消刀具半径补偿。

　　注意：G40、G41、G42 都是模态代码，可相互注销。

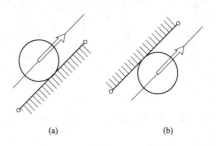

(a)　　　　　　　　　(b)

图 11-63　刀具半径补偿指令
(a) 刀具半径左补偿；(b) 刀具半径右补偿

（四）刀具长度补偿的概念
　　为了简化零件的数控加工编程，使数控程序与刀具形状和刀具尺寸尽量无关。现代 CNC 系统除了具有刀具半径补偿功能外，还具有刀具长度补偿（tool length compensation）功能。刀具长度补偿使刀具垂直于走刀平面（比如 XY 平面，由 G17 指定）偏移一个刀具长度修正值，因此在数控编程过程中一般无需考虑刀具长度。

刀具长度补偿要视情况而定。一般而言，刀具长度补偿对于二坐标和三坐标联动数控加工是有效的，但对于刀具摆动的四、五坐标联动数控加工，刀具长度补偿则无效，在进行刀位计算时可以不考虑刀具长度，但后置处理计算过程中必须考虑刀具长度。

刀具长度补偿在发生作用前，必须先进行刀具参数的设置。设置的方法有机内试切法、机内对刀法和机外对刀法。对数控车床来说，一般采用机内试切法和机内对刀法。对数控铣床而言，较好的方法是采用机外对刀法。图 11-64 所示为采用机外对刀法测量的刀具长度，图中的 E 点为刀具长度测量基准点，车刀的长度参数有两个，即图中的 L 和 Q。不管采用哪种方法，所获得的数据都必须通过手动数据输入（Manual Data Input，简称 MDI）方式将刀具参数输入数控系统的刀具参数表中。

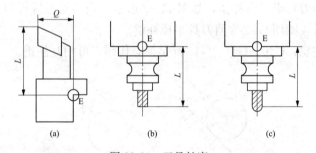

图 11-64　刀具长度
（a）车刀刀具长度；（b）圆柱铣刀刀具长度；（c）球形铣刀刀具长度

对于数控铣床，刀具长度补偿指令由 G43 和 G44 实现：G43 为刀具长度正（positive）补偿或离开工件（away from the part）补偿，如图 11-65（a）所示；G44 为刀具长度负（negative）补偿或趋向工件（toward the part）补偿，使用非零的 Hnn 代码选择正确的刀具长度偏置寄存器号。取消刀具长度补偿用 G49 指定。

例如刀具快速接近工件时，到达距离工件原点 15mm 处，如图 11-65（b）所示，可以采用以下语句：

G90 G00 G43 Z15.0 H01

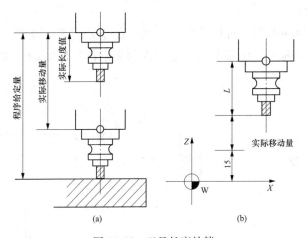

图 11-65 刀具长度补偿

(a) 刀具长度补偿示意图；(b) 刀具快速定位

当刀具长度补偿有效时，程序运行，数控系统根据刀具长度定位基准点使刀具自动离开工件一个刀具长度的距离，从而完成刀具长度补偿，使刀尖（或刀心）走程序要求的运动轨迹，这是因为数控程序假设的是刀尖（或刀心）相对于工件运动。而在刀具长度补偿有效之前，刀具相对于工件的坐标是机床上刀具长度定位基准点 E 相对于工件的坐标。

在加工过程中，为了控制切削深度或进行试切加工，也经常使用刀具长度补偿。采用的方法是：加工之前在实际刀具长度上加上退刀长度，存入刀具长度偏置寄存器中，加工时使用同一把刀具，而调用加长后的刀具长度值，从而可以控制切削深度，而不用修正零件加工程序（控制切削深度也可以采用修改程序原点的方法）。

例如，刀具长度偏置寄存器 H01 中存放的刀具长度值为 11，对于数控铣床执行以下语句“G90 G01 G43 Z—15.0 H01”后，刀具实际运动到 Z(—15.0＋11)＝Z—4.0 的位置，如图 15-66 (a) 所示；如果该语句改为“G90 G01 G44 Z—15.0 H01”，则执行该语句后刀具实际运动到 Z($-15.0-11$)＝Z-26.0 的位置，如图 15-66（b）所示。

从这两个例子可以看出，在程序命令方式下，可以通过修改刀具长度偏置寄存器中的值达到控制切削深度的目的，而无需修改零件加工程序。

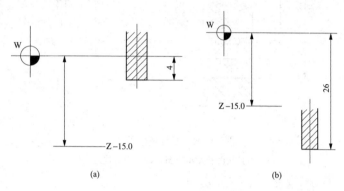

(a)   (b)

图 11-66   刀具长度补偿示例

(a) 正补偿：G90 G01 G43 Z-15.0 H01；(b) 负补偿：G90 G01 G44 Z-15.0 H01

值得进一步说明的是，机床操作者必须十分清楚刀具长度补偿的原理和操作（应参考机床操作手册和编程手册）。数控编程员则应记住：零件数控加工程序假设的是刀尖（或刀心）相对于工件的运动，刀具长度补偿的实质是将刀具相对于工件的坐标由刀具长度基准点（或称刀具安装定位点）移到刀尖（或刀心）位置。

六、模具制造与数控加工技术简介

（一）模具的数控加工

（1）模具的制造是单件生产。每一副模具都是一个新的项目，有着不同的结构特点，每一个模具的开发都是一项创造性的工作。

（2）模具的开发并非最终产品，而是为新产品的开发服务。一般企业的新产品开发在数量上、时间上并不固定，从而造成模具生产的随机性强、计划性差，包括客户变动大、产品变化多。

因此对模具制造企业的人员有更高的要求，要求模具企业的员工必须能快速反应，也就是要有足够的基础知识和实践经验。

（3）模具制造要快速。新产品开发的周期越来越短（而模具又是新产品开发费时最多的项目之一），模具开发的周期随之缩短，因此模具在从报价到设计制造过程都要有很快速的反应。特别是模具制造过程必须要快，才能达到客户的要求。所以就要求模具的加工工序应高度集成，并优化工艺过程，在最短的加工工艺流程中完成模具的尽量多的加工。

（4）模具结构不确定。模具需要按制件的形状和结构要素进行设计，同时由于模具所成形的产品往往是新产品，所以在模具开发过程中常常有更改，或者在试模后对产品的形状或结构做调整，而这些更改需要进行重新加工。

（5）模具加工的制造精度要求高。为了保证成形产品的精度，模具加工的误差必须有效地控制，否则模具上的误差将在产品上放大。模具的表面粗糙度要求高，如注塑模具或者压铸模具，为了达到零件表面的光洁，以及为了使熔体在模具内流动顺畅，必须有较低的表面粗糙度值。

总之，模具具有结构复杂、型面复杂、精度要求高、使用的材料硬度高、制造周期短等特点。应用数控加工模具可以大幅度提高加工精度，减少人工操作，提高加工效率，缩短模具制造周期。同时模具的数控加工具有一定的典型性，并比普通产品的数控加工有更高的要求。

（6）模具数控加工的技术要点。

1）模具为单件生产，很少有重复开模的机会。因此数控加工的编程工作量大，对数控加工的编程人员和操作人员有更高的要求。

2）模具的结构部件多，数控加工工作量大，模具通常有模架、型腔、型芯、镶块或滑块、电极等部件需要通过数控加工成形。

3）模具的型腔面复杂，而且对成形产品的外观质量影响大，因此在加工腔型表面时必须达到足够的精度，尽量减少、最好能避免模具钳工修整和手工抛光工作。

4) 模具部件一般需要多个工序才能完成加工,应尽量安排在一次安装下全部完成,这样可以避免因多次安装造成的定位误差并减少安装时间。通常模具成形部件会有粗铣、精铣、钻孔等加工,并且要使用不同大小的刀具进行加工。合理安排加工次序和选择刀具就成了提高效率的关键之一。

5) 模具的精度要求高。通常模具的公差范围要达到成形产品的 $1/5 \sim 1/10$;而在配合处的精度要求更高,只有达到足够的精度,才能保证不至于溢料,所以在进行数控加工时必须严格控制加工误差。

6) 模具通常是"半成品",还需要通过模具钳工修整或其他加工,如电火花加工等。因此在加工时要考虑到后续工序的加工方便,如为后续工序提供便于使用的基准等。

7) 模具材料通常要用到很硬的钢材,如压铸模具所用的 H13 钢材,通常在热处理后硬度会达到 $52 \sim 58$HRC,而锻压模具的硬度更高。所以数控加工时必须采用高硬度的硬质合金刀具,选择合理的切削用量进行加工,有条件的最好用高速铣削来加工。

8) 模具电极的加工。模具加工中,对于尖角、肋条等部位无法用机加工加工到位。另外某些特殊要求的产品需要进行电火花加工,而电火花加工要用到电极。电极加工时需要设置放电间隙。模具电极通常采用纯铜或石墨,石墨具有易加工、电加工速度快、价格便宜的特点,但在数控加工时,石墨粉尘对机床的损害极大,要有专用的吸尘装置或者浸在液体中进行加工,需要用到专用数控石墨加工中心。

9) 标准化是提高效率、缩短加工时间的有效途径。对于模具而言,尽量采用标准件,可以减少加工工作量。同时在模具设计制造过程中使用标准的设计方法,如将孔的直径标准化、系列化,可以减少换刀次数,提高加工效率。

10) 对模具的数控程序应建立一套完善的程序,按既定的方法和步骤进行数控加工,可以防止或减少错误。

574

11）合理安排数控加工与普通加工。对某些既可使用普通机加工，又可以通过数控加工成形的零件，需综合考虑其加工时间、加工成本，以及机床的加工能力，进行统筹安排，一般应按数控机床的加工能力优先安排数控加工。同时在安排顺序上，也应该优先服从数控机床的加工时间。

（二）数控加工在模具制造中的应用

模具的数控加工技术按其能量转换形式不同可分为以下三种。

（1）数控机械加工技术。模具制造中常常用到的如数控车削技术、数控铣削技术，这些技术正在朝着高速切削的方向发展。

（2）数控电加工技术。如数控电火花加工技术、数控线切割技术。

（3）数控特种加工技术。包括新兴的、应用还不太广泛的各种数控加工技术，通常是利用光能、声能、超声波等未完成加工的，如快速原型制造技术等。

这些加工方式为现代模具制造提供了新的工艺方法和加工途径，丰富了模具的生产手段。但应用最多的是数控铣床及加工中心，数控线切割加工与数控电火花加工在模具数控加工中的应用也非常普遍，而数控车床主要用于加工模具杆类标准件，以及回转体的模具型腔或型芯，在模具加工中，数控钻床的应用也可以起到提高加工精度和缩短加工周期的作用。

在模具数控制造中，应用数控加工可以起到提高加工精度、缩短制造周期、降低制造成本的作用，同时由于数控加工的广泛应用，可以降低对模具钳工经验的过分依赖，因而数控加工在模具中的应用给模具制造带来了革命性的变化。当前，先进的模具制造企业都是以数控加工为主来制造模具，并以数控加工为核心进行模具制造流程的安排。

1. 数控车削加工

数控车削在模具加工中主要用于标准件的加工，各种杆类零件如顶尖、导柱、复位杆等。另外在回转体的模具中，如瓶体、盆类的注塑模具，轴类、盘类零件的锻模，冲压模具的冲头等，也使用数控车削进行加工。

2. 数控铣削加工

数控铣削在模具加工中应用最为广泛，也最为典型，可以加工各种复杂的曲面，也可以加工平面、孔等。对于复杂的外形轮廓或带曲面的模具如电火花成形加工用电棍、注塑模、压铸模等，都可以采用数控铣削加工。

3. 数控电火花线切割加工

对于微细复杂形状、特殊材料模具、塑料镶拼型腔及嵌件、带异形槽的模具，都可以采用数控电火花线切割加工。线切割主要应用在各种直壁的模具加工，如冲压模具中的凹凸模，注塑模中的镶块、滑块，电火花加工用电极等。

4. 数控电火花成型加工

模具的型腔、型孔，包括各种塑料模、橡胶模、锻模、压铸模、压延拉深模等，可以采用数控电火花成形加工。

七、数控车削加工

车削加工主要用于圆柱面、锥面、圆弧和螺纹等工序的切削加工，并能进行切槽、钻孔、扩孔和铰孔等加工。数控车削由数控车床来完成，数控车床可分为卧式数控车床和立式数控车床两大类。卧式数控车床有水平导轨和倾斜导轨两种，档次较高的数控卧式车床一般采用倾斜导轨。数控车床刚性好，对刀精度高，能方便和精确地进行人工补偿甚至自动补偿，具有直线插补和圆弧插补的功能。

1. 数控车削主要加工的模具零件

（1）精度要求高的零件和表面粗糙度值小的回转体零件。因为数控车床的制造精度高、刚性好，故能加工对素线直线度、圆度、圆柱度要求高的模具零件，如管件的注塑模。数控车床具有恒线速度切削功能，可以选用最佳线速度来切削端面，切出的表面粗糙度值既小又一致。

（2）轮廓形状复杂的零件。对于那些由多段直线和曲线组成的形状复杂的回转体零件，如瓶子的吹塑模、圆盆或杯的注塑模、轴锻模等模具的凸凹模，必须由数控车削完成。数控车床不仅具有直线插补功能，还有圆弧插补功能，可以直接加工圆弧轮廓。

无论多么复杂的轮廓外形，只要是回转体零件，都可以用样条来表述零件的形状，然后在制造公差内用直线或圆弧来离散样条，数控车床通过插补直线或圆弧便可以实现对任意复杂回转体零件的车削。

（3）带一些特殊类型螺纹的零件。普通机床只能车等螺距的直、锥面米制和英制螺纹，而且一台车床只限定加工若干种螺距。数控车床不仅具有传统车床的功能，而且能车增大螺距、减小螺距，以及要求螺距之间平滑过渡的螺纹。

（4）超精密、超低表面粗糙度值的零件。数控车削在模具加工中主要应用于具有回转体成形零件的玻璃模具及光学透镜镜片、眼睛镜片、磁盘、光盘等高精度模具。

此外，数控车削还常用来加工模具中的杆类标准件，如顶尖、导柱、导套等；带锥度的零件，如注塑模或压铸膜上的圆柱镶块。

2. 数控车削的工艺特点

（1）刀具特点：用于粗车的刀具强度高、刀具寿命高；用于精车的刀具精度高、刀具寿命高。对于刀片，应采用涂层硬质合金刀片，这样可以提高切削速度。涂层材料一般是碳化铁、氮化铁和氧化铝等，在同一刀片上可以涂多层，成为复合涂层。另外要求刀片有很好的断屑槽。因为数控车床是封闭加工，人为不可能去除金属断屑，为防止金属断屑划伤零件表面，刀具必须具备优良的断屑性能。

（2）刀座（夹）。为利于管理，用户应尽量减少刀座的种类和型号。

（3）坐标的取法和指令。与数控车床主轴平行的轴称为 Z 轴，径向方向为 X 轴。当用绝对坐标编程时，用 X 和 Z 作为坐标代码，当用相对坐标编程时，用 U 和 W 编码。切削圆弧时，使用 I 和 K 表示圆弧的起点相对其圆心的坐标值，I 对应于 X 轴，K 相对应于 Z 轴。

（4）刀具位置补偿。为了提高刀具寿命和降低模具表示粗糙度值，车刀刀尖常磨成半径不大的圆弧。为此，当编制圆头刀程序时，需要对刀具半径进行补偿。对具有 G41、G42 自动补偿功

能的机床，可直接按轮廓尺寸编程，其编程比较简单。对不具备
G41 和 G42 的机床，需要人工计算补偿量。

（5）车削固定循环功能。使用固定循环可以简化编程。

3. 数控车床的应用

数控车床的应用主要是选择好切削用量，其中粗车进给量取
值较大（一般为 $f > 0.25mm/r$），以便缩短切削时间；精车进给
量取值较小（为 $f \leq 0.25mm/r$），以便减小表面粗糙度值。在选
取精车进给时，应考虑刀尖圆弧半径的影响。

数控车床在编制程序时，应考虑刀具的安排及中途换刀，即
先确定好坐标系和尺寸，并考虑工件的安装方法与位置，然后再
定出加工程序。通常编程的换刀位置是设在机床的参考点上。若
参考点距工件较远时，为了不浪费时间，避免机械磨损，可利用
中途换刀点来换刀。

所谓中途换刀点换刀是指：第一把刀切削完后退到一个无换
刀干涉的位置换第二把刀；第二把刀切削完后再退到一个无换刀
干涉的位置换刀，……只有第一把刀是从参考点出发，而最后一
把刀切削完毕后才回到参考点。

八、数控铣削加工

（一）数控铣削的特点及应用

1. 数控铣床加工的优点

（1）加工精度高、再现性好：数控铣床一般加工的经济精度
为 $0.05 \sim 0.1mm$，可达到的精度为 $0.01 \sim 0.02mm$，在加工同型
腔时采用同一程序，可保证型腔尺寸的一致性。

（2）生产率高、适应性强：省去了靠模、样板等二类工具，
缩短了生产准备周期，净切削时间是机床开动时间的 $65\% \sim 70\%$
（普通铣床 $15\% \sim 20\%$）。设计更改时只需对数控程序做局部修改
即可。

（3）自动化程度高：操作者只需装卸刀具和工件、安装控制
带、调整机床原点，全部加工过程都由机床自动完成。

（4）实现一体化：可使计算机辅助设计（CAD）和计算机辅
助制造（CAM）一体化，以建立共用的几何图形数据库，可使

CAD 的数据直接输入 CAM，省掉重复编程，避免造成人为的误差。

2. 数控铣床加工的基本步骤

（1）根据零件 CAD 模型编制数控加工代码。

（2）利用传输介质将加工代码以脉冲形式传给机床数控系统。

（3）机床的数控系统将数据处理以后，转换成驱动伺服（或步进）电动机运动的控制信号。

（4）由伺服（或步进）电动机带动滚珠丝杠控制机床的进给运动。

3. 数控铣削的主要加工对象

数控铣削加工主要针对复杂平面类零件、变斜角类零件和复杂曲面类零件。

（1）平面类零件：平面类零件包括水平面、垂直面、任意角度的斜面及可展开成平面的零件，如圆柱、圆台、圆锥等。

平面加工一般分为平面区域加工和平面轮廓加工，平面区域加工常用作粗加工，用于去除大量的材料；平面轮廓加工可以作为精加工，铣削出零件的真实外形。

对于斜面的加工，常常采用适当装卡的方法，如用斜垫板垫平后加工；也可以采用将机床主轴旋转一定角度或将工作台旋转一定角度的方法加工斜面；也可以采取五轴数控铣床加工。对于斜度很陡的斜面，可以采用成形铣刀来加工。

（2）曲面零件：加工曲面零件一般用三轴联动数控铣床。当加工复杂零件如叶轮叶片等形状模具时，才采用四、五轴联动数控铣床。曲面铣加工的方法有曲面区域加工（一般用于半精加工）、曲面轮廓加工等参数线加工（是精加工的传统方法）和等高线加工。

在数控编程中，除了关心刀具的几何参数以外，还要关注刀具的材料及切削性能。近年来，国内外出现了很多新型高效铣刀，主要在材料、几何形状、制造工艺上进行改进，提高了刀具的切削性能。

一般对数控铣刀的要求：一是刚性好，不容易变形。若铣刀刚性不好，轴线发生弯曲，则刀具的实际进给路径并非编程人员编制的进给路径，会导致加工形状误差。二是耐磨性。尤其当需要长时间加工时，若刀具磨损很快，容易导致加工精度降低。另外要求刀具有很好的排屑性，否则金属屑粘在刀具上会影响零件加工的表面质量及精度。

4. 数控铣削的工艺分析

数控铣削加工的工艺分析是提高加工效率，保证零件正确加工的关键。工艺分析包括以下几个方面。

（1）分析零件的加工工艺性：包括分析零件的哪个表面适合数控铣削加工，完整加工此零件所涉及的毛坯材料及形状、刀具等一系列准备方案。

（2）确定零件的装夹方法和夹具：争取一次装夹就能加工零件的所有加工表面。避免由于多次装夹导致加工误差产生。

（3）零件坐标系和编程坐标系的吻合：以保证正确对刀，确保编程坐标系在毛坯上的位置映射，保证所需加工零件形体在毛坯的范围内。否则不能保证正确地加工出零件。对刀点不同会影响所加工零件相对毛坯的位置。

（4）确定加工路径：加工路径即是加工的先后顺序。先粗加工，然后半精加工，最后精加工。在粗加工阶段，对于较简单的零件，粗加工一般在普通机床上完成，对于必须要在数控铣床上才能完成粗加工的复杂模具，要事先规划好粗铣的方式以及每刀去除材料的深度。在半精加工和精加工阶段，不但要规划好加工面的先后顺序，还要规划好刀具的使用顺序。一般是先用大直径刀具切除大部分加工量，后用小直径刀具进行补加工及清角等加工。

5. 数控铣床加工模具型腔的方法

首先必须掌握模具零件图所需要加工的部位，针对加工要求选择刀具或装夹工具，编制数控铣床动作程序，包括刀具移动量、进给速度及主轴转速等加工所需的信息，计算刀具轨迹，编制加工程序。

（1）工具的数控：有定位数控、直线切削数控和连续切削数控三种。定位数控是从点到点，移动到所指示的位置上；直线切削数控是在定位的同时还需要辅助功能，如修正工具的尺寸和变换主轴的速度等；连续切削数控是按指令加工复杂的成形形状，这种数控中有一台计算机，通过移动工具，能边改变 X、Y 轴的移动距离比例，边进行加工。数控铣床主要用的数控就是直线切削数控和连续切削数控。

（2）数控铣床加工模具型腔：二维加工方法是双轴数控，如在 X、Y 平面上加工轮廓，一般形状是点、直线和圆弧的集合；三维加工通常用自动编程，控制轴是 X、Y、Z，刀具是球头立铣刀；四维加工的控制轴是 X、Y、Z 轴和 C 轴；五轴加工可以五轴同时控制，即除三轴控制移动以外，铣刀轴还可做两个方向的旋转，铣刀轴常与工件成直角状态，除可以提高精度外还可以对侧面凹入部位进行加工。图 11-67 所示为数控铣床加工立体形状的方法。图 11-68 所示为三轴控制和五轴控制的加工实例。

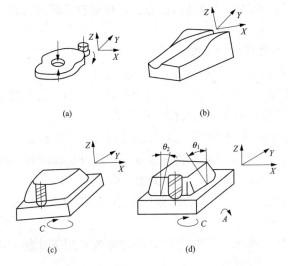

图 11-67　数控铣床加工立体形状的方法

（a）二轴加工；（b）三轴加工；（c）四轴加工；（d）五轴加工

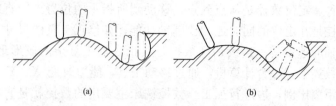

图 11-68　三轴控制和五轴控制的加工实例

(a) 三轴控制；(b) 五轴控制

6. 数控仿形铣技术

仿形铣加工是以仿形触头在模型表面做靠模运动，铣刀做同步仿形加工运动，在被加工工件上铣出与模型相同的形面。根据仿形触头的信息传输形式和机床进给传动的控制方式，仿形铣床分为机械式、液压式、电液式、光电式及电控式等类型。

（二）数控铣削编程实例

以立式数控铣床为例，通常立式铣床指定 X 轴正向、Y 轴正向和 Z 轴正向的极限点为参考点，机床启动后，首先要将机床位置"回零"，即执行手动返回参考点，在数控系统内部建立机床坐标系。

1. 数控铣床的编程特点

（1）在选择工件原点的位置时应注意以下几点。

1）为便于在编程时进行坐标值的计算，减少计算错误和编程错误，工件原点应选在零件图的设计基准上；

2）对于对称的零件，工件原点应设在对称中心上；

3）对于一般零件，工件原点设在工件外轮廓的某一角上；

4）Z 轴方向上的零点一般设在工件表面；

5）为提高被加工零件的加工精度，工件原点应尽量选在精度较高的工件表面。

（2）数控铣床配备的固定循环功能主要用于孔加工，包括钻孔、镗孔、攻螺纹等。

（3）数控程序中需要考虑到对刀具长度的补偿。

（4）编程时需要对刀具半径进行补偿。

2. 数控铣削编程实例

【**例 11-1**】 如图 11-69 所示工件铣削加工，立铣刀直径为 $\phi30mm$，加工程序如下：

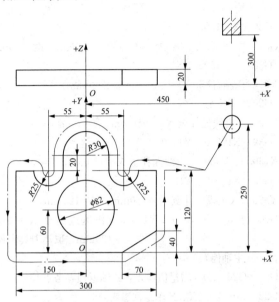

图 11-69　数控铣削编程实例（一）

O0012（程序代号）

N01 G92　X450.0　Z300.0（建立工件坐标系，工件零点 O）

N02　G00　X175.0　Y120.0（绝对值输入，快速进给至 $X=175mm$，$Y=120mm$）

N03　Z−50　S130　M03（Z 轴快移至 $Z=-5mm$，主轴正转，转速 130r/min）

N04　G01　G42　H10　X150.0　F80.0（直线插补至 $X=150mm$，$Y=120mm$，刀具半径右补偿，H10＝15mm，进给速度 80mm/s）

N05　X80.0　（直线插补至 $X=80mm$，$Y=120mm$）

（N06　G39　X80.0　Y0）

N07　G02　X30.0　R25.0（顺圆插补至 $X=30mm$，$Y=120mm$）

N08　G01　Y140.0（直线插补至 $X=30$mm，$Y=140$mm）

N09　G03　X−30.0　R30.0（逆圆插补至 $X=-30$mm，$Y=140$mm）

N10　G01　Y120.0（直线插补至 $X=-30$mm，$Y=120$mm）

N11　G02　X−80.0　R25.0（顺圆插补至 $X=-80$mm，$Y=120$mm）

（N12　G39　X−150.0）

N13　G01　X−150.0（直线插补至 $X=-150$mm，$Y=120$mm）

（N14　G39　X−150.0）

N15　Y0（直线插补至 $X=-150$mm，$Y=0$mm）

（N16　G39　X0　Y0）

N17　X80.0（直线插补至 $X=-80$mm，$Y=0$mm）

（N18　G39　X150.0　Y40.0）

N19　X150.0　Y40.0（直线插补至 $X=150$mm，$Y=40$mm）

（N20　G39　X150.0　Y120.0）

N21　Y125.0（直线插补至 $X=150$mm，$Y=125$mm）

N22　G00　G40　X175.0　Y120.0（快速进给至 $X=175$mm，$Y=120$mm，取消刀具半径补偿）

N23　M05（主轴停）

N24　G91　G28　Z0（增量值输入，Z 轴返回参考点）

N25　G28　X0　Z0（X、Y 轴返回参考点）

N26　M30（主程序结束）

【例 11-2】　如图 11-70 所示工件铣削加工，立铣刀直径为 $\phi20$mm，加工程序如下：

O10012（程序代号）

N010　G90　G54 X−50.0 Y−50.0（G54 加工坐标系，快速进给至 $X=-50$mm，$Y=-50$mm）

N020　S800 M03（主轴正转，转速 800r/min）

N030　G43 G00 H12（刀具长度补偿，$H12=20$mm）

N040　G01 Z−20.0 F300.0（Z 轴工进至 $Z=-20$mm）

N050　M98 P1010（调用子程序 O1010）

N060　Z−450.0 F300.0（Z 轴工进至 $Z=-45$mm）

N070　M98 P1010（调用子程序 O1010）

N080　G49 G00 Z300.0（Z 轴快移至 $Z=300$mm）

N090　G28 Z300.0（Z 轴返回参考点）

N100　G28 X0 Y0（X、Y轴返回参考点）

N110　M30（主程序结束）

O1010（子程序代号）

N010　G42 G01 X－30.0 Y0 F300 H22 M08（切削液开，直线插补至 $X=-30$mm，$Y=0$mm，刀具半径右补偿，H22＝10mm）

N020　X100.0（直线插补至 $X=100$mm，$Y=0$mm）

N030　G02 X300.0 R100.0（顺圆插补至 $X=300$mm，$Y=0$mm）

N040　G01 X400.0（直线插补至 $X=400$mm，$Y=0$mm）

N050　Y300.0（直线插补至 $X=400$mm，$Y=300$mm）

N060　G03 X0 R200.0（逆圆插补至 $X=0$mm，$Y=300$mm）

N070　G01 Y－30.0（直线插补至 $X=0$mm，$Y=-30$mm）

N080　G40 G01 X－50.0 Y－50.0（直线插补至 $X=-50$mm，$Y=-50$mm，取消刀具半径补偿）

N090 M09（切削液关）

N100 M99（子程序结束并返回主程序）

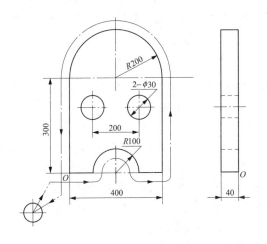

图 11-70　数控铣削编程实例（二）

【例 11-3】　如图 11-71 所示工件铣削加工内外轮廓，立铣刀直径为 $\phi8$mm，用刀具半径补偿编程。

工艺分析：外轮廓加工采用刀具半径左补偿，沿圆弧切线方向切入 $P_1 \rightarrow P_2$，切出时也沿圆弧切线方向切入 $P_2 \rightarrow P_3$。内轮廓

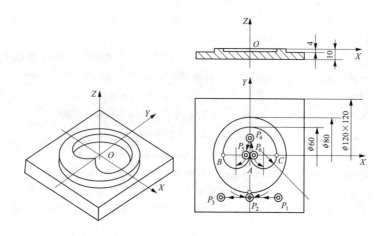

图 11-71　数控铣削编程实例（三）

加工采用刀具半径右补偿，$P_4 \rightarrow P_5$ 为切入段，$P_6 \rightarrow P_4$ 为切出段。外轮廓加工完毕取消刀具半径左补偿，待刀具至 P_4 点再建立刀具半径右补偿。数控加工程序如下：

O10088

N010　G54 S1500 M03（建立工件坐标系，主轴正转，转速 1500r/min）

N020　G90 Z50.0（抬刀至安全高度）

N025　G00 X20.0 Y−44.0 Z2.0（刀具快进至 P_1 点上方）

N030　G01 Z−4.0 F100.0（刀具以切削进给工进至深度 4mm 处）

N040　G41 X0 Y−40.0（建立刀具半径左补偿 $P_1 \rightarrow P_2$）

N050　G02 X0 Y−40.0 I0 J40.0（铣外轮廓顺圆插补至 P_2）

N060　G00 G40 X−20.0 Y−44.0（取消刀具半径左补偿 $P_2 \rightarrow P_3$）

N070　Z50.0（抬刀至安全高度）

N080　G00 X0 Y15.0（刀具快进至 P_4 点上方）

N090　Z2.0（快速下刀至加工表面 2mm 处）

N100　G01 Z−4.0（刀具以切削进给工进至深度 4mm 处）

N110　G42 X0 Y0（建立刀具半径右补偿 $P_4 \rightarrow P_5$）

N120　G02 X−30.0 Y0 I−15.0 J0（铣内轮廓顺圆插补 $A \rightarrow B$）

N130　G02 X30 Y0 I30.0 J0（铣内轮廓顺圆插补 $B \rightarrow C$）

N140　G02 X0 Y0　I-15.0 J0（铣内轮廓顺圆插补 $C{\rightarrow}A$）

N150　G00 G40 X0 Y15.0（取消刀具半径右补偿 $P_6{\rightarrow}P_4$）

N160　G00 Z100.0（刀具沿 Z 轴快速退出）

N170　M02（程序结束）

九、数控磨削加工

（一）数控磨床及其应用

1. 数控磨削方式

随着科学技术的不断发展，数控技术已逐步应用于各类磨床，如图 11-72 所示就是用于模具加工的坐标数控磨床，可精密地磨削模具复杂的形面；如图 11-73 所示就是用于高精密平面加工的数控平面磨床。我国已经生产的数控磨床有：MGK1320A 型数控高精度外圆磨床可磨削凸轮、鼓形等复杂形面，磨削的圆度误差为 0.000 5mm，表面粗糙度为 R_a 0.01μm；MK2110 型数控内圆磨床可用于内圆、内凹端面、锥孔、外端面的磨削；还有 MK9020 型数控光学曲线磨床，用了三轴计算机控制系统；MK2945 型立式单柱坐标磨床有两轴计算机控制；以及 MJK1312 型简式数控外圆磨床、MK8532 型数控曲线凸轮磨床等，都有较高的加工精度，并取得了显著的效益。

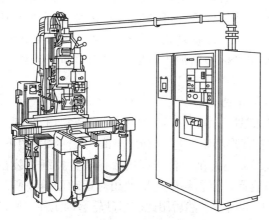

图 11-72　坐标数控磨床外形

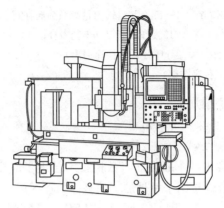

图 11-73 数控平面磨床外形

模具中的圆形导向机构零件如导柱、导套，推出机构中的圆形推杆，模板平面等零件一般采用普通磨床或数控内、外圆磨床加工。

在模具加工中，冷冲裁模具的凸、凹模，模具推出机构所用的异形推杆及异形成形镶块等零件的最终精加工，经常采用数控坐标磨削加工工艺。进行数控坐标磨削的加工过程中，被加工零件处于固定状态，磨削的轮廓运动由磨头的公转和自转完成，上、下进给运动由磨头套筒的上、下冲程运动完成。坐标磨床配置各种附件后，可以磨削形状特别复杂及精度要求很高的零件，模具中形状复杂、硬度和精度同时要求很高的零件主要采用数控坐标磨削加工，因此我们将重点介绍数控坐标磨削技术。

2. 数控磨床的应用

数控磨床是以平面磨床为基体的一种精密加工设备，如图 11-74 所示。在数控成形磨床上进行成形磨削的方法主要有以下三种。

（1）成形砂轮磨削。首先利用数控装置控制安装在工作台上的砂轮修整装置，使它与砂轮架做相对运动而得到所需的成形砂轮，如图 11-75 所示，然后用此成形砂轮磨削工件。磨削时工件做纵向往复直线运动，砂轮做垂直进给运动，这种方法适用于加工面窄且批量大的工件。

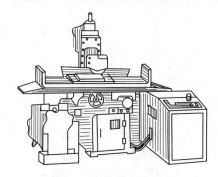

图 11-74　数控成形磨床

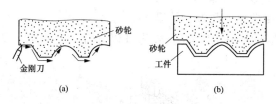

图 11-75　用成形砂轮磨削

（2）仿形磨削。利用数控装置把砂轮修整成因形或 V 形，见图 11-76（a），然后由数控装置控制砂轮架的垂直进给运动和工作台的横向进给运动，使砂轮的切削刃沿着工件的轮廓进行仿形加工，见图 11-76（b）。这种方法适用于加工面宽的工件。

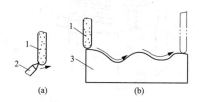

图 11-76　用仿形法磨削
（a）修整砂轮；（b）磨削工件
1—砂轮；2—金刚刀；3—工件

（3）复合磨削。将多种磨削方法结合在一起，用来磨削具有

多个相同型面工件的方法叫作复合磨削。复合磨削方法如图 11-77
所示。

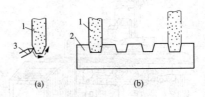

图 11-77　复合磨削

（a）修整砂轮；（b）磨削工件

1—砂轮；2—工件；3—金刚刀

（二）数控坐标磨削

1. 数控坐标磨削工艺原理

数控坐标磨床的 CNC 系统可以控制 3～6 轴，如图 11-78
所示。

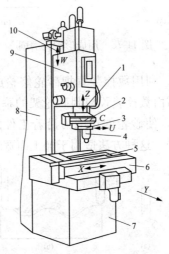

图 11-78　数控坐标磨床的组成

1—主轴；2—C 轴；3—U 轴滑板；4—磨头；5—工作台；

6—Y 轴滑板；7—床身；8—立柱；9—主轴箱；

10—主轴箱 W 滑板

C 轴——控制主轴回转，主轴箱装在 W 轴拖板上。

U 轴——控制移动偏心量（即进刀量），其装在主轴端面上，U 轴滑板上则装有磨头。

X 轴、Y 轴——控制十字工作台运动。

Z 轴——控制磨头做往复运动。

A 轴或 B 轴——控制回转工作台运动。

（1）圆孔磨削。C 轴控制主轴回转，加上 U 轴移动使磨头做偏心距可变的行星运动，并控制 Z 轴做上、下往复运动，可磨削圆孔。

（2）二维型曲面磨削。当 CNC 系统有 C 轴同步功能时，在 X、Y 轴联动做平面曲线插补时，C 轴可自动跟踪转动，使 U 轴与平面轮廓法线平行 ［见图 11-79（a）］，U 轴可控制砂轮轴线与轮廓在法线方向上的距离，以控制孔磨削的进刀量。

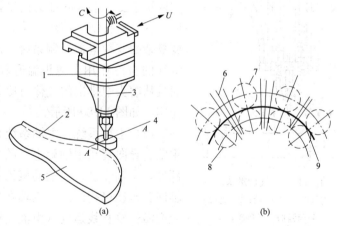

图 11-79　凹、凸两模加工

（a）C 轴、U 轴和轮廓法线方向；（b）C 轴的对称控制

1—主轴轴线；2—处于主轴轴线下部的砂轮磨削面；3—砂轮轴线；

4—法线方向；5—工件；6—垂直于工件表面；7—磨削凸模时的砂轮位置；

8—磨削凹模开口时的砂轮位置；9—凹模凸模间的相配线（编程的轮廓线）

C 轴功能有对称控制的特点，当 X、Y 轴联动按编程轨迹运动时，只要砂轮磨削边与主轴轴线重合，就可用同一数控程序来磨削凹、凸两模，磨出的轮廓就是编程轨迹，而不必考虑砂轮半径补偿，也容易保证凹、凸两模的配合精度和间隙均匀［见图 11-79 (b)］。当只用 X、Y 轴联动做轮廓加工时，必须锁定 C 轴和 U 轴，这时平面插补则必须加砂轮半径补偿，通过改变补偿量可以实现进刀。

2. 数控坐标磨床的主要结构

(1) 高速磨头。磨头的最高转速是反映坐标磨床磨削小孔能力的标志之一。气动磨头（也称空气动力磨头）最高转速达 250 000r/min，通常为 120 000～180 000r/min，主要用于提高磨

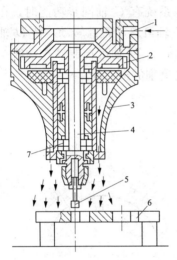

图 11-80　气动磨头

1—进气口；2—叶轮；3—外壳；
4—转轴；5—砂轮；
6—工件；7—滚动轴承

小孔能力的坐标磨床。电动磨头采用变频电动机直接驱动，输出功率较大、短时过载能力强、速度特性硬、振动较小，但最高转速较低，主要用于提高磨大孔能力的坐标磨床。气动磨头结构简单紧凑，不需要复杂的变频电器控制系统，由于空气的自冷作用，磨头温升较低，而且从磨头中排出的气体有冷却的作用，如图 11-80 所示。

(2) 主轴系统。主轴系统是由主轴、导向套和主轴套组成的主轴部件，主轴往复直线运动机构和主轴回转传动机构组成。主轴在导向套内做往复直线运动（由液压或气动驱动），通常采用密珠直线循环导向套。主轴连同导向套和主轴套一起慢速旋转，使磨头除高速自转外同时做行星运动，以实现圆周进给，通常由直流电动机或异步电动机经齿轮或蜗杆传动实现。主轴部件可由气缸平衡其自重。

(3) 工作台。工作台实现纵、横坐标定位移动，其传动由伺服电动机带动滚珠丝杠，导轨常采用滚动导轨，但某些高精度坐标磨床仍有采用两个 V 形滑动导轨的，其特点是导向精度很高。

（4）磨圆锥机构。磨圆锥机构是坐标磨床上的重要附件，用以实现锥孔的磨削。根据其在主轴箱的布局形式分为两种类型。一是套筒直接调整倾斜式，以莫尔公司和上海第二机床厂为代表，采用把套筒在回转轴内搬动一个角度，使磨头主轴与工作台面不垂直而成一个角度的直接磨削法。其优点是结构简单，磨圆锥方便可靠，砂轮不需修成锥面；缺点是在磨完锥孔后恢复套筒位置需仔细调整，磨直孔不方便。第二种类型是以瑞士豪泽厂和宁江机床厂为代表的上下和径向进给组合式，采用套筒上下运动的同时，砂轮做径向进给运动而实现圆锥孔磨削，其结构复杂，磨圆锥孔较麻烦而精度稍差，但磨直孔方便且精度高。

（5）基础支撑件。床身、立柱、滑座、主轴箱等主要铸件一般采用稳定性好的高级铸铁制造，并采用高刚度结构设计，例如立柱为双层壁结构，而且是热对称结构。

3. 数控坐标磨削的基本方式

（1）径向进给式磨削：这种方式的特点是利用砂轮的圆周面进行磨削。进给时每次砂轮沿着偏心半径的方向对工件做少量的进给。这是一种最常见的磨削方式，最容易掌握，因此被广泛采用。这种方式的缺点是由于加工时砂轮受较大的挤压力，每次进给量较小，发热量较大，要有较长的去火花清磨时间。该方式适用于磨削各种内孔和外圆柱面。

（2）切入式磨削：这种方式是采用砂轮的端面进行磨削，所以也称为端面磨削。这种磨削的进给是轴向进给，热量及切屑不易排出，为了改善磨削条件，需将砂轮的底端面修成凹陷状。采用这种磨削时进给量要小，以免发生砂轮爆裂。

（3）插磨法磨削：这种磨削方式是砂轮快速上下移动的同时，对零件的环形轮廓进行成形磨削，该方式的特点是可以采用较大的磨削进给量而产生的磨削热量较小。在连续轨迹的主控坐标磨床中是一种主要的磨削方式。

4. 数控坐标磨削的工艺特点

（1）基准选择。必须选择用校表方法能精确找到的位置作为基准。

（2）磨削余量。一般按前道工序可保证的形位公差和热处理要求，单边留余量 0.05～3mm。

（3）进给量。磨孔径向连续切入为：0.1～1mm/min；轮廓磨削为：始磨 0.03～0.1mm/次，终磨 0.004～0.01mm/次。

（4）进给速度。一般是 10～30mm/min。视工件材料、砂轮性能调整进给量和进给速度。

5. 数控坐标磨削在模具加工中的应用

数控坐标磨削在模具加工中主要有以下几种基本磨削方法。

（1）成形孔磨削。加工时主轴做上、下往复运动，砂轮做高速行星运动。砂轮修成成形所需形状，如图 11-81 所示。

小孔磨削（$\phi0.8mm\sim\phi3mm$）。采用高速气动磨头，最低转速在 150 000r/min 以上，最高转速可达 250 000r/min，最小磨孔直径可达 0.5mm。磨小孔时需使用小孔磨削指示器。

（2）沉孔磨削。磨削运动与成形孔磨削相同，但需控制主轴行程位置，如图 11-82 所示。

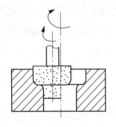

图 11-81　成形孔磨削

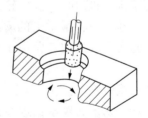

图 11-82　沉孔磨削

（3）内腔底面磨削。采用碗形砂轮。磨头做轴向进给，水平面进给。磨头需有轴向缓冲机构，见图 11-83。

（4）凹球面磨削。磨头与轴线成 45°交叉，砂轮底棱边的下端与轴线重合。在砂轮修成成形所需形状，如图 11-84 所示。

（5）二维轮廓磨削。主轴做冲程运动，x、y 平面做插补运动，见图 11-85。

（6）三维轮廓磨削。采用圆柱或球形砂轮，砂轮运动方式与数控铣削相同，见图 11-86。

（7）成形磨削。按所需加工形状修制砂轮，砂轮不做行星运动，

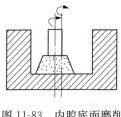

图 11-83　内腔底面磨削

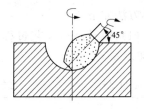

图 11-84　凹球面磨削

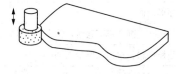

图 11-85　二维轮廓磨削

主轴固定在适当的位置。x、y 平面做插补运动，如图 11-87 所示。

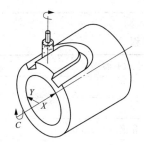

图 11-86　三维轮廓磨削

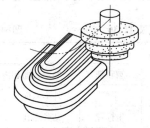

图 11-87　成形磨削

6. 数控坐标磨床磨削实例

如图 11-88 所示零件，用连续轨迹数控磨床制造其凹凸模具，

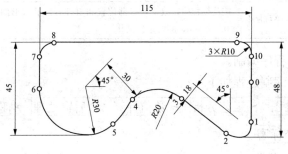

图 11-88　零件图

具体方法如下。

（1）模具制造工艺过程。模具制造工艺过程见表 11-35 和表 11-36。

表 11-35   凸模制造工艺过程

序号	工序	工 艺 内 容
1	刨和铣	加工外形六面，凸模形状粗铣
2	平磨	外形六面
3	坐标镗	钻螺孔，画凸模形状线，钻定位销孔，留磨量 0.3mm
4	铣	凸模形状，单边留磨量 0.2mm
5	热处理	62～65HRC
6	平磨	外形六面
7	CNC 坐标磨	磨定位销孔，编程磨凸模形面，在机床上检验和记录形面尺寸与定位销孔的相对位置

表 11-36   凹模制造工艺过程

序号	工序	工 艺 内 容
1	刨和铣	外形六面和内形面粗铣
2	平磨	外形六面
3	坐标镗	钻各螺孔，钻镗定位销孔，留磨量 0.3mm
4	热处理	62～65HRC
5	平磨	外形六面
6	NC 线切割	以定位销孔为基准，编程切割内形，单边留磨量 0.05～0.1mm
7	CNC 坐标磨	按凸模程序，改变入口圆位置和刀补方向磨内形面，单边间隙 0.003mm，磨好定位销孔

（2）程序编制。

程序编制过程如下：

工件图 → 工艺分析 → 数值计算 → 后置处理 → 程序输入 → 数控坐标磨

1）工艺分析。确定加工方法、路线及工艺参数，如图 11-89

所示为坐标磨削时磨削路线及砂轮中心轨迹，为了保证多次循环进给在切入处不留痕迹，一般应编一个砂轮切入的入口圆。磨凸圆时，砂轮由 A 逆时针运动 270°，在 B 点切入轮廓表面。编程时不计算砂轮中心运动轨迹插补参数，只计算工件轮廓轨迹插补参数。

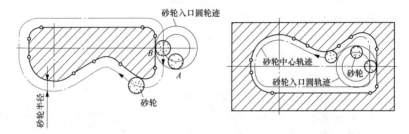

图 11-89　凸凹模加工示意

工艺参数如下：

$T_1 K10.13$　$V0.04$　$E3\%$

$T_2 K10.01$　$V0.003$　$E3\%$

$T_3 K10.001$　$V0.001$　$E1\%$

$T_4 K10.$　$V0.000$　$E1\%$

即砂轮半径为 10mm，加工余量单边为 0.013mm，用 T_1 砂轮磨三次，每次进给 0.04mm；T_2 砂轮磨三次，每次进给 0.003mm；T_3 砂轮磨一次，每次进给 0.001mm；T_4 砂轮不进给，磨一次。

2）数值计算。目的是向机床输入待加工零件几何参数信息，以适应机床插补功能。它的内容包括直线和圆弧起始躞坐标、圆弧半径及其他有关插补参数。

3）后置处理。其任务是将工艺处理信息和数值计算结果的数据编写成程序单传输或从键盘输入到机床数控装置。

（3）磨削模具的完整加工程序如下。

N1 X0 Y0 M00（MAINPOROGRAM）$

N2 T1 G71 J100 $

N3 T2 G71 J100 $

N4 T3 G71 J100 $

N5 T4 G71 J100 $

N6 G01 X150・F1500 M02 $

N100 X100・Y−15・M00 （SUBROUTINE） $

N105 G13 X85・Y0・G41 G78 F500 K15・ $

N110G01 Y−18・ $

N115G02 X67・929 Y−25・071 K10・ $

N120G01 X56・784 Y−13・926 $

N125G03 X28・50 K20・ $

N130G01 X21・213 Y−21・213 $

N135G02 X−30・Y0 K30・ $

N140G01 Y10・ $

N145G02 X−20・Y20・K10・ $

N150G01 X75・ $

N155G02 X85・Y10・K10・ $

N160G01 Y0・ $

N165G03 X100・Y−15・G79 K15・ $

N170G72 $

如加工凹模，只需改变入口圆位置和将左刀补改为右刀补即可，其余程序不变。

十、模具数控加工技术的发展趋势

近年来，人们把自动化生产技术的发展重点转移到中、小批量生产领域中，在模具先进技术的推广中，就要求加速数控机床的发展速度，使其成为一种高效率、高柔性和低成本的制造设备，以满足市场的需求。

数控机床是柔性制造单元（FMC）、柔性制造系统（FMS）以及计算机集成制造系统（CIMS）的基础，是国民经济的重要基础装备。随着微电子技术和计算机技术的发展，现代数控机床的应用领域日益扩大。当前数控设备正在不断地采用最新技术成就，向着高速度化、高精度化、智能化、多功能化以及高可靠性的方向发展。

1. 高速度、高精度化

现代数控系统正朝着高度集成、高分辨率、小型化方向发展。数控机床由于装备有新型的数控系统和伺服系统，使机床的分辨率和进给速度达到 0.1μm（24m/min）、1μm（100～240m/min）时，现代数控系统已经逐步由 16 位 CPU 过渡到 32 位 CPU。日本产的 FANUC15 系统开发出 64 位 CPU 系统，能达到最小移动单位 0.1μm 时，最小移动速度为 100m/min。FANUC16 和 FANUC18 采用简化与减少控制基本指令的 RISC（Reduced Instruction Set Computer），精简指令计算机，能进行更高速度的数据处理，使一个程序段的处理时间缩短到 0.5ms，连续 1mm 移动指令的最大进给速度可达到 120m/min。现代数控机床的主轴的最高转速可达到 10000～2000r/min，采用高速内装式主轴电动机后，使主轴直接与电动机连接成一整体，可将主轴转速提高到 40 000～50 000r/min。

通过减少数控系统误差和采用补偿技术可提高数控机床的加工精度。在减少数控系统控制误差方面，可通过提高数控系统分辨率，提高位置检测精度（日本交流伺服电动机已装上每转可产生 100 万个脉冲的内藏位置检测器，其位置检测精度可达到 0.1μm/脉冲）及在位置伺服系统中采用前馈控制与非线性控制等方法。补偿技术方面，除采用齿隙补偿、丝杆螺距误差补偿、刀具补偿等技术外，还开发了热补偿技术，减少由热变形引起的加工误差。

2. 智能化

（1）在数控系统中引进自适应控制技术：数控机床中因工件毛坯余量不均、材料硬度不一致、刀具磨损、工件变形、润滑或切削液等因素的变化将直接或间接地影响加工效果。自适应控制是在加工过程中不断检查某些能代表加工状态的参数，如切削力、切削温度等，通过评价函数计算和最佳化处理，对主轴转速、刀具（或工作台）进给速度等切削用量参数进行校正，使数控机床能够始终在最佳的切削状态下工作，从而提高了加工表面的质量和生产率，提高刀具的使用寿命，取得了良好的经济效益。

（2）设置故障自诊断功能：数控机床工作过程中出现故障时，控制系统能自动诊断，并立即采取措施排除故障，以适应长时间在无人环境下的正常运行要求。

（3）具有人机对话自动编程功能：可以把自动编程机具有的功能装入数控系统，使零件的程序编制工作可以在数控系统上在线进行，用人机对话方式，通过 CRT 彩色显示器和手动操作键盘的配合，实现程序的输入、编辑和修改，并在数控系统中建立切削用量专家系统，从而达到提高编程效率和降低操作人员技术水平的目的。

（4）应用图像识别和声控技术：实现由机床自己辨别图样，并自动地进行数控加工的智能化技术和根据人的言语声音对数控机床进行自动控制的智能化技术。

3. 多功能化

用一台机床实现全部加工来代替多机床和多次装夹的加工，既能减少加工时间，省去工序间搬运时间，又能保证和提高加工精度。加工中心便能把许多工序和许多工艺过程集中在一台设备上完成，实现自动更换刀具和自动更换工件。将工件在一次装夹下完成全部加工工序，可减少装卸刀具、装卸工件、调整机床的辅助时间，实现一机多能，最大限度地提高机床的开机率和利用率。目前加工中心的刀库容量可多达 120 把左右，自动换刀装置的换刀时间为 1~2s。加工中心中除了镗铣类加工中心和车削类加工中心外，还发展了可自动更换电极的电火花加工中心，带有自动更换砂轮装置的内圆磨削加工中心等。采用多系统混合控制方式，用车、铣、钻、攻螺纹等不同切削方式，同时加工工件的不同部位。现代控制系统的控制轴数可多达 16 轴，同时联动轴数已达 6 轴。

4. 高可靠性

高可靠性的数控系统是提高数控机床可靠性的关键。选用高质量的印制电路和元器件，对元器件进行严格的筛选，建立稳定的制造工艺及产品性能测试等一整套质量保证体系。在新型的数控系统中采用大规模、超大规模集成电路实现三维高密度插装技术，进一步把典型的硬件结构集成化，做成专用芯片，提高了系统的可靠性。

现代数控机床均采用 CNC 系统，数控机床的硬件由多种功能模块制成，对于不同功能的模块可根据机床数控功能的需要选用，并可自行扩展，组成满意的数控系统。在 CNC 系统中，只要改变一下软件或控制程序，就能制成适应各类机床不同要求的数控系统。数控系统向模块化、标准化、智能化"三化"方向发展，便于组织批量生产，有利于质量和可靠性的提高。

现代数控机床都装备有各种类型的监控、检测装置，以及具有故障自动诊断与保护功能，能够对工件和刀具进行监测，发现工件超差，刀具磨损、破裂，能及时报警，给予补偿，或对刀具进行调换，具有故障预报和自恢复功能，保证数控机床长期可靠地工作。数控系统一般能够对软件、硬件进行故障自诊断，能自动显示故障部位及类型，以便快速排除故障。此外系统中注意增强保护功能，如行程范围保护功能、断电保护功能等，以避免损坏机床和造成工件报废。

5. 适应以数控机床为基础的综合自动化系统

现代制造技术正在向机械加工综合自动化的方向发展。在现代机械制造业的各个领域中，先后出现了计算机直接数控系统（DNC）柔性制造系统（FMS），以及计算机集成制造系统（CIMS）等高新技术的制造系统。为适应这种技术发展的趋势，要求现代数控机床具有各种自动化监测手段和联网通信技术的不断完善和发展。正在成为标准化通信局部网络（LAN，Local Area Network）的制造自动化协议（MAP），使各种数控设备便于联网，就有可能把不同类型的智能设备用标准化通信网络设施连接起来，从工厂自动化（FA，Factory Auto-2lation）的上层到下层通过信息交流，促进系统的智能化、集成化和综合化，建立能够有效利用系统全部信息资源的计算机网络，实现生产过程综合自动化的计算机管理与控制。

十一、模具 CAD/CAM 技术概况

模具作为一种高附加值的技术密集产品，它的技术水平已经

成为衡量一个国家制造业水平的重要评价指标。早在 CAD/CAM 技术还处于发展的初期，CAD/CAM 就被模具制造业竞相吸收应用。目前国内的模具制造企业约 20 000 家，约 50%～60% 的企业较好地应用了 CAD/CAE/CAM/PDM 技术。

1. 模具 CAD/CAM 的基本内容

模具 CAD/CAM 技术包括如下内容。

（1）模具 CAD 技术。模具的计算机辅助设计，即模具 CAD，是应用计算机系统协助人们进行模具设计，工艺分析和绘制图样的技术。

模具 CAD 技术包括硬件系统和软件系统。

1）模具 CAD 的硬件系统。模具 CAD 使用的硬件是计算机（包插工作站、微机），输入设备（数字化仪等），输出设备（打印机、绘图机等）。

2）模具 CAD 软件系统，包括以下方面。

①几何造型功能。设计者输入必要参数，利用软件功能建立起几何模型，以此作为型腔生成、制件重量控制、NC（CNC）加工指令输出的依据。

②模具设计。其功能有产品分析、强度分析、冷却分析、工艺参数优化等，并可根据产品成形特点、开模方式等因素，通过交互式方法选择所需模架和标准件。

③绘图功能。主要指三维模型向二维模型的转换，二维工程图的绘制。

④各种数据库。有工艺参数数据库、模具材料数据库、产品材料性能数据库、模具标准件数据库等。

⑤用户界面。

（2）模具 CAM 技术。模具的计算机辅助制造，即模具 CAM，是指应用计算机和数字技术生成与模具制造有关的数据，并控制其制造过程。目前的模具 CAM 技术主要用于模具零件的数控加工和数控测量方面。

模具 CAM 的硬件主要是计算机输出设备和各种 NC、CNC 加工设备。

模具 CAM 软件功能应具备如下几点。

1）基本功能。

2）铣削编程功能（三轴以上多曲面无干涉）。

3）车削编程功能。

4）孔加工编程。

5）线切割编程。

6）电火花（通用电极）加工编程。

7）刀具偏置。

8）后置处理功能。

（3）模具 CAD/CAM 一体化技术。模具 CAD/CAM 技术是将两者技术结合在一起，解决模具的设计和加工。

模具 CAD/CAM 系统的功能结构如图 11-90 所示。

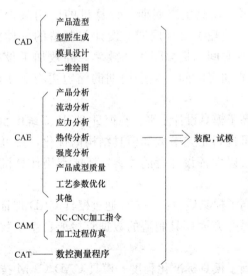

图 11-90　模具 CAD/CAM 系统的功能结构

2. 模具 CAD/CAM 的作用

模具生产在一般情况下属单件生产，传统的模具设计与制造方法多数采用的是手工方法，设计工作量大、周期长，制造精度低，生产效率低。采用模具 CAD/CAM 技术，用计算机代替了人的手工劳动，速度快、准确性高。初期模具 CAD 与模具 CAM 是两个系统，两者的信息传递与传统模具生产一样都是图样。模具 CAD 从接受任务到绘制模具图，模具 CAM 是从接受图样信息至完成模具制造。模具 CAD/CAM 技术则是在模具 CAD 和模具 CAM 基础上设计与制造的综合计算机化，是设计与制造的一体化。

在模具 CAD/CAM 系统中，产品的几何模型及加工工艺等方面的信息是产品的最基本的核心数据，是整个设计计算的依据。通过模具 CAD/CAM 系统的计算、分析和设计而得到大量信息，可运用数据库和网络技术将存储的信息直接传送到生产制造环节的各个方面，从而大大削弱了图样的作用。采用模具 CAD/CAM 技术，其作用突出表现在以下几个方面。

（1）缩短了模具生产周期：计算机的应用减少了很多繁重的手工劳动，缩短了设计周期。设计与制造的一体化减少了中间环节的过渡时间，提高了生产效率，高效加工设备的使用也节省了模具的加工时间。生产周期的缩短更有利于产品的更新换代。

（2）提高了模具设计水平：在模具 CAD 系统中积累了很多前人的经验，可进行工艺参数和模具结构的优化，又可以通过人机交互进行修改以发挥设计者的才智，还能利用计算机模拟增加设计的可靠性。

（3）提高了模具质量：一方面通过模具 CAD 保证模具设计的正确合理，另一方面模具制造的数据直接取自系统数据库，速度快、错误少。

（4）提高了模具标准化程度。模具 CAD/CAM 技术要求模具设计过程标准化、模具结构标准化、模具生产制造过程与工艺条件标准化。反过来模具的标准化又促进了模具 CAD/CAM 的发展。

模具 CAD/CAM 技术具有高智力、知识密集、更新速度快、综合性强、效益高等特点。但模具 CAD/CAM 系统的初期投入很大，这也是在我国发展缓慢的主要原因之一。

3. 模具 CAD/CAM 在我国的发展和应用

模具 CAD/CAM 技术在我国的发展开始于 20 世纪 70 年代末期，发展也很迅速。先后通过国家有关部门鉴定的有华中科技大学开发的 HJC 精冲模 CAD/CAM 系统、HPC 冲裁模 CAD/CAM 系统和塑压模 CAD 系统；北京机电研究院、上海交通大学模具研究所分别开发的冷冲模 CAD/CAM 系统；吉林大学开发的辊锻模和锤锻模 CAD/CAM 系统，上海模具研究所在 HP9000/320 工作站上开发的注射模流动模拟软件 MDF 等，但这些系统均处在试用阶段。

目前模具的数控加工设备使用数量虽然有所增加，但总的来看模具加工的技术水平仍然比较落后。模具 CAM 的推广应用依然很困难，多数数控机床仍然依赖于进口。随着计算机的发展，以微机为基础，建立和开发模具 CAD/CAM 系统，对我国 CAD 技术的发展起到了促进作用。很多中小型企业已经开始进行模具 CAD 等方面的开发工作，并引进了一些国外的 CAD/CAM 系统。

第五节　模具电加工成形技术

一、电火花成形加工

（一）电火花成形加工基础

1. 电火花加工原理与工艺特点

电火花加工又称放电加工（Electrical Discharge Machining，EDM），是利用工具电极和工件之间在一定工作介质中产生脉冲放电的电腐蚀作用而进行加工的一种方法。工具电极和工件分别接在脉冲电源的两极，两者之间经常保持一定的放电间隙。工作液具有很高的绝缘强度，多数为煤油、皂化液和去离子水等。当脉冲电源在两极加载一定的电压时，介质在绝缘强度最低处被击穿，在极短的时间内，很小的放电区相继发生放电、热膨胀、抛出金属和消电离等过程。当上述过程不断重复时，就实现了工件的蚀除，以达到对工件的尺寸、形状及表面质量预定的加工要求。加工中工件和电极都会受到电腐蚀作用，只是两极的蚀除量不同，这种现象成为极性效应。工件接正极的加工方法称为正极性加工；反之，称为负极性加工。

电火花加工的质量和加工效率不仅与极性选择有关，还与电规准（即电加工的主要参数，包括脉冲宽度、峰值电流和脉冲间隔等）、工作液、工件、电极的材料、放电间隙等因素有关。

（1）电火花加工具有如下特点。

1）可以加工难切削材料。由于加工性与材料的硬度无关，所以模具零件可以在淬火以后安排电火花成形加工。

2）可以加工形状复杂、工艺性差的零件。可以利用简单电极的复合运动加工复杂的型腔、型孔、微细孔、窄槽，甚至弯孔。

3）电极制造麻烦，加工效率较低。

4）存在电极损耗，影响质量的因素复杂，加工稳定性差。电火花放电加工按工具电极和工件的相互运动关系的不同，可以分为电火花穿孔成形加工、电火花线切割、电火花磨削、电火花展成加工、电火花表面强化和电火花刻字等。其中电火花穿孔成形加工和电火花线切割在模具加工中应用最广泛。

电火花加工原理与特点见表 11-37。

表 11-37　　　　　　　　　　电火花加工原理与特点

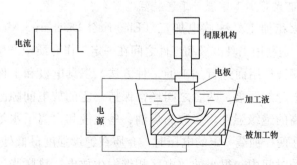

加工原理	特点	应用
电火花加工时，工具电极与被加工件分别接脉冲电源的一极，其间充满加工液。当工具电极接近加工件达到数微米至数十微米时，加工液被击穿发生火花放电，工件被蚀除一个小坑穴，同时工具电极也会出现相当于加工量百分之几的电极损耗，放电后的电蚀产物随着加工液排出，经过短暂的间隔时间，使两极间加工液恢复绝缘，从而完成一次加工，然后再进行下一次，如此不断地连续进行火花放电即可加工出模具的型腔，其模具型腔的形状由工具电极的形状决定	工件与电极不直接接触，两者之间不加任何机械力。 可以加工各种淬火钢、耐热合金、硬质合金等机械加工较困难的材料。 加工速度慢、加工量少。易于实现无人化加工	穿孔加工：如加工冲裁模、级进模、复合模、拉丝模以及各种零件的型孔等。 磨削加工：如对淬硬钢件、硬质合金、钢结构硬质合金工件进行平面或曲面磨削，内圆、外圆、坐标孔以及成形磨削。 线切割加工：如加工各种冲模的凹模、凸模、固定板、卸料板、顶板、导向板以及塑料模镶件等。 型腔加工：如加工锻模、塑料成形模、压铸模等型腔。 其他：如电火花刻字、金属表面电火花强化渗碳、电火花回转加工、螺纹环规等

（2）电火花成形机加工工艺特点（见表 11-38）。

表 11-38　　　　电火花成形机加工工艺特点

序号	工 艺 特 点
1	电火花放电的电流密度很高，产生的高温足以熔化任何导电材料
2	无切削力作用，有利于加工小孔窄槽等各种形状复杂和难以机械加工的型腔
3	工具电极是用纯铜和石墨等导电材料加工而成的
4	工具电极在加工时有损耗，会影响仿形精度
5	生产率比机械加工低
6	加工中会产生一些有害气体
7	电源参数可按加工要求调节，在同一台机床上可连续进行粗、半精、精加工

607

续表

序号	工 艺 特 点
8	被加工工件在保证加工余量的前提下，需加工出与型腔形状大致相似的预孔
9	在电极损耗小、不影响尺寸精度的前提下，电极可多次使用
10	借助平动头等辅助夹具来扩大和修正型腔，以满足不同工件的加工要求

2. 电火花成形加工机床的组成

（1）机床的组成。如图 11-91 所示，电火花成形加工机床通常包括床身、立柱、工作台及主轴头等主机部分，液压泵（油泵）、过滤器、各种控制阀、管道等工作液循环过滤系统，脉冲电源、伺服进给（自动进给调节）系统和其他电气系统等电源箱部分。

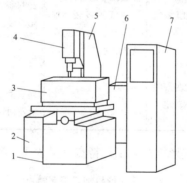

图 11-91　电火花成形加工机床

1—床身；2—过滤器；3—工作台；4—主轴头；5—立柱；6—液压泵；7—电源箱

工作台内容纳工作液，使电极和工件浸泡在工作液里，以起到冷却、排屑、消电离等作用。高性能伺服电机通过转动纵横向精密滚珠丝杠，移动上下滑板，改变工作台及工件的纵横向位置。

主轴头由步进电动机、直流电动机或交流电动机伺服进给。主轴头的主要附件如下。

1）可调节工具电极角度的夹头。在加工前，工具电极需要调节到与工件基准面垂直，而且在加工型腔时，还需在水平面内转动一个角度，使工具电极的截面形状与要加工出的工件的型腔预定位置一致。前者的垂直度调节功能常用球面铰链来实现，后者的水平面内转动功能则靠主轴与工具电极之间的相对转动机构来调节。

2）平动头。平动头包括两部分，一是由电动机驱动的偏心机构，二是平动轨迹保持机构。通过偏心机构和平动轨迹保持机构，平动头将伺服电动机的旋转运动转化成工具电极上每一个质点都在水平面内围绕其原始位置做小圆周运动（如图 11-92 所示），各个小圆的外包络线就形成加工表面，小圆的半径即平动量 Δ 通过调节可由零逐步扩大，δ 为放电间隙。

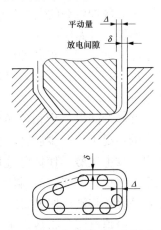

图 11-92　平动加工时电极的运动轨迹

采用平动头加工的特点：用一个工具电极就能由粗至精直接加工出工件（由粗加工转至精加工时，放电规准、放电间隙要减小），在加工过程中，工具电极的轴线偏移工件的轴线，这样除了处于放电区域的部分外，在其他地方工具电极与工件之间的间隙都大于放电间隙，这有利于电蚀产物的排出，提高加工稳定性，但由于有平动轨迹半径的存在，因此无法加工出有清角直角的型腔。

工作液循环过滤系统中，冲油的循环方式比抽油的循环方式更有利于改善加工的稳定性，所以大都采用冲油方式，如图 11-93所示。电火花成形加工中随着深度的增加，排屑困难，应使间隙尺寸、脉冲间隔和冲液流量加大。

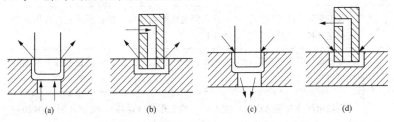

(a)　　　　　(b)　　　　　(c)　　　　　(d)

图 11-93　冲、抽油方式

（a）上冲油式；（b）上冲油式；（c）下抽油式；（d）上抽油式

脉冲电源的作用是把工频交流电流转换成一定频率的单向脉冲电流。脉冲电源的电参数包括脉冲宽度、脉冲间隔、脉冲频率、峰值电流、开路电压等。

①脉冲宽度是指脉冲电流的持续时间。在其他加工条件相同的情况下,蚀除速度随着脉冲宽度的增加而增加,但电蚀物也随之增加。

②脉冲间隔是指相邻两个脉冲之间的间隔时间。在其他条件不变的情况下,减少脉冲间隔相当于提高脉冲频率,增加单位时间内的放电次数,使蚀除速度提高,但脉冲间隔减少到一定程度之后,电蚀物不能及时排除,工具电极与工件之间的绝缘强度来不及恢复,将破坏加工的稳定性。

③峰值电流是指放电电流的最大值,它影响单个脉冲能量的大小。增大峰值电流将提高速度。

④开路电压。如果想提高工具电极与工件之间的加工间隙,可以通过提高开路电压来实现。加工间隙增大,会使排屑容易;如果工具电极与工件之间的加工间隙不变,则开路电压的提高会使峰值电流提高。

伺服进给(自动进给调节)系统的作用是自动调节进给速度,使进给速度接近并等于蚀除速度,以保证在工具有正确的放电间隙,使电火花加工能够正常进行。

(2)电火花成形加工机床工艺操作要点见表11-39。

表11-39　　　　　　　　工艺操作要点

序号	操 作 要 点
1	装电极时采用专用角尺或百分表使电极的轴线与工作台面垂直,或用百分表校正托板,使托板与工作台面平行
2	电极定位时一般采用划线法(划十字中心线、型腔线),对精度较高的模具用量块法
3	主轴箱回升关紧油箱门,注入清洁的工作液(煤油),液面高于工件40~80mm,接到电极的冲油管。先用中规准电源将电极和工件放火花,这时将标尺的位置定下来

序号	操作要点
4	合上粗规准电源进行加工，在刚开始加工时，由于电极和工件只有部分接触，平均电流可调小一些，脉冲宽度大一些，等到与工件接触面大了，再加大平均电流，粗加工结束后，再调节偏心量及转半精、精加工。在加工过程中，要经常测量型腔尺寸，在精加工结束后，尺寸要符合图样要求

（3）电火花成形加工机床的技术参数。表 11-40 为 EDM250、EDM280、EDM300、EDM350、EDM400A、EDM480、EDM480A 等 EDM 系列电火花成形加工机床的技术参数。

表 11-40　　　EDM 系列电火花成形机的技术参数

型号 参数	EDM250	EDM280	EDM300	EDM350	EDM400A	EDM480	EDM480A
工作台尺寸（长/mm×宽/mm）	450×280	480×280	550×300	550×350	720×450	760×480	760×480
工作液槽尺寸（长/mm×宽/mm×高/mm）	840×440×300	1010×500×310	1035×530×340	1100×550×320	1300×640×400	1340×700×400	1340×700×400
坐标伺服行程（x，y，z，ω）（mm）	250，180，200	280，200，200	300，150，250，180	350，250，300	400，300，200，200	480，350，380	480，350，380
工作台最大承重（kg）	200	250	500	650	730	900	900
主轴箱最大承重（kg）	20	25	50	50	50	100	100
整机输入功率（kVA）	1.5	3.0	4.8	4.8	5.0	6.0	6.0
最大加工电流（A）	30	30	60	60	60	60～100	60～100
最高生产率（mm³/min）	250	280	550	550	550	900	900
最低电极损耗比（%）	<0.3	<0.3	<0.3	<0.3	<0.2	<0.3	<0.2
最佳加工表面粗糙度 Ra（μmm）	0.6	0.6	0.6	0.6	0.4	0.6	0.4

3. 电火花成形加工的控制参数

控制参数可分为离线参数和在线参数。离线参数是在加工前设定的，加工中基本不再调节，如放电电流、开路电压、脉冲宽度、电极材料、极性等；在线参数是加工中常需调节的参数，如进给速度（伺服进给参考电压）、脉冲间隔、冲油压力与冲油油量、抬刀运动等。

（1）离线控制参数。虽然这类参数通常在加工前预先选定，加工中基本不变，但在下列一些特定的场合，它们还是需要在加工中改变。

①加工起始阶段。这时的实际放电面积由小变大，过程扰动较大，因此先采用比预定规准较小的放电电流，以使过渡过程比较平稳，等稳定加工几秒钟后再把放电电流调到设定值。

②加工深型腔。通常开始时加工面积较小，所以放电电流必须选较小值，然后随着加工深度（加工面积）的增加而逐渐增大电流，直至达到为了满足表面粗糙度，侧面间隙所要求的电流值。另外随着加工深度、加工面积的增加，或者被加工型腔复杂程度的增加，都不利于电蚀产物的排出，不仅降低加工速度，而且影响加工稳定性，严重时将造成拉弧。为改善排屑条件，提高加工速度和防止拉弧，常采用强迫冲油和工具电极定时抬刀等措施。

③补救过程扰动。加工中一旦发生严重干扰，往往很难摆脱，例如当拉弧引起电极上的结碳沉积后，放电就很容易集中在积碳点上，从而加剧了拉弧状态，为摆脱这种状态，需要把放电电流减少一段时间，有时还要改变极性，以消除积碳层，直到拉弧倾向消失，才能恢复原规准加工。

（2）在线控制参数。它们对表面粗糙度和侧面间隙的影响不大，主要影响加工速度和工具电极相对损耗速度。

①伺服参考电压。伺服参考电压与平均端面间隙呈一定的比例关系，这一参数对加工速度和工具电极相对损耗的影响很大。一般来说，其最佳值并不正好对应于加工速度的最佳值，而是应当使间隙稍微偏大些。因为小间隙不但引起工具电极相对损耗加大，还容易造成短路和拉弧，而稍微偏大的间隙在加工中比较安

全（在加工起始阶段更为必要），工具电极相对损耗也较小。

②脉冲间隔。过小的脉冲间隔会引起拉弧。只要能保证进给稳定和不拉弧，原则上可选取尽量小的脉冲间隔，当脉冲间隔减小时，加工速度提高，工具电极相对损耗比减小。但在加工起始阶段应取较大的值。

③冲液流量。只要能使加工稳定，保证必要的排屑条件，应使冲液流量尽量小，因为电极损耗随冲液流量（压力）的增加而增加。在不计电极损耗的场合另当别论。

④伺服抬刀运动。抬刀意味着时间损失，因此只有在正常冲液不够时才使用，而且要尽量缩短电极上抬刀和加工的时间比。

（二）电火花加工用电极的设计与制造

电火花型腔加工是电火花成形加工的主要应用形式。具有如下一些特点：型腔形状复杂、精度要求高、表面粗糙度值低；型腔加工一般属于盲孔加工，工作液循环和电蚀物排除都比较困难，电极的损耗不能靠进给补偿；加工面积变化较大，加工过程中电规准的调节范围大，电极损耗不均匀，对精加工影响大。

1. 电火花加工用的工具电极材料及其特点

电火花加工用的工具电极材料必须具有导电性能好、损耗小、造型容易，并具有加工稳定性好、效率高、材料来源丰富、价格便宜等特点。常用的电极材料有纯铜、石墨、黄铜、钢、铸铁和钨合金等。

加工模具用工具电极材料如下。

（1）纯铜电极。质地细密、加工稳定性好，相对电极耗损较小，适应性广，适于加工贯通模和型腔模，若采用细管电极可加工小孔，也可用电铸法做电极加工复杂的三维形状，尤其适用于制造精密花纹模的电极。其缺点为精车、精密等机械加工困难。

（2）黄铜电极。最适宜于中小规准情况下加工，稳定性好，制造也较容易，但缺点是电极的耗损率较一般电极都大，不容易使被加工件一次成形，所以只用在简单的模具加工，或通孔加工、取断丝锥等。

（3）铸铁电极。是目前国内广泛应用的一种材料。主要特点是制造容易，价格低廉、材料来源丰富，放电加工稳定性也较好，其机械加工性能好，与凸模粘接在一起成形磨削也较方便，特别适用于复合式脉冲电源加工，电极损耗一般达 20% 以下，对加工冷冲模具最适合。

（4）钢电极。也是我国应用比较广泛的电极，它和铸铁电极相比，加工稳定性差，效率也较低，但它可以把电极和冲头合为一体，一次成型，精度易保证，可减少冲头与电极的制造工时。电极耗损与铸铁相似，适合"钢打钢"冷冲模加工。

2. 型腔电火花加工的工艺方法

常用的加工方法有单电极平动法、多电极更换法和分解电极加工法等。

（1）单电极平动法是使用一个电极完成型腔的粗加工、半精加工和精加工。加工时依照先粗后精的顺序改变电规准，同时加大电极的平动量，以补偿前后两个加工规准之间的放电间隙差和表面误差，实现型腔侧向"仿形"，完成整个型腔的加工。

单电极平动法加工只需一个电极，一次装夹，便可达到较高的加工精度；同时由于平动头改善了工作液的供给及排屑条件，使电极损耗均匀，加工过程稳定。缺点是不能免除平动本身造成的几何形状误差，难以获得高精度，特别是难以加工出清棱、清角的型腔。

（2）多电极更换法是使用多个形状相似、尺寸有差异的电极依次更换来加工同一个型腔。每个电极都对型腔的全部被加工表面进行加工，但采用不同的电规准，各个电极的尺寸需根据所对应的电规准和放电间隙确定。由此可见，多电极更换法是利用工具电极的尺寸差异，逐次加工掉上一次加工的间隙和修整其放电痕迹。

多电极更换法一般用 2 个电极进行粗、精加工即可满足要求，只有当精度和表面质量要求都很高时才用 3 个或更多个电极。多电极更换法加工型腔的仿形精度高，尤其适用于多尖角、多窄缝等精密型腔和多型腔模具的加工。这种方法加工精度高、加工质量好，但它要求多个电极的尺寸一致性好，制造精度高，更换电极时要求保证一定的重复定位精度。

（3）分解电极法是单电极平动法和多电极更换法的综合应用。它是根据型腔的几何形状把电极分成主副电极分别制造。先用主电极加工型腔的主体，后用副电极加工型腔的尖角、窄缝等。加工精度高、灵活性强，适用于复杂模具型腔的加工。

3. 型腔电极的设计

型腔电极设计的主要内容是选择电极材料，确定结构形式和尺寸等。

型腔电极尺寸根据所加工型腔的大小与加工方式、放电间隙和电极损耗决定。当采用单电极平动法时，其电极尺寸的计算方法如下。

（1）电极的水平尺寸。型腔电极的水平尺寸是指电极与机床主轴轴线相垂直的断面尺寸，如图 11-94 所示。考虑到平动头的偏心量可以调整，可用下式确定电极水平尺寸：

$$a = A \pm \kappa \times b$$
$$b = \delta + H_{max} - h_{max}$$

式中　G ——电极水平方向尺寸；

　　　A ——型腔的基本尺寸；

　　　k ——与型腔尺寸标注有关的系数；

　　　b ——电极单边缩放量；

　　　δ ——粗规准加工的单面脉冲放电间隙；

　H_{max} ——粗规准加工时表面粗糙度的最大值；

　h_{max} ——精规准加工时表面粗糙度的最大值。

①式中"±"号的选取原则是：电极凹入部分的尺寸应放大，取"＋"号；电极凸出部分的尺寸（对应型腔凹入部分）应缩小，取"－"号。

②式中 k 值按下述原则确定：当型腔尺寸两端以加工面为尺寸界线时，蚀除方向相反，取 $k=2$，如图 11-94 所示中的 A_1、A_2；当蚀除方向相同时，取 $k=1$，如图 11-94 所示中的 E；当型腔尺寸以中心线之间的位置及角度为尺寸界线时，取 $k=0$，见图 11-94 中 R_1、R_2 圆心位置。

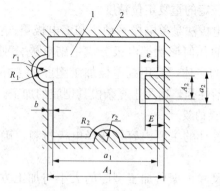

图 11-94 型腔电极的水平尺寸

1—型腔电极；2—型腔

（2）电极垂直尺寸。型腔电极的垂直尺寸是指电极与机床主轴轴线相平行的尺寸，如图 11-95 所示。

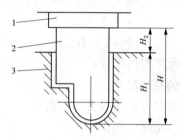

图 11-95 型腔电极的垂直尺寸

1—电极固定板；2—型腔电极；3—工件

型腔电极在垂直方向的有效工作尺寸 H_1 用下式确定：

$$H_1 = H_0 + C_1 H_0 + C_2 S - \delta$$

式中 H_1——型腔的垂直尺寸；

         H_0——粗规准加工时电极端面的相对损耗率，其值一般小于 1%，$C_1 H_0$ 只适用于未进行预加工的型腔；

         C_1——中、精规准加工时电极端面的相对损耗率，其值一般为 20%～25%；

S——中、精规准加工时端面总的进给量，一般为 $0.4\sim$
0.5mm；

δ——最后一档精规准加工时端面的放电间隙，可忽略
不计。

用上式计算型腔的电极垂直尺寸后，还应考虑电极重复使用
造成的垂直尺寸损耗，以及加工结束时电极固定板与工件之间应
有一定的距离，以便工件装夹和冲液等。所以型腔电极的垂直尺
寸还应增加一个高度 H_2，型腔电极在垂直方向的总高度为：
$H=H_1+H_2$。而实际生产时，由于考虑到 H_2 的数值远大于
$(C_1H_0+C_2S)$，所以计算公式可简化为 $H=H_0+H_2$。

4. 型腔电极的制造

石墨材料的机械加工性能好，机械加工后修整、抛光都很容
易。因此目前主要采用机械加工法。因加工石墨时粉尘较多，最
好采用湿式加工（把石墨先在机油中浸泡）。另外也可采用数控切
削、振动加工成形和等离子喷涂等新工艺。

纯铜电极主要采用机械加工方法，还可采用线切割、电铸、
挤压成形和放电成形，并辅之以钳工修光。线切割法特别适于异
形截面或薄片电极；对型腔形状复杂、图案精细的纯铜电极也可
以用电铸的方法制造；挤压成形和放电成形加工工艺比较复杂，
适用于同品种大批量电极的制造。

制造型腔电极的典型工艺过程如下。

（1）刨或铣。加工六面，按最大外形尺寸留 $1\sim2$mm 余量
（电极为圆形时，可车削）。

（2）平磨。磨两端面和相邻两侧面，两侧面要相互垂直。

（3）钳。按图划线。

（4）刨或铣。按线加工，留成形磨削余量 $0.2\sim0.5$mm。

（5）钳。钻、攻装夹螺孔。

（6）热处理。采用与凸模为一整体的钢电极时，要进行淬火
和低温回火。

（7）钳。采用铸铁电极时，将铸铁电极与凸模粘接或钎焊为
一体。

（8）成形磨削。将电极成形磨削至图样要求。

（9）退磁。

（10）化学腐蚀或电镀。阶梯电极或小间隙模具的电极可采用化学腐蚀，加大间隙模具的电极用电镀。

（三）型腔模电火花加工工艺

1. 型腔模电火花加工的特点

型腔的主要特点是盲孔、形状复杂、加工余量大。电火花加工过程中加工条件（如排气、排屑、工作液循环等）较差，获得较高精度的型腔比较困难。

通常粗加工时使用大功率、宽脉冲、负极性加工，以获得电极的低损耗和高生产率，并使半精加工和精加工的加工余量尽量减少。

（1）型腔模电火花加工的方法见表 11-41。

表 11-41　　　　　　　　型腔模电火花加工方法

方法	特点	电极精度要求	电极制造方法	电极装夹和定位	电源要求	适用范围
单电极平动	利用平动头，自始至终用一个电极加工。以调节平动头的偏心量补偿电极损耗	根据型腔精度制造一个相应精度的电极	可用一般加工方法	装夹在平动头上，无须重复定位	常用晶体管、晶闸管电源	为常用方法，加工 100mm 深型腔时，精度可达 0.1mm
多电极加工	使用2个或多个电极，一个做粗加工，第二个或第三个电极采用平动法逐步改善型腔表面粗糙度	需保证各电极间的相对精度。型腔有直壁时需按照不同规准的放电间隙制造不同尺寸的电极	可用电铸（铜）、振动加压成形（石墨）、放电成形（铜）等方法	电极需有定位基准，需保证电极的重复定位精度	各类电源	（1）需要型腔精度较高时。（2）使用粗加工有损耗的电源时。（3）无平动头等侧面修正装置时

续表

方法	特点	电极精度要求	电极制造方法	电极装夹和定位	电源要求	适用范围
分解电极加工	根据型腔的几何形状，把电极分解成主型腔电极和局部型腔电极	可以根据主型腔和局部型腔的不同要求，钳工修磨及抛光的难易程度，合理地选择电极材料和加工规准	可用一般加工方法	同上	同上	用主型腔电极加工出主型腔，用局部型腔电极加工尖角、窄缝、深槽等局部型腔
CNC加工	根据型腔的几何形状和加工要求编成程序，然后通过机内微机处理进行数控加工。它具有各种复杂的控制机能，加工条件为粗→半精→精加工自动变换、自动定位、横向加工、电极端面自动定位、电极交换等。可进行各种形式的加工					

（2）型腔模电火花加工用电极。

1）穿孔加工用电极。类型及特点见表11-42。

表 11-42　　　　　　　　　电极类型及特点

类　　型	特　　点
整体电极	最常用的结构形式。较大的电极可在中间开孔以减轻重量。对于一些容易变形或断裂的小电极，可在电极的固定端逐步加大尺寸
镶拼电极	由多个拼块拼合而成，常用于整体电极难以加工时
分解电极	用多个电极先后加工一个复杂型腔的部分表面，最后达到所需尺寸
组合电极	将几个电极组装后，同时加工几个型孔

2）型腔加工用电极。型腔加工用电极最常用的材料是石墨和铜，石墨、铜电极的加工工艺区别见表11-43。

619

表 11-43   石墨和铜电极的加工工艺区别

电 极 材 料	石 墨	铜
对型腔预加工要求	一般不需预加工（电源容量较大时）	可采取预加工，以缩短粗加工时间
电规准选择	采用较大的脉冲宽度和较高的峰值电流的低损耗规准作为粗加工规准，可达到很高生产率	采用更大的脉冲宽度和较低的峰值电流作为粗加工规准，加工电流不能太大，脉冲间隔也不应太长
排屑方法	尽可能采用电极冲油的方法，必要时也可以采取其他排屑方式	不采用电极冲油的方法，粗加工用排气孔，精加工用平动头、自动抬刀等方法改善排屑
适用范围	大中小型腔	适用于小型腔、高精度型腔。中大型腔加工采用空心薄板电极

（3）电极和工件的装夹与定位。电火花加工前，工件的型腔部分最好加工出预孔，并留适当的电火花加工余量，余量的大小应能补偿电火花加工的定位、找正误差及机械加工误差。一般情况下，单边余量以 0.3～1.5mm 为宜，并力求均匀。对形状复杂的型孔，余量要适当加大。

在电火花加工前，必须对工件进行除锈、去磁，以免在加工过程中造成工件吸附铁屑，拉弧烧伤，影响成形表面的加工质量。

2. 工具电极工艺基准的校正

电火花加工中，主轴伺服进给是沿着 Z 轴进行，因此工具电极的工艺基准必须平行于机床主轴头的轴线。为达到目的，可采用如下方法。

（1）让工具电极的柄部的定位面与工具电极的成形部位使用同一工艺基准。这样可以将电极柄直接固定在主轴头的定位元件（垂直 V 形体和自动定心夹头可以定位圆柱电极柄，圆锥孔可以定位锥柄工具电极）上，工具电极自然找正。

（2）对于无柄的工具电极，让工具电极的水平定位面与其成形部位使用同一工艺基准。电火花成形机床的主轴头（或平动头）

都有水平基准面，将工具电极的水平定位面贴置于主轴头（或平动头）的水平基准面，工具电极即实现了自然找正。

（3）如果因某种原因，工具电极的柄部、工具电极的水平面均未与工具电极的成形部位采用同一工艺基准，那么无论采用垂直定位元件还是采用水平基准面，都不能获得自然的工艺基准找正，这种情况下，必须采取人工找正，此时需要具备如下条件：要求工具电极的吊装装置上配备具有一定调节量的万向装置（如图 11-96 所示），万向装置上有可供方便调节的环节（例如图中的调节螺钉）；要求工具电极上有垂直基准

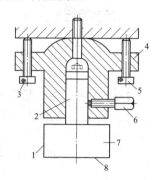

图 11-96　工具电极的吊装装置

1—垂直基准面；2—电极柄；
3、5—调节螺钉；4—万向装置；
6—固定螺钉；7—工具电极；
8—水平基准面

面或水平基准面。找正操作时，将千分表或百分表顶在工具电极的工艺基准面上，通过移动坐标（如果是找正垂直基准就移动 Z 坐标，如果是找正水平基准就移动 X 和 Y 坐标），观察表上读数的变化估测误差值，不断调节万向装置的方向来补偿误差，直到找正为止。

3. 工具电极与工件的找正

工具电极和工件的工艺基准校正以后（在安装工件时应使工件的工艺基准面与工作台平行，即工件坐标系中的 X、Y 向与机床坐标系的 X、Y 向一致），需将工具电极和工件的相对位置找正（对正），方能在工件上加工出位置正确的型孔。对正作业是在 X、Y 和 C 坐标 3 个方向上完成的。C 向的转动是为了调整工具电极的 X 和 Y 向基准与工件的 X 和 Y 向基准之间的角度误差。

较大的电极可用主轴下端的联接法兰上 a、b、c 三面做基准，直接装夹，见图 11-97。较小的电极可利用电极夹具装夹，见图 11-98。组合电极也可用通用电极夹具装夹，见图 11-99。大型石墨电极的拼合装夹方法见图 11-100。石墨电极和连接板的固定方法见图 11-101。

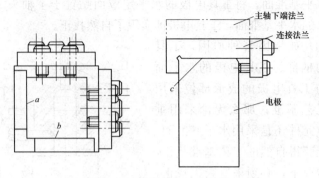

图 11-97　较大电极的直接装夹

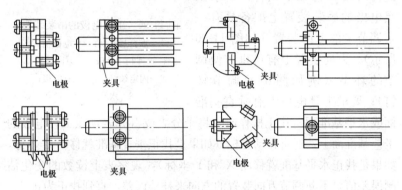

图 11-98　用电极夹具装夹小电极

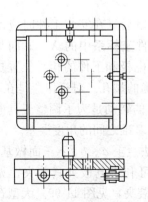

图 11-99　用通用电极夹具装夹

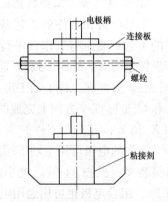

图 11-100　大型石墨电极的拼合装夹

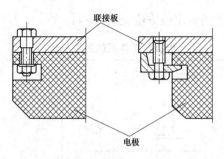

图 11-101 石墨电极与连接板的固定

电极装夹后，应检查其垂直度。用精密角尺校正电极垂直度的方法见图 11-102。用千分表校正的方法见图 11-103。型腔加工用电极的校正方法见图 11-104。

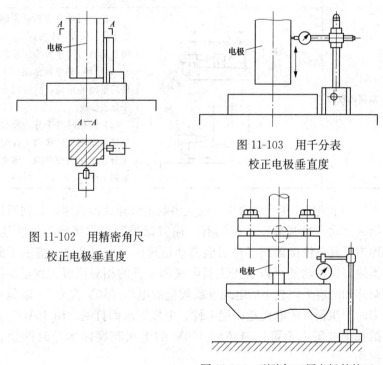

图 11-102 用精密角尺
校正电极垂直度

图 11-103 用千分表
校正电极垂直度

图 11-104 型腔加工用电极的校正

电极与工件间的定位方法见表11-44。

表 11-44　　　　　电极与工件间的定位方法

定位方法	简　图	说　明
垫量块法	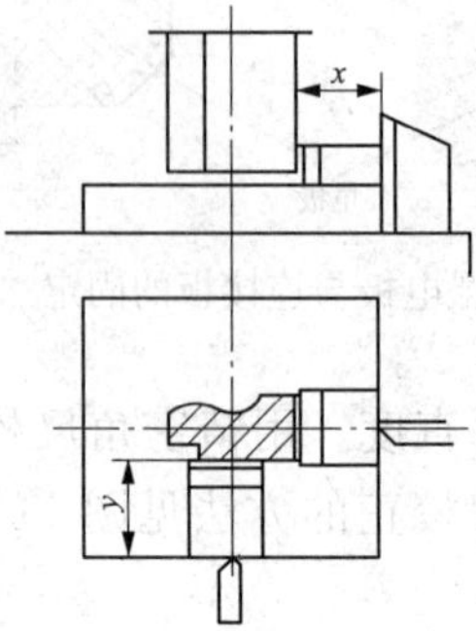	（1）根据加工要求，计算电极至两基准面间的距离 x，y。 （2）电极装夹后下降接近工件，用量块及刀口形直尺使工件定位后加以紧固。 （3）适用于电极基准与工件基准互相平行的单型孔或多型孔加工
量块比较法	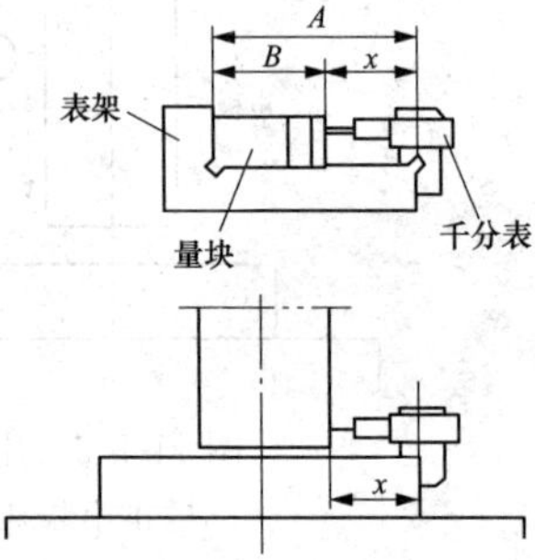	（1）利用对表座和量块调整千分表尺寸，A 为固定值，垫上量块的尺寸为 B，并使 $x=A-B$，即电极基准与工件基准间的距离，然后记下千分表读数。 （2）定位时将千分表座靠在工件基准上，移动工件使千分表指示为原读数，即可紧固工件

　　20 世纪 80 年代以来生产的大多数电火花成形机床，其伺服进给（自动进给调节）系统具有"撞刀保护"或称接触感知功能，即当工具电极接触到工件后能自动迅速回返形成开路。借助于此类撞刀保护功能可以找正工具电极和工件的相对位置。找正、接触感知时应采用较小的电规准或较低的电压（10V 左右），以免对刀时产生很大的电火花而把工件、电极的表面打毛。用 10V 左右的找正电压完全可以避免约 100V 的电火花腐蚀所导致的型孔损伤。

　　4. 加工规准的选择

　　加工规准的选择见表 11-45。

表 11-45　　　　　　　　　　　　加工规准的选择

规准	挡数	工艺性能	电规准要求			适用范围
			脉冲宽（μs）	电流峰值（A）	脉冲频率（Hz/s）	
粗	1~3	损耗低（小于 1%），生产率高，负极性加工，加工时不平动，不用强迫排屑	石墨加工钢 >600	3~5 紫铜加工钢可大些	400~600	一般零件加工，使凹坑及凸起平坦
半精	2~4	损耗较低（小于 5%），需强迫排屑，平动修型	20~400	<20	>2000	提高表面质量、达到要求尺寸
精	2~4	损耗较大（20%~30%），加工余量小，一般为 0.01~0.05mm，必须强迫排屑，定时抬刀，平动修光	<10	<2	>20 000	达到图样要求的尺寸精度及表面粗糙度等级

（四）数控电火花成形加工编程

目前生产的数控电火花成形机床有单轴数控（Z 轴），三轴数控（X、Y、Z 轴）和四轴数控（X、Y、Z、C 轴）。如果在工作台上加双轴数控回转台附件（A、B 轴），这样就成为六轴数控机床了，此类数控机床可以实现近年来出现的用简单电极（如杆状电极）展成法来加工复杂表面，它是靠转动的工具电极（转动可以使电极损耗均匀和促进排屑）和工件间的数控运动及正确的编程来实现的，不必制造复杂的工具电极，就可以加工复杂的工件，大大缩短了生产周期和展示出数控技术的"柔性"能力。

计算机辅助电火花雕刻就是利用电火花展成法进行的，它可以在金属材料上加工出各种精美、复杂的图案和文字（激光雕刻通常用于非金属材料的印章雕刻、工艺标牌雕刻）。电火花雕刻机的电极比较细小，因此其长度要尽量短，以保证具有足够的刚度，使其在加工过程中不致弯曲。电火花雕刻的关键在于计算机辅助雕刻编程系统，它由图形文字输入、图形文字库管理、图形文字矢量化、加工路径优化、数控文件生成、数控文件传输等子模块组成。

1. 数控电火花成形加工的编程特点

摇动加工的编程代码，各厂商均有自己的规定。如以 LN 代表摇动加工，LN 后面的 3 位数字分别表示摇动加工的伺服方式、摇动运动的所在平面、摇动轨迹的形状；以 STEP 代表摇动幅度，以 STEP 后面的数字表示摇动幅度的大小。

2. 数控电火花成形加工的编程实例

【例 11-4】 加工如图 11-105 所示的零件，加工程序如下。

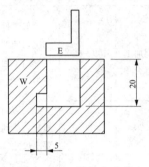

图 11-105 数控电火花成形加工实例

G90 G11 F200（绝对坐标编程，半固定轴模式，进给速度 200mm/min）

M88 M80（快速补充工作液，令工作液流动）

E9904（电规准采用 E9904）

M84（脉冲电源开）

G01 Z−20.0（直线插补至 $Z = -20.0$mm）

M85（脉冲电源关）

G13 X5（横向伺服运动，采用 X 方向第五挡速度）

M84（脉冲电源开）

G01 X−5.0（直线插补至 $X = -5.0$mm）

M85（脉冲电源关）

M25 G01 Z0（取消电极和工件接触，直线插补至 $Z = 0$mm）

G00 Z100.0（快速移动至 $Z = 100.0$mm）

M02（程度结束）

二、电火花线切割加工

（一）电火花线切割加工工艺基础

目前常用的电火花线切割机床主要有靠模仿形、光电跟踪、数字程序控制三种形式。其中数控线切割机床应用最为普遍。

1. 电火花线切割加工原理

电火花线切割加工和电火花成形加工的原理是一样的，即利用火花放电使金属熔化或气化，并把熔化或气化的金属去除掉，从而实现各种金属工件的加工，图 11-106 所示为线切割加工原理图，电极丝与高频脉冲电源的负极相接，工件则与电源的正极相接，利用线电极与工件之间的火花放电腐蚀工件。

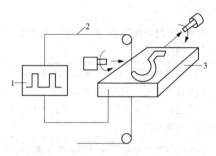

图 11-106 电火花线切割加工原理

1—脉冲电源；2—电极丝；3—模具工件

2. 电火花线切割加工工艺

电火花线切割加工工艺特点见表 11-46。

表 11-46 电火花线切割加工工艺特点

序号	工 艺 特 点
1	可以切割任何硬度、高熔点包括经热处理的钢和合金，特别适合模具凸、凹模及拼块的加工
2	需按机床控制方式编制程序
3	可以利用间隙补偿来加工不同要求的工件
4	被加工工件一般不做预加工，但需根据图样和工艺要求预钻穿丝孔
5	在线切割加工时，也同样存在着火花间隙，线电极与工件不直接接触，因此也无切削力作用，同样不存在因此产生的一系列设备和工艺问题
6	电极丝在加工时有损耗，会影响精度，需要经常更换
7	工具电极一般用 $\phi0.06 \sim \phi0.20mm$ 的金属丝（黄铜丝、钼丝），可以切割任何形状的复杂型孔、窄槽和小圆角半径的锐角
8	程序可以保存，重复使用，便于再生产

3. 电火花线切割加工技术

电火花线切割加工技术见表 11-47。

表 11-47　　　　　　　　　　电火花线切割加工技术

项目	加 工 技 术
加工程序	用试运行方法校验加工程序，机床回复原点，装夹工件，安装线电极，确定加工形式，对实际加工时加工液的比阻抗等进行校验
装夹工件	装夹工件时，首先应校准平行度与垂直度，然后将线电极穿过工件上的穿丝孔
安装线电极	安装好线电极后，用垂直度调准器对线电极的垂直度进行校准。采用在线电极与工件之间施加微小火花放电的方法，判断工件端面与线电极是否充分平行，如不平行就不会在它们之间的整个接触面上飞出火花
加工条件的选择	参照线切割机制造厂提供的数据实施，内容大致包括电规准、加工液温度和比阻抗等
工件基准面	工件基准面采用精磨加工，使其能达到工件加工时的位置精度
温度控制	在较长模板上切割级进模型孔时，应严格控制工作液温度和工作温度，否则将降低型孔的孔距精度
控制工件变形	为控制工件变形，应首先按照型孔单边留 1~1.5mm 余量切割一预孔，然后对工件进行热处理消除内应力，再对产生变形工件的两平面进行磨削，最后按所需尺寸切割型孔
多次切割	切割次数越多，切割面的表面粗糙度值越小，这是因为去除了切割时的变质层。所以现在加工精密模具一般都采用多次切割加工
合理确定穿丝孔位置	对于小型工件，穿丝孔宜选在工件待切割型孔的中心，对于大型工件，穿丝孔可选在靠近切割图样的边角处或已知坐标尺寸的交点上
多穿丝孔加工	采用线切割加工一些特殊形状的工件时，如果只采用一个穿丝孔加工，残留应力会沿切割方向向外释放，会造成工件变形，而采用多穿丝孔加工可解决变形问题

4. 电火花线切割机的主要技术规格

电火花线切割机的主要技术规格见表 11-48。

表 11-48　　　　　　　　　电火花线切割机的主要技术规格

型号	技　术　规　格
DK7725	工作台面尺寸（长×宽）：510mm×320mm 工作台行程（x、y）：250mm×320mm 最大加工厚度：400mm 最大加工锥度：≥6°/80mm
DK7732	工作台面尺寸（长×宽）：610mm×360mm 工作台行程（x、y）：320mm×400mm 最大加工厚度：400mm 最大加工锥度：(6°～30°)/80mm
DK7740	工作台面尺寸（长×宽）：690mm×460mm 工作台行程（x、y）：400mm×500mm 最大加工厚度：400mm 最大加工锥度：(6°～30°)/80mm
DK7750	工作台面尺寸（长×宽）：890mm×540mm 工作台行程（x、y）：500mm×600mm 最大加工厚度：500mm 最大加工锥度：(6°～30°)/80mm
DK7763	工作台面尺寸（长×宽）：1030mm×650mm 工作台行程（x、y）：630mm×800mm 最大加工厚度：600mm 最大加工锥度：(6°～30°)/80mm
DK7725 DK7732 DK7740 DK7750 DK7763	整机 最大切割速度：≥100mm/min 最佳加工面表面粗糙度值：Ra≤2.5μm 电极丝直径：ϕ0.10～ϕ0.2mm 电脑编程控制系统 上下异形锥度加工，双 CPU 结构，编程控制一体化，加工时可分时编程 放电状态波形显示，自动跟踪 加工轨迹实时跟踪显示，工作轮廓三维造型 编程、控制均由屏幕控制方式全部用鼠标即可实现 国际标准 ISO 代码控制

5. 电火花线切割加工工件常用装夹方法

电火花线切割加工工件的装夹方法选择是否恰当，直接影响线切割加工精度。常用的装夹方法如图 11-107 所示。

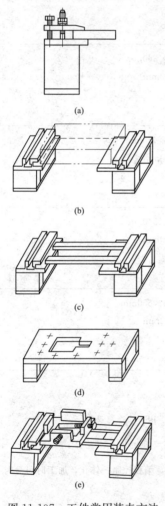

悬臂式装夹不易夹平，用于精度要求低和悬出长度短的工件。两端支承式装夹稳定，定位精度高，适用于装夹大型工件。桥式装夹对大、中、小型工件均适用。平板式装夹平面定位精度高，若增设纵、横方向定位基准后，装夹更为方便，适于批量生产。复式装夹适用于成批生产，可节省大量装夹时间。

6. 在普通线切割机床上加工带斜度的凹模

采用电火花线切割加工模具零件时，在选择材料和模具结构方面都应考虑线切割加工工艺的特点，以保证提高模具的加工精度和使用寿命。

（1）模具零件材料的选用。线切割加工是在模具零件毛坯热处理淬硬后进行的，如果选用碳素工具钢制造，由于其淬透性差，线切割成形后，由于有效淬硬层浅，经过数次修磨，硬度就会显著下降，模具使用寿命缩短。另外淬透性差的材料淬火后残余应力大，在线切割加工中容易引起变形，直接影响加工精度。

为了提高线切割加工模具零件的加工精度和使用寿命，应选用淬透性好的合金工具钢（如 Cr12、CrWMn、

图 11-107　工件常用装夹方法
（a）悬臂式；（b）两端支承式；
（c）桥式；（d）平板式；（e）复式

Cr12MoV 等）或硬质合金来制造。

（2）线切割加工模具的结构特点。

1）采用线切割加工工艺，凸模和凹模可采用整体结构。这样可以减少制造工时，简化模具结构和提高模具强度。

2）线切割加工出的凸模和凹模固定板型孔尺寸上下一致，为了保证凸模与固定板的联接强度，一般采用双边过盈量为 $0.01 \sim 0.03$mm 的过盈配合。如果凸模型面较大时，可采用其他机械固定或化学固定法联接。

3）当线切割机床没有切割斜度的装置时，加工出的凹模型孔不带斜度。为了便于漏料，凹模刃口厚度应在保证强度的前提下尽量减薄，也可以在线切割加工后，再利用电火花加工或锉修出漏料斜度。

（3）在普通线切割机床上加工带斜度的凹模。为了适应模具生产发展的需要，我国已研制出多种线切割斜度的装置，在线切割机床上增设这种装置后，可以在线切割加工凹模型孔的同时把凹模加工出 $0° \sim 1°30'$ 的斜度。

此处介绍一种在没有斜度切割功能的机床上加工带斜度凹模的简易方法，如图 11-108 所示。图 11-108 （a）在工件上方装一块绝缘板和金属板，绝缘板上的空心部分应比加工图形大一些。金属板 1 和工件 3 均接线切割电源正极，用比工件图形缩小一定尺寸的程序把金属板和工件切割出直壁来。图 11-108 （b）为切割带斜度的凹模。把金属板上的电源接线取下来，用比工件加工图形

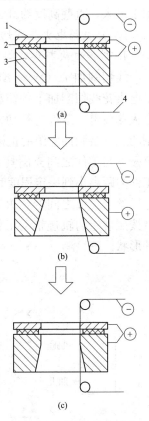

图 11-108　带斜度凹模的
简易加工方法
(a) 预加工直壁；(b) 切割斜度；
(c) 开直壁刃口
1—金属板；2—绝缘板；
3—工件；4—电极丝

尺寸放大一些的程序加工，这时金属板不加工，只对工件进行切割，但电极丝被金属板折弯，使工件加工出斜度，工件下口尺寸大于工件图形尺寸。图 11-108（c）为最后切割出直壁刃口，仍将金属板和工件均接电源正极，用工件图形的程序将模具直壁刃口加工出来，直壁高度约 3～5mm。用此法加工，电极丝超损大。

（二）数控电火花线切割加工编程

1. 数控电火花线切割工作原理与特点

线切割加工（Wire Electrical Discharge Machining，WEDM）是电火花线切割加工的简称，它是用线状电极（铝丝或铜丝）靠电火花放电对工件进行切割，其工作原理如图 11-109 所示，被切割的工件接脉冲电源的正极，电极丝作为工具接脉冲电源的负极，电极丝与工件之间充满具有一定绝缘性能的工作液，当电极丝与工件的距离小到一定程度时，在脉冲电压的作用下工作液被击穿，电极丝与工件之间产生火花放电而使工件的局部被蚀除，若工作台按照规定的轨迹带动工件不断地进给，就能切割出所需要的工件形状。

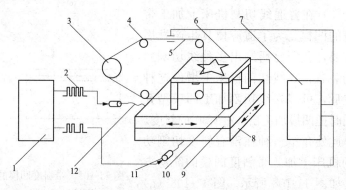

图 11-109　数控线切割加工的工作原理

1—数控装置；2—信号；3—贮丝筒；4—导轮；5—电极丝；6—工件；
7—脉冲电源；8—下工作台；9—上工作台；10—垫铁；11—步进电机；12—丝杠

线切割机床通常分为两类：快走丝与慢走丝。前者是贮丝筒带动电极丝做高速往复运动，走丝速度为 8～10m/s，电极丝基本上不被蚀除，可使用较长时间，国产的线切割机床多是此类机床。

由于快走丝线切割的电极丝是循环使用的，为保证切割工件的质量，必须规定电极丝的损耗量，避免因电极丝损耗过大以致电极丝在导轮内窜动。提高走丝速度有利于电极丝将工作液带入工件与电极丝之间的放电间隙、排出电蚀物，并且提高切割速度，但加大了电极丝的振动。慢走丝机床的电极丝做低速单向运动，走丝速度一般低于 0.2m/s，为保证加工精度，电极丝用过以后不再重复使用。

快走丝线切割的加工精度为 0.02～0.01mm，表面粗糙度一般为 $Ra5.0～2.5\mu m$，最低可达 $Ra1.0\mu m$。慢走丝线切割的加工精度为 0.005～0.002mm，表面粗糙度一般为 $Ra\ 1.6\mu m$，最高可达 $Ra0.2\mu m$。

线切割机床的控制方式有靠模仿形控制、光电跟踪控制和数字程序控制等方式。目前国内外 95％以上的线切割机床都已经数控化，所用数控系统有不同水平的，如单片机、单板机、微机。微机数控是当今的主要趋势。

快走丝线切割机床的数控系统大多采用简单的步进电机开环系统，慢走丝线切割机床的数控系统大多是伺服电机加编码盘的半闭环系统，在一些超精密线切割机床上则使用伺服电机加磁尺或光栅的全闭环数控系统。

数控电火花线切割加工具有如下特点。

（1）直接利用线状的电极丝做电极，不需要制作专用电极，可节约电极设计、制造费用。

（2）可以加工用传统切削加工方法难以加工或无法加工出的形状复杂的工件，如凸轮、齿轮、窄缝、异形孔等。由于数控电火花线切割机床是数字控制系统，因此加工不同的工件只需编制不同的控制程序，对不同形状的工件都很容易实现自动化加工。很适合于小批量形状复杂的工件、单件和试制品的加工，加工周期短。

（3）电极丝在加工中不接触工件，二者之间的作用力很小，因此工件以及夹具不需要有很高的刚度来抵抗变形，可以用于切割极薄的工件及在采用切削加工时容易发生变形的工件。

(4) 电极丝材料不必比工件材料硬，可以加工一般切削方法难以加工的高硬度金属材料，如淬火钢、硬质合金等。

(5) 由于电极丝直径很细（0.1~0.25mm），切屑极少，且只对工件进行切割加工，故余料还可以使用，对于贵重金属加工更有意义。

(6) 与一般切削加工相比，线切割加工的效率低，加工成本高，不宜大批量加工形状简单的零件。

(7) 不能加工非导电材料。

由于数控电火花线切割加工具有上述优点，因此电火花线切割广泛用于加工硬质合金、淬火钢模具零件、样板、各种形状复杂的细小零件、窄缝等，特别是冲模、挤压模、塑料模、电火花加工型腔模所用电极的加工。

线切割加工的切割速度以单位时间内所切割的工件面积来表达（mm^2/min）。它是一个生产指标，常用来估算工件的切割时间，以便安排生产计划及估算成本，综合考虑工件的质量要求。通常快走丝的切割速度为 40~80mm^2/min。

2. 数控电火花线切割加工规准的选择

脉冲电源的波形与参数对材料的电蚀过程影响极大，它们决定着放电痕（表面粗糙度）、蚀除率、切缝宽度的大小和电极丝的损耗率，进而影响加工的工艺指标。目前广泛使用的脉冲电源波形是矩形波。

一般情况下，电火花线切割加工脉冲电源的单个脉冲放电能量较小，除受工件表面粗糙度要求的限制外，还受电极丝允许承载放电电流的限制。欲获得较好的表面粗糙度，每次脉冲放电的能量不能太大。表面粗糙度要求不高时，单个脉冲放电的能量可以取大些，以使得到较高的切割速度。

在实际应用中，脉冲宽度为 1~60μs，而脉冲频率为 10~100kHz。

(1) 短路峰值电流的选择。当其他工艺条件不变时，短路峰值电流大，加工电流峰值就大，单个脉冲放电的能量亦大，所以放电痕大，切割速度高，表面粗糙度差，电极丝损耗变大，加工精度降低。

（2）脉冲宽度的选择。在一定的工艺条件下，增加脉冲宽度，单个脉冲放电能量也增大，放电痕增大，切割速度提高，但表面粗糙度变差，电极丝损耗变大。

通常当电火花线切割加工用于精加工和半精加工时，单个脉冲放电能量应控制在一定范围内。当短路峰值电流选定后，脉冲宽度要根据具体的加工要求来选定。精加工时脉冲宽度可在 $20\,\mu s$ 内选择；半精加工时脉冲宽度可在 $20\sim60\,\mu s$ 内选择。

（3）脉冲间隔的选择。在一定的工艺条件下，脉冲间隔对切割速度影响较大，对表面粗糙度影响较小。因为在单个脉冲放电能量确定的情况下，脉冲间隔较小，频率提高，单位时间内放电次数增多，平均加工电流增大，故切割速度提高。

实际上，脉冲间隔太小，放电产物来不及排除，放电间隙来不及充分消电离，这将使加工变得不稳定，易烧伤工件或断丝；脉冲间隔太大，会使切割速度明显降低，严重时不能连续进给，加工变得不稳定。

一般脉冲间隔在 $10\sim250\,\mu s$ 范围内，基本上能适应各种加工条件，可进行稳定加工。选择脉冲间隔和脉冲宽度与工件厚度有很大关系，一般来说，工件厚，脉冲间隔也要大，以保持加工的稳定性。

（4）开路电压的选择。在一定的工艺条件下，随着开路电压峰值的提高，加工电流增大，切割速度提高，表面粗糙度增大。因电压高使加工间隙变大，所以加工精度略有降低。但间隙大有利于电蚀产物的排除和消电离，可提高加工稳定性和脉冲利用率。

综上所述，在工艺条件大体相同的情况下，利用矩形波脉冲电源进行加工时，电参数对工艺指标的影响有如下规律。

1）切割速度随着加工电流峰值、脉冲宽度、脉冲频率和开路电压的增大而提高，即切割注度随着平均加工电流的增加而提高；

2）加工表面粗糙度随着加工电流峰值、脉冲宽度、开路电压的减小而减小；

3）加工间隙随着开路电压的提高而增大；

4）工件表面粗糙度的改善有利于提高加工精度；

5）在电流峰值一定的情况下，开路电压的增大有利于提高加工稳定性和脉冲利用率。

实践表明，改变矩形波脉冲电源的一项或几项电参数，对工艺指标的影响很大，需根据具体的加工对象和要求，全面考虑诸因素及其相互影响关系。选取合适的电参数，既要满足主要加工要求，又得兼顾各项加工指标。例如加工精密小型模具或零件时，为满足尺寸精度高、表面粗糙度低的要求，选取较小的加工电流的峰值和较窄的脉冲宽度，这必然带来加工速度的降低。又如加工中、大型模具或零件时，对尺寸精度和表面粗糙度要求低一些，故可选用加工电流峰值高、脉冲宽度大些的电参数值，尽量获得较高的切割速度。此外，不管加工对象和要求如何，还须选择适当的脉冲间隔，以保证加工稳定进行，提高脉冲利用率。

3. 数控电火花线切割加工的工艺特性

（1）电极丝的准备。电极丝的直径一般按下列原则选取。

①当工件厚度较大、几何形状简单时，宜采用较大直径的电极丝；当工件厚度较小、几何形状复杂时（特别是对工件凹角要求较高时），宜采用较小直径的电极丝。

②当加工的切缝的有关尺寸被直接利用时，根据切缝尺寸的需要确定电极丝的直径。

（2）穿丝孔的准备。电极丝通常是从工件上预制的穿丝孔处开始切割。在不影响工件要求和便于编程的位置上加工穿丝孔（淬火的工件应在淬火前钻孔），穿丝孔直径一般为 2~10mm。凹模类工件在切割前必须加工穿丝孔，以保证工件的完整性。凸模类工件的切割也需要加工穿丝孔，如果没有设置穿丝孔，那么在电极丝从坯料外部切入时，一般都容易产生变形，变形量大小与工件回火后内应力的消除程度、切割部分在坯料中的相对位置、切割部分的复杂程度及长宽比有关。

（3）工件的装夹与找正。工件的装夹正确与否，除影响工件的加工质量外，还关系到切割工作能否顺利进行，为此工件装夹应注意以下两点。

①装夹位置要适当，工件的切割范围应在机床纵、横工作台的行程之内，并使工件与夹具等在切割过程中不会碰到丝架的任何部分。

②为便于工件装夹，工件材料必须有足够的夹持余量。

找正时一般以工件的外形为基准；工件的加工基准可以为外表面［见图 11-110（a）］，也可以为内孔［见图 11-110（b）］。对于高精度加工，多采用基准孔作为加工基准，孔由坐标镗或坐标磨加工，以保证孔的圆度、垂直度和位置精度。

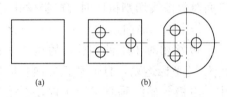

图 11-110　工件的找正和加工基准

（4）切割路线的选择。加工路线应是先使远离工件夹具处的材料被割离，靠近工件夹具处的材料最后被割离。

待加工表面上的切割起点（并不是穿丝点，因为穿丝点不能设在待加工表面上），一般也是其切割终点。由于加工过程中存在各种工艺因素的影响，电极丝返回到起点时必然存在重复位置误差，造成加工痕迹，使精度和外观质量下降。为了避免和减小加工痕迹，当工件各表面粗糙度要求不同时，应在粗糙度要求较低的面上选择切割起点；当工件各表面粗糙度要求相同时，则尽量在截面图形的相交点上选择切割起点，如果是有若干个相交点，尽量选择相交角较小的交点作为切割起点。

对于较大的框形工件，因框内切去的面积较大，会在很大程度上破坏原来的应力平衡，内应力的重新分布将使框形尺寸产生一定变形甚至开裂。对于这种凹模，一是应在淬火前将中部镂空，给线切割留 2～3mm 的余量，可有效地减小切割时产生的应力；二是在清角处增设适当大小的工艺圆角，以缓和应力集中现象，避免开裂。

对于高精度零件的线切割加工，必须采用三次切割方法。第一次切割后诸边留余量 0.1~0.5mm，让工件将内应力释放出来，然后进行第二次切割，这样可以达到较满意的效果。如果是切割没有内孔的工件的外形，第一次切割时不能把夹持部分完全切掉，要保留一小部分，在第二次切割时最后切掉。

4. 数控电火花线切割加工编程

（1）数控电火花线切割加工的编程特点。

1）与其他数控机床一样，数控线切割机床的坐标系符合国家标准。当操作者面对数控线切割机床时，电极丝相对于工件的左、右运动（实际为工作台面的纵向运动）为 X 坐标运动，且运动正方向指向右方；电极丝相对于工件的前、后运动（实际为工作台面的横向运动）为 Y 坐标运动，且运动正方向指向后方。在整个切割加工过程中，电极丝始终垂直贯穿工件，不需要描述电极丝相对于工件在垂直方向的运动，所以 Z 坐标省去不用。

2）工件坐标系的原点常取为穿丝点的位置。当加工大型工件或切割工件外表面时，穿丝点可选在靠近加工轨迹边角处，使运算简便，缩短切入行程；当切割中、小型工件的内表面时，将穿丝点设置在工件对称中心会使编程计算和电极丝定位都较为方便。

3）当机床进行锥度切割时，上丝架导轮做水平移动，这是平行于 X 轴和 Y 轴的另一组坐标运动，称为附加坐标运动。其中平行于 X 轴的为 U 坐标，平行于 Y 轴的为 V 坐标。

4）线切割的刀具补偿只有刀具半径补偿，是对电极丝中心相对于工件轮廓的偏移量的补偿，偏移量等于电极丝半径加上放电间隙。没有刀具长度补偿。

5）数控线切割的程序代码有 3B 格式、4B 格式及符合国际标准的 ISO 格式。

3B 格式是无间隙补偿格式，不能实现电极丝半径和放电间隙的自动补偿，因此 3B 程序描述的是电极丝中心的运动轨迹，与切割所得的工件轮廓曲线要相差一个偏移量。

4B 是有间隙补偿格式，具有间隙补偿功能和锥度补偿功能。间隙补偿指电极丝中心运动轨迹能根据要求自动偏离编程轨迹一段距离，即补偿量；当补偿量设定为所需偏移量时，编程轨迹即为工件的轮廓线。当然，按工件的轮廓编程要比按电极丝中心运动轨迹编程方便得多。锥度补偿是指系统能根据要求，同时控制 X、Y、U、V 四轴的运动，使电极丝偏离垂直方向一个角度即锥度，切割出上大下小或上小下大的工件来，X、Y 为机床工作台的运动即工件的运动，U、V 为上丝架导轮的运动，分别平行于 X、Y。

ISO 格式的数控程序习惯上称为 G 代码。

目前快走丝线切割机床多采用 3B、4B 格式，而慢走丝线切割机床通常采用国际上通用的 ISO 格式。

6）数控电火花线切割加工的程序中，直线坐标以 μm 为单位。

（2）数控电火花线切割编程实例。加工如图 11-111 所示的零件，穿丝孔中心的坐标为（5，20），按顺时针切割。例 11-5 是以绝对坐标方式（G90）进行编程，对应图 11-111（a）；例 11-6 是以增量（相对）坐标方式（G91）进行编程，对应图 11-111（b）。可以发现，采用增量（相对）坐标方式输入程序的数据可简短些，但必须先计算出各点的相对坐标值。

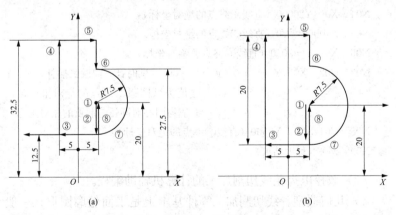

图 11-111　数控电火花线切割加工实例

(a) 绝对坐标方式编程；(b) 增量（相对）坐标方式编程

【例 11-5】　如图 11-111（a）所示，数控电火花线切割加工的绝对坐标方式编程如下：

　　N01　G92　X5000　Y20000（给定起始点（穿丝点）的绝对坐标）

　　N02　G01　X5000　Y12500（直线②终点的绝对坐标）

　　N03　　　X－5000　Y12500（直线③终点的绝对坐标）

　　N04　　　X－5000　Y32500（直线④终点的绝对坐标）

　　N05　　　X5000　Y32500（直线⑤终点的绝对坐标）

　　N06　　　X5000　Y27500（直线⑥终点的绝对坐标）

　　N07　G02　X5000　Y12500　I0　J-7500（顺时针方向圆弧插补，X、Y 之值为顺圆弧⑦终点的绝对坐标，I、J 值为圆心对圆弧⑦起点的相对坐标）

　　N08　G01　X5000　Y20000（直线⑧终点的绝对坐标）

　　N09　M02（程度结束）

【例 11-6】　如图 11-111（b）所示，数控电火花线切割加工的相对坐标方式编程如下：

　　N01　G92　X5000　Y20000［给定起始点（穿丝点）的绝对坐标］

　　N02　G01　X0　Y－7500（直线②终点的绝对坐标）

　　N03　　　X－10000　Y0（直线③终点的绝对坐标）

　　N04　　　X0　Y20000（直线④终点的绝对坐标）

　　N05　　　X10000　Y0（直线⑤终点的绝对坐标）

　　N06　　　X0　Y－5000（直线⑥终点的绝对坐标）

　　N07　G02　X0　Y－15000　I0　J－7500（顺时针方向圆弧插补，X、Y 之值为顺圆弧⑦终点的绝对坐标，I、J 值为圆心对圆弧⑦起点的相对坐标）

　　N08　G01　X0　Y7500（直线⑧终点的绝对坐标）

　　N09　M02（程度结束）

　　（3）数控电火花线切割加工的计算机辅助编程。

　　1）几何造型。线切割加工零件基本上是平面轮廓图形，一般不切割自由曲面类零件，因此工件图形的计算机化工作基本上以二维为主。线切割加工的专用 CAD/CAM 软件有 AutoP、YH 和 CAXA 和 CAXA-WEDM 软件，AutoP 仍停留在 DOS 平台。

　　对于常见的齿轮、花键的线切割加工，只要输入模数、齿数等相关参数，软件会自动生成齿轮、花键的几何图形。

2）刀位轨迹的生成。线切割轨迹生成参数表中需要填写的项目有：切入方式、切割次数、轮廓精度、锥度角度、支撑宽度、补偿实现方式、刀具半径补偿值等。

切入方式指电极丝从穿丝点到工件待加工表面加工起始段的运动方式，有直线切入方式、垂直切入方式和指定切入点方式。

轮廓精度即加工精度。对于由样条曲线组成的轮廓，CAM 系统将按照用户给定的加工精度把样条曲线离散为多条折线段。

锥度角度指进行锥度加工时电极丝倾斜的角度。系统规定当输入的锥度角度为正值时，采用左锥度加工；当输入的锥度角度为负值时，采用右锥度加工。

支撑宽度，用于在进行多次切割时指定每行轨迹的始末点之间所保留的一段未切割部分的宽度。

在填写完参数表后，拾取待加工的轮廓线，指定刀具半径补偿方向，指定穿丝点位置及电极丝最终切到的位置，就完成了线切割加工轨迹生成的交互操作。计算机将会按要求自动计算出加工轨迹，并可以对生成的轨迹进行加工仿真。

3）后置处理。通用后置处理一般分为两步，一是机床类型设置，它完成数控系统数据文件的定义，即机床参数的输入，包括确定插补方法、补偿控制、冷却控制、程序起停以及程序首尾控制符等；二是后置设置，它完成后置输出的 NC 程序的格式设置，即针对特定的机床，结合已经设置好的机床配置，对将输出的数控程序的程序段行号格式、程序大小、数据格式、编程方式、圆弧控制方式等进行设置。

第六节　快速制模成形技术

随着科学技术的进步，市场竞争日趋激烈，产品更新换代周期越来越短。因此缩短新产品的开发周期，降低开发成本，是每个制造厂商面临的亟待解决的问题，对模具快速制造的要求便应运而生。

快速制模技术包括传统的快速制模技术，如低熔点合金模具、电铸模具等，和以快速成形技术（Rapid Prototyping，RP）为基础的快速制模技术。

一、快速成形技术

快速成形技术的具体工艺方法很多，但其基本原理都是一致的。即以材料添加法为基本方法，将三维 CAD 模型快速（相对机加工而言）转变为由具体物质构成的三维实体原型。首先在 CAD 造型系统中获得一个三维 CAD 模型，或通过测量仪器测取实体的形状尺寸，转化为 CAD 模型，再对模型数据进行处理，沿某一方向进行平面"分层"离散化，然后通过专用的 CAM 系统（成形机）对胚料分层成形加工，并堆积成原型。

快速成形技术开辟了不用任何刀具而迅速制造各类零件的途径，并为用常规方法不能或难于制造的零件或模型提供了一种新的制造手段，它在航天航空、汽车外形设计、轻工产品设计、人体器官制造、建筑美工设计、模具设计制造等技术领域已展现出良好的应用前景。

归纳起来，快速成形技术有如下应用特点。

（1）由于快速成形技术采用将三维形体转化为二维平面分层制造机理，对工件的几何构成复杂性不敏感，因而能制造复杂的零件，充分体现设计细节。并能直接制造复合材料零件。

（2）快速制造模具。

①能借助电铸、电弧喷涂等技术，由塑料件制造金属模具；

②将快速制造的原型当作消失模（也可通过原型翻制制造消失模的母模，用于批量制造消失模），进行精密铸造；

③快速制造高精度的复杂木模，进一步浇铸金属件；

④通过原型制造石墨电极，然后由石墨电极加工出模具型腔；

⑤直接加工出陶瓷型壳进行精密铸造。

（3）在新产品开发中的应用，通过原型（物理模型），设计者可以很快地评估一次设计的可行性并充分表达其构思。

①外形设计。虽然 CAD 造型系统能从各个方向观察产品的设计模型，但无论如何也比不上由 RP 所得原型的直观性和可视性，

对复杂形体尤其如此。制造商可用概念成形的样件作为产品销售的宣传工具，即采用 RP 原型，可以迅速地让用户对其开发的新产品进行比较评价，确定最优外观。

②检验设计质量。以模具制造为例，传统的方法是根据几何造型在数控机床上开模，这对昂贵的复杂模具而言风险太大，设计上的任何不慎都可能造成不可挽回的损失。采用 RPM 技术，可在开模前精确地制造出将要注射成形的零件，设计上的各种细微问题和错误都能在模型上一目了然，大大减少了盲目开模的风险。RP 制造的模型又可作为数控仿形铣床的靠模。

③功能检测。利用原型快速进行不同设计的功能测试，优化产品设计。如风扇等的设计，可获得最佳扇叶曲面、最低噪声的结构。

（4）快速成形过程是高度自动化、长时间连续进行的，操作简单，可以做到昼夜无人看管，一次开机，可自动完成整个工件的加工。

（5）快速成形技术的制造过程不需要工装模具的投入，其成本只与成形机的运行费、材料费及操作者工资有关，与产品的批量无关，很适宜于单件、小批量及特殊、新试制品的制造。

（6）快速造型中的反向工程具有广泛的应用。激光三维扫描仪、自动断层扫描仪等多种测量设备能迅速高精度地测量物体内外轮廓，并将其转化成 CAD 模型数据，进行 RP 加工。其应用包括以下三点。

①现有产品的复制与改进，先对反向而得的 CAD 模型在计算机中进行修改、完善，再用成形机快速加工出来。

②医学上将 RP 与 CT 扫描技术结合，能快速、精确地制造假肢、人造骨髓、手术计划模型等。

③人体头像立体扫描。数分钟内即可扫描完毕，由于采用的是极低功率的激光器，对人体无任何伤害。正因为反向法和 RPM 的结合有广泛的用途，国外的 RPM 服务机构一般都配有激光扫描仪。

二、基于 RP 的快速制模技术

在快速成形技术领域中，目前发展最迅速、产值增长最明显的就是快速制模（Rapid Tooling，RT）技术。2000 年 5 月，在法国巴黎举行的全球 RP 协会联盟（GARPA）高峰会议上，这一点得到了普遍的认同。应用快速原型技术制造快速模具（RP＋RT），在最终生产模具之前进行新产品试制与小批量生产，可以大大提高产品开发的一次成功率，有效地缩短开发时间和降低成本。

RP＋RT 技术提供了一种从模具 CAD 模型直接制造模具的新的概念和方法，它将模具的概念设计和加工工艺集成在一个 CAD/CAM 系统内，为并行工程的应用创造了良好的条件。RT 技术采用 RP 多回路、快速信息反馈的设计与制造方法，结合各种计算机模拟与分析手段，形成了一整套全新的模具设计与制造系统。

利用快速成形技术制造快速模具可以分为直接模具制造和间接模具制造两大类。基于快速成形技术的各种快速制模技术如图11-112 所示。

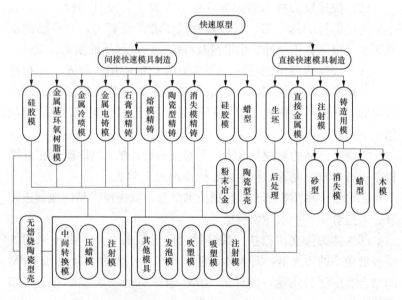

图 11-112　快速制模技术

1. 直接快速模具制造

直接快速模具制造指的是利用不同类型的快速原型技术直接制造出模具，然后进行一些必要的后处理和机加工以获得模具所要求的力学性能、尺寸精度和表面粗糙度。目前能够直接制造金属模具的快速成形工艺包括选择性激光烧结（SLS）、形状沉积制造（SDM）和三维焊接（3D Welding）等。

直接快速模具制造环节简单，能够较充分地发挥快速成形技术的优势，特别是与计算机技术密切结合，快速完成模具制造。对于那些需要复杂形状的、内流道冷却的注塑模具，采用直接快速模具制造有着其他方法不能替代的优势。

运用 SLS 直接快速模具制造工艺方法能在 5～10 天之内制造出生产用的注塑模，其主要步骤是如下。

（1）利用三维 CAD 模型先在烧结站制造产品零件的原型，进行评价和修改，然后将产品零件设计转换为模具型芯设计，并将模具型芯的 CAD 文件转换成 STL 格式，输入烧结站。

（2）烧结站的计算机系统对模具型芯 CAD 文件进行处理，然后烧结站按照切片后的轮廓将粉末烧结成模具型芯原型。

（3）将制造好的模具型芯原型放进聚合物溶液中，进行初次浸渗，烘干后放入气体控制熔炉，将模具型芯原型内含有的聚合物蒸发，然后渗铜，即可获得密实的模具型芯。

（4）修磨模具型芯，将模具型芯镶入模坯，完成注塑模的制造。

采用直接 RT 方法在模具精度和性能控制方面比较困难，特殊的后处理设备与工艺使成本提高较大，模具的尺寸也受到较大的限制。与之相比，间接快速模具制造可以与传统的模具翻制技术相结合，根据不同的应用要求，使用不同复杂程度和成本的工艺，一方面可以较好地控制模具的精度、表面质量、力学性能与使用寿命，另一方面也可以满足经济性的要求。

因此目前研究的侧重点是间接快速模具制造技术。

2. 间接快速模具制造

用快速原型制母模，浇注蜡、硅橡胶、环氧树脂或聚氨酯等软材料，可构成软模具。用这种合成材料制造的注射模，其模具使用寿命可达 50～5000 件。

用快速原型制母模或软模具与熔模铸造、陶瓷型精密铸造、电铸或冷喷等传统工艺结合，即可制成硬模具，能批量生产塑料件或金属件。硬模具通常具有较好的机械加工性能，可进行局部切削加工，获得更高的精度，并可嵌入镶块、冷却部件和浇道等。

下面简单介绍几种常用的间接快速模具制造技术。

（1）硅胶模。以原型为样件，采用硫化的有机硅橡胶浇注，直接制造硅橡胶模具。由于硅橡胶具有良好的柔性和弹性，对于结构复杂、花纹精细、无拔模斜度或具有倒拔模斜度，以及具有深凹槽的零件来说，制品成形后均可顺利脱模，这是其相对于其他模具的独特之处。其工艺过程为如下。

1）制造原型，对其表面进行处理，使其具有较好的表面粗糙度。

2）在成形机中固定放置原型、模框，在原型表面涂脱模剂。

3）将硅橡胶混合体放置在抽真空装置中，抽去其中的气泡，浇注进模框，得到硅橡胶模具。

4）在硅橡胶固化后，沿分型面切开硅橡胶，取出原型，即得硅橡胶模具。此时如发现模具具有少许的缺陷，可用新调配的硅橡胶修补。

硅橡胶模具可用作试制和小批量生产用注塑模、精铸蜡模和其他间接快速模具制造技术的中间过渡模，用作注塑模时其寿命一般为 10～80 件。

（2）金属冷喷模。先加工一个 RP 原型，再将雾状金属粉末喷涂到 RP 原型上产生一个金属硬壳，将此硬壳分离下来，用填充铝的环氧树脂或硅橡胶支撑并埋入冷却管道，即可制造出精密的注塑模具。其特点是工艺简单，周期短，型腔及其表面精细花纹一次同时形成。这一方法省略了传统加工工艺中详细画图、机械加工及热处理等 3 个耗时费钱的过程。模具寿命可达10 000次。

（3）熔模精铸（失蜡铸造）。熔模精铸的长处就是利用模型制造复杂的零件，RP 的优势是能迅速制造出模型。二者的结合就可制造出无需机加工的复杂零件。其制造过程是在 RP 原型的表面涂覆陶瓷耐火材料，焙烧时烧掉原型而剩下陶瓷型壳；向型壳中浇注金属液，冷却后即可得金属件，该法制造的制件表面光洁。如批量较大，可由 RPM 原型制得硅橡胶模，再用硅橡胶模翻制多个消失模，用于精密铸造。

（4）陶瓷型或石膏型精铸。其工艺过程如下。

1）用快速成形系统制造母模，浇注硅橡胶、环氧树脂或聚氨酯等软材料，构成软模；

2）移去母模，在软模中浇注陶瓷或石膏，得到陶瓷或石膏模；

3）在陶瓷或石膏模中浇注钢水，得到所需要的型腔；

4）型腔经表面抛光后，加入相关的浇注系统或冷却系统等后，即成为可批量生产用的注塑模。

三、合成树脂制模工艺

1. 合成树脂材料

合成树脂是高分子材料，与金属材料相比，其强度和寿命较差，但它的密度小，重量轻，成形容易，制模周期短，使用方便。在新产品试制或小批量生产的情况下，可用来制造中、小型塑料注射模的型腔或铝板、薄钢板的拉深，弯曲模具的凹模。用合成树脂制造型腔常用的方法为浇注成形法。

制造模具用的合成树脂主要有环氧树脂、聚酯树脂、酚醛树脂及塑料钢。其中塑料钢是铁粉和塑料的混合物，其质量分数分别为 80% 和 20%，加入特殊固化剂，不要加压加热，经 2h 左右即可固化成像金属一样的制品。

2. 合成树脂制模工艺

采用合成树脂制造模具时，其工艺过程因所使用的树脂材料不同而有所不同，图 11-113 所示为采用环氧树脂制造的模具结构，其制造的工艺过程为：

| 模型、模框的制备 | → | 原料配备 | → | 浇注 | → | 固化 | → | 脱模 | → | 制品处理 | → | 装配 |

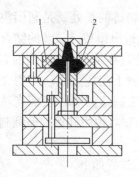

图 11-113　环氧树脂型腔模结构
1—塑料模；2—环氧树脂型腔

由于环氧树脂承受不了注射过程中的合模作用力和注射压力，因此除模具的型腔部分用环氧树脂制作外，其余部分仍采用金属材料制成，并用金属框架来增强凹模。

环氧树脂浇注成制件后，只需经过修整即可应用。有时在需要的情况下，可以对环氧树脂型腔制件进行切削加工。

用合成树脂制造模具，还可用作制造大型汽车覆盖件的主模型、切削加工用的仿形靠模、仿形样板及铸造用的模型等。

四、陶瓷型铸造制模工艺

1. 陶瓷型铸造材料

陶瓷铸造材料常用的有砂套造型材料和陶瓷层造型材料。其中砂套造型常用的砂套型砂一般为水玻璃砂，其主要成分为石英砂、石英粉、黏土、水玻璃和适量的水。而制造陶瓷层所用的材料主要有耐火材料、粘结剂、催化剂、脱模剂、透气剂等。由于陶瓷型铸造模具所用的陶瓷材料价格比较昂贵，因此除了小型制件使用全部的陶瓷浆料灌制外，其余的一般采用带底套的陶瓷型。即与熔化金属相接触的面层用陶瓷材料浇注，其余部分用砂型底套代替陶瓷材料。这样不但节约陶瓷材料、降低造价，而且改善了陶瓷材料粒度细、透气性差的不足。

2. 陶瓷型铸造工艺

（1）陶瓷型铸造工艺过程。陶瓷型铸造是在原有的砂型铸造的基础上发展起来的一种铸造工艺。陶瓷型铸造分整体陶瓷型（整个铸型由陶瓷浆形成）和复合陶瓷型（铸型表面工作层由陶瓷浆形成，而底套部分由水玻璃砂砂套或金属套形成）。复合陶瓷型可节省大量昂贵的陶瓷浆粘结剂，在大件生产时效果更显著。而金属套只适用于大批量生产。

陶瓷型铸造基本方法为：用耐火材料和粘结剂等配制而成的陶瓷浆浇注到模型上，在催化剂的作用下使陶瓷浆结胶硬化，形成陶瓷层的型腔表面。然后再经合箱、浇注熔化金属、清理后得到型腔铸件。陶瓷型铸造工艺过程如下：

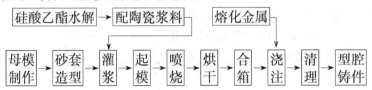

采用水玻璃砂底套的陶瓷型造型过程如图 11-114 所示。

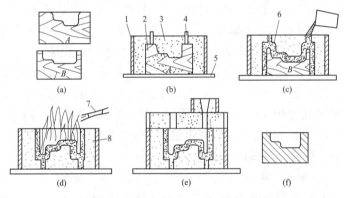

图 11-114 砂底套的复合陶瓷型造型工艺

（a）模型；（b）砂套造型；（c）灌浆；（d）起模喷烧；（e）合箱浇注；（f）铸件

1—精母模；2—粗母模；3—水玻璃砂；4—排气孔及灌浆孔；

5—垫板；6—陶瓷浆；7—空气喷嘴；8—砂箱

（2）陶瓷型铸造工艺的应用与特点。

1）工艺应用。由于陶瓷型铸造具有尺寸精度高、表面粗糙度值小、所制模具的使用寿命较长等特点，因此在模具制造中可用于浇注形状复杂，具有图案、花纹的模具型腔，如锻造模、玻璃成形模、塑料成形模及拉深模的型腔等。

2）工艺特点。由于陶瓷型采用热稳定性高、粒度细的耐火材料，灌浆后的表面光滑，因此铸件的尺寸精度较高（一般为 IT8～IT10），表面粗糙度值可达 $Ra10\sim1.25\mu m$。另外陶瓷型铸造投资少，准备周期短，不需要特殊设备。一般铸造车间都可以进行，适用于大批量生产，并且可铸造大型精密铸件（最大的陶瓷型铸件可达十几吨）。

但由于陶瓷型铸造用的硅酸乙酯、刚玉粉原料价格较高，来源不丰富，并且铸件的精度不能完全达到模具型腔的要求，对形状复杂、精度要求高的模具仍需采用其他的方式进行加工。

3）工艺要点。用陶瓷型铸造制模的工艺与一般铸造工艺差不多，有以下几点需注意。

①为防止铸件表面在浇注及冷却过程中氧化、脱碳，合箱前在铸型内喷涂薄薄的一层酚醛树脂-酒精溶液（重量比为 $1:2\sim$ $1:4$），也可在铸型表面熏一层石蜡烟。浇注钢水时，酚醛树脂或石蜡不完全燃烧，造成还原性气氛，可减少氧化、脱碳。

②对于一些用熏烟等措施也不能减少氧化、脱碳的厚大铸件，建议在保护性气体中冷却。对于质量约 100kg 的立方实心铸件，一般用氮气保护 $10\sim16h$；质量约 $200\sim400kg$ 的立方实心铸件，保护 $16\sim24h$，然后开箱，开箱温度一般在 $400\sim500℃$。

五、锌合金铸造制模工艺

1. 锌合金材料

制造模具用的锌合金是以锌为基体，由锌、铜、铝、镁等元素组成，其物理力学性能受合金中各组成元素的影响。锌合金可以用于制造冲裁、弯曲、成形、拉深、注射、吹塑、陶瓷等模具的工作零件，一般采用铸造方法进行制造。表 11-49 列出了锌含金模具材料的性能。

表 11-49　　　　　　　　　锌合金模具材料的性能

密度 ρ (g/cm³)	熔点温度 (℃)	凝固收缩率 (%)	σ_b (MPa)	$\sigma_压$ (MPa)	τ (MPa)	硬度 (HBS)
6.7	380	$1.1\sim1.2$	$240\sim290$	$550\sim600$	240	$100\sim115$

表 11-49 所列锌合金的熔点为 380℃，浇注温度为 $420\sim$ $450℃$，属于低熔点合金。这一类合金具有良好的流动性，可以铸

出形状复杂的立体曲面和花纹。熔化时对热源无特殊要求，浇铸简单，不需要专门的设备。

2. 锌合金模具

锌合金模具是用高强度锌合金材料通过铸造或挤压等加工法制作的简易模具。用锌合金可以做成各种性质的模具，如落料、冲孔、修边、拉深、弯曲、成形等单工序模，还可以做成级进模和复合模。锌合金材料除作为模具成形零件外，还可以作为模具的结构件使用，如上、下模导向板、卸料板等。

锌合金模具的成形零件采用铸造或塑性加工方法制成，它与普通钢模的制造相比，节省了加工工序，且不需要热处理，也不需要调整模具的冲裁间隙。因此具有制模工艺简单、周期短、成本低的特点。其制模周期与普通钢模相比，可以缩短 1/2 左右，制模成本可减少 1/3～1/2。锌合金模具与其他快速制作的模具相比，具有应用范围广、寿命较高等优点，而且可以用来冲压各种金属材料与非金属材料，冲压件精度与钢模冲压加工的零件精度基本上相同。

3. 锌合金制模工艺

（1）锌合金模具制模方法。锌合金模具制模工艺方法如下。

1）直接铸造法。这种方法以制成的工具凸模为模样，在它的外面按凹模外廓尺寸制作凹模框，将熔化的锌合金注入模框内形成凹模，待凹模冷凝后，将凸、凹模分开，经过对工作面稍许加工即可用于冲裁生产。浇注凹模时，钢凸模要预热（一般为 $150～200℃$），合金浇注温度为 $420～450℃$。对于中小尺寸、简单轮廓形状的冲裁模，可在组装模架后浇注锌合金，如图 11-115 所示。形状复杂而尺寸又较大的锌合金

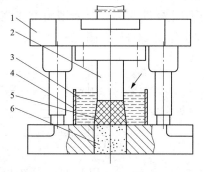

图 11-115　模架内浇注示意图

1—上模板；2—凸模；3—锌合金；
4—凹模框；5—排料口型芯；6—型砂

冲裁凹模一般在模架外浇注成形，经修整加工后再装到模架上，如图 11-116 所示。

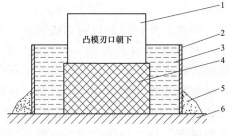

图 11-116　模架外浇注示意图

1—凸模；2—模框；3—锌合金；

4—排料口型芯；5—型芯；6—平台

2）样件浇铸法。常用的样件制作方法是根据制件图由钣金工制作，或是把现有的制件加以改造而成。制作样件的材料尽可能与制件相同。为了在浇注时限制合金随意流动，使其达到模具外形轮廓尺寸，还需设模框。采用样件铸造时，先用型砂将样件垫实，并找好有关基准。将模框放置在样件上，浇注合金凸模，然后翻转过来，将样件固定在锌合金凸模上，再浇注凹模。对于中小尺寸且壁厚较大、刚性较好的样件，可对凸模、凹模同时进行浇注。由于用样件相隔，因而能达到一次成型的目的。浇注时为了防止样件变形，应采用雨淋式浇口。用样件铸造锌合金模具的方法如图 11-117、图 11-118 所示。

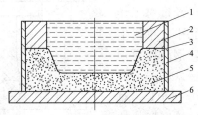

图 11-117　样件法浇铸锌合金凸模

1—锌合金凸模；2—垫块；3—样件；

4—围框；5—型砂；6—平台

　　铸型采用砂箱造型，一般为湿砂型浇注，若采用干砂型浇注则更好。砂型铸造如图 11-119、图 11-120 所示。

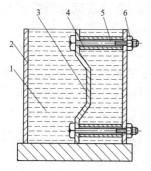

图 11-118　样件垂直浇铸法

1—锌合金；2—围框；3—样件；
4—螺栓；5—套筒；6—螺母

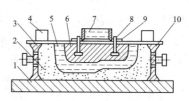

图 11-119　凸模浇铸工艺

1—平台；2—型砂；3—砂箱；4—压箱铁；
5—锌合金凸模；6—冷铁；7—雨淋浇口箱；
8—螺栓；9—调整板；10—吊架

　　3）用锌合金凸模浇铸锌合金凹模。这种制模方法是以凸模为基准作为铸模的金属模样，然后浇注锌合金凹模，所得凹模表面光洁，力学性能好，凸、凹模间互相配合尺寸精度高，收缩与变形可得到控制。

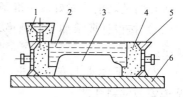

图 11-120　凹模浇铸工艺

1—浇口箱；2—锌合金凹模；
3—锌合金凸模；4—型砂；
5—砂箱；6—平台

　　4）砂型铸造法。制模工艺是制作木模型→造型→熔化合金→浇成形→清砂→组装。制作模样的材料可用木料、石膏、石蜡、环氧树脂塑料等，但较常用的是木料和石膏。一般采用手工方法先制作凸模模样。凹模模样是以凸模模样为基准，在其表面敷贴一层与制件厚度相等的材料形成间隙层，然后浇注石膏而获得凹模模样。

　　铸件表面的粗糙度主要取决于铸型的表面粗糙度或铸型材料的粒度，粒度越细，铸件表面质量就越好。

　　5）挤切法。如图 11-121 所示，它利用锌合金材料硬度比钢凸模低的特点，用钢凸模对锌合金凹模坯料进行挤压切削，以获得

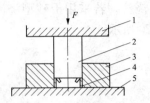

图 11-121　挤切制模示意图

1—滑块；2—凸模；

3—锌合金凹模；

4—挤切部分；5—平台

所需的凹模刃口。挤切法制得凸模、凹模之间的间隙为零，且分布均匀一致，为冲压时获得动态平衡间隙创造了必要的条件。这种制模法简单，质量好，主要用于形状复杂的型孔加工。加工凹模时，将锌合金坯料放在平板上，在钻排孔后通过凸模压印、进行挤切加工。挤切加工余量一般为 0.2～0.5mm，应注意沿轮廓均匀分布。也可通过铸造的方法预先将型孔铸出，适当留出挤切余量，然后进行挤切加工。

（2）锌合金制模工艺过程。图 11-120 所示为锌合金凹模的浇铸示意图。凸模采用高硬度的金属材料制作，刃口锋利；凹模采用锌合金材料。

在铸造之前应做好以下准备工作。

1）按设计要求加工好凸模，经检验合格后将凸模固定在上模座上。

2）在下模座上安放模框（应保证凸模位于模框中部），正对凸模安放漏料孔芯。

3）在模框外侧四周填上湿沙并压实，防止合金溶液泄漏。

4）将模框内杂物清理干净后按以下工艺顺序完成凹模的浇铸和装配调试工作。基本工艺过程如下：

$$\boxed{母模外套砂箱} \rightarrow \boxed{灌浆} \rightarrow \boxed{起模} \rightarrow \boxed{喷烧} \rightarrow \boxed{焙烧} \rightarrow \boxed{合型} \rightarrow \boxed{浇注}$$

$$\boxed{制备陶瓷浆} \qquad\qquad\qquad\qquad \boxed{金属液熔炼}$$

（3）模内浇铸与模外浇铸。图 11-115 所示锌合金凹模的浇铸方法称为模内浇铸法，适用于合金用量在 20kg 以下的冷冲模的浇铸。浇铸合金用量在 20kg 以上的模具，冷凝时所散发的热量较大，为了防止模架受热变形，可以在模架外的平板上单独将凹模（或凸模）浇出后，再安装到模架上去，这种方法称为模外浇铸法。

模内浇注法与模外浇注法没有本质上的区别，主要区别在于浇铸时是否使用模架，后者用平板代替模架的下模座。这两种方法适用于浇铸形状简单、冲裁各种不同板料厚度的冲裁模具。

六、低熔点合金铸造制模

（1）低熔点合金材料。模具用低熔点合金材料一般都具有熔点低、冷却时凝固膨胀的特点，其化学成分及性能可见表 11-50。

表 11-50　　　　　低熔点合金材料的化学成分及性能

序号	合金成分（%）				硬度 (HB)	抗拉强度 (MPa)	抗压强度 (MPa)	熔点 (℃)
	锡（Bi）	锡（Sn）	铅（Ph）	锑（Sb）				
1	58	42	—		16	65	87.5	138
2	54	39	4	3	25	54	125	160
3	57	42	1	—	21	27.5	95.8	136

（2）低熔点合金的熔炼。

1）按一定的百分比进行配料，并将金属打成 $5\sim10mm^3$ 的小碎块。

2）根据各金属熔点的不同按先后次序进行熔化（合金放入坩埚的次序是：锑→铅→铋→锡）。每放入一种金属都要用试棒搅拌 $10\sim15min$，使之均匀，然后再加入第二种金属。待锡熔化后，用温度计测量温度。在 $200\sim300℃$ 时，继续搅拌。当冷却到 $200℃$ 时，浇入模内，急冷成锭。

3）在对合金进行熔炼时，炉温不宜太高，一般控制在 $300\sim400℃$ 之间。为了减少氧化损失，可在金属和合金表面加覆盖剂，如木炭、石墨粉等。

（3）低熔点合金模具制造工艺。低熔点合金模具是从 20 世纪 70 年代就开始在我国发展并得到应用的一种简易模具。低熔点合金模有如下特点。

1）低熔点合金具有熔点低、有一定强度、与钢铁不粘、浇铸后有冷胀性等特性。利用这种特性铸出凸、凹模及压边圈，能确保其几何形状及尺寸精度。

2）低熔点合金的凸、凹模是浇铸而成的，一般不需精加工，可以大大缩短模具的制造周期。

3）低熔点合金的凸、凹模及压边圈用完后可重新熔铸使用而性能稳定不变，可代替多套钢制的凸、凹模，节省优质钢材，减少钢模存放所占的生产面积。

4）低熔点合金模简化了设计工作，故适用于新产品试制和小批量生产。这种技术对薄板、大型覆盖件模具制造尤为合适。例如铸造一副大型覆盖件拉深成形模，铸模时间只需 10 多个小时。

但由于低熔点合金硬度低，强度也不高，而且价格较贵，限制了其使用。

低熔点合金模的制造采用铸模工艺。样件是低熔点合金模具铸模的依据，应根据产品零件结构和烧注工艺要求设计，用与制件壁厚相等的材料制作。如图 11-122 所示，它由内腔、外腔和内外挡墙组成，内、外挡墙分隔合金，使其形成凸模、凹模和压料圈三部分。为了铸模方便，样件上有许多小孔，以便内、外腔合金互相流通。

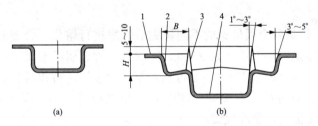

图 11-122　样件

（a）简单样件；（b）复杂样件

1—样件凸缘；2—外挡墙；3—内挡墙；4—合金溢流孔；

H—合金压边圈高；B—合金压边圈宽

铸模样件应满足的要求是，必须保证正确的几何形状和尺寸，以及较小的表面粗糙度。样件为薄壁大型零件，在铸模和搬运过程中极易产生变形和损坏，因此必须具有足够的强度和刚性。此外样件壁厚必须均匀一致，以保证凸模、凹模之间的间隙均匀一致。制作样件时必须有脱模斜度，不允许有与分模方向相反的斜度，不允许有搭接焊缝。样件的制作方法有手工钣金成形、玻璃钢糊制和用制件改制等几种。

低熔点合金模具的铸模工艺可以分为自铸模和浇注模两大类。自铸模工艺如图 11-123 所示，先把熔箱内的合金熔化，浸样件入熔箱，凸模联接板与凸模座下降，使联接板与合金完全接触，待合金冷却凝固后进行分模，取出样件。凡在专用的低熔点合金自铸模压机上或在普通液压机、压力机上铸模的都称为机上自铸模，如果在机外进行铸模，则称为机下铸模，即浇注模。浇注模工艺是把样件和其他零部件预先安装调整好，将熔化后的合金由注到组装好的熔箱内，待合金冷却后进行分模，样件将合金分割成凸模和凹模。

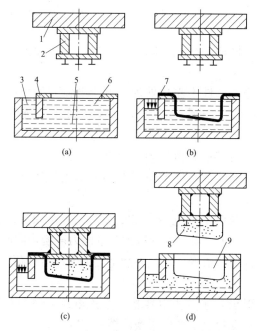

图 11-123　自铸模工艺示意图

（a）熔化合金；（b）浸入祥件；（c）合模制造凸、凹模；（d）冷却凝固后取出样件；

1—上模板；2—凸模座；3—副熔箱；4—凹模板；5—加热板；

6—合金；7—样件；8—合金凸模；9—合金凹模

七、电铸成形加工

电铸成形加工是根据金属电镀的基本原理来实现的。

1. 工艺特点

电铸是以与制品形状一致的凸模或凹模为阴极,在表面通过电解液获得金属沉积层,取出该母模后即形成与母模轮廓精密地相符与表面光洁的型腔或型面。电铸成形的特点主要如下。

(1) 复制精度高。可制出用机械加工方法不可能加工的细微形状和难以加工的型腔。电铸加工的复制精度为 0.05～0.01mm。

(2) 电铸后的型面一般不需修正。如以母模为基准,对于长度尺寸为 300mm,精度为 ±0.05mm 的母模,表面状态很好时,成形后几乎不需要进行抛光等精加工。

(3) 重复性好。可以用一只标准母模制出很多形状一致的型腔或电铸电极。

(4) 母模材料多样化。原则上木材、塑料和金属等都可用于母模材料。

(5) 电铸成形件不需热处理。由于电铸镍的抗拉强度一般为 1372～1568MPa、硬度为 35～50HRC,因此电铸成形后不需热处理。

(6) 电铸层难以获得均匀的厚度,电铸沉积是一种电化学方法,按照母模形状的不同部位具有不同的电极沉积性能,因而电铸层厚度不均匀。

(7) 大型及盘形的电铸件易变形。电铸金属壳较薄,一般壁厚为 3～5mm,由于电铸的内应力及脱模力影响,因此对于大型及盘形的电铸件要考虑变形,且不能承受大的冲击载荷。

2. 电铸设备

电铸成形设备主要由电铸槽、直流电源、恒温控制设备、搅拌器、水位自动控制器及电子换向器等组成。

(1) 电铸槽:电铸槽材料的选择应以不与电解液发生化学反应引起腐蚀为原则,常用耐酸搪瓷或硬聚氯乙烯,也可用陶瓷。

常用的电铸槽有内热式(见图 11-124)及外热式(见图 11-125)两种。外热式电铸槽的电解液加热均匀,但体积较大。

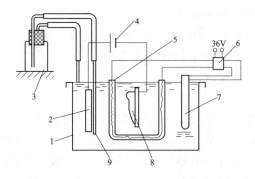

图 11-124 内热式电铸槽

1—镀槽；2—阳极；3—蒸馏水瓶；4—直流电源；5—加热管；

6—恒温控制器；7—水银导电温度计；8—母模；9—玻璃管

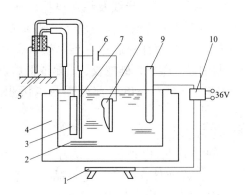

图 11-125 外热式电铸槽

1—电炉；2—镀槽；3—阳极；4—水箱；5—蒸馏水瓶；6—直流电源；

7—玻璃管；8—母模；9—汞导电温度计；10—恒温控制器

（2）直流电源：用硅整流器，电压为 6～12V，电流一般为 50～300A，具体按需要而定。

（3）恒温控制设备：包括加热器（加热玻璃管、电炉）、汞导电温度计及恒温控制器（继电器），为安全起见，采用 36V。

（4）水位自动控制器：由蒸馏水及两根玻璃管组成，利用虹吸原理，保持所需的水位。

（5）电子换向器：用于电铸时尖端放电现象，定期改变阳极

659

及母模（阴极）的电流方向。

（6）照明灯：以便于观察电解液内电镀层的情况。

（7）搅拌器：为了加大电流密度，提高生产率，还应具有搅拌器和循环过滤系统。

3. 电铸成形工艺过程

电沉积操作只不过是电铸成形工艺全过程的一部分，按母模所选用的材料和制造方法的不同，有下述三种工艺过程。

（1）产品图样→母模设计→制造金属母模→电铸前处理（去油、镀脱模层、导线及绝缘包扎）→电沉积（如需加固再反复进行电铸铜或电铸铁）→脱模→机械加固→成品。

（2）产品图样→母模设计→制造非金属母模→电铸前处理（清洗、防水处理、镀导电层、导线及绝缘包扎）→电沉积（如需加固再反复进行电铸钢或电铸铁）→脱模→机械加固→成品。

（3）产品图样→母模设计→制造标准母模（金属的、非金属的或实物）→反制阴模（塑料、硅橡胶、石蜡或低熔点合金等）→再反制母模（塑料、石蜡）→电铸前处理→电沉积→加固→脱模→机械加工→成品。

4. 电铸成形应用优点

（1）电铸成形的应用。电视机、收录音机、车用音箱等外壳模具，各种零部件、装饰件、唱片、化妆品盒和盖、灯饰零件、高级装饰品、汽车反光铣、内外装饰件用模具。

（2）电铸成形的优点。以电铸塑料成形模具型腔为例，其优点主要如下。

1）精度高、仿造力强，可制造多型腔、形状复杂的模具、复制精度可达到 $0.1 \sim 0.2 \mu m$ 内。

2）制模速度较快，与传统机械方法相比，一般可缩短 $30\% \sim 60\%$ 的制造周期。

八、压印锉修制模技术

1. 压印锉修制模工艺及其应用

压印锉修加工是指利用已加工成形并经淬硬的凸模、凹模或特制的压印工艺冲头作为基准件，垂直放置在未经淬硬或硬度较低并留有一定压印修正余量的对应零件上，加以压力。通过压印基准件的切削与挤压作用，在工件上压出印痕，再由模具钳工按印痕均匀锉修四周余量，做出对应的刃口或型孔的加工方法。利用压印锉修技术能加工出与凸模形状一致的凹模型孔。其主要应用有以下几个方面。

（1）适用于用成形磨削、电火花加工等方法难以达到间隙配合要求的模具，既可用凸模对凹模进行压印修正，也可用凹模对凸模进行压印修正。

（2）当加工尺寸超出线切割机床等加工范围时，可用凸模或特制压印工艺冲头压印修正凸模固定板、卸料板、导向板、模框等零件。

（3）对于加工困难的精密小孔，可直接用凸模或工艺冲头挤压切光型孔。

（4）与其他辅助工具配合使用，可加工具有精确孔距的多型孔凹模、固定板、卸料板、模框等零件。

（5）用于缺少机械加工设备的厂家，或模具凸模和型孔要求间隙很小，甚至无间隙的冲裁模模具的制造。

2. 压印锉修加工方法

压印锉修技术主要用于型孔的加工，采用这种方法时，应首先确定以哪个零件（凸模或凹模）作为压印件。确定的原则是：将便于进行成形加工或热处理后变形较大的零件作为压印件；而便于按印痕进行于工加工的零件作为被压印件。其方法有单型孔压印和多型孔压印两种。表 11-51 所示为常用的几种单型孔压印加工方法。

表 11-51　　　　　　　单型孔压印加工方法

方法	简图	说明
用凸模对凹模压印	 1—角尺　2—垫铁	对于有斜度的凹模刃口，压印后凹模内壁有材料被挤出，边压边锉，最后成形。用特制角尺检查内壁斜度（压印后表面稍有凸起，应锉平）。 压印过程中用角尺或用精密方铁找正压印凸模垂直度

续表

方法	简图	说明
用凸模对固定板压印光切		固定板孔要求与凸模紧密配合。因此用凸模压印固定板时,要防止锉松。在初步压印后锉去余量,使留约 0.1mm 均匀余量后,可将凸模直接压入光切内壁,达到紧配合的要求
用凹模对凸模压印		将留有余量的、硬度较低的凸模,放在淬硬的凹模面上,用角尺校正冲头垂直度后压印(只需一次压印),压印后按印痕用仿型刨或钳工加工
用压印工艺冲头压印		对于凸凹模间隙较大的冲裁模,或间隙较大的塑压模模框,用放大的压印工艺冲头进行压印

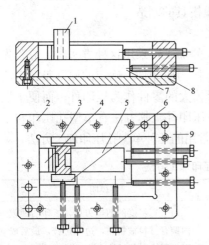

图 11-126 用精密方箱夹具压印
1—凸模;2、9—角尺板;3、4—量块;
5、6—垫块;7—工件;8—底板

多型孔压印的基本方法与单型孔压印方法相同。但需控制各成形孔之间的距离,以便保证各零件之间(如凹模与固定板之间)成形孔的相对位置。

多型孔压印通常采用精密方箱夹具进行,如图 11-126 所示。图中各型孔之间的距离由精密方箱夹具及量块保证。当所需压印的成形孔与工件外形倾斜成一定角度时(见图 11-127),仍可采用精密方箱夹具,配以斜度垫铁后压印。

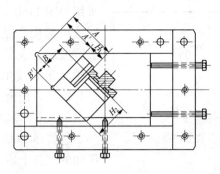

图 11-127　成形孔倾斜的压印方法

　　用精密方箱夹具还可以对多型孔凹模、塑压模模框、凸模固定板进行压印。除此之外，也可用卸料板做导向，压印凹模及固定板。

　　3. 压印锉修工艺过程及工艺要点

　　(1) 基本工艺过程。

　　1) 压印锉修前的准备。压印锉修前应对凸模和凹模做以下准备工作。

　　①压印基准件的制备。精心制备好压印基准件(凸模或凹模)，使之达到所要求的尺寸精度和表面粗糙度。将压印刃口部位用油石磨出 0.1mm 左右的圆角，以增强压印过程的挤压作用。注意对压印基准件进行退磁处理。

　　②选择压印设备和工具。根据压印型孔面积的大小，选择合适的压印设备。较小的型孔压印可用手动螺旋式压力机，较大的型孔则用液压机类设备。同时根据凸模的结构形状准备好合适的工具，如 90°角尺、精密方箱等。

　　③准备好润滑剂。压印过程中为了减小摩擦作用，可在压印基准件上涂抹润滑剂，如硫酸铜溶液等。

　　④准备型孔板材。对型孔板材要加工至所要求的尺寸、形状精度，确定基准面并在型孔位置划出型孔轮廓线。

　　⑤型孔轮廓预加工。主要对型孔内部的材料进行去除。可以在立式铣床、带锯床、线切割机床上进行。若没有以上设备则可

663

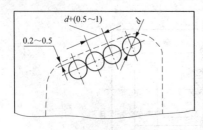

图 11-128　型孔的预加工

采用如图 11-128 所示沿型孔轮廓线内侧依次钻孔，然后切断去除废料。去除废料的孔壁应经模具钳工或用铣、插等方法进行修整，使余量均匀。

2）压印锉修加工。

①将压印基准件放在所需压印的工件上后，用 90°角尺或精密方箱校正垂直度和相对位置，并放在压印机工作台的中心位置上。

②在压印基准件上施加一定的压力，并通过其挤压与切削作用，在被压印的工件上产生印痕。第一次压入深度不宜过大，应控制在 0.2mm 左右。

③压印结束，取下基准件和受压印的制件，由钳工按印痕进行修正，锉去加工余量，然后再压印，再锉修，如此反复进行，直到锉修出与压印基准件形状完全相同的模样来。注意锉修时不能碰到刚压出的表面，并保证所修刃口倒壁与其端面的垂直。锉削后的余量要均匀，最好使余量保持在 0.1mm 左右（单边余量），以免下次压印时基准偏斜。

（2）工艺要点。

1）压印的目的只是为了压出印痕，以便于加工，因此每次压入量不宜过大。应尽量减少压印锉修的次数，在首次压印时最好是去掉全部余量的 80% 以上，并严格保证精度。

2）在对多型孔固定板压印时，为了简化手续，可利用已制成的多型孔凹模或模框做导向对固定板进行压印。当进行压印后的修正时，应注意将相距最大的孔先进行锉修成形（图 11-129 中 A、B 两孔），然后锉修其他各孔。这样做容易保证孔的位置，并避免工件外形的错位。

3）在凹模上有圆形凹模孔时，可将固定板上安装圆形凸模的孔镗出（或通过凹模钻出），然后用定位销钉将凹模与固定板定位后，通过凹模对固定板压印，如图 11-130 所示。

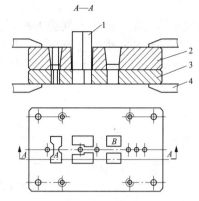

图 11-129　利用凹模做导向对固定板压印

1—凸模；2—凹模；3—固定板；4—平等夹头

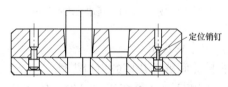

图 11-130　用销钉定位后通过凹模压印

4）若固定板的型孔有个别与凹模型孔的形状不完全一致（如凸模有台肩时），这就不能用凹模做导向对固定板压印，此时需另制压印工艺冲头用精密方箱夹具进行压印。

5）当凸、凹模间隙较小时，可直接以淬硬凹模为导向对固定板进行压印。而当凸、凹模间隙较大时（单面间隙在 0.03～0.05mm 左右），可在凸模一端（压印端）镀铜或涂漆，镀（涂）至略小于凹模孔尺寸（成间隙配合），然后通过凹模孔对固定板压印。当单面间隙大于 0.05mm 时，压印时应在凸、凹模间隙内垫金属片（纯铜片或磷铜片等）。

6）压印前成形孔应先除去毛刺，留出压印锉修所需的余量。锉修余量不宜过多，一般取每边 0.5～1mm 左右。当利用凸模锉修凹模孔时，余量应尽量小，一般为每边 0.1～0.2mm 左右。若压印后由仿形刨加工凸模，余量可适当放大，每边取 1～2mm

左右。

7）压印冲头尺寸的确定，对于大间隙冲模以及塑压模等的模框，大多采用特制的压印工艺冲头进行压印。压印工艺冲头的最小尺寸取成形孔要求的最小尺寸（见图 11-131），制造公差取成形孔公差的一半。

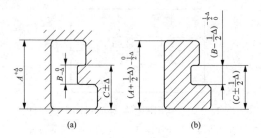

(a)　　　　　　　(b)

图 11-131　压印工艺冲头尺寸的确定

(a) 成形孔；(b) 压印工艺冲头

4. 压印锉修技术的应用

（1）制作简易无间隙冲裁模的刃口零件（即凸模或凹模）。零件截面形状如图 11-132 所示（可按具体情况选取）。

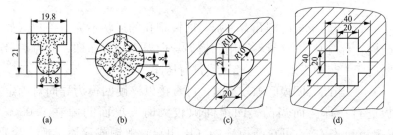

(a)　　　　(b)　　　　(c)　　　　(d)

图 11-132　压印法加工刃口端面印痕图

1）工件的清理准备。

2）辅助工具。90°角尺、复写纸或红丹粉、油石、模具钳加工工具等。

3）制作备料。作为压印件的凸模（或凹模）1 件，材料：45钢（条件允许的情况下最好是用 T8 或 T10）；作为被压印件的凹模（或凸模）1 件，材料：Q235 或 20 钢。要求被压印件可先经粗加工并留有压印余量。

4）制作要求加工后的凸、凹模刃口表面无毛刺，两者配合的单面间隙控制在 0.08mm 以内，且间隙均匀。

（2）压印锉修步骤（按凸、凹模安装在模架上压印进行）。

1）将凸、凹模安装在模架上，找正压印件与被压印件的相对位置，使四周余量均匀（观察四周，使各处都被覆盖住）。

2）用 90°角尺校正压印件的垂直度，准确无误后打上定位销钉，并将模架放在压力机上压印。

3）压印时，在凸、凹模中间放上复写纸或在压印件上涂上红丹粉，将凸、凹模接触并施加压力，使其端面上印出印痕。

4）沿印痕四周打上样冲眼，取下被压印件，依照印痕或样冲眼钳工去掉多余的余量，每边留压印余量 0.5～1mm，并沿轮廓四周做出小斜边（或圆角），准备压印。

5）将被压印件重新安装在模架上进行压印。

6）压印后精磨凸、凹模刃口端面。注意控制磨削量，切不可将印痕磨去。

7）再次压印，去除余量和毛刺，精磨。

8）再次压印并由模具钳工按印痕修正。直到被压印件刃口尺寸和形状完全符合图纸要求为止。

5. 钳工压印锉修加工工艺实例

（1）凸模的压印锉修。圆形凸模的制造比较简单，先在车床上粗加工，经过热处理淬火和低温回火后，用外圆磨床精磨，最后研磨工作表面即成。

非圆形凸模的制造比较困难，在制造时可以采用凹模压印后锉修成形的方法。

压印锉修成形的方法是将未经淬硬、并留有一定锉修余量的凸模垂直放置在已加工完成并经淬硬的凹模上，加以压力，通过凹模刃口的切削与挤压作用，在凹模上压出印痕。钳工按印痕均匀地锉修四周余量，加工出凸模。

压印锉修加工的方法主要用于成形磨削、电火花加工等方法难以达到配合间隙要求的模具。对设备条件较差的工厂，压印锉修加工是制造凸模（或凹模）的主要方法。

压印锉修加工前，先在铣床或刨床上加工凸模毛坯的各面，并在凸模毛坯上划出工作表面的轮廓线。然后在立式铣床或刨床上按划线加工凸模的工作表面，留压印锉修单边余量 0.3～0.5mm。余量不要过大，这样可以减少模具钳工的工作量；但也不要过小，否则稍有偏移就会使凸模形状不完整。凸模上的尖角和窄槽部分的余量应该小些。

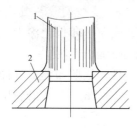

图 11-133　用凹模压印
1—凸模；2—凹模

毛坯上铣刀加工不到的部位留有较大的余量，需要用特形錾子按划线将多余的部位錾去。

压印时在压印机上将凸模 1 压入已加工好并淬硬的凹模 2 内，如图 11-133 所示。凸模上多余的金属被凹 2 模挤出，在凸模上出现了凹模的印痕，模具钳工就根据印痕将多余的金属锉去。锉削时不允许碰到已压光的表面。锉削时留下的余量要均匀，以免再压时发生偏斜。锉去多余的金属后再压印，再锉削，反复进行，直到凸模工作部分完全锉修到要求的尺寸为止。

为了使压印顺利进行，并保证压印表面的粗糙度要求，首次压印深度要小些（0.5～0.8mm），以后各次的压印深度可适当增大。

为了避免压印时凸模发生歪斜或偏移，可以先加工凸模上外形最简单的部分，并使这部分比其他部分突出 1mm 左右，如图 11-134 所示。压印时可以用突出部分导向、定位，锉修完毕时再将导向部分锉去。

压印锉修法适用于无间隙冲模。也可以用来加工较小间隙的冲模，加

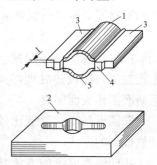

图 11-134　利用导向
部分定位压印
1—凸模；2—凹模；
3—凸模上的锉修部分
4—导向部分；5—在凸模上的印痕

工时可先用压印法加工成无间隙，然后钳工通过锉修凸模的工作表面来扩大间隙，使凸模和凹模间达到规定的、均匀的间隙。

用凹模对凸模压印锉修成形的方法，生产率低，对工人技术水平要求较高，但在缺少模具加工设备的情况下（或修配时），仍是模具钳工经常使用的一种加工方法。

（2）凹模的钳工压印锉修。凹模型孔为圆形时，可采用一般孔加工方法，型孔半精加工后进行热处理（淬火或低温回火），然后精磨底面、顶面和型孔。当凹模孔直径小于 5mm 时，可以先进行钻孔和精铰孔，热处理淬火后，研磨型孔。

当凹模型孔为非圆形时，凹模的加工也很困难，在粗加工、半精加工后，可用凸模压印锉修凹模的方法。

凹模压印锉修加工是利用已加工好的凸模（或专门制造的标准凸模，也称工艺冲头）对凹模进行压印，然后锉修成形。其方法与凸模压印锉修的加工方法基本相同。

单型孔压印方法见表 11-51。

对于多型孔的凹模，其各型孔之间的位置公差可用精密方箱式夹具和量块来保证。

第十二章

冲压模具典型零件加工实例

模具常用零件是指模具中的导向机构、侧抽机构、脱模机构、模板类等零件，是模具各种功能实现的基础，是模具的重要组成部分，其质量高低直接影响着整个模具的制造质量。本章将具体介绍一些典型的模具常用零件的加工工艺过程。

第一节　冲压模具常用零件制造工艺

一、导向机构零件的制造

模具导向机构零件是指在组成模具的零件中，能够对模具零件的运动方向和位置起着导向和定位作用的零件。因此模具导向机构零件质量的优劣对模具的制造精度、使用寿命和成形制品的质量有着非常重要的作用。所以对模具导向机构零件的制造应予以足够的重视。

模具运动零件的导向，是借助导向机构零件之间精密的尺寸配合和相对的位置精度，来保证运动零件的相对位置和运动过程中的平稳性，所以导向机构零件的配合表面都必须进行精密加工，而且要有较好的耐磨性。一般导向机构零件配合表面的精度可达 IT6，表面粗糙度 $Ra0.8\sim0.4\mu m$。精密的导向机构零件配合表面的精度可达 IT5，表面粗糙度 $Ra0.16\sim0.08\mu m$。

导向机构零件在使用中起导向作用。开、合模时有相对运动，成形过程中要承受一定的压力或偏载负荷。因此，要求表面耐磨性好，心部具有一定的韧性。目前，如 GCr15、SUJ2、T8A、Tl0A 等材料较为常用，使用时的硬度为 $58\sim62HRC$。

导向机构零件的形状比较简单。一般采用普通机床进行粗加工和半精加工后再进行热处理，最后用磨床进行精加工，消除热处理引起的变形，提高配合表面的尺寸精度，减小表面粗糙度值。对于配合要求精度高的导向机构零件，还要对配合表面进行研磨，才能达到要求的精度和表面粗糙度。

虽然导向机构零件的形状比较简单，加工制造过程中不需要复杂的工艺和设备及特殊的制造技术，但也需采取合理的加工方法和工艺方案，才能保证导向零件的制造质量，提高模具的制造精度。同时，导向机构零件的加工工艺对杆类、套类零件具有借鉴作用。

1. 导柱的加工

导柱是各类模具中应用最广泛的导向机构零件之一。导柱与导套一起构成导向运动副，应当保证运动平稳、准确。所以对导柱的各段台阶轴的同轴度、圆柱度专门提出较高的要求，同时要求导柱的工作部位轴径尺寸满足配合要求，工作表面具有耐磨性。通常要求导柱外圆柱面硬度达到 58~62HRC，尺寸精度达到 IT6~IT5，表面粗糙度达到 $Ra0.8~0.4\mu m$。各类模具应用的导柱其结构类型也很多，但主要表面为不同直径的同轴圆柱表面。因此可根据它们的结构尺寸和材料要求，直接选用适当尺寸的热轧圆钢为毛料。在机械加工的过程中，除保证导柱配合表面的尺寸和形状精度外，还要保证各配合表面之间的同轴度要求。导柱的配合表面是容易磨损的表面。所以在精加工之前要安排热处理工序，以达到要求的硬度。

加工工艺为粗车外圆柱面、端面，钻两端中心定位孔，车固定台肩至尺寸，外圆柱面留 0.5mm 左右磨削余量；热处理；修研中心孔；磨导柱的工作部分，使其表面粗糙度和尺寸精度达到要求。

下面以注塑模滑动式标准导柱为例，如图 12-1 所示，介绍导柱的加工制造过程，见表 12-1。

对精度要求高的导柱，终加工可以采用研磨工序，具体方法可参见第十一章中的相关部分。在导柱加工过程中工序的划分及

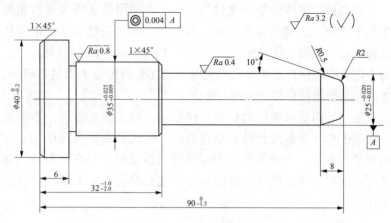

图 12-1　导柱零件图

表 12-1　导柱加工工艺过程

序号	工序	工 艺 要 求
10	下料	切割 φ40×94 棒料
20	车	车端面至长度 92，钻中心孔，掉头车端面，长度至 90，钻中心孔
30	车	车外圆 φ40×6 至尺寸要求；粗车外圆 φ25×58，φ35×26 留磨量，并倒角，切槽，10°角等
40	热	热处理 55～60HRC
50	车	研中心孔，调头研另一中心孔
60	磨	磨 φ35、φ25 至尺寸要求

采用工艺方法和设备应根据生产类型、零件的形状、尺寸大小、结构工艺及工厂设备状况等条件决定。不同的生产条件下，采用的设备和工序划分也不相同。因此加工工艺应根据具体条件来选择。

在加工导柱的过程中，对外圆柱面的车削和磨削，一般采用设计基准和工艺基准重合的两端中心孔定位。所以在车削和磨削之前需先加工中心定位孔，为后续工艺提供可靠的定位基准。中心孔的形状精度对导柱的加工质量有着直接影响，特别是加工精度要求较高的轴类零件，保证中心定位孔与顶尖之间的良好配合是非常重要的。导柱中心定位孔在热处理后的修正，目的是消除热处理过程中可能产生的变形和其他缺陷，使磨削外圆柱面时能获得精确定位，保证外圆柱面的形状和位置精度要求。

中心定位孔的钻削和修正是在车床、钻床或专用机床进行加工的。中心定位孔修正时，如图 12-2 所示，用车床三爪卡盘夹持锥形砂轮，在被修正的中心定位孔处加入少量的煤油或机油，手持工件利用车床尾座顶尖支撑，利用主轴的转动进行磨削。该方法效率高，质量较好，但是砂轮易磨损，需经常修整。

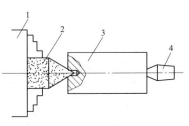

图 12-2　锥形砂轮修正中心定位孔
1—三爪卡盘；2—锥形砂轮；
3—工件；4—尾座顶尖

如果将图 12-2 中的锥形砂轮用锥形铸铁研磨头代替，在被研磨的中心定位孔表面涂以研磨剂进行研磨，将达到更高的配合精度。

2. 导套的加工

与导柱配合的导套也是模具中应用最广泛的导向零件之一。因其应用不同，其结构、形状也不同，但构成导套的主要是内外圆柱表面，因此可根据它们的结构、形状、尺寸和材料的要求，直接选用适当尺寸的热轧圆钢为毛坯。

在机械加工过程中，除保证导套配合表面尺寸和形状精度外，还要保证内外圆柱配合面的同轴度要求。导套装配在模板上，以减少导柱和导向孔滑动部分的磨损。因此导套内圆柱面应当具有很好的耐磨性，根据不同的材料采取淬火或渗碳，以提高表面硬度。内外圆柱面的同轴度及其圆柱度一般不低于 IT6，还要控制工作部位的径向尺寸，硬度 $50 \sim 55$HRC，表面粗糙度 $Ra0.8 \sim 0.4\mu m$。

加工工艺一般为粗车，内外圆柱面留 0.5mm 左右磨削余量；热处理；磨内圆柱面至尺寸要求；上芯棒，磨外圆柱面至尺寸要求。表 12-2 是图 12-3 中带头导套的加工工艺过程。

表 12-2　　　　　　　　　　导套加工工艺过程

序号	工序	工 艺 要 求
10	车	车端面见平，钻孔 $\phi25$ 至 $\phi23$，车外圆 $\phi35\times94$，留磨量，倒角，切槽；车 $\phi40$ 至尺寸要求；截断，总长至 102；调头车端面见平，至长度 100，倒角
20	热	热处理 50～55HRC
30	磨	磨内圆柱面至尺寸要求；上芯棒，磨外圆柱面至尺寸要求

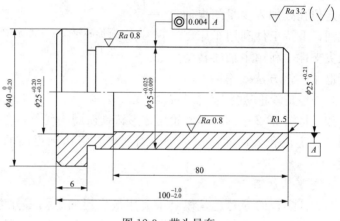

图 12-3　带头导套

导套的制造过程在不同的生产条件下，所采用的加工方法和设备不同，制造工艺也不同。对精度要求高的导套终加工可以采用研磨工序，具体方法可参第七节中的相关部分。

二、模板类零件的加工

模板是组成各类模具的重要零件。因此模板类零件的加工如何满足模具结构、形状和成形等各种功能的要求，达到所需要的制造精度和性能，取得较高的经济效益，是模具制造的重要问题。

模板类零件是指模具中所应用的平板类零件。如图 12-4 所示，注塑模具中的定模固定板、定模板、动模板、动模垫板、推杆支承板、推杆固定板、动模固定板等。如图 12-5 所示，冲裁模具中的上、下模座，凸、凹模固定板，卸料板，垫板，定位板等，这些都大量应用了模板类零件。因此，掌握模板类零件加工工艺方法是高速优质制造模具的重要途径。

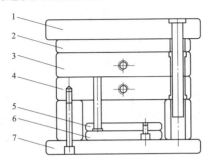

图 12-4　注塑模具模架

1—定模固定板；2—定模板；3—动模板；4—动模垫板；
5—推杆支承板；6—推杆固定板；7—动模固定板

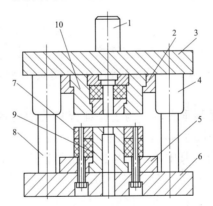

图 12-5　冲裁模具

1—模柄；2—凹模固定板；3—上模座；4—导套；5—凸、凹固定板；
6—下模座；7—卸料板；8—导柱；9—凸凹模；10—落料凹模

1. 模板类零件的作用

模板类零件的形状、尺寸、精度等级各不相同，它们各自的作用综合起来主要包括以下几个方面。

（1）连接作用。冲压与挤压模具中的上、下模座，注塑模具中动、定模固定板，它们具有将模具的其他零件连接起来，保证模具工作时具有正确的相对位置，使之与使用设备相连接的作用。

（2）定位作用。冲压与挤压模具中的凸、凹模固定板，注塑模具中动、定模板，它们将凸、凹模和动、定模的相对位置进行定位，保证模具工作过程中准确的相对位置。

（3）导向作用。模板类零件和导柱、导套相配合，在模具工作过程中，沿开合模方向进行往复直线运动，对模板上所有零件的运动进行导向。

（4）卸料或推出制品。模板中的卸料板、推杆支承板及推杆固定板在模具完成一次成形后，借助机床的动力及时地将成形的制品推出或将毛坯料卸下，便于模具顺利进行下一次制品的成形。

2. 模板类零件的基本要求

模板类零件种类繁多，不同种类的模板有着不同的形状、尺寸、精度和材料的要求。根据模板类零件的作用，可以概括为以下几个方面。

（1）材料质量。模板的作用不同对材料的要求也不同，如冲压模具的上、下模座一般用铸铁或铸钢制造，其他模板可根据不同的要求应用中碳结构钢制造，注塑模具的模板大多选用中碳钢。

（2）平行度和垂直度。为了保证模具装配后各模板能够紧密配合，对于不同尺寸和不同功能模板的平行度和垂直度，应按 GB 1184—1996 执行。其中冲压与挤压模架的模座对于滚动导向模架采用公差等级为 4 级，其他模座和模板的平行度公差等级为 5 级，注塑模具模板上下平面的平行度公差等级为 5 级，模板两侧基准面的垂直度公差为 5 级。

（3）尺寸精度与表面粗糙度。对一般模板平面的尺寸精度与表面粗糙度应达到 IT8～IT7，$Ra1.6\sim0.63\mu m$。对于平面为分型面的模板应达到 IT7～IT6，$Ra0.8\sim0.32\mu m$。

（4）孔的精度、垂直度和位置度。常用模板各孔径的配合精度一般为 IT7～IT6，$Ra1.6\sim0.32\mu m$。孔轴线与上下模板平面的垂直度为 4 级精度。对应模板上各孔之间的孔间距应保持一致，一般要求在 $\pm0.02mm$ 以下，以保证各模板装配后达到的装配要求，使各运动模板沿导柱平稳移动。

3. 冲模模板的加工

在冲模中板类零件很多，本节仅举两个简单的例子加以说明。

（1）凸模固定板。凸模固定板直接与凸模和导套配合，起着固定和导向作用。因此凸模固定板的制造精度直接影响着冲模的制造质量。如图 12-6 所示为一凸模固定板，材料选用 45 钢，调质处理 26～30HRC，主要加工表面为平面及孔系结构，其中 $\phi 80^{+0.035}_{0}$ mm 为模柄固定孔，$2 \times \phi 40^{+0.025}_{0}$ mm 为导套固定孔，$2 \times \phi 10^{+0.015}_{0}$ mm 为凸模定位销孔，$4 \times \phi 13$ mm 为凸模固定用螺钉过孔，$4 \times \phi 17$ mm 为卸料板固定用螺钉过孔，其具体的加工工艺过程可参见表 12-3。

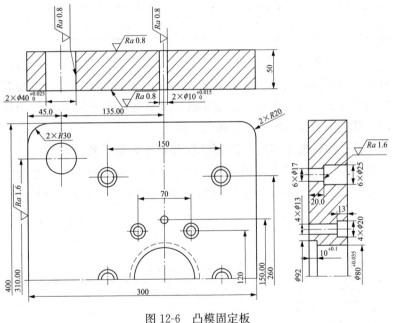

图 12-6　凸模固定板

表 12-3　　　　　　　凸模固定板加工工艺过程

序号	工序	工　艺　要　求
10	备料	锻造毛坯
20	铣	上、下面至 53

续表

序号	工序	工 艺 要 求
30	磨	上、下面见平，且平行
40	铣	四周侧面，至 302×402，且互相垂直、平行
50	钳	中分划线，钻、扩孔：$2×\phi40^{+0.025}$ 至 $\phi36$，$\phi80^{\pm0.035}$ 至 $\phi74$
60	热	调质处理 26～30HRC
70	铣	上、下面至 50.4
80	磨	上、下面至尺寸要求，且平行
90	铣	四周均匀去除，至尺寸要求，且互相垂直、平行
100	铣	2×R30、2×R20 至尺寸要求
110	钳	钻、扩孔：4×ϕ13，4×ϕ20，4×ϕ17 和 4×ϕ25 至尺寸要求
120	镗	$2×\phi10^{+0.015}$，$2×\phi40^{+0.025}$ 和 $\phi80^{+0.035}$ 等各孔至尺寸要求

（2）卸料板。卸料板的作用是卸掉制品或废料。常见的卸料板分为固定卸料板和弹压卸料板两种。前者是刚性结构，主要起卸料作用，卸料力大；后者是柔性结构，兼有压料和卸料两个作用，其卸料力大小取决于所选的弹性件。

弹压卸料板主要用于冲制薄料和要求制品平整的冲模中。它可以在冲压开始时起压料作用，冲压结束后起卸料作用，是最常见的卸料方式。如图 12-7 所示为一弹压卸料板零件图，材料选用 45 钢，需调质处理 26～30HRC，其中 $3×\phi10^{+0.015}_{0}$ mm 为挡料销固定用孔。其具体的加工工艺过程见表 12-4。

表 12-4　　　　　　　　卸料板加工工艺过程

序号	工序	工 艺 要 求
10	备料	锻造毛坯
20	铣	上、下面至 28
30	热	调质处理 26～30HRC
70	铣	上、下面至 25.8
80	磨	上、下面 25.4
90	铣	四周 330×150 至尺寸要求，且互相垂直、平行

续表

序号	工序	工 艺 要 求
100	钳	按基准角，钻、铰孔：4×M16 至尺寸要求，210.34×23.64 方孔穿丝孔 $\phi 2$
120	镗	按基准角，3×$\phi 10^{+0.015}$ 至尺寸要求
130	线	按基准角，210.34×23.64 方孔至尺寸要求
140	磨	上、下面至尺寸要求

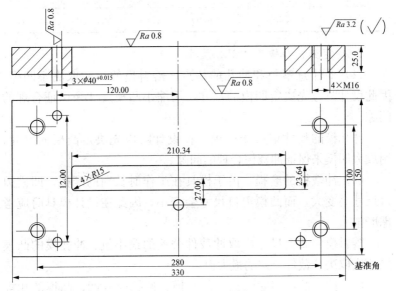

图 12-7　卸料板

第二节　冲压模具工作零件加工实例

一、凹凸模工作部分尺寸和公差

1. 决定凹凸模的尺寸依据

(1) 冲裁件的基本尺寸。

(2) 冲裁件的公差。

(3) 冲裁件的回弹系数值见表 12-5。

表 12-5　　　　　　　　　　回弹系数值 x

材料厚度 t	非圆形			圆形	
	1	0.75	0.5	0.75	0.5
	工件公差				
～1	＜0.16	0.17～0.35	≥0.36	＜0.16	≥0.16
1～2	＜0.20	0.21～0.41	≥0.42	＜0.20	≥0.20
2～4	≤0.24	0.25～0.49	≥0.50	＜0.24	≥0.24
4	＜0.30	0.31～0.59	≥0.60	＜0.30	≥0.30

2. 决定凹、凸模工作部分尺寸

（1）要注意落料和冲孔的特点。落料模的尺寸取决于凹模，因此设计时应先决定凹模的尺寸，用缩小凸模尺寸来保证合理的间隙。

冲孔模的尺寸取决于凸模，在设计时应先决定凸模的尺寸，用放大凹模来保证冲裁模合理的间隙。

（2）冲裁模的磨损。由于模具在工作时长期的摩擦，凹模刃口尺寸会变大，而凸模刃口尺寸会变小，因此在设计模具时应考虑磨损。

落料模的凹模尺寸应取冲裁件公差的最小值。冲孔模的凸模尺寸应取决冲裁件公差的最大值。

（3）凹、凸模相配间隙。落料模、冲孔模其凹、凸模的相配间隙均取最小值。即初始间隙。

二、凹、凸模工作部分尺寸及公差计算

同一尺寸的冲裁件，由于其材质的不同，厚度及公差的不同，因此冲裁模的凹、凸模的尺寸及公差也会不同。

一般地说，冲裁件材料越厚，材质越硬，其间隙也越大；材质软而薄，其间隙就小。其间隙的选择可参考第四章中表 4-1 和表4-2。

如果冲裁件是圆形或方形，凹、凸模可单独加工，其凹、凸模的尺寸计算可参考表 12-6。

表 12-6   **分开加工计算公式**

工序性质	工件尺寸	凸模尺寸	凹模尺寸
落料	$D_{-\Delta}^{0}$	$D_{凸} = (D - x\Delta - z_{min})_{-\delta_凸}^{0}$	$D_{凹} = (D - x\Delta)_{0}^{+\delta_凹}$
冲孔	$d_{0}^{+\Delta}$	$d_{凸} = (d + x\Delta)_{-\delta_凸}^{0}$	$d_{凹} = (d + x\Delta + z_{min})_{0}^{+\delta_凹}$

式中 $D_{凸}$、$d_{凸}$——凸模尺寸（mm）；

        $D_{凹}$、$d_{凹}$——凹模尺寸（mm）；

        D、d——工件公称尺寸（mm）；

        $\delta_凸$——凸模制造公差（mm）；

        $\delta_凹$——凹模制造公差（mm）；

        Δ——工件公差（mm）；

        x——系数，其值的选取见表 12-5。

注   计算时，需先将工件化成 $D_{-\Delta}^{0}$，$d_{0}^{+\Delta}$ 的形式。

1. 落料（冲制金属材料）

落料凹模工作部分的尺寸可分为三种情况。从图 12-8 中可知：

（1）在冲裁过程中，当凹模磨损后，A、A_1、A_2、A_3 尺寸增大。

（2）在冲裁过程中，当凹模磨损后，B、B_1 尺寸减小。

（3）当凹模磨损后，C、C_1 的尺寸无增减。

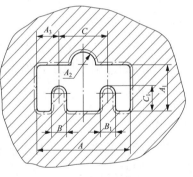

图 12-8 落料凹模尺寸

其尺寸计算方法如下：

对有增加的尺寸 A、A_1、A_2、A_3。

$$A = a_{man} - x\Delta \tag{12-1}$$

式中 A——公称尺寸（mm）；

    a_{man}——工件最大极限值（mm）；

    x——回弹系数值，见表 12-5。

凹模的制造偏差取正值，其数值等于工件相应尺寸公差的 25%。

即

$$+\delta_A = \frac{1}{4}\Delta$$

对减小的尺寸 B、B_1,

$$B = b_{min} + x\Delta \qquad (12\text{-}2)$$

式中　B——公称尺寸（ram）;

　　b_{min}——工件最小极限尺寸（mm）。

凹模的制造偏差取负值，其数值等于工件相应尺寸公差的 25%。即

$$-\delta_B = -\frac{1}{4}\Delta$$

对于无增减的尺寸 C、C_1,

$$C = C_{min} + \frac{1}{2}\Delta \qquad (12\text{-}3)$$

式中　C——公称尺寸（mm）;

　　C_{min}——工件最小极限尺寸（mm）。

凹模的制造偏差取正负值，其数值等于工件相应尺寸公差的 12.5%。即

$$\pm\delta_c = \pm\frac{1}{8}\Delta$$

落料凹模的尺寸，根据凹模的尺寸，按需要间隙配制。在图样上要注明与凹模实际尺寸配制和双面间隙的数值。

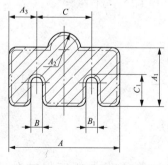

图 12-9　冲孔凸模尺寸

2. 冲孔（冲制金属材料）

冲孔用凸模工作部分的尺寸，也有三种情况，见图 12-9。

（1）当凸模磨损后，其减小的尺寸为 A、A_1、A_2、A_3。

$$A = a_{min} + x\Delta \qquad (12\text{-}4)$$

凸模制造偏差取负值，其数值为工件相应尺寸公差的 25%，即

$$-\delta_A = -1/4\Delta$$

（2）当凸模磨损后，其增加的尺寸为 B、B_1。

$$B = b_{\max} - x\Delta \qquad (12-5)$$

$$+\delta_B = \frac{1}{4}\Delta$$

（3）当凸模磨损后，无增减的尺寸为 C、C_1。

$$C = C_{\min} + \frac{1}{2}\Delta \qquad (12-6)$$

$$\pm\delta_c = \pm\frac{1}{8}\Delta$$

同样，凹模需与凸模的实际尺寸配制，在图样上要注明配制和双向间隙的数值。

【**例 12-1**】　如图 12-10 为落料尺寸图，按此计算图 12-11 所示落料凹模尺寸，材料为 Q235-A、厚度 1mm。

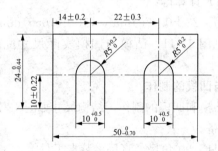

图 12-10　落料尺寸

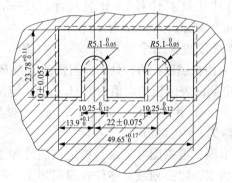

图 12-11　落料凹模尺寸

683

解：已知材料 Q235-A，厚度 1mm。

查表得间隙为 $5\%t$ 即为 0.05mm。

凹模尺寸计算如下：

磨损后增加尺寸为 $50_{-0.70}^{0}$mm，(14 ± 0.2)mm，$24_{-0.44}^{0}$mm。

查表 12-5 得 x 系数值为 0.5、0.75、0.5。

所以按式（12-1）得

相应尺寸为 $49.65_{0}^{+0.17}$mm，$13.9_{0}^{+0.1}$mm，$23.78_{0}^{+0.11}$mm。

磨损后减小的尺寸为 $10_{0}^{+0.5}$mm，$R5_{0}^{+0.2}$mm。

查表 12-5 得 x 系数为 0.5、0.75。

按式（12-2）计算得：

相应尺寸为 $10.25_{-0.12}^{0}$mm，$R5.2_{-0.05}^{0}$mm。

磨损后无增减的尺寸为 (22 ± 0.3)mm，(10 ± 0.22)mm。

按式（12-4）计算得：

相应尺寸为 (22 ± 0.075)mm，(10 ± 0.055)mm。

凹模尺寸见图 12-11，凸模与凹模实际尺寸配制，双面间隙为 0.05mm。

三、凸模与凹模的制作

（1）落料凸模和凹模的制作。结构尺寸如图 12-12 所示。

1）工艺准备。

2）辅助工具。90°角尺、直尺、装夹工具等。

3）工件备料。按图纸尺寸要求选用锻造坯料，材料：CrWMn（可用其他材料代替）；坯料尺寸：126mm×86mm×22mm 和 65mm×52mm×38mm 各 1 件。

4）制作要求硬度：凹模硬度为 60～64HRC，凸模硬度为 58～62HRC。表面粗糙度：刃口处表面粗糙度值为 $Ra0.8\mu m$；顶面、底面和基准侧面表面粗糙度值为 $Ra1.6\mu m$；定位销孔表面粗糙度值为 $Ra3.2\mu m$；其余为 $Ra6.3\sim12.5\mu m$。凸模与凹模的配合间隙：冲裁间隙为 $z=0.03$mm。

（2）加工步骤。根据图样要求，拟定该制件加工方案为：备料、毛坯外形加工、钳工划线、零件轮廓粗加工、零件尺寸精加工、螺孔和销孔的加工、热处理、研磨或抛光、检验。

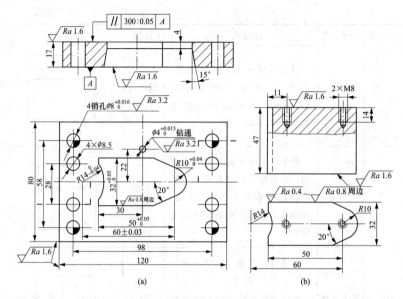

图 12-12　冷冲模工作零件

（a）落料凹模；（b）落料凸模

注　凸模尺寸按凹模实际尺寸配制，保证双面间隙为 0.03mm

具体操作步骤如表 12-7、表 12-8 所示（注：在缺乏成形加工设备的情况下，凹模可采用压印锉修加工方法进行，可分步进行）。

表 12-7　　　　　　　　　凹模加工工艺过程

工序号	工序名称	工序内容	设备	工序简图
1	备料	用型钢棒料，在锯床或车床上切断。并将棒料锻成矩形之后进行球化退火处理，以消除锻造产生的内应力，改善组织及加工性能	锯床或车床	

工序号	工序名称	工序内容	设备	工序简图
2	粗加工毛坯	刨削或铣削毛坯的六个面，加工至尺寸 120.4mm × 80.4mm×17.5mm，留粗磨余量 0.6～0.8mm	刨床或铣床	
3	磨平面	磨上、下两平面和相邻两侧面，作为加工时的基准面。单面留精磨余量 0.2～0.3mm，保证各面相互垂直（用 90°角尺检查）	平面磨床	
4	钳工划线	以磨过相互垂直的两侧面为基准，划凹模中心线及 4×ϕ8mm 销孔、4×ϕ8.5mm 过孔中心线，并按照事先加工好的凹模样板划型孔轮廓线	划线工具及量具	
5	粗加工型孔	沿型孔轮廓线钻孔，除去中间废料，然后在立式铣床上按划线加工型孔，留锉修单面余量 0.3～0.5mm	立式铣床	
6	精加工型孔	钳工锉修型孔，并随时用凹模样板校验。合格后，锉出型孔斜度		
7	加工螺孔和销孔	加工 4×ϕ8mm 销孔和 4×ϕ8.5mm 螺钉过孔	立式钻床	

续表

工序号	工序名称	工序内容	设备	工序简图
8	热处理	淬火、低温回火，要求保证60~64HRC		
9	磨削	精磨上、下两端面，达到制造要求	平面磨床	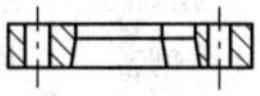
10	精修型孔	钳工研磨型孔，达到规定的技术要求		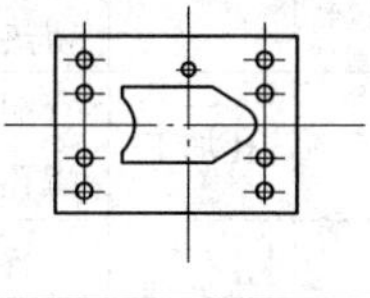

表 12-8　　　　　凸模加工工艺过程

工序号	工序名称	工序内容	设备	工序简图
1	备料	用型钢棒料，在锯床或车床上切断，并将毛坯锻成矩形，之后进行球化退火处理		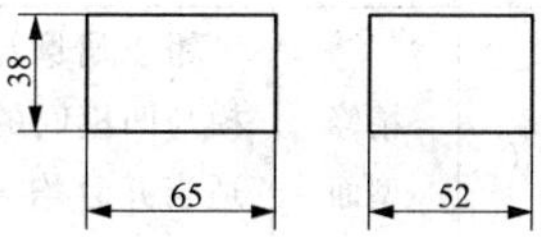
2	粗加工毛坯	铣削或刨削毛坯的六个面，加工至尺寸62mm×34mm×48mm，留粗磨余量0.6~0.8mm	铣床或刨床	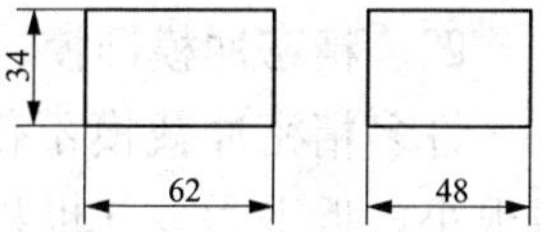
3	磨平面	粗磨六个面，保证各面的相互垂直（用90°角尺检查）	平面磨床	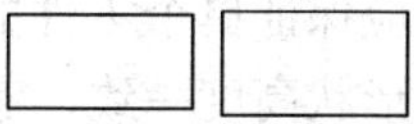
4	钳工划线	划出凸模轮廓线及2×M8mm螺孔中心线		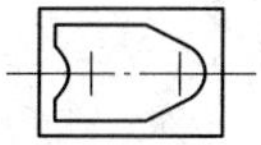
5	粗加工型面	在牛头刨床上按划线粗加工凸模轮廓，留单面压印锉修余量0.3~0.5mm	刨床	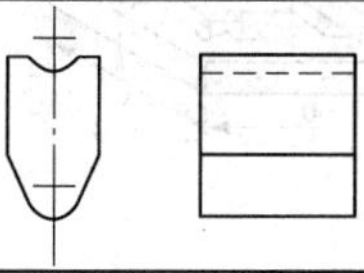

续表

工序号	工序名称	工序内容	设备	工序简图
6	精加工型面	用已加工好的凹模对凸模进行压印,然后按压印锉修凸模,使凸模与凹模间的配合间隙适当且均匀。沿凸模轮廓留热处理后的精修余量		
7	孔加工	钻攻 2×M8mm 的螺孔	钻床	
8	热处理	淬火、低温回火,要求 58~62HRC		
9	磨端面	精磨上、下两端面,消除热处理变形,以便型面的精修	平面磨床	
10	精修型面	钳工研磨型面,使凸模与凹模间的配合间隙适当并且均匀,并达到规定的技术要求		

四、精密冲模凸模、凹模加工工艺

许多精密冲裁模不仅尺寸精度高,而且凸模与凹模之间的间隙很小,近乎为零(也称零间隙凸模、凹模),如冲裁 0.1mm 厚铜片的凸模、凹模单面间隙为 0.002mm,因此凸模、凹模的加工不仅应保证单个零件的尺寸精度,而且必须保证凸模和凹模工作刃带形状高度一致,零间隙凸模和凹模加工工艺特点见表 12-9。

表 12-9　　　　　　精密冲裁凸模、凹模加工工艺

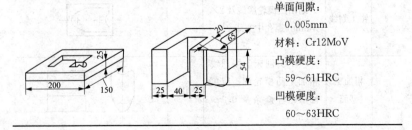

单面间隙:

　0.005mm

材料:Cr12MoV

凸模硬度:

　59~61HRC

凹模硬度:

　60~63HRC

工序	工作内容	简　图	说明
1	制坯	等温退火工艺	下料→反复镦粗、拔长改锻（碳化物级别小于1.5级）→等温退火
2	粗加工		铣→去应力退火→半精加工
3	热处理	凸凹模热处理工艺	盐浴加热或真空加热淬火，低温回火，为使尺寸稳定，可采用低温处理
4	磨端面		
5	线切割		凹模采用二次切割以减少应力释放产生的变形，在凹模加工程序的基础上利用刀具偏置方法自动给出凸模加工程序，以保证凸模和凹模一致，且间隙均匀
6	时效和研磨装配	线切割后时效工艺	消除电加工后内应力和变质层对精度和模具寿命影响

第三节　典型冲裁模加工工艺实例

一、冲裁模的制造工艺要点

1. 冲模制造工艺规程的制定及其步骤

改变生产对象的形状、尺寸、相对位置和性质等，使其成为成品或半成品的过程，称为工艺过程（其中包括毛坯制备、机械加工、热处理、表面处理、装配等）；一名（或一组）工人在一个工作地点对一个（或同时对几个）工件加工所连续完成的那一部分工艺过程，称为工序；在加工表面、切削刀具和切削用量中的转速及进给量均保持不变的情况下，所连续完成的那一部分工序称为工步。而将完整的、根据图样和技术要求结合具体生产条件拟定的、较为合理的工艺过程和操作方法，编写成具有法规性质的指导生产的文件，称为工艺规程。

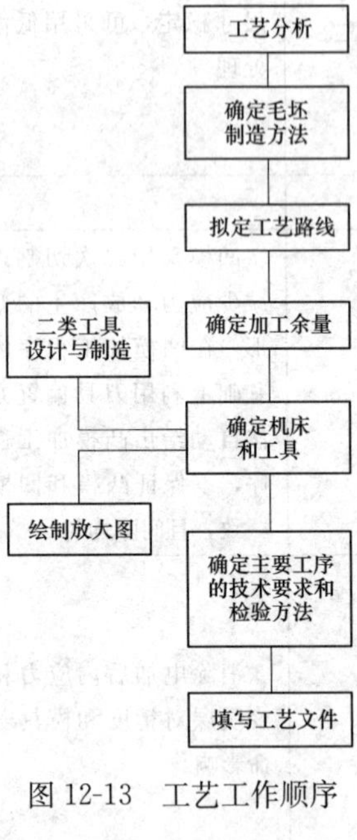

编制工艺规程是生产准备工作的重要内容之一，其水平的高低直接影响成品的质量和成本。为此编制工艺规程时，应以最低的成本和最高的效率来满足各项技术条件的要求。其中在工艺方面应全面、可靠和稳定地保证图样中所要求的尺寸精度、形状精度、位置精度、表面质量及其他各项技术要求；在经济性方面应在保证质量的前提下，做到生产成本最低；在生产效益方面，应在保证技术要求的前提下，用尽可能少的工时和尽可能短的周期来完成模具的制造。

工艺规程制定的步骤应符合如图12-13所示的工作顺序。

图 12-13　工艺工作顺序

2. 冲模的生产流程包括的内容

冲模的生产流程与设备状况、人员配置及其技术水平等多种因素有关。一般标准规模工厂冲模生产全过程的流程图如图 12-14 所示。

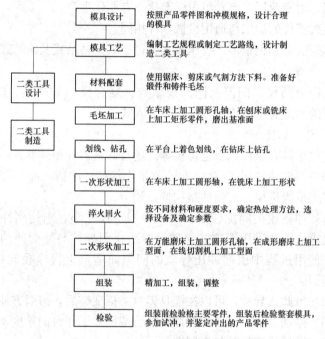

图 12-14 冲模生产流程图

二、复合冲裁模的结构

冲裁模中复合模是指在一次行程中能完成多道工序的冲模。

复合冲裁模的优点是结构紧凑、生产率高，冲出的制件具有较高的加工精度，所以它常用于大量生产和大小不一的各种制件的批量生产中。特别是用在形状复杂，精度要求高和表面粗糙度值小的冲裁加工中。其缺点是结构复杂，对模具零件的精度要求高，因而制造成本较高，装配和调整都较困难。

在此仅以复合冲裁模制造为例说明冲裁模的制造。

复合模的结构形式较多，但归纳起来有以下组成部分。

1. 模架

模架是保证模具正常、有效工作的重要部件，其功能是连接与承载。它又可以看成是由上模座、下模座、导柱及导套组成。

冲裁模具中所用模架都已制定了标准，因此这类模架应按标准选用，由专业厂（点）组织标准化、专业化生产。

模架零件的加工与通用机械零件相同。

模架的类别也很多，有压入式、可卸式、粘结式及滚珠式等。

2. 主模

主模由凸模、凹模及凹凸模组成。复合模中的凸模、凹模、凹凸模的形式有整体式、镶拼式和嵌入式。

3. 定位零件

定位零件有定位销、定位板等。还有卸料器和顶件器。

如图 9-69 是为小型发电机转子冲片落料、冲槽、冲孔用的整体式多工位级进模。该模的结构特点如下。

（1）冲裁模的间隙较小，凹凸模槽口尺寸小，刚达到冲模的极限要求。因此采用滚珠式模架可以防止因导柱与导套间的间隙偏差在使用过程中引起冲压导轨的间隙而造成上模座径向偏移，刃口崩刃。

（2）可卸式导柱，可以在模具刃口磨损变钝后，刃磨方便。

（3）浮动模柄，可以弥补冲压滑台端面对工作台的精度不足。

三、冲裁模零件的加工制造

1. 凹凸模的加工

凹凸模的加工一般分为机械加工和电加工两大类，可根据生产设备参考表 12-10 选择加工方法的配合顺序。

表 12-10　　　　根据生产设备选择配合加工的顺序

现有设备	配合加工顺序	加工说明	主要特点
仿形刨床（刨模机床）	（1）凸模	仿刨、钳工精修、淬硬后抛光	制造凸模比较方便、精度较高，固定板孔容易加工。用于凹模淬火变形较小或凹模精度要求不高的场合
	（2）凹模	按凸模精加工凹模	

现有设备	配合加工顺序	加工说明	主要特点
成形磨削	(1) 凸模	铣削、淬硬后磨削	制造凸模的生产率高、精度高，消除了淬火变形对凸模精度的影响。用于凹模淬火变形较小的场合
	(2) 凹模	按凸模来精加工凹模	
电火花加工机床	(1) 凹模	固定凹模用的孔加工后淬硬，用精铣或仿刨、钳工精修的电极加工凹模	消除了淬火变形对凹模精度的影响，电极材料比较软，容易加工，用于凹模精度要求高的场合
	(2) 凸模	按凹模来精加工凸模	
线切割机床	(1) 凹模	固定凹模用的孔加工后淬硬，线切割成形	消除了淬火变形对凹模精度的影响，不需加工电极
	(2) 凸模	按凹模来精加工凸模	
仿形刨床和电火花加工机床	(1) 电极	仿刨后钳工精修	制造电极和精修凸模都很方便
	(2) 凹模	用电极加工凹模	
	(3) 凸模	凹模精修仿成的凸模	
成形磨削	凸模、凹模分别加工	凹模采用镶拼结构，内表面就转化成外表面	凸模和凹模的精度都不受淬火变形的影响
缺乏专用加工设备	(1) 样冲或样板	钳工精加工样冲或样板	用于精度要求高的落料凹模
	(2) 凹模	按照样冲或样板精加工凹模，淬硬后检验凹模精度	
	(3) 凸模	按检验合格的凹模精加工凸模	

(1) 凸、凹模的加工技术要求。

1) 尺寸精度。凸模、凹模、凸凹模、侧刃凸模加工后，其形状、尺寸精度应符合模具图样要求。配合后应保证合理的间隙。

2) 表面形状。

①凸模、凹模、凸凹模、侧刃凸模的工作刃口应尖锐、锋利、无倒锥、裂纹、黑斑及缺口等缺陷。

②凸模、凹模刃口应平直（除斜刃口外）不得有反锥，但允许有向尾部增大的不大于 15°的锥度。

③冲裁凸模的工作部分与配合部分的过渡圆角处，在精加工后不应出现台肩和棱角，并应圆滑过渡，过渡圆角半径一般为 3~5mm。

④新制造的凸模、凹模、侧刃凸模无论是刃口还是配合部分一律不允许烧焊。

⑤凸模、凹模、凸凹模的尖角（刃口除外）图样上未注明部分，允许按 $R0.3$mm 制作。

3）位置精度。

①冲裁凸模刃口四周的相对两侧面应相互平行，但允许稍有斜度，其垂直度应不大于 0.01~0.02mm，大端应位于工作部分。

②圆柱形配合的凸模、凹模、凸凹模，其配合面与支撑台肩的垂直度允差不大于 0.01mm。

③圆柱形凸模、凹模工作部分直径相对配合部分直径的同轴度允差不得超过工作部分直径偏差的 1/2。

④镶块凸模与凹模其结合面缝隙不得超过 0.03mm。

4）表面粗糙度。加工后的凸模与凹模工作表面粗糙度等级一定要符合图样要求。一般刃口部分为 $Ra1.6~0.8\mu m$，其余非工作部分允许为 $Ra25~12.5\mu m$。

①加工后的凸模与凹模应有较高的硬度和韧性，一般要求凹模硬度为 60~64HRC；凸模硬度为 58~62HRC。

②凡是铆接的凸模，允许在自 1/2 高度处开始向配合（装配固定板部位）部分硬度逐渐降低，但最低不应小于 38~40HRC。

（2）冲裁凸、凹模的加工原则。

1）落料时，落料零件的尺寸与精度取决于凹模刃口尺寸。因此在加工制造落料凹模时，应使凹模尺寸与制品零件最小极限尺寸相近。凸模刃口的公称尺寸应按凹模刃口的公称尺寸减小一个最小间隙值来确定。

2）冲孔时，冲孔零件的尺寸取决于凸模尺寸。因此在制造及加工冲孔凸模时，应使凸模尺寸与孔的最大尺寸相近，而凹模公称尺寸应按凸模刃口尺寸加上一个最小间隙值来取。

3）对于单件生产的冲模或复杂形状零件的冲模，其凸、凹模应用配制法制作与加工，即先按图样尺寸加工凸模（凹模），然后以此为准，配作凹模（凸模），并适当加以间隙值。

落料时，先制造凹模，凸模以凹模配制加工；冲孔时，先制造凸模，凹模以凸模配制加工。

4）由于凸模、凹模长期工作受磨损而使间隙加大，因此在制造新冲模时，应采用最小合理间隙值。

5）在制造冲模时，同一副冲模的间隙应在各方向力求均匀一致。

6）凸模与凹模的精度（公差值）应随制品零件的精度而定。一般情况下，圆形凸模与凹模应按 IT5～IT6 精度加工，而非圆形凸、凹模可取制品公差的 1/4 精度来加工。

（3）凹凸模也可全部由模具钳工来承担加工。

1）用锉刀机锉削。用带锯机下料及锯型孔，然后由锉刀机进行精加工代替手工锉削。图 12-15 是锉刀机外形，为保证模具零件的加工质量，应根据不同形状以合理的程序进行锉削（见表 12-11）。

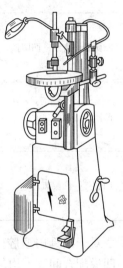

图 12-15　锉刀机外形

表 12-11　　　　　　　锉削程序

轮廓形状	图形	锉削程序
凸圆弧—直线		直线→圆弧

轮廓形状	图形	锉削程序
凹圆弧—直线		圆弧→直线
凸圆弧—凹圆弧		凹圆弧→凸圆弧
凸圆弧—直线—凹圆弧		凹圆弧→直线→凸圆弧
凸圆弧—凸圆弧		大圆弧→小圆弧
凹圆弧—凹圆弧		小圆弧→大圆弧

对于模具内型腔（如凹模）热处理后产生微小的变形，造成凸凹模配合间隙不均匀，可以利用锉刀机进行研磨。

研磨时将研磨棒（用铸铁、黄铜做成锉刀状）安装在锉刀机上，校正垂直度，加入研磨剂（金刚砂或绿色氧化铝）进行研磨。研磨时要注意用细油石将凹模刃口毛刺去除，以减少研磨棒的损耗，同时接触压力不易过大，把研磨面贴紧研磨棒即可。研磨棒的行程速度要大于锉削的行程速度。

2）用划线和样板进行锉削。实际生产中广泛应用压印锉削加工方法。

所谓压印锉削加工，是指先按划线和样板精加工好一个模子（如凸模），然后将凸模放在半精加工过的凹模上，用压力机或手锤施加压力，使凹模型孔上出现压痕。钳工按压痕进行锉削加工，经几次压印和锉削后，使凹模达到需要的尺寸为止。

3）凹凸模的加工过程。凹凸模的加工过程见表 12-12。此件为模具的核心，材料虽小但不能直接使用圆钢加工。需经锻造，锻后要等温退火，车削去表皮后经无损探伤，确认无裂缝、夹灰等现象，方可使用。

如图 12-16 所示，线切割基准板是一块圆板，经车削后按槽形数量钻孔，并经调质处理，精磨两平面，此板在线切割时不切割、只起到装夹定位作用。

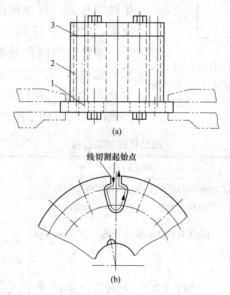

图 12-16　凹凸模的加工
1—线切割基准板；2—凹凸模；3—卸料板

凹凸模只切割内孔，槽形、外圆不切割，是因为线切割的表面粗糙度只能达到 $Ra1.6 \sim 0.8\mu m$，不能满足要求。线切割后需经钳工研磨，因此线切割编程时，间隙只能相应减小，留有研磨余量。另外线切割加工效率较磨削加工为低，表面质量不如磨削加工。而该凹凸模外圆是圆柱体，采用磨削加工使表面粗糙度变细，节省工时。

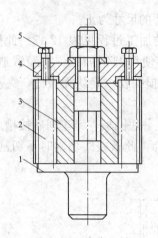

图 12-17　磨床心轴

1—心轴；2—槽凸模；3—凸凹模；

4—压板；5—夹紧螺钉

在装磨床心轴时，凸模上涂一层清漆。是因为此时凹凸模间隙很小，一层清漆足够使凸模固定在凹凸模型腔之内。

由于间隙很小，清漆又不可能涂得很均匀，因此插入凸模较为困难，可用小铜棒轻轻敲入。

为了防止在磨削过程中可能产生轴向移动，每个槽凸模再用螺钉支牢，如图 12-17 所示。

卸料板的内孔及槽形是与凹凸模一起由线切割加工的，但其间隙要比凹凸模大，可用腐蚀法加工，外圆的余量可用车削加工。

表 12-12　　　　　　　　　　凹凸模的加工过程

序号	工序名称	加工内容	备注
1	锻	要求钢料组织紧密，炭化物排列均匀。	
2	车	按图样车内外圆，高度均留 1mm 余量。	参看图 7-18（b）凹凸模形状与冲片相同。
3	钳	划线按直径 46mm 每槽钻一直径 $\phi 4mm$ 通孔。	
4	铣槽	套心轴装分度头，用直径 $\phi 70mm$，厚 2mm 锯片刀，每槽铣到与钻孔接穿。	此工序是防止线切割后由于材料的应力而发生变形。
5	热处理	淬硬。回火硬度 59～61HRC。	
6	平磨	磨两平面，平行度误差小于等于 0.002mm。	
7	磨内圆	磨内孔见光。	线切割找圆心用
8	钳	与脱料板一起装在线切割基准板上。	见图 7-18（a）。
9	线切割	切割内孔及 16 只槽形，以内孔为基准，起割点在槽外，走丝方向为逆时针，内孔及槽形尺寸按凸模加间隙 0.02mm。	见图 7-18。

序号	工序名称	加工内容	备注
10	钳	油去线切割留在内孔及凸模上的结束点，凸模上涂一层清漆，烘干后装上磨床心轴。	见图7-19。
11	磨外圆	磨到槽凸模外圆尺寸（凹模内圆尺寸）拔去槽凸模，磨凹凸模外圆达到图样要求。	
12	钳	研磨凸模外形及凹凸模槽形达到间隙要求	

2. 模架零件的加工

模架零件的加工主要是指上下模座和导柱导套的加工。

（1）模具导柱和导套加工工艺方法。

导柱一般使用 20 钢，经车床粗加工（留磨削余量）、热处理（渗碳层深度 0.8～1.2mm，淬硬至 58～62HRC）、研顶尖孔以及外圆精磨制成。为了进一步提高导柱的尺寸精度和改善表面粗糙度，也可在外圆磨削后留出余量 0.01～0.015mm，再进行研磨。用圆盘式研磨机研磨时，把导柱装夹在隔板内，如图 12-18 所示，并在上下研盘之间做偏心运转，导柱的运动方向做周期性改变，使研磨剂分布均匀，导柱表面形成纵横交错的研磨痕迹，这种研磨方法的生产率高，研磨工具的磨损比较均匀，适用于导柱的大量生产。若用车床装夹研磨导柱，常用顶尖和卡箍装夹，在研磨的表面均匀地涂一层研磨剂，用如图 12-19 所示研磨环套在导柱上，用手握住沿导柱轴向往复运动，导柱在主轴的带动下做圆周运动，使导柱的外圆得到研磨。此外也可用铸铁板研磨导柱的外圆。

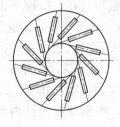

图 12-18　圆盘式导柱研磨机用隔板

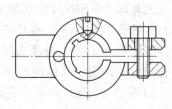

图 12-19　导柱研磨环

导套的加工，一般是在粗车后留出 0.3mm 的磨削余量，经热处理（常用 20 钢渗碳，深度 0.8～1.2mm，淬硬 58～62HRC）后进行内、外圆磨削。

由于导套和导柱相配合的尺寸精度要求高，并且内孔和外圆要同轴，因而在磨削加工时要先磨好内孔，再装上心轴磨外圆。若导套和模座的固定采用粘接工艺，因而外圆的同轴度要求不高，则导套的外圆可不需要磨削加工。

为提高内孔尺寸精度和改善表面粗糙度而需要研磨时，应在内圆磨削后留出 0.01～0.015mm 研磨余量。研磨导套常用立式单轴或双轴研磨机，有时也可在车床上研磨或用珩磨机珩磨。如果在车床上研磨导套，需先将研磨工具夹在车床卡盘上，均匀涂以研磨剂，然后套上导套，用尾座顶尖顶住研磨工具，并调节研磨工具与导套的松紧（以用手转动导套不十分费力为准）。研磨时，由机床带动研磨工具旋转，导套由圆口钳夹住用手工沿研磨工具轴向做往复运动。

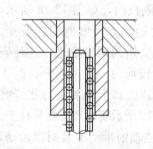

图 12-20　滚珠式导向结构

（2）钢球保持圈的加工制造。采用滚珠的滚动导向结构方式（见图 12-20）的模架增加了保持圈和钢球两种零件。其中钢球是成品件，一般须经挑选，其圆度误差应不大于 0.002mm。保持圈常用黄铜或硬铝制作，也可用塑料制成。它的上面有几十个用于安装钢球的台阶孔，向内一面的孔径略小于钢球直径，向外一面的孔径略大于钢球直径，以便于钢球放入孔内。加工时按尺寸要求加工第一个孔，再按孔距 L、角度 α 加工其他各孔。第一排孔加工完毕，转一周后回到第一孔，将机床台面按距离 L 移动，分度头转 α'（由于 β 的关系，α' 为第二排第一孔与第一排第一孔的圆心角）角度，再加工第二排孔，以此类推，如图 12-21（a）所示。孔加工完毕，将钢球放入孔内后，将孔口收小（铆进三点或一圈），使钢球既不掉出，又能灵活转动。为了防止保持圈在收口时变形，可在保持圈内垫衬一根心轴。图

12-21 所示为钢球孔收口情况及收口用工具。

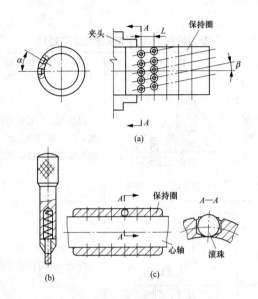

图 12-21　保持圈钢球收口及工具
(a) 保持圈的装卡；(b) 收口工具；(c) 保持圈钢球孔收口

(3) 模座孔的加工工艺。

1) 用专用镗孔工具加工模座。模座是组成模架的主要零件之一，其平面的加工方法关系到能否保证平行度要求，常用的加工方法按粗加工和精加工进行。粗加工一般采用刨、铣、车等方法加工模座的上、下两平面，并留有精加工余量；精加工一般在平面磨床上对模座的上、下两平面精磨到符合图样的要求。

对带有导柱、导套导向的模架，上、下模座的导柱、导套孔的中心距要一致，并且要求孔中心与模座平面保持垂直，孔径尺寸应达到规定的加工要求。目前最常见的是用双头镗床、铣床或车床加工的方法，也可用摇臂钻、立钻等其他方法加工。加工时，一般将已加工的模座的一平面作为基准，在模座孔的位置预钻孔，并留 2～3mm 余量，再用专用或通用刀具将孔加工到图样要求的尺寸。

冲压模具实用手册

用铣床加工时，采用专用镗孔工具的模座镗孔工艺见表12-13。

表 12-13　用专用镗孔工具的模座镗孔工艺过程

序号	内容	简图	说明
1	工件的定位与装夹	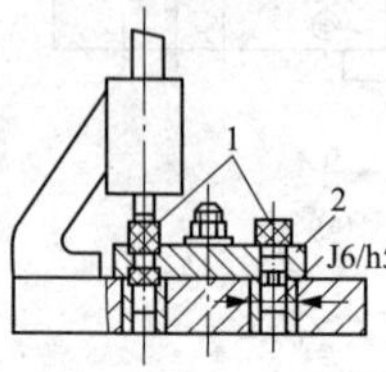 1—定位销　2—模座	以镗孔工具底板上的定位孔为基准，用定位销插入模座的预加孔与底板定位孔定位，然后将模座压紧
2	镗第一个孔	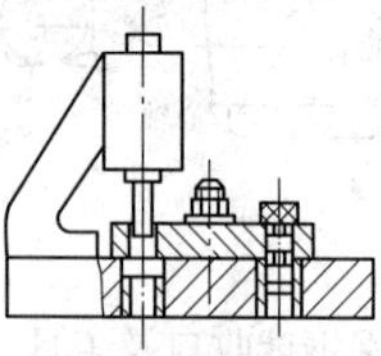	取走一个定位销后镗孔
3	工件第二次定位	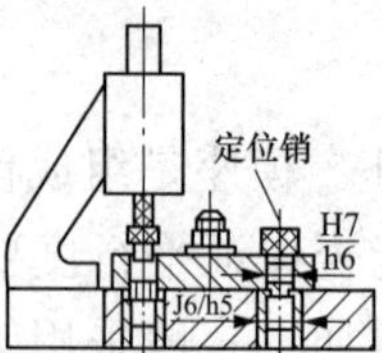 定位销	松开压板，将模座位置改变后，用定位销插入已镗孔及底板孔定位，未镗孔仍用原定位销定位，然后再次将模座压紧
4	镗第二个孔	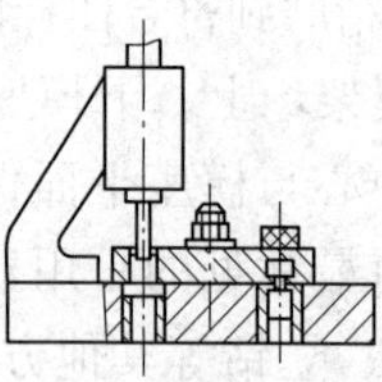	取出定位销进行镗孔

2) 用立式双轴镗床的模座镗孔工艺。对于模座上导柱、导套孔，可根据孔距及精度要求，采用立式双轴镗床加工，其工艺过

702

程见表 12-14。

表 12-14　　　用立式双轴镗床的模座镗孔工艺过程

序号	内容	简图	说　　明
1	调节两主轴间距离	丝杆	根据孔距要求，转动丝杆 1 调整主轴头间距离后锁紧在导轨上。 主轴间距离由标尺粗定位，量块精调整
3	安装镗刀	(a) (b)	镗刀插入刀杆，用螺钉紧固见图（a）。镗刀伸出长度按镗孔尺寸调节，一般粗镗应镗去余量的 2/3～3/4。 镗刀伸出长度可用图（b）所示，对刀工具校对
3	工件装夹及镗孔		用压板将工件（模座）压紧于工作台面上。注意工件与主轴的相对位置，以保证镗孔余量均匀（在同一批加工中，可先调整一件后，安装定位基准），工件装夹后即可进行镗孔

3）下模座锥孔常用加工工艺。对于要求可拆卸的导柱，常将下模座上的导柱固定孔做成锥孔。锥孔加工时，常以模座磨光的上下面平面为基准。为了保证加工，锥孔除了在车床上加工以外，还可以在钻床上钻孔、镗孔后用专用铰刀铰孔，其加工工艺过程见表 12-15。

表 12-15　　用摇臂钻床加工下模座的锥孔工艺过程

序号	内容	简图	说　明
1	找正	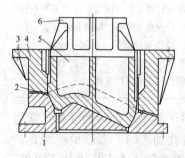 1—下模座　2—工作台	将下模座放在工作台上，千分表装在机床主轴上，转动摇臂找正下模座平面。下模座的平行度调整可采用垫薄片的方法（或调整机床可倾斜工作台）
2	钻毛坯孔	—	按划线钻孔，用小于锥孔小端尺寸 0.5mm 的钻头钻通
3	镗孔	—	镗至大于小头尺寸 0.5～0.6mm，镗孔是为了保证下工序的铰孔精度
4	铰孔	—	用专用铰刀，在钻床上铰出锥孔
5	加工第二个锥孔	—	重复上述工序
6	锪沉孔	—	将模具翻面，锪沉孔

第四节　典型拉深模制造实例

拉深模、压铸模、注塑模等模具型面加工最基本的要求就是要凸模和凹模形状的吻合，并保持间隙均匀。如图 12-22 所示是某汽车前围外盖板的拉深模，就是典型的三维曲面凸模、凹模。其制造工艺流程如图 12-23 所示。

图 12-22　汽车前围外盖板拉深模
1—凸模固定座；2—凸模；3—导板；4—压边圈；5—凹模；6—顶件器

一、凸模制造工艺

凸模如图 12-24 所示。凸模技术要求见表 12-16，工艺过程见表 12-17。

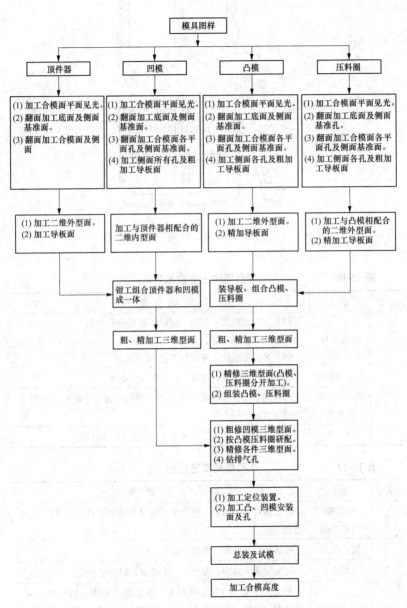

图 12-23　拉深模制造工艺流程图

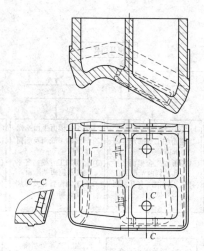

图 12-24　凸模

表 12-16　　　　　　　制造凸模的主要技术要求

序号	项目	要　求
1	型面质量	（1）与样架的研合均匀，接触面积不小于80%。 （2）装饰棱线清晰、美观。 （3）表面无波纹，表面粗糙度 $Ra0.8\mu m$
2	外轮廓精度	按主模的轮廓线，允许每边加大1~3mm
3	基面和导板安装面	凸模的基面（安装面）应与冲压方向垂直，导板的安装面应与冲压方向平行
4	热处理	在凸出的筋和棱角处火焰淬火，硬度56~60HRC

表 12-17　　　　　　　凸模的工艺过程

序号	工序	工　艺　说　明
1	划线和钻起重孔	检查铸件加工裕量，划上平面线（考虑加工裕量），划、钻起重孔
2	刨基准面	按线精刨基准面（即安装面）
3	划线	以安装面为基准，参照工艺主模型，划出中心线
4	仿形铣型面	按工艺主模型（拆去压料面）仿形加工型面，留研修余量。精铣时，采用小直径圆头锥度铣刀和小进刀量加工，以减少研修余量和得到清晰的外轮廓线

序号	工序	工 艺 说 明
5	划线	按仿形铣加工的刀痕，并参照工艺主模型，划出凸模的外轮廓线
6	插外轮廓	按线插外轮廓
7	划线	划导板安装窝座的线
8	铣导板窝座	用龙门铣床加工窝座到尺寸。保证窝座底面与凸模安装面垂直
9	研修型面	先用风动砂轮机磨去仿形铣刀痕，然后在研配压力机上按样架研修型面。要求凸模型面与样架吻合、接触均匀，接触面积不小于80％
10	精修棱线	锉修凸模型面上的装饰棱线，达到清晰、平直、光滑
11	抛光	先用粗砂轮块手工推磨型面，消除风动砂轮机加工留下的凹坑和波纹，使整个型面匀称光滑；然后用砂布或毡轮抛光
12	热处理	在凸出的筋和棱角处进行火焰淬火
13	装配	装导板和凸模固定板等

二、凹模制造工艺

凹模如图 12-25 所示。凹模技术要求见表 12-18，工艺过程见表 12-19。

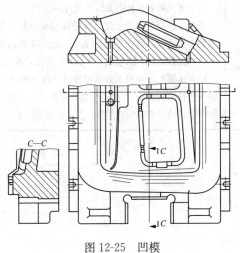

图 12-25　凹模

表 12-18　　　　　　　　　　**制造凹模的主要技术要求**

序号	项目	要　　求
1	凹模型腔	形状与凸模吻合，并保持均匀的料厚间隙；表面粗糙度小于 $Ra0.8\mu m$；凹模圆角和凸出部分表面火焰淬火
2	压料面	形状应与压边圈吻合，并保持均匀的料厚间隙；粗糙度 $Ra0.8\mu m$；表面火焰淬火
3	压板安装槽	与凹模底面垂直
4	安装槽	与凸模固定板和压料圈上的安装槽应同心，其位置准确度为 $\pm 1mm$

表 12-19　　　　　　　　　　**凹模的工艺过程**

序号	工序	工 艺 说 明
1	划线，钻起重孔	检查铸件质量，考虑型面及压料面的加工余量，划出基准面（底平面）线和起重孔线，钻起重孔
2	刨基面	按线精刨凹模底面，并刨两侧面及压板台
3	划线	划中心线、导板槽线及安装槽线
4	铣导板槽及安装槽	按线铣导板槽、导板凸台上平面及安装槽到尺寸
5	铣型面	在仿形铣床上按样架铣凹模型腔及压料面，考虑料厚（间隙）1.0mm，留研修余量
6	研修型腔及压料面	（1）用风动砂轮机磨去仿形铣刀痕。 （2）在研配压力机上按凸模研修凹模型腔，先达到全面均匀接触，然后在凹模口和斜度较大（大于45°）的部位垫几块小块的试冲板料试压，根据试冲料上压的印痕，修正凹模的间隙。 （3）在研配压力机上按压料圈（已装压料筋）研修凹模压料面（包括压料筋槽），达到全面均匀接触。研修时，应注意压料筋槽槽口的圆角半径应尽量小些，使调整时有修磨量

第十三章

冲压模具的装配与调试

第一节　模具装配概述

模具是由若干个零件和部件组成的，模具的装配，就是按照模具设计给定的装配关系，将检测合格的加工件、外购标准件等，根据配合与连接关系正确地组合在一起，达到成形合格制品的要求。模具装配是模具制造工艺全过程的最后阶段，模具的最终质量需由装配工艺过程和技术来保证。高水平的装配技术可以在经济加工精度的零件、部件基础上，装配出高质量的模具。

一、装配工艺及质量控制

1. 模具装配工艺过程及组织形式

（1）模具装配的工艺过程。根据装配图样和技术要求，将模具的零部件按照一定的工艺顺序进行配合与定位、连接与固定，使之成为符合要求的模具产品，称为模具的装配；其装配的全过程就称为模具的装配工艺过程。

模具的装配包括装配、调整、检验和试模。其过程通常按装配的工作顺序划分为相应的工序和工步。

一个工人或一组工人在不更换设备或地点的情况下完成的装配工作，叫作装配工序。用同一工具，不改变工作方法，并在固定的位置上连续完成的装配工作，叫作装配工步。一个装配工序可以包括一个或几个装配工步。模具的部装和总装都是由若干个装配工序组成的。

模具的装配工艺过程包括以下三个阶段。

1）装配前的准备阶段。

①熟悉模具装配图、工艺文件和各项技术要求，了解产品的结构、零件的作用以及相互之间的连接关系；

②确定装配的方法、顺序和所需要的工艺装备；

③对装配的零件进行清洗，去掉零件上的毛刺、铁锈及油污，必要时进行钳工修整。

2）装配阶段。

①组装阶段。将许多零件装配在一起构成的组件并成为模具的某一组成部分，称为模具的部件，其中那些直接组成部件的零件称为模具的组件。把零件装配成组件、部件的过程称为模具的组件装配和部件装配。

②总装阶段。把零件、组件、部件装配成最终产品的过程称为总装。

3）检验和试模阶段。

①模具的检验主要是检验模具的外观质量、装配精度、配合精度和运动精度。

②模具装配后的试模、修正和调整统称为调试。其目的是试验模具各零部件之间的配合、连接情况和工作状态，并及时进行修配和调整。

模具装配工艺过程框图见图 13-1。

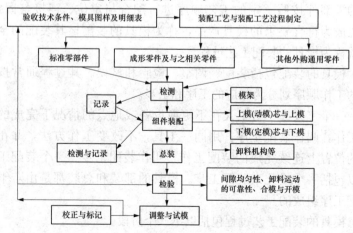

图 13-1　模具装配工艺过程框图

（2）模具装配的组织形式。模具装配的组织形式主要取决于模具的生产类型。根据生产批量的大小，模具装配的组织形式主要有固定式装配和移动式装配两种，如表 13-1 所示。

表 13-1　　　　　　　　　模具装配的组织形式

名称	装配方式	分类	装配内容	装配特点	应用范围
固定式装配	零件装配成部件或模具的全部过程是在固定的工作地点完成的	集中装配	零件组装成部件或模具的全过程是一个或一组工人在固定地点完成的	装配周期长，效率低，工作场地占地面积大，所需工艺装备较多，并要求工人具有较全面的技能	适用于单件和小批量模具的装配，以及装配精度要求较高，需要调整的部位较多的模具装配
		分散装配	将模具装配的全部工作分散为各个部件的装配和总装配，并在固定地点完成的装配工作	参与装配的工人较多，生产效率较高，装配周期较短	适用于批量模具的装配
移动式装配	每一道装配工序按一定的时间完成，装配后的组件、部件经传送装置输送到下一个工序进行	断续移动式	每一组装配工人在一定的时间周期内完成一定的装配工序，组装结束后由传送装置周期性地输送到下一个装配工序	对工人的技术水平要求较低，效率高，装配周期短	适用于大批和大量模具的装配工作
		连续移动式	装配工作是在传送装置以一定的速度连续移动的过程中完成的	效率高，周期短。对工人的技术水平要求低，但必须熟练	适用于大批量模具的装配工作

2. 模具装配工艺规程

（1）基本内容。模具装配工艺规程是规定模具或零部件装配工艺过程和操作方法的工艺文件。它是指导模具或零部件装配工作的技术文件，也是制订生产计划，进行技术准备的依据。模具装配工艺规程必须具备以下几项内容。

1）模具零部件的装配顺序及装配方法。

2）装配工序内容与装配工作量，装配技术要求与操作工艺规范。

3）装配时所必备的工艺装备及生产条件。

4）装配质量检验标准与验收方法。

（2）制定依据与步骤。制定模具装配工艺规程时，应具备各种技术资料，包括模具的总装图、部件装配图以及零件图；模具零部件的明细表及各项精度要求；模具验收技术条件及各项装配单元质量标准；模具的生产类型及现有的工艺装备等。

制定模具装配工艺规程的步骤一般如下。

1）分析装配图，确定装配方法和装配顺序；

2）确定装配的组织形式和工序内容；

3）选择工艺装备和装配设备；

4）确定检查方法和验收标准；

5）确定操作技术等级和时间定额；

6）编制工艺卡片，必要时绘制指导性装配工序图。

3. 模具的装配方法

模具是由多个零件或部件组成的，这些零部件的加工受许多因素的影响，都存在不同大小的加工误差，这将直接影响模具的装配精度。因此模具装配方法的选择应依据不同模具的结构特点、复杂程度、加工条件、制品质量和成形工艺要求等来决定。现有的模具装配方法可分为以下几种。

（1）完全互换法。完全互换法是指装配时，模具各相互配合零件之间不经选择、修配与调整，组装后就能达到规定的装配精度和技术要求。其特点是装配尺寸链的各组成环公差之和小于或等于封闭环公差。

在装配关系中，与装配精度要求发生直接影响的那些零件、组件或部件的尺寸和位置关系是装配尺寸链的组成环。而封闭环就是模具的装配精度要求，它是通过把各零部件装配好后得到的。当模具精度要求较高且尺寸链环数较多时，各组成环所分得的制造公差就很小，即零件的加工精度要求很高，这给模具制造带来极大的困难，有时甚至无法达到。

但完全互换法的装配质量稳定，装配操作简单，便于实现流水作业和专业化生产，适合于一些装配精度要求不太高的大批量生产的模具标准部件的装配。

（2）分组互换法。分组互换装配是将装配尺寸链的各组成环公差按分组数放大相同的倍数，然后对加工完成的零件进行实测，再以放大前的公差数值、放大倍数及实测尺寸进行分组，并以不同的标记加以区分，按组进行装配。

这种方法的特点是扩大了零件的制造公差，降低了零件的加工难度，具有较好的加工经济性。但因其互换水平低，不适于大批量的生产方式和精度要求高的场合。

模具装配中对于模架的装配，可采用分组法按模架的不同种类和规格进行分组装配，如对模具的导柱与导套配合采用分组互换装配，以提高其装配精度和质量。

（3）调整法。调整装配法是按零件的经济加工精度进行制造，装配时通过改变补偿环的实际尺寸和位置，使之达到封闭环所要求的公差与极限偏差的一种方法。

这种方法的特点是各组成环在经济加工精度条件下，就能达到装配精度要求，不需做任何修配加工，还可补偿因磨损和热变形对装配精度的影响。适于不宜采用互换法的高精度多环尺寸链的场合。多型腔镶块结构的模具常用调整法装配。

调整装配法可分为可动调整与固定调整两种。可动调整是指通过改变调整件的相对位置来保证装配精度；而固定调整法则是选取某一个和某一组零件作为调整件，根据其他各组成环形成的累计误差的数值来选择不同尺寸的调整件，以保证装配精度。模具装配中两种方法都有应用。

（4）修配法。修配装配法是指模具的各组成零件仍按经济加工精度制造，装配时通过修磨尺寸链中补偿环的尺寸，使之达到封闭环公差和极限偏差要求的装配方法。

这种方法的主要特点是可放宽零件制造公差，降低加工要求。为保证装配精度，常需采用磨削和手工研磨等方法来改变指定零件尺寸，以达到封闭环的公差要求。适于不宜采用互换法和调整法的高精度多环尺寸链的精密模具装配，如多个镶块拼合的多型腔模具的型腔或型芯的装配，常用修配法来达到较高的装配精度要求。但是该方法需增加一道修配工序，对模具装配钳工的要求较高。

模具作为产品一般都是单件定制的，而模架和模具标准件都是批量生产的。因此上述装配方法中，调整法和修配法是模具装配的基本方法，在模具领域被广泛应用。

不完全互换法的几种装配方式的工艺特点见表 13-2。

表 13-2　　　　　　　　不完全互换法的几种装配方式

名称	装配方法	装配原理	应用范围
分组装配法	装模具各配合零件按实际测量尺寸进行分组，在装配时按组进行互换装配，使其达到装配精度的方法	将零件的制造公差扩大数倍，以经济精度进行加工，然后将加工出来的零件按扩大前的公差大小和扩大倍数进行分组，并以不同的颜色相区别，以便按组进行装配。此法扩大了组成零件的制造公差，使零件的制造容易实现，但增加了对零件的测量分组工作量	适用于要求装配精度高、装配尺寸链较短的成批或大量模具的装配
修配装配法	将指定零件的预留修配量修去，达到装配精度要求的方法	指定零件修配法：是在装配尺寸链的组成环中，指定一个容易修配的零件作为修配件（修配环），并预留一定的加工余量。装配时对该零件根据实测尺寸进行修磨，使封闭环达到规定精度的方法 合并加工修配法：是将两个或两个以上的配合零件装配后，再进行机械加工使其达到装配精度的方法。 说明：几个零件进行装配后，其尺寸可作为装配尺寸链中的一个组成环对待，从而使尺寸链的组成环数减少，公差扩大，容易保证装配精度的要求	这是模具装配中应用最为广泛的方法，适用于单件或小批量生产的模具装配

名称	装配方法	装配原理	应用范围
调整装配法	用改变模具中可调整零件的相对位置或选用合适的调整零件进行装配，以达到装配精度的方法	可动调整法：在装配时用改变调整件的位置来达到装配精度的方法	此法不用拆卸零件，操作方便，应用广泛
		固定调整法：在装配过程中选用合适的调整件，达到装配精度的方法。经常使用的调整件有垫圈、垫片、轴套等	

装配方法不同，零件的加工精度、装配的技术要求和生产效率就不同。这就要求我们在选择装配方法时，应从产品的装配技术要求出发，根据生产类型和实际生产条件合理地进行选择。不同装配方法应用状况的比较可参见表 13-3。

表 13-3　　　　　装配方法比较表

装配方法			工艺措施	被装件精度	互换性	技术要求	组织形式	生产效率	生产类型	对环数的要求	装配精度
完全互换装配法			按极值法确定零件公差	较高或一般	完全互换	低	—	高	各种类型	少	较高
										多	低
不完全互换装配法	概率法		按概率论原理确定公差	较低	多数互换	低	—	高	大批大量	较多	较高
	分组装配法		零件测量分组	按经济精度	组内互换	较高	复杂	较高	大批大量	少	高
	修配装配法	指定零件	修配单个零件	按经济精度	无	高	—	低	单件成批	—	高
		合并加工									
	调整装配法	可动	调整一个零件位置	按经济精度	无	高	—	较低	各种条件	—	高
		固定	增加一个定尺寸零件				较复杂	较高	大批大量		

注　表中"—"表示无明显特征或无明显要求。

二、模具装配要求与检验标准

1. 模具装配的技术要求

制造模具的目的是要生产制品，因而模具完成装配后必须满足规定的技术要求，不仅如此，还应按照模具验收的技术条件进行试模验收。

模具装配的技术要求包括模具的外观和安装尺寸、总体装配精度两大方面。

（1）模具外观和安装尺寸技术要求。

1）铸造表面应清理干净，安装面应光滑平整，螺钉、销钉头部不能高出安装基准面。

2）模具表面应平整，无锈斑、毛刺、锤痕、碰伤、焊补等缺陷，并对除刃口、型孔以外的锐边、尖角等进行倒钝。

3）模具的闭合高度、安装于机床的各配合部位尺寸，应符合所选用的设备型号和规格。

4）当模具质量大于25kg时，模具本身应装有起重杆或吊钩，对于大、中型模具，应设有起重孔、吊环，以便于模具的搬运和安装。

5）装配后的冲模应刻有模具的编号、图号及生产日期等栏目。对于塑料模还应刻上动、定模方向的记号及使用设备的型号。

6）注射模、压铸模的分型面上除导套孔、斜销孔以外，不得有外露的螺钉孔、销钉孔和工艺孔，如有这些孔都应堵塞，且与分型面平齐。

7）装配后的塑料模的闭合高度、安装部位的配合尺寸、顶出形式、开模距离等均应符合设计要求及设备使用的技术条件。

（2）模具总体装配技术要求。

1）模具零件的材料、几何形状、尺寸精度、表面粗糙度和热处理等均应符合图样要求。零件的工作表面不允许有裂纹和机械损伤等缺陷。

2）模具所有活动部分应保证位置准确、配合间隙适当、动作协调可靠、定位和导向正确、运动平稳灵活。固定的零件应牢固可靠，在使用中不得出现松动和脱落。锁紧零件达到可靠锁紧作用。

3）模具装配后，必须保证模具各零件间的相对位置精度。尤其是制件的有些尺寸与几个冲模零件尺寸有关时，应予以特别注意。

（3）冲压模具总体装配技术要求。

1）所选用的模架精度等级应满足制件所需的技术要求。如上模板的上平面与下模板的下平面一定要保证相互平行，对于冲压制件料厚在 0.5mm 以内的冲裁模，长度在 300mm 范围内，其平行度偏差应不大于 0.06mm；一般冲模长度在 300mm 范围内，其平行度偏差应不大于 0.10~0.14mm。

2）模具装配后，上模座沿导柱上、下移动应平稳且无阻滞现象。导柱与导套的配合精度应符合标准规定的要求，且间隙均匀。

3）模柄圆柱部分应与上模座上平面垂直，其垂直度误差在全长范围内应不大于 0.05mm。浮动模柄凸、凹球面的接触面积应不少于 80%。

4）装配后的凸模与凹模间的间隙应符合图样要求，且沿整个轮廓上间隙应均匀一致。要求所有凸模应垂直于固定板装配基准面。

5）毛坯在冲压时定位应准确、可靠、安全，出件和排料应畅通无阻。

6）应符合装配图上除上述要求以外的其他技术要求。

（4）塑料模总体装配技术要求。

1）模具分型面对定、动模座板安装平面的平行度和导柱、导套对定、动模板安装面的垂直度的要求应符合有关的技术标准和使用条件的规定。各零件之间的支承面要互相平行，平行度偏差在长度 200mm 内应不大于 0.05mm。

2）开模时推出部分应保证制件和浇注系统的顺利脱模及取出。合模时应准确退回到原始位置。

3）合模后分型面应紧密贴合，如有局部间隙，其间隙值对于注射模而言应不大于 0.015mm。

4）在分型面上，定、动模镶块与定、动模板镶合要求紧密无缝，镶块平面应分别与定、动模板齐平，或可允许略高，但高出量不得大于 0.05mm。

5）推杆、复位杆应分别与型面、分型面平齐，推杆也允许凸出型面，但不应大于 0.1mm，复位杆允许低于分型面时，不得大于 0.05mm。

6）滑块运动应平稳，开模后应定位准确可靠；合模后滑动斜面与楔紧块的斜面应压紧，接触面积不小于 75%，且有一定的预紧力。

7）抽芯机构中，抽芯动作结束时，所抽出型芯的端面与制件上相对应孔的端面距离应大于 2mm。

8）在多块剖分模结构中，合模后拼合面应密合，推出时应同步。

特别说明：以上技术要求同样适用于压铸模。

2. 模具验收技术条件

为保证试模验收工作，模具验收技术条件包括模具验收项目、检验内容和标准以及试模方法等。

（1）模具应进行下列验收工作。

1）外观检查。

2）尺寸检查。

3）试模和制件检查。

4）质量稳定性检查。

5）模具材质和热处理要求检查。

（2）模具的检查。按模具图样和技术条件检查模具各零件的尺寸、模具材质、热处理方法、硬度、表面粗糙度和有无伤痕等，检查模具组装后的外形尺寸、运动状态和工作性能。检验部门应将检查部位、检查项目、检查方法等内容逐项填入模具验收卡中。

（3）模具的试模。经上述检验合格的模具才能进行试模，试模应严格遵守有关工艺规程。试件用的材质应符合有关国家标准和专业标准。

1）试模的技术要求。试模用的设备应符合技术要求。模具装机后应先空载运行，达到模具各工作系统工作可靠，活动部分灵活平稳，动作相互协调，定位起止正确。

2）对试件的要求。试模提取检验用的试件，应在工艺参数稳定后进行。在最后一次试模时，应连续取出一定数量的试件交付模具制造部门和使用部门检查。经双方确认试件合格后，由模具制造方开具合格证，连同试件及模具交付使用部门。

3）模具质量稳定性检查的批量。模具质量稳定性检查的批量生产所规定的制件数量，按有关规定执行。

第二节 冲压模具的装配

模具装配是按照模具的设计要求，把模具零件连接或固定起来，达到装配的技术要求，并保证加工出合格的制件。模具装配是模具制造过程中的关键工作，装配质量的好坏直接影响到制件的质量、模具本身的工作状态及使用寿命。

模具装配工作主要包括两个方面：一是将加工好的模具零件按图样要求进行组装、部装乃至总体的装配；二是在装配过程中进行一部分的补充加工，如配作、配修等。

一、冲压模具总装精度要求

（1）装配好的冲模，其闭合高度应符合设计要求。

（2）模柄（活动模柄除外）装入上模座后，其轴心线对上模座上平面的垂直度误差，在全长范围内不大于 0.05mm。

（3）导柱和导套装配后，其轴心线应分别垂直于下模座的底平面和上模座的上平面，其垂直度误差应符合模架分级技术指标的规定。

（4）上模座的上平面应和下模座的底平面平行，其平行度误差应符合模架分级技术指标的规定。

（5）装入模架的每一对导柱和导套的配合间隙值（或过盈量）应符合导柱、导套配合间隙的规定。

（6）装配好的模架，其上模座沿导柱移动应平稳，无阻滞现象。

（7）装配后的导柱的固定端面与下模座下平面应留有 1～2mm

距离。

(8) 凸模和凹模的配合间隙应符合设计要求，沿整个刃口轮廓应均匀一致。

(9) 定位装置要保证定位正确可靠。

(10) 卸料及顶件装置活动灵活、正确，出料孔畅通无阻，保证制件及废料不卡在冲模内。

(11) 模具应在生产的条件下进行试验，冲出的制件应符合设计要求。

由于模具制造属于单件小批生产，在装配工艺上多采用修配法和调整法来保证装配精度。

对于连续（级进）模，由于在一次冲程中有多个凸模同时工作。保证各凸模与其对应型孔都有均匀的冲裁间隙，是装配的关键所在。为此，应保证固定板与凹模上对应孔的位置尺寸一致，同时使连续模的导柱、导套比单工序冲模有更好的导向精度。为了保证模具有良好的工作状态，卸料板与凸模固定板上的对应孔的位置尺寸也应保持一致。所以在加工凹模、卸料板和凸模固定板时，必须严格保证孔的位置尺寸精度，否则将给装配造成困难，甚至无法装配。

在可能的情况下，采用低熔点合金和粘结技术固定凸模，以降低固定板的加工要求。或将凹模做成镶拼结构，以使装配时调整方便。

为了保证冲裁件的加工质量，在装配连续模时要特别注意保证送料长度和凸模间距（步距）之间的尺寸要求。

二、各类冲压模具装配的特点

在冲模制造过程中，要制造出一副合格优质的冲模，除了保证冲模零件的加工精度外，还需要一个合理的装配工艺来保证冲模的装配质量。装配工艺主要根据冲模的类型、结构而确定。

冲模的装配方法主要有直接装配法和配作装配法两种方法。

直接装配法是将所有零件的孔、形面全按图样加工完毕，装配时只要把零件连接在一起即可。当装配后的位置精度较差时，应通过修正零件来进行调整。该装配方法简便迅速，且便于零件的互换，但模具的装配精度取决于零件的加工精度。必须要有先进的高精度加工设备及测量装置才能保证模具质量。

配作装配方法是在零件加工时，对与装配有关的必要部位进行高精度加工，而孔的位置精度由钳工进行配作，使各零件装配后的相对位置保持正确关系。这种方法即使没有坐标镗床等高精度设备，也能装配出高质量的模具。除耗费工时以外，对钳工的实践经验和技术水平也有较高的要求。

所以直接装配法一般适于设备齐全的大中型工厂及专业模具生产厂，而对于一些不具备高精设备的小型模具厂需采用修配及配作的方法进行装配。

1. 冲模装配要点

冲模装配应遵循以下要点。

（1）要合理地选择装配方法。在零件加工中，若全采用电加工、数控机床等精密设备加工，由于加工出的零件质量及精度都很高，且模架又采用外购的标准模架，可以采用直接装配法即可。如果所加工的零部件不是专用设备加工，模架又不是标准模架，则只能采用配作法装配。

（2）要合理地选择装配顺序。冲模的装配最主要的是应保证凸、凹模的间隙均匀。为此在装配前必须合理地考虑上、下模装配顺序，否则在装配后会出现间隙不易调整的麻烦，给装配带来困难。

一般说来，在进行冲模装配前，应先选择装配基准件。基准件原则上按照冲模主要零件加工时的依赖关系来确定。如可做装配时基准件的有导向板、固定板、凸模、凹模等。

（3）要合理地控制凸、凹模间隙。合理地控制凸、凹模间隙，并使其间隙在各方向上均匀，这是冲模装配的关键。在装配时，如何控制凸、凹模的间隙，这要根据冲模的结构特点、间隙值的大小，以及装配条件和操作者的技术水平与实际经验而定。

（4）要进行试冲及调整。冲裁模装配后，一般要进行试冲。在试冲时若发现缺陷，要进行必要的调整，直到冲出合格的零件为止。

在一般情况下，当冲模零件装入上、下模板时，应先安装作为基准的零件，通过基准件再依次安装其他零件。当安装后，经检查若无误，可以先钻铰销钉孔，拧入螺钉，但不要固死，待到试模合格后，再将其固定，以便于试模时调整。

2. 装配顺序选择

冲模的装配顺序主要与冲模类型、结构、零件制造工艺及装配者的经验和工作习惯有关。

冲模装配原则是将模具的主要工作零件如凹模、凸模、凸凹模和定位板等选为装配的基准件，一般装配顺序为：选择装配基准件→按基准装配有关零件→控制并调整凸模与凹模之间间隙均匀→再装入其他零件或组件→试模。

导板模常选导板做装配基准件。装配时，将凸模穿过导板后装入凸模固定板，再装入上模座，然后装凹模及下模座。

连续模常选凹模做装配基准件。为了便于调整步距准确，应先将拼块凹模装入下模座，再以凹模定位将凸模装入固定板，然后装上模座。

复合模常选凸凹模做装配基准件。一般先装凸凹模部分，再装凹模、顶块以及凸模等零件。

弯曲模及拉深模视具体结构确定。对于导向式模具通常选成形凹模作为装配基准件，这样间隙调整比较方便；而对于敞开式模具则可任选凸模或凹模作为装配基准件。

精冲模装配顺序类似于普通冲裁模，但由于精冲模的刚度和精度要求都比较高，需用独特的精确装配方法。

3. 其他冲模的装配特点

（1）弯曲模的装配特点。一般情况下，弯曲模的导套、导柱的配合要求可略低于冲裁模，但凸模与凹模工作部分的粗糙度比冲裁模要小（$Ra < 0.63\,\mu m$），以提高模具寿命和制件的表面质量。

在弯曲工艺中，由于材料回弹的影响，常使弯曲件在模具中弯成的形状与取出后的形状不一致，从而影响制件的形状和尺寸要求。影响回弹的因素较多，很难用设计计算来加以消除，因此在制造模具时，常要按试模时的回弹值修正凸模（或凹模）的形状。为了便于修整,弯曲模的凸模和凹模多在试模合格以后才进行热处理。另外弯曲属于变形加工,有些弯曲件的毛坯尺寸要经过试验才能最后确定。所以弯曲模进行试冲的目的除了找出模具的缺陷加以修正和调整外,还是为了最后确定制件毛坯尺寸。由于这一工作涉及材料的变形问题,所以弯曲模的调整工作比一般冲裁模要复杂很多。

(2) 拉深模的装配特点。和冲裁模相比,拉深模具有以下特点。

1) 冲裁凸、凹模的工作端部有锋利的刃口,而拉深凸、凹模的工作端部要求有光滑的圆角。

2) 通常拉深模工作零件的表面粗糙度比冲裁模要小(一般 $Ra0.32\sim0.04\mu m$)。

3) 冲裁模所冲出的制件尺寸容易控制,如果模具制造正确,冲出的制件一般是合格的。而拉深模即使组成零件制造很精确,装配也很好,但由于材料弹性变形的影响,拉深出的制件不一定合格。因此在模具试冲后常常要对模具进行修整加工。

拉深模试冲的目的有两个。

1) 通过试冲发现模具存在的缺陷,找出原因并进行调整、修正。

2) 最后确定制件拉深前的毛坯尺寸。为此应先按原来的工艺设计方案制作一个毛坯进行试冲、并测量出试冲件的尺寸偏差,根据偏差值确定是否对毛坯进行修改。如果试冲件不能满足原来的设计要求,应对毛坯进行适当修改,再进行试冲,直至试件符合要求。

(3) 为确保冲出合格的制件,弯曲模和拉深模装配时必须注意以下特点。

1) 需选择合适的修配环进行修配装配。对于多动作弯曲模或拉深模,为了保证各个模具动作间运动次序正确、各个运动件到达位置正确、多个运动件间的运动轨迹互不干涉,必须选择合适的修配零件,在修配件上预先设置合理的修配余量,装配时通过逐步修配,达到装配精度及运动精度。

2）需安排试装试冲工序。弯曲模和拉深模制件的毛坯尺寸一般无法通过设计计算确定，所以装配时必须安排试装。试装前选择与冲压件相同厚度及相同材质的板材，采用线切割加工方法，按毛坯设计计算的参考尺寸割制成若干个样件。然后安排试冲，根据试冲结果逐渐修正毛坯尺寸。通常必须根据试冲得到的毛坯尺寸图来制造毛坯落料模。

3）需安排试冲后的调整装配工序。试冲的目的是找出模具的缺陷，这些缺陷必须在试冲后的调整工序中予以解决。

三、冲模零部件的装配

（一）冲模零件装配的技术要求

1. 凸模与凹模的装配技术要求

（1）凸模、凹模的侧刃与固定板安装基面装配后，在 100mm 长度上垂直度误差：刃口间隙不大于 0.06mm 时垂直度误差小于 0.04mm；刃口间隙大于 0.06～0.15mm 时垂直度误差小于 0.08mm；刃口间隙大于 0.15mm 时垂直度误差小于 0.12mm。

（2）冲裁凸、凹模的配合间隙必须均匀。其误差不大于规定间隙的 20%，在局部尖角或转角处其误差不大于规定间隙的 30%。

（3）压弯、成形、拉深类凸、凹模的配合间隙装配后必须均匀。其偏差值最大应不超过料厚加料厚的上偏差；最小值也应不得超过料厚加料厚的下偏差。

（4）凸模、凹模与固定板装配后，其安装尾部与固定板安装面必须在平面磨床上磨平。磨平后的表面粗糙度值应在 $Ra1.6$～$0.80\mu m$ 以内。

（5）对多个凸模工作部分的高度（包括冲裁凸模、弯曲凸模、拉深凸模以及导正销等），必须按图纸保证相对的尺寸要求，其相对误差不大于 0.1。

（6）拼块式的凸模或凹模，其刃口两侧平面应光滑一致，无接缝感。对弯曲、拉深、成形模的拼块凸模或凹模工作表面，其接缝处的直线度误差应不大于 0.02mm。

2. 导向零件装配技术要求

（1）导柱压入模座后的垂直度在 100mm 长度内误差：滚珠导

柱类模架不大于 0.005mm；滑动导柱Ⅰ类（高精度型）模架不大于 0.01mm；滑动导柱Ⅱ类（经济型）模架不大于 0.015mm；滑动导柱Ⅲ类（普通型）模架不大于 0.02mm。

（2）导料板的导向面与凹模送料中心线应平行。其平行度误差为：冲裁模不大于 100∶0.05mm；连续模不大于 100∶0.02mm。

（3）左右导料板的导向面之间的平行度误差不大于 100∶0.02mm。

（4）当采用斜楔、滑块等结构零件做多方向运动时，其与相对斜面必须贴合紧密，贴合程度在接触面纵、横方向上均不做小于长度的 3/4。

（5）导滑部分应活动正常，不应有阻滞现象发生。预定方向的误差不大于 100∶0.03mm。

3. 卸料零件装配技术要求

（1）冲压模具装配后，其卸料板、推件板、顶板等均应露出于凹模模面、凸模顶端、凸凹模顶端 0.5～1mm 之外。若图纸另有规定时可按图纸要求进行。

（2）弯曲模顶件板装配后，应处于最低位置。料厚为 1mm 以下时允差为 0.01～0.02mm；料厚大于 1mm 时允差为 0.02～0.04mm。

（3）顶杆、推杆长度在同一模具装配后应保持一致，误差小于 0.1mm。

（4）卸料机构运动要灵活，无卡阻现象。卸料元件应承受足够的卸料力。

4. 紧固件装配技术要求

（1）螺栓装配后必须拧紧，不许有任何松动。螺纹旋入长度在钢件连接时不小于螺栓的直径；铸件连接时不小于 1.5 倍螺栓直径。

（2）定位圆柱销与销孔的配合松紧适度。圆柱销与每个零件的配合长度应大于 1.5 倍柱销直径（即销深入零件深度大于 1.5 倍柱销直径）。

5. 模具装配后的各项技术要求

(1) 装配后模具闭合高度的技术要求。

1) 模具闭合高度不大于 200mm 时，偏差 $\pm^1_3$mm。

2) 模具闭合高度大于 200～400mm 时，偏差 $\pm^2_5$mm。

3) 模具闭合高度大于 400mm 时，偏差 $\pm^3_7$mm。

(2) 装配后模板平行度要求。

冲裁模：当刃口间隙不大于 0.06mm 时，在 300mm 长度内允差为 0.06mm。刃口间隙大于 0.06mm 时，在 300mm 长度内允差为 0.08mm 或 0.10mm。其他模具在 300mm 长度内允差为 0.10mm。

(3) 漏料孔。下模座漏料孔一般按凹模孔尺寸每边应放大 0.5～1mm。要求漏料孔通畅，无卡阻现象。

(二) 冲模工作零件的固定

1. 常见冲模凸、凹模固定

常见冲模凸模形式见表 13-4。

表 13-4　　　　　　　　常用凸模形式

简图	特　点	适用范围
	典型圆凸模结构。下端为工作部分，中间的圆柱部分用以与固定板配合（安装），最上端的台肩承受向下拉的卸料力	冲圆孔凸模，用以冲裁（包括落料、冲孔）
	直通式凸模，便于线切割加工，如凸模断面足够大，可直接用螺钉固定	各种非圆形凸模用以冲裁（包括落料、冲孔）
	断面细弱的凸模，为了增加强度和刚度，上部放大	凸模受力大，而凸模相对来说强度、刚度薄弱
	凸模一端放长，在冲裁前，先伸入凹模支承，能承受侧向力	单面冲压的凸模

简图	特　点	适用范围
	整体的凸模结构上部断面大，可直接与模座固定	单面冲压的凸模
	凸模工作部分组合式	节省贵重的工具钢或硬质合金
	组合式凸模，工作部分轮廓完整，与基体套接定位	圆凸模，节省工作部分的贵重材料

冲模凸模固定形式见表 13-5。根据固定方法的不同，其固定形式也各不相同。其固定方法主要有机械固定方法、物理固定方法，化学固定方法等。

表 13-5　　　　常见的凸模固定形式

结构简图	特　点
	凸模与固定板紧配合，上端带台肩，以防拉下。圆凸模大多用此种形式固定
	直通式凸模，上端开孔，插入圆销以承受卸料力
	用于断面不变的直通式凸模，端部回火后铆开
	凸模与固定板配合部分断面较大，可用螺钉紧固

结构简图	特　点
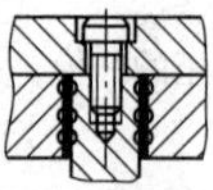	用环氧树脂浇注固定
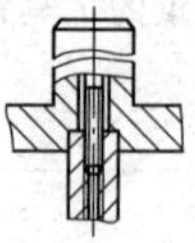	上模座横向开槽，与凸模紧配合，用于允许纵向稍有移动的凸模
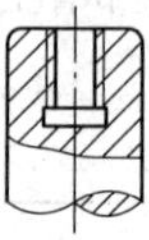	凸模以内孔螺纹直接紧固于压力机，用于中小型双动压力机
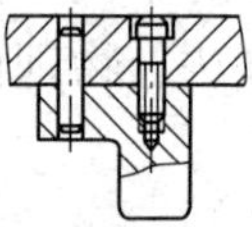	用螺钉和圆销固定的凸模拼块，也可用于中型或大型的整体凸模
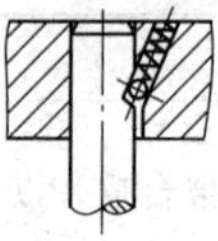	负荷较轻的快换凸模，冲件厚度不超过 3mm

（1）凸模的机械固定方法。凸模的机械固定方法及特点如下。

1）直接固定在模座上。如图 13-2 所示，图 13-2（a）适用于横截面较大的凸模；图 13-2（b）适用于窄长的凸模。

2）用固定板固定。如图 13-3 所示，图 13-3（a）为台肩固定，适用于固定端形状简单（一般为圆形或矩形），卸料力较大的凸模；图 13-3（b）为铆接固定，适用于卸料力较小的凸模；图 13-3（c）为用螺钉从上拉紧的固定形式；图 13-3（d）为锥柄固定，适用于较小直径的凸模。

如果凸模的工作端为非圆形，固定端为圆形，必须考虑防转措施，如图 13-4 所示。

728

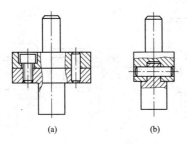

图 13-2 直接固定在模座上的凸模

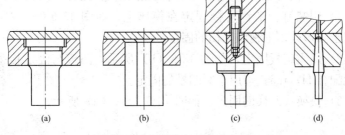

图 13-3 用固定板固定的凸模

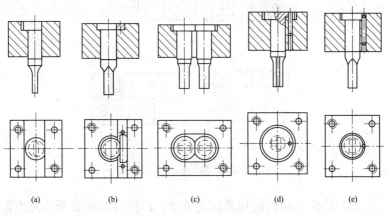

图 13-4 凸模的防转方法

3）快换式固定法。如图 13-5 所示，适用于小批生产、使用通用模座的凸模或易损凸模。

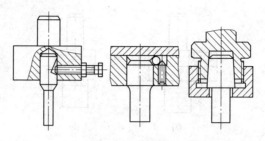

图 13-5　凸模快换式固定方法

（2）凹模机械固定方法。凹模机械固定方法及特点如下。

1）用螺钉、销钉直接固定在模座上，如图 13-6（a）所示，适用于圆形或矩形板状凹模的固定。

2）用固定板固定，如图 13-6（b）所示，凹模与固定板采用过渡配合 H7/m6，多用于圆凹模的固定。

3）快换式凹模的固定，如图 13-6（c）、（d）所示。

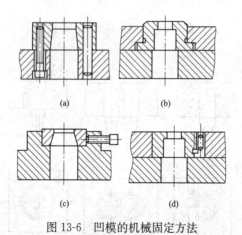

(a)　　　　　　　　(b)

(c)　　　　　　　　(d)

图 13-6　凹模的机械固定方法

（3）凸模与凹模的物理固定方法。凸模与凹模物理固定方法及特点如下。

1）低熔点合金浇注固定法。低熔点合金浇注固定法是利用低熔点合金冷却膨胀的原理，使凸模、凹模与固定板之间获得具有一定强度的连接，其常见的连接形式如图 13-7 所示。

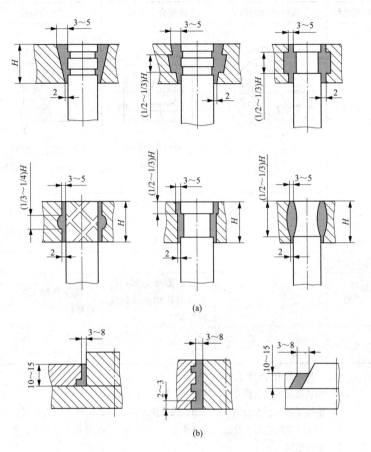

图 13-7 低熔点合金浇注固定法

(a) 固定凸模形式；(b) 固定凹模形式

2）热套固定法。热套固定法用于固定凹、凸模拼块及硬质合金模具，其工艺概要见表 13-6。

（4）凸、凹模化学固定方法。化学固定方法及特点如下。

1）无机粘接法。其结构形式如图 13-8 所示，粘接零件表面愈粗糙愈好，一般粗糙度 Ra 为 $12.5 \sim 50\,\mu m$，单面间隙取 $0.2 \sim 0.4mm$。

表 13-6　　　　　　　　　　　　**热套工艺法概要**

冲模结构		拼块结构冲模	硬质合金冲模	钢球冷镦模
示图		1—拼块；2—套圈； 3—定位圈	1—硬质合金凹模； 2—套圈	1—硬质合金凹模； 2—套圈；3—支承座
过盈		$(0.001\sim0.002)D$	$(0.001\sim0.002)A$ $(0.001\sim0.002)B$	$(0.005\sim0.007)D$
加热 温度	套圈	300～400℃	400～450℃	800～850℃
	模块	—	200～250℃	200～250℃
说明		—	在热套冷却后，再进行型孔加工（如线切割等）	在零件加工完毕后热套
稳定处理		—	—	150～160℃保温 12～16h

注　1. 上列过盈值为经验公式。

　　2. 加热温度视过盈量及材料热膨胀系数而定；加热保温时间约 1h。

　　3. 模块要求有预应力的，对套圈的强度要求高（例如钢球冷镦模套圈要求用 GCr15 钢锻造退火及加工后淬硬到 45～50HRC，接触面、垂直度、平行度要求也高）。

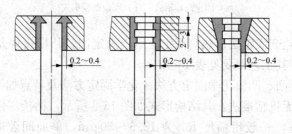

图 13-8　凸模的无机粘接法固定

732

2）环氧树脂粘接法。用环氧树脂粘接凸模或凹模的优点如下。

①固定板上的形孔只需加工成近似凸（凹）模的粗糙轮廓，周边可按结合部分的形状放出 $1.5\sim2.5$mm 的单边空隙以便于浇注，其粘接面的表面粗糙度可为 $Ra50\sim12.5\mu$m。

②胶粘剂随用随配，不需特殊工艺装备。

③室温固化或只用红外线灯局部照射，没有热应力引起的变形。

④化学稳定性好，能耐酸、耐碱。

⑤固化后的抗压强度为 $87\sim174$MPa，抗剪强度为 $15\sim30$MPa。

⑥用于粘接细小和容易折断的凸模时，损坏后可取下重新浇注。

用环氧树脂浇注固定凸模的形式和固定板的型孔与凸模间隙大小，要按冲制件厚度而定。如图 13-9 所示，当冲制材料厚度小

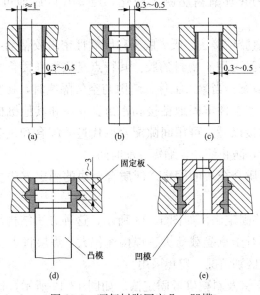

图 13-9　环氧树脂固定凸、凹模

于 0.8mm 时，采用图 13-9 (a) 和图 13-9 (b) 的固定方法；当材料厚度为 0.8～2mm 时，采用图 13-9 (c) 的固定方法；大尺寸的凸模和凹模的固定孔形式见图 13-9 (d) 和图 13-9 (e)。在固定孔中，应开垂直于轴线的环形槽。随着孔的增大，浇注槽的空隙也相应加大，一般以 1.5～4mm 为宜。

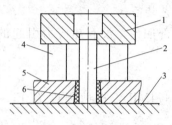

图 13-10　翻转浇注示意图

1—凹模；2—凸模；

3—平板；4—等高垫板；

5—固定板；6—环氧树脂

浇注的方法是，先按模具间隙要求在凸模表面镀铜或均匀涂漆。并在浇注前用丙酮清洗凸模和固定板的浇注表面，然后将凸模垂直装于凹模型孔，如图 13-10 所示，凸模和凹模一起翻转 180° 后，将凸模放进固定板中。同时在凹模与固定板间垫以等高垫铁，并使凸模断面与平板贴合（平板上可预先涂一层黄油，以防粘模）即可进行浇注。

浇注后 4～6h 环氧树脂凝固硬化，经 24h 以后即可进行加工、装配。

3) 厌氧胶粘接法。厌氧胶全称厌氧性密封胶粘剂，是一种既可用于粘接又可用于密封的胶。其特点是厌氧性固化，即在空气（氧）中呈液态，当渗入工件的缝隙与空气隔绝时，在常温下自行聚合固化，使工件牢固地粘接和密封。冲模和其他机械零部件采用厌氧胶粘接以后，可用间隙配合取代过渡配合和过盈配合，降低加工精度，防止缩孔，缩短装配时间。

(5) 硬质合金块的固定。硬质合金块的固定方法主要有以下四种。

1) 焊接固定法。如图 13-11 所示，这种方法结构简单、操作方便。然而对于承受载荷大、焊接面积大、焊层将承受剪断载荷的场合，应区别情况，避免采用。

2) 用螺钉及斜楔机械固定法。如图 13-12 所示，这种方法可靠，目前应用得较广泛。

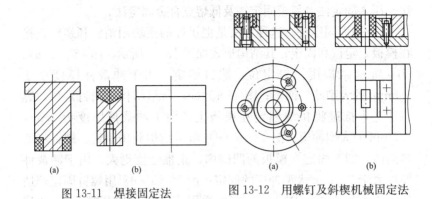

图 13-11　焊接固定法　　　　图 13-12　用螺钉及斜楔机械固定法

3）热套（或冷压）固定法。如图 13-13 所示，适用于工作时承受强烈载荷的模具。

4）粘接固定法。用环氧树脂或厌氧胶等粘接的固定法如图 13-14 所示。

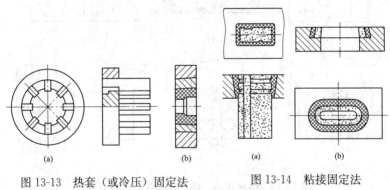

图 13-13　热套（或冷压）固定法　　图 13-14　粘接固定法

以上四种固定法在一副模具上有时只用一种，有时两种方法并用，具体需根据硬质合金块形状合理地选择应用。

（6）镶拼式凸、凹模的固定方法。形状复杂和大型的凹模与凸模选择镶拼结构，可以获得良好的工艺性，局部损坏更换方便，还能节约优质钢材，对大型模具可以解决锻造困难和热处理设备及变形的问题，因此被广泛采用。

镶拼式凸、凹模的固定方法主要有：平面固定法、嵌入固定法、压入固定法、斜模固定法及低熔点合金固定法。

1）平面固定法。这种方法是把拼好的镶块用销钉和螺钉直接在模板上定位和固定，其结构形式如图 13-15 所示。图 13-15（a）、（b）所示结构用销钉定位，螺钉固定，用于冲裁件厚度小于 1.5mm 的大型凸、凹模；图 13-15（c）所示结构用销钉定位，螺钉加上止推键将拼块固定在模板上，用于冲裁件厚度为 1.5～2.5mm 的大型冲模；图 13-15（d）所示结构利用销钉、螺钉将镶拼的凸、凹模固定在模板的凹槽内，止推强度更大，用于冲裁件厚度大于 2.5mm 大型冲模的固定；图 13-15（e）用螺钉固定，适用于大型圆凸模；图 13-15（f）适用于大型剪切凸模；图 13-15（g）适用于孔距尺寸很小的多排矩形孔的冲裁凸模。

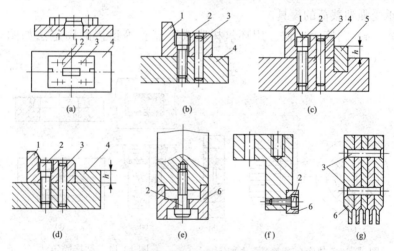

图 13-15　镶拼式凸、凹模平面固定结构形式

1—凹模镶块；2—螺钉；3—销钉；4—模板；5—止推键；6—凸模镶块

2）嵌入固定法。这种方法是把拼合的镶块嵌入两边或四周都有凸台的模板槽内定位，采用基轴制过渡配合 K7/h6，然后用螺钉、销钉或垫片与楔块（或键）紧固，如图 13-16 所示。图 13-16（a）为螺钉固定嵌入结构；图 13-16（b）为用垫片嵌入固定结构；图 13-16（c）为模块、螺钉固定嵌入结构。这类结构侧向承载能

力较强，主要用于中、小型凸、凹模的固定。

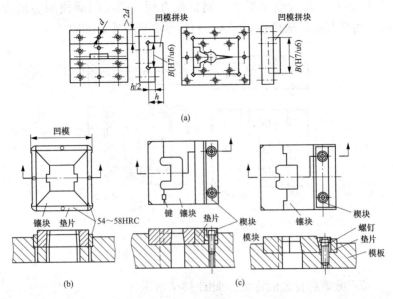

图 13-16　嵌入式镶拼固定法

（a）螺钉、销钉固定；（b）垫片嵌入固定；（c）楔块螺钉固定

3）压入固定法。这种方法是将拼合的凸、凹模，以过盈配合 U8/h7 压入固定板或模板槽内固定，如图 13-17 所示，适用于形状复杂的小型冲模以及较小不宜用螺钉、销钉紧固的情况。

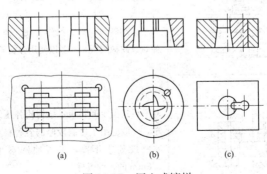

图 13-17　压入式镶拼

4）斜楔固定法。这种方法主要是采用斜楔紧固拼块，如图 13-18 所示。其特点是拆装、调整较方便，凹模因磨损间隙增大时，可将其中一块拼合面磨去少许，使其恢复正常间隙。

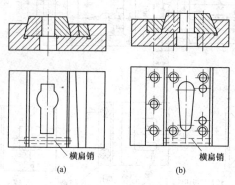

图 13-18　斜楔式镶拼

（a）斜槽斜楔式；（b）垂直螺钉拉紧式

5）低熔点合金固定法。如图 13-7 所示。

2. 模具常见卸料板结构形式及安装方法

常见卸料板结构形式及特点见表 13-7。

表 13-7　　　　　　常见卸料板结构形式及特点

结构简图	特　　点
	无导向弹压卸料板，广泛应用于薄材料和冲件要求平整的落料、冲孔、复合模等模具上的卸料。卸料效果好、操作方便。弹压元件可用弹簧或硬橡胶板，一般以使用弹簧较好
	平板式固定卸料板，结构比弹压卸料板更简单，一般适用于冲制较厚的各种板材，若冲件平整度要求不高，也可冲制不小于 0.5～0.8mm 的各种板材

结构简图	特　点
	半固定式卸料板，一般适用于较厚材料的冲件冲孔模。由于加大凹模与卸料板之间的空间，冲制后的冲件可利用压力机的倾斜或安装推件装置使冲件脱离模具，同时操作也较方便，由于卸料板是半固定式，因此凸模高度尺寸也可相应减少
	弹压式导板，导板由独立的小导柱导向，用于薄料冲压。导板不仅有卸料功能，更重要的是对凸模导向保护，因而提高了模具的精度和寿命。 当冲件材料厚度大于 $0.8 \sim 3\,mm$ 时，导板孔与凸模配合为 H7/h6

卸料板弹簧的安装方法见表 13-8。

表 13-8　　　　　卸料板弹簧的安装方法

序号	简图	说　明
1		单面加工弹簧座孔，适用于 $S<D$ 的情况
2		双面加工弹簧座孔，适用于 $S>D$ 的情况
3		使用弹簧芯柱。当单面板的厚度较薄不宜加工座孔时采用 $D_1 = d + (1+2)\,mm$

序号	简图	说　明
4		用内六角螺钉代替弹簧芯柱，适用情况同序号3
5		弹簧与卸料螺钉安装在一起。 $D_1 = d + (2 \sim 3)\text{mm}$

3. 冷冲模装配时零件的固定方法

模具零件的固定方法如下。

（1）紧固件法。也称机械固定法。

（2）压入法。该方法是固定冷冲模、压铸模等主要零件的常用方法，优点是牢固可靠，缺点是压入型孔精度要求高。表 13-9 是压入法采用的过盈量及配合要求。

表 13-9　　　　模具零件压入法固定的配合要求

类别	零件名称	示图	过盈量	配合要求
冲模	凸模与固定板		—	（1）采用 $\dfrac{H7}{n6}$ 或 $\dfrac{H7}{m6}$。 （2）表面粗糙度 $Ra < 1.6\mu\text{m}$
冷挤压模	两层组合凹模（凹模与套圈）钢或硬质合金凹模与钢套圈		$\Delta = (0.008 \sim 0.009)d_2$	（1）单边斜度 $\theta = 1°30'$。 （2）$C_1 = \dfrac{\Delta}{2}\cot\theta$。 （3）热挤压模 $\theta = 10°$

类别	零件名称	示图	过盈量	配合要求
冷挤压模	三层组合凹模（凹模与套圈）钢或硬质合金凹模与钢套圈		（1）凹模与中圈 $\Delta_1 = (0.008 \sim 0.009)d_2$ （2）中圈与外圈 $\Delta_2 = (0.004 \sim 0.005)d_3$	（1）单边斜度 $\theta = 1°30'$。（2）压合次序为先外后内。（3）压出次序为先内后外。（4）$C_1 = \dfrac{\Delta_1}{2}\cot\theta$ $C_2 = \dfrac{\Delta_2}{2}\cos\theta$
冷挤压模	—		$(0.004 \sim 0.005)d_2$	（1）单边斜度 $\theta = 30'$。（2）压入量 $C = \dfrac{\Delta}{2}\cot\theta$（图中未表示）

（3）焊接法。该方法一般只适用于硬质合金模具。

（4）热套法。其工艺概要见表13-6。

（5）粘接法。利用有机或无机胶粘剂固定零件。

4. 冲裁模凸模与固定板的装配工艺

当冲裁模凸模与凸模固定板采用过盈配合联接，并用压入法进行装配时，凸模固定板的型孔应与固定板平面垂直，型孔的尺寸精度和表面粗糙度应符合要求，型孔的形状不应呈锥形或鞍形。当凸模不允许有圆角、锥度等引导部分时，可在固定板型孔的凸模压入处加工出引导部分，其斜度小于1°，高度小于5mm。

压入凸模时，应将凸模置于压力机的压力中心，如图13-19所示，压入固定板

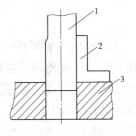

图13-19　用90°角尺检查凸模垂直度

1—凸模；2—90°角尺；
3—固定板

741

型孔少许，即用 90°角尺检查凸模的垂直度，防止歪斜。压入速度不宜太快，当压入型孔深度达到总深度的 1/3 时，还要用 90°角尺检查，垂直度合格时，方可继续压入。

压入凸模后，要以固定板的下底面为基准，将固定板上平面与凸模底面一起磨平。

当固定多凸模时，各凸模压入的先后顺序在工艺上有所选择。选择的原则是：凡是在装入时容易定位，而且能够作为其他凸模安装基准的凸模，应先压入；凡是较难定位或要求依据其他零件通过一定的工艺方法才能定位的凸模要后压入。

如图 13-20 所示的多凸模，其装配顺序如下。

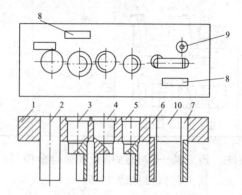

图 13-20　多凸模及固定板

1—固定板；2—拼合凸模；3、4、5—半环凸模；6、7—半圆凸模；
8—侧刃凸模；9—圆凸模；10—垫块

（1）压入半圆凸模 6、7。由于半圆凸模在压入时容易定位定向，所以首先将两个半圆凸模连同垫块 10 从固定板正面用垫板同时压入。这样压入时稳定性好，压入时也要用 90°角尺检查垂直度，如图 13-21 所示。

（2）压入半环凸模 3。用已装好的半圆凸模为基准，垫好等高垫块，插入凹模，调整好间隙。同时将半环凸模按凹模定位好以后，卸去凹模，垫上等高垫块，将半圆环凸模压入固定板，如图 13-22 所示。

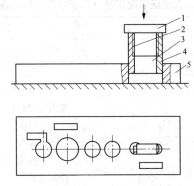

图 13-21 压入半圆凸模

1—垫板；2、4—半圆凸模；3—垫块；5—固定板

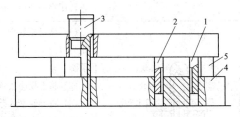

图 13-22 压入半环凸模

1、2—半圆凸模；3—半环凸模；4—凹模；5—等高垫块

（3）压入半环凸模 4、5 和圆凸模 9。其方法与压入半环凸模 3 相同。然后压入圆凸模 9（见图 13-20）。

（4）压入两个侧刃凸模 8。垫好等高垫块后，将两个侧刃凸模 8 分别压入固定板。

（5）压入拼合凸模 2。其方法与压入半环凸模相同。

5. 导柱、导套与模座的装配工艺。

（1）先压导柱、后压导套的压入式模座装配工艺。压入式模座装配的导柱、导套与上、下模座均采用过盈配合连接（一般为 H7/r6 或 H7/s6），导柱与导套的配合一般采用 H7/h6。装配时要先擦净导柱、导套和上、下模座的配合表面，并涂上机油。先压入导柱，后压入导套的典型装配工艺方法有两种，见表 13-10 和表 13-11。

表 13-10　　压入式模座装配工艺（先压导柱、后压导套之一）

序号	工序	简　图	说　明
1	选配导柱、导套		将导柱、导套按实际尺寸选择配套，其配合间隙松紧合适
2	压入导柱		（1）将下模座底平面向上，放在专用支承圈上。 （2）导柱与导套的配合部分先插入下模座孔内。 （3）在压力机上进行预压配合，检查导柱与下模座平面的垂直度后，继续往下压，直至导柱压入部分的端面压进模座约 1～2mm 为止，压完一个后再压另一个
3	压入导套		（1）将已压好导柱的下模座放在压力机的工作台上，并垫上专用支承圈。 （2）将上模座反置套进导柱内。 （3）将导套套入导柱内。 （4）在压力机的作用下将导套预压入上模座内，检查导套与上模座是否垂直，导套在导柱内配合是否良好，最后将导套压入且端面低于上模座 1～2mm
4	检验		将压完导柱、导套的上、下模座之间垫上球面支承杆，放在平板上，测量模架的平行度

表 13-11　　压入式模座装配工艺（先压导柱、后压导套之二）

序号	工序	简　图	说　明
1	选配导柱、导套		按模架精度等级选配导柱、导套，使其配合间隙值符合技术指标

序号	工序	简 图	说 明
2	压入导柱		利用压力机将导柱压入下模座。压导柱时将压块放在导柱中心位置上。在压入过程中，需用百分表（或宽座90°角尺）测量并校正导柱的垂直度。用同样方法压入所有导柱。但不到底，需留 1～3mm
3	装导套		将上模座反置套在导柱上，然后套上导套，用千分表检查导套压配部分内外圆的同轴度，并将其最大偏差 Δ_{max} 放在两导套中心连线的垂直位置，这样可减少由于不同轴而引起的中心距变化
4	压入导套		用球面形压块放大导套上，将导套压入上模座一部分。取走带有导柱的下模座，仍用球面形压块将导套全部压入上模座，端面低于上模座 1～3mm
5	检查		将上、下模座对合，中间垫上球面支承杆（等高垫块），放在平板上测量模架平行度

（2）先压导套、后压导柱的压入式模座装配工艺。先压导套、后压导柱的压入式模座装配工艺及特点见表 13-12。

表 13-12　　压入式模座装配工艺（先压导套后压导柱）

序号	工序	简图	说　明
1	选择导柱、导套		将导柱、导套进行选择配合
2	压入导套	等高垫圈 导套 上模座 专用工具	（1）将上模座放在专用工具上（此工具上的两个圆柱与底板垂直，圆柱直径与导柱直径相同） （2）将两个导套分别套在圆柱上，用两个等高垫圈垫在导套上。 （3）在压力机的作用下将导套压入上模座。 （4）检查压入后的导套与模座的垂直度
3	压入导柱	上模座 导套 等高垫块 导柱 下模座	（1）在上、下模座间垫入等高垫块。 （2）将导柱插入导套。 （3）在压力机上将导柱压入下模座约 5～6mm。 （4）将上模座提升到不脱离导柱的最高位置，然后轻轻放下，检查上模座与两等高垫块的接触松紧是否均匀，若接触松紧不一，则应调整导柱至接触松紧均匀为止。 （5）将导柱压入下模座
4	检验		将上、下模座对合，中间垫上球面支承杆，放在平板上测量模架平行度

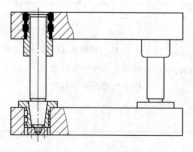

图 13-23　粘接式模座

（3）导柱可卸式粘接模座的装配工艺。如图 13-23 所示的模座，导套直接与上模座粘接。与导柱通过圆锥面过盈连接的衬套粘接在下模座上。这种模座的导柱是可以拆卸的，其模座装配工艺见表 13-13。

表 13-13　　　　导柱可卸式粘接模座的装配工艺

序号	工序	简　图	说　明
1	选择导柱、导套		按模架精度要求选配好导柱、导套
2	配导柱及衬套		配磨导柱与衬套锥度，使其吻合面积达 80% 以上。然后将导柱与衬套装配好，以导柱两端中心孔为基准，磨衬套 A 面，以保证 A 面与导柱轴线的垂直度要求
3	中间处理		锉去毛刺及棱边倒角。然后用汽油或丙酮清洗导套、衬套与模座孔壁粘结表面，并进行干燥处理
4	粘结衬套		将衬套连同导柱装入下模座孔中，调整好衬套与模座孔的间隙，使之大致均匀后，用螺钉紧固。然后垫好等高垫块，浇注粘结剂
5	粘结导套		将已粘结完成的下模座平放，将导套套入导柱，再套上上模座（上、下模座间垫等高垫块），调整好导套与上模座孔的间隙，并调整好导套下的支承螺钉后浇注粘结剂
6	检验		测量模架平行度

（4）导柱不可卸式粘接模座的装配工艺。导柱不可卸式粘接模座的装配工艺特点及技术要求见表 13-14。

表 13-14 导柱不可卸式粘接模座的装配工艺

序号	工序	简　图	说　明
1	去毛刺	 孔口未去毛刺　孔口已去毛刺 $d_1-d=0.4\sim0.6$　$D_1-D=0.4\sim0.6$	(1) 所需工装：錾子、台虎钳、榔头（10.45kg）、扁锉（300mm）、刮刀。 (2) 技术要求：不碰伤平面，孔口无毛刺，外形符合图样要求。 (3) 操作方法：将上、下模座分别夹在台虎钳上修正外形，锉去毛刺，孔口倒角。若导柱、导套被粘结表面有氧化层，则需在砂轮机上磨去
2	脱脂清洗		(1) 所需工装：汽油或丙酮、棉纱、圆毛刷。 (2) 技术要求：去除油污，无脏物存在。 (3) 操作方法：先用棉纱擦一遍，把油污去掉，后用蘸有汽油的刷子清洗孔和导柱、导套被粘结部分
3	干燥		(1) 所需工装：工作台 (2) 技术要求：表面无液体 (3) 操作方法：将清洗好的零件在室温下进行自然干燥约5~10min
4	装夹	 导柱 下模板	(1) 所需工装：工作台、垫块、专用夹具、旋具。 (2) 技术要求：夹具的导柱中心距和模座要求的应一致，导柱应垂直；垫块的高度选取应使下模座套上后导柱不露出下模座的底平面。 (3) 操作方法： 1) 把两个导柱的非粘结部分放在同一个夹具里夹紧。 2) 在夹具上放上两块相同高度的垫块

续表

序号	工序	简　图	说　明
5	调胶粘剂		（1）所需工装：铜板1块（150mm×200mm×4mm），铜板条或竹片1根，长度不小于150mm，滴管，氧化铜粉，磷酸。 （2）技术要求： ①铜板条手握住的地方做得厚一些，调和部分做得薄一些，要富有弹性。 ②一次调和量不宜过多，最好不超过20g氧化铜粉。 ③调成浓胶状，能拉出丝来即可使用。 ④调和时的温度为25℃以下。 （3）操作方法： （1）将铜板和铜条擦干净。 （2）先将氧化铜粉倒在铜板上铺开，在中间扒出凹坑，再倒入适量磷酸。 （3）缓慢均匀地由内向外来回调和均匀，约1～2min后即可使用
6	导柱下下模座粘结	 h—专用夹具厚度；L—导柱长度； d—导柱直径；H—等高垫块高度； d_1—下模座的导柱孔径； $d_1-d=$（0.4～0.6）mm	（1）所需工装：压块、旋具。 （2）技术要求： ①注意间隙均匀。 ②跑到外边的多余料在粘结后半小时以内用锯片刮去，千万别在硬化后去除。 （3）操作方法： ①将配制好的胶粘剂均匀地分别涂到两导柱孔壁部和导柱的被粘结部分周围。 ②对准导柱套进下模座，松开夹具螺钉，旋转导柱使胶粘剂涂覆均匀。 ③将压块压到下模座上

749

序号	工序	简　图	说　明
7	干燥		（1）所需工装：工作台。 （2）技术要求：干燥过程中不允许碰动，使胶粘剂彻底干燥为止。 （3）操作方法：在室温下自然干燥硬化，一般 24h 就可以了
8	取出已粘好导柱的模座	 A 处扎有多股线绳	（1）所需工装：旋具。 （2）技术要求：注意导套被粘结部分位于上部。 （3）操作方法： ①松开夹紧螺钉，取出已粘好导柱的模座并放平。 ②在导柱上套上导套，为了控制其位置，可在 A 处扎一条多股棉纱线或细绳，不让导套向下滑动
9	导套与上模座粘接	 A 处扎有多股线绳； D_1—上模座导套孔径；D—导套外径	（1）所需工装：压块、垫块。 （2）技术要求： ①注意间隙均匀。 ②跑到外边的多余料在粘结后半小时以内用锯片刮去，千万别在硬化后去除。 （3）操作方法： ①粘结前清洁处理按序号 2、3 进行；调胶粘剂按序号 5 进行。 ②刮一部分胶粘剂均匀地分别涂到两导套被粘结部分和上模座导套孔周围。 ③将上模座套在导套上，并旋转导套使涂层均匀。 ④将压块压到上模座上

序号	工序	简 图	说 明
10	干燥		（1）所需工装：工作台。 （2）技术要求：干燥过程中不允许碰动，使胶粘剂彻底干燥凝固为止。 （3）操作方法：在室温下自然干燥 24h 即可
11	取出模座		操作方法：拿去压块和垫块，导柱、导套全部固定后，模座即可使用

（5）滚动式模座装置的装配工艺。滚动式导柱、导套结构包括滚珠式导向结构（见图 13-24）和滚柱式导向结构（见图 13-25）。

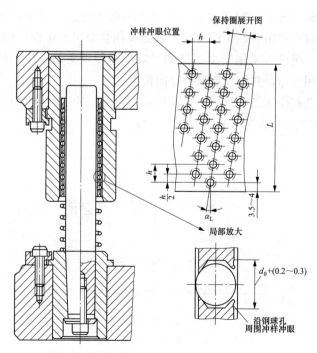

图 13-24 滚珠式导柱、导套结构

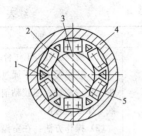

图 13-25 新型滚柱式导柱导套

1—保持架；2—外接触部分；

3—内接触部分；4—导套；5—导柱

滚珠式导向结构的滚动体广泛采用钢球，为便于使用，导柱是可卸的，其锥形部分结合锥度为 1：10。导柱、导套之间多了一层钢球，钢球装在保持圈内可以灵活活动而又不能脱落。钢球与导柱、导套之间没有间隙，从而使导向精度得到提高。并且使导柱和导套之间的摩擦性质由原来的滑动摩擦变成滚动摩擦，摩擦因数减小，从而提高了模具导向零件的使用寿命，因而常用在要求寿命长的模具中。

对于特别精密、高寿命的模具，应采用新型滚柱式导柱导套，如图 13-25 所示。新型滚柱外形由三段圆弧组成，中间一段圆弧与导柱外圆相配合，两端圆弧与导套内圆相配合。一般滚柱式导套经过长时间使用后，导柱及导套表面往往会磨出凹槽而产生间隙，影响导向精度。采用新型滚柱则可减少这种现象的发生，从而能提高使用寿命，并能长期保持导向精度。

滚动式模座结构如图 13-26 所示，由上模座 1、导柱 4、保持架 5、导套 6、弹簧 7 和下模座 8 组成。

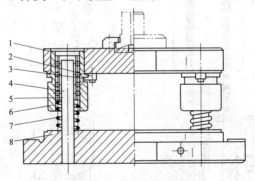

图 13-26 滚动式模座

1—上模座；2—螺钉；3—压板；4—导柱；

5—保持架；6—导套；7—弹簧；8—下模座

　　滚动式模座常用于小间隙冲裁模、硬质合金冲模和精冲模等精密模具。

　　滚动模座的制造精度较一般模座高，装配工艺过程和一般模座基本相同。

　　（6）导柱在下模座上的配置形式。导柱在模座上的配置有如下几种，如图 13-27 所示。

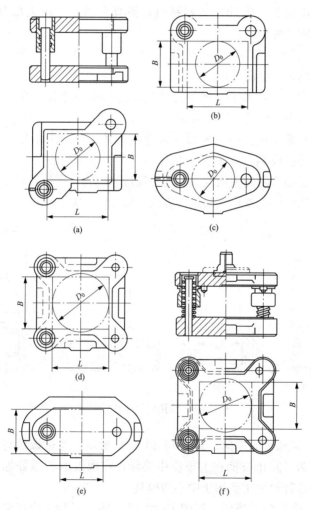

图 13-27　导柱在模座上的配置形式

1）两个导柱装在对角线上，如图 13-27（a）所示，这种配置适于纵向或横向送料。冲压时可以放在模具倾斜，是中小型模具常用的形式。

2）两个导柱装在模具中部两侧，如图 13-27（c）、（e）所示，这种配置适于纵向送料。

3）两个导柱装在模具后侧，如图 13-27（b）所示，这种配置可以三面送料，但冲压时容易引起模具歪斜，冲压大型制件时，不宜采用这种形式。

4）下模座四角都装有导柱，如图 13-27（d）、（f）所示，这种配置适用于大型制件冲压。

图中 L、B 和 D_0 分别表示允许的凹模周界长、宽和直径尺寸，其大小均可在标准中查到。

（7）常用模柄的主要形式及连接方式。对于中小型模具，上模座常装有模柄，并通过它与压力机的滑块固定在一起，带动上模上下运动。因此模柄的直径与长度应和压力机滑块孔相结合。

常用模柄主要形式及连接方式如图 13-28 所示。

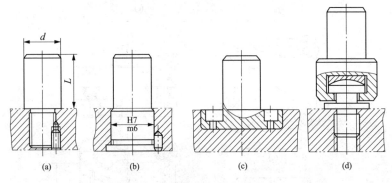

图 13-28　常用模柄及连接形式

1）带螺纹的模柄，如图 13-28（a）所示，通过螺纹与上模座联接。为了防止模柄在上模座中旋转，在螺纹的骑缝处加一防转螺钉，这种模柄主要用于中小型模具。

2）带台阶的模柄，如图 13-28（b）所示，与上模座装配采用压入式（见图 13-29），其直径 D 一般为 $20\sim60\mathrm{mm}$，这种模柄用于模座厚度较大的各种冲裁模。模柄与上模座可采用过盈配合，若采用过渡配合，应在凸台边沿安装一个骑缝销钉或加防转螺钉，以防相对转动。

3）带凸缘的模柄，如图 13-28（c）所示，它是靠凸缘用螺钉与上模座联接固定，适用于大型模具，或因用刚性推料装置而不宜用其他形式模柄时采用。

4）浮动式模柄，如图 13-28（d）所示，它由模柄、球面垫片、联接头组成。这种结构可通过球面垫片消除压力机滑块的导向误差，因此主要用在有导柱导向的精密冲模。

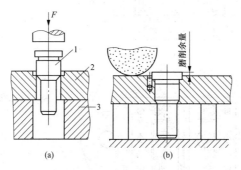

图 13-29　压入式模柄装配
（a）压入模柄；（b）磨上模座底面与模柄端面
1—模柄；2—上模座；3—垫板

（8）冲裁模弹压卸料板的装配工艺特点。弹压卸料板在冲压过程中起压料和卸料作用。装配时，应保证压卸料板与凸模之间有适当的间隙。

如图 13-30 所示的冲孔模，其弹压卸料板的装配工艺如下。

1）将弹压卸料板套在已装入固定板的凸模上，在固定板与卸料板之间垫上等高垫块。

2）调整卸料板型孔与凸模之间，使之均匀后，用平行夹板将二者夹紧。

3）按照卸料板上的螺钉孔在固定板上配划螺钉过孔中心线，

然后去掉平行夹板，在固定板上钻螺钉过孔。

4）将固定板和弹压卸料板通过螺钉和弹簧联接起来。

5）检查卸料板型孔与凸模之间的间隙是否符合要求。

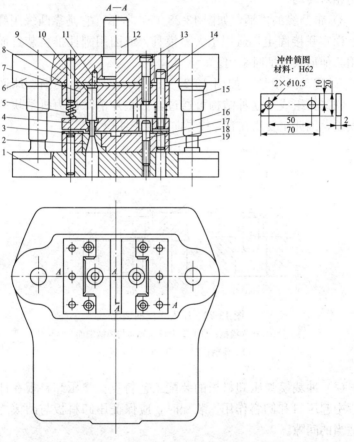

图 13-30　冲孔模

1—下模座；2—凹模；3—定位板；4—弹压卸料板；5—弹簧；6—上模座；

7—凸模固定板；8—垫板；9、11、19—定位销；10—凸模；12—模柄；

13、14、17—螺钉；15—导套；16—导柱；18—凹模固定板

四、在压力机上安装和调整模具

设计模具时必须先选择压力机。具体选择压力机时主要考虑

的是冲压的工艺性、生产批量和现有的设备等情况。此外还要了解压力机的主要技术参数。

（1）压力机的规格包括以下主要技术参数。

1）公称压力，又称额定压力（常用吨表示，法定单位以千牛表示，即 1t＝10kN）。压力机的公称压力指滑块离下止点前某一特定距离，或曲轴转角离下止点前某一角度时的压力。一般情况下，确定压力机的压力应将冲载力、卸料力、顶件力等全部考虑在内。

2）滑块行程，指滑块从上止点到下止点所经过的距离。对于冲载、精压工序，所需行程小；拉深、弯曲一般需要较大行程。拉深时，滑块行程应大于 2.5～3 倍拉深件高度。

3）行程次数，指滑块每分钟的往复次数，它与生产率有直接关系。通常所说的冲压速度，就是指行程次数多少。

4）工作台面尺寸，指工作台面的长、宽尺寸。一般应比冲模下模座大 50～70mm，以保证磨具能正确地安装在台面上。同时下漏的废料或制件应能顺利通过台面孔。

5）闭合高度和装摸高度。闭合高度是指压力机滑块在下止点，滑块底面工作台上平面（不包括垫板厚度）间的距离；装模高度是指滑块在上止点时滑块底平面至工作台垫板上平面间的距离。闭合高度与装模高度的差值即为工作台垫板厚度。压力机的装模高度必须大于模具闭合高度。模具的闭合高度必须与压力机的装模高度相协调，否则模具便无法安装到压力机上。为了在压力机上安装不同高度的模具，装模高度可以通过螺纹连杆在一定范围内调节。

（2）模具的安装与调整。在压力机上安装与调整模具是一件很重要的工作，它将直接影响制件质量和安全生产。因此安装和调整模具不但要熟悉压力机和模具的结构性能，而且要严格执行安全操作制度。

模具安装的一般注意事项有：检查压力机上的打料装置，将其暂时调整到最高位置，以免在调整压力机闭合高度时被折弯；检查模具的闭合高度与压力机的闭合高度是否合理；检查下模顶杆和上模打料杆是否符合压力机打料装置的要求（大型压力机则应检查气垫装置）；模具安装前应将上、下模板和滑块底面的油污揩拭干净，并检查有无杂物，防止影响正确安装和发生意外事故。

模具（带有导柱导向机构）安装的一般次序如下。

1）根据冲模的闭合高度调整压力机滑块的高度，使滑块在下止点时其底平面与工作台面之间的距离大于冲模的闭合高度。

2）先将滑块升到上止点，冲模放在压力机工作台面规定位置，再将滑块停在下止点，然后调节滑块的高度，使其底平面与冲模上模座上平面接触。带有模柄的冲模应使模柄进入模柄孔，并通过滑块上的压块和螺钉将模柄固定。对于无模柄的大型冲模一般用螺钉等将上模座紧固在压力机滑块上，并将下模座初步固定在压力机的台面上（不拧紧螺钉）。

3）将压力机滑块上调 3～5mm，开动压力机，空行程 1～2次，将滑块停于下止点，固定住下模座。

4）进行试冲，并逐步调整滑块到所需的高度。如上模有顶杆，则应将压力机上的卸料螺栓调整到需要的高度。

五、冲压模具装配实例

1. 冲裁模装配过程及步骤

冲裁模的装配过程及步骤如下。

（1）熟悉模具装配图。装配图是进行装配工作的主要依据。在装配图上一般绘有模具的正面剖视图、固定部分（下模）的俯视图和活动部分（上模）的仰视图。对于结构复杂的模具还绘有辅助的剖视图和剖面图。

在正面剖视图上标有模具的闭合高度。如果冲裁模规定用于自动冲压机或固定式自动冲压机时，还标有下模座底平面到凹模上平面的距离。

在装配图的右上方，绘有冲制件的形状、尺寸和排样方法。当冲制件的毛坯是半成品时，还绘有半成品的形状和尺寸。

在装配图的右下方标明模具在工艺方面和设计方面的说明及对装配工作的技术要求。例如：凸、凹模的配合间隙、模具的最大修磨量和加工时的特殊要求等。在说明下面还列有模具的零件明细表。

通过对模具装配图的分析研究可以了解该模具的结构特点、主要技术要求、零件的连接方法和配合性质，制件的尺寸形状及凸、凹模的间隙要求等。以便确定合理的装配基准、装配顺序和装配方法。

（2）组织工作场地及清理检查零件。

1）根据模具的结构和装配方法确定工作场地。

2）准备好装配时需要用的工、量、夹具，材料及辅助设备等。

3）根据模具装配图及零件明细表清点和清洗零件，并检查主要零件的尺寸精度，形位精度和表面粗糙度。

（3）对模具的主要部件进行装配。如凸模与凸模固定板的装配和上、下模座的装配等。

（4）装配模具的固定部分。冲裁模的固定部分主要是指与下模座相联接的零件，如凹模、凹模固定板、定位板、卸料板、导柱和下模座等。模具的固定部分是冲裁模装配时的基准部分，下模座则是这一部分部件的装配基准件。

如果在调整凸、凹模间隙时只调整凸模的相对位置，在固定部分装配完成后，用定位销将凹模与凹模固定板加以定位和固定。

（5）装配模具的活动部分。模具的活动部分主要是指与上模座相联接的部分零件，如凸模、凸模固定板、模柄、导套和上模座等。模具的活动部分要根据固定部分来装配。

（6）调整模具的相对位置。将模具的活动部分和固定部分组合起来，调整凸模与凹模的配合间隙，使间隙均匀一致。

（7）固定模具的固定部分。如果模具的固定部位尚未固定，在调整凸、凹模间隙之后，用定位销将凹模或凹模固定板定位后，固定在下模座上。固定以后还要检查一次固定好的凸、凹模的配合间隙。

（8）固定模具的活动部分。用定位销将凸模或凸模固定板定位、固定在上模座上，并拧紧全部紧固螺钉。固定以后还要再检查一次配合间隙。

（9）检查装配质量。包括对模具的外观质量。各部件的固定联接和活动联接的情况及凸、凹模配合间隙的检查等。

（10）试冲和调整。试冲和调整是对模具最后和最重要的检查。包括将装配完毕的模具安装到指定的压力机上进行试冲，并按图样要求检查冲裁件的质量等。如果冲裁件的质量不符合要求，应分析原因，并对模具做进一步的调整，直到试冲的制件符合要求为止。

2. 冲裁模的装配要点

装配是模具制造最重要的工序。模具的装配质量与零件加工质量及装配工艺有关。而模具的拼合结构又比整体式结构的装配工艺要复杂，冲裁模的装配要点如下。

（1）装配时首先选择基准件，根据模具主要零件加工时的相互依赖关系来确定。可以用作基准件的一般有凸模、凹模、导向板、固定板。

（2）装配次序是按基准件安装有关零件。以导向板做基准进行装配时，通过导向板将凸模装入固定板，再装入上模座，然后再装凹模及下模座。

固定板具有止口的模具，可以用止口做定位装配其他零件（该止口尺寸可按模块配制后，一经加工好就作为基准）。先装凹模，再装凸凹模及凸模。

当模具零件装入上、下模座时，先装基准件，并在装好后检查无误，钻铰销钉孔，打入定位销。后装的在装妥无误后，要待试冲达到要求时才钻铰销钉孔，打入定位销链。

（3）导柱压入下模座后，除要求导柱表面与下模座平面间的垂直度误差符合要求外，还应保证导柱下端面离下模座底面有 1～2mm 的距离，以防止使用时与压力机台面接触。

（4）导套装入上模座后与下模座的导柱套合。套合后要求上模座能自然地从导柱上滑下，而不能有任何滞涩现象。

3. 冲孔模的装配

如图 13-30 所示的冲孔模的装配工艺过程及特点如下。

（1）对冲孔模固定部分的装配和固定。对于凹模装在下模座上的导柱模，模具的固定部分是装配时的基准部件，应该先行装配。由图 14-30 可以看出，下模座 1 是这一部件的装配基准件。装配过程是先将已装配好导柱、导套的上下模座分开，按以下步骤装配。

1）将凹模镶件 2 表面涂油后压入凹模固定板的孔中。

2）磨平凹模固定板 18 的底面。

3）在固定板上安装定位板。

4）把已装好凹模和定位板的凹模固定板安装在下模座上，其工艺方法如下。

①找正固定板的位置后，和下模座一起用平行夹板夹紧。

②根据固定板上的螺钉过孔和凹模型孔在下模座上配划螺钉孔和落料孔中心线。

③松开平行夹板，取下凹模固定板，在下模座上钻、攻螺钉孔和漏料孔。

④把凹模固定板安装在下模座上，找正后拧紧螺钉。

⑤钻、铰定位销孔，装入定位销。

（2）对冲孔模活动部分的装配。其步骤如下。

1）在已装上凸模的凸模固定板和凹模固定板之间垫上适当高度的等高垫块，使凸模刚好能插入凹模型孔内。

2）在凸模固定板 7 上放上模座，使导柱配入导套孔中。

3）调整凸、凹模的相对位置后，用平行夹板将上模座和凸模固定板一起夹紧。

4）取下上模座，根据凸模固定板上的螺钉孔和卸料螺钉过孔，在上模座的下平面上配划螺钉过孔中心线。

5）松开平行夹板，取下凸模固定板，在上模座上按划线钻各个螺钉过孔。

6）装配模柄，安装好模柄后，用 90°角尺检查模柄与上模座上平面的垂直度。

7）在上模座上安装凹模固定板 8 和凸模固定板 7，拧上紧固螺钉，但不要拧得很紧，以免在调整凸、凹模配合间隙时，用铜锤敲击固定板不能使凸模向指定方向移动。

8）将上模座放在下模座上，使导柱配入导套孔中。

（3）调整冲孔模的凸、凹模间隙。可用垫片法调整，并使间隙均匀。然后拧紧上模座 6 和凸模固定板 7 间的紧固螺钉。

（4）固定冲孔模的活动部分。其步骤如下。

1）取下上模座，在上模座和凸模固定板 7 上钻、铰定位销孔，装上定位销。

2）再次检查凸、凹模的配合间隙。如因钻、铰定位销孔而使间隙又变得不均匀时，应取出定位销 9，再次调整凸、凹模间隙，间隙均匀后换位置重新钻、铰定位销孔，并装上定位销。直到固定后凸凹模配合间隙仍然保持均匀为止。

3）将弹压卸料板套在凸模上，装上螺钉和弹簧。装配后的弹压卸料板必须能灵活移动，并保证凸模端面。

4）安装其他零件。

（5）试冲和调整。试冲合格后，还要将定位板取下来，经热处理后，再装到原来的位置上。

4. 单工序落料模的装配

如图 13-31 所示是使用后导柱模座的拔叉落料模，其装配工艺顺序如下。

（1）将凸模装入凸模固定板，保证凸模对固定板端面垂直度要求，并同磨凸模及固定板端面平齐。把凸模放进凹模型孔内，两边垫以等高垫块，并放入后导柱模座内，用划针把凹模外形画在下模座上面，将凸模固定板外形画在上模座下平面，初步确定了凸模固定板和凹模在模座中的位置。然后分别用平行夹板夹紧上、下模两部分，做上、下模座的螺钉固定孔，并将上模座翻过来，使模柄朝上，按已画出的位置线将凸模固定板的位置对正，做好凸模固定板的螺孔，按凹模型孔划下模座上的漏料孔线。

（2）加工上模座联接弹压卸料板 6 的螺钉过孔；加工下模座上的漏料孔，并按线每边均匀加大约 1mm。

（3）用螺钉将凸模固定板和垫板固紧在上模座并用螺钉将凹模固紧在下模座。注意不要过紧，以便调整。

（4）试装合模，使下模座的导柱进入上模座的导套内，缓慢放下，使凸模进入凹模型孔内。如果凸模未进入凹模孔内，可轻

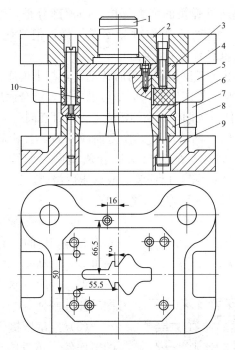

图 13-31 拔叉落料模

1—模柄；2—上模座；3—垫板；4—凸模固定板；5—导套；
6—卸料板；7—导柱；8—凹模；9—下模座；10—凸模

轻敲击凸模固定板，利用螺钉与螺钉过孔的间隙进行细微调整，直至凸模进入凹模型孔内。同时观察凸模与凹模的间隙，用同样的方法予以调整，并通过冲纸法试冲，直到间隙均匀，合格为止。

（5）冲裁间隙调整均匀后，把上模组件取下，钻、铰定位销孔，配入定位销（销与孔应保持适当的过盈）。下模座的定位销孔按凹模销孔引做，同样配入定位销，保持销与孔有适当的过盈。

（6）按装配图装配其他零件，达到技术要求，最后打标记。

5. 单工序弯曲模的装配

如图 5-42 所示是一次成形的圆环弯圆模。为了便于取出制件，采用两块摆动式凹模，当上模下行时，弹簧被压缩，两块活动凹模绕心轴销 7 摆动，并合拢成圆形，使制件弯圆成形。上模上行时，摆动凹模通过弹簧的弹力复位。凸模部分是将型芯装在上模支架 9 上，活动支柱在工作时起支撑作用，但又便于取出制件。其装配工艺的重点有以下几点。

（1）为防止上模座架在受力时移动，它与下模座采取方槽配合结构。槽底面与下模座底面保证平行度要求，结合面应具有适当过盈。装配后，两摆动凹模所在的槽应平行，且在同一中心平面上。

（2）加工时，两块凹模工作型面应一致，且相对于安装轴销的孔的位置一致。装配时应保证合成整圆后每面仍有 0.010～0.015mm 的研磨余量，以便装后或试压后修研。

（3）装配后应保证弹簧工作正常。

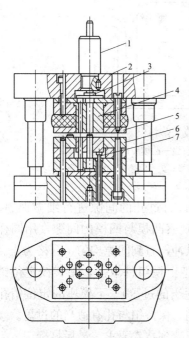

图 13-32　顺装复合冲裁模
1—固定模柄；2—模座；3—打料装置；
4—凸凹模；5—卸料装置；6—凹模；
7—顶件装置

（4）上模装配时，须保证型芯对模柄 10 的垂直，且安装牢固可靠，活动支柱应在工作时能支撑型芯，取下制件时又能灵活摆动让开制件。

（5）经试压提供的合格模具的工作件，必须具有较小的表面粗糙度，压出的制件应符合要求。最后在模具上打印记。

6. 落料冲孔复合模的装配

如图 13-32 所示为顺装落料冲孔复合模，能够在落料的同时冲出一个直径为 $\phi12mm$ 的孔和四个直径为 $\phi4.2mm$ 的孔。其特点是打料装置把冲孔废料从凸凹模孔内推出，使孔内不积存废料，减少孔内张力的作用，从而可减小凸凹模壁厚。这种结构更适用于冲制壁厚较小的制件，但出件应用压缩空气等吹出或靠自重滑下。其装配工艺顺序如下：

（1）装配压入式模柄，垂直上模座端面，装后同磨大端面平齐。

（2）将凸模装入凸模固定板，保持与固定板端面垂直，同磨端面平齐。

（3）将凸凹模装入凸凹模固定板，保持与固定板端面垂直，同磨端面平齐。

（4）确定凸凹模固定板在上模座上的位置，用平行夹板夹紧，做凸凹模固定板上的螺孔和上模座上的螺钉过孔，并保持孔位置一致。

（5）按凹模上的孔引作凸模固定板和下模座的螺钉过孔。

（6）将带凸模的固定板装在下模板上，螺钉不要拧得过紧，进行试装合模，使导柱缓慢进入导套，如果凸模与凸凹模的孔对得不太正，可轻轻敲打凸模固定板，利用螺钉过孔的间隙进行调整，直到间隙均匀。此时用划针划出凸模固定板位置。

（7）在下模组件上增加凹模，重新合模，做冲裁外形和各孔的全面细致的间隙调整，其中包括用冲纸法试模，直至获得均匀的间隙。

（8）上模和下模分别钻、铰定位销孔（防止位置移动），配入定位销，并保证销与孔有适当的过盈。其他零件可按图装配，达到要求后打标记。

7. 落料拉深复合模的装配

如图 13-33 所示落料拉深

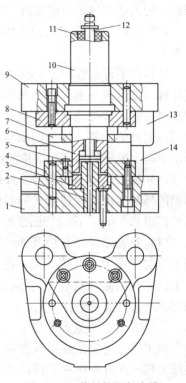

图 13-33　落料拉深复合模

1—下模座；2—拉深凸模；3—压边顶料圈；

4—凹模；5—固定挡料销；6—凸凹模；

7—卸料板；8—凸凹模固定板；9—上模座；

10—打料装置；11—模柄；12—打杆；

13—导套；14—导柱

复合模。其装配工艺顺序如下。

（1）装配压入式模柄，垂直上模座端面，装后同磨大端面平齐。

（2）将拉深凸模装在下模座上，并相对下模座底面垂直。同磨端面平齐后，加工防转螺钉孔，并装防转螺钉。

（3）以压边顶料圈定心，将凹模装在下模座上，经调整与拉深凸模同轴后，用平行夹板夹紧，做螺钉孔和定位销孔，并装上螺钉，配入适当过盈的定位销。

（4）将凸凹模装于凸凹模固定板上，并保持垂直，同磨大端面平齐。

（5）用平行夹板将装上凸凹模的固定板与上模座夹紧后合模，使导柱缓慢进入导套。在凸凹模的外圆对正凹模后，配作螺钉孔和螺钉过孔，并拧入螺钉，但不要太紧。用轻轻敲打固定板的方法进行细致的调整，待凸凹模与凹模的间隙均匀后，配作凸凹模固定板与上模座的销钉孔，并配入具有适当过盈的定位销。

（6）加工压边顶料圈时，外圆按凹模的孔实配，内孔按拉深凸模的外圆实配，保持要求的间隙。装配后压边顶料圈的顶面须高于凹模 0.1mm，而拉深凸模的顶面不得高于凹模。

（7）安装固定挡料销及卸料板。卸料板上的孔套在凸凹模外圆上应与凹模中心保持一致。在用平行夹板夹紧的情况下，按凹模上的螺孔引做卸料板上的螺钉过孔，并用螺钉固紧。其他零件的装配均符合要求后打标记。

8. 多工序级进模的装配

多工序级进模是在送料方向上具有两个或两个以上工位，并在压力机一次行程中在不同的工位上完成两道或两道以上冲压工序的冲模。这种模具的加工和装配难度较大，装配后必须保证上、下模步距准确一致，各组凸、凹模间隙均匀。

图 13-34 所示是在一次行程中完成冲孔、压印、落料工序的级进模。第一步冲孔用前边的第一个始用挡料销定位，第二步冲孔、压印用后边的第二个始用挡料销 7 定位，第三步落料用导正销和挡料销定位。其装配工艺要点和顺序如下。

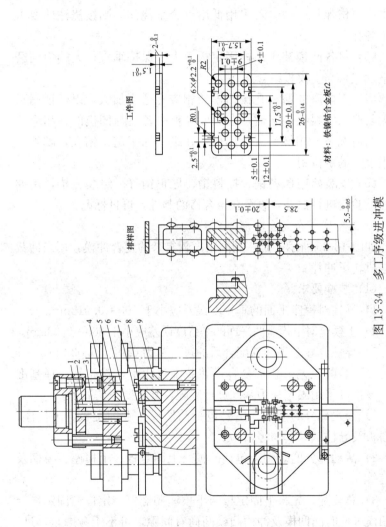

图 13-34　多工序级进冲模

1—凸模固定板；2—落料凸模；3—冲孔凸模；4—导板；5—卸料板；6—压印凸模；7—始用挡料销；8—挡料销；9—凹模

（1）精心加工并装配模座。

（2）导板 4 和凹模 9 的相应孔距要一致，应由坐标镗床或数控线切割机床保证。如果凸模与固定板采取压入式，固定板上的孔距也应严格保持一致。若采用低熔点合金浇注，则按浇注的要求加工各孔。

（3）将各凸模装于凸模固定板 1 上，保持垂直，大端面同磨齐整后，再与上模板组合。

（4）下模座的漏料孔按凹模的相应孔适当加大，以保证漏料时无阻滞。漏料孔加工后，在保证导板的各孔与凹模的各相应孔对正的情况下，用螺钉紧固凹模，并组合加工定位销孔，配入有适当过盈的定位销。

（5）安装始用挡料销、挡料销、导正销等。组装完毕，用冲纸法试验后进行试冲，直至获得合格的制件，再打标记。

9. 高精度复杂复合冲模的装配

如图 13-35 所示，是一副高精度较复杂的复合冲模，用来冲裁发电机转子冲片。

（1）装配要求。

1）导柱对模座平面的垂直度误差应小于 100：0.015mm。

2）上模座对下模座两平面的平行度误差应小于 300：0.03mm。

3）导柱、导套和滚珠配合后的过盈量为 0.02～0.03mm。

（2）装配工艺分析。复合模在装配过程中，首先是选择基准件，该模具采用固定板为基准进行装配，其主要工艺如下。

1）固定部分的装配。主要包括凸凹模、下固定板、下模座、卸料板及导柱（导套）等。

2）活动部分的装配。包括凸模、上固定板、上模座、模柄及导套等。

3）总装配。先将下固定板与下模座用螺钉、定位销固定，合上凹模（此时凸凹模及冲槽凸模间尚有间隙，可不予考虑），刃口合进约 5mm。为了保证上固定板底面与下模（凸凹模）的轴线垂直，用三个等高垫块垫平，然后合上上模座，下压至上模座平面与上固定板平面相接触，用两平行夹板夹紧，取出后钻攻螺钉

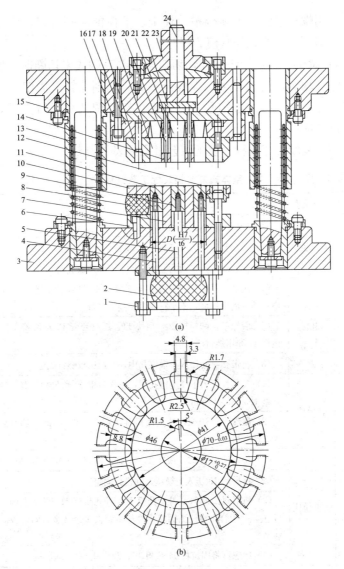

图 13-35　高精度整体式复合冲模

（a）整体式复合模；（b）冲裁件

1—橡胶夹板；2、8—橡胶；3—下模座；4、5—顶杆；6—下固定板；7—凸凹模；
9、11—顶块；10—卸料板；12—螺钉套管；13—导向装置；14—打料杆；
15—上模座；16—垫板；17—上固定板；18—落料凹模；19—冲槽凸模；
20、24—打杆；21—冲孔凸模；22—圆形打板；23—浮动模柄

769

孔，并用螺钉紧固，重新合模。使上、下模能顺利合进，无阻滞现象，即可进行切纸片试模。

4）调试。用切纸法试冲，切口有局部毛刺或未切断时，则说明间隙不均匀，局部过大，即应调整。可用铜棒轻敲固定板外圆调整。然后钻、铰定位销孔，打入定位销。调试完毕后方可装上冲压机试冲。

（3）装配工艺过程。装配工艺过程见表13-15。

表13-15　　　　　　　整体式复合模装配工艺过程

工序号	工序名称	工 序 内 容
1	组装	将凸凹模7装入下固定板6中
		（1）用热装方法，孔加热温度350℃
		（2）热装后以刃口面为基准，磨平下固定板底面
2	组装	（1）用螺钉预装下固定板6与下模座3联接，装配前用百分表检查其平面平行度，不平行时需铲刮至平行
		（2）装橡胶，卸料板10，顶块11，螺纹套管12及橡胶夹板1，顶杆4、5用螺钉联接
		（3）将锥孔衬套压入下模座孔中，并用压板螺钉固定
3	装导柱	（1）装导柱压入下模座锥孔中，压入后用90°角尺检验其垂直度公差100：0.015mm
		（2）滚珠进行选配，其直径相对误差小于0.02mm，选对后装入滚珠套内
4	装上模座	（1）将浮动模柄23、顶杆24、球面垫圈装入上模座15内
		（2）将导套13压入上模座，并进行固定
		（3）将落料凹模18、冲槽凸模19、冲孔凸模21，装入上固定板17上，并用合金浇注法固定，冷却后铲去多余合金，固定板底面磨平
		（4）用螺钉将固定板17垫板16、22与上模座15联接
5	总装	（1）将滚珠、弹簧放入导柱内，把上模座套入下模座的导柱内，检验导套与导柱的松紧程度
		（2）用三只等高垫块检验上固定板底面与下模的轴线垂直
		（3）钻、铰下模座与下固定板的定位销孔，打入定位销后，合拢上、下模

工序号	工序名称	工 序 内 容
6	调试	(1) 用切纸法调试
		(2) 调试后，钻、铰上模座与上固定板的定位销孔，并打入定位销 再查
		(3) 再调试，合格为止

第三节 冲压模具的调试

冲模装配后必须通过试冲对制件的质量和模具的性能进行综合考查与检测。对试冲中出现的各种问题应全面、认真地分析，找出其产生的原因，并对冲模进行适当的调整与修正，以得到合格的制件。

一、冲模试冲与调整的目的

冲模的试冲与调整简称调试。调试的主要目的如下。

(1) 鉴定制件和模具的质量。在模具生产中，试模的主要目的是确保制件的质量和模具的使用性能。制件从设计到批量生产需经过产品设计、模具设计、模具零件加工、模具组装等多个环节，任一环节的失误都会引起模具性能不佳或制件不合格。因此冲模组装后，必须在生产条件下进行试冲，并根据试冲后制出的成品，按制件设计图检查其质量和尺寸是否符合图样规定，模具动作是否合理可靠。根据试冲时出现的问题分析产生的原因，并设法加以修正，使模具不仅能生产出合格的零件，而且能安全稳定地投入生产。

(2) 确定成形制件的毛坯形状、尺寸及用料标准。冲模经过试冲制出合格样品后，可在试冲中掌握模具的使用性能、制件的成形条件、方法及规律，从而可对模具能成批生产制件时的工艺规程制定提供可靠的依据。

(3) 确定工艺设计、模具设计中的某些设计尺寸。在冲模生产中，有些形状复杂或精度要求较高的弯曲、拉深、成形、冷挤压等制件，很难在设计时精确地计算出变形前的毛坯尺寸和形状。为了能得到较准确的毛坯形状和尺寸及用料标准，只有通过反复地调试模具后，使之制出合格的零件才能确定。

（4）确定工艺设计、模具设计中的某些设计尺寸。对于一些在模具设计和工艺设计中难以用计算方法确定的工艺尺寸，如拉深模的复杂凸、凹模圆角，以及某些部位几何形状和尺寸，必须边试冲、边修整，直到冲出合格零件后，此部位形状和尺寸方能最后确定。通过调试后将暴露出来的有关工艺、模具设计与制造等问题，连同调试情况和解决措施一并反馈给有关设计及工艺部门，供下次设计和制造时参考，以提高模具设计和加工水平。然后验证模具的质量和精度作为交付生产使用的依据。

二、冲裁模的调整要点

（1）凸、凹模配合深度调整。冲裁模的上、下模要有良好的配合，即应保证上、下模的工作零件（凸、凹模）相互咬合深度适中，不能太深与太浅，应以能冲出合适的零件为准。凸、凹模的配合深度是依靠调节压力机连杆长度来实现的。

（2）凸、凹模间隙调整。冲裁模的凸、凹模间隙要均匀。对于有导向零件的冲模，其调整比较方便，只要保证导向件运动顺利而无发涩现象即可保证间隙值；对于无导向冲模，可以在凹模刃口周围衬以纯铜皮或硬纸板进行调整，也可以用透光及塞尺测试等方法在压力机上调整，直到上、下模的凸、凹模互相对中，且间隙均匀后，用螺钉将冲模紧固在压力机上进行试冲。试冲后检查一下试冲的零件，看是否有明显毛刺，并判断断面质量，如果试冲的零件不合格，应松开下模，再按前述方法继续调整，直到间隙合适为止。

（3）定位装置的调整。检查冲模的定位零件（如定位销、定位块、定位板）是否符合定位要求，定位是否可靠。假如位置不合适，在调整时应进行修整，必要时要更换。

（4）卸料系统的调整。卸料系统的调整主要包括卸料板或顶件器是否工作灵活；卸料弹簧及橡胶弹性是否足够；卸料器的运动行程是否足够；漏料孔是否畅通无阻；打料杆、推料杆是否能顺利推出制件与废料。若发现故障，应进行调整，必要时可更换。

三、弯曲模的调整与试冲

（1）弯曲模上、下模在压力机上的相对位置调整。对于有导向的弯曲模，上、下模在压力机上的相对位置全由导向装置来决定；对于无导向装置的弯曲模，上、下模在压力机上的相对位置一般采用调节压力机连杆的长度的方法调整。在调整时最好把事先制造的样件放在模具的工作位置上（凹模型腔内），然后调节压力机连杆，使上模随滑块调整到下极点时，既能压实样件又不发生硬性顶撞及咬死现象，此时将下模紧固即可。

（2）凸、凹模间隙的调整。上、下模在压力机上的相对位置粗略调整后，再在凸模下平面与下模卸料板之间垫一块比坯料略厚的垫片（一般为弯曲坯料厚度的 $1\sim1.2$ 倍），继续调节连杆长度，一次又一次用手搬动飞轮，直到使滑块能正常地通过下死点而无阻滞时为止。

上、下模的侧向间隙可采用垫硬纸板或标准样件的方法来进行调整，以保证间隙的均匀性。间隙调整后可将下模板固定，试冲。

（3）定位装置的调整。弯曲模定位零件的定位形状应与坯件一致。在调整时应充分保证其定位的可靠性和稳定性。利用定位块及定位钉的弯曲模，假如试冲后发现位置及定位不准确，应及时调整定位位置或更换定位零件。

（4）卸件、退件装置的调整。弯曲模的卸料系统行程应足够大，卸料用弹簧或橡皮应有足够的弹力，顶出器及卸料系统应调整到动作灵活，并能顺利地卸出制件，不应有卡死及发涩现象。卸料系统作用于制件的作用力要调整均衡，以保证制件卸料后表面平整，不至于产生变形和翘曲。

四、拉深模的调整与试冲

1. 拉深模的安装与调整方法

（1）在单动冲床上安装与调整冲模。拉深模的安装和调整基本上与弯曲模相似。拉深模的安装调整要点主要是压边力调整。压边力过大，制件易被拉裂；压边力过小，制件易起皱。因此应边试边调整，直到合适为止。

如果冲压筒形零件，在安装调整模具时可先将上模紧固在冲床滑块上，下模放在冲床的工作台上，先不必紧固。先在凹模侧壁放置几个与制件厚度相同的垫片，（注意要放置均匀，最好放置样件），再使上、下模吻合，调好间隙。在调好闭合位置后，再把下模紧固在工作台面上，即可试冲。

（2）在双动冲床上安装与调整冲模。双动冲床主要适于大型双动拉深模及覆盖件拉深模，其模具在双动冲床上安装和调整的方法与步骤如下。

1）模具安装前的准备工作。根据所用拉深模的闭合高度确定双动冲床内、外滑块是否需要过渡垫板和所需要过渡垫板的形式与规格。

过度垫板的作用如下。

①用来连接拉深模和冲床，即外滑块的过渡垫板与外滑块和压边圈连接在一起，此外还有连接内滑块与凸模的过渡垫板，工作台与下模连接的过渡垫板。

②用来调节内、外滑块不同的闭合高度，因此过渡垫板有不同的高度。

2）安装凸模。首先预装，先将压边圈和过渡垫板、凸模和过渡垫板分别用螺栓紧固在一起，然后安装凸模。

①操纵冲床内滑块，使它降到最低位置。

②操纵内滑块的连杆调节机构，使内滑块上升到一定位置，并使其下平面比凸、凹模闭合时的凸模过渡垫板的上平面高出 10~15mm。

③操纵内、外滑块使它们上升到最上位置。

④将模具安放到冲床工作台上，凸、凹模呈闭合状态。

⑤使内滑块下降到最低位置。

⑥操纵内滑块连杆长度调节机构，使内滑块继续下降到与凸模过渡垫板的上平面相接触。

⑦用螺栓将凸模及其过渡垫板紧固在内滑块上。

3）装配压边圈。压边圈内装在外滑块上，其安装程序与安装凸模类似，最后将压边圈及过渡垫板用螺栓紧固在外滑块上。

4）安装下模。操纵冲床内、外滑块下降，使凸模、压边圈与下模闭合，由导向件决定下模的正确位置，然后用紧固零件将下模及过渡垫板紧固在工作台上。

5）空车检查。通过内、外滑块的连续几次行程，检查其模具安装的正确性。

6）试冲与修整。由于制件一般形状比较复杂，所以要经过多次试模、调整、修整后，才能试出合格的制件及确定毛坯尺寸和形状。试冲合格后可转入正常生产。

2. 拉深模调试要点

（1）进料阻力的调整。在拉深过程中，若拉深模进料阻力较大，易使制件拉裂；进料阻力小，则又会使制件起皱。因此在试模时，关键是调整进料阻力的大小。拉深阻力的调整方法如下。

1）调节压力机滑块的压力，使之处于正常压力下工作；

2）调节拉深模的压边的压边面，使之与坯料有良好的配合；

3）修整凹模的圆角半径，使之适合成形要求；

4）采用良好的润滑剂及增加或减少润滑次数。

（2）拉深深度及间隙的调整。

1）在调整时可把拉深深度分成 2～3 段来进行调整。即先将较浅的一段调整后再往下调深一段，一直调到所需的拉深深度为止。

2）在调整时先将上模固紧在压力机滑块上，下模放在工作台上先不固紧，然后在凹模内放入样件，再使上、下模吻合对中，调整各方向间隙，使之均匀一致后，再将模具处于闭合位置，拧紧螺栓，将下模固紧在工作台上，取出样件，即可试模。

第十四章

冲压模具的检测、使用和维修

第一节　冲压模具的检测

一、模具精度检测概述

1. 模具零件内在质量的检测

模具零件内在质量检测主要在选材、毛坯制作和热处理过程中进行。检测主要内容如下：

（1）材料。检验人员应在模具零件进入粗加工之前对材料进行检验和核对，防止使用不合格材料或在下料过程中的混料现象发生。

（2）毛坯质量。毛坯内在质量检测有以下几项：炼钢炉号及化学成分、纤维方向、宏观缺陷、内部缺陷和退火硬度等。毛坯质量指标应由毛坯制造单位提供，模具制造单位复核。对一些重要模具，如锻模、压铸模等模块，应在粗加工之后再次探伤，避免缺陷超标的零件进入热处理和精加工工序。

（3）热处理质量。模具零件热处理质量的主要检验项目是：强度（或硬度）及其均匀性工件表面的脱碳和氧化情况，零件内部组织状态及热处理缺陷（微裂纹、变形），表面处理层的组织和深度。

（4）其他性能。对一些高精密度模具的主要零件或部件由热加工（热处理、焊接）或镶拼引起的内应力应加以测定和限制，防止对精度加工（线切割、磨削）带来困难，以及由此引起的模具尺寸稳定性下降。

2. 模具零件加工精度检测

模具零件精度是保证模具精度的关键，为了保证模具装配精度，模具零部件的所有图样标注尺寸都必须有专职检查人员认真检验，或者由装配钳工逐一进行检查和验收。

模具零件加工精度的检测应使用和图样标注尺寸公差相应精度级别的检测工具和仪器，如卡尺、千分尺、角度尺、深度尺、投影仪以及各种专用测量工具、表面粗糙度的检测应按标准采用三坐标测量机。

模具标准件如模架等，应按标准验收。

3. 冲模零件的主要技术要求

冲模零件的主要技术要求如下。

（1）零件的材料除按有关零件标准定使用材料外，允许代用，但代用材料的力学性能不得低于原规定的材料。

（2）零件图上未注公差尺寸的极限偏差按 GB/T 1804—2000《公差与配合·未注公差尺寸的极限偏差》规定的 IT14 级精度。孔尺寸按 H14，轴尺寸按 h14、长度尺寸按 JS14。

（3）零件上未注明的倒角尺寸，除口外所有锐边和锐角均应倒角或倒圆，视零件大小，倒角尺寸为 $C0.5 \sim C2$（即 $0.5 \times 45° \sim 2 \times 45°$），倒圆尺寸为 $R0.5mm \sim R1mm$。

（4）零件图上未注明的铸造圆角半径为 $R3mm \sim R5mm$。

（5）零件图上未注明的钻孔深度的极限偏差取 $\left(^{+0.05}_{-0.25}\right)$ mm。

（6）螺纹长度表示完整螺纹长度，其极限偏差取 $\left(^{+1.0}_{-0.5}\right)$ mm。

（7）中心孔的加工按 GB/T 145—2001《中心孔》中的规定。

（8）滚花按 GB 6403.3—2008《滚花》中的规定。

（9）各种模柄（包括带柄上模座的模柄）的圆跳动公差要求，应符合表 14-1 的规定。

表 14-1　　　　　　　　圆跳动公差值 T(mm)

基本尺寸	18~30	30~50	50~120	120~250
T 值	0.025	0.030	0.040	0.050

注　1. 基本尺寸是指模柄（包括带柄上模座）零件图上标明的被侧部位的最大尺寸。

　　2. 公差等级：按 GB/T 1184—1996《形状和位置公差未注公差的规定》8 级。

（10）所有模座、凹模板、模板、垫板及凸模（凸凹模）固定板等上、下面的平行度公要求应符合表 14-2 的规定。

表 14-2 平行度公差值 T(mm)

基本尺寸			40～ 63	63～ 100	100～ 160	160～ 250	250～ 400	400～ 630	630～ 1000	1000～ 1600
公差等级	4	T 值	0.008	0.010	0.012	0.015	0.020	0.025	0.030	0.040
	5		0.012	0.015	0.020	0.025	0.030	0.040	0.050	0.060

注 1. 基本尺寸是指被测表面的最大长度尺寸或最大宽度尺寸。

2. 公差等级：按 GB/T 1184—1996《形状和位置公差未注公差的规定》。

3. 滚动导向模架的模座平行度误差采用公差等级 4 级。

4. 其他模座和板的平行度误差采用公差等级 5 级。

（11）矩形凹模板、矩形模板等零件图上标明的垂直度公差要求应符合表 14-3 的规定。

表 14-3 垂直度公差值 T(mm)

基本尺寸	>40～63	>63～100	>100～160	>160～250
T 值	0.012	0.015	0.020	0.025

注 1. 基本尺寸是指被测零件的短边长度。

2. 公差等级按 GB 1184—1996《形状和位置公差未注公差的规定》5 级。

（12）上、下模座的导柱、导套安装孔的轴心线应与基准面垂直，其垂直度公差规定为：安装滑动导向的导柱或导套的模座为 100mm：0.01mm；安装滚动导向的导柱或导套的模座为 100mm：0.005mm。

4. 模具零件的线性尺寸的检测

模具零件线性尺寸包括：长、宽、高，沟槽长、宽、深，圆弧半径，圆柱直径，孔径等。其检测方法和常用量具如下。

（1）游标量具。包括游标卡尺，游标深度尺和游标高度尺等。主要用来测量零件长、宽、高及沟槽、圆柱直径，孔径等。

（2）测微量具。包括千分尺、内径千分尺、深度千分尺、内测千分尺和杠杆千分尺等。可测量零件的直径、孔径等的更高精度。

（3）指示式量具。包括杠杆百分表、杠杆千分表、内径百分表等。主要用于对零件长度尺寸、轴的直径的直接测量和比较测量，或用比较法测量孔径或槽深。

（4）量块。主要用于鉴定和校准各种长度计量器具和在长度测量中作为比较测量的标准，还可用于模具制造中的精密划线和定位。

5. 模具零件的角度和锥度的测量

模具零件角度和锥度的测量方法如下。

（1）角度和锥度的相对测量。将具有一定角度或锥度的量具和被测量的角度或锥度相比较，用光隙法或涂色法测量被测角度或锥度。所用的量具有角度量块、角尺、圆锥量规等。

（2）角度和锥度的绝对测量。用分度量具、量仪来测量零件的角度，可以直接读出被测零件角度的绝对数值。常用的量具、量仪有万能角度尺和光学分度头等。

（3）角度和锥度及有关长度的间接测量。其特点是利用万能量具和其他辅助量具，测量出和角度或锥度的有关的线性尺寸，通过三角函数关系计算得到要检验的角度或锥度。测量方法及采用的量具主要有：

1）用正弦间接测量角度（或维度）。

2）用精密钢球和圆柱规间测量圆锥孔和圆锥的圆锥半角。

3）用精密钢圆柱量规和游标高度尺测 V 形槽角度。

4）用精密圆柱量规和万能角度尺测度 V 形槽槽口宽度

5）用两个等直径的精密圆柱规和万能角度尺测量燕尾槽底面宽度。

6）用游标卡尺间接测外圆弧面半径。

7）用三个等直径精密圆柱量规和一个游标深尺间接测量内圆弧面半径。

8）用两个等直径的精密圆柱量规和一个万能角度尺间接测量对称形状圆锥体大端尺寸。

二、样板在模具制造和检测中的作用

1. 样板分类

样板是检查确实工作件尺寸、形状或位置的一种专用量具。样板通常用金属薄板制造,用其轮廓形状与被检测工件的轮廓相比较进行测量。

样板的种类很多。按样板的使用范围可分为标准样板和专用样板两大类。

(1)标准样板。通常只适用于测量工件的标准化部分的形状和尺寸。如螺纹样板、半径样板(由凸形样板和凹形样板组成)。

(2)专用样板。根据加工和装配要求专门制造的样板。按其用途不同可分为:划线样板、测量样板(又称工作样板)、校对样板、分型样板(又称辅助样板)。

2. 样板的使用方法

样板的使用方法一般有以下两种。

(1)拼和检查。拼和检查又称嵌合检查,是最常用的一种使用方法。使用时将样板的测量面与工件被测量表面相拼合,然后用光隙法确定缝隙(透光)的大小。一般拼合检查能达到比较高的测量精度。

(2)复合检查。将样板复合在工件表面上,按样板轮廓形状进行检查的方法称为复合检查。复合检查的测量精度较低,一般适用于毛坯的检查。

3. 用样板检测模具零件的特点

用样板检测模具零件的特点如下。

(1)优点。

1)用样板检测操作简便。

2)检测时不需要专用设备,常用的只是塞尺和适当的光源。

3)检测效率高,能很快地得到检测结果,判断是否合格。

4)样板本身很轻便,使用方便灵活。

(2)缺点。

1)制造比较困难,尤其是精度较高、形状较复杂的样板。

2)通用性较低,样板一般是按专门要求而设计制造的,只能用于某一工件的检测。

（3）适用范围。

1）模具的生产批量较大时用样板检测。

2）要检测的模具形状较复杂又不宜用万能量具测量时用样板检测。

由于样板在模具检测中应用较广，通常在大型模具厂的工具车间设有样板工段，专门制造各种样板。

4. 样板在模具制造和检测中的应用

模具样板一般由模具钳工手工制作，精心研磨抛光而成，它是手工制造模具必不可少的专用量具。样板在模具制造和检测中的应用如下。

（1）用样板在冲裁凸、凹模端面上划线。

（2）用工作样板检测凸模或凹模的尺寸或形状。

（3）利用样板可以检测冲裁凸模或凹模所留的间隙是否适当。

（4）用具有内外测量面的工作样板可以初步确定多凸模的安装位置是否正确。

（5）用样板检测模具容易保证冲制零件的互换性。

5. 使用样板检测模具的注意事项

使用样板检测模具（或零件）的注意事项如下。

（1）借用模具样板，必须查明标记，所用样板标记同制作的模具图号应相符。标记不清不能使用。

（2）长期不用的样板，经检查合格后方可使用。已变形、腐蚀和磨损的不合格样板不能使用。

（3）样板使用前要擦干净，使用时有轻拿轻放，防止碰损或变形，以免过早磨损或失去精度。

（4）测量时，样板的温度应与被测模具（或零件）的温度基本接近，以免产生误差。

（5）样板用后要擦干净，涂上防锈油，妥善保管或交还工具库。

三、模具零件形位公差检测项目及检测方法

1. 模具成形零件型面检测方法

模具成形零件如凸模、凹模（或凸凹模）、镶块、顶件块等都具有特殊型面，其检测方法和所用量具（或量仪）如下。

（1）样板检测型面。包括：半径样板，由凹形样板和凸形样板组成，可检测模具零件的凸凹表面圆弧半径，也可以做极限量规使用；螺纹样板，主要用于低精度螺纹的螺距和牙型角的检测；对于型面复杂的模具零件，则需专用型面样板检测，以保证型面尺寸精度。

（2）光学投影仪检测型面。是利用光学系统将被测零件轮廓外形（或型孔）放大后，投影到仪器影屏上进行测量的方法。经常用于凸模、凹模等工作零件的检测，在投影仪上，可以利用直角坐标或极坐标进行绝对测量，也可将被测零件放大影像与预先画好的放大图相比较以判断零件是否合格。

2. 模具零件形位公差检测项目及检测方法

模具零件形位公差检测项目，检测方法及常用量具（或量仪）如下。

（1）平面度、直线度的检测。平面是一切精密制造的基础，它的精度用平面度（对于面积较大的平面）或直线度（对于较窄的平面、母线或轴线）来表示，通称平直度。检验平面度误差和直线度误差的一般量具或量仪有检验平板、检验直尺和水平仪；精密量具或量仪有合像水平仪、电子水平仪、自准直仪和平直度测量仪等。

（2）圆度、圆柱度的检测。用圆度仪可以测圆度误差和圆柱度误差。圆度仪是一种精密计量仪器，对环境条件有较高的要求，通常为计量部门用来抽检或仲裁产品中的圆度和圆柱度时使用。其测量结果可用数字显示，也可绘制出公差带图。但垂直导轨精度不高的圆度仪不能测量圆柱度误差，而具有高精度垂直导轨的圆度仪才可直接测得零件的圆柱度误差。这种仪器可对外圆或内孔进行测量，也可测量用其他方式不便检测的零件垂直或平行度误差。

　　测量时将被测量零件放置在圆度仪上，同时调整被测零件的轴线，使其与量仪的回转轴线同轴，然后测量并记录被测零件在回转一周过程中截面上各点的半径差（测圆柱度时，如果测头设有径向偏差可按上述方法测量若干横截面，或测头按螺旋线绕被侧面移动测量），最后由计算机计算圆度或圆柱度误差。圆度误差测量方法如图 14-1 所示；圆柱度误差测量方法如图 14-2 所示。

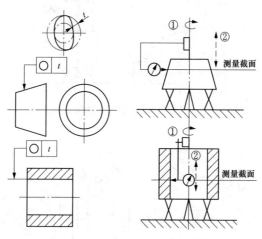

图 14-1　圆度误差测量方法

　　在模具设计中，对圆度公差项目的使用较多，如国家标准冷冲模中的导柱、导套模柄等零件都要求控制圆柱度。圆柱度误差可以看作是圆度、母线直线度和母线间平行度误差的综合反映，因而在不具备完善的检测设备条件时通过这三个相关参数的误差来间接评定圆柱度误差。

　　（3）同轴度的检测。其常用测量方法和所用量具和量仪如下。

　　1）用圆度仪测量同轴度误差如图 14-3 所示。调整被测零件，使基准轴线与仪器主轴的

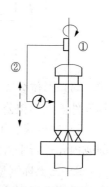

图 14-2　圆柱度误差测量方法

回转轴线同轴，在被测零件的基准要素和被测要素上测量若干截面，并记录轮廓图形，根据图形按定义求出同轴度误差。

2）用平板、刃口 V 形架和百分表测量同轴度误差如图 14-4 所示。

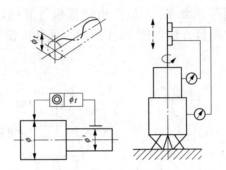

图 14-3　用圆度仪测量同轴度误差的方法

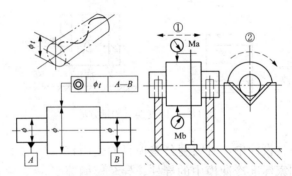

图 14-4　用 V 形架测量同轴度误差的方法

（4）形位公差的综合检测。采用现代检测设备，可同时对模具零件多项形位公差进行综合检测。

1）圆度仪。不仅能检测零件的圆度和圆柱度，还可对零件外圆或内孔进行垂直度或平行度检测。

2）三坐标测量仪。它是由 X、Y、Z 三轴互成直角配置的三个坐标值来确定零件被测点空间位置的精密测试设备，其测量结果可用数字显示，也可绘制图形或打印输出。由于配有三维触发式测头，因而对准快、精度高。其标准型多用于配合生产现场的检测，精密型多用于精密计量部门进行检测、课题研究或对有争议尺寸的仲裁。

三坐标测量仪可以方便地进行直角坐标之间或直角坐标系与极坐标系之间的转换，可以用于线性尺寸、圆度、圆柱度、角度、交点位置、球面、线轮廓度、面轮廓度、齿轮的齿廓、同轴度、对称度、位置度以及遵守最大实体原则时的最佳配合等多种项目的检测。

3. 冲模模架的技术要求及检测项目

模架的主要技术要求及检测项目如下。

（1）组成模架的零件必须符合相应的标准要求和技术条件规定。

（2）装入模架的每对导柱和导套（包括可卸导柱和导套），装配前需经选择配合，配合要求应符合表 14-4 的规定。

表 14-4　　　　　　　　　　导柱和导套的配合要求（mm）

配合形式	导柱直径	配合精度		配合后的过盈
		H6/h5	H7/h6	
		配合后的间隙值		
滑动配合	≤18	0.003～0.01	0.005～0.015	
	18～28	0.004～0.011	0.006～0.018	
	28～50	0.005～0.013	0.007～0.022	
	50～80	0.005～0.015	0.008～0.025	
	80～100	0.006～0.018	0.009～0.028	
滚动配合	18～35	—	—	0.01～0.02

（3）装配成套的滑动导向模架，按表 14-5 技术指标分级；装配成套的滚动导向模架，按表 14-6 技术指标分级。任何一级模架必须同时符合 A、B、C 三项技术指标，不符合表 14-5、表 14-6 精度规定的模架不予列入等级标准。Ⅰ级精度的模架必须符合导套、导柱配合精度为 H6/h5 时，按表 14-4 的配合间隙值；Ⅱ级精度的模架必须符合导套、导柱配合精度为 H7/h6 时，按表 14-4 给定的配合间隙值。

表 14-5　　　　　　滑动导向模架分级技术指标

项	检查项目	被测尺寸（mm）	精度等级		
			Ⅰ级	Ⅱ级	Ⅲ级
			公差等级		
A	上模座上平面对下模座下平面的平行度	≤400	6	7	8
		>400	7	8	9
B	导柱轴心线对下模座下平面的垂直度	≤160	4	5	6
		>160	5	6	7
C	导套孔轴心线对上模座上平面的垂直度	≤160	4	5	6
		>160	5	6	7

注　1. 被测尺寸是指：

　　　A—上模座的最大长度尺寸或最大宽度尺寸；

　　　B—下模座上平面的导柱高度；

　　　C—导套孔延长心棒高度。

　　2. 公差等级：GB 1184—1996《形状和位置公差未注定公差的规定》。

表 14-6　　　　　　滚动导向模架分级技术指标

项	检查项目	被测尺寸（mm）	精度等级	
			0级	01级
			公差等级	
A	上模座上平面对下模座下平面的平行度	≤400		5
		>400	5	6
B	导柱轴心线对下模座下平面的垂直度	≤160	3	4
		>160	4	5
C	导套孔轴心线对上模座上平面的垂直度	≤160	3	4
		>160	4	5

注　1. 被测尺寸是指：

　　　A—上模座的最大长度尺寸或最大宽度尺寸；

　　　B—下模座上平面的导柱高度；

　　　C—导套孔延长心棒的高度。

　　2. 公差等级按 GB 1184—1996《形状和位置公差未注定公差的规定》。

（4）装配后的模架，上模座沿导柱上、下移动应平稳和无阻滞现象；其导柱固定端端面应低于下模座底面 0.5～1mm，选用直导套时导套固定端端面应低于上模座上平面 1～2mm。

（5）模架各个零件工作表面不允许有影响使用的划痕、浮锈、凹痕、毛刺、飞边、砂眼和缩孔等缺陷。

（6）在保证使用质量的情况下，允许用新的工艺方法（如环氧树脂、低熔点合金等）固定导套，其零件结构尺寸允许做相应改动。

（7）成套模架一般不装配模柄。须装配模柄的模架，模柄的装配要求应符合：压入式模柄与上模座的公差配合为 H7/m6；除浮动模柄外，其他模柄装入上模座后，模柄的轴心线对上模座上平面的垂直度公差为全长范围内 0.05mm。

（8）滑动、滚动的中间导柱模架、对角导柱模架，在有明显的方向标志下，允许用相同直径的导柱。

4. 模架检测项目及规定的方法

模架检测项目及规定的方法如下。

（1）上模座上平面对下模座下平面的平行度。采用球面垫块，带支架的百分表侧面，如图 14-5 所示。

（2）导柱轴线对下模座下平面的垂直度，将装有导柱的下模座放在检验平板上，再将与圆柱角尺校正的专用百分表沿导柱 90° 回转，对导柱进行垂直度比较测量，如图 14-6 所示。

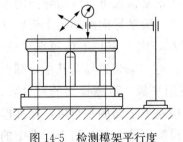

图 14-5　检测模架平行度

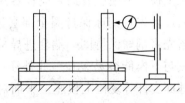

图 14-6　检测导柱垂直度

（3）导套孔轴线对上模座上平面垂直度，将装有导套的上模座上平面放在检验平板上，在导管孔内插入有 0.015：200 锥度的

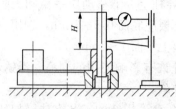

图 14-7　检测导套垂直度

心棒，以测量心棒轴线的垂直度作为导套轴线垂直度误差值，如图 14-7 所示。

5. 冲模装配前的检测内容

冲模装配前应对零、组件进行检查、复查的内容如下。

（1）冲裁模的刃口部分应锋利，拉深模和弯曲模的工作型面应过渡圆滑，表面粗糙度应符合要求。

（2）工件热处理后的实际硬度值是否符合要求，如有碳化物偏析要求则应符合技术要求的规定。

（3）外形的非工作锐边是否已经倒角或倒圆。

（4）零件不应有砂眼、缩孔、裂纹、磨削退火或机械损伤。

（5）可卸导柱的锥面与衬套上锥孔的吻合长度和吻合面积应不小于 80%。

（6）滚动导套的钢球应能在钢球保持圈内自由转动而不脱落。

冲模可以选择标准模架，也可使用与其他冲模零件同时加工制造的非标准模架。在冲模装配前，应检查模架各零件的工作表面不应有划痕、浮锈、砂眼、裂纹或其他机械损伤；上模座沿导柱上下移动应平稳、无滞涩现象。在正常情况下，滑动导向的模架上模与下模脱开后，应较容易复位。滚动导向的模架上模脱开后，若先将钢球保持圈全部套进导柱，则上模与下模较难复位；若先将钢球保持圈一端套进导柱，而另一端装进导套孔中，则上模与下模能容易复位。此外还应使用平板、带测量架的百分表、球面支杆等复检上模座上平面对下模座下平面的平行度，标准模架应符合规定的精度等级，非标准模架应符合其相当于标准中的精度等级值。滚动导向模架应符合表 14-7 的规定；滚动导向模架应符合表 14-8 的规定。

表 14-7　　　　　滚动导向模架精度等级及公差值（mm）

被测尺寸	精度等级		
	Ⅰ级	Ⅱ级	Ⅲ级
	公差值		
40～63	0.020	0.03	0.05
63～100	0.025	0.04	0.06
100～160	0.030	0.05	0.08
160～250	0.040	0.06	0.10
250～400	0.050	0.08	0.12
400～630	0.100	0.15	0.25
630～1000	0.120	0.20	0.30

表 14-8　　　　　滚动导向模架精度等级及公差值（mm）

被测尺寸	精度等级	
	0级	01级
	公差值	
40～63	—	0.012
63～100	0.012	0.015
100～160	0.015	0.020
160～250	0.020	0.025
250～400	0.025	0.030

6. 冲模装配完成后的检测内容及要求

冲模装配完成应检测的主要内容如下。

（1）冲裁模的间隙应均匀分布，其允差不大于 20%～30%。

（2）冲裁模凹模的刃口面沿冲裁方向应平直，允许有向后逐渐增大者应不大于 $15'$ 的斜度。其表面粗糙度值 Ra 不大于 0.8μm，镶拼件要配合紧密无缝隙。

（3）冲裁模的凸模、凸凹模和凹模在装配后应磨口，并分别对上模座的上平面或下模座的下平面或下模座的下平面平行度允差为 100mm：0.01mm，其表面粗糙度值 Ra 0.8～0.4μm。

（4）拉深模、弯曲模、成形模和整形模工作部分的圆角应圆滑相接，其表面粗糙度值不大于 Ra 0.8μm。

（5）卸料板、推件块和顶件除保证与凸模、凸凹模和凹模的配合外，装配后必须滑动灵活，其高出凸模、凸凹模和凹模的高度在 0.2～0.8mm 范围内。

（6）应调整卸料螺钉，以保证卸料板的压料表面对冲模安装基面的平行度误差不大于 100mm：0.05mm。

（7）同一冲模中同一长度的顶杆长度允差不大于 0.1mm。

（8）下垫板和下模座的漏料孔按凹模或凸凹模尺寸每边加大 0.5～1mm，装配后的位置应一致，不允许有卡料或堵塞现象。此外，所有经磁力夹紧磨削的零件在装配前都应退磁。

四、冲压模具的调整

1. 冲裁模凸、凹间隙的调整方法

虽然冲裁模的凸、凹模之间的间隙的大小允许有一定的公差范围，但在装配过程中。必须将刃口整个周长上的间隙调整得很均匀，只有这样保证装配质量，才能冲出尺寸精度和表面质量符合要求的制件，并能使模具的使用寿命延长。

调整间隙是在模具的上、下模座已分别装配好，并通过导柱、导套组合起来以后进行。调整间隙时，一般是将凹模加以固定，调整凸模的位置来达到调整间隙大小的目的。

调整间隙的方法主要有以下几种。

（1）透光法。对于小型模具，可以将模具组合起来后翻转过来，把模柄夹在虎钳上，用灯光照射，从下模座的漏料孔中观察凸模与凹模配合间隙的大小并判断是否均匀，进行调整。

（2）垫片法。一般先将凹模固定好以后，将凸模固定板连同凸模安放在另一模座上，初步对位（螺钉不要拧得过紧），在凹模刃口四周适当的地方安放厚薄均匀的金属垫片。垫片厚度应等于单边间隙值，间隙较大时可叠放两片以上。合模观察调整如图 14-8 所示，先将上模座的导套缓慢套进导柱，观察各凸模是否顺利进入凹模与垫片接触良好。如果间隙不均匀，也可采用敲击法调整间隙，直到试冲间隙均匀为止。

（3）镀铜法。即在凸模表面镀铜，镀层应均匀，厚度为凸、凹模单边间隙值。镀铜前必须先用丙酮去污，再用氧化镁粉擦净。

由于镀铜层在冲模使用中可自行脱落，故装配后不必专门去除。

（4）涂层法。即在凸模上涂一层薄膜材料，其涂层厚度等于凸、凹模单边间隙值。涂层主要用配灰过氯乙烯外用磁漆或氨基醇酸绝缘漆等。不同的间隙可使用不同黏度的漆，或涂敷不同的次数。这种方法较简单，适用于小间隙冲模。凸模上的漆层在冲模使用过程中可自行剥落，不必在装配后由人工去除。

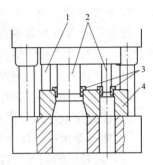

图 14-8　垫片法调整间隙
1—垫板；2—垫片；
3—凸模；4—凹模

（5）切纸法。是检查和精确调整间隙的方法。先在凸模与凹模之间放上一张厚薄均匀的纸（代替毛坯）然后使模具闭合，根据所切纸片周边是否切断、有无毛边及毛边的均匀程度来判断间隙的大小是否合适，周边间隙是否均匀。纸的厚度应随模具间隙的大小确定，间隙愈小纸愈薄。

（6）酸腐蚀法。先将凸模与凹模做成相同尺寸，在装配后再用酸将凸模均匀地腐蚀掉一层，以达到间隙要求。腐蚀剂可用硝酸 20％＋醋酸 30％＋水 50％，或蒸馏水 54％＋双氧水 25％＋草酸 20％＋硫酸 1％～2％。腐蚀后要用水清洗干净。

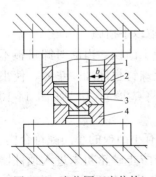

图 14-9　定位圈（定位块）调整间隙的方法
1—凸模；2—凹模；3—定位圈；
4—凸凹模

（7）工艺装配法。适用于冲裁模、拉深模及弯曲模的装配和调整。冲裁厚度超过 1mm 时，冲模装配间隙通过工艺留量保证，也就是将余量留在凹模上，即先将凹模与凸模做成一致尺寸，装配后取下凹模，且保持公差要求；或将加工余量留在凸模上，装配后换上凸模。

如图 14-9 所示是在凸模和凹模空档垫上定位圈（定位块）调整间隙的方法。这种方法适用于装配调整大间隙的冲裁模和拉深模。

791

2. 合格冲模应达到的要求及冲裁模的调整内容

通过检测可以判断装配后的冲模是否合格，然后与冲压机进行安装，进行试冲和调整。

（1）合格冲模应达到以下要求。

1）能顺利地安装到指定的压力机上。

2）能稳定地冲压合格的冲压件。

3）能安全地进行操作使用。

（2）冲裁模的调整内容包括以下几个方面。

1）将冲裁模安装到指定的压力机上。

2）用指定的坯料在冲裁模上进行试冲。

3）根据试冲件的质量进行分析、调整，解决冲裁模质量问题，保证最终能冲出合格的冲裁件。

4）排除影响安全生产、稳定产品质量和操作方面的隐患。

5）根据设计要求，有的冲裁模还需要进行试验决定某些尺寸。

3. 冲裁模的刃口刃磨方法及注意事项

冲裁模装配后必须磨刃口，并保持刃口锋利。刃磨方法及注意事项如下。

（1）对于小凸模，特别是多个小凸模，应采用小背吃刀量，以防其变形。

（2）注意带保护凸模，刃磨时可采取以下措施。

①利用带有导向作用的卸料板保护小凸模。刃磨时卸料板不拆去，用来保护凸模，这时可在卸料板螺钉根部加一垫圈，使小凸模高出卸料板便于刃磨，刃磨后将垫圈拆去，如图 14-10所示。

②利用顶件器保护小凸模。对于带有小凸模的小间隙符合模，刃磨时在凹模中留一制件不退出，用来防止砂轮粉末进入顶件器与凹模间的间隙中，并对小凸模起保护作用，如图 14-11 所示。

4. 冲裁凸、凹模间隙对冲裁工作的影响

冲裁模装配后，应调整凸、凹模间隙合理，间隙过大或过小对冲裁工作产生不良影响，具体影响情况见表 14-9。

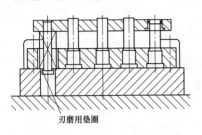

图 14-10 用卸料板保护小凸模

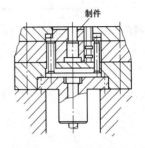

图 14-11 用顶件器保护小凸模

表 14-9 间隙对冲裁工作的影响

序号	项目	影响情况				
		大间隙	较大间隙	正常间隙	较小间隙	小间隙
1	断面质量	圆角大、毛刺大、撕裂角大，只适用一般冲孔	圆角大，稍有毛刺、断面质量一般，尚可使用	圆角正常，无毛刺，能满足一般冲裁件要求	圆角小，毛刺正常，有二次剪切痕迹，断面近乎垂直	断面圆角小，毛刺正常，断面与料垂直
2	冲裁力	减小		适中	增大	
3	模具寿命	增大		适中	减小	
4	工件尺寸	外形尺寸小于凹模尺寸 内形尺寸大于凸模尺寸		尺寸合适	外形尺寸大于凹模尺寸 内形尺寸小于凸模尺寸	

5. 冲裁模刃口缺陷及解决和调整方法

冲裁模安装到压机上后，具体进行调整的主要是刃口及其间隙，其次是定位的调整及卸料的调整。

刃口间隙的调整可根据冲裁件缺陷形式，分析产生的原因，根据具体情况分落（修边）、冲孔而采取不同的解决和调整方法，见表 14-10。

表 14-10　　　　　　冲裁模刃口常见缺陷和解决办法

冲裁件缺陷	产生原因	解决办法	
		落料（修边）	冲孔
形状或尺寸不符合图样要求	基准件的形状或尺寸不准确	先将凹模的形状尺寸修准，然后调整凸模，保证合理的间隙	先将凸模的形状和尺寸修磨，然后调整凹模，保证合理的间隙
剪切断面光亮带太宽，甚至出现双亮带和毛刺	冲裁间隙太小	（1）磨小凸模，保证合理的冲裁间隙。 （2）在不影响冲裁件尺寸公差的前提下，可采取磨大凹模的办法来保证合理的冲裁间隙	（1）磨大凹模，保证合理的冲裁间隙。 （2）在不影响冲裁件的尺寸公差前提下，可采取磨小凸模的办法来保证合理的冲裁间隙
剪切断面圆角太大，甚至出现拉长的毛刺	冲裁间隙太大	（1）凸模镶块往外移。 （2）更换凸模。 （3）在不影响冲裁件尺寸公差的前提下，再采用缩小凹模（窜动镶块）的办法来保证合理的间隙	（1）缩小凹模（窜动镶块）的尺寸。 （2）更换凹模。 （3）在不影响冲裁件尺寸公差的前提下，可采用加大凸模尺寸（更换或窜动镶块）的办法来保证合理的间隙
剪切断面的光亮带宽窄不均	冲裁间隙不均	（1）修磨凸模（或凹模）保证间隙均匀。 （2）重装凸模或凹模	（1）修磨凸模（或凹模）保证间隙均匀。 （2）重装凸模或凹模

6. 冲模凸模高度调整结构的特点

冲模凸模使用过程中容易磨损，修磨刃口以后其长度变短，为保证正常冲裁，必须对其高度进行调整。如图 14-12 所示为凸模高度调整结构。凸模的上端面与滑块接触，滑块右端开有 T 形槽，容纳螺钉的头部。转移螺钉，滑块随之移动。由于滑动与上模座以斜面相接触，而凸模在固定板内是滑动配合，因此凸模在合模方向的位置得以调整，调整后用螺母锁紧。其特点是结构简单，调整方便可靠。

7. 弯曲模间隙调整装置及其特点

如图 14-13 所示为弯曲模的间隙调整装置。在下模上开有长方形孔，其一端带有 6°斜度。调整块安装在长方形孔内，相应的面也有 6°斜度。调整杆头部是一个偏心圆柱体，调整杆旋转，偏心圆柱体带动调整块上、下滑动，由于有 6°斜度，造成间隙变化，调整后用螺母锁紧调整杆。该装置结构简单，使用方便、灵活，但调整范围有限。

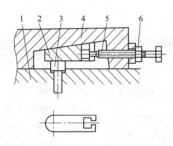

图 14-12 凸模高度调整结构

1—固定板；2—滑块；3—凸模；

4—上模座；5—螺钉；6—螺母

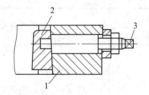

图 14-13 弯曲模的间隙调整装置

1—下模；2—调整块；3—调整杆

8. 试模和调整时应注意的事项

模具生产的最终目的是能制造出尽可能多的合格产品来。由于模具设计和制造中各种不确定因素的存在，模具的综合质量和性能不能单纯由零件精度所决定，而必须通过在实际应用条件下的试模才能判断。

冲模装配后，通过试冲对模具和制件进行综合考查与检测，根据出现的问题及产生的缺陷认真进行质量分析，找出产生的原因，并对冲模进行适当调整和修理的方法叫试模。

　　试模往往与修模相结合，为了减少应用现场修模的不便，可采用与实际应用条件相近的模拟试模方法，如锻模中的压铅法、冲模中的冲纸法、压铸模中的合模机法等。

　　最终模具能否满足工艺要求，压制出合格产品，仍需在实用条件下的试模，而模具寿命的考核，则需要在实用条件下使用到模具失效。

　　试模和调整时应注意以下事项：

　　1）卸料板（顶件器）形状是否与冲裁件相吻合。

　　2）卸（顶）料弹簧是否有足够的弹力。

　　3）卸料板（顶件器）的行程是否合适。

　　4）凹模刃口是否有倒锥。

　　5）漏料孔和出料槽是否畅通无阻。

　　如发现有缺陷，应及时采取措施，予以排除。冲裁模试冲时的缺陷产生原因及调整方法见表14-11。

表 14-11　　　　　　　　冲裁模试冲时的缺陷和调整

冲裁模试冲时的缺陷	产生原因	调整方法
送料不畅通或料被卡死	（1）两导料板之间的尺寸过小呀有斜度。 （2）凸模与卸料板之间的间隙过大，使搭边翻扭。 （3）用侧刃定距的冲裁模，导料板的工作面和侧刃不平行，使条料卡死。 侧刃与侧刃挡块不密合形成毛刺，使条料卡死	根据情况锉修或重装导料板减小凸模与卸料板之间的间隙重装导料板。 修整侧刃挡块消除间隙
刃口相咬	（1）上模座、下模座、固定板、凹模、垫板等零件安装面不平行。 （2）凸模、导柱等零件安装不垂直。 （3）导柱与导套配合间隙过大使导向不准。 （4）卸料板的孔位不正确或歪斜，使冲孔凸模位移	修整有关零件，重装上模或下模。 重装凸模或导柱。 再换导柱或导套。 修整或更换卸料板

续表

冲裁模试冲时的缺陷	产生原因	调整方法
卸料不正常	（1）由于装配不正确，卸料机构不能动作。如卸料板与凸模配合过紧，或因卸料板倾斜而卡紧。 （2）弹簧或橡皮的弹力不足。 （3）凹模和下模座的漏料孔没有对正，料不能排出。 （4）凹模有倒锥度造成工件堵塞	修整卸料板、顶板等零件。 更换弹簧或橡皮。 修整漏料孔。 修整凹模
冲件质量不好： （1）有毛刺。	（1）刃口不锋利或淬火硬度低。 （2）配合间隙过大或过小。 （3）间隙不均匀使冲件一边有显著带斜角毛刺	合理调整凸模和凹模的间隙及修磨工作部分的刃口
（2）冲件不平。	（1）凹模有倒锥度。 （2）顶料杆和工件接触面过小。 （3）导正销与预冲孔配合过紧，将冲件压出凹陷	修整凹模。 更换顶料杆。 修整导正销
（3）落料外形和打孔位置不正，成偏位现象	（1）挡料销位置不正。 （2）落料凸模上导正销尺寸过小。 （3）导料板和凹模送料中心线不平行，使孔位偏斜。 （4）侧刃定距不准	修正挡料销。 更换导正销。 修整导料板 修磨或更换侧刃

第二节　冲压模具的使用、维护与保养

　　模具在设计、加工、调试成功后，即可投入正常生产。对其正确使用、维护和保养，是保证连续生产高质量制品和延长模具使用寿命的因素。

一、冲压模具的维护与保养

　　冲模在工作时要承受很大的冲击力、剪切力和摩擦力，对其进行精心的维护和保养对保证正常生产的运行，提高制件质量，降低制件成本，延长冲模的使用寿命，改善冲模的技术状态非常

797

重要。为此应做到以下几点。

（1）冲模在使用前，要对照工艺文件检查所使用的模具和设备是否正确，规格、型号是否与工艺文件统一，了解冲模的使用性能、结构特点及作用原理，熟悉操作方法，检查冲模是否完好。

（2）正确安装和调试冲模。

（3）在开机前要检查冲模内外有无异物，所用毛坯、板料是否干净整洁。

（4）冲模在使用中要遵守操作堆积随时检查运转情况，发现异常现象要随时进行维护性修理，并定时对冲模的工作表面及活动配合面进行表面润滑。

（5）冲模使用受制于人，要按操作堆积将冲模卸下，并擦拭干净，涂油防锈。一般在导套上端用纸片盖上，防止灰尘或杂物落入导套内。检查冲模使用后的技术状态情况完整及时地交回模具库，或送往指定地点存放。

（6）设立模具库，建立模具档案。模具库应通风良好，防止潮湿，便于模具的存放和取出，并设专人进行管理。

（7）冲模应分类存放并摆放整齐，小型模具应放在架上保管，大、中型模具应放在架的底层，底面用枕木垫平。在上下模之间垫以限位木块（特别是大、中型模具），以避免卸料装置长期受压而失效。

1. 造成冲裁模修理的主要原因

生产中造成冲裁模修理的原因很多，其中主要有以下几个方面。

（1）冲模零件的自然损坏。在生产中，由于冲裁模在短促的时间内承受很大的冲击力和摩擦力，使相互接触的冲模零件造成磨损，或使固定件由于激烈振动而松动，这种现象称为模具零件的自然损坏。自然损坏有以下几个方面表现比较突出。

1）导向零件的磨损。

2）定位销、挡料块及导料销的磨损。

3）凸、凹模间隙变大。

4）凸、凹模的刃口变钝。

5）由于冲模的长期振动，模柄松动。

6）凸模在固定板上的固定联接松动。

（2）冲裁模制造方面的原因。冲模制造工艺不合理，也是造成冲裁模修理的原因，主要表现在以下几个方面。

1）制造冲裁模零件的材料牌号不对。

2）冲模零件热处理工艺规范不正确，淬火后硬度不够。

3）安装误差大，冲模装配后，凸、凹模中心线不重合。

4）导向零件刚度不够。

5）凸、凹模加工后有倒锥。

（3）冲裁模在安装、使用方面的原因。冲裁模在压力机上安装不合理，使用时违反操作规程也是造成冲裁模损坏而需要修理的原因。主要表现在以下几个方面。

1）安装冲模时，由于清理不彻底，模座与压力机台面之间留有废料，造成冲模与台面倾斜、致使上、下模配合部位相"啃"。

2）冲模安装后，凸模深入凹模的部位太深，增大了模具承受的压力。

3）安装冲模时，压力机滑块与冲模压力中心不重合，影响压力机精度，致使模具精度降低。

4）在冲压生产中，操作者粗心大意，如一次冲裁冲两件；或冲模工作中，送、取料装置失灵也会造成模具的损坏。

5）压力机发生故障，如操纵机构失灵也会损坏模具。

2. 冲裁模的检修原则和步骤

冲裁模在使用过程中，如发现主要部件损坏或失去使用精度时，应进行全面检修。

（1）冲裁模检修原则。

1）冲模零件的更换，一定要符合原图样规定的材料牌号和各项技术要求的规定。

2）检修后的冲模一定要进行试冲和调整，直到冲制出合格的制件后，方可交付使用。

（2）冲裁模的修理步骤。

1）冲模检修前应使用汽油或清洗干净。

2）将清洗后的冲模，按图样的技术要求检查损坏部位、损坏情况。

3）根据检查结果编制工艺卡，卡片上记载如下内容：冲裁模的名称、模具号、使用时间、冲模检修原因及检修前制件质量、检查结果及主要损坏部位、确定修理方法及修理后能达到的要求。

4）按修理工艺卡上规定的修理方案拆卸损坏部位。拆卸时可以不拆的应尽量不拆，以减少重新装配时的调整及研配工作。

5）将拆下的损坏零件按修理卡片进行修理。

6）将修理好的零部件进行安装调整。

7）将重新调整后的冲模试冲，检查故障是否排除，制件质量是否合格，直至故障完全消除并冲出合格的制件后方可交付使用。

3. 冲模临时修理的主要内容

冲模在使用中会发生一些小故障，修理时不必将模具从压力机上卸下，可切断电源后直接在压力机上修理。这样修理模具即省工时又不延误生产，一般称为临时修理。冲模的临时修理主要包括以下方面的内容。

（1）利用储备的易损件更换已损坏的零件。准备易损件包括两种：一种是通用的标准件，如螺钉、定位销、模柄、弹簧和橡胶等；另一种是冲模易损件，如凸模、凹模及定位装置等。这些易损件应记录在冲裁模管理卡中，以备查用。

（2）用油石刃磨已变钝的凸、凹模刃口。

（3）紧固松动的螺钉和更换失效的卸料弹簧或橡胶。

（4）紧固松动的凸模。

（5）调整冲裁模间隙。

（6）更换新的顶杆、卸料杆等。

4. 冲裁模常用修理工艺方法

冲裁模常用修理工艺方法如下。

（1）凸、凹模刃口的修磨。凸、凹模刃口变钝使制件剪切面上产生毛刺而影响制件质量。刃口修磨方法如下。

1）凸、凹模磨损较小时，为了减少冲模拆卸而影响定位销和销孔配合精度，一般不必将凸模卸下，可用几种不同规格的油石，加煤油直接在刃口面上顺一个方向来回研磨，直到刃口光滑锋利为止。

2）凸、凹模磨损较大或有崩裂现象时，应拆卸凸、凹模，用平面磨床磨削刃磨。

（2）凸、凹模间隙变大的修理。凸、凹模的磨损，会使凸、凹模间隙增大，使制件产生毛刺而影响制件质量。可采用局部锻打的方法修正凸模或凹模刃口尺寸，使其恢复到原来的间隙值。

（3）凸、凹模间隙不均匀的修理。冲裁模间隙不均匀会使制件产生单边毛刺或局部产生第二光亮带，严重时会使凸、凹模"啃口"而造成较大的事故。凸、凹模间隙不均匀产生原因及修理方法如下。

1）导向装置刚性差，精度低，起不到导向作用，使得凸、凹模发生偏移引起间隙不均。

修理方法：一般是更换导向装置。有时也可对导柱、导套进行修理。方法是给导柱镀铬，然后按要求重新研配导柱直至合格。

2）凸、凹模定位销松动失去定位，使凸、凹模移动而造成间隙不均匀。

修理方法：先把凸、凹模刃口对正，使间隙恢复到原来的均匀程度，然后用夹板夹住，把原来的定位削空再用铰刀扩大 0.1～0.2mm，重新配装定位销，使模具间隙恢复到原来的要求。

（4）更换小直径的凸模。冲压过程中，由于板料在水平方向的错动，直径较小的凸模很容易折断，其更换方法如下。

1）将凸模固定板卸下，并清洗干净，使其表面无脏物及油污。

2）把卸下的凸模固定板放在平板上，使凸模朝上，并用等高垫块垫起。

3）将铜棒对准损坏的凸模，用手锤敲击铜棒，将凸模从凸模固定板上卸下。

4）将新的凸模工作部分向下，引进已翻转过来的固定板型孔内，并用手锤轻轻敲入固定板中。

5）磨削换好凸模的固定板组件的刃口面，直到与未更换的凸模保持在同一平面为止。

6）将凸模组件装配到模具上，并调整凸、凹模间隙，试冲出合格制件方向可交付使用。

（5）大、中型凸、凹模的补焊。对大、中型冲模，凸、凹模有裂纹和局部损坏时，用补焊法对其进行修补时，焊条和零件材料要相同。注意修补后要进行表面退火，以免零件变形。退火后再进行一次修整。

二、冲压件质量分析及冲压模的修整

（1）根据冲裁件质量分析对冲裁模进行修整。根据冲裁件缺陷，通过质量分析，找出产生缺陷的原因，最后通过修理和调整消除影响，见表 14-12。

表 14-12　　　　　　　　冲裁质量分析

序号	质量问题	原因分析	解决办法
1	制件断面光亮带太宽，有齿状毛刺	冲裁间隙太小	对于落料模，应减小凸模，并保证合理间隙；对于冲孔模，应加大凹模，并保证合理间隙
2	制件断面粗糙，圆角大，光亮带小，有拉长的毛刺	冲裁间隙太大	对于落料模是更换或返修凸模，保证合理间隙；对于冲孔模是更换或返修凹模，保证合理间隙
3	制件断面光亮带不均匀或一边有带斜度的毛刺	冲裁间隙不均匀	返修凸模、返修凹模或重新装配调整到间隙均匀
4	落料后制件呈弧形面	凹模有倒锥或顶板与制件接触面小	返修凹模，返修或调整顶板
5	校正后制件尺寸超差	落料后制件呈弧形面所致，多见于下出件冲模	修落料凹模或改换有弹顶装置的落料模
6	内孔与外形位置偏移	（1）挡料销位置不正确。（2）导正销过小。（3）侧刃定距不准	（1）修正挡料销。（2）更换导正销。（3）修正侧刃

序号	质量问题	原因分析	解决办法
7	孔口破裂或制件变形	(1) 导正销大于孔径。 (2) 导正销定位不准确	(1) 修正导正销。 (2) 纠正定位误差
8	工件扭曲	(1) 材料内部应力造成。 (2) 顶出制件时作用力不均匀	(1) 改变排样或对材料正火处理。 (2) 调整模具使顶板工作正常
9	啃口	(1) 导柱与导套间隙过大。 (2) 推件块上的孔不垂直，迫使小凸模偏位。 (3) 凸模或导柱安装不垂直。 (4) 平行度误差积累	(1) 返修或更换导柱、导套。 (2) 返修或更换推件块。 (3) 重新装配，保证垂直度要求。 (4) 重新修磨，装配
10	卸料不正常	(1) 卸料板与凸模配合过紧、卸料板倾斜或其他卸料件装配不当。 (2) 弹簧或橡皮弹力不足。 (3) 凹模落料孔与下模座漏料孔没有对正。 (4) 凹模有倒锥，造成制件堵塞	(1) 修整卸料件，重新调整得当。 (2) 更换弹簧或橡皮。 (3) 修整漏孔。 (4) 修整凹模

（2）根据弯曲件质量分析对弯曲模进行修整。弯曲件产生缺陷的原因及调整解决办法见表 14-13。

表 14-13　　　　　　　弯曲质量分析

质量问题	产生的原因	调整方法
制作产生回弹，造成尺寸和形状不合格 	由于有弹性变形的存在，使制件产生回弹	(1) 改变凸模的角度和形状。 (2) 减小凸、凹模之间的间隙。 (3) 增加凹模型槽深度。 (4) 弯曲前将坯件进行退火处理。 (5) 增加矫正力或使矫正力集中在变形部分。尽量采用校正弯曲

续表

质量问题	产生的原因	调整方法
弯曲位置偏移 轴心错移	（1）弯曲力不平衡。 （2）定位不稳定或位置不准。 （3）无压料装置或压料不牢。 （4）凸、凹模相对位置不准确	（1）分析产品弯曲力不平衡的原因，加以克服和减少。 （2）调整定位装置，利用制件上的孔或工艺孔定位。并尽量采用对称弯曲。 （3）增加压料装置或加大压料力。 （4）调整凸、凹模相对位置
弯曲角部位产生裂纹 	（1）弯曲内半径太小。 （2）材料纹向与弯曲线平行。 （3）毛坯的毛刺一面向外。 （4）金属材料的塑性较差	（1）加大凸模的圆角半径。 （2）改变落料的排样，使弯曲与板料纤维方向互成一定角度。 （3）使毛刺的一面在弯曲的内侧，光亮带在弯曲的外侧。 （4）改用塑料好的材料
制作表面擦伤或壁部变薄 挤光	（1）凸、凹模之间间隙太小，板料受挤变薄。 （2）凹模圆角半径过小，表面太粗糙。 （3）板料粘附在凹模上。 （4）压料装置压力太大	（1）适当加大间隙。 （2）修光表面，尤其是凹模的圆角半径。 （3）提高凹模表面硬度，如采用镀铬或化学处理等。保持表面润滑。 （4）减小压料力
制作尺寸过长或不足 	（1）凸、凹模间隙过小，将材料挤长。 （2）压料装置的压力过大，将料挤长。 （3）制件展开尺寸错误	（1）适当加大间隙。 （2）减小压料力。 （3）落料尺寸应在试模后确定

质量问题	产生的原因	调整方法
弯曲件底部不平	（1）压（卸）料杆着力点分布不均匀，卸料时将件顶弯。（2）压料（顶料）力不足	（1）增加压料（顶料）杆件数，并使之分布均匀。（2）适当增大压料（顶料）力
弯曲件产生翘曲和弯形	（1）弯曲力作用不均匀。（2）制件定位不稳定，有回跳。（3）模具结构不合理	（1）增加弯曲作用力，并增加校正工序。（2）修正定位装置，调整好工作位置。（3）修整模具结构，调整工艺方法
制作弯曲后不能保证孔位尺寸L，或两孔中心连线与弯曲线不平行	（1）弯曲部位出现外胀现象。（2）制件展开尺寸不对。（3）定位不正确	（1）改进弯曲方法，增加弯曲高度。（2）准确计算毛坯尺寸。（3）修正定位装置，改进结构

（3）根据拉深件质量分析对拉深模进行修整。

拉深件质量缺陷产生的原因，修理和调整消除影响的解决办法，见表14-14。

表 14-14　　　　拉深质量分析

问题	简图	产生的原因	调整方法
凸缘起皱、零件壁部被拉裂		压边力不足或不均匀，凸缘部分起皱，无法进入凹模而被拉裂	加大压边力，或提高压边圈的刚度
壁部被拉裂		（1）材料承受的径向拉应力太大。（2）凹模圆角半径太小。（3）润滑不良。（4）材料塑性差	（1）减小压边力。（2）增大凹模圆角半径。（3）加用润滑剂。（4）使用塑性好的材料，采用中间退火

问题	简图	产生的原因	调整方法
凸缘起皱		（1）凸缘部分压边力太小，无法抵制过大的切向压边力引起的切向变形，因而失去稳定，形成皱纹。 （2）材料较薄	（1）增加压边力。 （2）适当加大厚度
边缘呈现锯齿状		毛坯边缘有毛刺	修整前道工序落料凹模刃口，使之间隙均匀，毛刺减少
制件边缘高低不一致		（1）坯件与凸、凹模中心线不重合。 （2）材料厚度不均匀。 （3）凸、凹模圆角不等。 （4）凸、凹模间隙不均匀	（1）重新调整定位，使坯件中心与凸、凹模中心线重合。 （2）更换材料。 （3）修整凸、凹模圆角半径。 （4）校匀间隙
断面变薄		（1）凹模圆角半径太小。 （2）间隙太小。 （3）压边力太大。 （4）润滑不合适	（1）增大凹模圆角半径。 （2）加大凸、凹模间隙。 （3）减小压边力。 （4）毛坯件涂上合适的润滑剂后冲压
制件底部被拉脱		凹模圆角半径太小，使材料处于被切割状态	加大凹模圆角半径
制件边缘起皱		（1）凹模圆角半径太大。 （2）压边圈不起压边作用。 （3）凸、凹模间隙过大	（1）减小凹模圆角半径。 （2）调整压边圈结构，加大压边力。 （3）减小凸、凹模之间的间隙

问题	简图	产生的原因	调整方法
锥形件斜面或半球形件的腰部起皱		(1) 压边力太小。 (2) 凹模圆角半径太大。 (3) 润滑油过多	(1) 增大压边力，或采用拉深筋。 (2) 减小凹模圆角半径。 (3) 减少润滑油或加厚材料，几片坯件叠在一起拉深
盒形件角部破裂		(1) 模具圆角半径太小。 (2) 间隙太小。 (3) 变形程度太大	(1) 加大凹模圆角半径。 (2) 加大凸、凹模间隙。 (3) 增加拉深次数
制件底部不平有凹陷		(1) 坯件不平。 (2) 顶料杆与坯件接触面太小。 (3) 缓冲器弹顶力不足。 (4) 无排气孔或排气孔太小	(1) 平整毛坯。 (2) 改善顶料装置结构。 (3) 更换弹簧或橡胶块。 (4) 设置并疏通排气孔
盒形件直壁部分不直		角部间隙太小	放大凸、凹模角部间隙，减小直壁间隙值
制件表面擦伤，壁部拉毛		(1) 模具工作部分不光洁或圆角半径太小。 (2) 毛坯表面及润滑剂有杂质。 (3) 拉深间隙不均匀或太小	(1) 研磨修光模具的工作平面和圆角。 (2) 清洁毛坯，使用干净的润滑剂。 (3) 调整拉深间隙
盒形件角部向内折拢，局部起皱		(1) 材料角部压边力太小。 (2) 角部毛坯面积偏小	(1) 加大压边力。 (2) 增加毛坯角部面积
阶梯形制件局部破裂		凹模及凸模圆角太小，加大了拉深力	加大凸模与凹模的圆角半径

问题	简图	产生的原因	调整方法
制件完整但呈歪扭状		(1) 排气不畅。 (2) 顶料杆顶力不均匀	(1) 加大排气孔。 (2) 重新布置顶料杆位置
拉深高度不够		(1) 毛坯尺寸太小。 (2) 拉深间隙太大。 (3) 凸模圆角半径太小	(1) 放大毛坯尺寸。 (2) 调整间隙。 (3) 加大凸模圆角半径
拉深高度太大		(1) 毛坯尺寸太大。 (2) 拉深间隙太小。 (3) 凸模圆角半径太大	(1) 减小毛坯尺寸。 (2) 加大拉深间隙。 (3) 减小凸模圆角半径
制件拉深层壁厚与高度不均		(1) 凸模与凹模不同心，向一面偏斜。 (2) 定位不准确。 (3) 凸模不垂直。 (4) 压边力不均匀。 (5) 凹模形状不对	(1) 调整凸、凹模位置，使之间隙均匀。 (2) 调整定位零件。 (3) 重新装配凸模。 (4) 调整压边力。 (5) 更换凹模
制件底部周边形成鼓凸		(1) 拉深作用力不足。 (2) 凹模圆角半径过大。 (3) 间隙过大	(1) 增大拉深作用力。 (2) 尽量减小凹模圆角半径。 (3) 减小间隙

（4）根据翻孔质量分析对翻孔模进行修整。翻孔质量缺陷产生的原因、调整和修理解决办法见表 14-15。

表 14-15　　　　　　　翻孔质量分析

序号	质量问题	原因分析	解决办法
1	制件孔壁不直	凸模与凹模的间隙太大或间隙不均匀	修整或更换凸、凹模或调整模具使间隙均匀
2	翻孔后孔口不齐	(1) 凸、凹模间隙太小。 (2) 凸、凹模间隙不均匀。 (3) 凹模圆角半径不均匀	(1) 修整到合理间隙。 (2) 重新调整模具。 (3) 修整凹模圆角

序号	质量问题	原因分析	解决办法
3	制件孔口破裂	(1) 凸、凹模间隙太小。 (2) 坯料太硬。 (3) 冲孔断面有毛刺。 (4) 孔口翻边太高	(1) 修整到合理间隙。 (2) 更换材料或将坯料进行退火处理。 (3) 调整冲孔模的间隙或改变送料方向。 (4) 须改变工艺，降低翻边高度

（5）根据翻边质量分析对翻边模进行修整。

翻边质量缺陷产生的原因、调整和修理解决办法见表14-16。

表14-16 **翻边质量分析**

序号	质量问题	原因分析	解决办法
1	翻边不直	(1) 凸、凹模间隙太大。 (2) 凸、凹模间隙不均匀	(1) 修整或更换凸、凹模。 (2) 调整模具使间隙均匀
2	边缘不齐	(1) 凸、凹模间隙太小。 (2) 凸、凹模间隙不均匀。 (3) 坯料放偏。 (4) 凹模圆角半径不均匀	(1) 修整到合理间隙。 (2) 重新调整模具。 (3) 须修正定位件。 (4) 修整凹模圆角
3	边缘有皱纹	(1) 凸、凹模间隙太大。 (2) 坯料外轮廓有突变的形状	(1) 修整或更换凸、凹模。 (2) 将坯料外轮廓改为圆滑过渡的形状
4	外缘破裂	(1) 凸、凹模间隙太小。 (2) 凸模或凹模的圆角半径太小。 (3) 坯料太硬	(1) 修整到合理间隙。 (2) 加大圆角半径。 (3) 更换材料或将坯料进行退火处理

（6）根据冲件质量分析对多工序级进模进行修整。

目前由于重视对级进模结构的研究和模具零件精密加工技术

的进步，有条件制造出能保证冲件质量并正常稳定地进行高速冲压的模具，从而使级模日趋发展。根据冲件质量分析对多工序级进模进行调整和修理以消除冲件缺陷的方法见表14-17。

表14-17　　　　　　多工序级进模冲件的质量分析

序号	缺陷	消除方法
1	冲件粘着在卸料板	在卸料板上装置弹性卸料钉
2	冲孔废料粘住冲头端面	采取防止废料上粘的各种措施
3	毛刺	模具工作部分材料用硬质合金
4	印痕	调节弹簧力
5	小冲头易断	小冲头固定部分采用镶套，采用更换小冲头方便的结构
6	卸料板倾斜	卸料螺钉采用套管及内六角螺钉相结合的形式
7	凹模胀碎	严格按斜度要求加工
8	工件成形部分尺寸偏差	修正上、下模，修正送料步距精度
9	孔变形	模具上有修正孔的工位
10	拉深工件发生问题	增加一些后次拉深的加工工位和空位
11	每批零件间的误差	对每批材料进行随机检查并加以区分后再用

第三节　冲压模具修复手段

　　模具修复在模具使用过程中占有重要的地位。模具作为成形制品的工具，在使用中必然存在正常磨损而降低精度，也存在偶发事故而造成损坏。与一般设备不同的是，模具对精度状态十分敏感，一旦精度超差，就不能提供合格的制品。因此在生产中必须仔细监督和检查模具的使用精度及寿命。制品生产企业应配备专职的模具维修工，负责模具的修复和管理工作，这是由模具的特点所决定的。

　　模具在使用时出现故障的情况和原因是多种多样的，应根据不同的情况采取不同的修复手段。常用的模具修复手段有堆焊、电阻焊、电刷镀、镶拼、挤胀、扩孔和更换新件等。

一、堆焊与电阻焊

1. 堆焊

堆焊是焊接的一个分支，是金属晶内结合的一种熔化焊接方法。但它与一般焊接不同，不是为了连接零件，而是用焊接的方法在零件的表面堆敷一层或数层具有一定性能材料的工艺过程。其目的在于修复零件或增加其耐磨、耐热、耐蚀等方面的性能。堆焊通常用来修补模具内诸如局部缺陷、开裂或裂纹等修正量不大的损伤。目前用得较为广泛的是氩气保护焊接，即氩弧焊。

氩弧焊具有氩气保护性良好、堆焊层质量高、热量集中、热影响区小、堆焊层表面洁净、成型良好和适应性强等优点。但需要操作者具有丰富的经验，熟知模具材料及热处理性能，这样才能保证模具在焊接过程中不开裂、无气孔。为此氩弧焊在使用中必须遵循以下基本原则。

（1）焊丝材料必须与所焊的模具材料相同或至少与材料相近，硬度值相同或相近，以使模具的硬度和结构均匀一致。

（2）电流强度应控制得很小，这样可防止模具局部硬化以及产生粗糙结构。

（3）所焊零件一般需要预热，特别是对较大型零件，以减少局部过热造成的应力集中。预热温度必须达到马氏体形成温度之上，具体数值可从有关金属的相态图中获取。但加热温度不能太高（一般在 500℃ 以下），否则将增大熔焊深度。模具在整个焊接过程中必须保持预热温度。

（4）焊后的零件根据具体情况需要进行退火、回火或正火等热处理，以改善应力状态和增强焊接的结合力。

2. 电阻焊

目前应用较普通的便携式工模具修补机的原理可归于电阻焊之列。其可输出一种高能电脉冲，这种电脉冲以单次或序列方式输出，将经过清洁的待修复的零件表面覆以片状、丝状或粉状修补材料，在高能电脉冲作用下，修补材料与零件结合部的细微局部产生高温，并通过电极的碾压，使金属熔接在一起。具有熔接强度高、修补精度高、适用范围大、零件不发热、零件损伤小和修复层硬度可选等优点。主要用于尺寸超差、棱角损伤、氩弧焊不足、局部磨损、锈蚀斑和龟裂纹等的修补，但不适于滑动部位的修补。

二、电刷镀

电刷镀是电镀的一种特殊方式，即不用镀槽，只需要在不断供给电解液的条件下，用一支镀笔在工件表面上进行擦拭，从而获得电镀层。所以电刷镀有时又称作无槽电镀或涂镀。

电刷镀技术可用于模具的表面强化处理及修复工作，如模具型腔表面的局部划伤、拉毛、蚀斑磨损等缺陷。修复后模具表面的耐磨性、硬度、粗糙度等都能达到原来的性能指标。

1. 电刷镀技术的原理及特点

电刷镀是在金属工件表面局部快速电化学沉积金属的技术，其原理如图 14-14 所示。转动的 1 接直接电源 3 的负极，电源的正极与镀笔 4 相接，镀笔端部的不溶性石墨电极用脱脂棉 5 包住，浸满金属电镀溶液，在操作过程中不停地旋转，使镀笔与工件保持着相对运动，多余的镀液流回容器 6。镀液中的金属正离子在电场作用下，在阴极表面获得电子而沉积刷镀在阴极表面，可达到自 0.01mm 直至 0.5mm 以上的厚度。

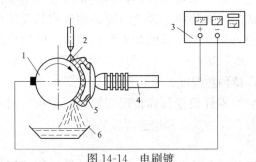

图 14-14　电刷镀

1—工件；2—镀液；3—电源；4—镀笔；5—脱脂棉；6—容器

由此可见，电刷镀技术有如下特点。

(1) 不需要镀槽，可以对局部表面刷镀。设备、操作简单，机动灵活性能强，可在现场就地施工，不受工件大小、形状的限制，甚至不必拆下零件即可对其进行局部刷镀。

（2）可刷镀的金属比槽镀多，选用更换方便，电镀实现复合镀层，一套设备可镀金、银、铜、铁、锡、镍、钨、铟等多种金属。

（3）镀层与基体金属的结合力比槽镀牢固，电刷镀速度比槽镀快 10～15 倍（镀液中离子浓度高），镀层厚薄可控性强，电刷镀耗电量是槽镀的几十分之一。

（4）因工件与镀笔之间有相对运动，故一般都需要人工操作，很难实现高效率的大批量、自动化生产。

2. 电刷镀的基本设备

电刷镀的设备主要包括电源、镀笔、镀液及泵、回转台等。

（1）电源。电源由主电路和控件电路组成。主电路输出 220V 交流电经变压器降压，再以二极管或晶闸管整流，输出 100Hz 脉动直流电源。输出的电压可无极调节，通常为 0～25V，输出的额定电流一般与电压成几个等级配套。控制电路通过所耗的电量，可控制镀层厚度。

（2）镀笔。镀笔由阳极和导电柄两部分组成。如图 14-15 所示是修复沟槽凹坑用的回转式镀笔。

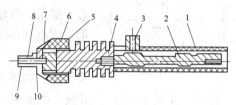

图 14-15 回转式镀笔

1—镀笔手柄；2—软轴；3—电源电缆口；4—散热器；5—阳极底座；
6—锁紧螺母；7—导电胶；8—阳极；9—包套；10—包扎布

阳极采用不溶性的石墨块制成，根据被镀工件表面的不同，备有方、圆、大小不同的石墨阳极块。在石墨块外面需包裹上一层脱脂棉，在脱脂棉外再包裹上一层耐磨的涤棉套。脱脂棉的作用是饱吸、储存镀液，防止阳极与工件直接接触造成短路和防止阳极上脱落下来的石墨微粒进入镀液。对于窄缝、狭槽、小孔、深孔等表面的电刷镀，由于石墨阳极的强度不够，需用铂-铱合金作为阳极。

（3）镀液。电刷镀用的镀液根据所镀金属和用途的不同有很多种，如镍、铁、铜、钴、锌、锡、铅等单金属镀液、合金镀液和复合镀液等，比槽镀用的镀液有较高的离子浓度，可自行配制，也可向专业厂、所购置。目前用于修复模具用的镀液较多采用镍基刷镀溶液和钴合金刷镀溶液。为了对被镀表面进行预处理（电解净化、活化），镀液中还包括电净液和活化液等。

小型零件表面、不规则工件表面电刷镀时，用镀笔蘸浸镀液即可；对大型表面、回转体工件表面刷镀时，最好用小型离心泵把镀液灌注到镀笔和工件之间去。

（4）回转台。主要用以电刷镀回转体工件表面。

3. 电刷镀技术的工艺过程

电刷镀的整个工艺过程包括镀前预加工、除油除锈、电净处理、活化处理、镀底层、镀工作层和镀后检查修整等。

（1）表面预加工。去除表面上的毛刺、不平度、锥度及疲劳层，保证光洁平整，粗糙度 Ra 小于 $2.5\mu m$。对较深的划伤、腐蚀斑坑及沟槽表面，要用锉刀、磨条、砂轮、油石等修形，露出基体金属，并使镀笔阳极可以接触凹部的每一个位置，如图 14-16 所示。

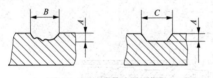

图 14-16　被修复的模具

（2）除油、除锈。工件表面上的锈蚀，严重的可用喷砂、砂布打磨；油污可用汽油、丙酮或水基清洗剂来清洗。用测量工具测量出要求修复的金属层厚度，用胶带将待修复部位邻近的表面贴覆起来，如图 14-17 所示。

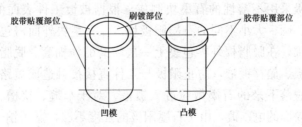

图 14-17　胶带贴覆部位

（3）电净处理。首先需用电净液对工件表面进行电净处理，以进一步除去微观上的油污。对于模具修复，一般电源正接（即工件接电源负极，镀笔接电源正极），电净时阴极上产生氢气泡使表面的油污去除脱落。电压用 $10\sim20V$，阴、阳极相对运动速度 $6\sim8m/min$，时间 $10\sim30s$。然后用清水冲洗掉电净表面的残留镀液。

（4）活化处理。活化处理用以除去工件表面的氧化膜、钝化膜或析出的碳元素微粒黑膜。活化液按作用强弱，有 1 号、2 号、3 号之分。1 号液工件可接电源正极或负极，电压 $10\sim12V$；2 号、3 号工件接电源正极，电压分别为 $6\sim12V$ 及 $15\sim20V$。阴、阳极相对运动速度 $6\sim8m/min$，时间 $5\sim30s$。活化以后工件表面呈银灰色，用清水冲洗干净。

（5）镀底层。为使获得的镀层与基体有良好的结合强度，一般采用特殊镍打底层。工件接电源负极，镀笔接电源正极。先在不通电的情况下在待镀部位擦拭 $3\sim5s$，然后通电，在 $8\sim15V$ 下进行刷镀。阴、阳极相对运动速度 $10\sim15m/min$，过渡层厚 $1\sim3\mu m$。

（6）镀工作层。用快速镍或镍-钨合金刷镀工作层直到恢复尺寸。工件接电源负极，镀笔接电源正极。工艺过程同上，首先无电擦拭 $3\sim5s$，然后通电，电压 $8\sim15V$，相对运动速度 $10\sim15m/min$，时间为镀至所需厚度为止。

（7）镀后检查修整。用清水冲净镀覆表面的残留镀液，擦净水渍。用吹风机吹干镀层表面，观察有无裂纹和起皮。用油石和细砂布打磨镀层表面，使其达到粗糙度要求。试模检查制品尺寸，合格后进行抛光处理，使模具完全符合使用要求。

三、加工修复

1. 镶拼

用镶拼法修复模具有以下几种情况。

（1）镶件法。镶件法是利用铣床或线切割等加工方法，将需修理的部位加工凹坑或通孔，然后制造新的镶件，嵌入凹坑或通孔里，达到修复的目的。尽量做到该镶件正好在型腔、型芯的造型区间分界线上，如图 14-18 所示，这样可以遮盖修补的痕迹，否则镶件拼缝处会在制品上留有痕迹。

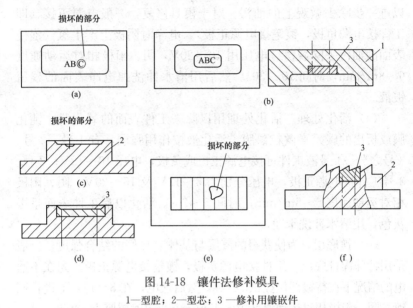

图 14-18　镶件法修补模具

1—型腔；2—型芯；3—修补用镶嵌件

（2）加垫法。加垫法是将大面积平面严重磨损的零件加垫一定高度后，再加工至原来尺寸，如图 14-19 所示。A 面发生磨损，可将 A 面磨去 δ 厚，在 B 面加垫 δ 厚以补偿，相应的型芯止口处也要磨去 δ 厚。该法简便，适用性强，在模具的修复工作中经常会用到。

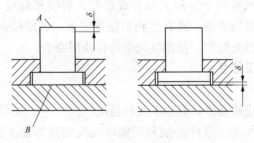

图 14-19　加垫法修复模具

（3）镶嵌法。镶嵌法是把压坏了的型腔、型芯等部件在压坑处用凿子凿一个不规则的小坑，如图 14-20（b）所示。并用凿子把小坑周边向外稍翻卷，然后把一根纯铜烧红，退火后取一小段塞在小坑内，用碾子将纯铜踩碾实，并把小坑四周翻边踩平盖上，将纯铜嵌住，如图 14-20（c）所示。然后钳工用小锉修平，用油石、砂纸打磨光滑即可。

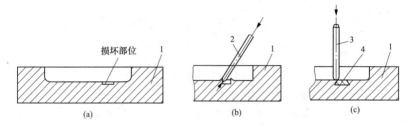

图 14-20 镶嵌法修补型腔

（a）型腔受损；（b）用凿子凿坑；（c）镶补纯铜

1—型腔；2—凿子；3—碾子；4—纯铜块

（4）镶外框法。当成形零部件在长期的交变热及应力作用下出现裂缝时，可先制成一个钢带夹套，其内尺寸比零件外尺寸稍小，成过盈配合形式，然后将夹套加热烧红后再把被修的零件放在夹套内，冷却后零件即被夹紧，这样就可以使裂纹不再扩大。

2. 挤胀

利用金属的延展性，对模具局部小而浅的伤痕，用小锤或小碾子敲打四周或背面来弥补伤痕的修理方法。在图 14-21（a）中，分型面沿口处出现一个小缺口，此时可在缺口处附近（2～3mm）钻一个 10mm 的 $\phi 8mm$ 小孔，用小碾子从小孔向缺口处冲击碾挤，当被碰撞的缺口经碾挤后，向型腔内侧凸起时，如图 14-21（b）所示，观察其凸起的量够修复的量时，就停止碾挤，把小孔用钻头扩大成正圆，并把孔底扩平，然后用圆销将孔堵平填好，再把被碾凸的型腔侧壁修复好即可，如图 14-21（c）所示。

若损坏的部位在型腔底部，可用同样方法进行修复。图 14-22（a）为被压坏的型腔。可在其背面钻一个大于压坏部位一倍的深孔，距离型腔部分 h 为孔径的 1/2～2/3。然后碾子冲击深孔底部，

817

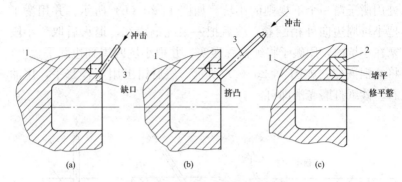

图 14-21　用碾挤法修复局部碰伤

（a）在碰伤缺口处钻孔；（b）用冲子冲击，并将侧壁挤凸；（c）扩孔、堵平、修复

1—型腔；2—圆销（堵块）；3—碾子（无刃口的凿子）

使型腔表面隆起，如图 14-22（b）所示。接着用圆销堵好焊死，最后把型腔底部隆起部分修平修光，恢复原状即可，如图 14-22（c）所示。

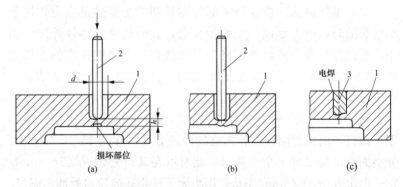

图 14-22　用挤胀法修补型腔

（a）在受伤型腔背面钻孔；（b）用碾子冲击变形；（c）堵孔、修复

1—型腔；2—碾子；3—圆销（堵头）

3. 扩孔

当各种杆的配合孔滑动磨损而变形时，采用扩大孔径，将配用杆的直径也相应加大的方法来修复，称扩孔法。当模具上的螺纹孔或销钉孔由于磨损或振动而损坏时，一般也采用此法进行修

818

理，方法简单，可靠性很强。

4. 更换新件

这种方法主要应用于杆、套类活动件折断或严重磨损情况下的修复。对于其他部件，当采用现有的修复手段均不可行时，也需要更换新件来使模具能够正常使用。

第四节 冲压模具修复方法

当模具出现问题后，采取何种方法进行修复，主要取决于损坏的类型及模具结构，模具维修人员应根据具体情况，制定出具体可行的修复方法并实施，以保证模具的正常运行。

一、模具失效原因及寿命

1. 模具失效分类

模具失效是指模具工作部分发生严重破损，不能用一般修复方法（刃磨、抛磨）使其重新服役的现象。

模具失效分偶然失效（因设计错误、使用不当过早引起模具破损）和工作失效（因正常破损而结束寿命）两类。

2. 影响模具寿命的主要因素

模具寿命（N）指模具自正常服役至工作失效期间内所能完成制件加工的次数。若模具在使用中需刃磨或翻修，则模具总寿命为：

$$N = \sum n_i$$

其中　n_i——模具在相邻两次刃口磨或翻修间隔内完成制件加工的次数。

对模具失效原因的分析，一般是将模具制造的全过程和模具的服役条件作为一个整体来考虑。其中主要影响模具服役寿命的因素如图 14-23 所示。

某一类模具或某一具体模具的失效往往是这些可能因素的一种或几种造成的，因此在失效原因分析中采取逐个因素排除的方法，但首先应根据宏观失效类型结合微观失效机理进行模具失效原因的确定。

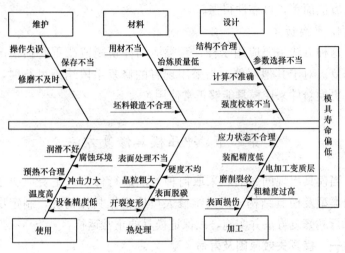

图 14-23　影响模具寿命的因素

3. 冷作模具失效的主要形式

冷作模具失效的主要形式见表 14-18。

表 14-18　　　　　　冷作模具失效的主要形式

失效方式		简图	失效原因
断裂	整体断裂		脆断的特征是断口平齐、颜色一致，多因冶金缺陷、加工缺陷或过载造成。疲劳断裂主要由应力循环造成
	局部断裂		
变形		(镦粗、弯曲)(模孔胀大)(型腔下沉)	强度不够

失效方式	简图	失效原因
磨损		制件材料与模具工作面间的摩擦造成刃口变钝、棱角变圆、模腔表面损伤
咬合		制件材料在力的作用下与模腔表面的冷焊现象造成

4. 热作模具失效的主要形式

热作模具主要的失效形式见表14-19。

表 14-19　　　　　热作模具失效形式

失效方式	失效原因	失效方式	失效原因
工作部位变形	（1）用材不当或热处理工艺不合理造成的模具工作部位强度偏低。 （2）模腔长期在受力及回火温度附近工作，导致强度下降	热疲劳	（1）冷-冷循环热应力。 （2）循环机械应力。 （3）循环热-机械应力
热磨损	（1）高温下模具表面与被加工材料间的摩擦、氧化磨损、粘着磨损。 （2）模具表面的氧化	断裂	（1）严重偏载造成的局部过载。 （2）淬火裂纹或磨削裂纹等工艺缺陷。 （3）循环应力造成的疲劳断裂

5. 提高模具制造质量的措施

提高模具制造质量可采取以下措施。

（1）提高模具制造零件的加工精度。模具零件工作部位的几何形状，如圆角半径、出模斜度、刃口角度的加工应严格按设计要求进行，在刃具或设备不能实现时，应由人工修磨并严格测量，以保证模具合理的受力状态。有配合尺寸的部位，应保证其公差或进行配磨。

（2）降低模腔表面粗糙度。表面粗糙度的降低一方面可减少坯料的流动阻力，降低模腔的磨损率，另一方面可减少表面缺陷（刀痕、电加工熔斑等）产生裂纹的倾向。

（3）提高模具硬度的均匀性。在热处理过程中应保证加热温度的均匀、冷却过程的一致，并应防止表面的氧化和脱碳。淬火后应及时、充分回火。

（4）提高模具装配精度。这些措施主要有：间隙量及其均匀的调整，增加配合载面及合模面的接触，保证凸模和凹模受力中心的一致性。

6.合理使用和正确维护模具

模具的寿命是在模具的使用过程中体现出来的，因此延长模具寿命，必须合理使用和正确维护模具。

（1）正确安装和调整。

（2）正确的工艺操作。

（3）对热作模具，如热锻模、压铸模、热挤压模等模具给予合理预热是非常重要的。

（4）合理的冷却。

（5）正确润滑。润滑是保证工艺性能和延长模具寿命的必要辅助手段，它包括正确选用润滑剂及制定润滑工艺。

（6）模具在制造至使用之间，应解决包装与运输问题，防止模具的锈蚀、变形和碰伤。

（7）模具暂停使用、入库存放时，应做好标记，并采取防锈措施加以保护。

（8）为避免卸料装置长期受压缩而失效，在模具存放保管期间必须加限位木块。

（9）某些模具在使用中会产生残余内应力，应在使用一段时间后，采取去应力措施。

（10）模具型腔出现划伤或模腔表面粗糙度变大时，应及时进行打磨或抛光，以防止缺陷进一步扩大，加速模具的损坏。

二、冲压模具修复方法

冲模在使用过程中会出现各种故障，如模具工作零件表面磨损、工作零件裂损等，这就需要冲模维修工配合，一起经常检查所冲的制件质量和冲模的使用情况。一旦发现制件的尺寸超出所规定的公差范围或发现制件表面有沟槽毛刺和缺陷或冲模工作有异常现象发生，应立即停机检查，分析查找原因，对其进行妥善的检查和修理，以使冲模能尽快恢复使用。

1. 冲模的随机故障修理

当冲模出现一些小毛病时，可不必将冲模从压力机上卸下，直接在压力机上进行检修，直到恢复到原来的工作状态为止，这样既节省工时，又节约了修理时间和不必要的拆卸及搬运。冲模的随机故障修理包括以下内容。

（1）更换易损备件。当出现定位零件磨损后定位不准、级进模的导料板和挡料块磨损、精度降低及复合模中推杆弯曲等问题时，可通过更换新定位件、挡料块、推杆或将导料板调整到合适位置等来解决。

（2）刃磨凸、凹模刃口。冲裁模中，由于凸凹模刃口磨钝不锋利致使制件有明显的毛刺及撕裂，这时可用油石在刃口上轻轻地磨或卸下凸、凹模在平面磨床上刃磨后再继续使用。

（3）调整卸料距离。凸、凹模经一定的刃磨次数后，应在凸模底部加垫板，以保持原来的位置及高度。

（4）修磨与抛光。拉深模及弯曲模因长期使用后表面磨损、质量降低或产生划痕等缺陷，可以用油石或细砂纸，在其表面轻轻打光，然后用氧化铬研磨膏抛光。

（5）模具紧固。模具在使用一段时间后，由于振动及冲击，使螺钉松动失去紧固作用，此时应及时紧固一下。

（6）调整定位器。由于长期使用及冲击振动，定位器位置会发生变化，所以应随时检查，将其调整到合适位置。

冲模的临时修理是一项细致而又复杂的工作。因此无论做何种项目的修理，都要首先切断机床电源，仔细寻找问题所在并及时修理，使模具能很快恢复正常使用。

2. 冲模拆卸后的修理

在工作中若发现冲模的主要部位有严重的损坏，或冲压件有较大的质量问题，随机修理不能解决时，就应拆下模具进行修理。

（1）冲模修理的基本原则。冲模零件的换取及部分更新，一定要满足原图样设计要求；冲模的各部分配合精度要达到原设计的要求，并重新进行研配和修整；冲模在修理完毕后，要进行试冲，无误后才能进行生产；冲模检修的时间一定要适应生产的要求，尽量能利用三次生产的间隔期。

（2）冲模修理的方法及步骤。根据冲模损坏部位的不同，可以采用前述的镶拼、焊接、更换新件等方法来进行修复。具体步骤如下。

1）修理前，应擦净冲模上的油污，使之清洁。

2）全面检查冲模各部位尺寸、精度，填写修理卡片。

3）确定修理方案及修理部位。

4）拆卸冲模。在一般情况下，尽量做到不需要拆卸的部位就不进行拆卸。

5）更换部件或进行局部修配。

6）进行装配、试冲及调整。

7）记录修配档案和使用效果。

（3）冲模修理时应注意的问题。冲模在修理过程中，应注意以下几点。

1）拆卸冲模时，应按其结构的不同，预先考虑好操作程序。拆卸时要用木槌或铜锤轻轻敲击冲模底座，使上、下模分开，切忌猛击猛打，造成零件的破损和变形。

2）辨别好零件的装配方向后再拆卸。拆卸的顺序应与冲模的装配顺序相反，本着先外后内、先上后下的顺序拆卸。容易产生移位而又无定位的零件，在拆卸时要做好标记，以便于装配。

3）拆卸时严禁敲击零件的工作表面。

4）拆卸后的零件，特别是凸、凹模工作零件，要妥善保管，最好放在盛油的器皿中，以防生锈。

5）根据损坏程度的大小，将需修理的零件，精心修配或更换。

6）零件更换或修配后，经装配、试冲、调整，尽量达到原来的精度及质量效果。

3. 冲模典型零件的修复

（1）定位零件的修复。冲模的定位件对于冲裁质量有很大的影响。定位零件的定位正确，制件的质量及精度就高。定位钉及导正销磨损后需更换新件，重新调整后再使用。定位板由于紧固螺钉或销钉松动使定位不准确时，可调整紧固螺钉及销钉，使其定位准确；若定位销孔因磨损逐渐变大或变形，要用扩孔法，用直径大点的钻头扩孔后，再修整其定位位置。而对于级进模中的导料板及侧刃挡块，长期磨损或受到条料的冲击，使位置发生变化，影响冲裁质量时，可将其从冲模上卸下进行检查。如发现挡块松动，可以重新调整紧固；如导料板磨损，应在磨床上磨平并调整位置后继续使用；如局部磨损，可补焊后磨平继续使用。

（2）导向零件的修复。冲模的导向零件主要是导柱、导套。这类零件经长期使用后会造成磨损使导向间隙变大，在受到冲击和振动后松动也会导致导向精度降低，失去导向作用，致使在冲模继续使用时，凸、凹模啃刃或崩裂，造成冲模的损坏。其修配的方法是如下。

1）导柱、导套从冲模上卸下，磨光表面和内孔，使其粗糙度降低；

2）对导柱镀铬；

3）镀铬后的导柱与研磨后的导套相配合，并进行研磨，使之恢复到原来的配合精度；

4）将研磨后的导柱、导套抹一层薄机油，使导柱插入导套孔中，这时用手转动或上下移动，不觉得发涩或过松时即为合适；

5）将导柱压入下模板，压入时需将上、下模板合在一起，使导柱通过上模板再压入下模板中，并用角尺测量以保证垂直于模板，不得歪斜；

6）用角度尺检查后，将上、下模板合拢，用手感检查配合质量。

若导柱导套磨损太厉害而无法镀铬修复时，应更换新的备件重新装配。

（3）工作零件的修复。冲模的凸、凹模经过长期使用多次刃磨后，会使口部位硬度降低、间隙变大，并且刃口的高度也逐渐降低。其修复方法应根据生产数量、制件的精度要求及凸、凹模的结构特点来确定。

1）挤胀法修整刃口。对于生产量较小、制作厚度又较薄的薄料凹模，由于刃口长期使用及刃磨，其间隙变大。这时可采用挤胀的方法使刃口附近的金属向刃口边缘移动，从而减小凹模孔的尺寸，达到减小间隙的目的，如图 14-24 所示。采用挤胀法修理冲模刃口，一般先加热后敲击，这样才可使金属的变形层较宽较深，冲模修理后的耐用度才能更长些。

2）镶拼法修复刃口。当好冲模的凸、凹模损坏而无法使用时，可以用与凸、凹模相同的材料，在损伤部位镶以镶块，然后再修整到原来的刃口形状或间隙值。如图 14-25 所示。

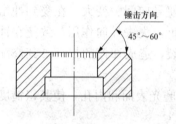

图 14-24　挤胀法修复间隙变
大了的刃口

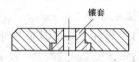

图 14-25　镶拼法修复凸、
凹模刃口

3）焊接法修复刃口。对于大中型冲模，在工作中刃口可能由于某种原因被损坏、崩刃，甚至局部裂开，假如损伤不大，可以利用平面磨床磨去后继续使用。当损坏较严重时，应采用焊补法修复。首先将损坏部位切掉，用和其材料相同的焊条在破损部位进行焊补，然后进行表面退火，再按图样要求加工成形以达到尺寸精度。

4）镶外框法修复凹模。对于凹模孔形状较为复杂且体积较小的凹模，当发现凹模孔边缘有裂纹时，可按图 14-26 所示的镶外框套箍法对其加固、紧箍后继续使用。

5）细小凸模的更换。在冲模中，直径很细的凸模在冲压时很

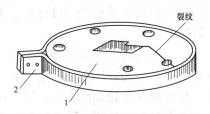

图 14-26　套箍法修复裂纹凹模

容易被折断。凸模折断后，一般都用新凸模进行更换。

（4）紧固零件的修复。冲模中螺纹孔和销孔可采用以下几种方法进行修复。

1）扩孔法。将损坏的螺纹孔或销孔改成直径较大的螺纹孔或销孔，然后重新选用相应的螺钉或销钉，如图 14-27 所示。

2）镶拼法。将损坏的螺纹孔或销孔改成直径较大的螺纹孔或销孔，如图 14-28 所示。

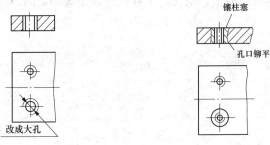

图 14-27　扩孔法修理螺纹孔　　　图 14-28　镶拼柱塞法修理螺纹孔

（5）备件的配作方法。冲模零件由于磨损或裂损不可修复时，更换备件可以有效地节省时间。其备件一般都采用配作的方法使其在尺寸精度、几何形状和力学性能方面同原来的完全一样。配作方法有以下几种。

1）压印配作法。先把备件坯料的各部分尺寸按图样进行粗加工，并磨光上、下表面；按照模具底座、固定板或原来的冲模零件把螺钉孔和销孔一次加工到尺寸；把备料坯件紧固在冲模上后，可用铜锤锤击或用手扳压力机进行压印；压印后卸下坯料，按刀痕进行锉修加工；把坯料装入冲模中，进行第二次压印；反复压印锉修，直到合适为止。

2）划印配作法。可以用原来的冲模零件划印，即利用废损的工件与坯料夹紧在一起，沿其刃口在坯件上划出一个带有加工余量的刃口轮廓线，然后按这条轮廓线加工，最后用压印法来修整成形；也可以压制的合格制件划印，即用原冲制的零件在毛坯上划印，然后锉修、压印成形。

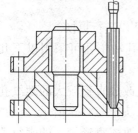

3）芯棒定位加工。加工带有圆孔的冲模备件，可以用芯棒来加工定位，使其与原模保持同心，再加工其他部位，如图 14-29 所示。

图 14-29 芯棒定位制造备件

4）定位销定位加工。在加工非圆形孔时，可以用定位销定位后按原模配作加工。

5）线切割加工。销孔、工件孔可以用线切割的方法加工。

第十五章

冲压设备的合理使用与维护保养

第一节 冲压设备概述

一、冲压设备及其作用

用作冲压加工的设备称为冲压设备，常用冲压设备主要包括机械压力机、液压机和剪切机等。其中，机械压力机、液压机主要用于各分离类及变形类工序的加工，剪切机主要是将板料剪成一定尺寸规格的条料、块料作为后续冲裁、弯曲、拉深、成形等工序加工用的毛坯，在有些情况下，亦可将剪切好的坯料直接作为零件使用。

因此，冲压设备作为冲压加工的手段，在加工中具有十分重要的作用，为适合各种冲压工艺，需要有各种类型的冲压设备。冲压机械压力机包括：开式压力机、通用闭式压力机、闭式拉深压力机、通用自动压力机、精密冲裁压力机、高速压力机等。冲压液压机包括：单臂式液压机、单动液压机和双动液压机。此外常用冲压设备还有剪板机、开卷机、矫平机、以及用于成形的折弯机、滚弯机、卷板机等。

随着冲压加工技术的发展，冲压设备正向大型化、精密化、机械化自动化方向发展，近年来生产中广泛使用的高速压力机、精密冲裁压力机、冲模回转头压力机、双动力拉深压力机、多工位自动压力机、激光切割-冲裁组合压力机、其他各种数控压力机以及活动工作台、快速换模装置等，反映了冲压设备的发展水平。

二、冲压设备的分类

在机械压力机、液压机、剪切机等主要的冲压设备中，又以机械压力机在冲压生产中的应用最广，按其结构形式、使用对象及用途的不同主要分为：

（1）开式压力机。操作者可以从前、左、右三个方向接近工作台，床身为整体结构，采用刚性离合器，结构简单，不能实现寸动行程，工作台下设有气垫，供浅拉深时切边或工件顶出之用。可附设通用的辊式或夹钳式等送料装置，实现自动送料。小吨位压力机采用滑块行程调节机构及无级变速装置，可提高行程次数。由于床身刚性所限，只适用于中、小型压力机。主要用于冲孔、落料、切边、浅拉深和成形等工序。

按工作台结构，开式压力机可分为可倾式压力机、（工作台及床身可以在一定角度范围内向后倾斜的压力机）、固定式压力机（工作台及床身固定的压力机）和升降式压力机（工作台可以在一定范围内升降的压力机）。

（2）闭式压力机。操作者只能从前后两个方向接近工作台，床身为左右封闭的压力机，刚性较好，能承受较大的压力，因此适用于一般要求的大、中型压力机和精度要求较高的轻型压力机。主要用于冲孔、落料、切边、弯曲、拉深及成形等工序。

（3）单点压力机。压力机的滑块由一个连杆带动，用于台面较小的压力机。

（4）双点压力机。压力机的滑块由两个连杆带动，用于左、右台面较宽的压力机。

（5）单动压力机。只有一个滑块的压力机。

（6）双动压力机。有内、外两个滑块的压力机，外滑块用于压边，内滑块用于拉深。由于主要用于拉深，所以又称为拉深压力机。

（7）多工位自动压力机。结构与闭式双点压力机相似，但装有自动进料机构和工位间的传送装置，传送机构与主轴和主滑块机械连接，在任何速度下都能保持同步操作，能按一定顺序自动完成落料、冲孔、拉深、弯曲及整形等，每一行程可生产一个制件。

（8）高速压力机。冲压速度在 600 次/min 以上，送料精度高达±0.01～0.03mm，主要用于电子、仪表、汽车等行业的特大批量的冲裁、弯曲、浅拉深等工序的生产。

（9）精密冲裁压力机。除主滑块之外，还设有压边和反压装置，其压力可分别调整，机身精度高，刚性好，具有封闭高度调节机构，调节精度高，主要用于精密冲裁。

（10）数控回转头压力机。整机由计算机控制，带有模具刀库的数控冲切及步冲压力机，能自动快速换模，通用性强，生产率高，突破了传统冲压加工离不开专用模具的束缚，主要用于冲裁、切口及浅拉深。

三、冲压设备的型号编制

冲压设备主要属于锻压机械设备之一，冲压设备的型号编制可参考锻压机械中机械压力机、液压机、剪切机、弯曲校正机等的型号编制方法。

按照 JB/T 9965—1999《锻压机械型号编制方法》规定，锻压机械型号是锻压机械名称、主参数、结构特征及工艺用途的代号，由汉语拼音正楷大写字母和阿拉伯数字组成。型号中的汉语拼音字母按其名称读音。

1. 通用锻压机械型号表示方法

通用锻压机械型号表示方法如下。

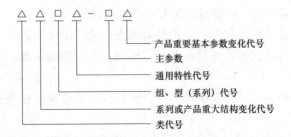

2. 锻压机械分类及其类代号

锻压机械分为 8 类，用汉语拼音正楷大写字母表示，读音参考汉语简称拼音读音。锻压机械分类及其字母代号见表 15-1。

表 15-1   锻压机械的分类及代号（摘自 JB/T 9965—1999）

类别名称	汉语简称	拼音代号	类别名称	汉语简称	拼音代号
机械压力机	机	J	自动锻压机	自	Z
液压机	液	Y	锤	锤	C
剪切机	剪	Q	锻机	锻	D
弯曲校正机	弯	W	其他	他	T

3. 锻压机械系列或产品重大结构变化代号

凡属产品重大结构变化和主要结构不同者，分别用正楷大写字母 A、B、C、D⋯区分，位于类代号之后。

4. 锻压机械的组、型（系列）代号及主参数

（1）每类锻压机械分为 10 组，每组分为 10 个型（系列），用两位数表示，位于类代号或结构变化代号之后。

（2）主参数采用实际数值或实际数值的十分之一（仅限于公称力 kN 或能量 kJ）表示，位于组、型（系列）或特性代号之后，并用短横线"一"隔开。

（3）组、型（系列）的划分及型号中主参数的表示方法必须符合相关要求。

5. 锻压机械通用特性代号

（1）通用特性代号的定义。

K：数字控制或计算机控制（含微机）代号。

Z：自动代号，带自动送卸料装置的代号。

Y：液压传动代号，是指机器的主传动采用液压装置。

Q：气动代号，是指机器的主传动（力、能的来源）采用气动装置。

G：高速代号，是指机器每分钟行程次数或速度显著高于同规格产品。

M：精密代号，是指机器精度显著高于同规格产品。

（2）通用特性代号位于组、型（系列）代号之后。

（3）凡产品与基型产品比较，除了具有普通形式之外，还另有下列某种通用特性（见表 15-2），应在基本型号中加注正楷大写

特性代号字母。通用特性代号在各类锻压机械设备型号中所表示的意义相同。

（4）在一个产品型号中，只表示一个最主要的通用特性。产品的名称中可以加写通用特性名称。

表 15-2　　　通用特性名称及字母代号（摘自 JB/T 9965—1999）

通用特性名称	数控	自动	液压	气动	高速	精密
字母代号	K	Z	Y	Q	G	M

6. 产品重要基本参数变化代号

（1）凡是主参数相同而重要的基本参数不同者，用正楷大写字母 A、B、C、D、…加以区别，位于主参数之后。

（2）凡是次要基本参数约有变化的，可不改变其原型号。

第二节　冲压压力机

冲压加工车间常用的冲压压力机主要有曲柄压力机、摩擦压力机和冲压液压机。

一、曲柄压力机

曲柄压力机是冲压车间常用的压力机，它是以曲柄传动的锻压机械，按公称压力的大小分为大、中、小型。小型曲柄压力机的公称压力小于 1000kN，中型曲柄压力机的公称压力为 1000～3000kN，3000kN 以上的为大型曲柄压力机。

1. 曲柄压力机的型号

曲柄压力机属于锻压机械，其型号按 JB/T 9965—1999 标准的规定编制。型号用汉语拼音字母、英文字母和数字表示。

其中第一个字母为类代号，用汉语拼音字母表示。在 JB/T 9965—1999 标准的 8 类锻压设备中，与曲柄压力机有关的有 5 类，即机械压力机、自动锻压机、锻机、剪切机和弯曲校正机。

第二个字母代表同一型号产品的变型顺序号。凡主参数与基本型号相同，但其他某些基本参数与基本型号不同的，称为变型，用字母 A、B、C、……表示。

第三、第四个数字分别为组、型代号。前面一个数字代表"组"，后一个字母代表"型"。在标准中，每类锻压设备分为10组，每组分为10型。表15-3为通用曲柄压力机型号。

表 15-3　　　　　　　通用曲柄压力机型号

组		型号	名　称	组		型号	名　称
特征	序号			特征	序号		
开式单柱	1	1	单柱固定台压力机	开式双柱	2	8	开式柱形台压力机
		2	单柱升降台压力机			9	开式底传动压力机
		3	单柱柱形台压力机	闭式	3	1	闭式单点压力机
开式双柱	2	1	开式双柱固定台压力机			2	闭式单点切边压力机
		2	开式双柱升降台压力机			3	闭式倾滑块压力机
		3	开式双柱可倾压力机			6	闭式双点压力机
		4	开式双柱转台压力机			7	闭式双点切边压力机
		5	开式双柱双点压力机			9	闭式四点压力机

注　从11～39组、型代号中，凡未列出的序号均留作待发展的组、型代号使用。

横线后的数字代表主参数，一般用压力机的公称压力作为主参数。型号中的公称压力用工程单位制中的"t·f"表示，故转化为法定单位制的"kN"时，应把此数乘10。

最后一个字母代表产品的重大改进顺序号。凡型号已确定的锻压机械，若结构和性能上与原产品有显著不同，则称为改进型，用字母 A、B、C、…表示。

有些锻压设备紧接组、型代号后还有一个字母，代表设备的通用性能。例如，J21G-20 中的"G"代表高速；J92K-250 中的"K"代表数控。

根据上述介绍可知，设备型号 JC23-63A 中的"J"代表机械压力机；"C"代表同一型号产品的第三种变形顺序；"23"为组、型代号，为开式双柱可倾压力机；"63"代表设备的公称压力为630kN；"A"代表产品经过第一次重大改进。

2.曲柄压力机工作原理

尽管曲柄压力机的种类较多，但工作原理基本相同。简单地说，就是通过曲柄机构（曲柄连杆机构、曲柄肘杆机构等）增力和改变运动形式，利用飞轮来贮存和释放能量，使曲柄压力机产生大工作压力来完成冲压作业。

下面以 JB23-63 曲柄压力机为例，来说明其结构与运动原理。JB23-63 曲柄压力机属于开式可倾压力机，如图 15-1 所示。

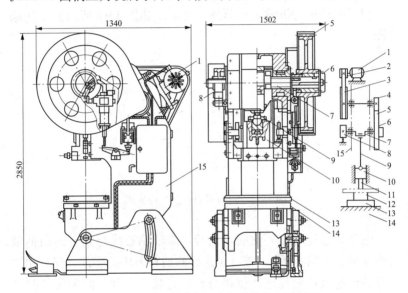

图 15-1　JB23-63 曲柄压力机结构与运动原理

1—电动机；2—小带轮；3—大带轮；4—小齿轮；5—大齿轮；
6—离合器；7—曲轴；8—制动器；9—连杆；10—滑块；11—上模；
12—下模；13—垫板；14—工作台；15—机身

压力机运动时，电动机 1 通过 V 带把运动传给大带轮 3，再经小齿轮 4、大齿轮 5 传给曲轴 7。连杆 9 上端装在曲轴上，下端与滑块 10 连接，把曲轴的旋转运动变为滑块的往复直线运动，滑块 10 运动的最高位置称为上止（死）点位置，而最低位置称为下止（死）点位置。由于生产工艺的需要，滑块有时运动，有时停止，所以装有离合器 6 和制动器 8。由于压力机在整个工作时间周期内进行工艺操作的时间很短，大部分时间为无负荷的空程。为了使电动机的负荷均匀，有效地利用设备能量，因而装有飞轮，大带轮同时也起飞轮作用。

当压力机工作时，将所用模具的上模 11 装在滑块上，下模 12 直接装在工作台 14 上或在工作台面上加垫板 13，便可获得合适的闭合高度。此时，将材料放在上下模之间，即能进行冲裁或其他变形工艺加工，制成工件。

根据曲柄压力机的运动原理，可绘出如图 15-2 所示的工作原理图。

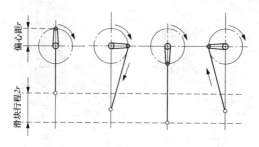

图 15-2　曲柄压力机的工作原理

电动机通过飞轮驱动曲轴旋转，曲轴轴心线与其上的曲柄轴心线偏移一个偏心距 r，连杆是连接曲柄和滑块的零件，连杆用轴承与曲柄连接，通过球头铰接与滑块连接。因此，曲轴旋转时就使滑块作上下往复直线运动，这就是曲柄-连杆机构。这种机构不但使旋转运动变成往复直线运动，还能起力的放大作用，即增力作用。一般连杆是做成两节用螺纹连接起来的结构，调节螺杆便能使连杆在一定范围内改变长度。

由图 15-2 可知，滑块的行程（即滑块上止点至下止点的距离）等于偏心距 r 的两倍。此为滑块行程固定的压力机（曲轴压力机，即压力机所用主轴为图 3-1 所示的曲轴）的滑块行程。曲轴压力机具有压力机行程较大，不能调节的特点。但是，由于曲轴在压力机上由两个或多个对称轴承支持着，因此压力机所受负荷较均匀，故可制造大行程和大吨位的压力机。

也有能适当调节滑块行程的冲床（如偏心压力机），其结构简图如图 15-3 所示。通过调节压力机偏心套 5 的位置可以实现压力

机滑块行程的调节，原理详见图 4-27 所示。该类压力机具有行程
不大、但可适当调节的特点，因此可用于行程要求不大的导板式
等模具的冲裁加工。

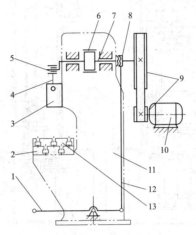

图 15-3　偏心压力机结构简图

1—脚踏板；2—工作台；3—滑块；4—连杆；5—偏心套；6—制动器；7—偏心主轴；
8—离合器；9—带轮；10—电动机；11—床身；12—操纵杆；13—工作台垫板

如图 15-4 所示为闭式压力机的外形及传动示意图。

如图 15-5 所示为不同连杆数目的曲柄压力机的工作原理图。

如图 15-6 所示为不同运动滑块数目的曲柄压力机工作示意图。
单动压力机主要用于冲裁、弯曲等工序作业。双动拉深压力机主
要用于拉深，它有两个分别运动的滑块，内滑块用于拉深，外滑
块主要用于压边。通常，内滑块采用曲柄连杆机构驱动，外滑块
采用曲轴凸轮机构、带侧滑块的曲柄杠杆机构或多杠杆机构驱动。
外滑块通常有 4 个加力点，用于调整作用于坯料周边的压边力。
双动拉深压力机具有以下可满足拉深工艺要求的特点：

内、外滑块的行程与运动配合，内滑块行程较大外滑块行程
较小。在拉深过程中，外滑块首先压紧毛坯的边缘，并在内滑块
拉深过程中以不变的压力保持压紧状态，提供可靠的压边力至拉
深完毕。内滑块在回程到一定行程后，外滑块才回程。目的是能
在拉深结束后给凸模卸件，以免拉深件卡在凸模上。

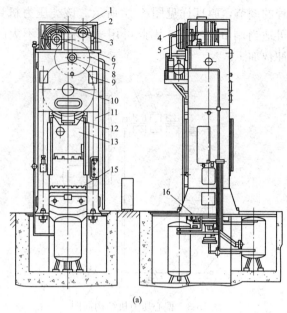

(a)

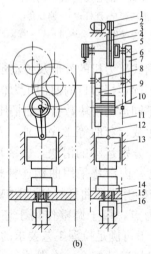

(b)

图 15-4　闭式压力机外形及传动示意图

（a）外形图；（b）传动示意图

1—电动机；2—小带轮；3—大带轮；4—制动器；5—离合器；6、8—小齿轮；
7—大齿轮；9—带偏心轴颈的大齿轮；10—轴；11—床身；12—连杆；13—滑块；
14—垫板；15—工作台；16—液压气垫

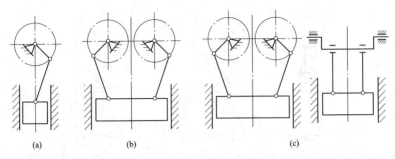

图 15-5　不同连杆数目的曲柄压力机工作原理图

（a）单点压力机；（b）双点压力机；（c）四点压力机

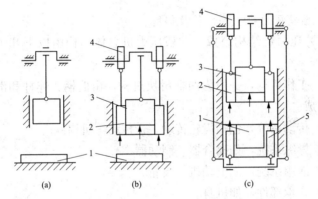

图 15-6　不同运动滑块数目的曲柄压力机工作原理图

（a）单动压力机；（b）双动压力机；（c）三动压力机

1—工作台；2—外滑块；3—内滑块；4—凸轮；5—下滑块

　　外滑块的压边力可调，有利于针对不同的拉深件选取不同的压边力。内、外滑块速度有利于满足拉深中压边及拉深平稳的要求。

　　三动压力机除了在压力机的上部有一个内滑块和一个外滑块之外，压力机下部还有一个下滑块，上、下两面的滑块做相反方向的运动，用以完成相反方向的拉深工作，主要用于大型覆盖件的拉深和成形。

　　图 15-7 为开式压力机按工作台结构划分的曲柄压力机类型。

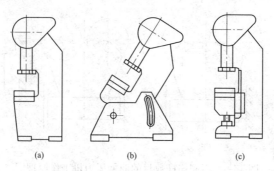

图 15-7　开式压力机的工作台形式

（a）固定式；（b）可倾式；（c）升降台式

3. 曲柄压力机主要部件及作用

（1）压力机结构组成。一般压力机总体结构由以下几个部分组成。

1）工作机构，一般为曲柄滑块机构，由曲柄、连杆和滑块等零件组成。

2）传动系统，包括齿轮传动、带传动等机构。

3）操纵系统，如离合器、制动器。

4）能源系统，如电动机、飞轮。

5）支承部件，如机身。

6）辅助系统与装置，如润滑系统、保护装置以及气垫等。

（2）压力机主要部件的作用。各组成部分的主要部件及作用如下。

1）大带轮。如图 15-4 中的件 3，它是通过带轮将电动机的动力传递给传动轴，从电动机传过来的转速在该处获得了较大的减速。

2）传动轴。如图 15-4 中连接大带轮 3 与小齿轮 4 的轴叫作传动轴，其装有小齿轮 4 的一端与曲轴一端的大齿轮啮合，起着传递动力的作用。

3）曲轴。如图 15-4 中的件 7，主要是将旋转运动变为滑块的往复直线运动。

4）离合器。如图 15-4 中的件 6，主要作用是将旋转着的大齿轮与曲轴接合或脱开，以控制压力机工作部件的运动和停止。离合器分刚性离合器和摩擦离合器，如图 15-8 所示为刚性离合器中的双转键离合器结构图。

转键离合器按转键的数目可分为单转键式和双转键式。双转键式离合器有工作键（又称主键）和副键。由于这两个键的右端都装有键柄，两键柄又用拉板 17 相连（见 E 向视图），因此副键总是跟着主键转动，但两者转向相反。装设副键之后，在滑块下行时，可以防止因曲柄滑块机构的自重作用而造成曲轴的转动超前与大齿轮的转动，而这种"超前"现象会造成工作键与中间套的撞击。当压力机用拉深气垫或采用弹性压边圈进行作业时，副键可以防止滑块回程时由于拉深气垫或弹性压边圈的回弹力而引起"超前"现象。其次，设置副键后，在调整模具时能够使曲柄反转。

当需要离合器接合时，使关闭器转动，避开尾板 10（见 C-C 剖视图），尾板连同工作键在弹簧 12 的作用下，有逆时针方向旋转的趋势。所以，只要中间套上的半圆形槽与曲轴上的半圆形槽对正，工作键便立即逆时针方向转过一个角度（见 D-D 剖视右图），大齿轮则经过中套和工作键的中部带动曲轴向逆时针方向旋转。

当需要离合器脱开时，操纵机构的复位弹簧使关闭器返回原位，强迫尾板连同工作键向顺时针方向转到原位（见 D-D 剖视左图），工作键中部的外缘又与曲轴的外表面构成一个整圆，于是曲轴与中套脱开，大齿轮空转，曲轴在制动器作用下停止转动。

大、中型曲柄压力机一般均采用压缩空气接合摩擦片的摩擦离合器。图 15-9 为这种气动摩擦离合器的工作原理图。图示状态是旋转的飞轮 3 连同活塞 2 及主动摩擦盘 4 在主轴 6 上旋转。从动摩擦盘 5 通过键连在主轴 6 上，由于主动摩擦盘 4 与活塞 2 不接触从动摩擦盘 5（气室内无压缩空气，故弹簧 7 使三者呈脱开状态），所以，从动摩擦盘未被带动旋转，此时飞轮呈空转状态。当气室内通入压缩空气后，活塞 2 被气压推动，使主动摩擦盘 4 与从动摩

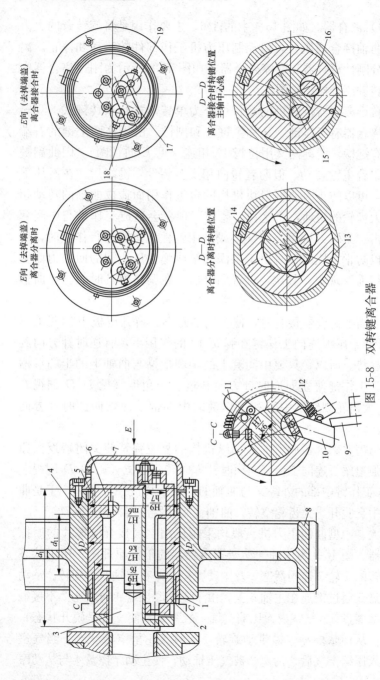

图 15-8 双转键离合器

1、5—滑动轴承；2—内套；3—曲轴（右端）；4—中套；6—外套；7—端盖；8—大齿轮；9—关闭器；10—尾板；11—凸键；12—弹簧；13—润滑桶芯；14—平键；15—副键；16—工作键；17—拉板；18—副键柄；19—工作键柄

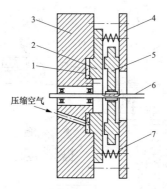

图 15-9　气动摩擦离合器的工作原理图

1—气室；2—活塞；3—飞轮；4—主动摩擦盘；5—从动摩擦盘；6—主轴；7—弹簧

擦盘 5 接触，并产生足够的摩擦力，将飞轮系统的动力经摩擦盘传至主轴 6，从而使滑块产生往复直线运动。

　　为使压力机获得单次或连续行程则需对离合器进行操纵控制。图 15-10 为一种常用的电磁控制的转键离合器操纵机构。当需要单次行程时，预先用销子 11 将拉杆 5 与右边的打棒 3 连接起来，然后踩板，使电磁铁 6 通电，衔铁上吸，拉杆下拉打棒。由于打棒的台阶面 4 压在齿条 12 上面，于是齿条也跟着向下。齿条带动齿轮 1 和关闭器 10 转过一定角度，尾板与转键便在拉簧（见图 15-8）作用下向反时针方向转动，离合器接合，曲柄旋转，滑块向下运动。在曲轴旋转一周之前，操作者即使没有松开操纵踏板，电磁铁仍然处于通电状态，但随曲轴一起转的凸块（见图 15-10 中的 2 及图 15-8 中 C-C 剖视中的 11 将撞开打棒，齿条与打棒脱离，并在下端弹簧的作用下向上运动，经齿条带动关闭器回到原来的位置。曲柄继续转动，关闭器挡住尾板，迫使转键向顺时针方向转动，离合器脱开，曲轴在制动器作用下停止转动，滑块完成单次行程。若要再次进行单次行程，必须先使电磁铁断电，让打棒在它下面的弹簧作用下复位，并重新压住齿条才能实现。故这种机构能够防止由于操作失误而产生的连车现象。

　　当需要连续行程时，先用销子将拉杆与右边的齿条连接起来，然后使电磁铁通电，衔铁上吸，拉杆向下拉齿条，于是经齿轮带

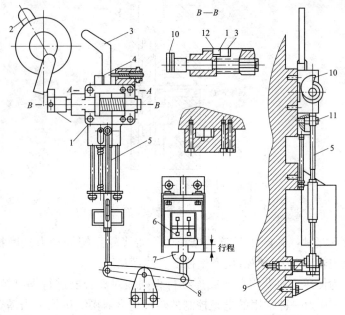

图 15-10　电磁控制的转键离合器操纵机构

1—齿轮；2—凸块；3—打棒；4—台阶面；5—拉杆；6—电磁铁；

7—衔铁；8—摆杆；9—机身；10—关闭器；11—销子；12—齿条

动关闭器转过一定角度，离合器接合，曲轴旋转。此时，凸块和打棒已不起作用，如不松开踏板使电磁铁断电，滑块便做连续行程。要使离合器脱开和曲轴停止转动，必须松开踏板切断电磁铁的电源，齿条才能在下面弹簧的作用下向上运动，经齿轮使关闭器复位并挡住尾板。

5）保险器。保险器又称压踏块，是冲床中的过载保护装置。在冲床工作过程中，如果冲裁力超过压力机的公称压力，该保险装置将被破坏，从而起到保护压力机连杆和曲轴的作用。一般压力机出厂时都配有附件或易损件零件图，损坏后可按图加工。

6）制动器。曲柄压力机上使用的制动器一般有三种类型：圆盘式制动器、带式制动器和闸瓦式制动器。目前，闸瓦式制动器已基本不用。

图 15-11 为偏心带式制动器，由制动轮 3、制动带 5、摩擦材料 4、制动弹簧 7 和调节螺钉 8 等组成。摩擦材料铆接在制动带上，制动带的紧边 2 固定在机身 1 上，松边 6 用制动弹簧张紧。制动轮和曲轴用平键相连，但其外圆对曲轴颈有一偏心距。当曲轴靠近上止点时制动带绷得最紧，制动力矩最大；曲轴在其他角度时，制动带也不完全松开，仍然保持一定的制动力矩，用以克服刚性离合器的"超前"现象。制动力矩的大小可用调节螺钉进行调节。

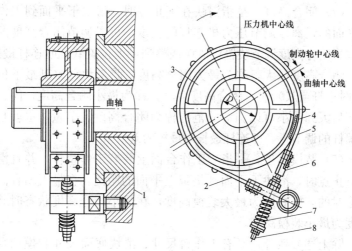

图 15-11　偏心带式制动器

1—机身；2—紧边；3—制动轮；4—摩擦材料；5—制动带；6—松边；

7—制动弹簧；8—调节螺钉

这种制动器结构简单，维修方便。但由于经常有制动作用，会增加机器的能量消耗，加速制动带摩擦材料的磨损。为此，常用于小型压力机。

4.压力机的主要技术参数

曲柄压力机的主要技术参数包括以下几项：

（1）曲柄压力机的公称压力（又称额定压力或名义压力），是指滑块离下止点前某一特定距离或曲柄旋转到离下止点前某一特定角度时，滑块上所允许承受的最大作用力。公称压力是压力机的一个主要参数，我国压力机的公称压力已经系列化，如 630kN、1000kN、1600kN、2500kN、3150kN、4000kN、6300kN、……等。

（2）滑块行程，是指滑块从上止点到下止点所经过的距离，其大小随工艺用途和公称压力的不同而不同。例如，J31—315 压力机的滑块行程为 315mm，JB23-63 压力机的滑块行程为 100mm。

（3）行程次数，是指滑块每分钟从上止点到下止点，然后再回到上止点所往复的次数。例如，J31—315 压力机的滑块行程次数为 20 次/min。

（4）闭合高度，是指滑块在下止点时，滑块下平面到工作台上平面的距离。调节压力机连杆的长度，可以调节闭合高度的大小。当闭合高度调节装置将滑块调整到最上位置（此时连杆最短）时，闭合高度最大，称为最大闭合高度；将滑块调整到最下位置（此时连杆最长）时，闭合高度最小，称为最小闭合高度；闭合高度从最大到最小可以调节的范围称为闭合高度调节量，也就是调节螺杆的调节量，即连杆最长与最短的差值。

（5）装模高度，是指当工作台面上装有工作垫板，并且滑块在下止点时，滑块下平面到垫板上平面的距离。在最大闭合高度状态时的装模高度为最大装模高度，在最小闭合高度状态时装模高度为最小装模高度。

除上述参数外，尚有工作台尺寸、滑块底面尺寸和模柄孔尺寸等参数。不同的压力机，这些尺寸一般不同，这些尺寸也直接决定着所安放的模具外形尺寸大小。

二、摩擦压力机

摩擦压力机与曲柄压力机一样有增力机构和飞轮，是利用螺旋传动机构来增力和改变运动形式的，因此，摩擦压力机属于螺旋压力机的一种。螺旋压力机分为手动螺旋压力机、摩擦压力机和液压螺旋压力机三种，其中摩擦压力机在生产实际中应用得最为广泛。

如图 15-12 所示为摩擦压力机的结构简图。用操纵手柄 1 通过杠杆系统 13、15 操纵转轴 10 向左或向右移动。摩擦盘 9 和 11 之间的距离，略大于飞轮 6 的直径。转轴 10 由电动机通过带轮传动而旋转，当其向左或向右移动时，摩擦盘与螺纹套筒 5 是传动螺纹配合，于是滑块 3 被带动向上或向下做直线运动。向上为回程，向下为工作行程。

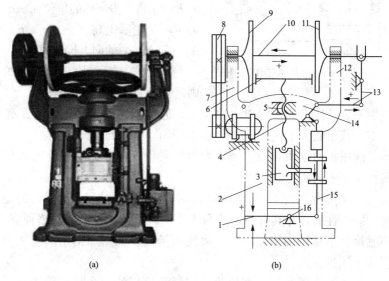

(a)　　　　　　　　　　　　(b)

图 15-12　摩擦压力机的结构简图

(a) 外形图；(b) 结构简图

1—操纵手柄；2—床身；3—滑块；4—螺杆；5—螺纹套筒；6—飞轮；7、12—支架；
8—带轮；9、11—摩擦盘；10—转轴；13、15—杠杆系统；14—横梁；16—工作台

摩擦压力机没有固定的下止点，为此作业范围受到限制，一般用于校平、压印、切边、切断和弯曲等冲压作业和模锻作业。

三、冲压液压机

液压机的工作原理是静压传递原理（帕斯卡原理），即在充满液体的密闭连通器中，作用在单位面积上的压力（压强）经液体传递到液体的各个部分且其数值不变。

1．液压机工作原理

图 15-13 为液压机工作原理，在充满液体的密闭连通器中，一端装有面积为 A_2 的小柱塞，另一端装有面积为 A_1 的大柱塞，柱塞和连通器之间设有密闭装置，使连通器内形成一个密闭空间。当

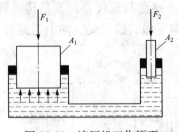

图 15-13 液压机工作原理

小柱塞上施加一个外力 F_2 时，则作用在液体上的单位面积压力 $p = F_2/A_2$。按照帕斯卡原理，另一端的大柱塞将获得同样的单位面积压力 p，大柱塞上将产生 $F_1 = p \times A_1 = F_2A_1/A_2$ 的向上推动力。

根据这一工作原理，液压机则通过高压泵（相当于小柱塞）提供一定的压力油作用于小面积上，通过液体的传递便可在工作活塞上获得放大了若干倍的作用力，该作用力可用于冲压加工。

液压机的工作介质主要有两种。采用乳化液的一般称为水压机；采用油的称为油压机。

乳化液由 2% 的乳化脂和 98% 的软水混合而成，具有较好的防腐和防锈性能，并其有一定的润滑作用。而且乳化液的价格便宜，不燃烧，不易污染工作场地，故耗热量大以及热加工用的液压机多为水压机。

油压机使用的工作介质为全损耗系统用油，有时也采用透平机油或其他类型的液压油。在防腐蚀、防锈和润滑性能方面优于乳化液，但成本高，易于污染场地，一般中小型液压机多采用油压机。

2. 液压机分类

液压机按用途分为手动液压机、锻造液压机和冲压液压机等。其中，手动液压机一般为小型液压机，用于压制、压装等工艺；锻造液压机用于自由锻造、金属模锻；冲压液压机用于板材冲压成形。按液压机工作缸的安装位置，常用的主要有上压式液压机［如图 15-14（a）所示］及下压式液压机［如图 15-14（b）所示］两种。

上压式液压机的活塞从上向下移动对工件加压，送料和取件操作是在固定工作台上进行的，操作方便，而且容易实现快速下行，应用广泛。

下压式液压机的上横梁固定在立柱上不动，当柱塞上升时带

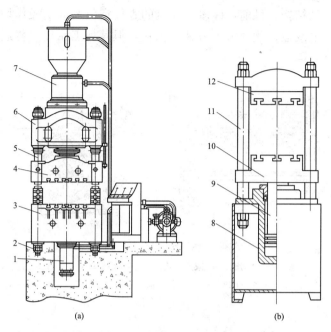

图 15-14　液压机的种类

(a) 上压式液压机；(b) 下压式液压机

1—顶出缸；2—锁紧螺母；3—下横梁；4—活动横梁；5—立柱；6—上横梁；

7—工作缸；8—工作缸；9—活塞杆；10—活动横梁；11—立柱；12—上横梁

动活动横梁上升，对工件施压。卸压时，柱塞靠自重复位。下压式液压机的重心位置较低，稳定性好。

第三节　剪切机和折弯机

一、剪切机的分类

剪切机一般用于板料、型材的下料，按用途主要分为以下 4 种：

(1) 剪板机。适用于板料切断。分为机械传动剪板机和液压传动剪板机。剪切板厚小于 10mm 的剪板机多为机械传动结构，如图 15-15 所示为普通剪板机；剪切板厚大于 10mm 的剪板机多为液压传动结构。目前，许多剪板机的零件定位及剪切操作均已实现了数显或数控化，大大方便了操作，但其加工原理与普通剪板机基本相同。

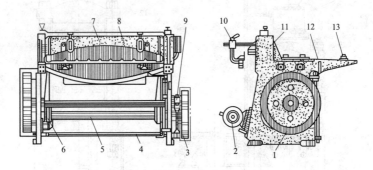

图 15-15　普通剪板机外形

1—皮带轮；2—电动机；3—减速齿轮；4—操纵踏板；5—主轴；6—连杆；
7—活动托板；8—压料装置；9—离合器；10—后挡料装置；11—床身；
12—床面；13—前挡料装置

剪板机由床身、床面、上下刀片、压料装置和传动系统等部件组成。下刀片固定在床面上，上刀片固定在活动托板上，下刀片与上刀片之间的间隙可以调节。通过上刀片相对于下刀片的交错运动，可以实现不同厚度板料的剪切。

（2）剪切冲型机。又称振动剪，其外形结构如图 15-16（a）所示。剪切冲型机由机座、床身、上下切刀和传动系统组成。上切刀固定在刀座上，通过连杆与偏心轴相连，由电动机带动以1500～2000 次/min 的速度快速往复振动。上切刀与下切刀的刀刃相对倾斜的夹角为 20°～30°，如图 15-16（b）所示。两刀尖通常处于接触状态。剪切切口很小，因此可以在板料上切下直线或曲线轮廓形状的冲压件毛坯，但毛坯形状及加工精度差，仅用于小批量薄板毛坯冲压件的加工。

（3）联合冲剪机。适用于条料、板料和型材的切断、切口及冲孔等作业。

（4）型材剪断机。专用于型材的切断。

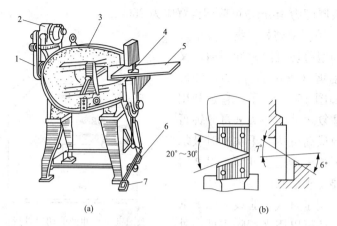

图 15-16　剪切冲型机

(a) 外形；(b) 上、下切刀

1—传动系统；2—电动机；3—床身；4—切刀；5—板料；6—机座；7—操纵系统

二、剪切机的结构特点

剪切机的结构形式很多，按传动方式分为机械式和液压式两种；按其工作性质又可分为剪直线和剪曲线两大类。剪板机的生产效率高，切口光洁，是应用广泛的一种切割方法。

机械剪切机有剪切直线的龙门剪板机以及既可剪切直线又可剪切曲线的振动剪床和圆盘剪切机等，此外，还有数控液压剪板机。

1. 龙门剪板机

龙门剪板机是最常用的一种机械式剪切设备，如图 15-17 所示，主要用于板料的直线剪切，剪切板厚受剪切设备功率的限制，剪切板宽受剪刀刃长度的限制。机床型号有 Q11-3×1200、Q11-4×2000、Q11-13×2500 等。例如，型号为 Q11-4×2500 的剪板机表示可

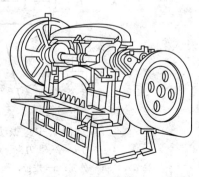

图 15-17　龙门剪板机

剪钢板厚度为 4mm，可剪钢板宽应为 2500mm。

2. 冲型剪切机（振动剪床）

冲型剪切机简称冲型剪，又
名振动剪（或振动剪床），外形
结构如图 15-18 所示。它是利用
高速往复运动的冲头（每分钟行
程次数最高可达数千次）对被加
工的板料进行逐步冲切，以获得
所需要轮廓形状的零件。冲型剪
切机除用于直线、曲线或圆的剪
切外，还可以用来切除零件内外

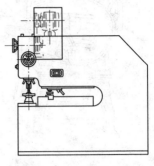

图 15-18　冲型剪切机外形

余边、冲孔、冲型、冲槽、切口、翻边、成形等工序，用途相当
广泛，是一种万能性的钣金加工机械。但冲型剪切机剪切的板料，
其断面一般比较粗糙，所以在剪切后还需要进行修边，即对边缘
进行修光。

振动剪床结构如图 15-19 所示，振动剪床的规格是以最大剪切
厚度表示的，例如，Q21-2A×1040 的振动剪床，最大剪切厚度为
2mm，最大剪切直径为 1040mm。

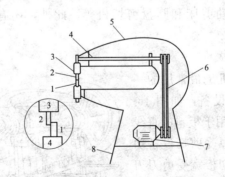

图 15-19　振动剪床结构
1—下刀头；2—上刀头；3—滑块；4—偏心轴；
5—外壳；6—皮带；7—电动机；8—底座

3. 圆盘剪切机（滚剪机）

圆盘剪切机由剪切轮盘形成两剪切刃，所以又称为圆盘滚剪机，或称为双盘滚剪机，主要用于剪切直线、圆、圆弧或曲线钣金件。双圆盘剪切机外形如图 15-20 所示。

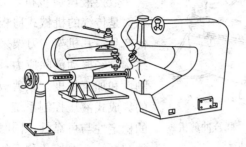

图 15-20　双圆盘剪切机外形

圆盘剪切机的剪切轮盘通常有水平轮和倾斜轮两种，其操作如图 15-21 所示。圆盘剪切机的规格是以剪切钢板的最大厚度和剪切直径表示的。例如，型号为 Q23-3×1500 的圆盘剪切机的剪板厚度为 3mm，剪切板料的最大直径为 1500mm。

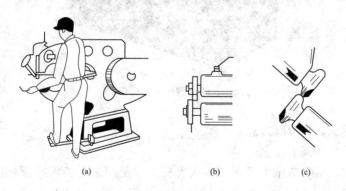

|(a)|(b)|(c)|

图 15-21　圆盘剪切机操作
(a) 圆盘剪切机；(b) 水平轮；(c) 倾斜轮

4. 联合冲剪机

联合冲剪机主要用于板材或型材的剪切和冲孔。联合冲剪机

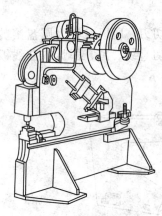

图 15-22　联合冲剪机
外形结构

型号主要有 Q34-10、Q34-16 和 Q34-25 等几种，联合冲剪机外形结构如图 15-22 所示。

5. 数控液压剪板机

数控液压剪板机，如图 15-23 所示，是传统的机械式剪板机的更新换代产品。其机架、刀架采用整体焊接结构，经振动消除应力，确保机架的刚性和加工精度。该剪板机采用先进的集成式液压控制系统，提高了整体的稳定性与可靠性。同时采用先进的数控系统，剪切角和刀片可以无级调节，使工件的切口平整、均匀且无毛刺，能取得最佳的剪切效果。

图 15-23　数控液压剪板机

三、折弯压力机

1. 折弯压力机分类

（1）折弯压力机。折弯压力机主要是用来对条料或板料进行直线弯曲的机床，其构造如图 15-24 所示。折弯压力机上用的弯曲模可分为通用模和专用模两类。常用的通用弯曲模端面形状如图 15-25 所示。上模一般是 V 形的，有直臂式和曲臂式两种。

（2）折边机。利用折弯机可以弯折各种几何形状的金属箱、柜、盒壳、翼板、肋板、矩形管、U 形梁和屏板等薄板制件，以

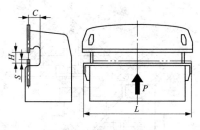

图 15-24　折弯压力机

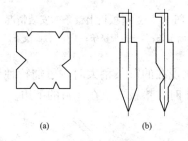

(a)　　　　　　　　(b)

图 15-25　通用弯曲模

(a) 下模；(b) 上模

提高结构的强度和刚度，广泛应用于各种钣金加工。

　　常用的折边设备按驱动方式分为三类，即机械折弯机、液压折弯机和气动折弯机。机械折弯机又可分为机械式折板机和机械式板料折弯机（或板料折弯压力机）。前者简称折板机，结构比较简单，适用于简单、小型零件的生产；后者简称压弯机，结构比较复杂，适用于复杂、大中型零件的生产。

　　2. 折弯压力机的组成和作用

　　(1) 折板机。按传动方式可分为手动和机动两种，一般都使用机动折板机。机动折板机由床架、传动丝杆、上台面、下台面和折板等组成。折板机的工作部分是固定在台面和折板上的镶条，其安装情况如图 15-26 所示。上台面和折板镶条一般是成套的，具有不同角度和弯曲半径，可根据需要选用。

　　折板机的操作过程如下：

　　1) 升起上台面，将选好的镶条装在台面和折板上。若所弯制

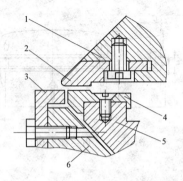

图 15-26　折板机上镶条的安装情况

1—上台面；2—上台面镶条；3—折板镶条；4—下台面镶条；5—上台面；6—折板

零件的弯曲半径比现在的镶条稍大时，可加特种垫板，如图 15-27
所示。这时在工作时，垫板要垫在坯料的下边。

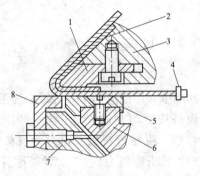

图 15-27　折板机上镶条的使用情况

1—上台面镶条；2—特种垫板；3—上台面；4—挡板；

5—下台面镶条；6—下台面；7—折板；8—折板镶条

　　2）下降上台面，翻起角板至 90°角，调整折板与台面的间隙，
以适应材料厚度和弯曲半径。为以免折弯时擦伤坯料，间隙应稍
大些。

　　3）退回折板，升起上台面，放入的坯料靠紧后挡板。若弯折
较窄的零件、或不用挡板时，坯料的弯折线应对准上台面的外
缘线。

4）下降上台面，压住坯料。

5）翻转折板，弯折至要求的角度。为得尺寸准确的零件，应考虑回弹，必须控制好弯折角度。

6）退回折板，升起上台面，取下零件。

（2）机械式板料折弯机。机械式板料折弯机采用曲柄连杆滑块机构，将电动机的旋转运动变为滑块的往复运动。只要传动系统和机构具有足够的刚度和精度，应能保证加工出来的工件具有相当高的尺寸重复精度。它的每分钟行程次数较高，维护简单，但体积庞大，制造成本较高，多半用于中、小型工件的折弯加工。

机械式板料折弯机的结构类似于普通开式双柱双点压力机，其一般传动系统如图 15-28 所示。工作时，滑板的起落和上下位置

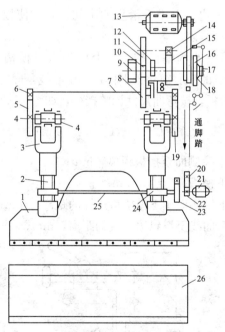

图 15-28　机械式板料折弯机传动系统

1—滑板；2—连杆螺丝；3—连杆；4—曲轴；5、6、8、10—齿轮；
7—传动轴；9—止动器；11、12、14、15—变速箱齿轮；13—电动机；
16—皮带轮；17—主轴；18—齿轮变速齿条；19、20、22、23—齿轮；
21—电动机；24—蜗杆；25—轴；26—工作台

的调节，是两个独立的传动系统。滑板位置的调整，是由电动机21，通过齿轮22、20、19、23带动轴25转动，装在轴25上的蜗杆25使连杆螺丝2旋入连杆3内，通过电动机换向，可上下调节滑板位置。滑板的起落是靠电动机13，通过皮带轮16、齿轮10、8带动传动轴7转动，通过齿轮6和5带动曲轴4转动，使连杆3带动滑板起落，进行工件折弯。

机械式板料折弯机的操作过程如下：

1）将滑板降到最低位置，调整滑板的最低点到工作台面的垂直距离（即闭合高度）比上下两个弯曲模总高度大20～50mm。

2）升起滑板，安装上模和下模，一般先把下模放在工作台上，然后下降滑板再装上模。在安装上模时，从滑板固模槽的一端，一边活动一边往里推至滑板的中间位置，使板料折弯机受力均衡，并用螺钉紧固。

3）开动滑板的调整机构，使上模进入下模槽口，并移动下模，使上模顶点的中心线对正下模口的中心线，固定下模。

4）升起滑板，按弯曲尺寸调整挡板，如图15-29所示。

$$A = L + \frac{B}{2} + C \quad (\text{mm})$$

式中　A——下模侧面至挡板距离，mm；

B——下槽槽口宽度，mm；

C——下模侧面至下模槽口边缘的距离，mm；

L——弯曲线至坯料边缘线的距离，mm。

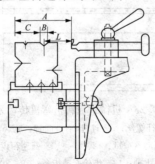

图 15-29　挡板位置的调整与确定

858

工作时，一般标出 A 值，经过试弯做适当调整后确定下来。

5）按要求调整弯曲角度，根据弯曲角度选用对应的上、下模，然后只需调整上模进入下模的深度，就能很容易地达到要求。

（3）液压板料折弯机。液压板料折弯机采用油泵驱动，由于液压系统能在整个行程中对板料施加压力，能在过载是时自动卸荷保护，自动化程度很高，使用方便，因此液压板料折弯机是一种常用的折弯设备。一般它由两个竖直油缸推动滑块的运动。为了防止滑块在运动过程中产生过大偏斜，设有同步控制系统。

液压板料折弯机有下列四种结构形式：

1）液压下传动式折板机。这种结构的折板机，最适合加工金属箱体。它的液压系统一般都安装在底座内，如图 15-30 所示，这使得它在实施"包围式弯折"，即加工只有一个接头箱体时不致受到液压装置的阻碍。

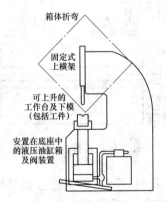

图 15-30　液压下传动式折板机

这种下传动式折板机上横梁是固定不动的，工作台往上升而完成任务闭合行程，工件随着工作台一起上升。液压装置在应用单面作用油缸的底座中。工作台依靠自身的重量完成返回行程。因而，这种折弯机由于缺少可脱卸的上模，一般不能用来实施各种冲切加工。

这类折弯机比较擅长加工小规格的材料，与同等规格的其实折板机相比，操作方便、灵巧。

2）液压上传动式折板机—机械挡块结构。液压上传动式折板机比下传动式折板机应用范围要广泛得多，从 15t～2000t 压力规格的上传动式折板机都具有精确的控制机构。上传动式折板机采用了能操纵闭合和开启行程的双向作用缸，因而它具备了脱模功能，适应于在额定压力范围内的冲切加工。

在折弯各种角度时，机械挡块结构能够精确地控制上模插入下模槽的深度，以得到准确的折弯角度。

挡块装置有两种式样，一种是外装式，另一种是内装式，如图 15-31 所示。小吨位折板机采用手动调节，大吨位折板机采用机械调节。调节装置一般采用蜗轮副或圆锥齿轮副。

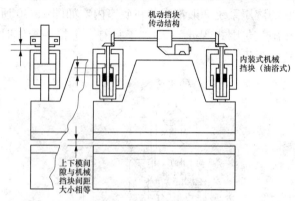

图 15-31　液压上传动式折板机（机械挡块结构）

3）液压机械折板机。液压机械折板机结构如图 15-32 所示。它汇集了机械式和液压式折板机的各自优点，特别是在平行度、压力吨位控制和可变行程机构上，更具有优越性。

液压机械折板机滑块由液压系统操纵，具有快速趋近、慢速折弯和控制压力吨位等功能。滑块通过坚固的枢轴结构与机架连接，从而保证了它上下运动的平行性，不再需要安装一个一个复杂且效果不理想的油缸平衡系统。

肘杆式折弯机结构如图 15-33 所示，在通过机械装置保证滑块平行度的同时，联动机械还能有力地驱动滑块，以较小规格的油缸产生足够大的工作压力，从而节约了成本。

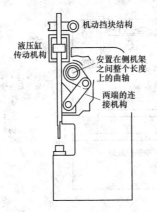

图 15-32　液压机械折板机结构

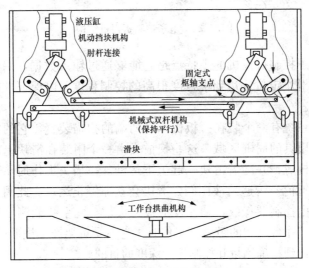

图 15-33　肘杆式折弯机结构

（4）电子控制折板机。电子控制折板机结构如图 15-34 所示，其整体式开关以其瞬时反应的灵敏度及交替控制的可靠性代替了继电器和限位开关。在最新的电子控制折板机上，其控制机构已能与精确度极高、运转速度很快的 CNC（计算机数字控制系统）相匹配。电子控制器使液压折板机成了一种可靠性好、调节简单、生产效率高的精密加工设备。

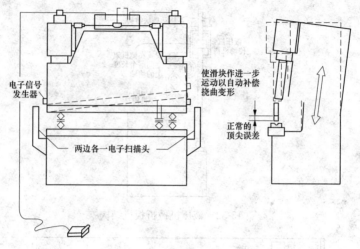

图 15-34　电子控制折板机结构

电子控制折板机的主特点是它能够通过输入数据，用电子装置操纵滑块定位。达到平行度很高的控制程度，以保证准确的折弯角度。

此系统有一个装在折板机床身两端的扫描装置，它的扫描范围就是模具的周围区域。这些扫描头由一个附装在滑块上的电子控制器构成，并随着滑块一起上下运动。扫描头工作时，通过一个装置把信号传递给液压阀，滑块会立即停止运动。此阀为特殊结构，由控制器操纵，动作反应极为灵敏。此系统能测量和控制滑块和工作台之间的距离。工作时，它不受机架产生挠曲的影响，照样能达到精确测量和控制折弯深度的目的。

由于液压机械折板机滑机械联动装置提供了一种正确的模式，每台板料折弯机上只需装一个扫描头，因此降低了电器的成本。

第四节　冲压设备的正确选择和合理使用

一、常用冲压设备的技术参数

常用冲压设备的型号和主要技术参数见表 15-4～表 15-25 所列。

862

表 15-4　方齿条冲压机的型号和技术参数

型号	公称压力(kN)	滑块行程(mm)	行程次数(次/min)	最大封闭高度(mm)	封闭高度调节量(mm)	滑块中心到机身距离(mm)	工作尺寸长×宽(mm)	滑块底面尺寸前后×左右(mm)	工作台垫板厚度(mm)	电机功率(kW)	质量(t)	外形尺寸长×宽×高(mm)
JS-28		96		27		73	175×100				0.015	213×216×403
JS-36		70		60		70	180×100				0.222	218×180×384
JS-32		70		235		111	172×150				0.021	272×196×780

表 15-5　圆齿条冲压机的型号和技术参数

型号	公称压力(kN)	滑块行程(mm)	行程次数(次/min)	最大封闭高度(mm)	封闭高度调节量(mm)	滑块中心到机身距离(mm)	工作尺寸长×宽(mm)	滑块底面尺寸前后×左右(mm)	工作台垫板厚度(mm)	电机功率(kW)	质量(t)	外形尺寸长×宽×高(mm)
JR-26		40		60		60	165×95				0.010	200×165×373
JR-32		70		235		111	172×150				0.020	272×196×780

表 15-6　手动冲压机的型号和技术参数

型号	公称压力(kN)	滑块行程(mm)	行程次数(次/min)	最大封闭高度(mm)	封闭高度调节量(mm)	滑块中心到机身距离(mm)	工作尺寸长×宽(mm)	滑块底面尺寸前后×左右(mm)	工作台垫板厚度(mm)	电机功率(kW)	质量(t)	外形尺寸长×宽×高(mm)
JH-1		134		118		100			19		0.019	286×198×312
JH-2		209		196		150			25		0.032	414×247×449

续表

型号	公称压力(kN)	滑块行程(mm)	行程次数(次/min)	最大封闭高度(mm)	封闭高度调节量(mm)	滑块中心到机身距离(mm)	工作尺寸长×宽(mm)	滑块底面尺寸(前后×左右)(mm)	工作台垫板厚度(mm)	电机功率(kW)	质量(t)	外形尺寸长×宽×高(mm)
JH-3		319		297		175			30		0.048	456×290×5095
JH-40		32		72		72	80×166				0.020	285×272×378
JH-50		32		76		75	90×180				0.025	300×283×380
JH-60		32		80		77	90×180				0.030	330×283×409
JH-80		38.2		80		80	195×105				0.040	350×323×439
JH-100		38.2		88		92	210×120				0.050	380×344×480
JH-120		45		100		100	225×130				0.060	430×369×533
JH-160		51		120		110	240×140				0.080	460×405×586.5

表15-7 单柱固定台式压力机的型号和技术参数

型号	公称压力(kN)	滑块行程(mm)	行程次数(次/min)	最大封闭高度(mm)	封闭高度调节量(mm)	滑块中心到机身距离(mm)	工作尺寸长×宽(mm)	滑块底面尺寸(前后×左右)(mm)	工作台垫板厚度(mm)	电机功率(kW)	质量(t)	外形尺寸长×宽×高(mm)
JHH-25	250	80		220						3	2.61	1880×1110×2060
JHH-40	400	80		260						4	5	2260×1250×2420
JHH-63	630	120		310						5.5	5.76	2650×1460×2670
JHH-80	800	120		330						7.5	8.24	2870×1530×2860
JHH-100	1000	130		350						11	11.14	2730×1780×2940

表 15-8　单柱柱形台式压力机的型号和技术参数

型号	公称压力(kN)	滑块行程(mm)	行程次数(次/min)	最大封闭高度(mm)	封闭高度调节量(mm)	滑块中心到机身距离(mm)	工作尺寸 长×宽(mm)	滑块底面尺寸(前后×左右)(mm)	工作台垫板厚度(mm)	电机功率(kW)	质量(t)	外形尺寸 长×宽×高(mm)
J130-80	800	90	38	310	85	480	600×300		320×420	9	4.5	
J13-100	1000	140	35	400	110	320	420×380	350×460		11	10.8	1160×2060×3410
J13-315	3150	150	30	400	160	340	420×380	400×760		30	27	1890×2756×4360

表 15-9　普通台式压力机的型号和技术参数

型号	公称压力(kN)	滑块行程(mm)	行程次数(次/min)	最大封闭高度(mm)	封闭高度调节量(mm)	滑块中心到机身距离(mm)	工作尺寸 长×宽(mm)	滑块底面尺寸(前后×左右)(mm)	工作台垫板厚度(mm)	电机功率(kW)	质量(t)	外形尺寸 长×宽×高(mm)
J04-0.5	5	50		200	150		252×252				0.095	510×300×940
JB04-0.5	5	26	260	115	115		270×270	48×54		0.25	0.065	460×305×450
J04-1	10	40	250	150	150	58	270×270	56×86	60	0.37	0.085	500×320×450
JB04-1	10	40	250	150	150		270×270			0.37	0.089	320×500×540
JB04-1	0	40	250	150	150					0.37	0.089	470×320×540
J04-1.5	15	40	175	180	40	80	200×140	80×60	200×140	0.37	0.085	465×425×610
JC04-3.15	315	10~40	200	160	25		280×180			0.37	0.185	660×475×750
JD04-0.5A	5	26	250	100	10	23.5	250×305	46×54		0.25	0.061	455×285×470
JD04-0.8	8	40	200	120	25	42	270×170	68×255		0.37	0.087	352×320×577
JD04-1A	10	40	270	140	10	26	270×290	52×60		0.37	0.085	500×310×535

表15-10　开式固定台式压力机的型号和技术参数

型号	公称压力(kN)	滑块行程(mm)	行程次数(次/min)	最大封闭高度(mm)	封闭高度调节量(mm)	滑块中心到机身距离(mm)	工作尺寸 长×宽(mm)	滑块底面尺寸 前后×左右(mm)	工作台垫板厚度(mm)	电机功率(kW)	质量(t)	外形尺寸 长×宽×高(mm)
JA21-2	20	35	216	180	25	90	240×160	75×80	25	0.55	0.10	730×340×685
JG21-10	100	50	90;110	180	40	110	200×310	150×170	35	1.1	0.7	1820×815×1585
JG21-14	140	50	80;100	175	40	130	235×370	185×190	40	1.5	1.0	1825×900×1700
JA21-25A	250	80	120	200	60	190	360×560	220×270	70	2.2	2.15	1280×1310×2125
JH21-25	250	80	100	250	50	210	440×700	250×360		2.2	2.3	1346×830×2120
TH21-45	450	120	80	270	60	225	440×810	340×410	440	5.5	3.4	1435×1075×2391
JZ21-45A	450	80	100	250	60	190	360×810	340×400		5.5	4	1850×1110×2300
JZ21-60	600	90	60~120	300	70	210	400×870	400×475		5.5	5	1970×1210×2640
J21-63	630	120	55	345	90	260	480×710	325×360	90	7.5	4	1750×1340×2490
J21-63	630	100	45	400	80	250	480×710	250×280	80	5.5	4.3	1750×1330×2310
J21-63A	630	100	50~100	300	70	260	850×480	400×480	130	5.5	5.9	2100×1125×2620
J21S-63A	630	100	40	300	80	700	570×860	360×400	80	7.5	4.5	2215×1490×2610
JB21-63A	630	20;50;80	65	350	70	260	480×710	240×300	90	5.5	3.5	1430×1050×2350
J21-80	800	140	45;70	320	90	290	560×1000	430×560	140	6.5/8	7.5	1915×1385×2820
J21-80	800	130	45	380	90	290	540×800	350×370	100	7.5	7.5	1895×1360×2680
JH21-80	800	160	40~75	320	80	310	600×950	460×540	600	7.5	7.5	1915×1280×2800
JH21-80	800	160	60/40~75	320	80	310	600×950	460×540	600	7.5	7.5	1915×1280×2800
J21S-100A	1000	130	38	360	100	900	710×1080	370×430	100	11	9.5	2800×1740×2900
JB21-100	1000	20,72,100	70	390	85	325	600×900	260×335	100	7.5	6.31	1812×1250×2632

续表

型号	公称压力(kN)	滑块行程(mm)	行程次数(次/min)	最大封闭高度(mm)	封闭高度调节量(mm)	滑块中心到机身距离(mm)	工作尺寸 长×宽(mm)	滑块底面尺寸(前后×左右)(mm)	工作台垫板厚度(mm)	电机功率(kW)	质量(t)	外形尺寸 长×宽×高(mm)
JB21-100	1000	180	30~60	350	90	3360	680×1070	520×630	155	7.5	5	2145×680×3040
JB21-100	1000	20,70,100	70	390	85	325	600×900	260×335	80	7.5	5	1812×1276×2635
JB21-100A	1000	100	70	390	85	325	600×900	260×340	80	7.5	5	1812×1270×2635
JB21-100A	1000	20,70,100	70	390	85	325	600×900	260×335	100	7.5	6.31	1812×1250×2632
JB21-100B	1000	20，100	70	390	85	325	600×900	260×340	90	7.5	7.85	1830×1270×2640
JF21-100B	1000	160	65	515	100	385	750×1060	450×560	140	7.5	9	1940×1520×3100
JF21-100B	1000	160	65	375	100	385	600×1000	450×560	140	7.5	8.3	2250×1500×3100
JG21-100	1000	130	30	760	60	240				11	8	2370×1636×3012
JG21-100	1000	140	60	400	110		600×900	400×490	110	11	10	1630×1180×3080
JH21-110	1100	180	50/35~65	350	90	350	680×1070	520×620		7.5	8.61	1833×1500×3130
JH21-110A	1100	110	70	350	90	270	520×1070	520×620		11	8.6	2010×1400×2890
J21-125A	1250	130	38	480	100	380	710×1080	370×430	100	11	10	2320×1735×3110
JH21-150	1500	200	30~55	400	100	390	760×1170	580×700		11	13	2355×1875×3250
JZ21-150A	1500	130	42/65	400	100	310	600×1170	580×700		13/16	12	2050×1370×3090
JB21-160	1600	40，160	50	450	120	380	710×1120	380×510	120	15	14	2170×1290×3050
JB21-160	1600	40,117,160	50	450	120	380	710×1120	370×510	120	13	9	2175×1388×3047
JB21-160	1600	40,117,160	50	450	120	380	710×1120	370×510	120	13	9	2175×1288×3047
JC21-160A	1600	160	45	450	130	380	710×1120	440×600	130	15	13	2185×1420×3070
JF21-160	1600	160	50	430	130	410	800×1250	750×600	160	15	9.5	2350×1550×3410

续表

型号	公称压力(kN)	滑块行程(mm)	行程次数(次/min)	最大封闭高度(mm)	封闭高度调节量(mm)	滑块中心到机身距离(mm)	工作尺寸长×宽(mm)	滑块底面尺寸(前后×左右)(mm)	工作台垫板厚度(mm)	电机功率(kW)	质量(t)	外形尺寸长×宽×高(mm)
J21-200M	2000	160	35~70	410	110		1400×680	650×880		15	21	2160×1440
JZ21-220	2000	160	35~70	450	120	350	680×1400	650×880	150	18.5	17	2700×1570×3702
JA21-250	2500	180	30	500	150	425	800×1250	580×740		22	21.5	2550×1600×4500
J21-400B	4000	2000	25	550	150	480	900×1400	600×800	170	30	22.9	2600×1700×3825

表 15-11　开式双点压力机的主要技术参数

型号	公称压力(kN)	滑块行程(mm)	行程次数(次/min)	最大封闭高度(mm)	封闭高度调节量(mm)	滑块中心到机身距离(mm)	工作台尺寸(前后×左右)(mm)	滑块底面尺寸(前后×左右)(mm)	工作台垫板厚度(mm)	电机功率(kW)	质量(t)	外形尺寸长×宽×高(mm)
J25-125	1250	180	35~65	400	90		680×1880	520×1360	155	11	16.2	2500×2180×3000
J25-160	1600	130	40~80	400	90		600×2040	510×1500		15	20.6	2090×2121 (前后×左右)

表 15-12　开式柱形压力机的主要技术参数

型号	公称压力(kN)	滑块行程(mm)	行程次数(次/min)	最大封闭高度(mm)	封闭高度调节量(mm)	滑块中心到机身距离(mm)	工作尺寸(前后×左右)(mm)	滑块底面尺寸(前后×左右)(mm)	工作台垫板厚度(mm)	电机功率(kW)	质量(t)	外形尺寸长×宽×高(mm)
J28-63	630	120	55	34.5	90	260	300×470	325×360		7.5	4	1750×1360×2490
J28-100	1000	20、100	70	390	85	325	470×300	260×335			7.8	1830×1270×2640
J28-160	1600	40、100	50	450	120	380		380×510		15	14	2080×1290×3050
JA28-250	2500	180	30	450	120	425	340×600	580×740		22	21.5	2550×1600×4500

表 15-13　开式曲柄压力机的型号和技术参数

技　术　参　数	型　号							
	J21-40	J21-63	J21-80	JA21-100	JB21-100	J29-160	JA11-20	JA21-400
公称力 (kN)	400	630	800	1000	1000	1600	2500	4000
滑块行程 (mm)	80	100	130	130	(20~60)~100	117	120	200
行程次数 [次/min]	80	45	45	38	70	40	370	25
最大闭合高度 (mm)	330	400	380	480	390	480	450	550
连杆调节长度 (mm)	70	80	90	100	85	80	80	150
工作台 (前后×左右) [(mm)×(mm)]	460×700	480×710	540×800	710×1080	600×850	650×1000	630×1100	900×14 000
电机功率 (kW)	5.5	5.5	7.5	7.5	7.5	10	17	30

表 15-14　单臂冲压液压机的规格和技术参数

技　术　参　数	型　号				
	1600	3150	5000	8000	12500
垂直缸公称力 (kN)	1600	3150	5000	8000	12 500
回程缸公称力 (kN)	20	40	63	100	160
垂直缸工作行程 S (mm)	600	800	1000	1200	1400
压头下平面至工作台面最大距离 H (mm)	1100	1500	1900	2300	2600
压头中心至机壁距离 L (mm)	1000	1300	1600	1800	2000

续表

技 术 参 数	型 号				
	1600	3150	5000	8000	12500
压头尺寸 $a \times b$（mm×mm）	850×600	1200×1000	1500×1200	1600×1800	2000×2200
工作台面尺寸 $A \times B$（mm×mm）	1200×1200	1800×1800	2300×2500	2600×3000	3200×3600
最大工作速度（mm/s）	10	10	10	10	10
空程下降速度（mm/s）	100	100	100	100	100
回程速度（mm/s）	80	80	80	80	80
工作液体压力（MPa）	20	20	20	25	25
水平缸公称力（kN）		630	1000	1600	2500
水平缸工作行程（mm）		700	800	900	1000
主电机功率（kW）	18.5	45	75	2×55	2×90

表 15-15　板料折弯压力机的型号和技术参数

型　号	公称压力（kN）	工作台长度（mm）	立柱间距离（mm）	喉口深度（mm）	滑块行程（mm）	滑块调节量（mm）	行程速度（mm/s）	最大开启高度（mm）	电机功率（kW）	质量（t）	外形尺寸 长×宽×高（mm）
WB67Y-25/1600	2500	1600	1360	20	100	0～100	20	300	3	1.8	1735×1501×1870
WB67Y-40/2000	400	2000	1650	200	100	0～100	16.6	300	5.5	2.5	2085×1510×1910
WC67Y-15/3600	1250	3600	3000	320	150	120	8	78	7.5	9.5	3690×1920×2450
WC67Y-125/3600	1250	7200	3000	320	150	120	7	78	15	19.5	7290×1980×2450

续表

型号	公称压力 (kN)	工作台长度 (mm)	立柱间距离 (mm)	喉口深度 (mm)	滑块行程 (mm)	滑块调节量 (mm)	行程速度 (mm/s)	最大开启高度 (mm)	电机功率 (kW)	质量 (t)	外形尺寸 长×宽×高 (mm)
WD67Y-160/4000	1600	4000	3320	320	150	0~150	8	450	15	12.9	4080×1900×2800
WB67Y-160/4000	1600	4000	3250	400	152	75	6	76	11	11.15	4100×2200×2600
W67Y-250/500	2500	5000	4100	400	250	0~250	7.5	560	22	27	5100×2525×4460
W67-430/6000	4000	6000	5000	400	320	0~280	6	630	30	45	6100×3232×5540
WC67Y-63/2500	630	2500	2100	250	100	80	80	360	5.5	5	2560×1690×2180
WC67Y-63/2500	630	2500	2050	250	100	80	8	710	5.5	4.5	2597×1725×2345
WC67Y-100/2000	1000	3200	2600	320	150	120	60	450	7.5	8	3290×1770×2450
WC67Y-100/3200	1000	3200	3000	320	100	80	8	78	7.5	8.5	3290×1920×2450
WD67Y-100/3200	1000	3200	2860	320	100	0~100	9	320	11	8.5	3200×1800×2450
WB67Y-100/3200	1000	3200	2550	400	100	75	6	78	7.5	6.5	3330×1976×2300
WD67Y-160/4000	1600	4000	3300	320	200	160	8	500	11	13	4080×1930×2800
WC57Y-	100	3200	2600	320	150			450	7.5	8	3260×1300×2500
W67-Y100/3200	100	3200	2680	200	150	80	32	450	7.5	8	3290×1770×2450
PPV90/30	900	3000	2550	200	120	100	90	300	5.5	7.3	3133×1740×2545
WS67Y-100/3200	1000	3200	2600	400	100		10	335	11	6.5	3246×2355×2125
WS67Y-100/3200	1000(100)	3200	2600	320	100		8	320	11	7.5	3220×1590×2550
W67Y-100/3200	1600	3200		320			8		11		3240×1500×2510

续表

型　号	公称压力(kN)	工作台长度(mm)	立柱间距离(mm)	喉口深度(mm)	滑块行程(mm)	滑块调节量(mm)	行程速度(mm/s)	最大开启高度(mm)	电机功率(kW)	质量(t)	外形尺寸 长×宽×高(mm)
WC67Y-100×3200	1000	3200	2600	320	150	120	60	450	7.5	8	3290×1760×2375
PPT100/30	1000	3000	2550	200	130	100	100	310	5.5	6	3145×1160×2420
PPN125/30	1250	3000	2550	250	175	120	90	350	7.5	10.8	3150×2180×2950
PPN150/30	1500	3000	2550	250	150	120	90	350	11	10.8	3150×2180×2950
WC67Y-160/2500	1600	2500	2100	320	200	160	8	500	11	9	2580×1930×2750
WC67Y-160/4000	16 000	4000	3300	320	200	160	8	500	11	13	4080×1930×2800
WC67K-160/400DNC	1600	4000	3300	320	200	160	8	500	11	13	4080×1930×2800

表 15-16　数控板料折弯压力机的型号和技术参数

型　号	公称压力(kN)	工作台长度(mm)	立柱间距离(mm)	喉口深度(mm)	滑块行程(mm)	滑块调节量(mm)	行程速度(mm/s)	最大开启高度(mm)	电机功率(kW)	质量(t)	外形尺寸 长×宽×高(mm)
WC67K-40/2000	400	2000	1650	200	100	80	8	711	4	2.9	2158×1469×2130
WC67K-63/2500	630	2500	2050	250	100	80	8	710	5.5	4.7	2597×1725×2345
WC67K-100/3200	1000	3200	2600	320	150	120	60	450	7.5	8	2450×1770×3290
W67K-100/3100	1000	3100	2800	300	145	80	80	750	15	15	4879×2721×3080
WC67K-100/3200	1000	3200	3000	320	100	80	8	78	7.5	8.6	3290×1920×2450
WC67K-125/3600	1250	3600	3000	320	150	120	8	78	7.5	9.6	3690×1920×2450

续表

型号	公称压力(kN)	工作台长度(mm)	立柱间距离(mm)	喉口深度(mm)	滑块行程(mm)	滑块调节量(mm)	行程速度(mm/s)	最大开启高度(mm)	电机功率(kW)	质量(t)	外形尺寸 长×宽×高(mm)
WC67K-160/4000	1600	4000	3300	320	200	160	8	78	11	12.5	4080×1930×2800
W67K-630/840	6300	840	1300	200	145		可调节	300	7.5	4.3	1600×1280×2933
W67K-23/1600	250	1600	2100	250	100	75	可调节	300	4	2.5	1660×1090×1960
WC67K-63/2500	630	2500	2550	200	100	80	8	360	5.5	5	2560×1690×2180
W67K-90/3000	900	3000	2600	320	120	100	90	300	5.5	7.8	3133×1740×2545
WC67K-100/3200CNC	1000	3200	2550	250	150	120	8	450	7.5	8	3290×1770×2450
W67K-125/3000	1250	3000		320	175	120	90	350	7.5	11.8	3150×2180×2950
WC67K-160/4000CNC	1600	4000	3300	320	200	160	8	500	11	13	4080×1930×2800
WS67K-160/3200	1600	3200	2700	320	200		60	470	11	13	3250×2535×2920
W67K-180/40	1800	4000	3150	250	170	135	90	425	11	16.5	4050×2180×3320
WC67K-250/4000	2500	4000	3300	400	250	200	6	560	15	20	4240×2550×4265
WC67K-250/5000CNC	2500	5000	4100	400	250	200	6	560	15	22	5240×2550×4265

表15-17　双机联动板料折弯压力机的型号和技术参数

型号	公称压力(kN)	工作台长度(mm)	立柱间距离(mm)	喉口深度(mm)	滑块行程(mm)	滑块调节量(mm)	行程速度(mm/s)	最大开启高度(mm)	电机功率(kW)	质量(t)	外形尺寸 长×宽×高(mm)
2-WC67Y-250/4000	5000	8000	33 000	400	250	200	6	560	30	40	8480×2550×4265
2-WC67Y-250/5000	5000	10 000	4100	400	250	200	6	560	30	44	10 480×2550×4265

续表

型　号	公称压力(kN)	工作台长度(mm)	立柱间距离(mm)	喉口深度(mm)	滑块行程(mm)	滑块调节量(mm)	行程速度(mm/s)	最大开启高度(mm)	电机功率(kW)	质量(t)	外形尺寸 长×宽×高(mm)
2-WC67Y-250/4000	5000	8000		300	250	180	80	500	15×2	40	8100×2733×3730
2-W67Y-300/5000	6000	10 000		250	300	220	80	550	22×2	60	
2-W67Y-300/6000	6000	12 000		250	300	320	80	550			
2-W67Y-500/6000	10 000	12 000		300	300	220	80	600	33×2	111	14 530×3000×5590
WA68Y-63/4×2000	630	2500	2385	250				320	7.5	6.5	2800×2082×2230
WA68Y-100/6×2500	1000	3200	3050	320				320	11	9	3460×2380×2490

表 15-18　龙门剪板机的型号和技术参数

型号	剪板尺寸(mm)	剪切行程(mm)	剪刀往复次数(次/min)	挡板调整范围(mm)	剪切角度	压料力(kN)	刀片长(mm)	电动机功率(kW)
QH-3×1200	3×1200	65	56	350×920	2°25′	2	1245	2.2
QH-4×2000	4×2000	62	45	500	1°30′	20	2040	4.5
QH-6×2500	6×250	150	36	650	2°30′	22	2540	7.5
QH-13×2500	13×2500	180	28	700	3°	20.7	2540	15
QH-16×3200	16×3200	166	25	750	2°30′	118	3300	30
QH-20×3200	20×3200	200	20	750	3°	142	3300	40
QYH-20×4000	20×4000		5	750	2°30′	450	4080	40

表 15-19　数控液压剪板机的型号和技术参数

技术参数	QC11K 6×2500	QC11K 8×5000	QC11K 12×8000	QC12K 4×2500
可剪最大板厚/mm	6	8	12	4
被剪板料强度/MPa	≤450	≤450	≤450	≤450
可剪最大板宽/mm	2500	5000	8000	2500
剪切角	0.5°~2.5°	50′~1°50′	1°~2°	1.5°
后挡料最大行程/mm	600	800	800	600
主电动机功率/kW	7.5	18.5	45	5.5
外形尺寸（长×宽×高）/(mm×mm×mm)	3700×1850×1850	5790×2420×2450	8800×3200×3200	3100×1450×1550
机器质量/(×10³kg)	5.5	17	70	4

表 15-20　板料折弯机的主要技术参数

名称	型　号	公称压力/kN	工作台长度/mm	立柱间距离/mm	喉口深度/mm	滑块行程/mm	工作台面与滑块间最大开启高度/mm	滑块行程调节量/mm	主电动机功率/kW
液压板料折弯机	WC67Y-63/2500	630	2500	2100	250	100	360	80	5.5
	WC67Y-100/3200	1000	3200	2600	320	150	450	120	7.5
	WC67Y-160/4000	1600	4000	3300	320	200	500	160	11
	WC67Y-250/4000	2500	4000	3300	400	250	560	200	15
	WC67Y-63/2500	630	2500	2100	250	100	360	80	5.5
	WCK67Y-100/3200	1000	3200	2600	320	150	450	120	7.5
数控折弯机	2-WC67-250/4000	5000	8000	3300	400	250	560	200	30

表 15-21　常用折边机的主要技术参数

型号	折板尺寸（厚×宽）/mm	最大厚度时最小折曲长度/mm	最大厚度时最小折曲半径/mm	上梁升程/mm	电机功率/kW
W62-2.5×1250	2.5×1250	20	2.5~4.5	150	3
W62-2.5×1500	2.5×1500	20	2.5~4.5	150	3
W62-2.5×2000	2.5×2000	6	1~1.5	200	1.5/4
W62-4×2000	4×2000	20	6	200	5.5
W62-4×2500	4×2500	20	6	200	5.5
W62-6.3×2500	6.3×2500	45	9	315	15

表 15-22　常用冲型剪切机的主要技术参数

型号	被剪板料最大厚度/mm	被剪板料抗剪强度≤/MPa	行程次数/(次/min)	行程长度/mm	电动机功率/kW
Q21-2.5	2.5	400	1420	5.6	1
Q21-4	4	400	850/1200	7	2.8
Q21-5	5	400	1400/2800	1.7/3.5	1.5
Q21-6.3	6.3	400	1000/2000	6/1.7	1.9

表 15-23　常用双盘剪切机的主要技术参数

型号	被剪板料最大厚度/mm	被剪板料抗剪强度≤/MPa	主机悬臂长（喉口）/mm	尾架悬臂长/mm	剪刀直径/mm	板料剪切直径（四角形坯料）/mm		板料直线剪切宽度/mm		电动机功率/kW
						最小	最大	最小	最大	
Q23-2.5×1000	2.5	450	1000	745	70	300	1000	120	720	1.5
Q23-3×1500	3	450	1500	1075	60	400	1500	150	1200	1.5
Q23-4×1000	4	450	1000	740	80	350	1000	150	750	2.2

表15-24　联合冲剪机的主要技术参数

型号	剪切条件 公称剪板厚/mm	剪切条件 最大尺寸(宽×厚)/mm	剪切型材最大尺寸 方钢边长/mm	圆钢/mm	等边角钢90°直切/mm	等边角45°钢斜切/mm	不等边角钢/mm	工字钢	槽钢	冲孔 最大截面/mm²	冲孔 板厚/mm	冲孔 最大孔径/mm	行程次数/(次/min)	最大冲孔力/kN	主电动机功率/kW
Q34-10	10	110×16	28×28	φ35	80×8	60×6	60×55×10			690	10	22	40	35	2.2
Q34-16	16	140×20	40×40	φ45	100×12	80×8	120×80×12	18号	18号	1300	16	26	27	550	5.5
QA34-25	25	160×28	55×55	φ65	150×18	110×14		30号	30号	2740	25	35	25		7.5

表15-25　四柱万能液压机的主要技术参数

型号	公称压力/kN	滑块行程/mm	顶出力/kN	工作台尺寸 前后×左右×距地面高/mm×mm	工作行程速度/(mm/s)	活动横梁至工作台最大距离/mm	液体工作压力/MPa
Y32-50	500	400	75	490×520×800	16	600	20
YB32-63	630	400	95	490×520×800	6	600	25
Y32-100A	1000	600	165	600×600×700	20	850	21
Y32-200	2000	700	300	760×710×900	6	1100	20
Y32-300	3000	800	300	1140×1210×700	4.3	1240	20
YA32-315	3150	800	630	1160×1260	8	1250	25
Y32-500	5000	900	1000	1400×1400	10	1500	25
Y32-2000	20 000	1200	1000	2400×2000	5	800~2000	26

二、压力机的正确选用

选用压力机应根据冲压工序的性质、生产批量的大小、冲压件的几何尺寸和精度要求、模具的外形尺寸以及现有设备等情况进行。正确选用压力机包括选用压力机类型和压力机规格两项内容。

1. 压力机类型的选用

（1）对于中、小型冲裁件、弯曲件和浅拉深件的冲压，常采用开式曲柄压力机。虽然 C 形床身的开式压力机刚度不够好，冲压力过大还会引起床身变形导致冲模间隙分布不均，但是它具有三面敞开的空间，操作方便并且容易安装机械化的附属装置，而且成本低廉。目前仍然是中小型冲压件生产的主要设备。

（2）对于大、中型和精度要求高的冲压件，多采用闭式曲柄压力机。这类压力机两侧封闭，刚度好、精度较高，但是操作不如开式压力机方便。

（3）对于大型或较复杂的拉深件，常采用上传动的闭式双动拉深压力机。对于中小型的拉深件（尤其是搪瓷制品、铝制品的拉深件），常采用底传动式的双动拉深压力机。闭式双动拉深压力机有两个滑块，即压边用的外滑块和拉深用的内滑块。压边力可靠、易调，模具结构简单，适合于大批量的生产企业。

（4）对于大批量生产的或形状复杂、批量很大的中小型冲压件，应优先选用自动高速压力机或者多工位自动压力机。

（5）对于批量小、材料厚的冲压件，常采用液压机。液压机的合模行程可调，尤其是施力行程较大的冲压加工，与机械压力机相比具有明显的优点，而且不会因为板料厚度超差而过载，但其生产速度慢，效率较低。液压机可以用于弯曲、拉深、成形、校平等工序。

（6）对于精冲零件，最好选择专用的精冲压力机。否则要利用精度和刚度较高的普通曲柄压力机或液压机，添置压边系统和反压系统后进行精冲。

2. 压力机规格的选用

（1）公称压力。压力机滑块下滑过程中的冲击力就是压力机的压力。压力机压力的大小随滑块下滑位置的不同，也就是随曲柄旋转角度的不同而不同。如图 15-35 所示，曲线 1 为压力机许用压力曲线。我国规定滑块下滑到距下死点某一特定的距离 S_p［此距离称为公称压力行程；随压力机的不同，此距离也不同，如 JC23-40 规定为 7mm，JA31-400 规定为 13mm；一般约为滑块行程的 0.05～0.07 或曲柄旋转到距下死点某一特定角度（此角度称为公称压力角，随压力机不同公称压力角也不相同）］时，所产生的冲击力称为压力机的公称压力。公称压力的大小，表示压力机本身能够承受冲击的大小。压力机的强度和刚度就是按公称力进行设计的。

冲压工序中冲压卡的大小也是随凸模（即压力机滑块）的行程而变化的。图 15-35 中曲线 2 和曲线 3 分别表示冲裁、拉深的实际冲压力曲线。从图中可以看出，两种实际冲压力曲线不同步，与压力机许用压力曲线 1 也不同步。在冲压过程中，凸模在任何位置所需的冲压力应小于压力机在该位置所发出的冲压力。图 15-35 中最大拉深力虽然小于压力机的最大公称力，但大于曲柄旋转到最大拉深力位置时压力机所发出的冲压力，也就是拉深冲压力曲线不在压力机许用压力曲线范围内。故应选用比图 15-35 中曲线 1 所示压力更大的压力机。因此为保证足够的冲压力，冲裁、弯曲时压力机的公称压力应比计算的冲压力大 30% 左右。拉深时压力机的公称压力应比计算出的拉深力大 60%～100%。

（2）滑块行程长度。滑块行程长度是指曲柄旋转一周滑块所移动的距离，其值为曲柄半径的两倍。选用压力机时，滑块行程长度应保证坯料能顺利地放入模具中和冲压件能顺利地从模具中取出，特别是拉深和弯曲时应使滑块行程长度大于冲压件高度的 2.5～3.0 倍。

（3）行程次数。行程次数即滑块每分钟的冲击次数。应根据材料的变形要求和生产率来考虑。

（4）工作台面尺寸。工作台面的长、宽尺寸应大于模具下模座尺寸，并每边留出 60～100mm，以便于安装固定模具用的螺栓、垫铁和压板。当冲压件或废料需下落时，工作台面孔的尺寸必须

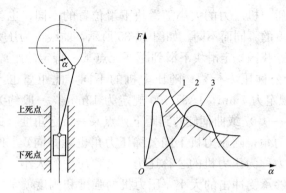

图 15-35　压力机的许用压力曲线

1—压力机许用压力曲线；2—冲裁工艺冲裁力实际变化曲线；
3—拉深工艺拉深力实际变化曲线

大于下落件的尺寸。对于有弹顶装置的模具，工作台面孔的尺寸还应大于下弹顶装置的外形尺寸。

（5）滑块模柄孔尺寸。模柄孔直径要与模柄直径相符，模柄孔的深度应大于模柄的长度。

（6）闭合高度。压力机的闭合高度是指滑块在下死点时，滑块底面到工作台上平面（即垫板下平面）之间的距离。

压力机的闭合高度可通过连杆丝杠在一定范围内调节。当连杆调至最短（对偏心压力机的行程应调到最小），滑块底面到工作台上平面之间的距离为压力机的最大闭合高度；当连杆调至最长（对偏心压力机的行程应调到最大），滑块底面到工作台上平面之间的距离为压力机的最小闭合高度。

压力机的装模高度指压力机的闭合高度减去垫板厚度的差值。没有垫板的压力机，其装模高度等于压力机的闭合高度。

模具的闭合高度是指冲模在最低工作位置时，上模座上平面至下模座下平面之间的距离。模具闭合高度与压力机装模高度的关系如图 15-36 所示。

理论上为

$$H_{\min} - H_1 \leqslant H_0 \leqslant H_{\max} - H_1$$

也可写成

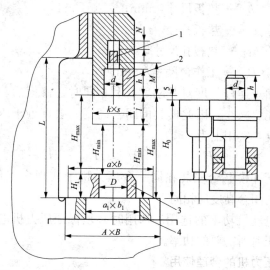

图 15-36　模具闭合高度与压力机装模高度的尺寸关系
1—顶件横梁；2—模柄夹持块；3—垫板；4—工作台

$$H_{max} - M - H_1 \leqslant H_0 \leqslant H_{max} - H_1$$

式中　　H_0——模具闭合高度，mm；

H_{min}——压力机最小闭合高度，mm；

H_{max}——压力机最大闭合高度，mm；

M——连杆调节量，mm；

H_1——垫板厚度，mm；

$H_{min} - H_1$——压力机的最小装模高度，mm；

$H_{max} - H_1$——压力机的最大装模高度，mm；

图 15-36 中其他尺寸所表示的意义分别为：

N——打料横杆的行程，mm；

h——模柄孔深或模柄的高度，mm；

d——模柄孔或模柄的直径，mm；

$k \times s$——滑块底面尺寸，mm；

L——台面到滑块导轨的距离，mm；

l——装模高度调节量（封闭高度调节量），mm；

$a \times b$——垫板尺寸，mm；

D——垫板孔径，mm；

$a_1 \times b_1$——垫板孔尺寸，mm；

$A \times B$——工作台尺寸，mm。

由于缩短连杆长度对其刚度有利，同时在修模后，模具的闭合高度可能要减小。因此模具的闭合高度一般接近于压力机的最大装模高度，实用上为

$$H_{min} - H_1 + 10 \leqslant H_0 \leqslant H_{max} - H_1 - 5$$

当多套冲模联合安装在同一台压力机上实现多工位冲压时，各套冲模的闭合高度应相同。

（7）电动机功率的选用。选用时必须保证压力机电动机的功率大于冲压时所需要的功率。

三、压力机的合理使用

1. 冲模在压力机上的安装要点

（1）在冲模安装前，需将压力机事先调整好，使之处于正常工作状态，即压力机的制动器、离合器及操纵机构的工作要灵活可靠。其调整及检查的方法是，先开启电源，踩一下脚踏板或按一下手柄，看滑块是否有不正常连冲现象，动作是否平稳。若发现异常，应在排除故障后再安装冲模。

（2）将模具与冲床的接触面擦拭干净，准备好安装冲模用的紧固螺栓、螺母、压板、垫块、垫板及冲模所需要的顶杆、推杆等附件。

（3）用手扳动压力机飞轮（中、大型压力机用微动电按钮），将压力机滑块调节到压力机的上止点即滑块运行的最高位置。转动压力机的调节螺杆，将其调节到最短长度。

（4）将冲模放在压力机工作台上。对无导柱的冲模，可用木块将上模托起；对有导柱的冲模，可直接放在工作台面上。

（5）用手扳动压力机飞轮（中、大型压力机用微动电按钮），使滑块慢慢靠近上模，并将模柄对准滑块孔，然后再使滑块缓慢下移，直至滑块下平面贴紧上模的上平面后，拧紧紧固螺钉，将上模固紧在滑块上。

（6）将压力机滑块上调 3～5mm，开动压力机使滑块停在上止点。擦净导柱、导套及滑块各部位并加以润滑油，再开动压力机空行程 2～3 次，将滑块停于下止点，并依靠导柱和导套的自动调节把上、下模导正，然后将下模的压板螺钉紧固。若模具中有打料装置时，还需调整打料杆的打料位置。若模具需要使用气垫，则应调节压缩空气到适当的压力。

（7）将剪切的条料放于模具适当的位置进行试冲。根据试冲情况，可调节上滑块的高度，直至能冲下合格的零件后，再锁紧调节螺杆。

（8）试冲零件经检验合格后，便可转入正式生产。

2. 冲模安装时压力机调整注意事项

安装冲模时，压力机调整的主要内容是压力机行程和压力机闭合高度。当模具中有打料杆时，还需调整打料杆的打料位置。

（1）压力机行程的调整。大多数压力机（如曲轴压力机）的滑块行程是不可调节的。有一些压力机（偏心压力机，即压力机所用主轴为图 15-37 所示的偏心轴）的滑块行程可调，如图 15-37（a）所示的采用偏心轴和偏心套结构的压力机，转动偏心套的位置即可调节行程。

当偏心轴和偏心套的偏心距位于同一方向时，其工作行程数值最大，见图 15-37（b），即

$$H_{max} = 2(r_1 + r_2)$$

式中　H_{max}——压力机最大工作行程，mm；

　　　r_1——偏心轴的偏心半径，mm；

　　　r_2——偏心套的偏心半径，mm。

当偏心轴和偏心套的偏心距位于相反方向时，其工作行程数值为最小（见图 15-37c），即

$$H_{min} = 2(r_1 - r_2)$$

式中　H_{min}——压力机最小工作行程，mm。

图 15-38 为偏心压力机行程调节机构示意图。调节原理及步骤如下：偏心主轴 1 的前端为偏心部分，其上套有偏心套 3。偏心套与接合套 4 由端齿啮合，由螺母 5 锁紧。接合套 4 与偏心主轴 1 以

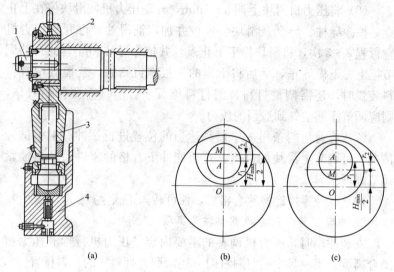

图 15-37　行程可调机构及其行程调节

（a）行程可调机构；（b）最大工作行程；（c）最小工作行程

1—偏心轴；2—偏心套；3—连杆；4—滑块

O—主轴轴中心；A—偏心主轴偏心部分中心；M—偏心套中心

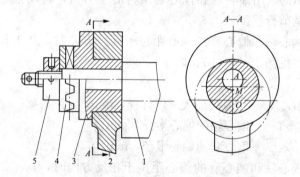

图 15-38　偏心压力机行程调节机构示意图

1—偏心主轴；2—连杆；3—偏心套；4—接合套；5—螺母

键相连接。连杆 2 自由地套在偏心套上。这样，主轴做旋转运动将带动偏心套的中心 M 沿主轴中心 O 做圆周运动，从而使连杆和滑块做上下往复运动。松开螺母 5，使接合套的端齿脱开，转动偏心套，从而调节偏心套中心 M 到主轴 O 的距离，即可在一定范围内进行滑块的行程调节。行程的调节范围为 $2AM$（其中，A 为偏心主轴偏心部分中心，M 为偏心套中心，O 为偏心主轴的中心）。

（2）压力机闭合高度的调节。为了适应不同高度的模具，压力机的装模高度必须能够调节。一般情况下，压力机的连杆长度是可以调节的。压力机的连杆一端与曲轴相连，另一端与滑块相连，因此调节连杆长度便可达到调节装模高度的目的。图 15-39 所示的 JB23-63 压力机曲柄滑块机构，便是可以通过调节连杆长度来满足装模高度的实际结构。

由图 15-39 可知，连杆不是一个整体，而是由连杆体 1 和调节螺杆 6 组成。在调节螺杆 6 的中部有一段六方部分，如图 15-39 的 A-A 所示。松开锁紧螺钉 10 用扳手扳动中部带六方的调节螺杆 6，即可调节连杆的长度。较大的压力机是通过电动机、齿轮或蜗轮机构来调节螺杆的。

滑块在下止点位置时，滑块下平面与工作台平面的距离称为压力机的闭合高度。当连杆调节到最短长度时，闭合高度达到最大值，称为压力机的最大闭合高度；当连杆调节到最大长度时，闭合高度达到最小值，称为压力机的最小闭合高度。

为使模具正确地安装在压力机上并使冲压作业正常进行，压力机的最大闭合高度必须略大于冲模的闭合高度，使模具能够在压力机工作台面与滑块下平面之间安装进去；压力机的最小闭合高度必须小于冲模的闭合高度，使上、下模得以在冲压作业中吻合。

压力机的闭合高度调节完成后，必须将锁紧装置锁紧，以免在压力机工作过程中松动而使连杆长度发生变化，影响冲压作业的正常进行。这一点对变形基本工序中的某些冲压工序（如弯曲、压印等）尤为重要。

（3）打料装置的调整。冲压结束后，工件往往会卡在模具内。为了将工件推出，压力机一般在滑块部件设置打料装置，如图 15-40 所示为刚性打料装置（由一根穿过滑块的打料横杆 4 及固定于机身上的挡头螺钉 3 等组成）。当滑块下行冲压时，由于工件的作

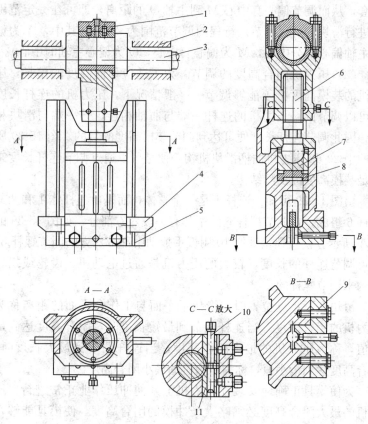

图 15-39　JB23-63 压力机的曲柄滑块机构
1—连接体；2—轴瓦；3—曲轴；4—打料横杆；5—滑块；6—调节螺杆；
7—支承座；8—保险块；9—模柄夹持块；10—锁紧螺钉；11—锁紧块

用，通过上模中的顶杆 7 使打料横杆在滑块中升起，当滑块上行接近上止点时，打料横杆两端被机身上的挡头螺钉挡住，滑块继续上升，打料横杆便相对滑块向下移动，推动上模中的顶杆将工件顶出。打料横杆的最大工作行程为 $H-h$，如果打料横杆过早与挡头螺钉相撞，会发生设备事故，所以在更换模具、调节压力机装模高度时，必须相应地调节挡头螺钉的位置。

图 15-41 为压力机打料装置的工作初始状态示意图。

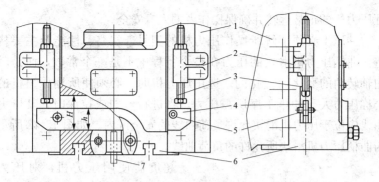

图 15-40　压力机的打料装置

1—机身；2—挡头座；3—挡头螺钉；4—打料横杆；5—挡销；6—滑块；7—顶杆

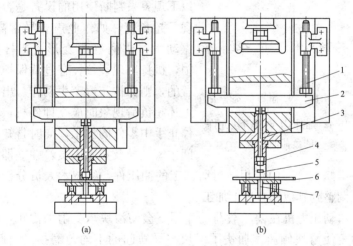

(a)　　　　　　　　　　　　(b)

图 15-41　压力机打料装置工作初始状态示意图

(a) 行程下止点；(b) 行程上止点

1—挡头螺钉；2—打料横杆；3—顶杆；4—凹模；5—冲压件；6—板料；7—凸模

第五节　冲压设备的维护和保养

一、压力机的维护保养

压力机维护保养的目的就是通过每日、每周、每月、每季、每年的检查、维修和保养，使压力机始终保持良好的状态，以保证压力机的正常运转并确保操作者的人身安全。

冲压工必须了解所操作压力机的型号、规格、性能及主要构造。曲柄压力机滑块的压力在整个行程中不是一个常数，而是随曲轴转角的变化而变化的。选用压力机时，必须使所用压力机的公称压力大于冲压工序所需压力。当进行弯曲或拉深时，其压力曲线应位于压力机滑块允许负荷曲线的安全区内。如图 15-42 所示为曲柄压力机滑块所允许的负荷曲线。

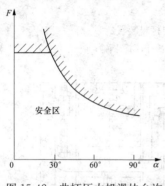

图 15-42　曲柄压力机滑块允许
的负荷曲线

超负荷使用压力机，对压力机、模具及工件等均有不良影响。操作人员可根据加工中是否出现了以下现象来判断使用的设备是否出现了超负荷，如作业声音异常高、振动大；曲柄弯曲变形，连杆破损，机身出现裂纹；有过载保护装置的，则保护装置产生动作。出现上述超负荷现象时应立即停机，并停止手中零件的加工，同时告知车间主管领导及技术人员，并立即向设备维修主管部门汇报。对所加工的冲压件，经技术人员分析处理可调整到其他压力机上加工。

单动压力机在偏心载荷的作用下会使滑块承受附加力矩，附加力矩使滑块倾斜，加快了滑块与导轨间的不均匀磨损。因此，进行偏心负荷较大的冲压加工时，应避免使用单动压力机，而应使用双动压力机。

压力机各活动连接处的间隙不能太大，否则将降低精度。间隙是否合理可用下面的方法检验：在滑块向下行程进行冲压时，用手指触摸滑块侧面，在下止点如有振动，说明间隙过大，必须进行调整。进行滑块导向间隙调整时，注意不要过分追求精度而使滑块过紧，过紧将发热磨损。而且适当的间隙，对改善润滑、延长使用寿命是必要的。

（1）离合器、制动器的保养。离合器、制动器是确保压力机安全运转的重要部件。离合器、制动器发生故障，必然会导致大的事故发生。因此，操作者应充分了解所使用压力机离合器、制动器的结构，每天开机前都要检查离合器、制动器及其控制装置是否灵敏可靠，气动摩擦离合器、制动器使用的压缩空气是否达到要求的压力标准。如果压力不足：对离合器来说，将产生传递转矩不足；对制动器来说，将产生摩擦盘脱离不准确，造成发热和磨损加剧。

要保证离合器、制动器动作顺利准确，摩擦盘的间隙必须调准。间隙过大将使动作时间延迟，密封件磨损，需气量增大，造成不良影响；间隙过小或摩擦盘的齿轮花键轴滑动不良、返回弹簧破损等，将造成离合器、制动器脱开时，摩擦盘相互碰撞，产生摩擦声，引起发热，使摩擦片磨损，甚至会出现滑块两次下落现象。

离合器、制动器动作要准确，制定停止位置的误差在±5°以内，如果超出就必须调整。这时就应该检查：制动器摩擦片有无磨损，动作是否不良，离合器、制动器摩擦片是否附着油污。

（2）拉紧螺栓的检修。经过长时间使用或超负荷工作，会使拉紧螺栓松动。此时只要在压力机接受负荷后，观察机架的底座和立柱的结合面是否有油渗入，如果有油渗出，说明拉紧螺栓松动。在拉紧螺栓松动的状态下进行压力机作业是很危险的，必须重新紧固。

（3）给油装置的检修。压力机各相对旋转和滑动部分如果给油不足，易引起烧损，出现故障。因此，应该经常认真检查给油情况，使其保持良好状态。

首先应检查油箱、油池、油杯和液压泵等油量是否充足，有无污物。其次，检查各注油部位、输油管和接头有无漏油，如有漏油需立即更换密封件。

（4）供气系统的检修。供气系统一旦漏气，必使气压降低，导致气动部分动作不良。因此，要经常检查并更换密封件，保持空气管路正常。

（5）压力机的润滑保养。压力机各活动部位都需要添加和保持润滑剂，以进行润滑。润滑保养是压力机保养的重要内容之一。润滑的作用是减少摩擦面之间的摩擦阻力和金属表面之间的磨损。有的压力机采用循环稀油润滑（例如滑块导轨处），同时起到冲洗摩擦面间固定杂质和冷却摩擦表面的作用。润滑对保持设备精度和延长使用寿命有一定作用。

润滑方式分为集中润滑和分散润滑两种。小型曲柄压力机多采用分散润滑的方式，利用油枪、油杯或分散式液压泵对各润滑点供油，中、大型曲柄压力机和高速压力机常采用集中润滑的方式，用手揿式或机动液压泵供油。

各类压力机的润滑点、使用的润滑剂和润滑方式，在压力机使用说明书内有详细的规定。图 15-43 为 J23-40 型压力机润滑系统图，它由手揿式液压泵 1、配油器 2、输油管 3 及直通式注油器 4 等组成，以对滑块导轨Ⅰ、曲柄支承轴瓦Ⅱ和曲柄轴瓦Ⅲ进行润滑。而对离合器、传动齿轮、传动轴承和调节螺杆等处的润滑，则需压力机操作人员按说明书的要求定时给予人工润滑、床面擦拭及日常维护保养。

润滑剂分稀油（润滑油）和浓油（干油、润滑脂）两大类。压力机多数活动部位的速度较低、负载较大并经常起动或停止，所以常选用润滑脂或黏度较大的润滑油，有时也采用稀油和改油的棍合润滑剂。

压力机上常用的润滑油为 40 号、50 号、70 号全损耗系统用油，常用润滑脂为 1 号、2 号、3 号钙基润滑脂和 2 号、3 号锂基润滑脂。润滑剂具有以下性质：

1）能形成有一定强度而不破裂的油膜层，用以担负相当的压力。

2）不会损伤润滑表面。

3）能很均匀地附着在润滑表面。

4）容易清洗干净。

5）有很好的物理化学稳定性。

6）无毒，不会造成人身伤害。

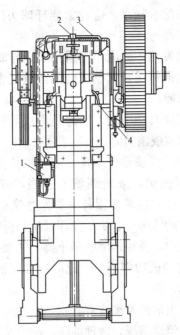

图 15-43　J23-40 型压力机润滑系统图
1—手揿式液压泵；2—配油器；3—输油管；4—直通式注油器

二、压力机常见故障维修

　　压力机在使用中，由于维护不当或正常的损耗，常会出现一些故障，影响正常的工作。一般来讲，压力机的故障维修是由机械或电气修理技术人员及操作人员（简称机修人员）共同完成的。设备操作人员并不具有维修的资质，但作为与设备接触最多的操作人员，熟悉机床常见的一些故障及基本维修知识，无疑能增加设备使用的安全性，并有利于设备的维护保养。在出现故障后，也能迅速将故障详情准确地反映给机修人员，为设备的快速维修创造条件。

　　曲柄压力机常见的故障和排除方法，维修诀窍与禁忌如下：

　　（1）轴承（连杆支承、曲轴支承）发热。原因是轴承配合间隙太小或润滑不良，应重新调整配合间隙或刮研轴承，检查润滑情况。

(2) 连杆球头配合松动。应拧紧连杆球头处的调整螺母，控制配合间隙到正常值。

(3) 滑块导轨发热。原因是润滑不良，导轨面拉毛或配合间隙太小，应检查润滑情况，调整配合间隙到正常值，并将拉毛的导轨面重新刮研修理。

(4) 停机后滑块自动下滑。原因是滑块导轨间隙太大或制动力不足，应调整间隙或制动力。

(5) 开、停机时滑块动作不灵，或停机位置不准。主要原因是离合器和制动器失灵，或是调整不适当，或是摩擦面有油污（对摩擦式结构而言），或是易损件（如刚性离合器中的转键和抽键，摩擦离合器中的摩擦片、块）损坏，应分析原因加以解决。

(6) 冲压过程中，滑块速度明显下降。主要原因是润滑不足，导轨压得太紧，电动机功率不足。此时应加足润滑油，放松导轨重新调整或维修电动机。

(7) 润滑点流出的油发黑或有青铜屑。主要原因是润滑不足，此时应检查润滑油流动情况，清理油路、油槽及刮研轴瓦。

(8) 连杆球头部分有响声。原因可能为球形盖板松动，压力机超载，压塌块损坏，此时应旋紧球形盖板的螺钉，或更换新的压塌块。

(9) 调节闭合高度时，滑块无止境地上升或下降。原因可能为限位开关失灵，此时应修理限位开关，但必须注意调节闭合高度的上限位和下限位行程开关的位置，不能任意拆掉，否则可能发生大事故。

(10) 挡头螺钉和挡头座被顶弯或顶断。产生原因可能是调节闭合高度时，挡头螺钉没有做相应的调整，此时应更换损坏的零件。同时注意以后调节闭合高度时，首先将挡头螺钉调到最高位置，待闭合高度调好之后，再降低挡头螺钉到需要的位置。

(11) 气垫柱塞不上升或上升不到顶点。产生原因可能是密封圈太紧，压紧密封圈的力量不均，气压不足，导轨太紧，废料或顶杆卡在托板与工作台板之间等。此时排除的方法分别为放松压紧螺钉或更换密封圈，将压紧密封圈的力量调整均匀，放大导轨间隙，消除废料，用堵头堵上工作台上不用的孔。

（12）气垫柱塞不下降。产生原因可能是密封圈压紧力不均匀或太紧，气垫缸内的气排不出，以及托板导轨太紧等。排除方法主要是：调整密封圈的压紧力，修理气垫缸，调整托板导轨的间隙。

（13）气垫柱塞上升不平稳，甚至有冲击上升。产生原因可能是缸壁与活塞润滑不良，摩擦力大或液压气垫油液中混入过多的冷凝水而变质，以及密封圈压紧力不均匀等。排除方法主要是：清洗除锈，加强润滑，更换油液，并加强日常检查和放水，以及调整密封圈的压紧力。

（14）液压气垫得不到所需的压料力。产生原因可能是油不够，控制缸活塞卡住不动或气缸不进气等。排除方法主要是：加油，清洗气缸并检查气管路或气阀。

（15）液压气垫能产生压紧力，但拉深不出合格的零件。产生原因可能是控制凸轮位置不对，压紧力产生不及时；气垫托板与模具的压边圈不平行，压料力不均匀。排除方法主要是：调整凸轮位置，调整气垫托板与模具压边圈的平行度。

三、剪板机的使用与维护保养

剪板机的使用与维护保养应注意以下几点：

（1）剪板机必须有专人负责使用和维护，操作人员必须熟悉设备的技术性能和特点。

（2）剪板机切片刃口应保持锋利，发现损坏应及时调换。

（3）开机前应检查板料表面质量，如果有硬疤、电焊渣等缺陷，则不能进行剪切。

（4）使用剪板机应严格遵守操作规程，严禁过载剪切。

（5）使用中如发生不正常现象，应立即停车并检查修理。

（6）使用完毕后，应立即切断电源。

（7）机器检修完毕后，应开车试运行，并注意电动机转向和规定转向是否一致。

四、冲型剪切机的使用与维护保养

冲型剪切机的使用与维护保养应注意以下几点：

（1）工作前应清理场地，将与工作无关的物件收拾干净。

（2）检查机床配合部位的润滑情况，加足润滑油。

（3）开机前要紧固上下刀片，并使上刀片与下刀片相对倾斜成 $20°\sim30°$ 的夹角。上刀片走到下止点时应与下刀片重叠 $0.2\sim0.1mm$，并应根据板料厚度进行调整。重叠量过小则板料前不断，重叠量过大，则会使送料费力。同时，上、下刀片的侧面之间，应保持相当于板料厚度 0.25 倍的间隙。调好后，应作空载试车。

（4）振动剪床不得剪切超过技术参数中规定的最大剪切厚度的板料。

（5）使用中如发生不正常现象，应立即停车并检查修理。

（6）剪切内孔时，需操纵杠杆系统，将上刀片提起，板料放入后再对合上、下刀片。

（7）剪切一般工件时，应先在板料上划线。开动剪床后，两手应平稳地把握板料，按照划线方向保持板料沿水平面平行移动。

（8）工作完毕后，应立即关闭电源，清理场地，并将剪切下来的废料进行妥善处理。

（9）将工件码放整齐，并擦拭维护好机床。

五、圆盘剪切机的使用与维护保养

（1）圆盘剪切机的操作方法和技巧。

1）根据被剪切钢板的厚度调整剪切刀间隙和重叠量。剪切刀间隙根据被剪切钢板厚度进行调整；剪切刀重叠量则要根据被剪切圆弧曲线的曲率来确定：曲线的曲率小，剪切刀的重叠量可取大一些；曲线的曲率大，则剪切刀的重叠量应取小一些，这样可使转动操作灵活。

实际工作中，常用试剪切的方法来调整剪切刀间隙和剪切刀重叠量，即取一块与被工件等厚的钢板进行试剪，检查钢板剪口有无飞边、毛刺，是否平齐，转动钢板进行圆弧剪切是否灵活等。如果都合乎要求，即可认为调整合适。

2）用工件进行试剪切。双手持平钢板，板边搭在下剪刀的前部，使用划好的剪切线对准刀口，向前推进。当上、下剪切刀剪住钢板后，由于具有自动进料功能，不必再向前推进。只要控制进料方向，使剪刃始终沿划好的剪切线剪进即可。检查最初几件钣金件，各方面都符合要求时，就可进行正式生产了。

3）进料技巧。手工操作进料时，站立姿势要平稳，钢板要端平。一旦钢板停止进给时，可稍向前用力推进并上下掀动钢板；切不可左右晃动，以免剪进后偏离剪切线。

4）注意操作安全。手工操作圆盘剪切机剪切，对操作技能要求较高。安全方面也应特别注意，如劳保手套，既要厚实，可防止工件棱边、毛刺划伤手；又要宽大，当被行进的钢板毛钩住时，可使手顺利脱开。

5）批量剪切整圆钢板技巧。批量剪切整圆钢板时，可采用辅助机架进行定位。当不允许在圆钢板工件中心开孔时，可用顶尖或其他方法将其压紧在转动轴上。当圆钢板工件中心需要开孔时，可利用中心孔或先钻合适的中心孔，用螺栓定位。对辅助机架的要求是：使被剪切钢板转动自如，不能产生水平方向的位移。使用辅助机架时，为了将钢板顺利地放进剪切刃间，可预先在钢板的剪切线上切出一个口来。如果辅助机架使用得当，就可以获得较高的剪切质量。

（2）圆盘剪切机使用和维护保养注意事项。

1）剪切机要有专人负责使用和维护，操作人员必须熟悉设备的技术性能和特点。

2）工作前应清理场地，清除与工作无关的物件。

3）检查机床配合部位的润滑情况，定期加注润滑油。

4）工作前应检查剪切刃口是否保持锋利，发现损坏应及时调换。

5）检查板料牌号、厚度和质量是否符合工艺要求。板料表面如果有硬疤、电焊渣等缺陷，则不能进行剪切。

6）应根据板料厚度调整机床转速和滚刀间隙。

7）剪切时，虽然滚刀在滚动剪切过程中也起着自动送料的作用，但操作者仍要平稳托住板料，按划线方向严格控制进料方向。否则，易使所剪切工件报废。

8）两人或两人以上进行操作时，要注意密切配合。

9）在使用过程中如发生不正常现象，应立即停车并检查修理。

10）机床使用完毕后，应立即切断电源，将工件码放整齐，清理场地，并擦拭维护好机床。

第十六章

冲压加工安全生产与环境保护

第一节　冲压安全生产的一般准则

一、冲压作业环境

保证生产的安全是为了避免或减少人身和设备事故，保障劳动者身心健康，是企业管理、技术、操作等人员都应重视的问题。安全第一是生产中必须严格遵守的原则，也是每一个企业生产管理中必须始终贯彻并常抓不懈的首要任务。安全是一个系统工程，牵涉到企业方方面面。具体到冲压生产来说，主要包括冲压车间的作业条件、作业环境、生产现场管理及安全管理、生产安全措施的实施等。

冲压作业环境涉及厂房、环境温度、通风、采光、噪声、振动、人机工程、设备、平面布置、机械化运输、安全设施等诸多问题。其中最主要的是：冬季工作温度一般不低于 15℃；一般工作地的照度不低于 50lx；危险、精细工作地照度不低于 75lx；自然光、照明光及焊接电弧光不允许直射操作者面部；作业环境噪声不得大于 90dB；操作者坐下或站立工作时，工作台面的高度分别为 700～750mm 和 930～980mm；有害气体源布置在机械通风或自然通风的下风向；酸洗间、清理滚筒等高污染、高噪声设备一般都要与主厂房分离；主要生产设备的布置应视产品特点、年产纲领分别选取相宜的形式，如计算机集成制造系统（CIMS）、柔性制造系统（FMS）、自动线、流水线、柔性单元、机组式、机群式等。每台设备在生产线、机组或机群中的排布方向应按不同的工艺要求选取，如贯通式、直列式、倾斜式等。视冲压设备的大小、机械化程度的高低，车间主干道的宽度一般在 3000～5000mm 之间。

1. 冲压作业环境要求

冲压生产场地应为操作者提供生理上和心理上的良好作业环境，生产场地的温度、通风、光照度和噪声等应符合劳动卫生要求。这不仅有利于劳动者的安全和健康，还有助于提高生产率，对保证冲压件生产质量起到促进作用。

为劳动者创造一个符合劳动卫生要求、保护工人健康的生产环境，应将 GB/T 8176—1997《冲压车间安全生产通则》所规定的各项安全规则和要求，作为安全生产和安全管理的规范和依据。冲压操作者应熟知这些内容。

（1）温度。室内工作地点的空气温度，冬季应不低于 12～15℃，夏季不超过 32℃。当超过 32℃时，应采取有效的降温措施。

（2）通风。室内工作地点需有良好的空气循环。应以自然通风为主，必要时加以净化处理。对加热、清洗及烘干设备，应装设通风装置。

（3）光照度。车间工作空间应有良好的光照度，一般工作面不应低于 150lx，各工作点的光照度不应低于表 16-1 所列数值。

表 16-1 冲压车间光照度

工作面和工作点	光照度（lx）
剪切机的工作台面，水平光照度	500
压力机上的下模，水平光照度	500
压力机的上模，垂直光照度	500
压力机控制按钮，垂直光照度	300
压力机起动踏板，水平光照度	150
车间内部仓库的地面光照度	100

采用天然光照明时，不允许太阳光直接照射工作车间；采用人工照明时，不得干扰光电保护装置，并应防止产生频闪效应。

除安全灯和指示灯外，不应采用有色光源照明。

（4）噪声。车间噪声应符合原卫生部和劳动部批准的《工业企业噪声卫生标准》。

压力机、剪板机等空转时的噪声值不得超过 85dB，冲压设备各部位（如压力机滑块下行）的噪声值应符合相应规定的要求。

工厂必须采取有效措施消减车间噪声和振动，减少噪声源及其传播；采用吸音墙或隔音板吸收噪声并防止向四周传播；采用减振基础吸收振动；把产生强烈噪声的压力机封闭在隔音室或隔音罩中等。

一般来说，噪声值在 80dB 以下对人体及其听觉没有什么影响，在 90dB 以下对 85％的人无影响。因此，对超过 90dB 的工作场所，应采取措施加以改进。在改造之前，工厂应为操作者配耳塞（耳罩）或其他护耳用品，常用防护用具及效果见表 16-2。

表 16-2　　　　　　　　常用防护用具及效果

种　类	使用说明	质量（g）	衰减（dB）
棉花	塞在耳内	1～5	5～10
棉花加蜡	塞在耳内	1～5	15～30
伞形耳塞	塑料或人造橡胶	1～5	15～35
柱形耳塞	乙烯套充蜡	3～5	20～35
耳罩	罩壳上衬海绵	250～300	15～35
防声头盔	头盔上衬海绵	1500	30～50

强噪声的安全限度和我国工业企业噪声卫生标准见表 16-3、表 16-4。

表 16-3　　　　　　　　强噪声的安全限度

耳朵无保护		耳朵有保护	
噪声声压级（dB）	最大允许暴露时间（s）	噪声声压级（dB）	最大允许暴露时间（s）
108	3600	112	28 800
120	300	120	3600
130	30	132	300
135	<10	142	30
—	—	147	10

表 16-4 我国工业企业噪声卫生标准

新建、扩建、改建企业		现 有 企 业
每个工作日接触噪声时间（h）	允许噪声（dB）	暂时达不到标准时允许的噪声参考值（dB）
8	85	90
4	88	93
2	91	96
1	94	99

注 噪声最高不得超过 115dB。

2. 冲压生产场地的管理

冲压车间生产设备的平面布置除了要满足冲压工艺要求外，还应符合安全、卫生和环境保护标准规范。因此冲压生产场地的管理除了监督并规范生产设备的排列间距，以有利于安全操作外，还包括车间通道的宽度是否有利于材料、模具和冲压件的运输，成品及坯料的堆放是否会影响操作者的安全，生产场地是否清洁等内容。

（1）车间通道。车间通道必须畅通，宽度应符合表 16-5 的规定。

表 16-5 车间通道宽度

通 道 名 称		宽度（m）
车间主通道		3.5～5
压力机生产线之间的通道	大型压力机（不小于 8000kN 单点，6300kN 双点）	4
	中型压力机（1600～6300kN 单点，1600～4000kN 双点）	3
	小型压力机（不大于 1000kN）	2.5
车间过道		2

1）通道边缘 200mm 以内不允许存放任何物体。

2）保证工艺流程顺畅，各区域之间应以区域线分开。区域线采用白色、黄色涂料或其他材料镶嵌在车间地坪上。区域线的宽度需在 50～100mm，可以是连续，也可以是断续的。

（2）模具的存放。冲压生产场地使用的所有模具（含夹具）都应整齐有序地存放在冲模库或固定的存放地。

1）各种冲模必须稳定地水平放置，不得直接垛放在地坪上。

2）大型冲模应垛放在楞木或垫铁上，每垛不得超过 3 层，垛高不应超过 2.3m。楞木或垫铁应平整、坚固，承重后不允许产生变形和破裂。

3）多层垛放的模具应是设有安全栓或限位器的冲模，并不得因为多层垛放而影响冲模精度。

4）小型冲模应存放在专用钢模架上，模架最上一层平面不应高于 1.7m。垛堆或钢模架之间应有 0.8m 宽的通道。

5）大量生产条件下可采用高架仓库存放冲模，配备巷道堆垛起重机作业。

6）生产中使用的夹具、检具应有固定的存放地，但不宜多层存放。

（3）材料的存放。材料（包括板料、卷料和带料）应按品种、规格分别存放，存放的载荷重（t/mm²）不得超过地坪设计允许的数值。成包的板料应堆垛存放，垛间应有通道。当垛高不超过 2m 时，通道宽度至少应为 0.8m；当垛高超过 2m 时，通道宽度至少应为 lm。垛包存放高度一般不应超过 2.3m。同一垛堆的板料，每包之间应垫以垫木。散装的板料，应每隔 100～200mm 垫以垫木，根据板料长度不同，可垫 2～4 根垫木。

垫木的厚度不小于 50mm 时，长度应与板料宽度相等。垫木应平整、坚固，承重时不应变形和破裂。

卷料可多层存放，总高不应超过 4m。卷料以存放在楞木上为宜。同一垛堆的钢卷料，每卷卷径应一致。为防止卷料滚动，应备有专门的固定角撑。

其他金属或非金属材料在存放和贮存时，可采用上述各种方法。当材料数量不多时应采用金属货架形式存放。

（4）冲压件的存放。

1）冲压件仓库的空气湿度不应超过 60%。

2）当使用专用的标准化箱架时可以多层贮存冲压件。

3）大批大量生产时，可用高架仓库存放冲压件，同时配备巷道堆垛起重机作业。

4）无箱架或货架存放冲压件，只适于小批量生产。应按零件特点分类叠放或立放于地坪的楞木上。放置和贮存时不得使零件产生永久变形，零件的尖棱不应凸向人行通道。

5）堆垛和箱架之间应有 0.8m 宽的人行通道；当仓库内行驶堆垛叉车时应有 2m 宽的通道。

二、设备、模具及机械化装置

双点、四点压力机，剪切长度大于 2500mm 的剪板机，工作台面宽度大于 2500mm 的板料折弯压力机应分设双手、四手及紧急开关。地面以上，2500mm 以下的设备各外露传动部件，如皮带、飞轮、齿轮、杠杆等必须设置防护罩。床身顶面高度超过 3000mm 时，一般应设检修平台及护栏。上到床身顶面的爬梯至少有一节踏脚杆与操纵控制系统联锁，当合上踏脚杆时，应断开主传动控制。机器运转中不得中断电力或压缩空气供应等。

冲模应尽可能配备相宜的机械化进出料机构，当用手工上下料时，模具应开设空手槽或空手孔。模具中的运动部件如压料板、弹簧等应尽可能设置防护装置及限程装置。

与压力机配套使用的机械手、机器人应在其工作范围外缘设置机械或光电保护装置。各机械化设施、安全保护装置的外露运动部件既不允许其自身出现夹紧点，也不得与压力机、模具出现夹紧点，其间的间隙不得小于 25mm。

第二节　冲压生产安全技术

一、冲压设备安全技术

1. 安全生产对冲压设备的基本要求

（1）压力机的滑块从上止点至下止点前 25mm 的行程范围内，当需紧急制动时，滑销、转键离合器应能立即脱开同时制动滑块。

（2）气动摩擦离合器与制动器的联锁控制动作必须灵敏可靠、互不干涉。其控制气路中使用的空气压力不得超过许用值，当气压超过上下许用极限值时，应能自控停止滑块运行。

（3）在连杆断裂时，弹簧平衡装置必须在行程的任何位置都可以平衡滑块及其上的模具质量而不致继续下移。气动平衡装置必须能够不靠制动器的作用，在连杆断裂、供气中断或失压时，在行程的任何位置都可以平衡滑块及其上的模具质量。

（4）设备过载保护装置，如刚性过载保护装置，液压过载保护装置，液-气过载保护装置等应处于良好的技术状态。视设备的用途不同，也可设置专用的过载保险装置，如用以控制压力机机身拉紧螺杆弹性变形量的拉杆式过载保护装置。其原理是当压力机过载，机身拉紧螺杆的伸长量超过许用值时即通过拉杆系统使电路闭合，离合器脱开，滑块停止运行。对于容易出现偏心过载的板料折弯压力机等设备，则通过机械-电气系统控制偏心载荷使滑块发生的偏转量转换成声、光等报警信号或切换液压控制线路停止滑块运行。

2. 压力机安全起动装置及紧急停车装置

为冲压设备装设安全装置是保护操作人员人身安全的必要保证。根据压力机的种类和工作方法的不同应采用一定的与其相适应的安全装置。根据安全装置保护方式的不同，主要分为安全保护控制装置和安全保护装置两类。

安全起动装置的形式很多，其作用都是当操作者的肢体进入危险区时，压力机的离合器便不能结合或滑块不再继续下行。只有当操作者的肢体完全退出危险区后，压力机才能启动。

（1）门栅—杠杆安全起动装置。如图16-1所示，带门栅的杠杆通过螺栓铰接在机身上，踩动踏板使拉杆向下带动门栅下降到安全位置时，才能通过挡块及调节螺母带动离合器拉杆，使离合器结合并完成冲压工作。

（2）防打连车装置。如图16-2所示，由脚踏板拉杆通过小滑块、钩锁使离合器结合。当压力机滑块到达下死点时，凸轮推动杠杆使钩脱开，离合器拉杆在弹簧的作用下复位，并在滑块回到上死点时使主轴与飞轮脱开。这样即使操作者的脚一直踩住踏板，压力机滑块也不能再次下行。只有当操作者松开踏板使钩锁与离合器拉杆重新结合后才可能开始下一次行程，这种机构仅适用于

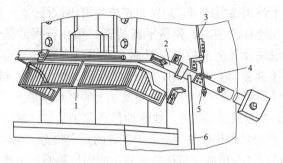

图 16-1　门栅—杠杆安全起动装置

1—门栅；2—杠杆；3—离合器拉杆；

4—挡块；5—调节螺母；6—踏板拉杆

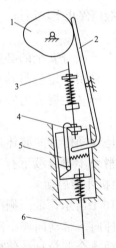

图 16-2　防打连车装置

1—凸轮；2—杠杆；3—离合器；

4—钩；5—小滑块；6—踏板

装有刚性离合器的压力机。

（3）光电安全装置。这是一种形式多样、应用最广、较为先进的保护装置，其原理是在操作者与危险区之间用光幕隔开。当操作者的肢体或其他非透明体进入危险区挡住光幕时，光信号转换为电信号，经放大后与起动控制线路相闭锁，使压力机的滑块停止运动或不能起动。它的特点是动作时间快，不妨碍视线，不妨碍进出料，不用全行程保护，一般在曲轴工作角 90° 范围内进行保护。在小型压力机上对刚性离合器稍加改造，也可使用光电保护装置。光电式安全装置如图 16-3 所示。

（4）手推式安全保护装置。如图 16-4 所示，其原理是送料时，当操作者的手臂将透明护板推下即使控制电路断开，压力机不能起动。只有当手臂退出，护板在弹簧作用下恢复直立状态，控制电路才能接通，压力机才能起动。本装置适用于小型压力机，简单可靠，方便易行。

（5）电容式保护装置（见图 16-5）。敏感元件是具有某一电容

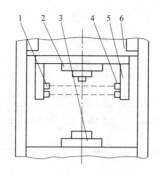

图 16-3　光电式安全装置

1—发光源；2—上模；3—下模；4—接收头；5—支架；6—滑块

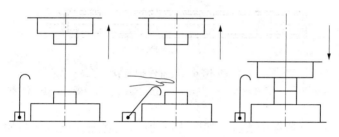

图 16-4　手推式安全保护装置

的电容器。当操作者的手靠近或通过敏感元件时，电容器的电容量即发生变化，使与其相连的振荡器的振幅减弱或停止振荡，此信号经放大器和继电器使压力机停止运动。

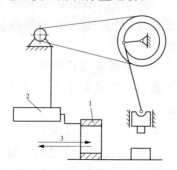

图 16-5　电容式保护装置

1—敏感元件；2—控制器；3—操作空间

905

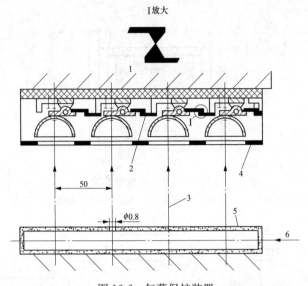

图 16-6 气幕保护装置

1—滑块；2—常开触点；3—气流；4—接收器；5—气射器；6—压缩空气

（6）气幕保护装置。如图 16-6 所示，它是在危险区与操作者之间用气幕隔离，压缩空气由气射器上的数个小孔射向装在滑块上的接收器形成气幕，并使串联在压力机起动控制电路中的常开触点接通。当操作者的肢体或其他物品挡住气幕时，接收器靠自重断开触点，压力机滑块停止运动。该装置的保护区可调，一般接收器随滑块一起运动到与气射器相距 200mm 以下时，气射器才开始射气，由此到下止点为保护区。用凸轮控制压缩空气的放气和闭锁启动控制线路。

（7）双手起动开关。在单人操作的小型压力机上，双手起动开关运用最广，效果最佳。倘若双手起动线路与脚踏开关线路串联用于双人操作时效果更好。

（8）摄像监控装置。该装置由摄像系统、监视系统和控制系统构成，摄像机摄入的图像信号经转化输入监视器，一旦人体或异物进入被监控的危险区，异常图像所产生的信号即转化为控制器的指令信号使压力机不能启动或紧急停车。

3. 排除危险装置

倘若压力机未采用以上所述的安全措施，且当其离合器已经结合、滑块正在下行，而操作者的肢体（特别是手）仍处于危险区时，就必须依靠下列措施排除出现的险情。

（1）摆杆护手装置。如图 16-7 所示，护手摆杆与压力机滑块联动，当滑块下行时，带动护手摆杆运动将操作者的手推出危险区。

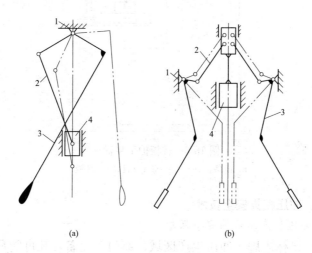

(a)　　　　　　　　(b)

图 16-7　摆杆护手装置

（a）单摆杆；（b）双摆轩

1—床身；2—拉轩；3—摆杆；4—滑块

（2）转板护手装置。如图 16-8 所示，护手转板与压力机滑块联动，当滑块下行时，装在上模板的齿条驱动齿轮做逆时针方向旋转，带动护手转板至竖直位置，将手推出。转板用开有竖缝的金属板或有机透明材料制作。

（3）拽出式护手装置。操作者的双手佩戴一副以柔性约束与压力机滑块相连的腕套。滑块回程后，操作者的双手可在模具空间自由操作；滑块下行至危险区前，操作者的双手即被与滑块联动的皮带（或钢丝绳）拽出。

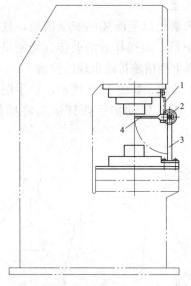

图 16-8 转板护手装置
1—齿条；2—齿轮；3—立柱；4—转板

二、冲压模具安全技术

1. 冲压生产现场的安全保护

（1）设标志牌。冲压生产区域、部门和设备，凡可能危及人身安全时，应按 GB 2894—2008《安全标志及其使用导则》的有关规定，于醒目处设标志牌，并使大家看见后，有足够的时间来注意它所表示的内容。

环境信息标志宜设在有关场所的入口处和醒目处；局部信息标志应设在所涉及的相应危险地点或设备（部件）附近的醒目处。

标志牌不应设在门、窗、架等可移动的物体上，以免标志牌随母体相应移动，影响认读。标志牌前不得放置妨碍认读的障碍物。

无论厂区或车间内，所设标志牌其观察距离不能覆盖全厂或全车间面积时，应多设几个标志牌。

（2）涂安全色。对冲模技术安全状态应参照 GB 2893—2008《安全色》的有关规定，在上、下模正面和反面涂上安全色，以示区别。安全模具为绿色，一般模具为黄色，必须使用手工送料的模具为蓝色，危险模具为红色。不同涂色的模具在使用中应采取的防护措施和允许的行程操作规范见表 16-6。

表 16-6 冲模涂色标志和使用规范

涂色标志	相应的含义和防护措施	允许的行程操作规范
绿色	安全状态，有防护装置或双手无法进入操作危险区的功能	连续行程 单次行程
蓝色	指令，必须采用手工工具	单次行程 连续行程
黄色和绿色	注意，有防护装置	单次行程 连续行程
黄色	警告，有防护装置	单次行程
红色	危险，无防护装置且不能使用手工工具	禁止使用

2. 设置安全防护罩

安全防护罩的形式很多，大都用在中小压力机上以条料或带料做连续冲裁、制件或废料从凹模洞口漏出的模具上。常见的防护罩有锥环套叠式、锥形弹簧式、栅栏式等，如图 16-9 所示。滑块在上止点时，由多层相互套叠的锥形金属环将凸模封闭，其下仅留一个可供坯料进出的间隙。滑块下行，护罩轻压在坯料上，锥环次第叠合。滑块回程，叠环靠重力自动复位。锥形弹簧相邻两圈间的间隙应不大于 8mm，以免夹伤手指。防护栅栏可用金属或透明材料制作，缝隙必须竖开。栅栏的开启或闭合必须与压力机的起动装置互锁。

在拉深模与弯曲模上，对压料板与下模座之间的空间尽可能用导板或其他方式封闭起来。在模具结构上的某些可动部分或弹簧也应视情况予以封闭或半封闭，以免造成夹伤事故。

3. 扩大模具的安全操作空间

扩大模具安全操作空间的措施很多，如将上模板的正面做成斜面，如图 16-10（a）所示；在弹性卸料板与刚性压料板结合面的外缘部位做出空手槽，如图 16-10（b）所示；导板或刚性卸料板与凸模固定板之间的间隙一般不小于 15 ～ 20mm，如

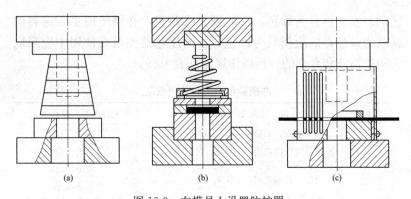

图 16-9　在模具上设置防护罩

（a）锥环套叠式；（b）锥形弹簧式；（c）栅栏式

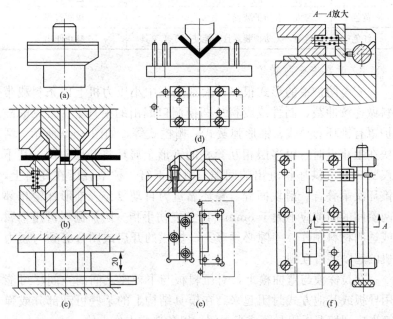

图 16-10　在模具结构上扩大安全操作空间

图 16-10（c）所示；尽可能将挡料销布置在远离操作者的一侧，如图 16-10（d）所示；单面冲裁时，尽量将凸模的凸起部分和平衡挡块安排在模具的后面或侧面，如图 16-10（e）所示；在装有活动挡料销和固定卸料板的大型模具上，用凸轮或斜面机构控制

挡料销的位置，如图 16-10（f）所示；在需要用手工工具取放工件时，应在上下模结合面的有关部位留出凹槽等。

4. 用进出料机构代替手工操作

在未使用各种大型机械化进出料装置时，在模具设计中就要尽可能考虑设置或利用各种简便易行的机械化进出料装置，以把操作者的肢体进入危险区的几率降到最低。

为了单件送进坯料，可采用滑板、溜槽等多种形式的送进机构，如图 16-11 所示。坯料可以单个送进，也可以将其堆放在储料槽中由滑块带动自动送进。当不能或不便自动送进时，可设计成活动凹模，送件时将凹模旋转（或推、拉）至安全位置，放好坯件，再复位进行冲压。将制件从模具中自动退出的措施也有很多，如小而轻的制件用压缩空气吹出；由上模落下的制件用活动滑板〔如图 16-12（a）所示〕、翻板〔如图 16-12（b）所示〕等机构退出。由上模打料同时从凹模漏料的模具则可用图 16-12（c）所示的机构分别退出制件和废料。从凹模孔退出的制件也可采用弹簧退件器退出〔如图 16-12（d）所示〕。大型拉深件用弹簧或气动推杆退出〔如图 16-12（e）所示〕。形状复杂的大型复盖件用气动或模压夹钳或机械手取出等。

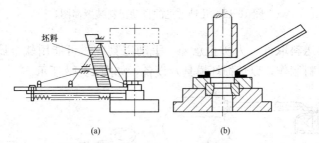

坯料

图 16-11 坯料送进装置
（a）滑块送料装置；（b）溜槽送料装置

自动进出料的形式很多，设计中应根据制件形状、模具结构、压力机类型等选取相宜的形式。

5. 使用手动工具

倘在中小压力机上不便采用机械化进出料装置时，应使用手

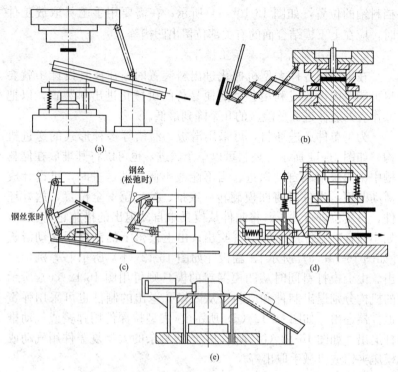

图 16-12　几种常见的自动出料装置简图

动工具送料取件。为防止意外，手动工具应尽可能用软金属或非
金属材料制作，以免损坏模具及设备，如图 16-13 所示。

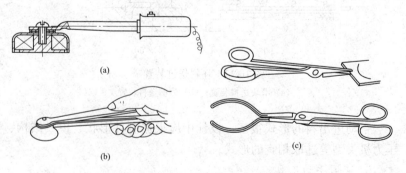

图 16-13　几种常见的手动工具
（a）电磁吸盘；（b）空气吸盘；（c）钣金钳子

❧ 第三节 冲压环境保护技术

一、减振措施

1. 冲压设备振动的原因

造成压力机振动的因素很多，最主要的是飞轮、电动机等高速回转部件质量分布不均引起的不平衡离心力；离合器、制动器结合时产生的惯性力矩；曲柄、连杆、滑块等传动机构加速、减速时产生的惯性力；模具对制件的冲击力；冲裁失荷时曲轴、机身的弹性恢复力；偏心载荷使机身产生不均衡变形的作用力以及设备安装不良所引起的二次振动等。只有针对上述致振原因采取相应的减振措施，才能减缓或消除振动造成的危害。

2. 减振措施

（1）改进压力机结构。在保证使用性能的前提下，应尽可能通过改进压力机结构达到减振的目的，其措施很多，如尽量减轻滑块、连杆的质量；在曲柄机构上设置平衡配重；配置与滑块同步反向运动的平衡的质量；提高压力机机身的刚度、设置液压缓冲装置；采用双速离合器；采用摩擦离合器、湿式离合器分别代替刚性离合器和干式离合器；采用多连杆机构、肘杆机构代替常规曲柄连杆机构；尽可能降低压力机重心；用滚动导轨代替滑动导轨；采用铸铁机身或铸铁钢板焊接结构机身代替纯钢板焊接结构机身等。

（2）改进工艺及模具。其主要措施是：尽可能将平刃冲裁改为斜刃冲裁；将整体冲裁改为阶梯冲裁；尽可能使模具和设备的压力中心重合或接近；在压力机工作台放置与冲裁失荷相协调的阻尼缓冲器，如图16-14所示，以及采用具有阻尼减振装置的无冲击模座等。

（3）设置减振基础。减振基础是消减压力机已经产生的振动，防止振动向外传播的最有效措施。按弹性元件的放置方式，减振基础有支承式和悬挂式之分。常用的弹性元件有螺旋弹簧、碟形弹簧、板簧、橡胶、气垫以及金属丝编织的缓冲垫等。

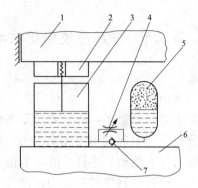

图 16-14　缓冲器原理图

1—滑块；2—缓冲器托板；3—缓冲缸；4—节流阀；

5—储压器；6—压力机工作台；7—单向阀

　　支承式减振基础是将弹性元件置于压力机与混凝土基础之间，形成一个减振系统。除拉簧外，其余弹性元件都可用于支承式基础。用于小型压力机的带调平装置的减振基础及用于较大压力机的支承式减振基础分别如图 16-15 及图 16-16 所示。

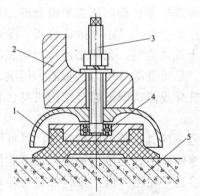

图 16-15　带调平装置的减振基础

1—减振器；2—机身；3—调平螺栓；4—径向轴承；5—车间地坪

　　悬挂式减振基础分为地面以上悬吊式和地下悬挂式两种。前者是将整个压力机通过弹性元件悬吊在固定于地面的钢结构构架之上；后者是通过弹性元件将压力机悬挂在地面之下的基础坑内。

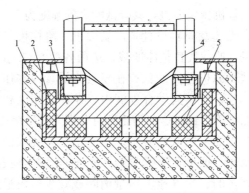

图 16-16　支承式减振基础

1—基础；2—阻尼元件；3—支承系统；4—压力机；5—弹性元件

地上悬吊式具有投资省、效果好的优点且多用于高速压力机。地下悬挂式多用于具有气垫装置的较大设备，其最大优点是不影响工序件运输及操作，但投资较大。

二、噪声控制技术

冲压生产中的噪声源主要有电磁噪声、流体动力噪声及机械噪声，其中尤以机械噪声中的冲裁噪声最为严重。控制噪声的主要途径有三种：控制噪声声源（一次声防），控制噪声的传播和扩散（二次声防）及噪声的综合治理。

1. 控制噪声声源（一次声防）

（1）改进压力机结构及传动系统。其措施有：视压力机的功能要求相应地将全钢板焊接机身改为铸铁-钢板焊接结构机身乃至铸铁机身；在钢板焊接机身的最大噪声辐射部位加焊筋板；在机身内部空隙处充填砂子；做好飞轮等高速传动部件的动平衡；提高齿轮的传动精度；用斜齿轮、人字齿轮代替直齿轮；对齿轮做阻尼处理；在情况允许时改变齿轮的材料；以 V 带传动替代齿轮传动；以闭式传动替代开式传动；尽可能用摩擦离合器代替刚性离合器；采用减振措施等。采取上述措施，降低噪声的幅度可达到 4～20dB。

（2）合理选择设备。在满足工艺要求的前提下，尽可能选用各型液压机代替机械压力机，其降低噪声的幅度为 8～10dB。

（3）改进工艺及模具设计。以斜刃模、阶梯模代替平刃模冲裁；以单元组合冲裁代替整体冲裁；选用各型 CNC 板料加工中心冲裁代替大型压力机整体冲裁；在模具内设置或在压力机工作台上放置缓冲装置；对模具做合理润滑以及用滚压法代替风砂轮或清理滚筒除毛刺等。通过这些措施即可分别降低噪声 4～32dB。

（4）改进压缩空气吹件装置。在满足工艺要求的前提下尽可能降低气流流速，把单孔喷嘴改为多孔小直径喷嘴或改变喷嘴的形状，诱导更多的二次气流。尽量消除或减少气流通道上的尖锐棱缘，力争做成流线型。尽量减小喷嘴与工件间的距离等。通过上述措施降低噪声的效果可分别达到 6～15dB。

（5）改进物料传送方式。用金属丝网料箱、塑料贴层料箱、木质贴层料箱、只留进料口的半密闭塑料贴层料箱代替敞开式金属板料箱；用木质或塑料溜槽、半密闭式吸声溜槽代替金属板溜槽输送工件；在运送工件的溜槽、滚道、辊道、胶带的适当位置设置摆动挡板以及防止直接向金属料箱中投掷制件等措施，其降低噪声的幅度可达到 8～45dB。

2. 控制噪声的传播和扩散（二次声防）

（1）隔声。隔声措施很多，如对生产自动线做全封闭隔声，卷料在隔声室外经开卷、矫平送入生产自动线，冲压废料经地下传送带送至废料打包间，隔声室顶部设置通风换热装置，这样其隔声效果可达 20～25dB。对压力机特别是高速压力机做全封闭隔声，其降低噪声的幅度一般为 15～25dB，最佳效果为 30dB。采用区域局部隔声，即在压力机组或钣金工作地周围设置隔声屏，则其外界环境可降低噪声约 10dB，对压力机的某一部分如模具安装空间设置带开启门的全封闭或半封闭隔声可降低噪声 4～10dB。

（2）吸声。吸声的作用是消减车间内的混响声强，吸声材料可用于吊顶，悬挂在屋面板下，敷设于墙体、柱子等上，其降低噪声效果为 5～15dB。

（3）隔振。一切防振措施都不同程度有助于降低噪声。例如将压力机紧固在质量块上或将若干台同类型压力机紧固在同一质量块上；采用单层或双层弹性基础以及质量块与弹性基础相组合等防振措施都能获得良好的降噪效果；其降低噪声的幅度为5～10dB。

3. 综合治理

当车间经一次声防、二次声防处理而在噪声场（如隔声室内等）实施操作的人员仍然得不到保护时，操作者就必须佩戴个人防护用具。个人防声用具有防声耳塞、防声耳罩等。使用这些器具简便易行，经济实惠，具有良好的防声效果。常用的个人防声用具可降低噪声的幅度是：

防声耳塞 15～25dB；

防声耳罩 15～25dB；

防声耳塞、耳罩并用 35～40dB；

航天头盔 30～60dB。

第四节　冲模使用安全措施

由于冲压加工生产很容易发生事故，所以必须切实注意安全，防止人身、设备和模具事故的发生。

一、冲压生产的安全措施

1. 冲压生产发生事故的原因

发生事故的原因有很多，有主观因素，也有客观因素。客观因素是冲压设备中的离合器、制动器及安全装置容易发生故障。但是根据对事故发生原因的统计，主观因素还是导致事故的主要因素。例如操作者缺乏对冲压设备及其加工特点等基本知识的了解，操作时又疏忽大意或违反操作规程；模具结构设计得不合理或模具未按要求制造，且未经过严格检验把关；模具安装、调整不当；模具和设备缺乏安全保护装置或没有及时维修等。

2. 冲压生产中安全保护的主要措施

从对冲压事故发生原因的分析可以看出，只要充分认识到冲压生产安全保护的重要性，努力掌握冲压技术，采取必要的安全防护措施，事故是完全可以避免的，许多实际经验都证明了这一点。冲压生产安全保护措施主要有以下几个方面。

（1）建立和健全设备和工艺的安全操作规程，制定设备和模具的维修制度。

（2）严格冲压生产人员的录用制度，禁止不懂冲压技术又没有经过必要培训的人员参与冲压生产。

（3）严格按照国家标准验收、安装、调整冲压设备，在压力机上设置必要的安全保护装置。

（4）正确设计模具结构，设置模具的检测与保护装置（参见第十章），严格按照国家标准设计、制造和验收模具。

（5）努力实现冲压生产的自动化，减少手工操作，提高冲压生产的技术水平。

（6）手工操作时必须配备必要的安全工具。

二、冲模使用的安全措施

冲模使用的安全措施包括冲模本身的结构和冲模的安全装置两方面。

1. 冲模结构的安全措施

冲模结构的安全措施包括冲模各零件的结构和冲模装配后有关空间尺寸、冲模运动零件的可靠性等方面的安全措施，如图16-17所示。

从图中可以看出，这些安全措施主要是为了减小危险区的范围，减少操作人员的手伸入危险区的可能性。如图16-17（a）所示，凡与模具工作需要无关的角部都应做成圆角；如图16-17（b）所示，当手工放置工序件时，最好将定位板和凹模加工出工具让位槽；如图16-17（c）所示，当上模在下止点时，应使凸模固定板与卸料板之间保持大于18mm的空隙；如图16-17（d）所示，对于冲裁模，当上模在上止点时，应使凸模（或弹压卸料板）与下模上平面之间的空隙小于8mm，否则最好加上防护罩；如图16-17（e）所示，卸料板与凹模要做成斜面以扩大安全，同时表示推件板应做成台阶式，以防冲压过程脱离；如图16-17（f）所示，单面冲裁或弯曲，应尽量将平衡块安置在模具的后面或侧面；如图16-17（g）所示，在凸模上设置顶料销，以防薄板粘附在凸模端面

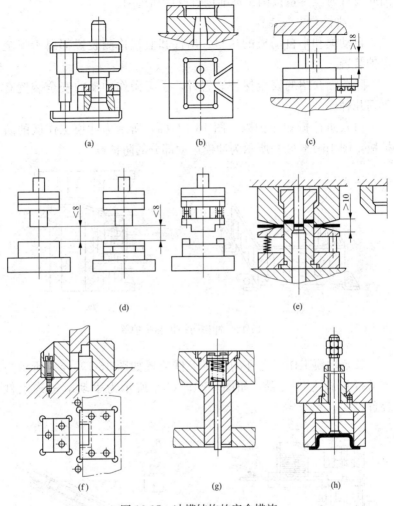

图 16-17　冲模结构的安全措施

上，可能损坏模具刃口；如图 16-17（h）所示，为避免在冲压过程中因冲模零件松动脱离而造成事故，应在必要部位设置防松装置，如防松螺母、防转销等。

　　以上列举的实例并未全面反映出冲模本身结构上的安全措施。许多冲模零件已经标准化，而标准化零件已经考虑了安全因素，因此设计时应尽量按国家标准进行设计和选用。

2. 冲模的安全装置

自动模和半自动模的送料、出件和监视检测装置都属于安全保护装置。

除前面介绍的安全保护装置外，手工操作冲模的安全装置有下列几种。

（1）防护板和防护罩。图 16-18（a）所示为冲模工作区的防护板，图 16-18（b）所示为冲模运动部分的防护罩。

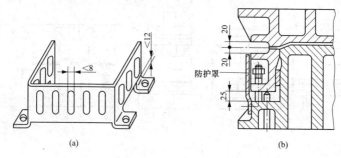

(a)   (b)

图 16-18　冲模防护板和防护罩

（2）冲模工作区之外的手工上件装置如图 16-19（a）所示为手动推板式上件装置，如图 16-19（b）所示为手动滑槽式上件装置。

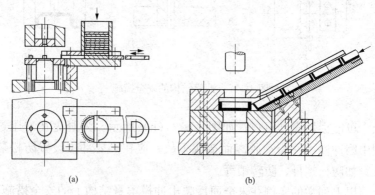

(a)   (b)

图 16-19　冲模工作区之外的手工上件装置

第十六章　冲压加工安全生产与环境保护

3. 冲模的其他安全措施

设置安装块和限位支承装置，如图 16-20 所示。在大型模具上设置安装块不仅给模具的安装、调整带来方便与安全，而且在模具的存放期间，可使工作零件之间保持一定距离，以防上模倾斜和碰伤刃口，防止橡胶老化或弹簧过早失效。而限位支承装置则可限制冲压工作行程的最低位置，避免凸模进入凹模太深，导致模具加快磨损。

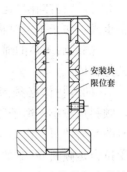

安装块
限位套

图 16-20　冲模的安装块
和限位支承装置

三、冲模起吊注意事项

冲压工在吊运大、中型模具、材料、毛坯及冲压件时，常常使用起重设备。车间最常用的起重设备是桥式起重机，俗称天车。

1. 桥式起重机的组成

桥式起重机由两部分组成。

（1）大车。包括桥架及其行走机构和驾驶室，可做车间纵向运行。

（2）小车。包括起重机构和行走机构，可做车间横向运行。

使用桥式起重机人员首先应掌握桥式起重机的起重量和起升高度等有关参数。起重质量是允许吊运物体的最大重质量；起升高度是吊钩从最低位置到最高位置的距离。

2. 桥式起重机起吊冲模的注意事项

桥式起重机的起重吊运应注意如下事项。

（1）检查。起重前应检查以下两点。

1）吊运的物体质量不准超过天车的起重质量。

2）桥式起重机的大车和小车行走部分以及制动器、限位装置等必须灵敏可靠。

（2）捆缚。捆缚是桥式起重机起吊中很重要的环节。

1）捆缚有尖锐棱边的物体时，必须用衬垫加以保护，以防止损坏钢丝绳或棕绳。

2）要掌握好物体的重心，捆扎要牢固。

3）散装物体在吊运前选用的容器要牢固，装载要稳妥，不能贪多求满，防止吊运时物体散失跌落。

4）捆缚后多余的绳头不能悬挂在外面，以免吊运时碰人或钩倒其他物体。

5）捆缚物体必须考虑到吊运时绳子与水平面之间的倾斜角度。倾斜角愈小，绳子受力愈大。如图 16-21 所示为绳索在不同斜角时的受力情况。由图 16-21 可知，吊运重物时，倾斜 15°时绳子所受拉力是倾斜 60°时的 10 倍。

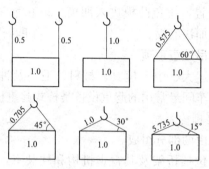

图 16-21　绳索在不同斜角时的受力情况

6）模具的捆缚，必须保证模具在吊运或装卸过程中不发生滑脱事故，通常使绳索经过下模板捆缚牢固。大型模具需用栓连住模具上的吊装用孔，如图 16-22 所示，或起吊用栓柄及吊钩方可进行吊运。

（3）挂钩。钢丝绳的两端编有索套，用它挂在桥式起重机的吊钩上。挂钩时应将手握持索套的尾部，而不应拿住扣圈部分直接挂钩，以免手被扣圈与钩子夹住。此外所用钢丝绳不应太短，以免绳子倾斜角太小，不但加大绳子拉力，还容易使索套在吊运过程中滑出吊钩。

（4）吊运。吊运过程应注意以下几点。

1）吊运前应先试吊，当确认物体挂牢、物体稳定后才能正式起吊。

2）起吊时，起动要慢，制动要平稳，避免物体晃动。

第十六章　冲压加工安全生产与环境保护

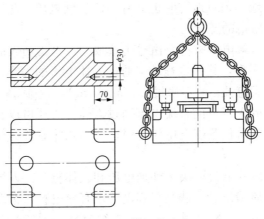

图 16-22　模具栓连法

3）吊运时必须通过吊运通道，不许从人头上越过，也不许吊着物体在空中长时间停留。

4）放置物体时要缓慢，以防止损坏设备。物体放置稳当后方可卸除绳子和摘钩，以免发生事故。

5）不许倾斜起吊物体，也不许用桥式起重机做拖拉牵引动作。

第五节　冲压安全操作规程

一、冲压操作安全用电

电流按其特征分为直流电和交流电。直流电的大小和方向不随时间的变化而改变，交流电的大小和方向则随时间做周期性的变化。交流电每秒钟交变的次数叫作频率。我国的工业和民用交流电频率（简称工频）为 50Hz，即每秒钟交变 50 次。工厂的车间用电通常是采用 380V 或 220V 的交流电。一般都是从变压器引出 4 根线布置在车间里，再分别引向用电装置。这 4 根导线中有三根是相线（俗称火线），一根是中性线（俗称零线）。车间动力有三根相线，照明用零线和三根相线中的一根相线。火线对零线（对地）具有较高的电压。零线通常应接地，所以对地无电压。如果

923

零线没有接地，则对地有时也会有一定的低电压。此时人体触及零线，也有触电的感觉。

绝大部分触电事故都是由电击造成的。电击伤人的实质是电流对人体的伤害，其严重程度与通过人体电流的大小、持续时间和途径等因素有关。一般来说，10mA（1mA＝0.001A）以下的工频交流或 50mA 以下的直流电流通过人体，人还可以自己摆脱电源，为此可以看作是安全电流，但这并不意味着长时间通过人体没有危险。

通过人体的电流取决于外加电压和人体电阻。人体电阻与人体表皮的角质情况、皮肤潮湿程度、带有导电粉尘情况及接触情况等因素有关。一般来说，人体电阻约为 800～1000Ω。所以安全电压也是根据具体条件确定的。我国根据工作场合危险程度，规定交流 12V 和 36V 为安全电压。车间一般照明用 220V 电压，局部照明（如机床上的照明灯）则采用 36V 电压。

与冲压工有关的电器装置除照明电外，还有冲床设备及其他自动控制装置中的各种电动机和电器。

冲压中用作冲压动力源的常常是笼型异步电动机。这种电动机构造简单，价格低廉，工作可靠。

冲床所用的电器比较简单，常用的有磁力起动器、熔断器、开关、按钮、变压器及电磁铁等。小型冲床常用电磁铁拉动离合器控制装置，以操纵冲床。

变压器用以将 220V 或 380V 的电压变成 36V 的安全电压，作为机床照明用。

磁力起动器、熔断器、变压器等电器安装在机床的电器箱内，或安装于设在机床附近的电气柜内。

磁力起动器适用于 75kW 以下的笼型电动机的起动和保护。过载时，磁力起动器中的热继电器动作，将电源切断，因此它有超载保护作用，并能防止电源切断后再重新合闸时的自起动现象。

熔断器是用来防止电路发生短接（或称短路）故障最常用的保护装置。为了达到短路保护的目的，通常选择熔丝（片）的容量为电路额定电流的 1.5～2 倍。

通常冲床均进行接地保护，即与电动机相联的床身（当然也连及机床其他部分和电器箱等金属部分）的接地保护。其作用原理是当火线因绝缘破坏并与床身金属部分碰连时，由于有了接地保护措施，就使电流与地接通，此时如果人与床身等部分接触，电流就不再通过人体，避免了对人的伤害。如果接地后的电流比较大，还能使保护装置迅速动作，从而切断电源，消除隐患，确保安全。

由此可知，整个压力机的用电是安全的。但对于一个冲压操作者来说，安全用电要引起重视，做到工厂电路、设备不乱摸乱动，压力机及其他用电设备发生电路故障时，要请专业电工修理。

二、冲压安全操作规程

在机床操作中，冲床操作的事故率较高，所以在冲压作业中，操作人员必须严格按操作规程操作，以减少或避免事故的发生。一般来说，监督并执行操作规程是生产管理的重要内容之一，但有些企业已将其纳入日常生产的现场管理范畴，经常性地督促检查，以保证生产的安全。

1. 冲压作业的危险因素和多发事故

冲压作业一般分为送料、定料、操纵设备、出件、清理废料、工作点布置等工序。这些工序因其多用人工操作，比如用手或脚去启动设备，用手直接伸进模具内进行上下料、定料作业，所以极易发生错误动作而造成伤害事故。其主要危险来自加工区，且冲压作业操作单调、频繁，容易引起精神疲劳，出现操作失误而导致伤害事故。多发事故常常表现为以下几种形式。

（1）手工送料或取件时，操作者体力消耗大，极易造成精神和身体疲劳，特别是采用脚踏开关时更易导致出现错误动作而切伤手。

（2）由于冲压机械本身故障，尤其是安全防护装置失灵，如离合器失灵发生连冲，调整模具时滑块突然自动下滑，传动系统防护罩意外脱落等故障，从而造成意外事故。

（3）多人操作的大型冲压机械，因为相互配合不好，动作不协调，而引发伤人事故。

（4）在模具的起重、安装、拆卸时易造成砸伤、挤伤事故。

（5）液压元件超负荷作业，压力超过允许值，导致高压液体喷出伤人。

（6）齿轮或传动机构将人员绞伤。

2. 冲压安全操作规程

具体说来，安全操作规程的主要内容如下。

（1）开机前，必须检查并保证冲床的安全防护装置齐全有效，离合器、制动器及其控制装置灵敏可靠，紧固件（如轴瓦盖、螺栓、调节螺杆的锁紧螺母等）不松动，电器的接地保护可靠。

（2）操作前，个人防护用品必须准备好，工具准备齐全，机床周围清理整洁，毛坯材料码放整齐平稳，严禁在冲床工作台面和模具上放置量具及其他物件。

（3）当设备、模具和其他有关装置发生故障时，必须停机检查。当离开工作岗位时，应切断冲床电源。

（4）两人以上同时操作一台冲床时，要分工明确，配合协调，避免动作失误，做好交接班工作。开机前应查看交班记录，了解上一班次冲床的运行情况。如果上一班次冲床运转正常，则按冲床说明书的要求加油润滑，经试车运转正常后方可正式开机。

（5）规定用工具取放冲压件（或毛坯）的作业，不得用手直接操作。规定用单冲的作业，不得连冲。单冲时，冲一次踏一次，并随即脱开脚踏板。

（6）作业期间发生下列情况时应停止工作并停机。

①滑块停点不准或停止后自动滑下。

②冲床发生不正常的响声。

③冲压件出现不允许的毛刺或其他质量问题。

④冲压件或废料卡在模具里，模具上同时有一个以上的毛坯以及模具上有废料未被及时清除。

⑤控制装置失灵。

3. 冲压机械安全操作要点

（1）加强冲压机械的定期检修，严禁带故障或问题运转。开始操作前必须认真检查防护装置是否完好，离合器制动装置是否灵活和安全可靠；应把工作台上的一切不必要的物件彻底清理干净，以防工作时落到脚踏开关上，造成冲床突然启动而发生事故。

（2）冲小工件时，不得用手送料，应该用专用工具，最好安装自动送料装置。

（3）操作者对脚踏开关的控制必须小心谨慎，装卸工件时，脚应离开脚踏开关。严禁其他人员在脚踏开关的周围停留。

（4）如果工件卡在模具里，应用专用工具取出，不准用手拿，并应先把脚从脚踏板上移开。

（5）注意模具的安装、调整与拆卸中的安全。

①安装前应仔细检查模具是否完整，必要的防护装置及其他附件是否齐全。

②检查压力机和模具的闭合高度，保证所用模具的闭合高度介于压力机的最大与最小闭合高度之间。

③使用压力机的卸料装置时，应将其暂时调到最高位置，以免调整压力机闭合高度时被折弯。

④安装、调整模具时，对于小型压力机（公称压力 150t 以下）要求用手扳动飞轮，带动滑块做上下运动进行操作；而对于大型压力机则用动力操纵，采用按微动按钮点动，不许使用脚踏开关操纵。

⑤模具的安装一般先装上模，后装下模。

⑥模具安装完后，应进行空转或试冲，检验上、下模位置的正确性以及卸料、打料及顶料装置是否灵活、可靠，并装上全部安全防护装置，直至全部符合要求方可投入生产。

⑦拆卸模具时应切断电源，用手或撬杆转动压力机飞轮（大型压力机按微动按钮开启电动机），使滑块降至下死点，上、下模处于闭合状态。而后先拆上模，拆完后将滑块升至上死点，使其与上模完全脱开，最后拆去下模，并将拆下的模具运到指定地点，再仔细擦去表面油污，涂上防锈油，稳妥存放，以备再用。

参 考 文 献

[1] 黄祥成，邱言龙，尹述军．钳工技师手册．北京：机械工业出版社，1998.

[2] 邱言龙，李文林，谭修炳．工具钳工技师手册．北京：机械工业出版社，1999.

[3] 邱言龙，陈德全，张国栋．模具钳工技术问答．北京：机械工业出版社，2001.

[4] 杜文宁．模具钳工工艺与技能训练．北京：中国劳动社会保障出版社，2002.

[5] 毕大森，王振云．冲压工入门．北京：机械工业出版社，2005.

[6] 王国钱．模具钳工工艺与技能训练．北京：科学出版社，2008.

[7] 胡家富，李立均，尤根华．图解模具工入门．北京：中国电力出版社，2009.

[8] 邱言龙．模具钳工实用技术手册．北京：中国电力出版社，2010.

[9] 王孝培．实用冲压技术手册．北京：机械工业出版社，2005.

[10] 邱言龙．巧学模具钳工技能．北京：中国电力出版社，2012.

[11] 邱言龙．巧学装配钳工技能．北京：中国电力出版社，2012.

[12] 邱言龙，雷振国．模具钳工技术问答，2版．北京：机械工业出版社，2013.

[13] 邱言龙，黄祥成，雷振国．钳工装配问答，2版．北京：机械工业出版社，2013.

[14] 邱言龙，雷振国．钣金工速查表．上海：上海科学技术出版社，2013.